牛の卵巣・子宮アトラス

発情周期の理解を深めて直腸検査を極めるために

Manuel Fernández Sánchez 著　　大澤 健司 訳

緑書房

（株式会社　緑書房）

ご注意

本書の内容は，最新の獣医学的知見をもとに，細心の注意をもって記載されています。しかし，獣医学の著しい進歩からみて，記載された内容がすべての点において完全であると保証するものではありません。本書記載の内容による不測の事故や損失に対して，著者，翻訳者，編集者ならびに出版社は，その責を負いかねます。

（株式会社　緑書房）

The oestrus cycle of the cow

A photographic atlas

Manuel Fernández Sánchez

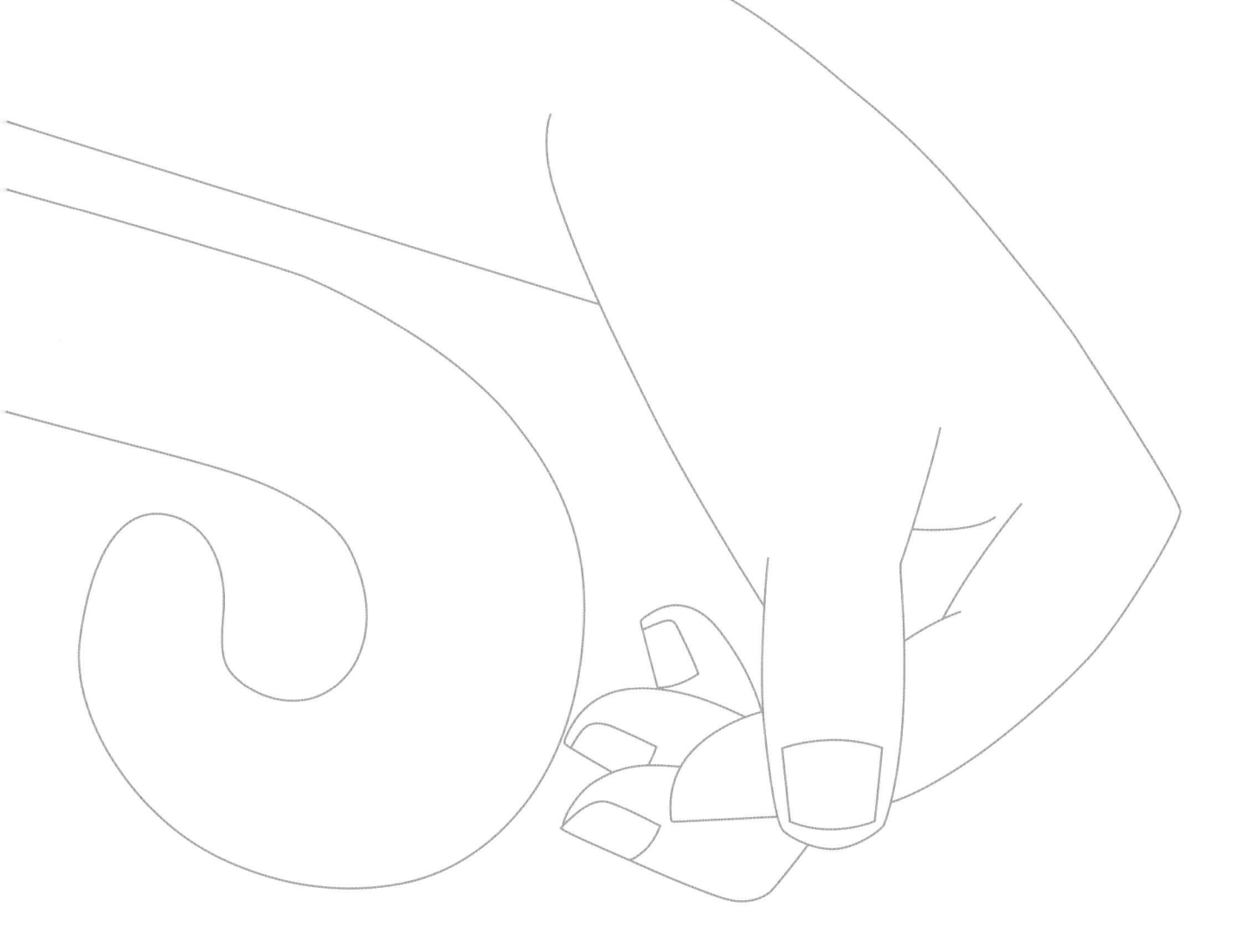

All rights reserved.
No part of this book may be reproduced, stored or transmitted in any form or by any electronic or mechanical means including photocopying without prior written permission from the publisher.

Warning
Veterinary science is constantly evolving, as are pharmacology and the other sciences. Inevitably, it is therefore the responsibility of the veterinary clinician to determine and verify the dosage, the method of administration, the duration of treatment and any possible contraindications to the treatments suggested for each individual patient, based on his or her professional experience. Neither the publisher nor the author can be held liable for any damage caused to people, animals or properties resulting from treatments and/or decisions based on the use or incorrect application of the information contained in this book.

This book has been published originally in Spanish under the title:
El ciclo estral de la vaca by Manuel Fernández Sánchez
© 2008 Grupo Asís Biomedia S.L.
ISBN Spanish edition: 978-84-935971-2-2

This English edition has been translated by Karin de Lange.
© 2008 Grupo Asís Biomedia S.L.
Plaza Antonio Beltrán Martínez, n°1, planta8-letra I
(Centro empresarial El Trovador)
50002 Zaragoza-Spain

2nd impression: July 2009
Servet editorial-Grupo Asís Biomedia, S.L.

Japanese translation © 2015 copyright by Midori-Shobo Co., Ltd.
Japanese translation right arranged with SERVET.

This edition of The Oestrus Cycle of the Cow is published by arrangement with Grupo Asís Biomedia S.L., Zaragoza, Spain through Tuttle-Mori Agency, inc.

SERVET発行のThe oestrus cycle of the cowの日本語に関する翻訳・出版権は
株式会社緑書房が独占的にその権利を保有する。

はじめに

　牛群の繁殖を正しくコントロールするためには日頃の直腸検査は欠かせない。しかし，時としてベテランの獣医師であっても判断に迷う難しい場面がある。今触っている卵胞は主席卵胞なのか，黄体は機能しているのか，といった疑問は誰もが日常的に経験していることだろう。

　私が新人獣医師であった時によく助言をくれた先輩獣医師である William Van den Putte は，彼の診療を観察する機会を多く与えてくれたが，常々「自分の手のなかに眼を付けなさい」と言っていたことを懐かしく思い出す。

　本書は，臨床獣医師が実際に触診している構造物を頭で理解しながら実物に置き換えるという難しい作業に対して，少しでも助けになるように企画された書籍である。

　食肉処理場で得られた子宮や卵巣を触診するという訓練は，様々な硬さや形状を触って識別し，発情周期別の異なる生理的状況と関連付けることができる能力を養ううえで非常に有効な手段である。

　牛の臨床獣医師であれば誰もが日々の直腸検査を欠かすことはできない。そのなかで，試行錯誤を繰り返しながら，経験を積み重ねることで技術を習得することができる。本書が経験豊富な臨床獣医師にとっては知識の再確認のきっかけとなり，獣医大学の新卒者には学習の手引きとなり，初心者には診断ツール，あるいは新たな発見を提供するものとなることを願っている。

　本書が読者の皆さんのご期待に応えられるものであれば嬉しい限りである。

Manuel Fernández Sánchez

謝辞

まずはじめに，コンポステーラ・サンティアゴ大学　獣医学部動物病理学講座繁殖産科ユニット（ルゴ）のLuis Ángel Quintela Arias教授に感謝します。彼がいつも無私無欲で私にアドバイスを与えてくれたお陰で，本書がよりよいものとなりました。また，同講座同ユニットのAna Isabel Peña Martínez教授からも同様にアドバイスをいただいたことに対して感謝します。

乳牛に関する広い経験を有し，卓越したプロであるLuis Miguel Cebriánから何度となく受けた激励とアドバイスもありがたいものでした。

無条件にサポートしてくれたすべての関係者，友人，獣医師に謝意を表します。

最後に，獣医師であり友人であり，牛の繁殖分野におけるエキスパートであるFransisco Baldor de Afrivepa（レオン）に対して謝辞を述べます。彼の仕事に対する熱意は私にも伝播しました。自分の知識を惜しげなく私に分けてくれたことを心より感謝します。

Manuel Fernández Sánchez

翻訳をおえて

　本書は，2015年2月に緑書房より出版された『臨床獣医師のための牛の繁殖と超音波アトラス』の著者であるManuel Fernández Sánchez博士執筆による，姉妹編とも言うべき書籍である。「姉妹編」と書いたものの，原書では本書が先に出版されており，ページ数も3倍以上ある，いわば「姉貴分」である。そのページ数の多くを占めるのが第3章「構造を認識する」である。ここではまず，卵巣の構造物を見極めるガイドとしてフローチャートがあり，明瞭な黄体の有無，そして明瞭な卵胞の有無を判断した後に卵胞の大きさや数の違いにより，おおよその卵巣周期を推察できるように組み立てられている。続いて，20ページにわたり排卵後の日数に応じて典型的な卵巣所見と子宮所見の写真を使い，発情周期について説明している。その後，異なる構造物を持つ卵巣写真が構造物の説明文とともに412枚（206ページ）も掲載されている。これほど多数の卵巣写真を掲載した書籍は，本書が初めてではないだろうか。ひとつひとつの卵巣の表面像とその割面を大きなカラー写真で示しつつ，直腸検査の重要性とその限界についても言及している点で，ユニークかつ有益な内容となっている。

　本書は第3章が主要なパートであるが，第1章で雌牛の生殖器の解剖について，そして第2章で卵胞発育と動態について，それぞれイラストや写真により分かりやすく解説されている。これらの章の内容を理解し，第3章へ進む構成になっていることは理にかなっている。続いて第4章「産褥期」，第5章「触診による妊娠診断」，そして第6章「卵巣疾患，子宮疾患」でも鮮明な写真に解説が加えられ，臨床現場において不可欠かつ重要な情報が提供されている。

　先に述べた『臨床獣医師のための牛の繁殖と超音波アトラス』と合わせて本書を活用することで，繁殖検診を実施する獣医師が常に理論的根拠に基づいた診断治療，すなわち生産者に対しても自信を持って自らの診断治療を説明することが可能となる。さらに，獣医師のみならず，獣医学生や獣医学教育関係者，さらに牛の繁殖管理の担当者や家畜人工授精師にとっても有用な書であると，翻訳を終えた今，実感している。

　最後に，本書の刊行にあたり終始丁寧な編集の労を惜しまずにご尽力いただいた緑書房の石井秀昌氏に心より感謝申し上げます。

2015年8月

大澤　健司

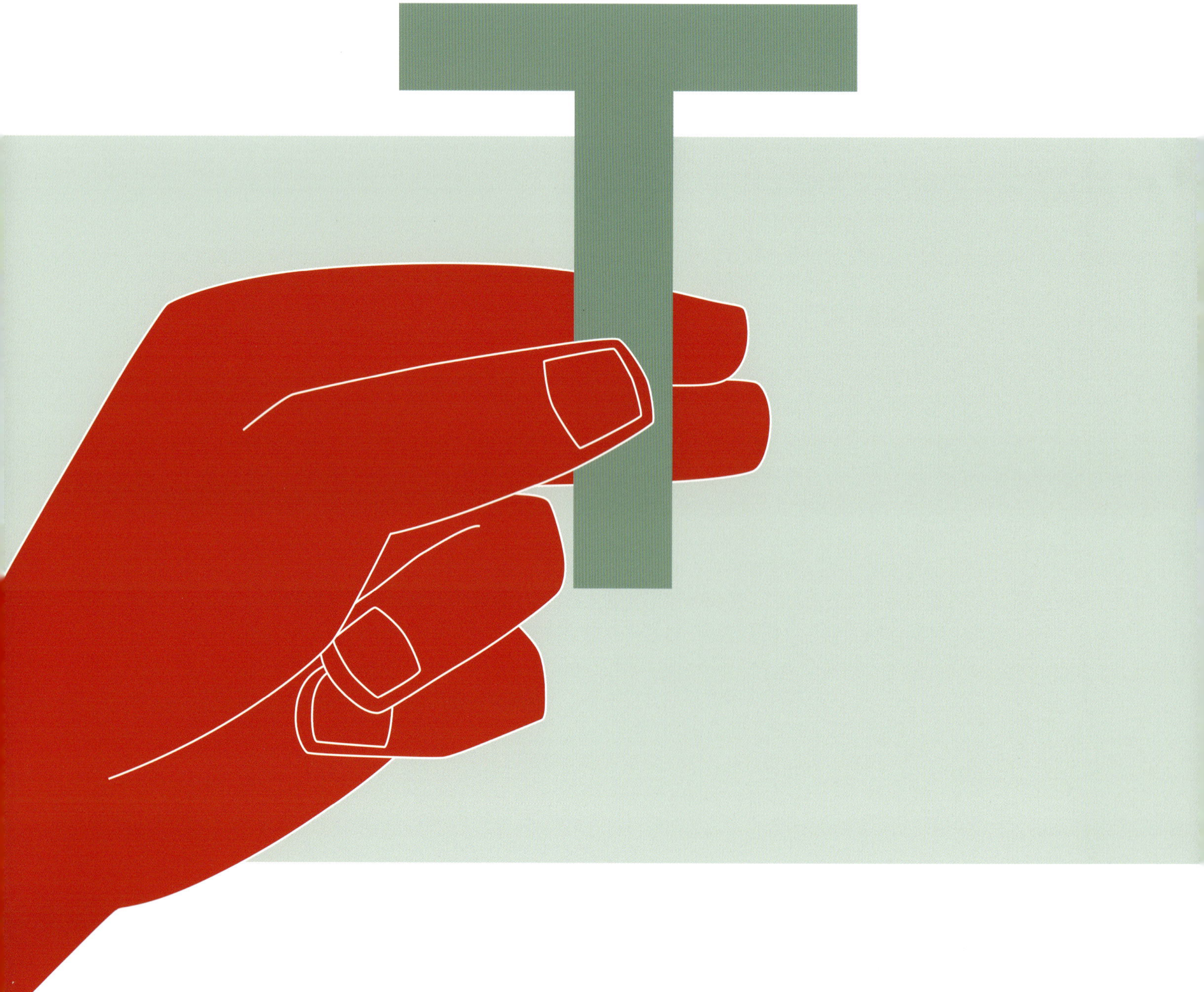

目次　Table of contents

はじめに 5
謝辞 6
翻訳をおえて 7
本書の使い方 11

1　雌牛の生殖器
　　形態学，構造，および機能 12
　　生殖器の位置 12
　　雌牛の生殖器 14
　　卵巣の解剖 15
　　卵管の解剖 16
　　子宮の解剖（子宮角と子宮体） 17
　　子宮の解剖（子宮頸） 18
　　卵巣の機能 19
　　視床下部 - 下垂体軸 20

2　卵形成，卵胞発育および卵胞動態 22
　　卵形成 22
　　卵胞発育 23
　　卵胞動態 24
　　卵巣周期のステージごとの黄体の色調の変化 26

3　構造を認識する 28
　　卵巣の構造物を見極めるためのガイド 30
　　一般的な卵巣周期の評価方法 32
　　卵巣の構造を認識する 58

4　産褥期 264

5　触診による妊娠診断 268

6　卵巣疾患，子宮疾患 272
　　卵巣嚢腫 272
　　卵胞嚢腫 274
　　黄体嚢腫 274
　　持続卵胞 276
　　分娩後の無発情 276
　　子宮炎 277
　　ミイラ変性胎子 277
　　胚の吸収 278
　　その他の変化 279

参考文献 281
著者について 283

本書の使い方

　本書は主に直腸検査により触診できる構造物について取り扱っているが，触診できない構造物についても述べられている。牛の発情周期における異なるステージについて2枚の写真を使い，解剖学的な特徴と他のステージとの相違を説明する構成となっている。大きい写真では卵巣のステージを示し，小さい写真では触診可能な，あるいは明瞭な構造物を示している。

写真
　各卵巣ステージを代表する特徴をフルカラーで示す。

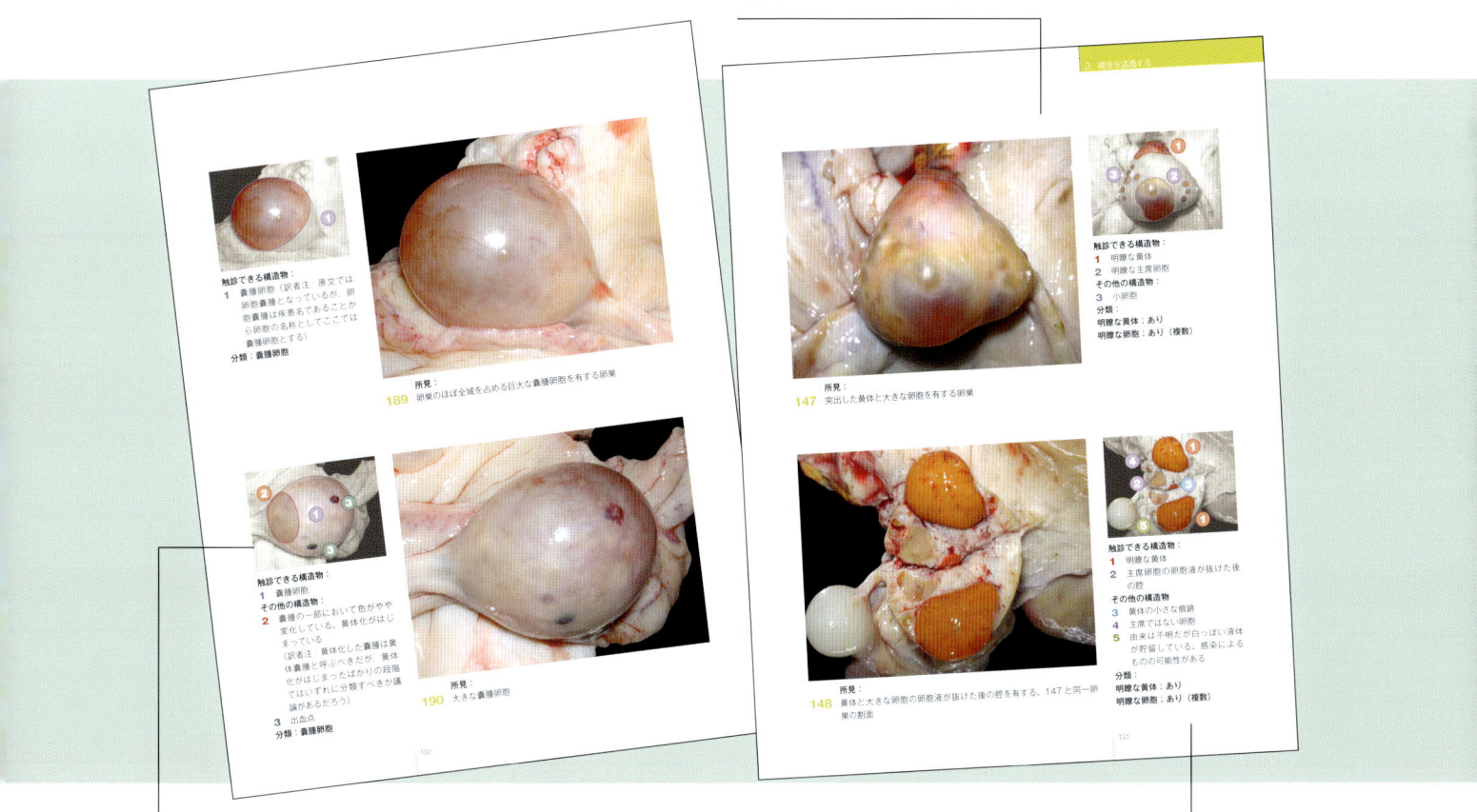

触診可能な構造物
　小さい写真は触診可能な構造物と特に重要な事項について以下の色を使って示している。
- 卵胞
- 黄体
- 痕跡
- 出血斑
- 切断された血管
- その他

分類
　触診可能な構造物を認識することで，30～31ページのチャートを利用すると，その個体における卵巣周期のおおよそのステージを診断することが可能である。

1 雌牛の生殖器
形態学，構造，および機能

本章では，子宮と卵巣やその構造についての詳細な総説を提供するというよりは，本書の後半で示す実用的な面にフォーカスがあたるようにポイントをついたアウトラインを示すこととしたい。

雌の生殖器官は，配偶子（卵子）とホルモンの産生場所である1対の卵巣，受精卵（胚）の移送経路となる卵管，および胚が保持され発育する場所となる子宮からなる。その他の器官，すなわち子宮頸管，膣，陰門などは，軟部産道および交尾器官としての役割を担う。

生殖器の位置

子宮と卵巣は，触診では骨盤の前縁のすぐ前方において見つけることができる。

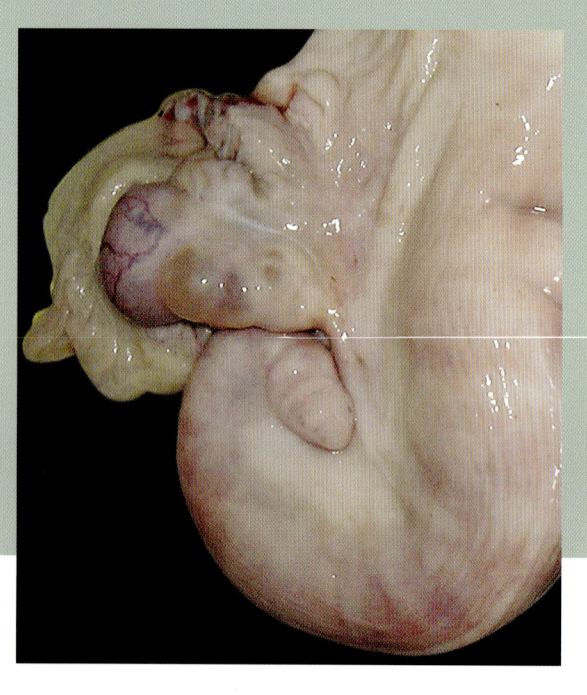

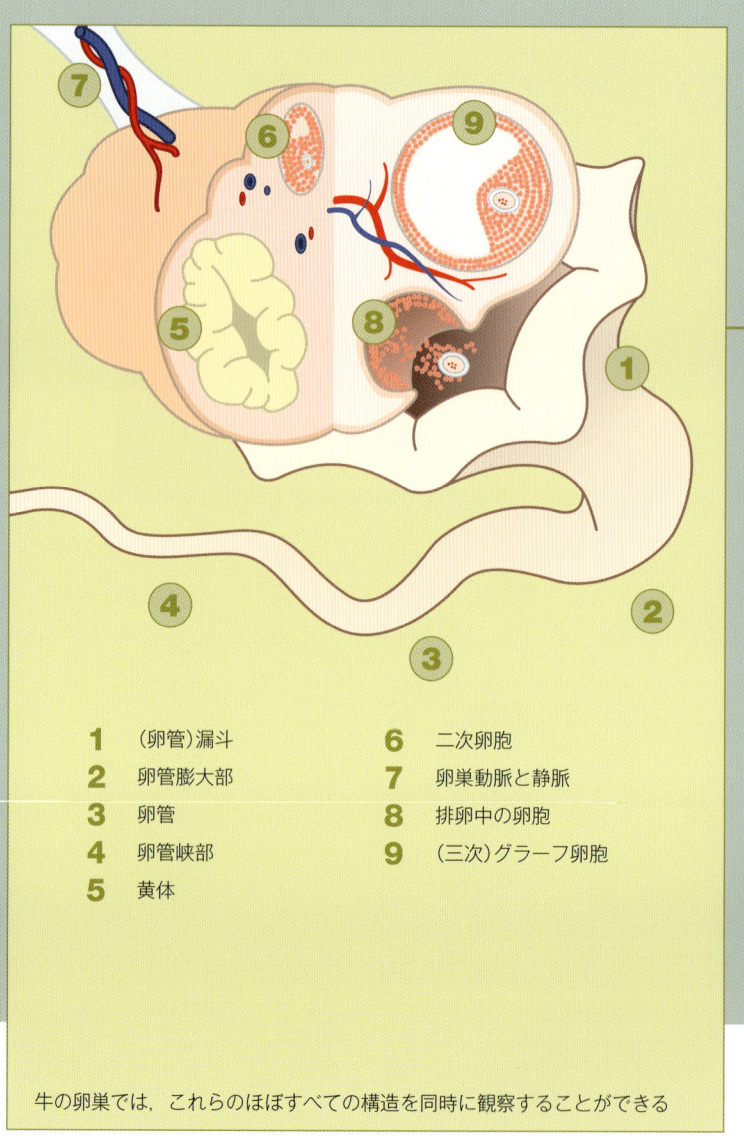

1 （卵管）漏斗
2 卵管膨大部
3 卵管
4 卵管峡部
5 黄体
6 二次卵胞
7 卵巣動脈と静脈
8 排卵中の卵胞
9 （三次）グラーフ卵胞

牛の卵巣では，これらのほぼすべての構造を同時に観察することができる

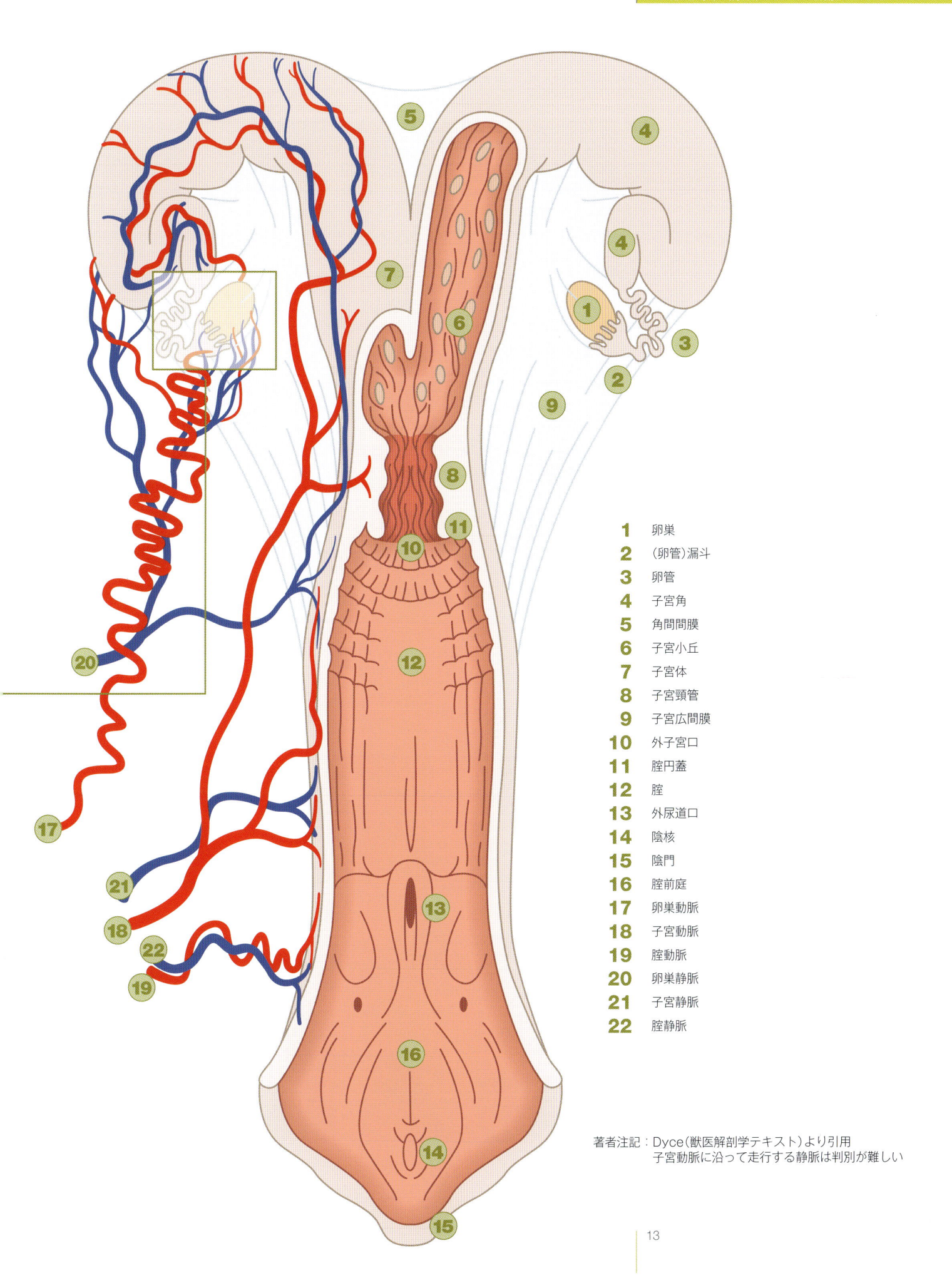

1　形態学，構造，および機能

1	卵巣
2	(卵管)漏斗
3	卵管
4	子宮角
5	角間間膜
6	子宮小丘
7	子宮体
8	子宮頸管
9	子宮広間膜
10	外子宮口
11	腟円蓋
12	腟
13	外尿道口
14	陰核
15	陰門
16	腟前庭
17	卵巣動脈
18	子宮動脈
19	腟動脈
20	卵巣静脈
21	子宮静脈
22	腟静脈

著者注記：Dyce（獣医解剖学テキスト）より引用
　　　　　子宮動脈に沿って走行する静脈は判別が難しい

13

雌牛の生殖器

特定できる主な構造物としては：
- 卵巣
- 卵管
- 子宮（子宮体，子宮角）
- 子宮頸管
- 腟（腟前庭，陰門，陰核）
- 外部生殖器

これらは子宮広間膜によって吊り下げられている。子宮広間膜は卵巣間膜，卵管間膜，そして子宮間膜（子宮，子宮頸管，腟の一部）に分けることができる。

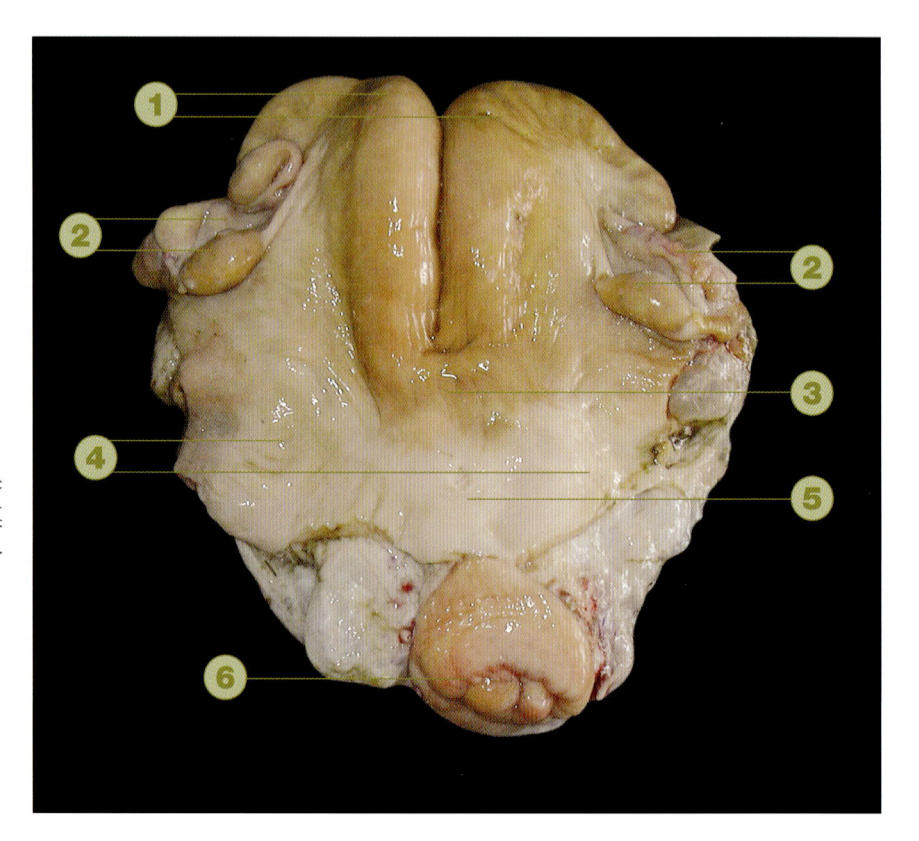

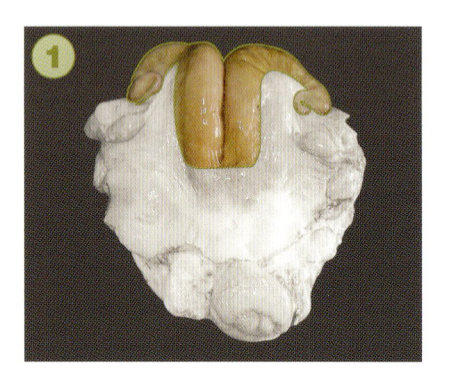

① 子宮角

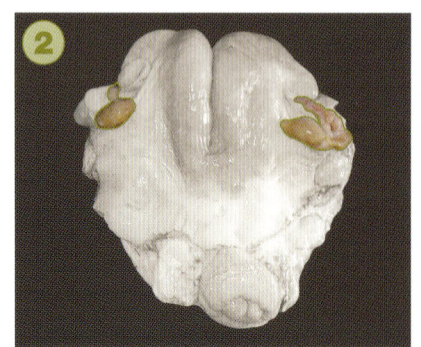

② 卵管と卵巣

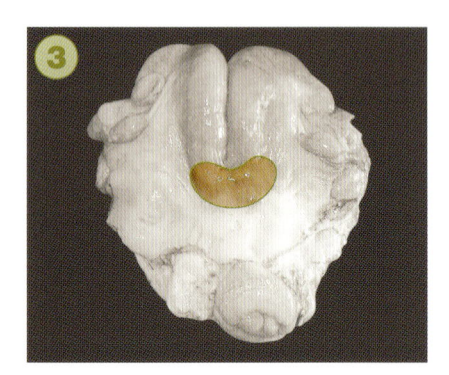

③ 子宮体

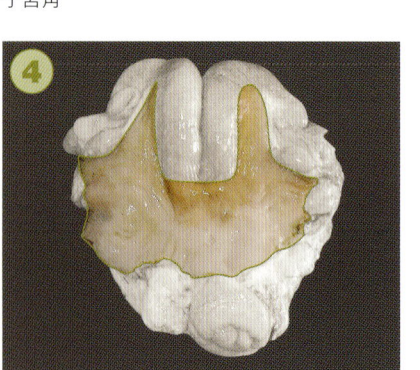

④ 子宮広間膜

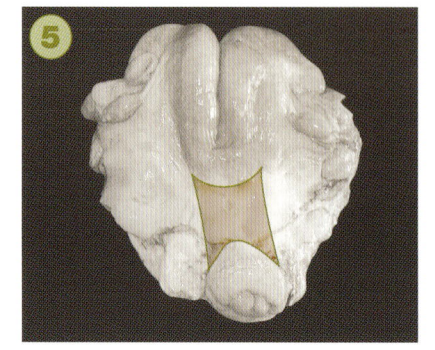

⑤ 子宮頸管

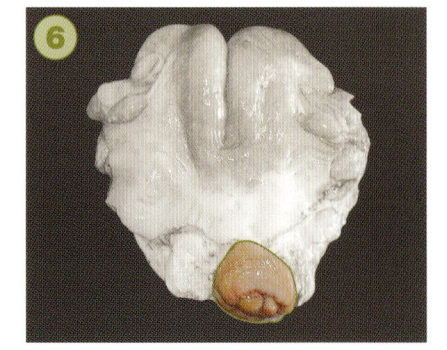

⑥ 外子宮口

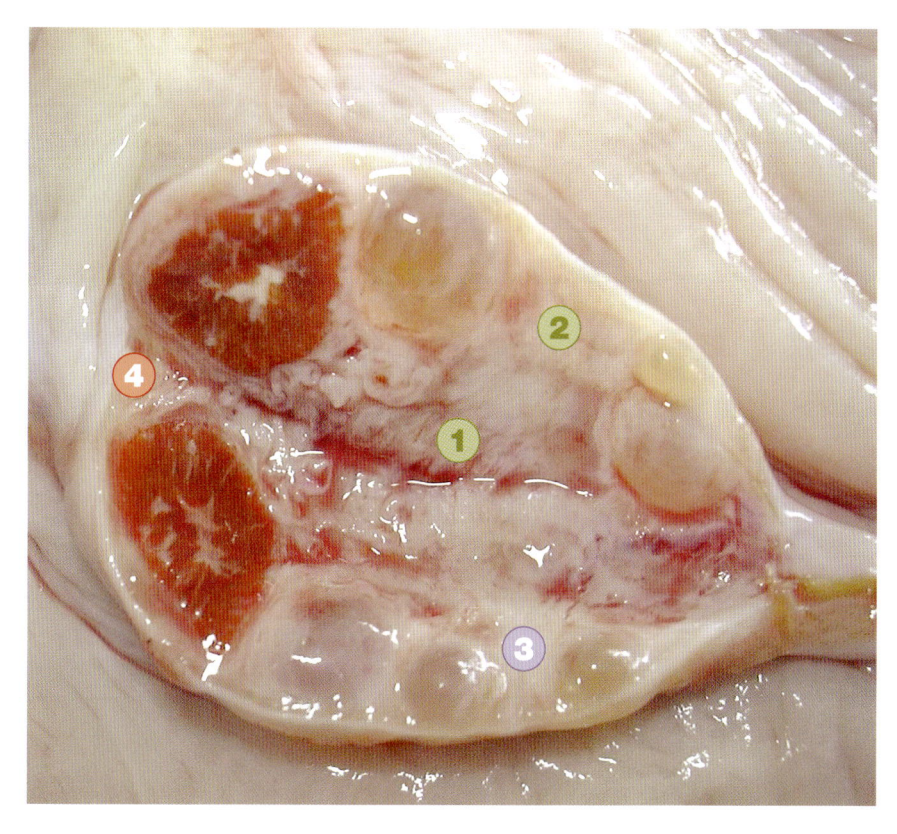

1 形態学，構造，および機能

卵巣の解剖

卵巣は以下の2つの構造からなる。
- **髄質**：卵巣の中心部であり，結合組織，血管，神経線維で構成されている。
- **皮質**：（異なるステージの）卵胞や（異なる発育ステージの）黄体を含む。これらの構造物は卵巣実質に取り囲まれている。

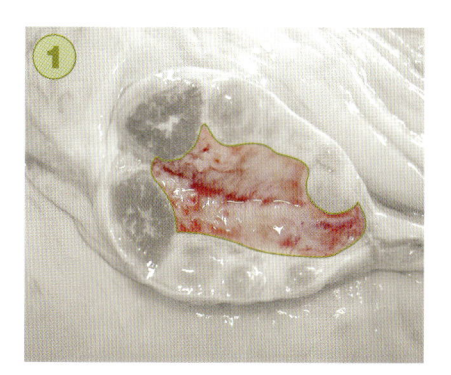

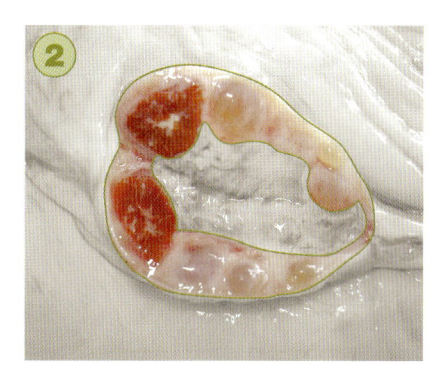

私たちが触診している構造物についての知識が増せば増すほど，触診による診断精度は，より高いものとなる。

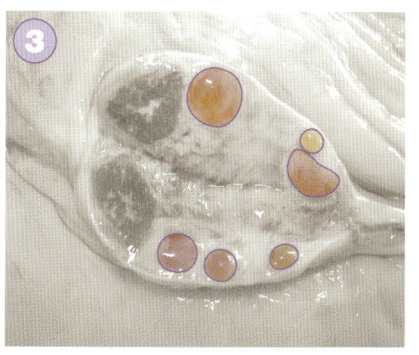

髄質

皮質

卵胞

黄体

15

卵管の解剖

　卵管は3つのパーツから構成される。これら3つのパーツは明瞭に区分できるというわけではないが，異なる機能を有している。
- **漏斗**：朝顔の花のように下部は細いが上端が腹腔に大きく開き，卵巣には背側でのみ付着している。先端はスカートのフリルのような形状で，排卵した卵子を捕捉しやすい構造になっている。
- **膨大部**：卵管の中央部である。
- **峡部**：最も狭くなっている部分であり，子宮に続いている。

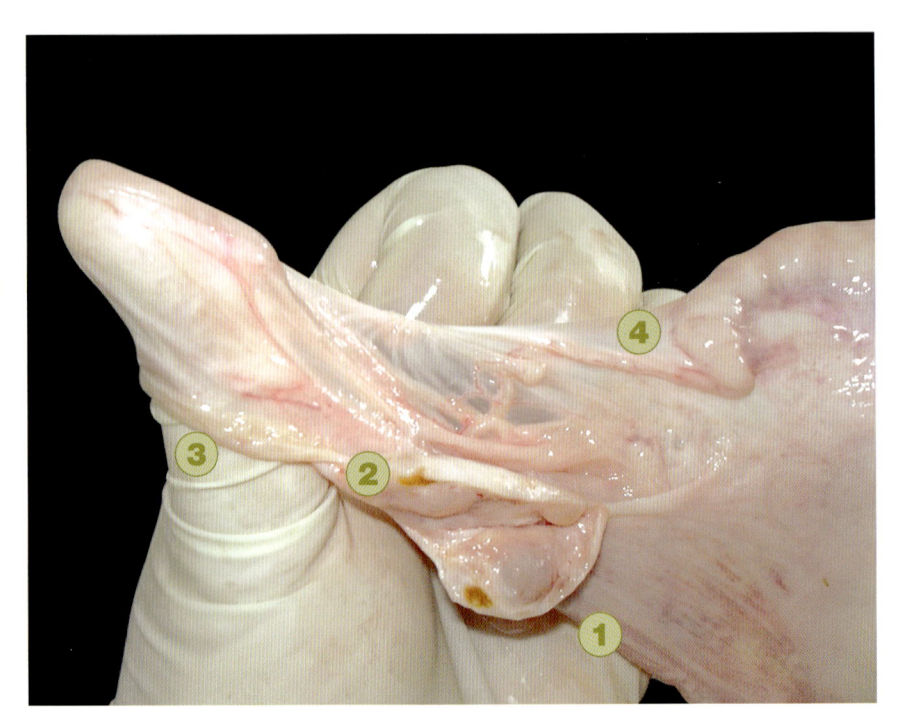

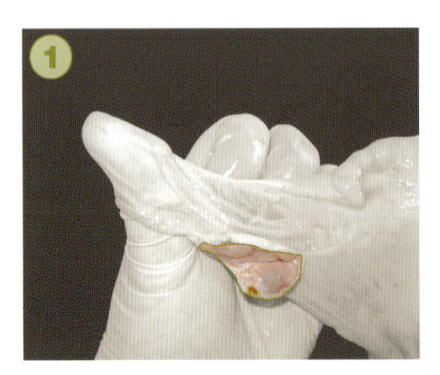

卵巣(割面)

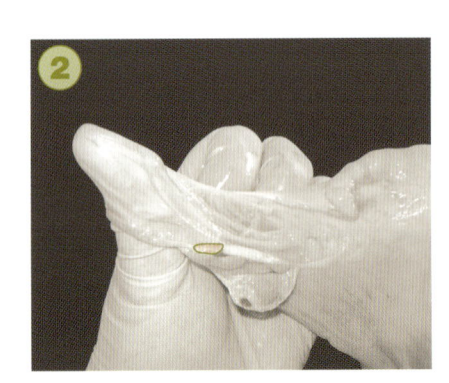

漏斗

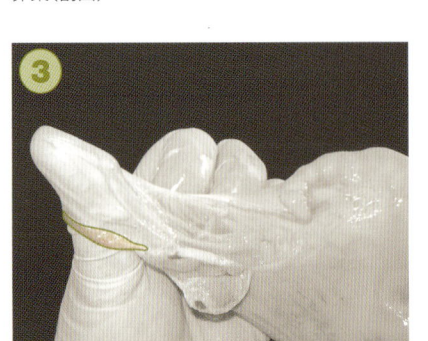

膨大部

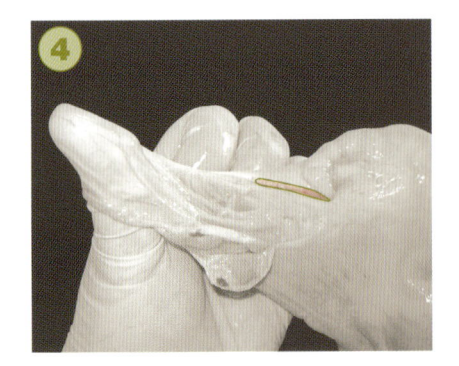

峡部

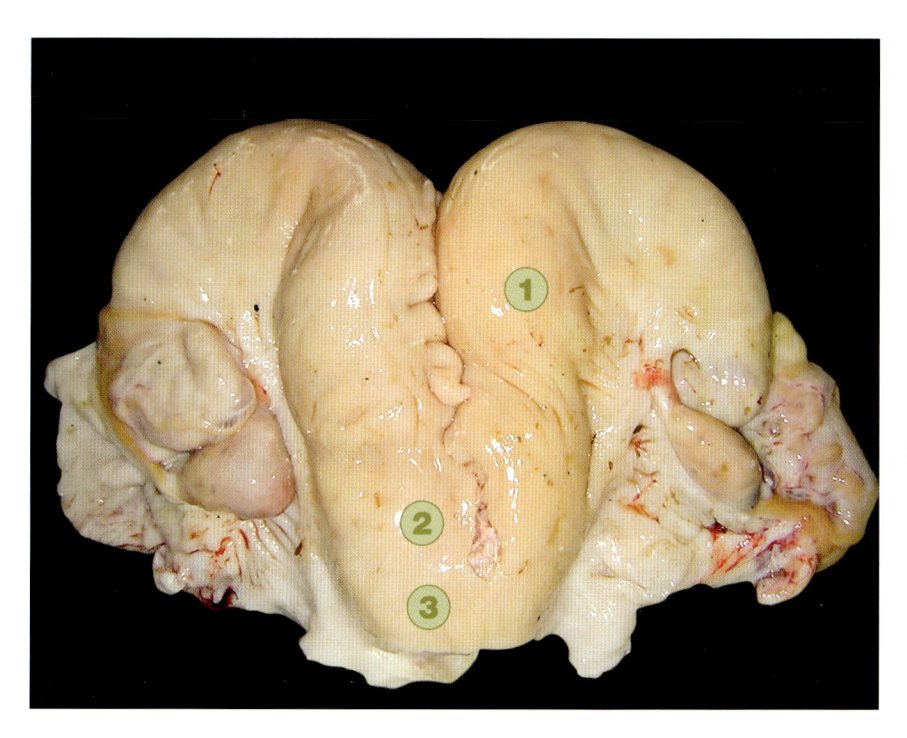

1 形態学，構造，および機能

子宮の解剖

子宮角と子宮体

子宮は卵管と腟の間を結んでいる。子宮は2つの子宮角とひとつの子宮体，ひとつの子宮頸からなる。

- 子宮角は左側と右側に分岐しており，頭側部分で腹側へ向けて弯曲している。
- 子宮体は短い。子宮体部における子宮壁の構造は子宮角や子宮頸の壁と同様に漿膜（子宮外膜），筋層（子宮筋層），粘膜（子宮内膜）から構成されている。

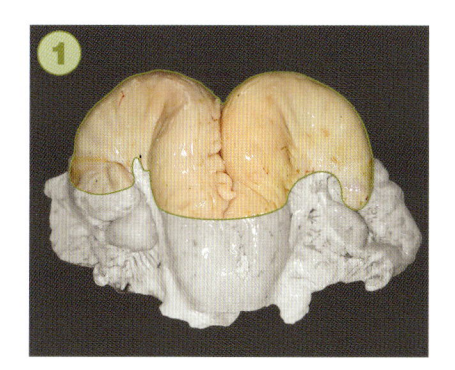

子宮角

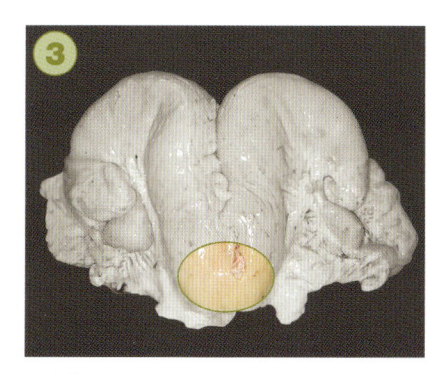

子宮体

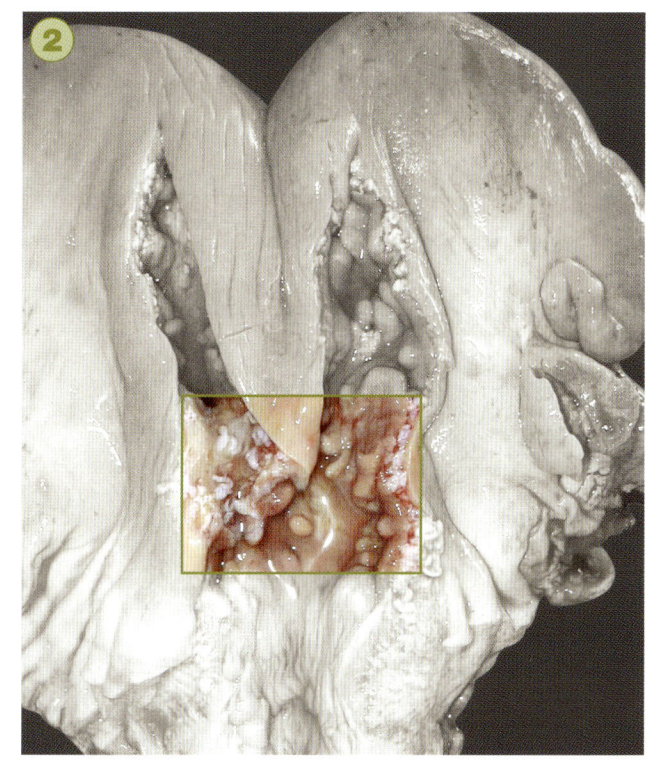

子宮体（子宮小丘が見える）

17

子宮の解剖

子宮頸

管状の器官であり，子宮体と腟を隔てている。子宮頸が担っている役割のひとつは精子を輸送することであり，同時に精子にとってのバリアとしても働く。

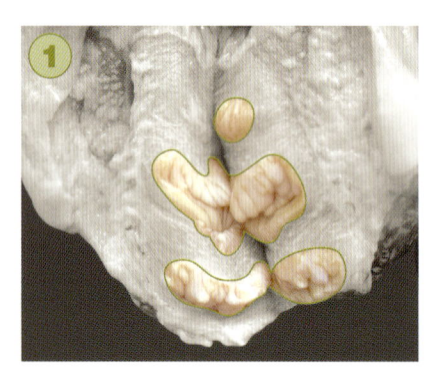

- **子宮頸管**：子宮頸管内腔に向かって伸びる複数の皺襞を有しているのが特徴である。

- **外子宮口**：子宮と腟を隔てている部位である。

子宮頸管の皺襞

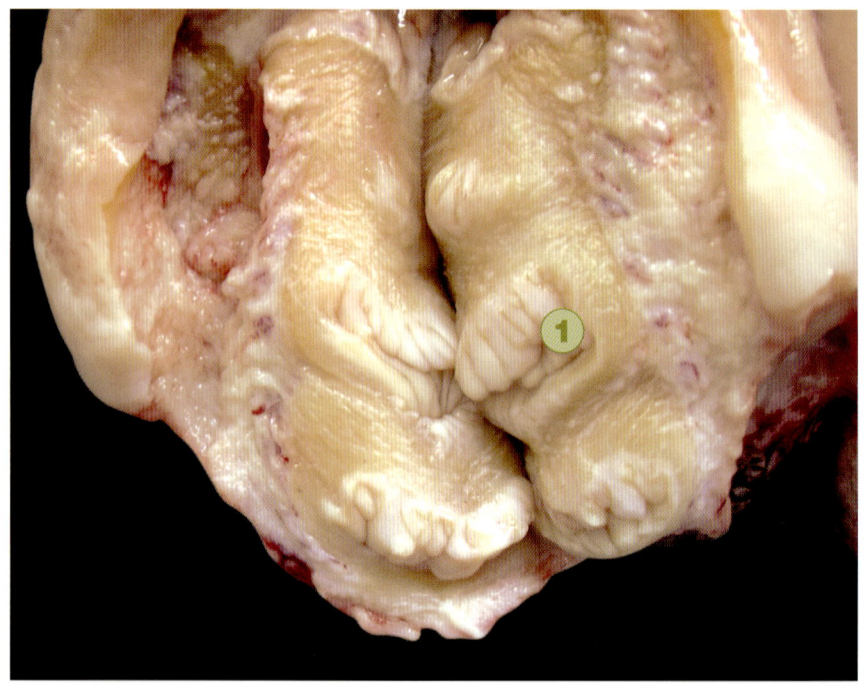

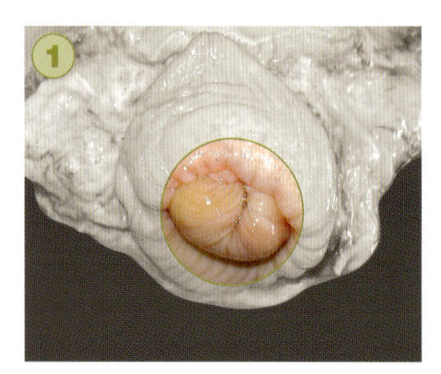

外子宮口

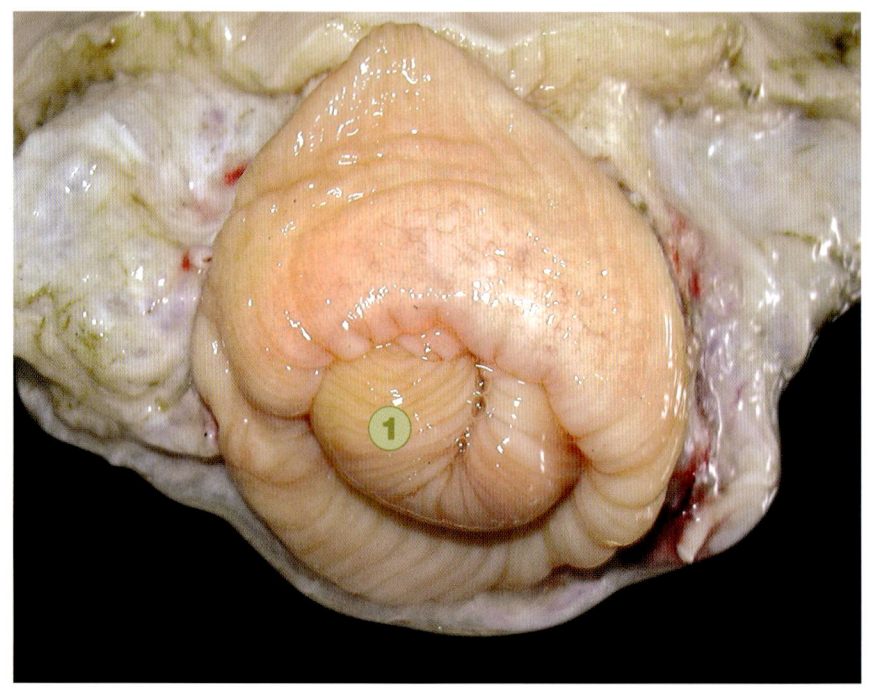

卵巣の機能

　卵巣は，受精前の卵子が発育，排卵する場所であるという点で繁殖にとってきわめて重要な器官である。

　雌個体は，胚の時期に生涯において生産できる卵子数が決定され，春機発動時から卵子の生産をはじめる。これは，生涯にわたり配偶子（精子）を生産し続ける雄とは対照的である。

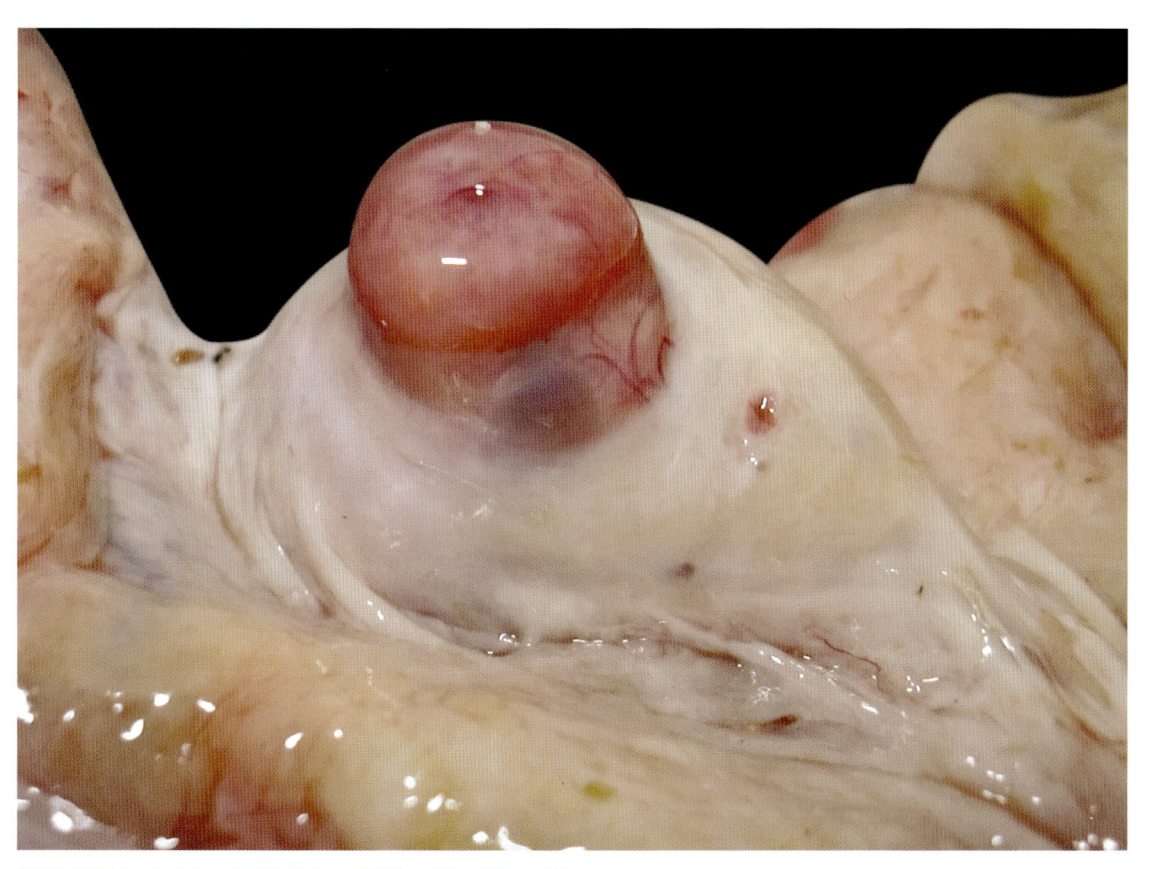

明瞭に観察されるひとつの黄体を有する卵巣。触診も容易である

　神経系と内分泌系は協調して繁殖を制御する。なかでも重要な役割を担っているのが，視床下部－下垂体－卵巣軸である。

　発情周期において，血清中ステロイドホルモン（プロジェステロン，エストラジオール-17β）や性腺刺激ホルモン（卵胞刺激ホルモン：FSH，黄体形成ホルモン：LH）濃度の変化，および卵巣（卵胞波や黄体）の形態的変化が認められる。

プロジェステロン，エストラジオール-17β，FSH，LHは繁殖に関して最も重要なホルモンである。

視床下部 – 下垂体軸

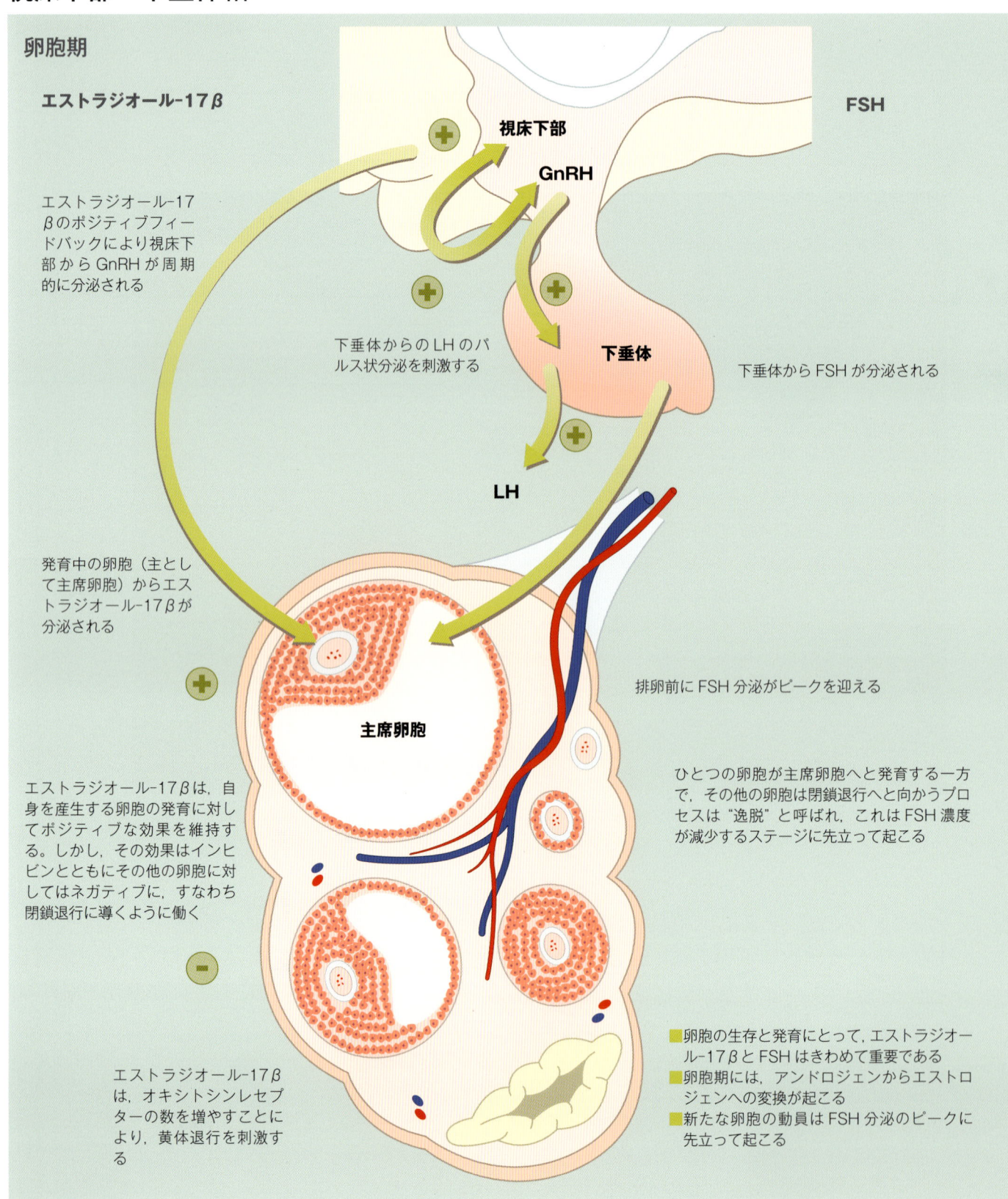

卵胞期

エストラジオール-17β

エストラジオール-17βのポジティブフィードバックにより視床下部からGnRHが周期的に分泌される

下垂体からのLHのパルス状分泌を刺激する

発育中の卵胞（主として主席卵胞）からエストラジオール-17βが分泌される

エストラジオール-17βは，自身を産生する卵胞の発育に対してポジティブな効果を維持する．しかし，その効果はインヒビンとともにその他の卵胞に対してはネガティブに，すなわち閉鎖退行に導くように働く

エストラジオール-17βは，オキシトシンレセプターの数を増やすことにより，黄体退行を刺激する

視床下部
GnRH
下垂体
LH
主席卵胞

FSH

下垂体からFSHが分泌される

排卵前にFSH分泌がピークを迎える

ひとつの卵胞が主席卵胞へと発育する一方で，その他の卵胞は閉鎖退行へと向かうプロセスは"逸脱"と呼ばれ，これはFSH濃度が減少するステージに先立って起こる

- 卵胞の生存と発育にとって，エストラジオール-17βとFSHはきわめて重要である
- 卵胞期には，アンドロジェンからエストロジェンへの変換が起こる
- 新たな卵胞の動員はFSH分泌のピークに先立って起こる

1 形態学，構造，および機能

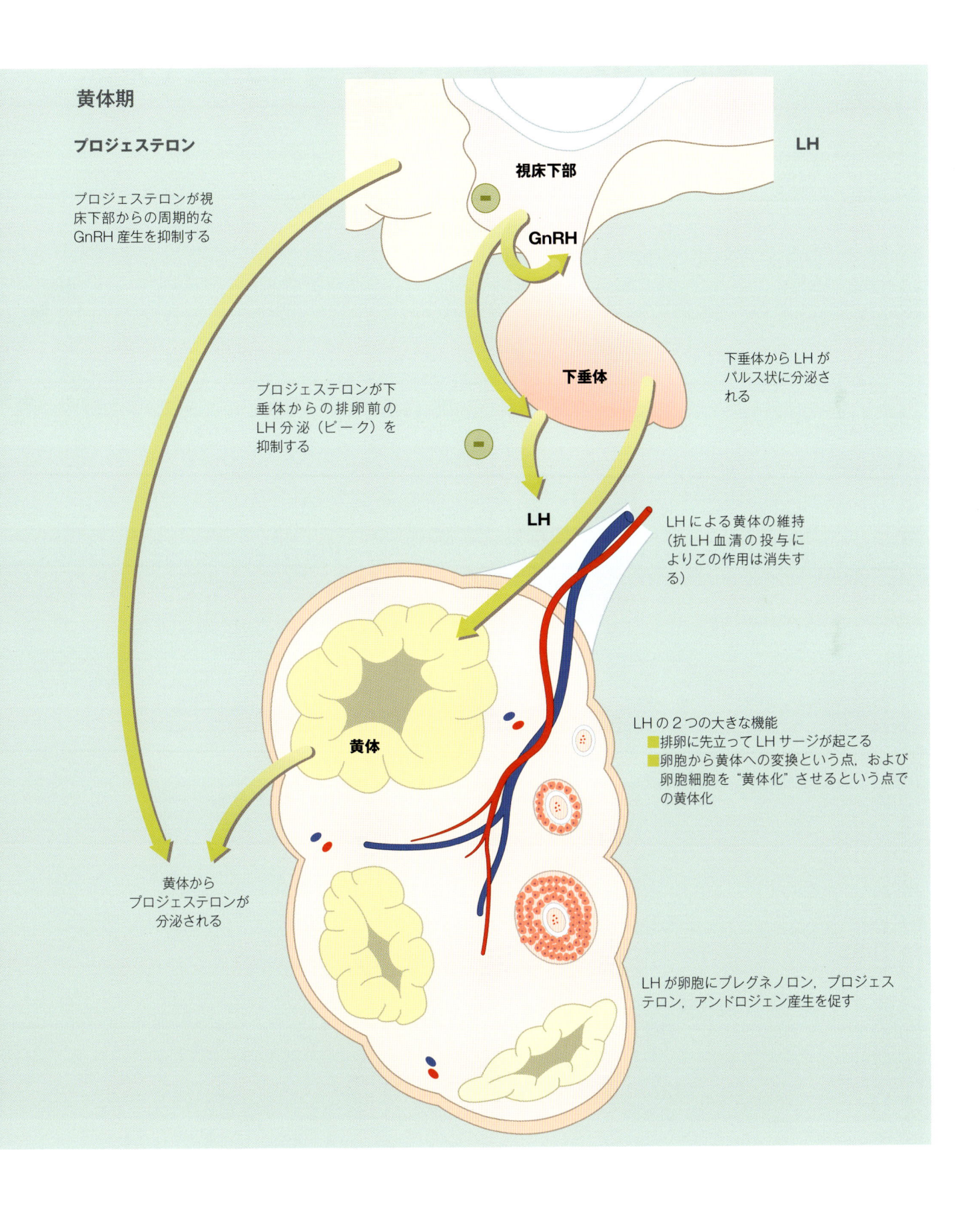

黄体期

プロジェステロン

プロジェステロンが視床下部からの周期的なGnRH産生を抑制する

プロジェステロンが下垂体からの排卵前のLH分泌（ピーク）を抑制する

黄体からプロジェステロンが分泌される

視床下部

GnRH

下垂体

LH

LH

下垂体からLHがパルス状に分泌される

LHによる黄体の維持（抗LH血清の投与によりこの作用は消失する）

LHの2つの大きな機能
- 排卵に先立ってLHサージが起こる
- 卵胞から黄体への変換という点，および卵胞細胞を"黄体化"させるという点での黄体化

LHが卵胞にプレグネノロン，プロジェステロン，アンドロジェン産生を促す

黄体

21

2 卵形成，卵胞発育および卵胞動態

卵巣は，ホルモンに反応しはじめる時（春機発動）を迎えて，初めて安定した周期的な卵胞波を発現する。それは成熟個体の典型的な発情周期である。

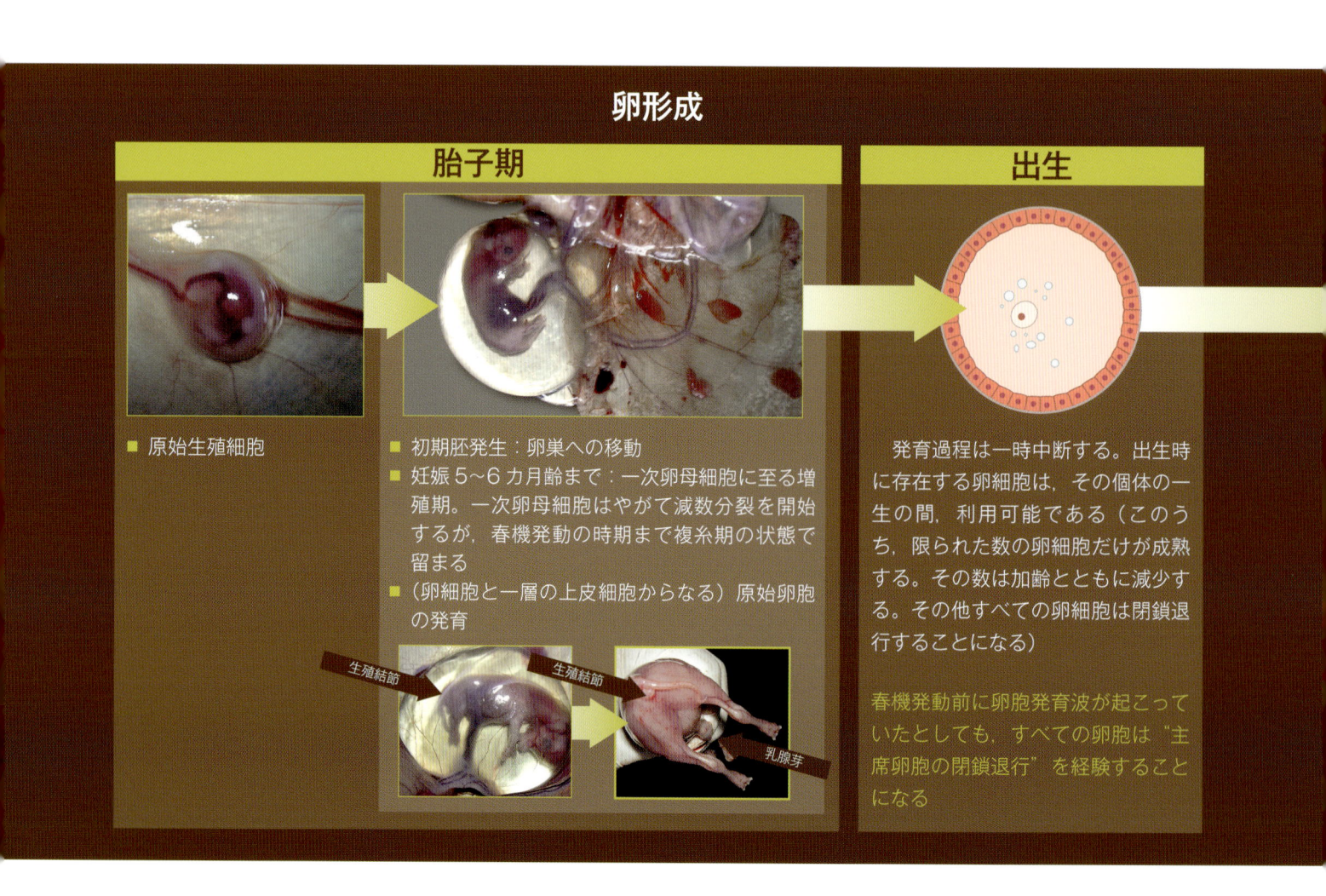

卵形成

胎子期

- 原始生殖細胞
- 初期胚発生：卵巣への移動
- 妊娠5～6カ月齢まで：一次卵母細胞に至る増殖期。一次卵母細胞はやがて減数分裂を開始するが，春機発動の時期まで複糸期の状態で留まる
- （卵細胞と一層の上皮細胞からなる）原始卵胞の発育

生殖結節　生殖結節　乳腺芽

出生

発育過程は一時中断する。出生時に存在する卵細胞は，その個体の一生の間，利用可能である（このうち，限られた数の卵細胞だけが成熟する。その数は加齢とともに減少する。その他すべての卵細胞は閉鎖退行することになる）

春機発動前に卵胞発育波が起こっていたとしても，すべての卵胞は"主席卵胞の閉鎖退行"を経験することになる

2 卵形成，卵胞発育および卵胞動態

　卵形成と卵胞発育は，胎子期において雌の性腺へと形成される際に起こる変化を示している。原始生殖細胞は増殖し，"一級クラスの卵子（主席原始卵胞）"に変わり，出生時までこのステージに留まる（出生時に存在する卵子の数がその個体の全生涯において利用できる総数となる）。

　春機発動時まで，これらの卵胞はホルモンの作用に対して反応しない。卵胞発育波は出生後最初の数週間ですでにはじまっているが，主席卵胞は退行し，排卵することはない。

　春機発動を迎えて初めて卵胞波は排卵を伴うようになる。

　以下のボックスにこれらの現象の概要を図示し，次のページにこれらの変化がどのようにして卵胞レベルで起こっているのかを示した。

卵胞発育

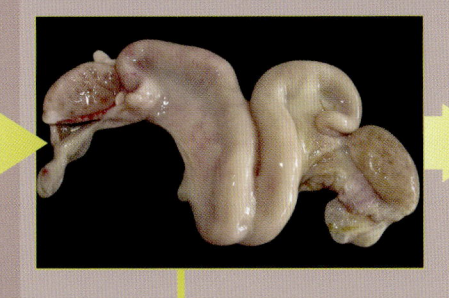

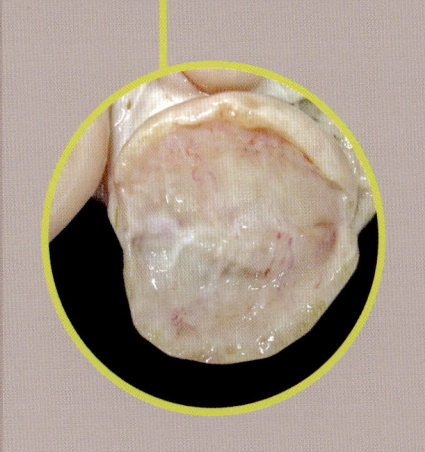

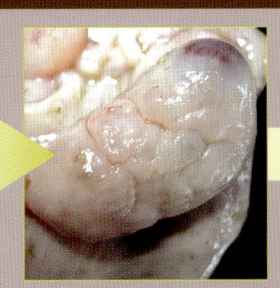

春機発動
休止状態だった原始卵胞が活性化し，ホルモンの刺激に反応するようになる

性成熟後
原始卵胞の成熟（成長と分化）と胞状卵胞への発育…このステップは卵胞波の消長に伴って現れ，発情周期として繰り返される

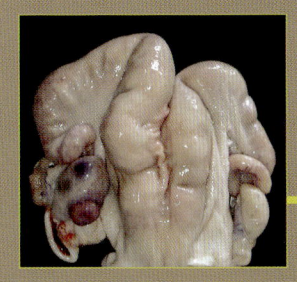

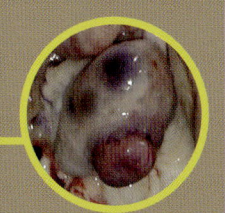

成長と分化	原始卵胞	一次卵胞	二次卵胞	三次卵胞（グラーフ卵胞）
卵胞サイズの増加	×	××	×××	×××
顆粒層の層数の増加と（内外）卵胞膜の増大	卵子＋1層の上皮細胞	卵子＋1層の立方細胞	卵子と複数の細胞層（液体で満たされた内腔が出現しはじめる）	二次卵胞において顆粒層細胞の増殖を伴うようになる。また、内腔サイズが大きくなる。内腔に向かって突出する卵丘が形成される

本書では、1発情周期における卵胞波数を2つと仮定することとする。

春機発動時に存在する卵胞のうち、わずかな数の卵胞のみが発育、排卵に至る。卵胞は発育中の卵子を保護し栄養を与えている。また、卵胞はステロイドホルモンを分泌して、発情に伴う行動を制御するとともに排卵後に黄体になる細胞を供給している。黄体は排卵後に形成される一過性の内分泌器官であり、黄体を構成する細胞の一部は卵胞由来である。

卵胞動態

反芻類では、ひとつ以上の卵胞波において卵胞発育は継続して行われており、その過程は卵胞動態として知られている。

卵胞波は以下の点で特徴付けられる。
1. 発育中の卵胞のグループからの最初の動員を行う。
2. ひとつの卵胞が選抜されるとその卵胞は発育を続ける一方で、その他の卵胞は閉鎖退行していくことになる。
3. 選抜された卵胞は、同一卵胞波においてその他の卵胞発育を抑制するためにアクティブな働きをすることから、主席卵胞として知られている。この時、共存する黄体が退行するか否かで主席卵胞は排卵に至るか、あるいは閉鎖する（非排卵性主席卵胞）かが決まる。

卵胞波のグラフに示すように卵胞が発育するのに並行して、黄体もその大きさと硬さを増していく。発情周期の中盤にあることを知る手掛かりとして、黄体の硬さを評価する能力を有していることは重要であるが、それは難しいかもしれない。主席卵胞を有する卵巣の同側あるいは対側に黄体が共存していることもあるからである。

一般に、乳牛には2つの卵胞波がある（一発情周期に卵胞波が2つある）。若い個体では3つ以上の場合もあるが、その場合は黄体寿命の判断がさらに複雑になる。

次ページに、これらの複雑な動きについて、各ステージにおいて存在するであろう構造物を有する卵巣の写真とともにグラフで図示する。同側のひとつの卵巣において主席卵胞と次席卵胞以下の卵胞、および黄体などの構造物が一緒に存在することもあるが、通常は左右両側の卵巣においてそれらを見出すことができる。

各卵胞波の開始に先立ってFSH濃度の上昇が起こり，発育卵胞から分泌されるエストラジオール-17β濃度の上昇により，卵胞波が起こった後にはFSH濃度が有意に低下する。

　最大卵胞の直径が8 mmに達すると，発育速度がその他の卵胞よりも早くなり，主席卵胞となる。一方，その他の卵胞は退行し，従属卵胞（下位卵胞）となる（逸脱）。通常，選択された卵胞はより大きく，逸脱は，次の卵胞が（直径8 mmという）臨界点に到達する前に起こる急速な現象である。

　主席卵胞が選択されるメカニズムは，FSHやLHに対する反応性の増加に基づいている。まず，すべての発育中の卵胞から産生されるエストラジオール-17βとインヒビンによる負のフィードバックによりFSH濃度の低下が起こる。主席卵胞は，低濃度のFSH下で成長を継続する能力を獲得する一方で，その他の小さな卵胞にとってはその低濃度のFSHでは発育を続けることができなくなる。主席卵胞の選抜にとって重要な2つ目のメカニズムは，一旦直径が8 mmに達すると，顆粒層細胞においてLHレセプターが発達しはじめてLHが卵胞を刺激する性腺刺激ホルモンとして働くため，FSH濃度が低値になっても卵胞が発育を続けることになる。発育フェーズの終盤に向かって，黄体退行が起こるか否かにより，主席卵胞は排卵するか，あるいはLHレセプターを失って閉鎖するかのいずれかの運命を辿る。エストラジオール-17βによる卵胞の選択が止まると，FSHレベルは再び上昇し，次の卵胞波の出現が惹起され，卵巣周期が再開することになる。

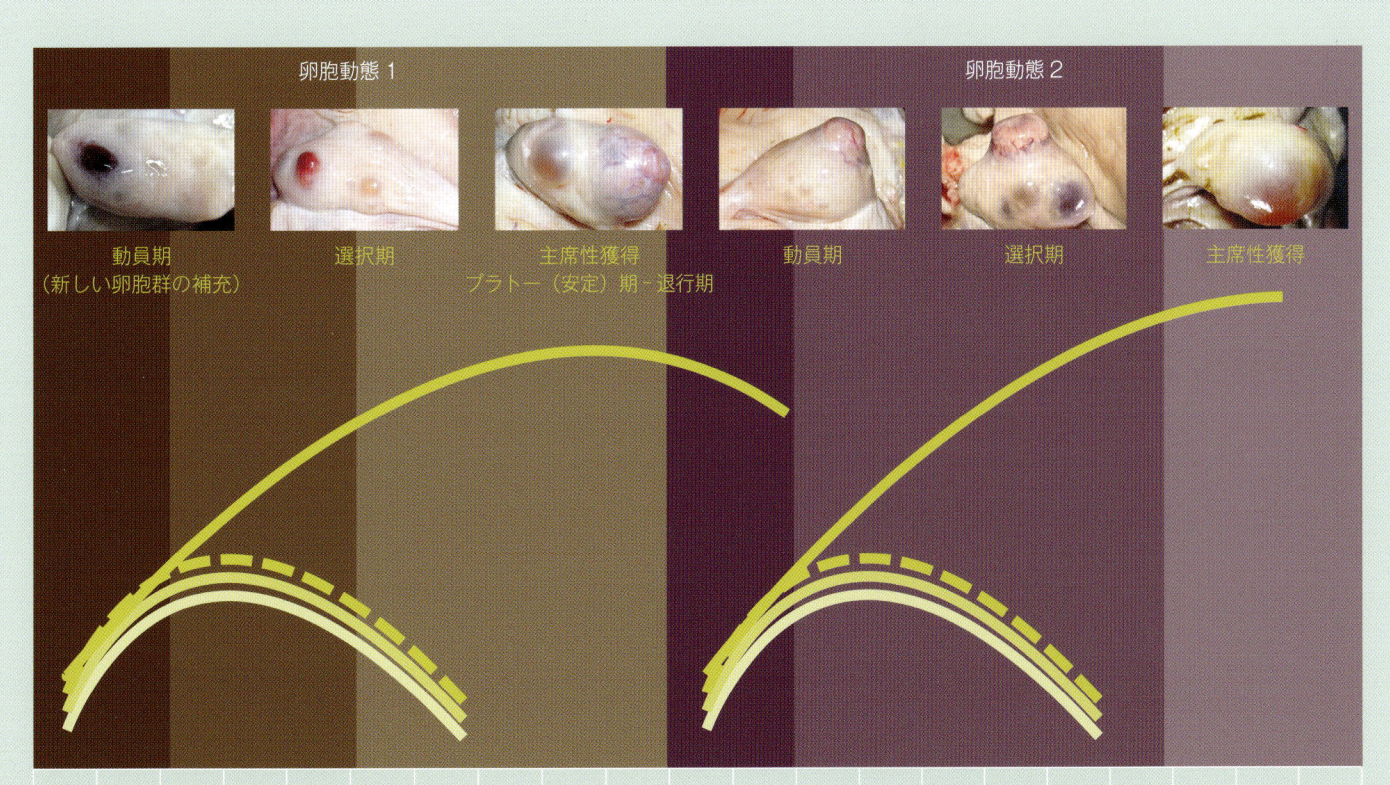

卵巣周期のステージごとの黄体の色調の変化

　色調の変化は触診では判別できないが，特に食肉センターにおいて生殖器を観察するような場合においては有用な情報となるだろう。

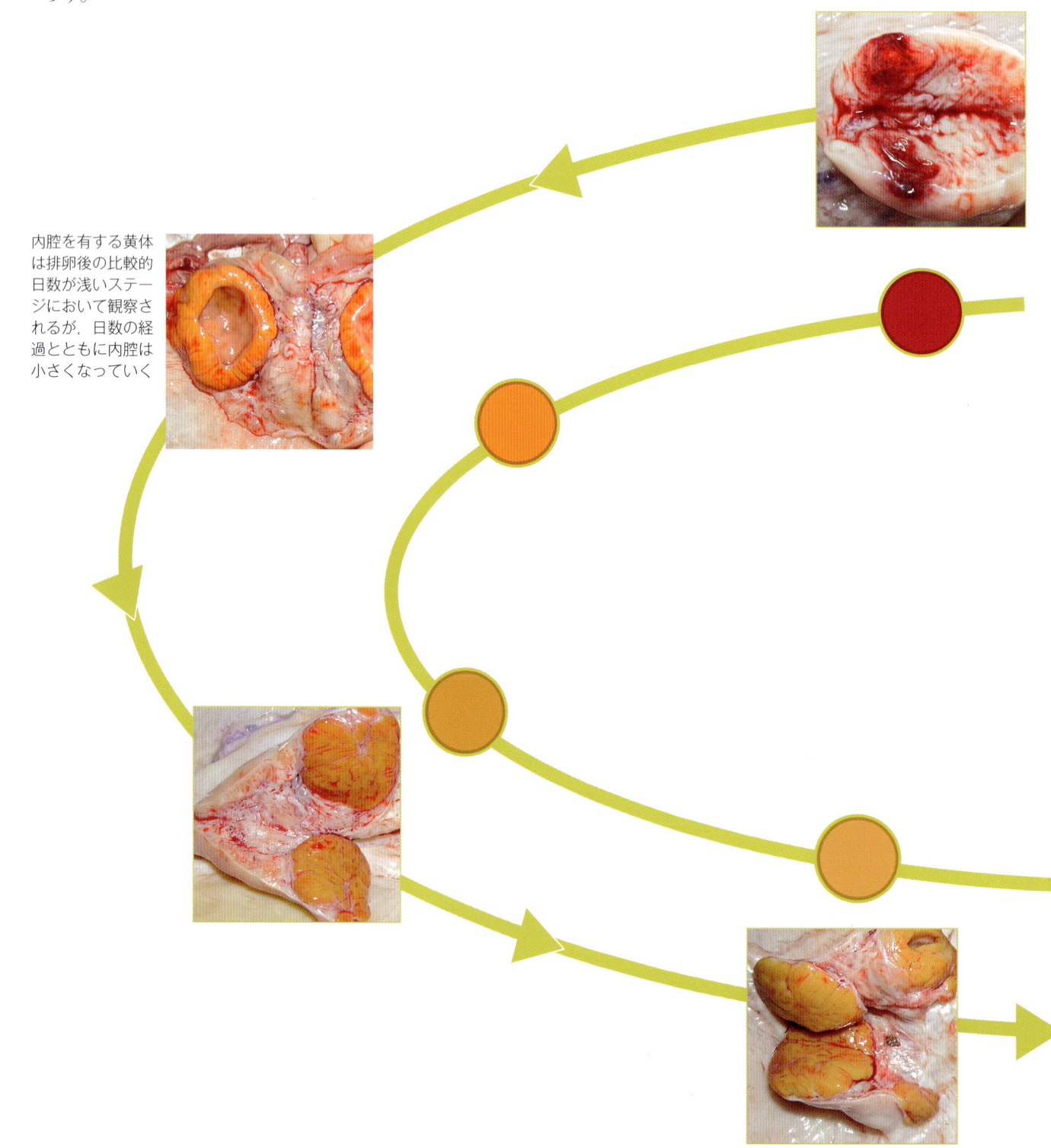

内腔を有する黄体は排卵後の比較的日数が浅いステージにおいて観察されるが，日数の経過とともに内腔は小さくなっていく

2 卵形成，卵胞発育および卵胞動態

白色化した退行黄体

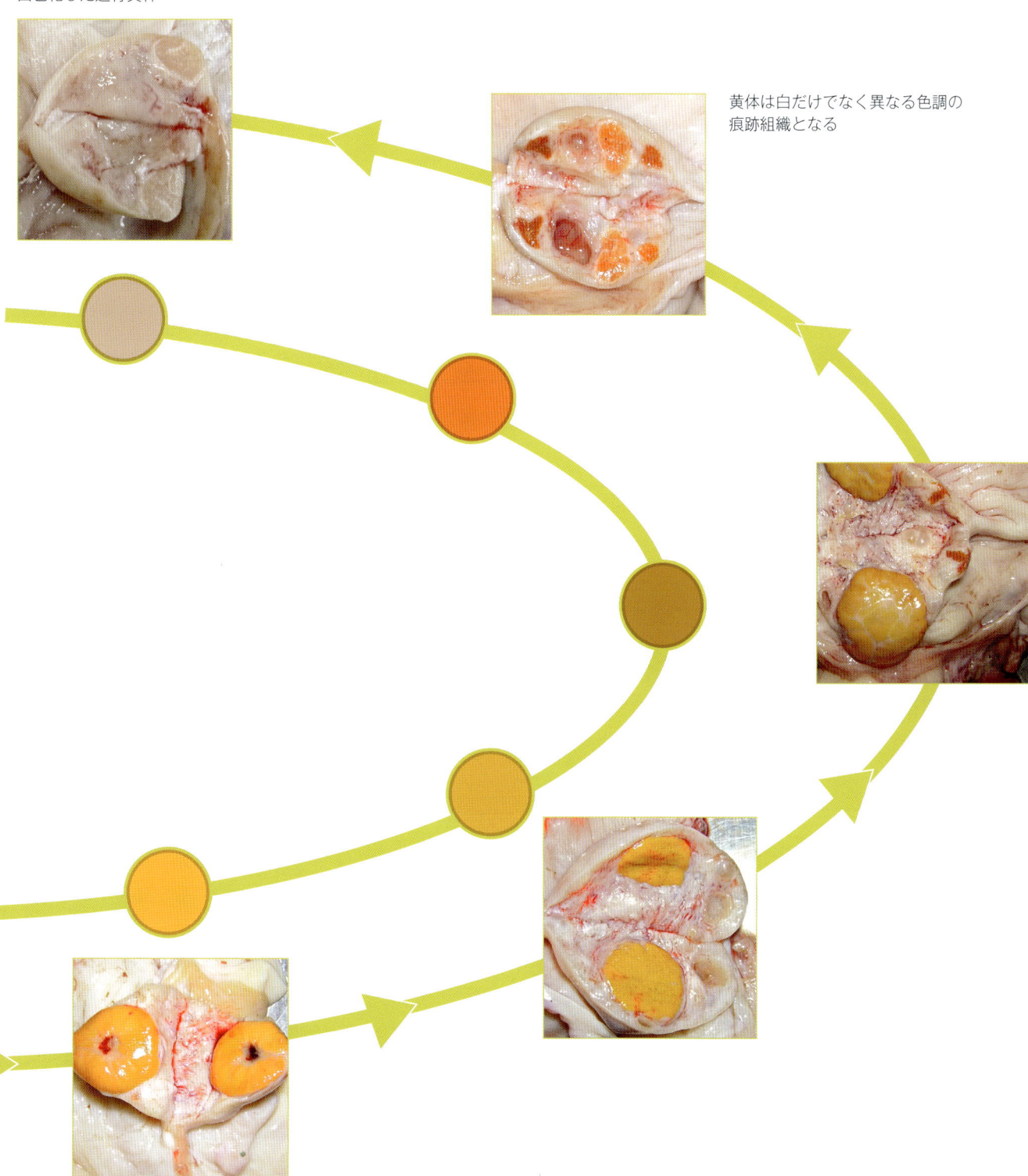

黄体は白だけでなく異なる色調の痕跡組織となる

27

3 構造を認識する

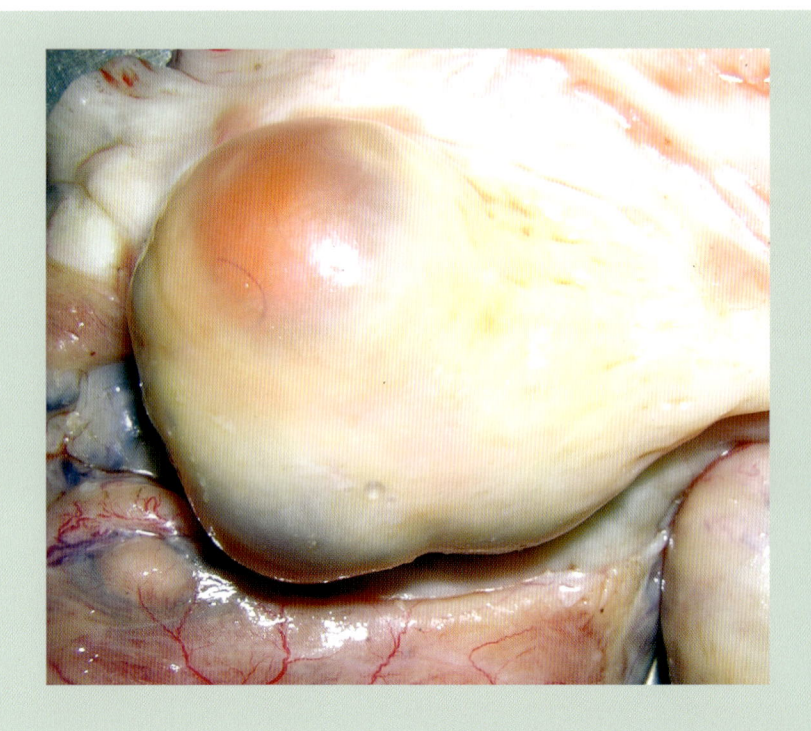

　ここまで，理論が必ずしも現場で見られるものとは一致しないことを説明してきた（例えば，卵巣の変化は両側で同時に起こるが，それをきちんと図示あるいは文章で体感的に説明している成書は少ない）。本章では，異なるステージにある卵巣について，多数の写真を示しながら説明していきたい。

　確かに，典型的な"シャンパンコルク"状の形をした黄体が時としてよく"見えない（触れない）"ことがある。特に卵巣実質の外側ではなく内側に向かって突出しているような場合にはその質感を見極めることが難しい。

　残念ながら，黄体の質感が明瞭に分かる時期は，卵巣周期の初期と末期の2回しかない。その中間の時期（中期）においては，非常に主観的な評価しかできず，黄体の硬さで判断するしかない。しかし，退行期あるいは周期のはじめの黄体においても，機能していないにもかかわらず一定以上のサイズを有していることがある。それが誤診の原因となり得ることから，黄体の硬さの方が黄体サイズよりも信頼性の高い情報ということができる。

　本書での説明を一定の基準に沿ったものとするため，前提として一周期に2つの卵胞波を持つ卵巣を，正常に動いているとして話を進めていくこととする。しかしながら，一周期に3つの卵胞波を有する個体や，各ステージの持続日数が本書の記載とやや異なる個体が存在する可能性があることは，認識しておく必要がある。

　経験に基づいた直感力と"手のなかの眼"を養うことが，診断の精度を高めるためには必要なステップである。

3　構造を認識する

本章は実用的な観点から，異なるステージの卵巣の構造を認識するため多数の写真を示した。

　例えば，獣医師は牛の栄養について考える時，パソコン上で算出された給与量，実際に給与した量，そして実際に摂取した量と，様々な情報から理論上の給与量と動物が実際に摂取した量ができるだけ同量になるように努力している。それと同じく，超音波検査や直腸検査などから得られる所見が，実際の卵巣構造をできるだけ正確に表したものとなるように努力している。

　本書では，分娩月日がいつか，最終発情がいつかといった情報により，その個体が卵巣周期のどのステージにあるのかを推定することができる。そして次のステップとして，直腸検査を行うことでその個体が置かれている状況を診断し，周期中のステージを特定したり，あるいは妊娠の有無や妊娠のステージを特定したりすることができる場合がある。これにより獣医師は生産者に有益な情報（例えば治療の有無や処置の方法，あるいは次回発情の時期などの情報）を提供することができ，そして最終的には獣医師の診断が正しいかどうかを牛自身が示してくれるのである。

　診断をより価値あるものとするために，私はやはり一定以上の試行錯誤を繰り返しながら熟練していく方法を推奨したい。また，現場での経験に勝るものはないが，読者の理解を深める助けとなるよう，ひとつひとつの卵巣に存在する構造物を正しく認識したうえで，実物の写真を提示して説明していく。

　まず，「卵巣の構造物を見極めるためのガイド」からスタートしたい。30〜31ページは卵巣周期の異なるステージの写真を示し，様々なバリエーションを説明している。

　これら一連の写真はまず，子宮から子宮頸管，そして腟に至る生殖道と両側の卵巣からはじまっている。これらの写真を見て卵胞波動態の正確な経時的順序を理解してもらいたい。次に，個々の卵巣の写真とその構造に関する説明を付けている。これらを同時に理解してもらうことが理想的である。

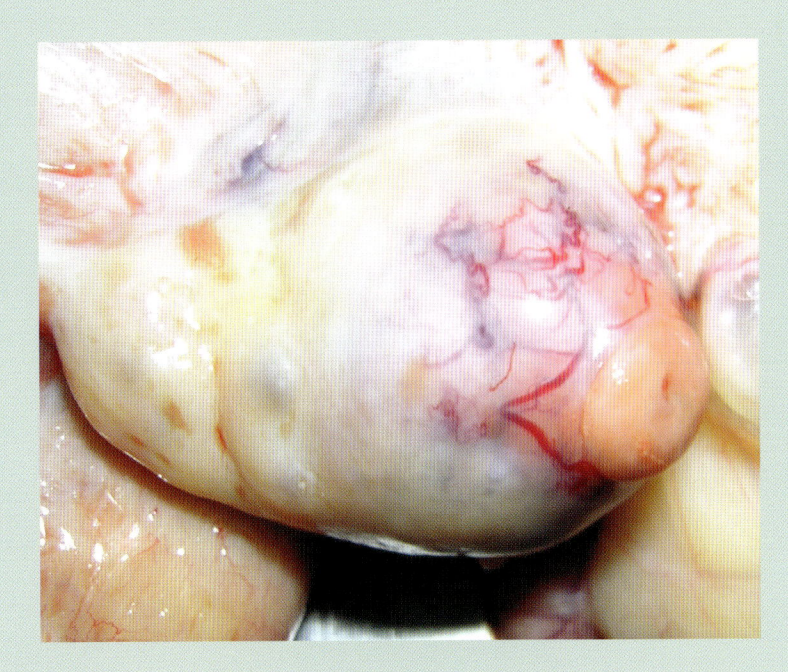

次のページに掲載されているフローチャートをよく注意してご覧いただきたい。日々の繁殖管理におけるガイドとして役に立つだろう。

卵巣の構造物を見極めるためのガイド

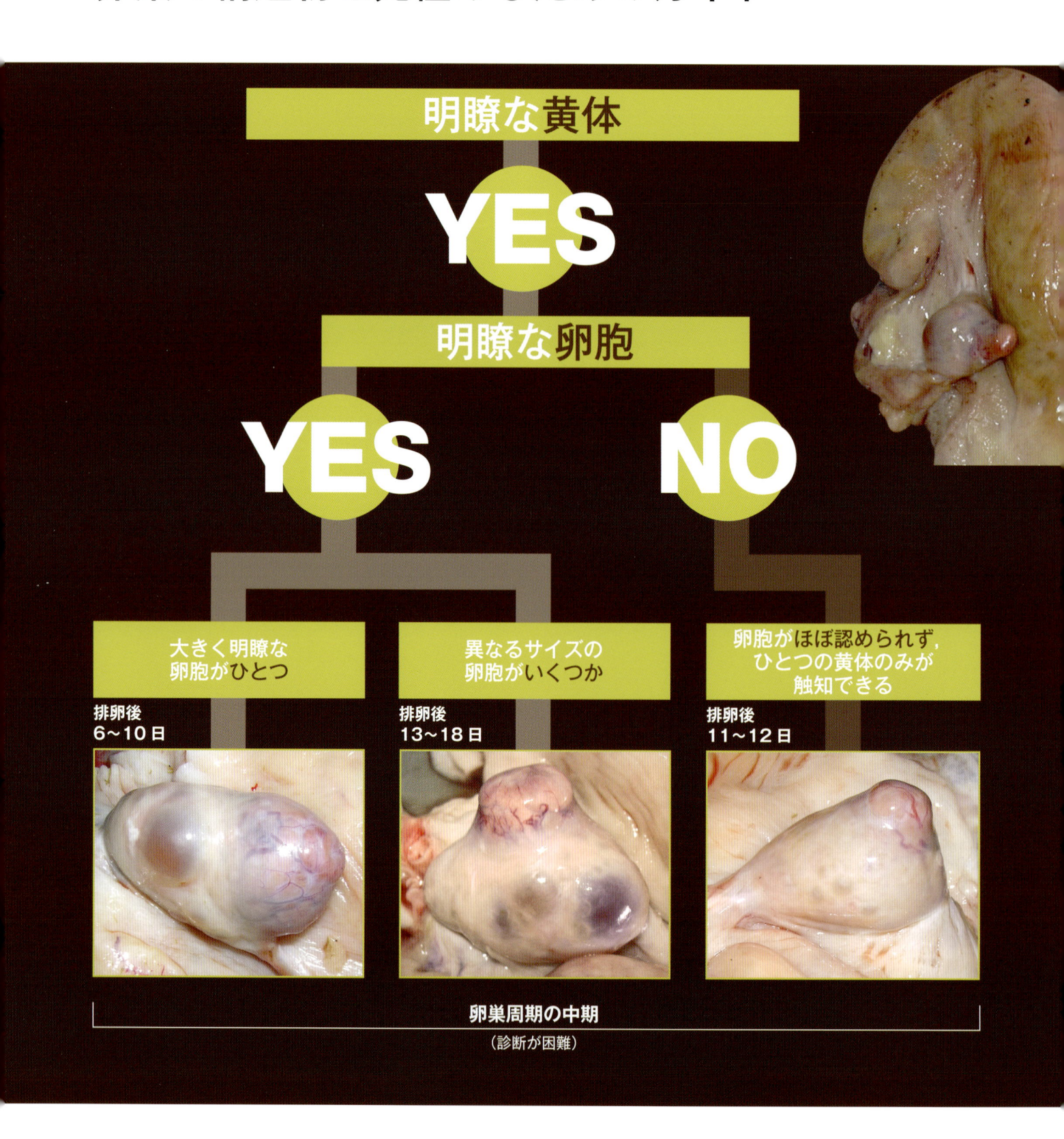

明瞭な黄体

YES

明瞭な卵胞

YES / **NO**

大きく明瞭な卵胞がひとつ	異なるサイズの卵胞がいくつか	卵胞がほぼ認められず、ひとつの黄体のみが触知できる
排卵後 6〜10日	排卵後 13〜18日	排卵後 11〜12日

卵巣周期の中期
（診断が困難）

3 構造を認識する

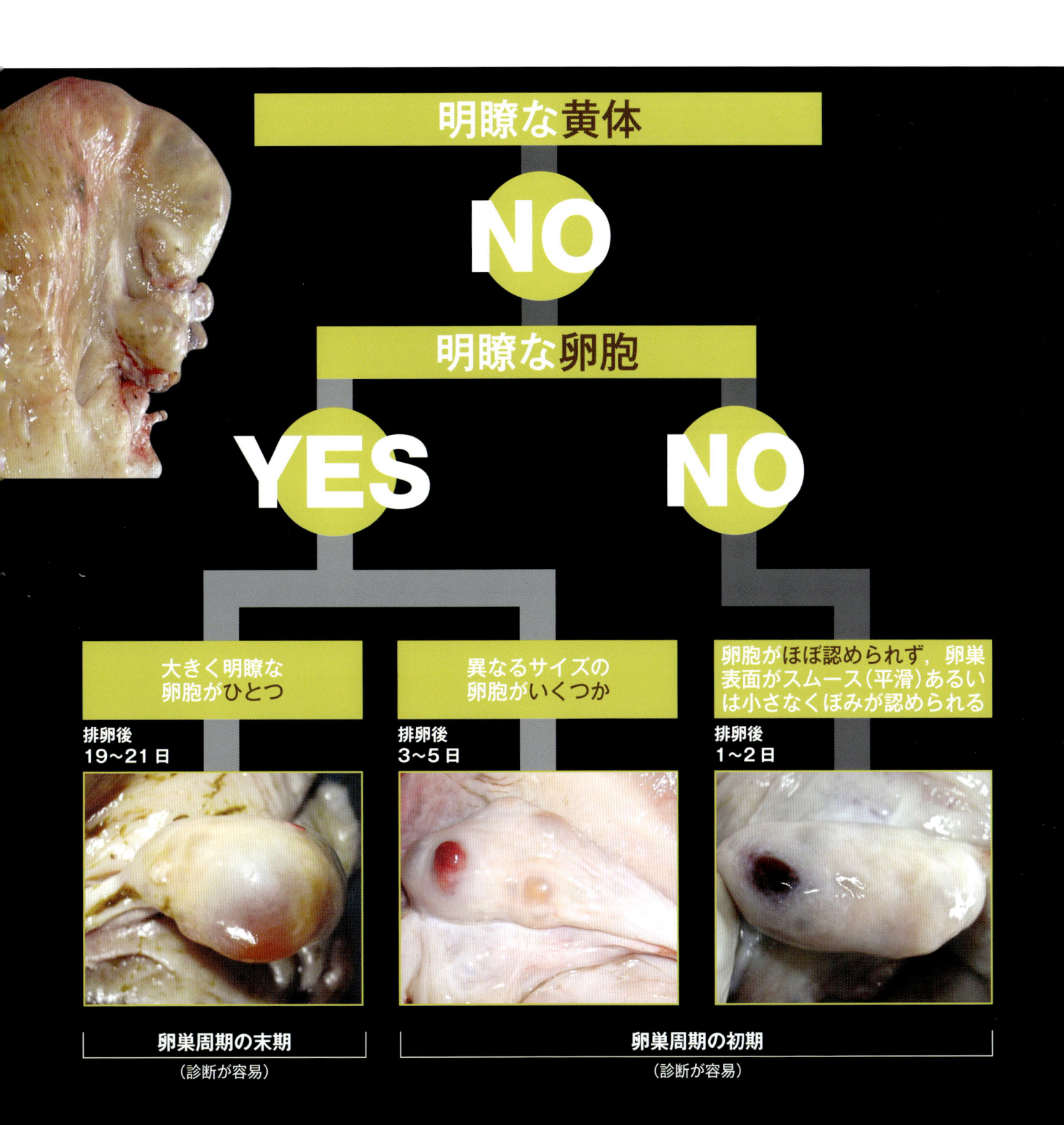

明瞭な黄体

NO

明瞭な卵胞

YES   **NO**

大きく明瞭な卵胞がひとつ	異なるサイズの卵胞がいくつか	卵胞がほぼ認められず，卵巣表面がスムース（平滑）あるいは小さなくぼみが認められる
排卵後 19〜21日	排卵後 3〜5日	排卵後 1〜2日

卵巣周期の末期（診断が容易）　　　卵巣周期の初期（診断が容易）

一般的な卵巣周期の評価方法

　30〜31ページのチャートは，有用なガイドになると思う。しかしながら，卵巣周期の中期に関しては有用性が低い。

　それを理解するために，30〜31ページ中央の生殖器を見てほしい：左卵巣はよく突出した黄体を有し，右卵巣には黄体がない。左卵巣だけを考えれば黄体の隣の卵胞が出現していることから排卵後6〜10日の間だと推察できる。右卵巣だけを見ると排卵後1〜2日というのが推察される所見である（動員された卵胞はほとんど見えず，退行黄体が先端部に観察できる）。

　卵巣において黄体からはプロジェステロンが産生されるが，プロジェステロンは血流に放出され，中枢（視床下部と下垂体）において負のフィードバック作用を起こす。したがって，主席卵胞が対側あるいは（本図のように）同側卵巣に存在していたとしても，プロジェステロンが中枢レベルにおいて周期的な性腺刺激ホルモン放出ホルモン（GnRH）の放出を抑制することから，排卵はブロックされることになる。そのため，ひとつの卵巣だけの触診は誤診につながる危険性がある。

結論

我々は3つのパートで卵巣周期を捉える必要がある。その理由は，

- ある程度の確証を持って診断できる時期は，卵巣周期の初期（排卵後1〜5日）と末期（排卵後19〜21日）だけである。
- その間の中期（排卵後6〜18日）は正確に排卵後何日と聞かれても評価が困難である。しかし，実際の現場においてはそれほど重要なことではなく，どの時期にあるのかを決定できればそれで十分である。

実際の現場では，私たちができるのは以下のことだけである：

- **存在している構造を認識すること**：時として難しいことがあるが，常に卵巣周期を捉えるためのガイドにはなり得る。
- **黄体を評価すること**：
  - **サイズ**：時として惑わされることがある。例えば退行黄体は原則として小さく硬いはずだが，私たちが考えているよりも大きいことがしばしばある。
  - **硬さ**：これが私たちに残された唯一実際に使える武器である。硬さの評価は，卵巣周期の初期に近いのか，あるいは末期に近いのかを判断する指標となる。

いずれにしても，実際の現場において正確に排卵後何日であるかを判断しなければいけないという場面は多くない。卵巣周期の初期，中期，末期のどの時期にその個体がいるのかを把握できれば，通常はどういった処置を必要とするかを判断する材料としては十分である。

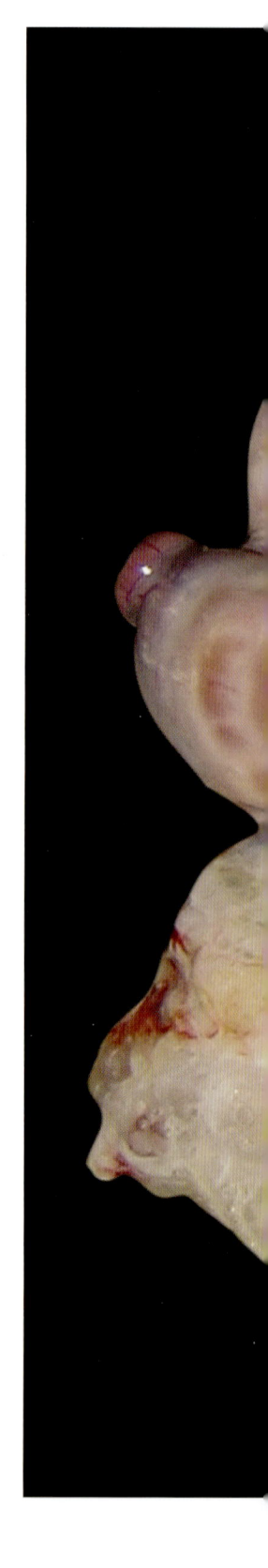

3 構造を認識する

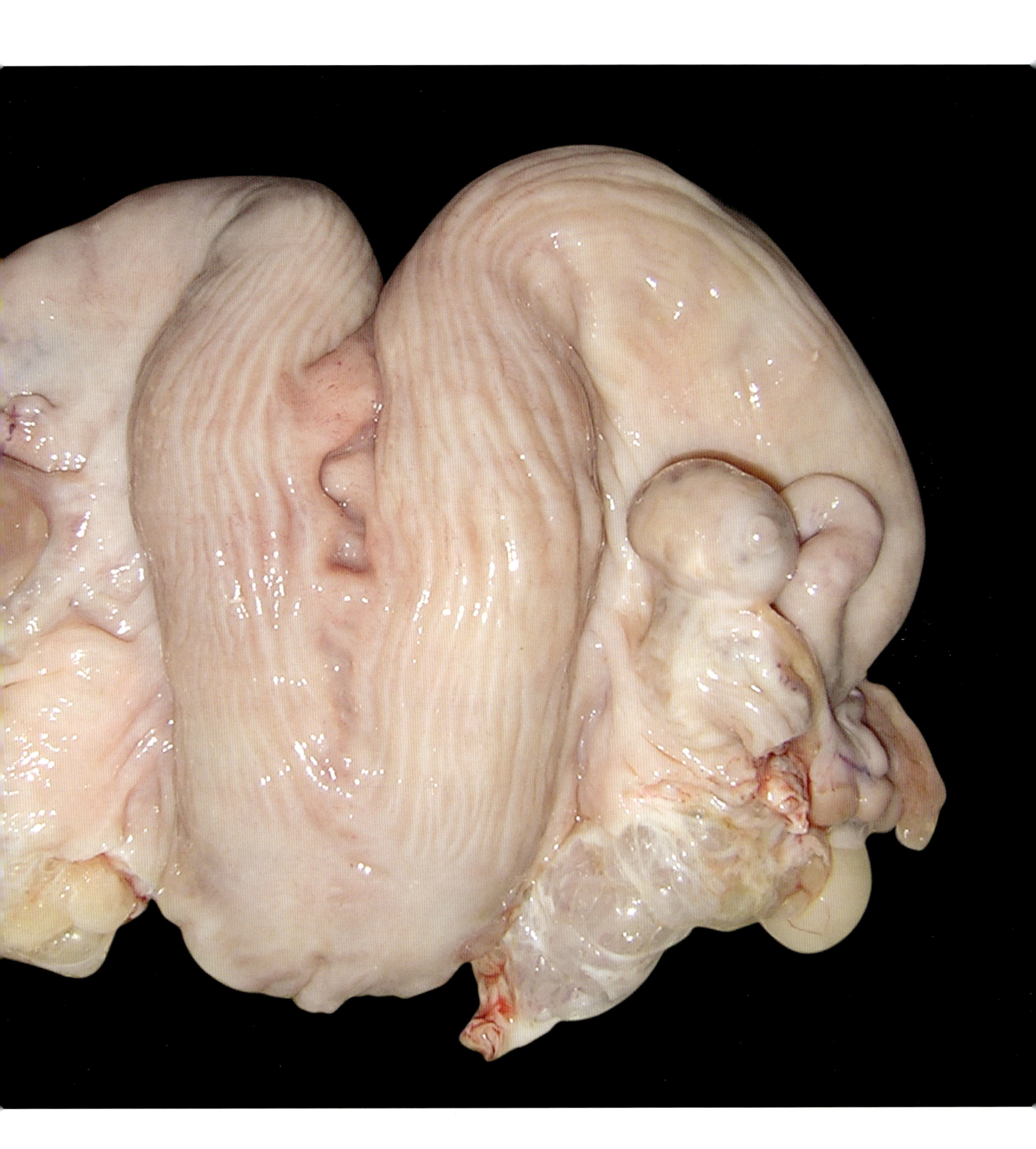

排卵後 1〜2日

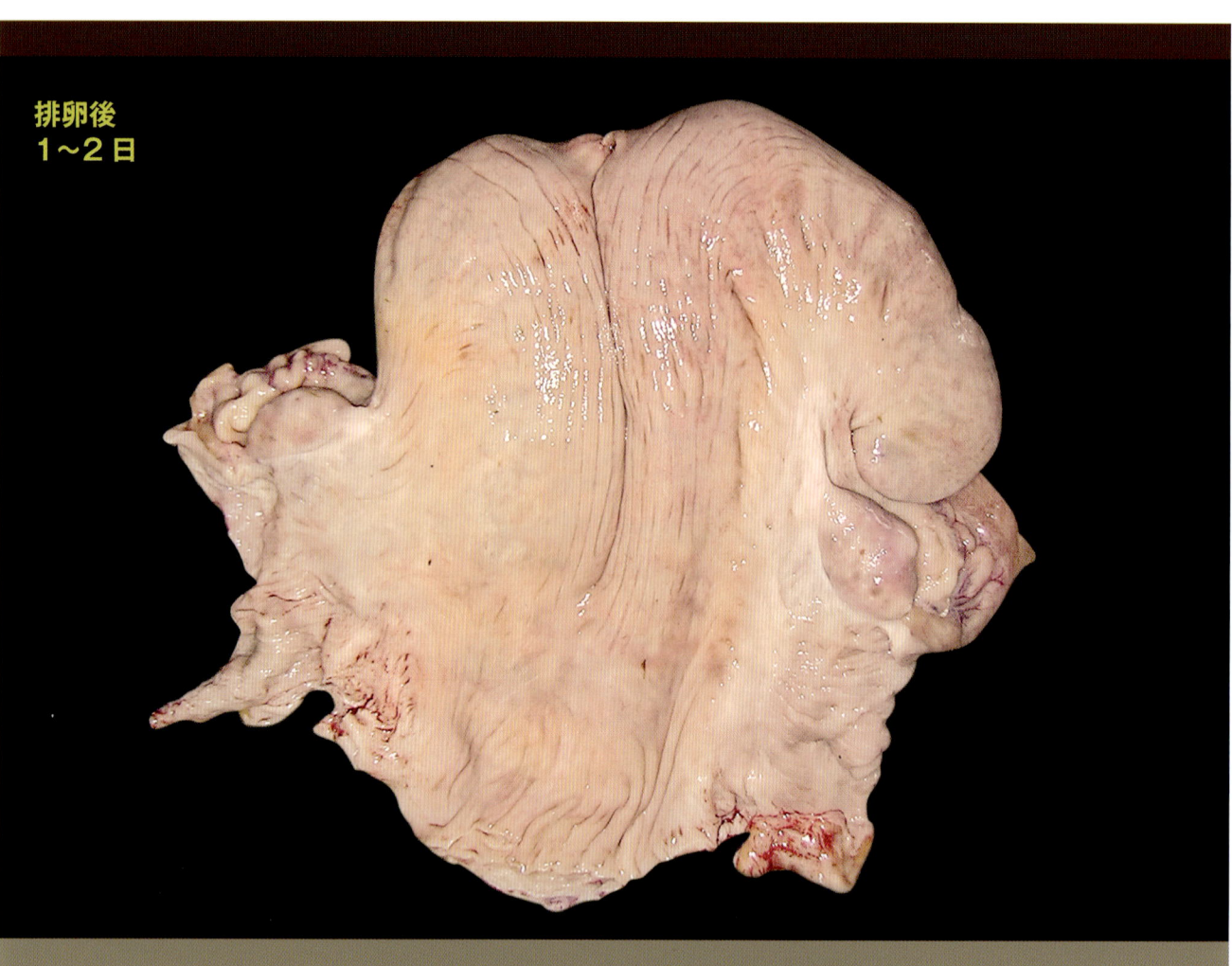

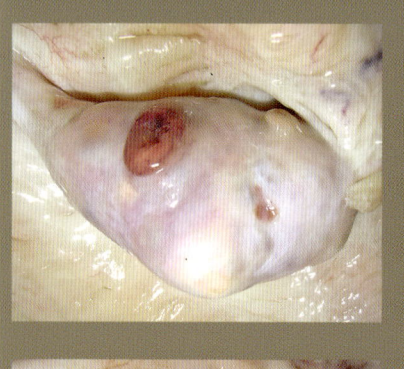

右卵巣には複数の小卵胞,左卵巣にはひとつの若い黄体と複数の古い黄体が存在している。卵巣周期の初期であり,排卵後1〜2日後と推察される。

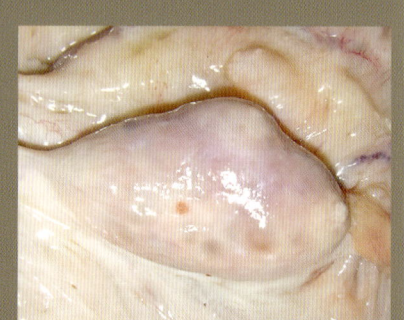

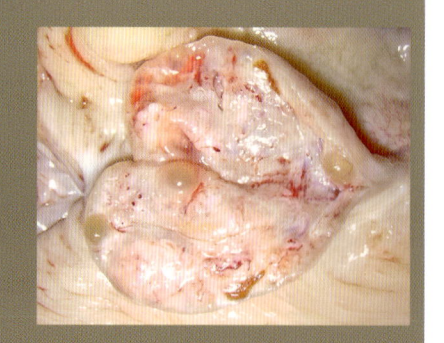

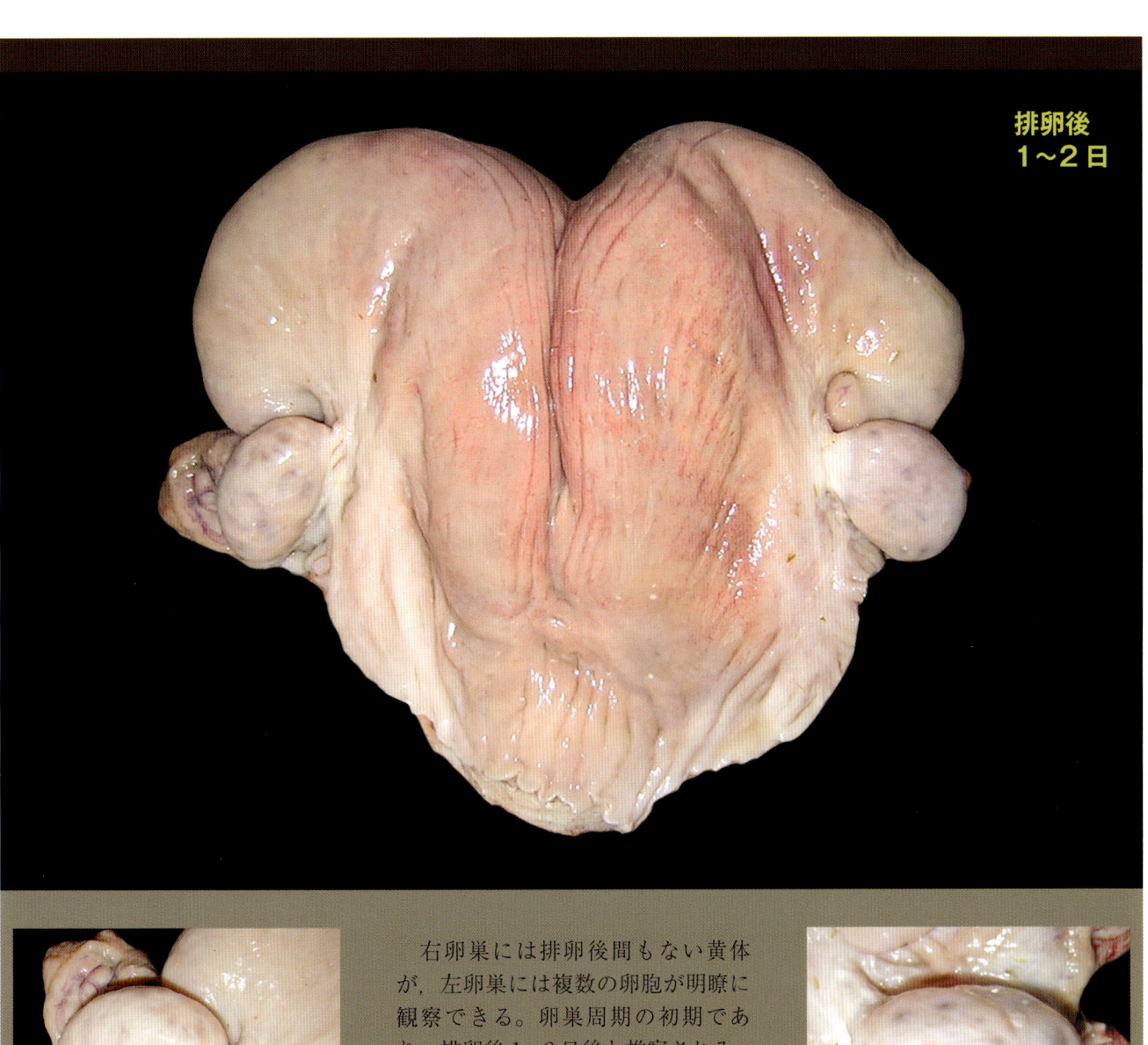

排卵後
1～2日

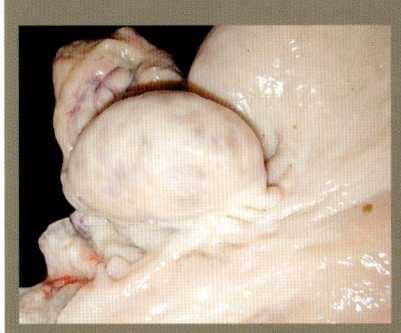

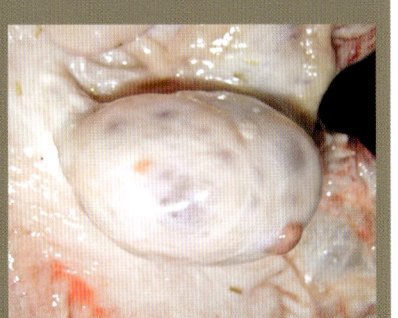

右卵巣には排卵後間もない黄体が，左卵巣には複数の卵胞が明瞭に観察できる。卵巣周期の初期であり，排卵後1～2日後と推察される。

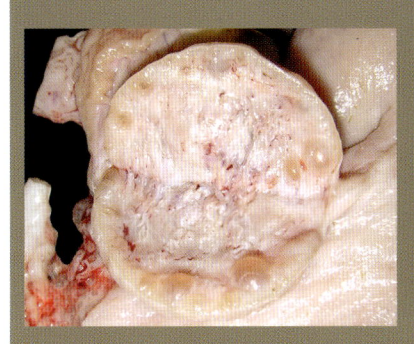

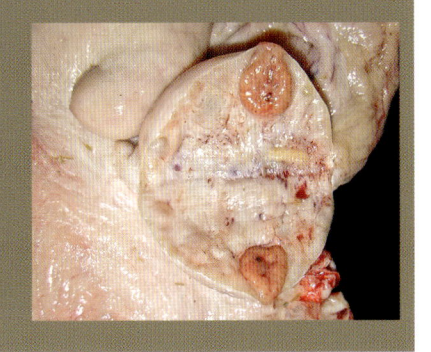

35

排卵後
1〜2日

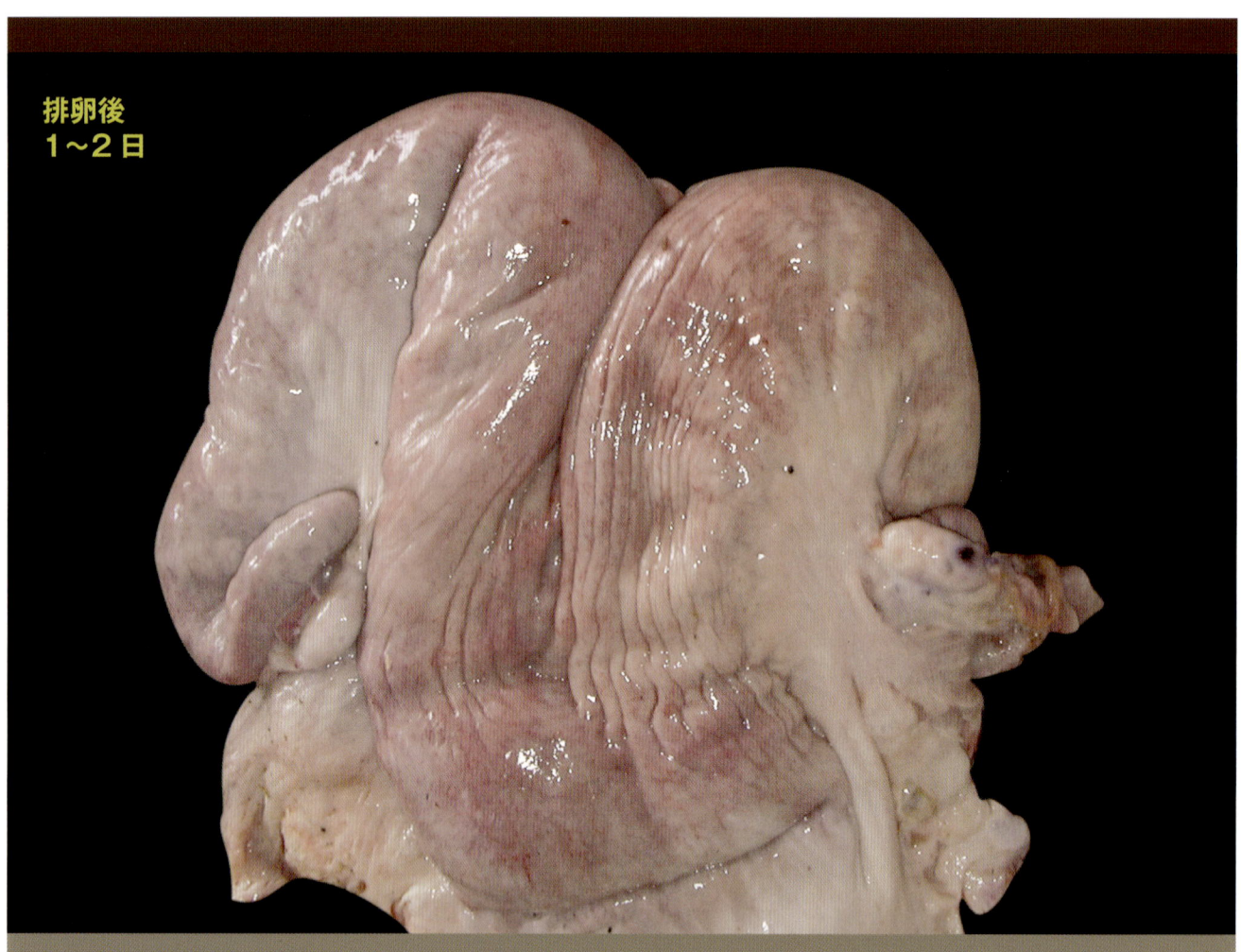

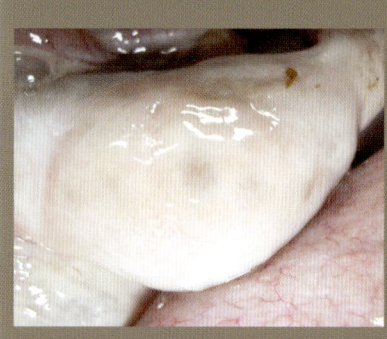

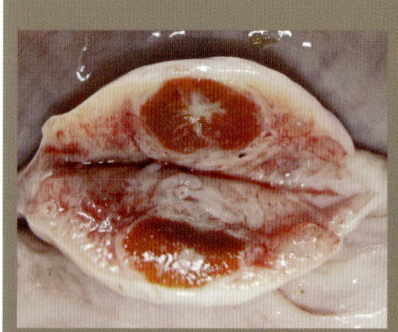

右卵巣には排卵直後の黄体が，左卵巣には古い黄体が明瞭に観察できる。卵巣周期の初期であることは明らかであり，排卵後1〜2日後と推察される。

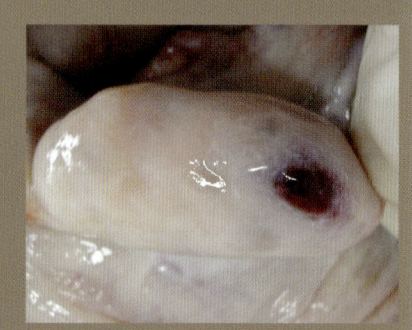

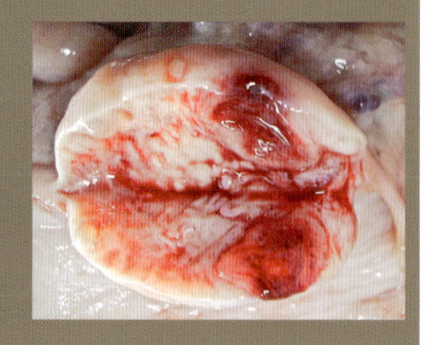

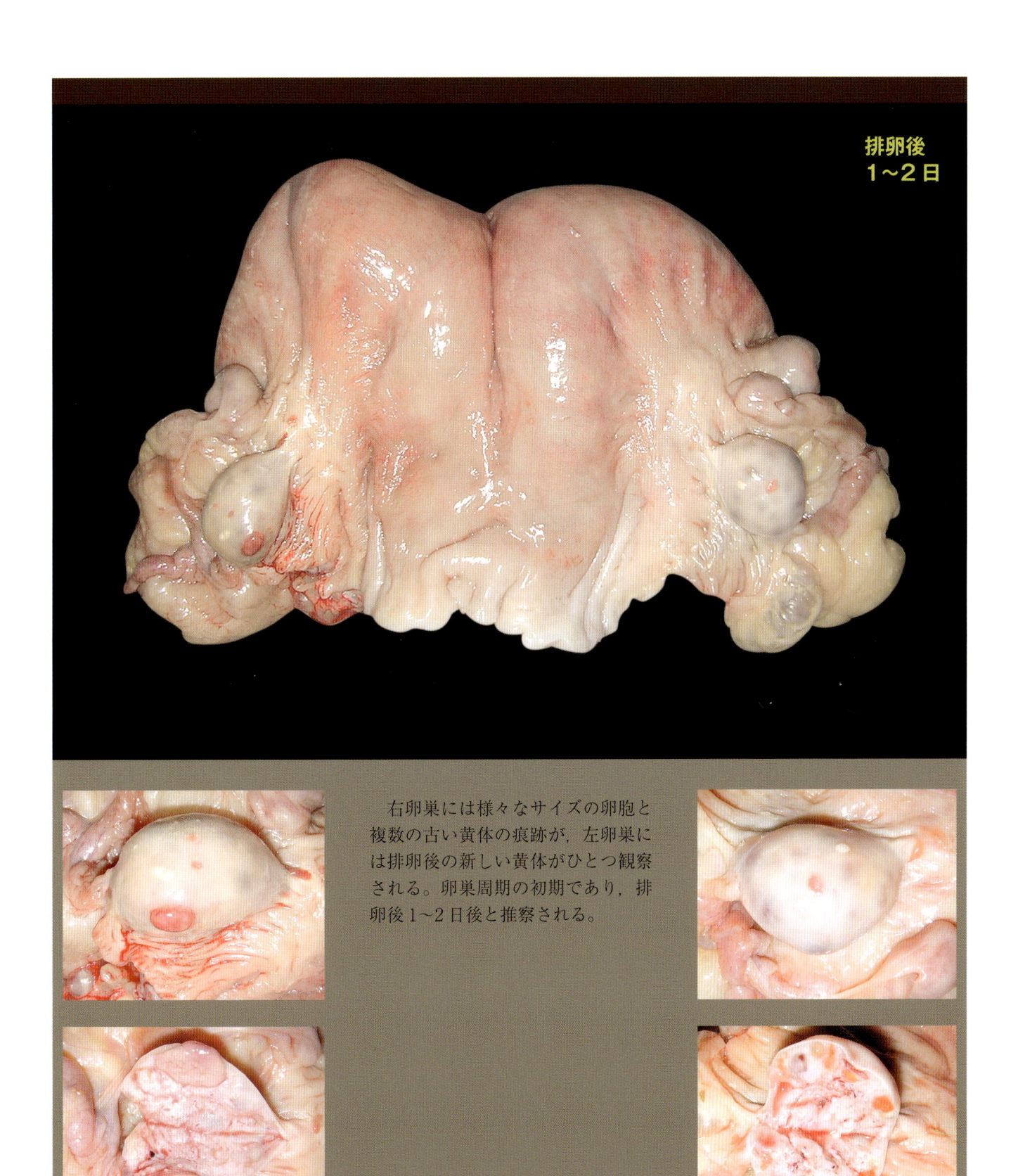

3 構造を認識する

排卵後
1〜2日

右卵巣には様々なサイズの卵胞と複数の古い黄体の痕跡が，左卵巣には排卵後の新しい黄体がひとつ観察される。卵巣周期の初期であり，排卵後1〜2日後と推察される。

37

排卵後 3〜5日

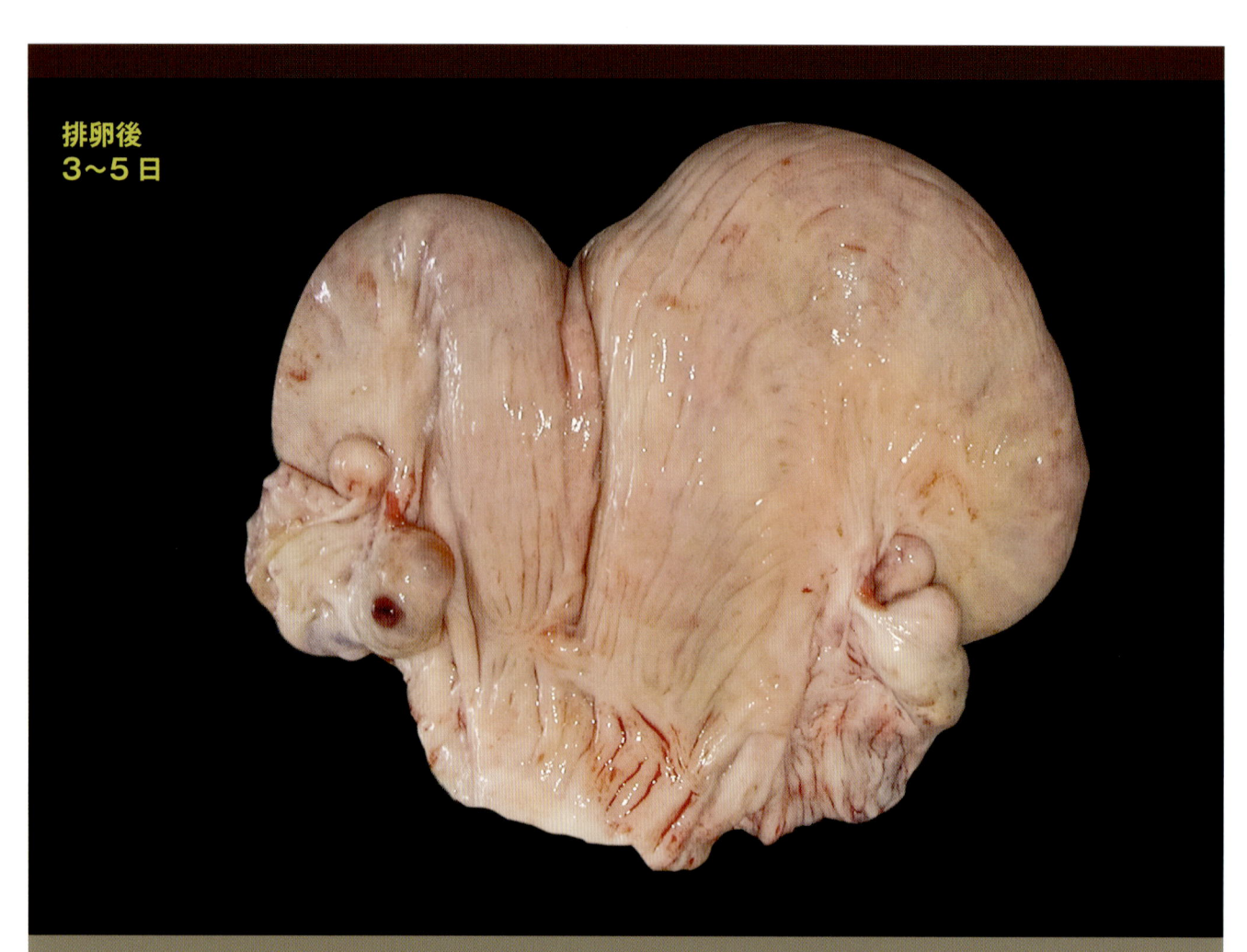

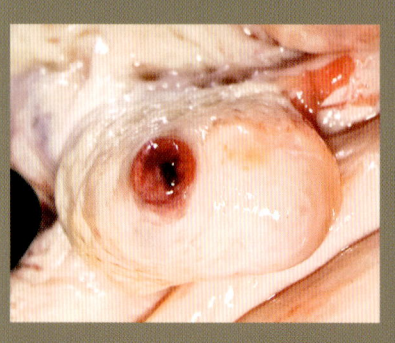

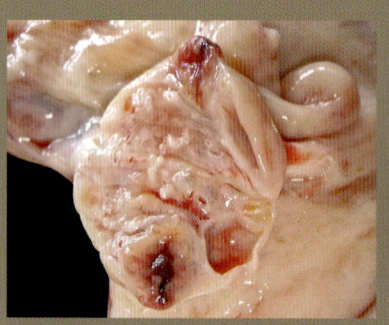

左卵巣には卵胞に隣接して形成初期の黄体が，右卵巣にはひとつの古い黄体のみが観察できる。卵巣周期の初期であり，排卵後3〜5日後と推察される。

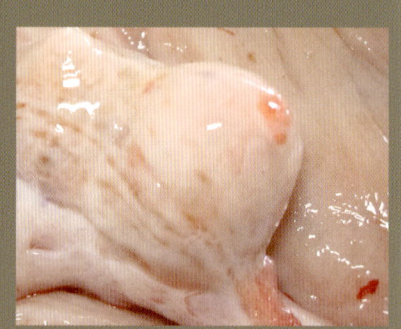

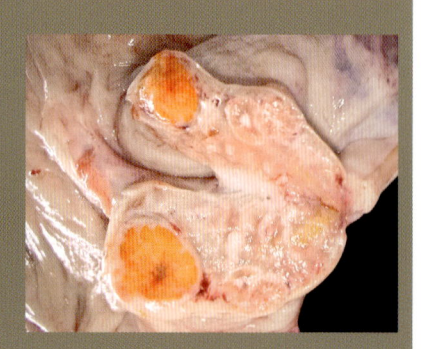

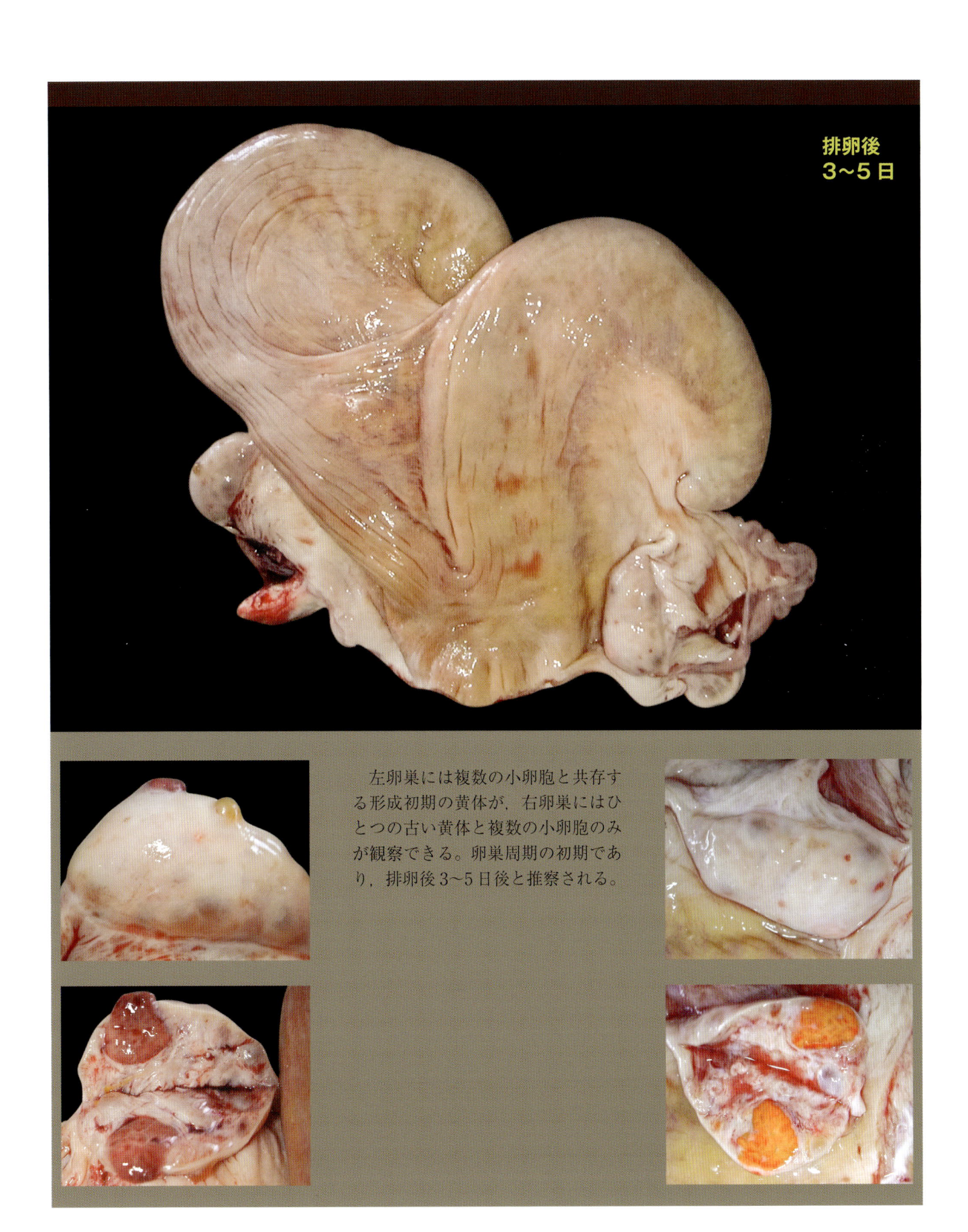

3 構造を認識する

排卵後
3〜5日

左卵巣には複数の小卵胞と共存する形成初期の黄体が，右卵巣にはひとつの古い黄体と複数の小卵胞のみが観察できる。卵巣周期の初期であり，排卵後3〜5日後と推察される。

排卵後
3～5日

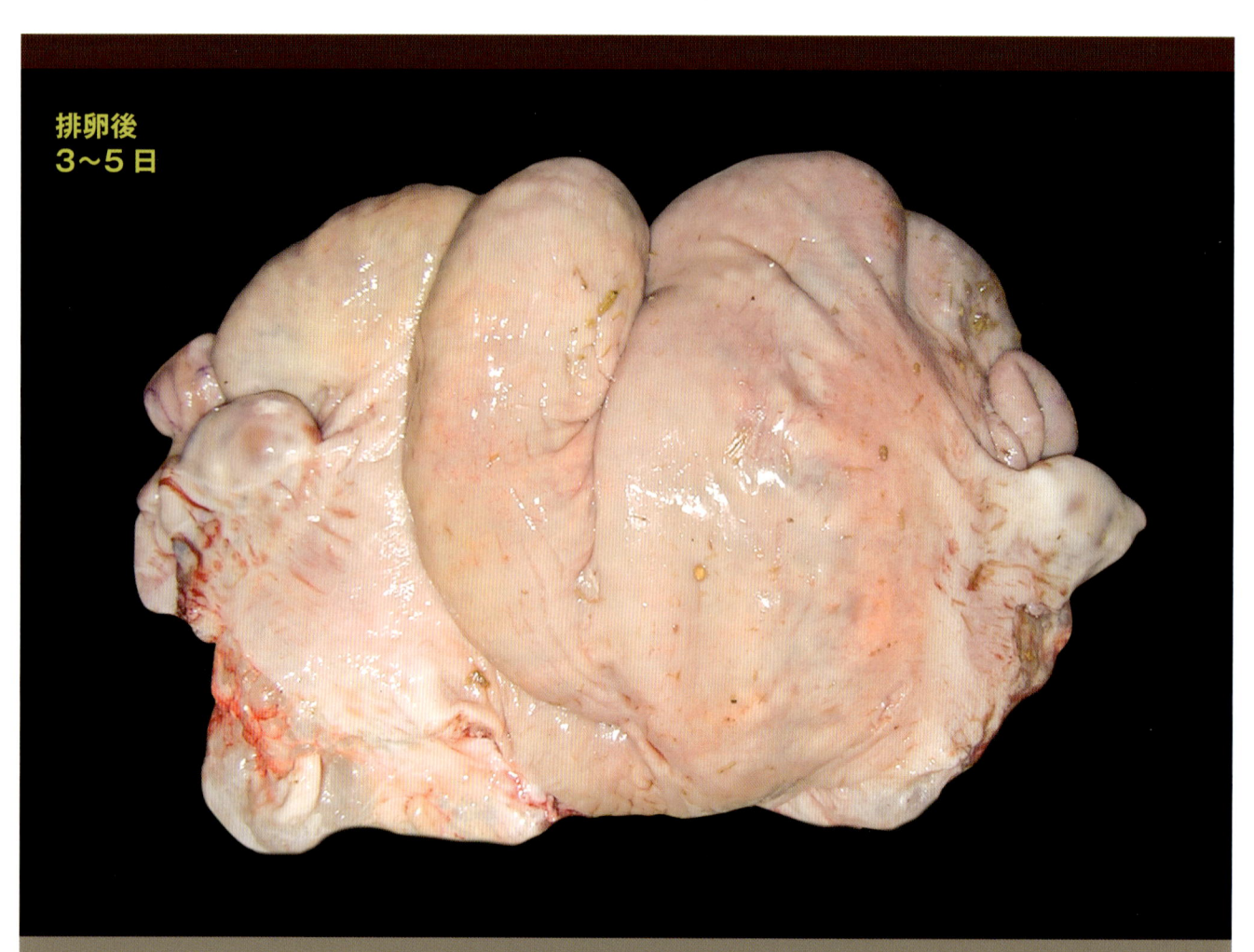

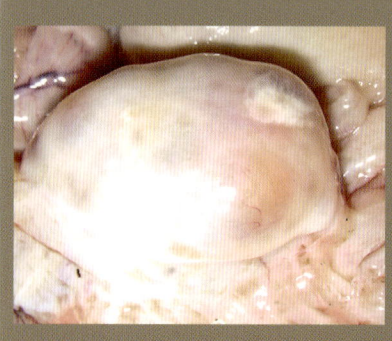

右卵巣には様々なサイズの卵胞と形成初期の黄体が，左卵巣にはひとつの古い黄体（左側の黄色い方）と形成初期の黄体（右側の赤い方）が観察できる。卵巣周期の初期であり，排卵後3～5日後と推察される。

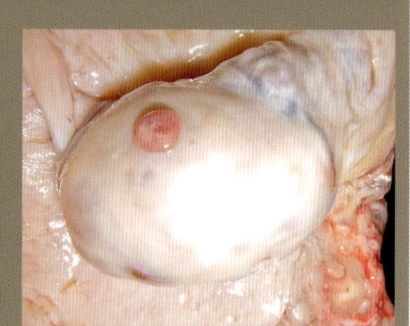

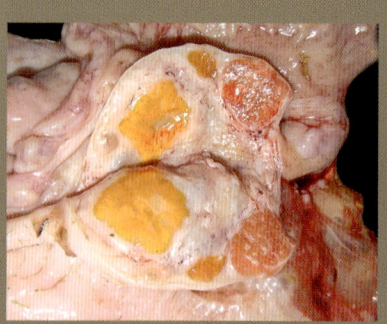

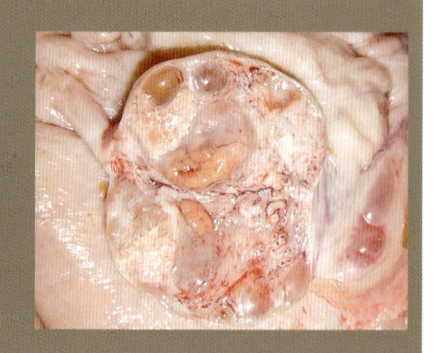

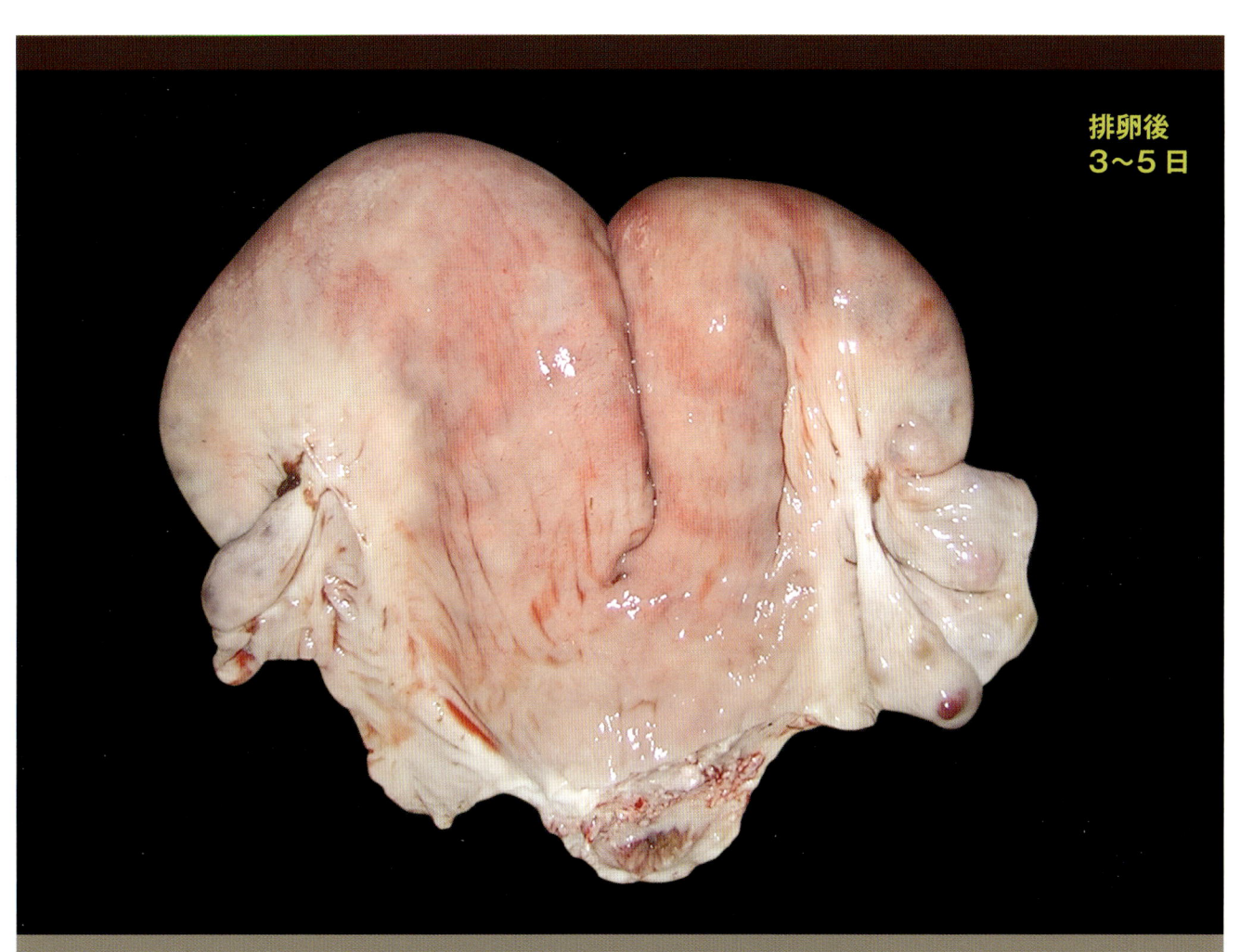

3 構造を認識する

排卵後
3～5日

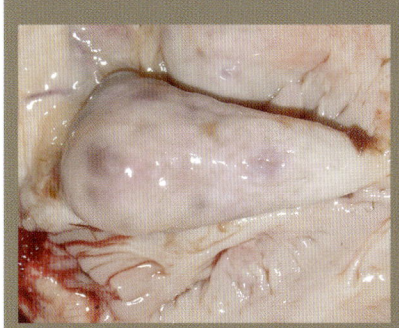

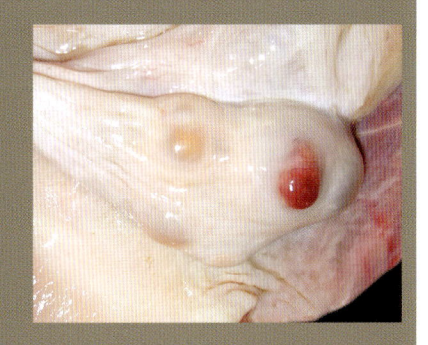

左卵巣には複数の小卵胞が，右卵巣には形成初期の赤っぽい色調を帯びた黄体と，より黄色い色調を帯びた古い黄体が，様々なサイズの卵胞とともに観察できる。若い黄体が存在することから卵巣周期の初期であり，排卵後3～5日後と推察される。

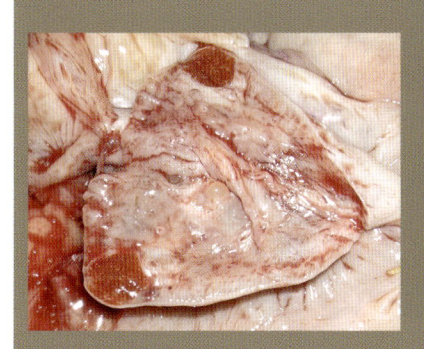

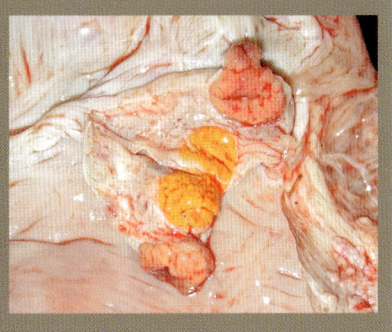

41

排卵後 6〜10日

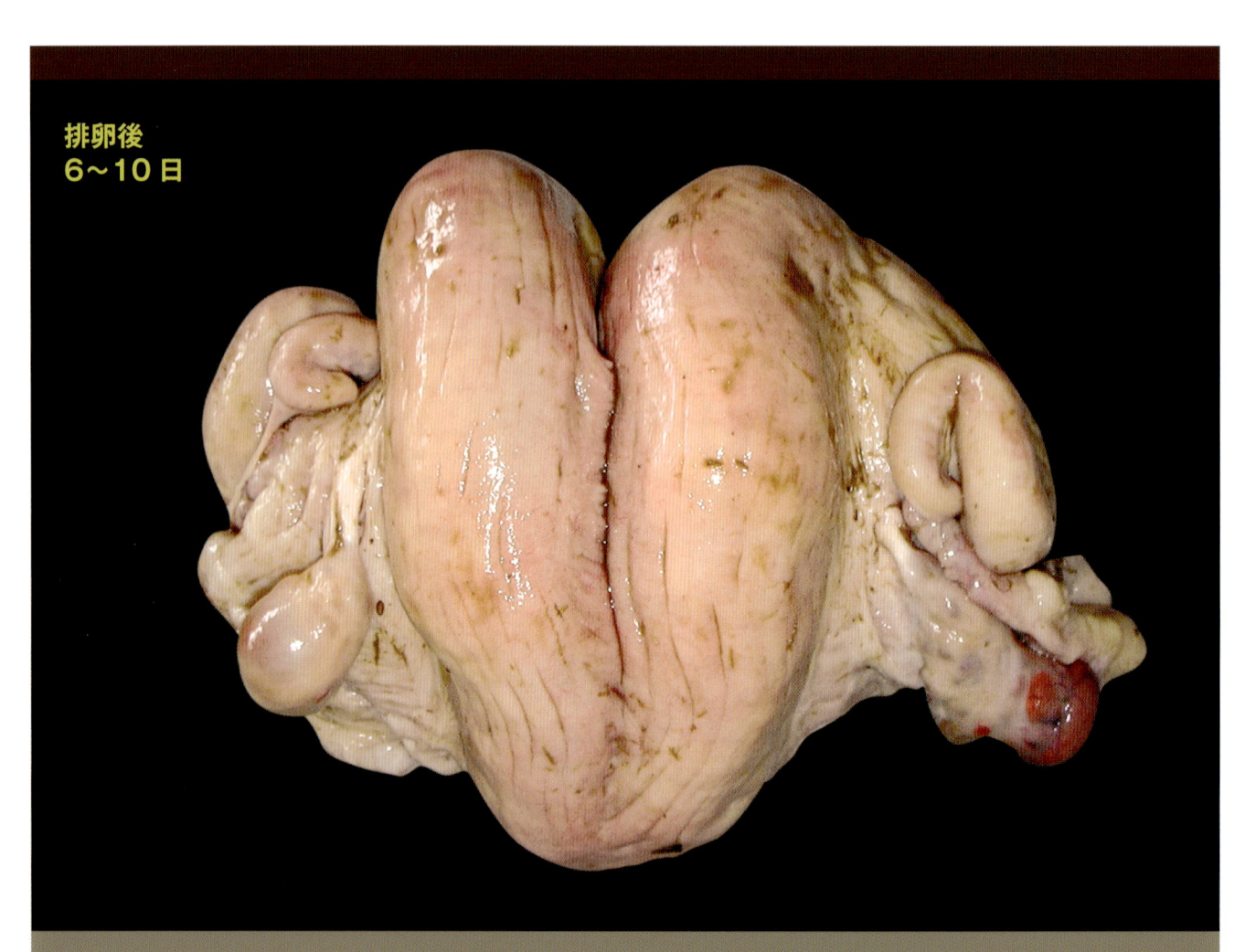

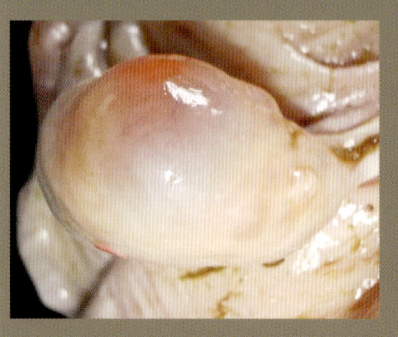

　右卵巣には明らかにそれと分かる黄体が，左卵巣にはひとつの大きな卵胞（しかし対側の卵巣には黄体が存在しているためにこの卵胞は排卵しないだろう）が存在している。卵巣周期の中期であり，排卵後6〜10日後と推察される。

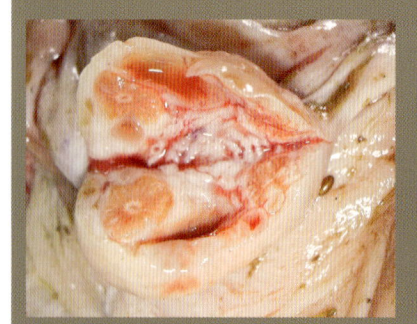

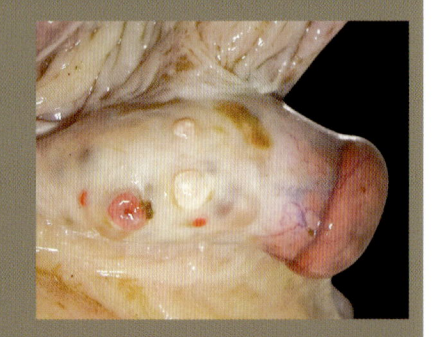

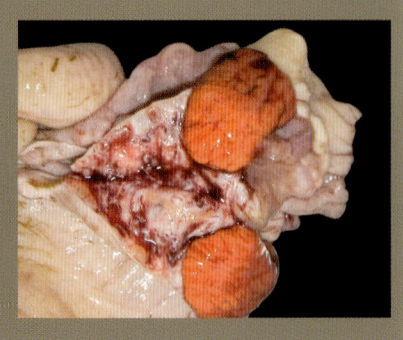

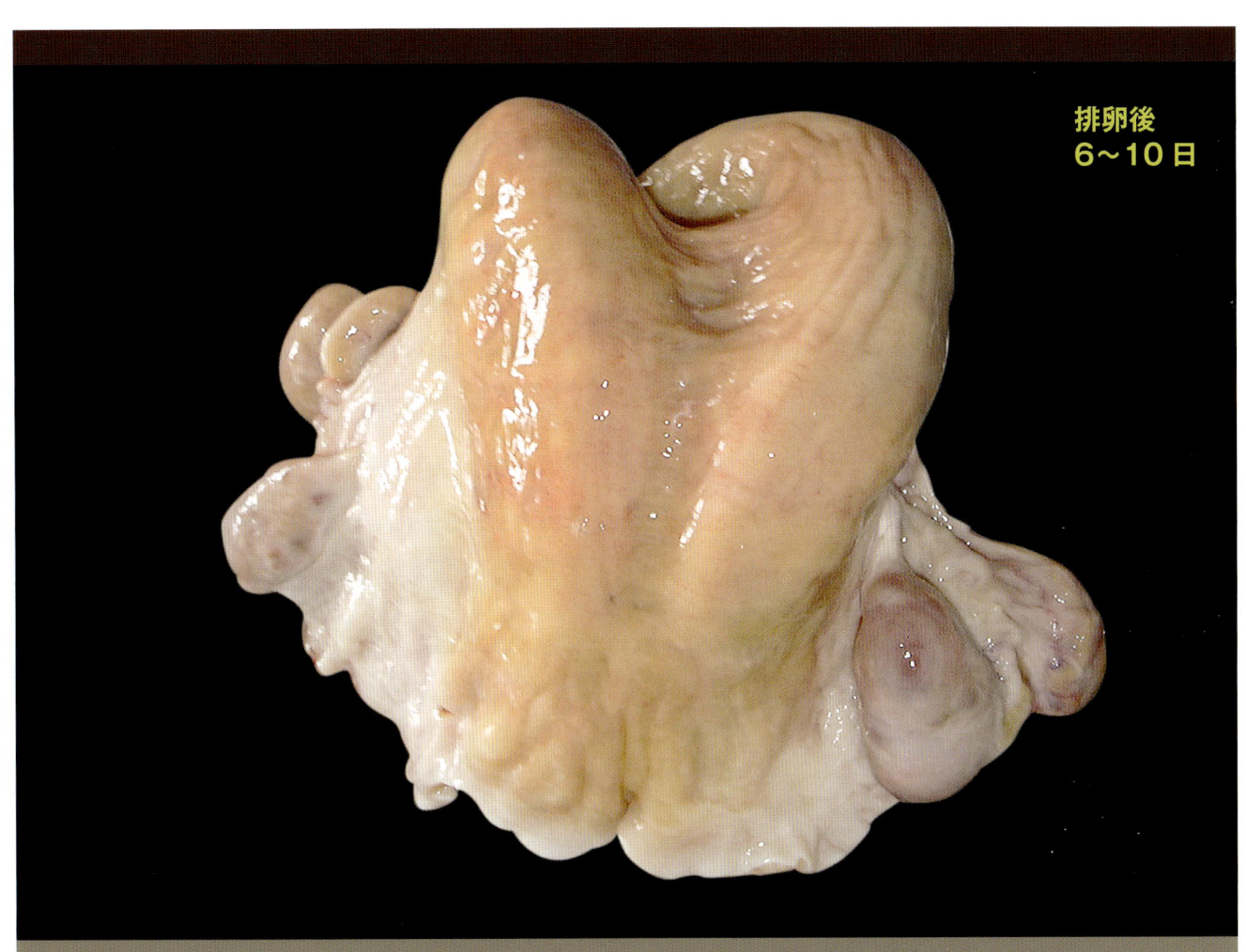

3 構造を認識する

排卵後
6〜10日

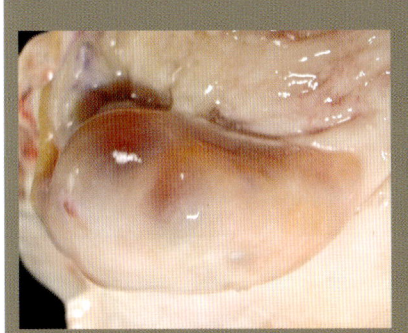

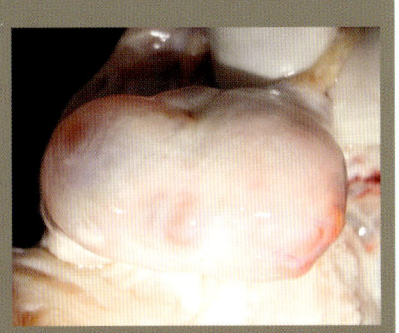

右卵巣には明確にそれと分かる黄体が存在し，この黄体は内腔を有している。また，卵巣の表面から突出した大卵胞も存在している。左卵巣にも大きな卵胞が複数観察されるが，右卵巣に黄体が存在していることから排卵することはできない。卵巣周期の中期であり，排卵後6〜10日後と推察される。

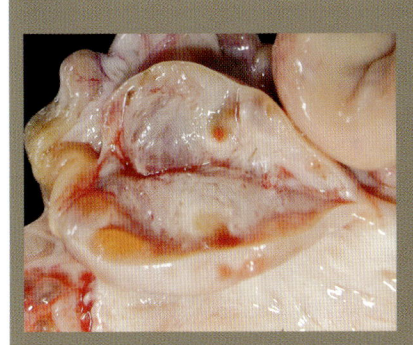

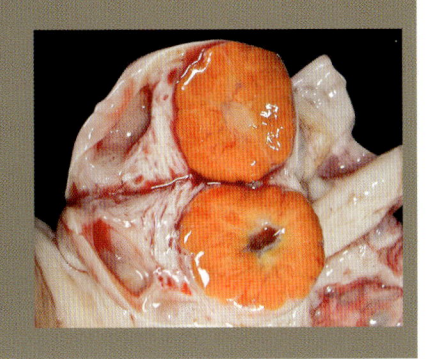

排卵後 6〜10日

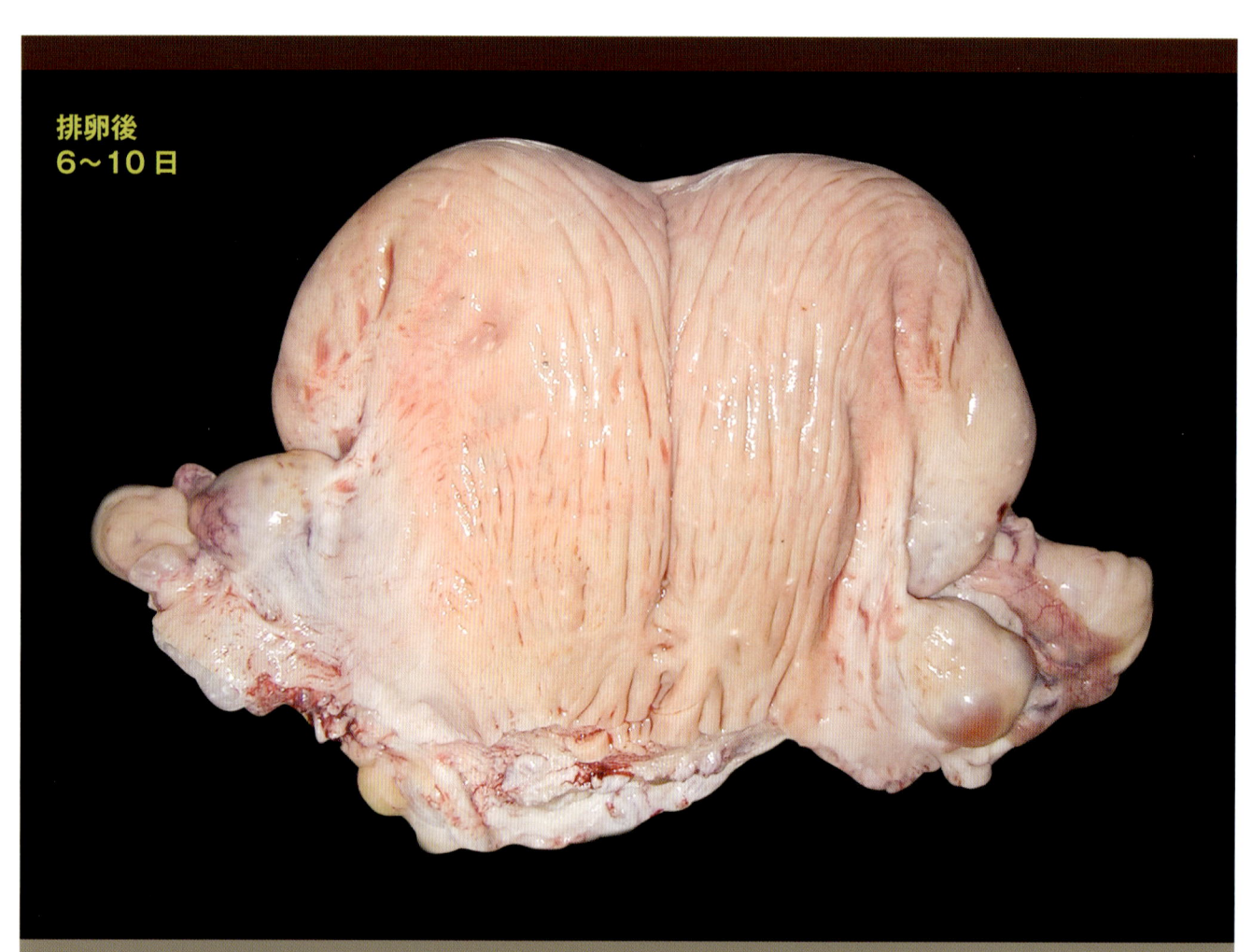

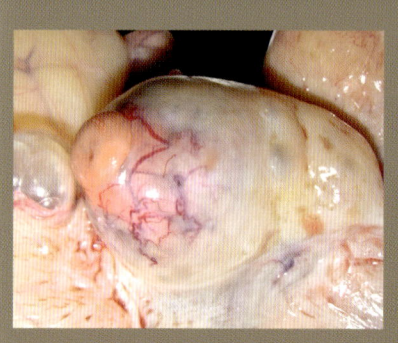

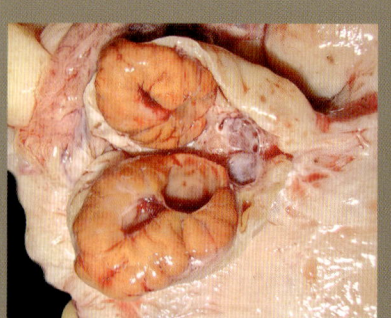

　右卵巣には複数の大きな卵胞が存在し，左卵巣にはよく発達した内腔を有する黄体がひとつ存在する。卵巣周期の中期であり，排卵後6〜10日後と推察される。

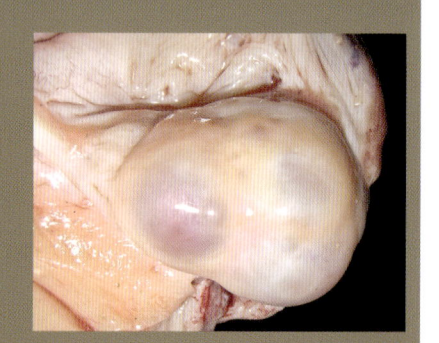

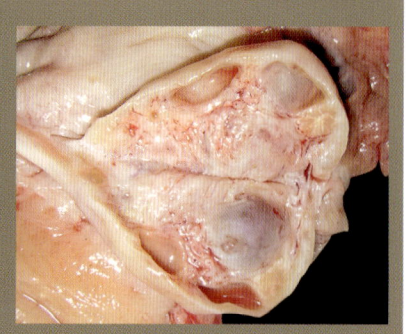

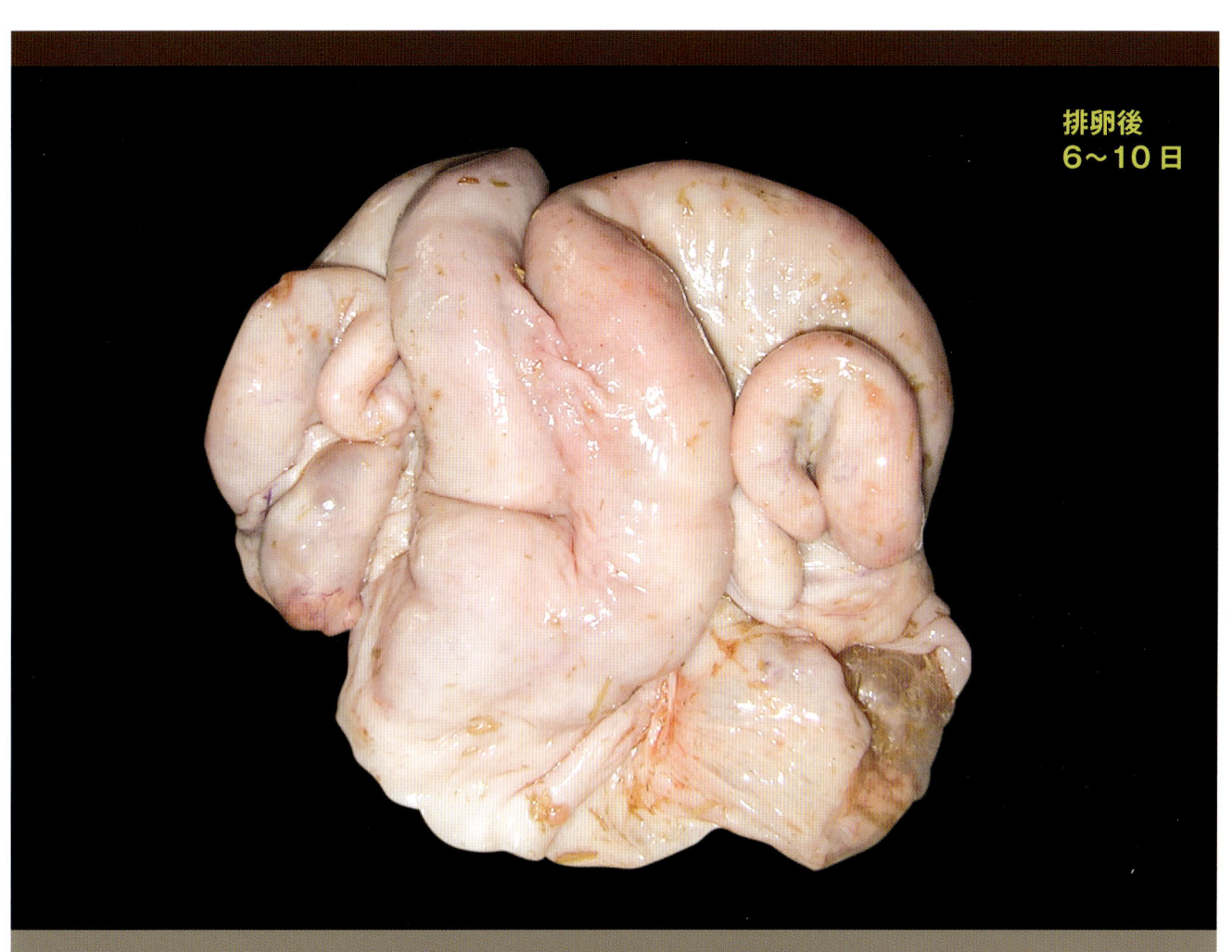

3 構造を認識する

排卵後
6〜10日

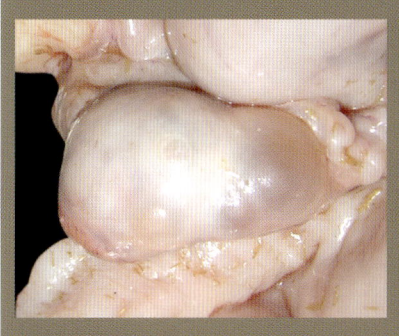

左卵巣には内腔を有する黄体が明瞭に観察される。また，大きな卵胞も存在しているが，黄体が存在しているために排卵はしない。右卵巣には数個の異なるサイズの卵胞が存在する。卵巣周期の中期であり，排卵後6〜10日後と推察される。

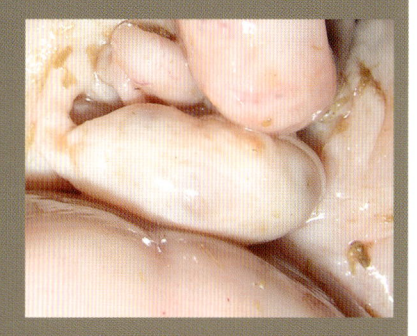

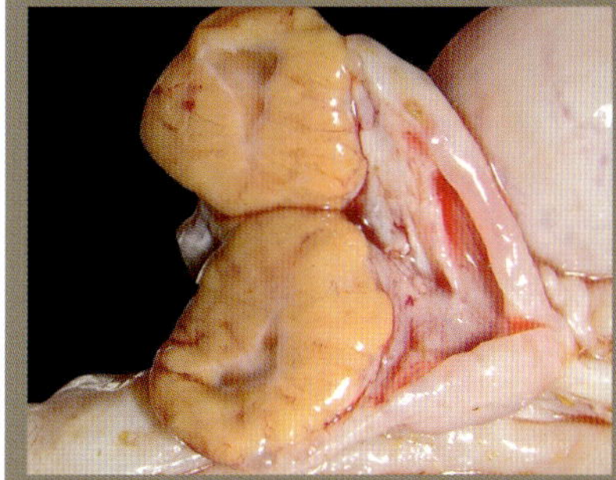

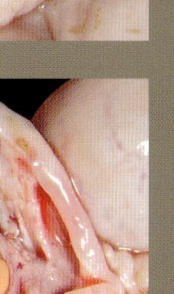

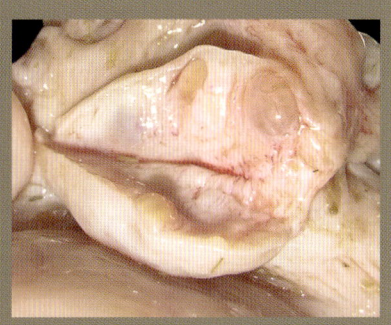

排卵後 11〜12日

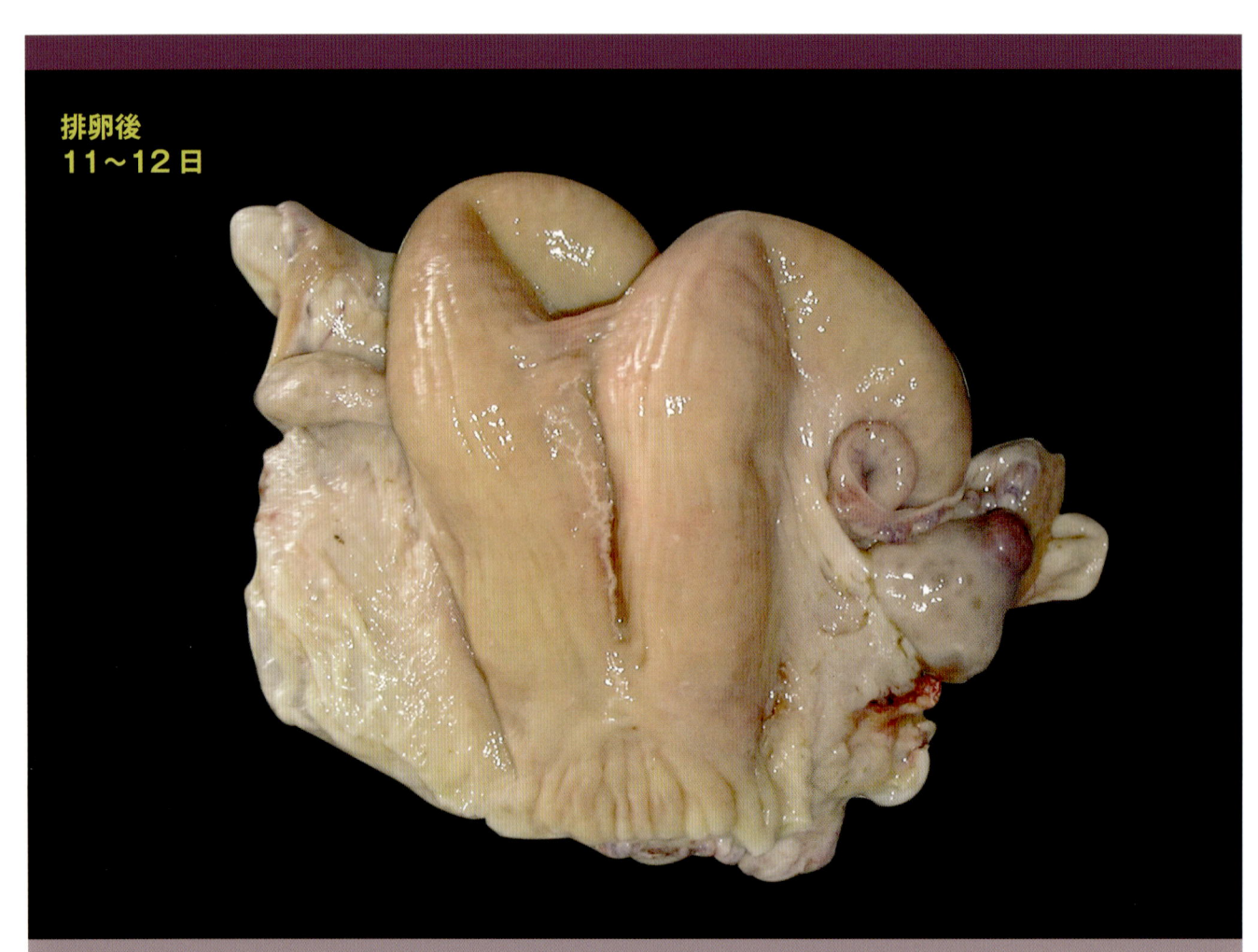

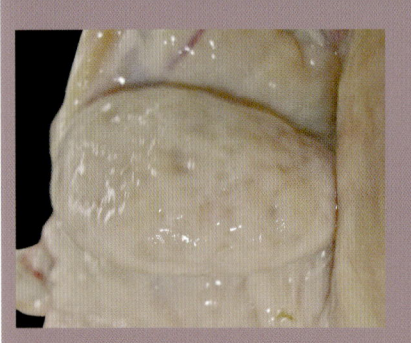

右卵巣にはひとつの大きな黄体と複数の小卵胞が観察できる。左卵巣には明瞭に観察できる構造物が見当たらない。卵巣周期の中期であり、排卵後11〜12日後と推察される。

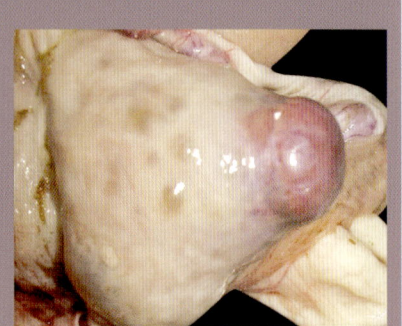

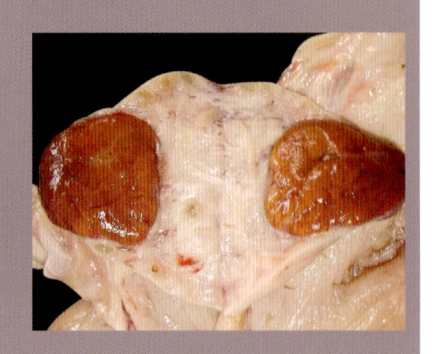

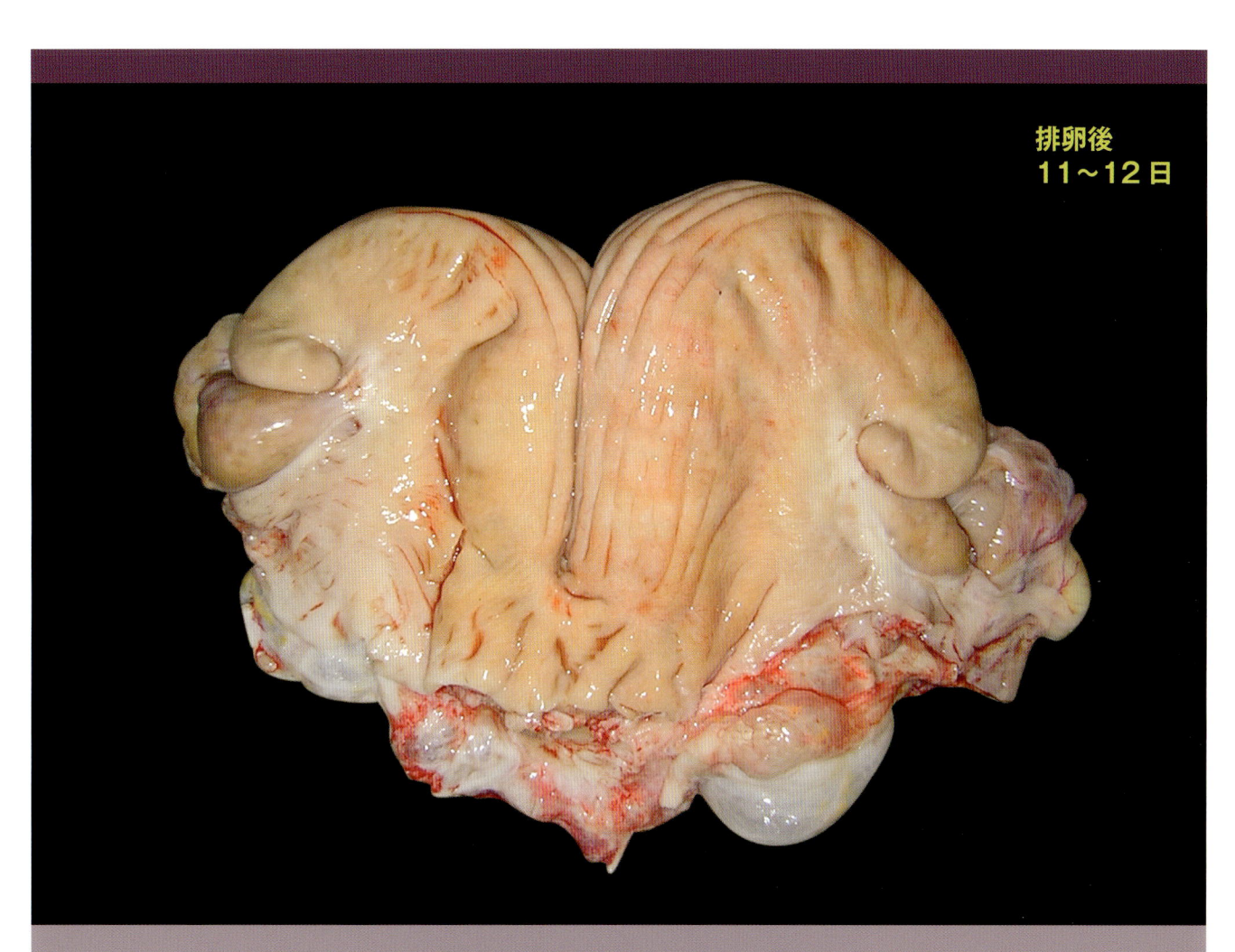

3　構造を認識する

排卵後
11〜12日

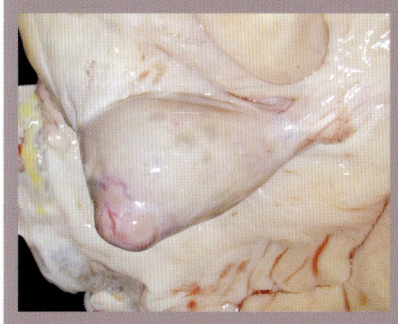

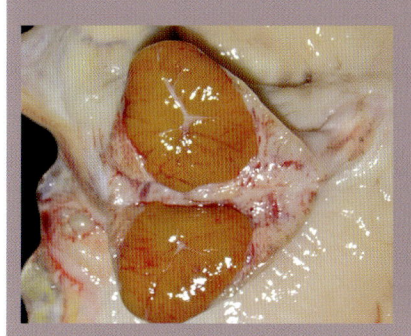

　右卵巣には黄体の痕跡以外に触診できるような構造物が存在しない。左卵巣には触診できるよく発達した黄体と，触診が難しい複数の小卵胞が存在する。卵巣周期の中期であり，排卵後11〜12日後と推察される。

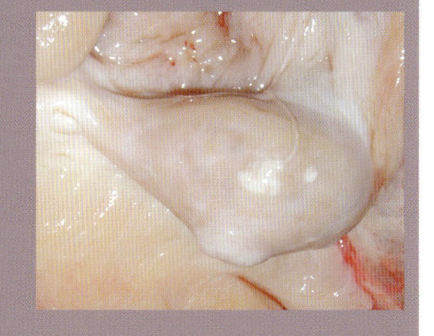

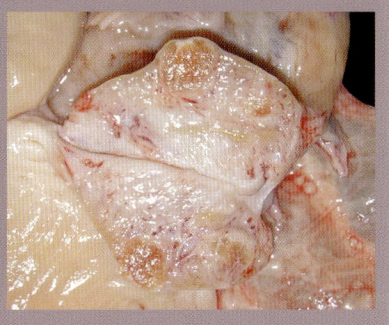

排卵後 11～12日

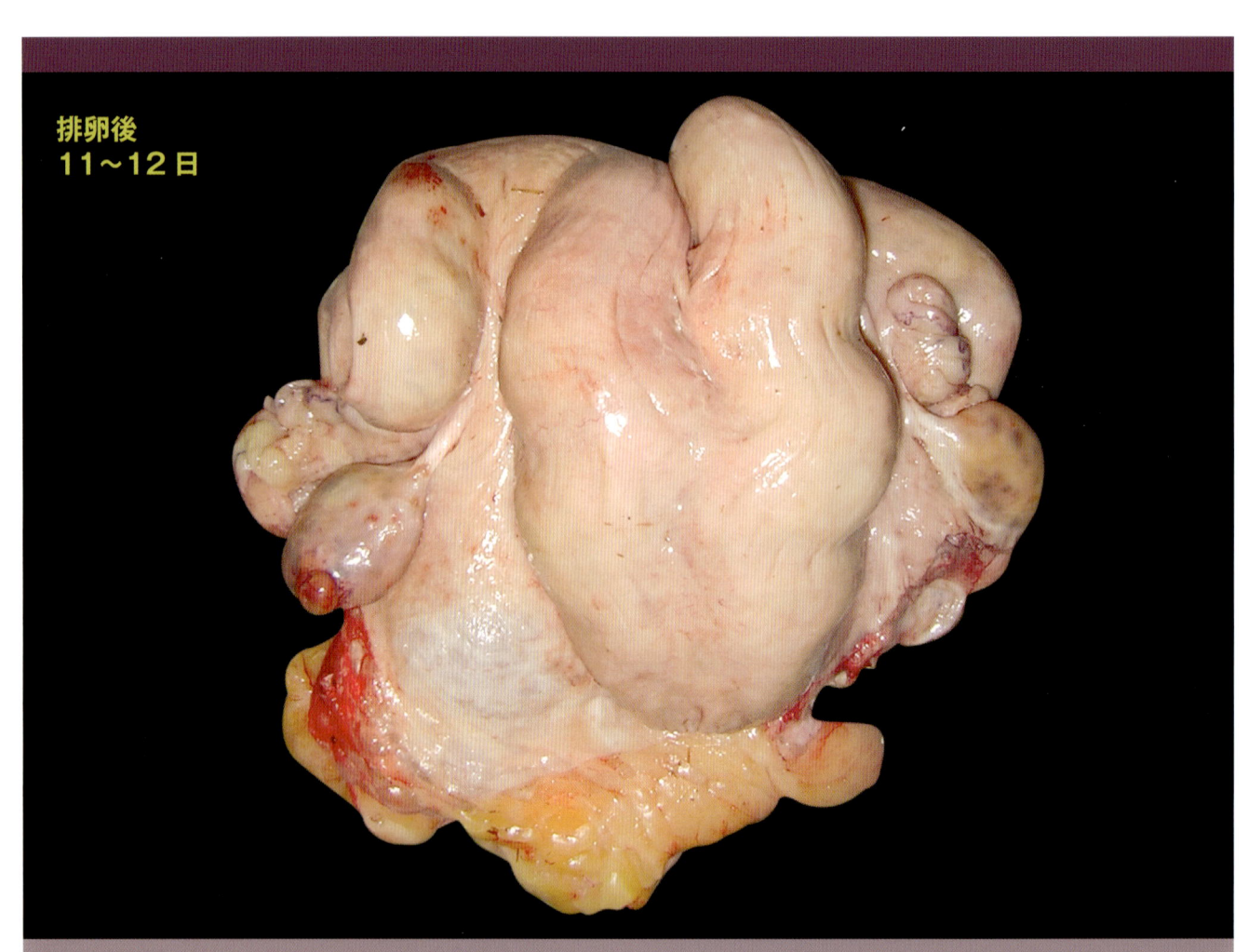

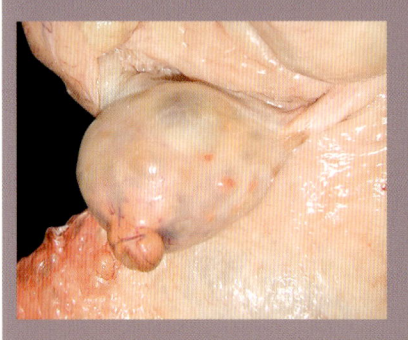

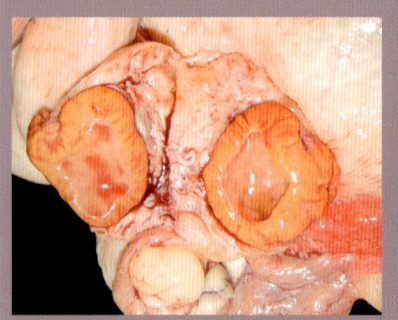

　右卵巣には特段の構造物が存在しない。左卵巣には明瞭な黄体が存在し、その黄体は内腔を有している。また、触診が難しい複数の小卵胞も存在している。卵巣周期の中期であり、排卵後11～12日後と推察される。黄体の内腔は時間の経過とともに消失していくことに留意する必要がある。

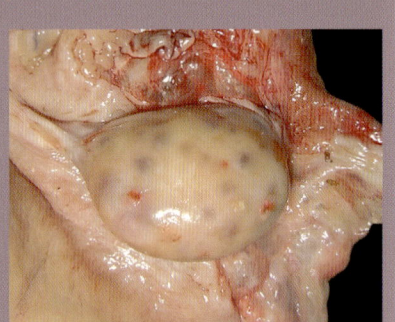

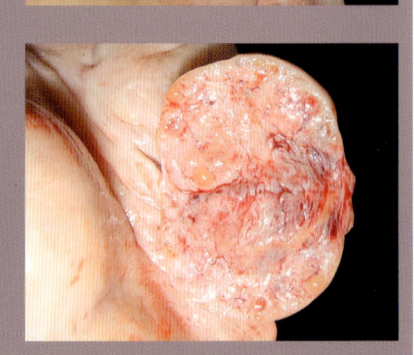

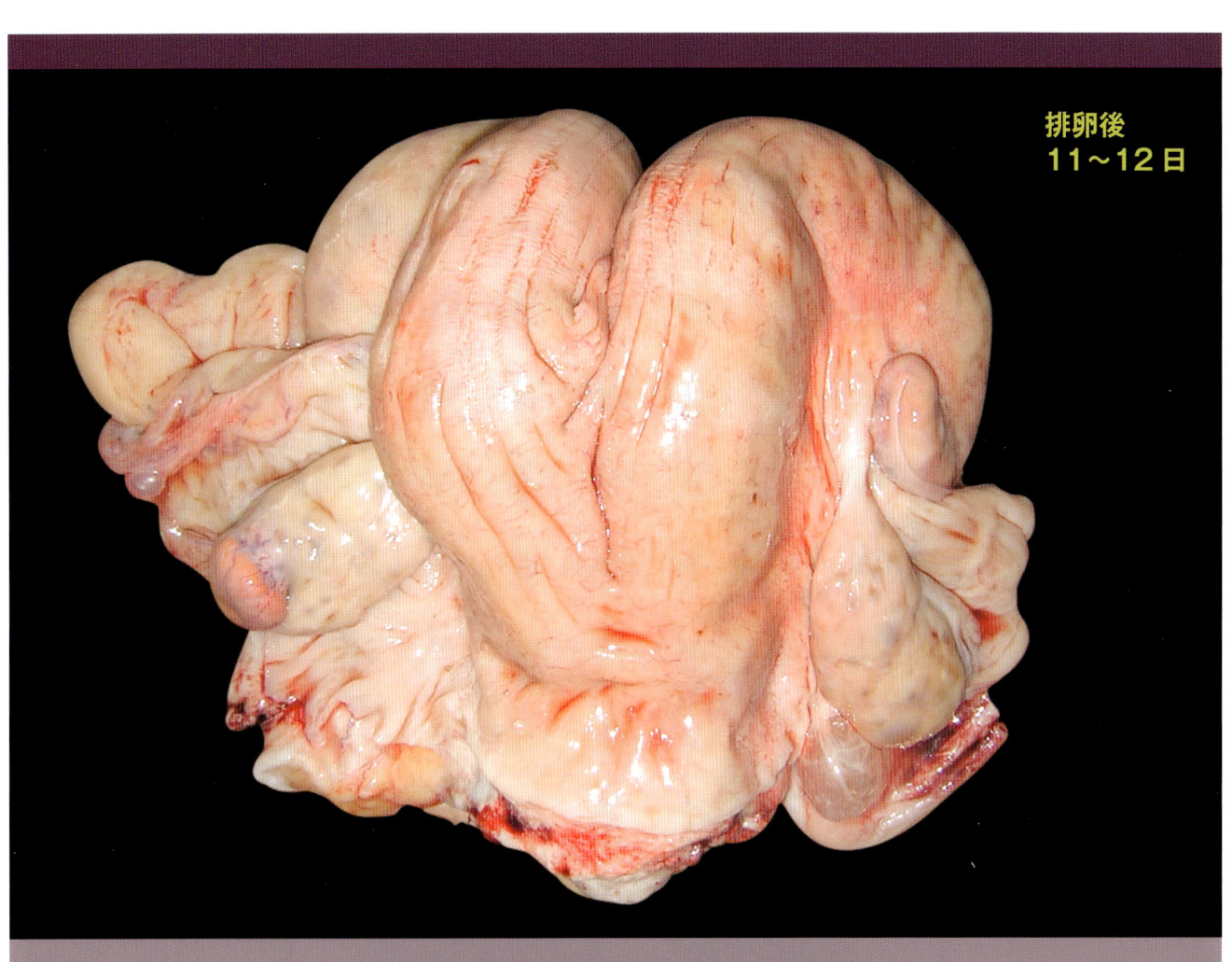

3　構造を認識する

排卵後
11〜12日

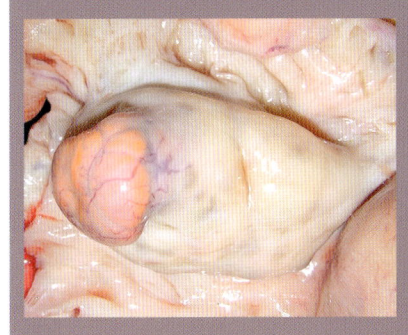

　左卵巣には触診できる黄体が，右卵巣には小卵胞のみが存在する。卵巣周期の中期であり，排卵後11〜12日後と推察される。

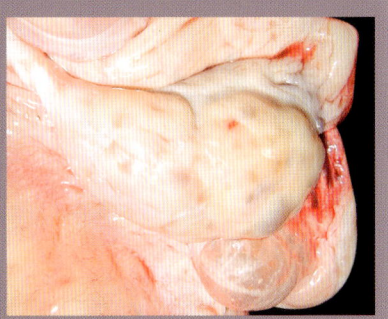

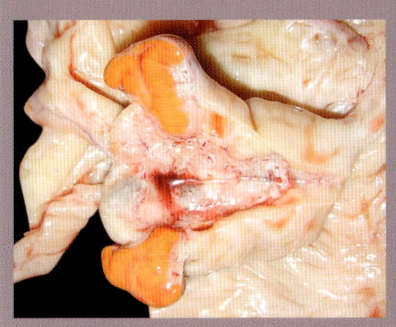

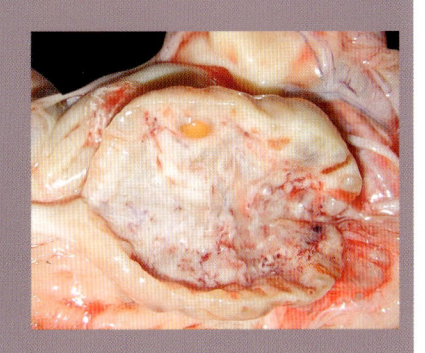

49

排卵後 13〜18日

右卵巣には古い黄体の痕跡以外には触診できる構造物が見当たらず、左卵巣にはひとつの黄体とひとつの大卵胞および複数のより小さな卵胞が存在する。卵巣周期の中期であり、排卵後13〜18日後と推察される。

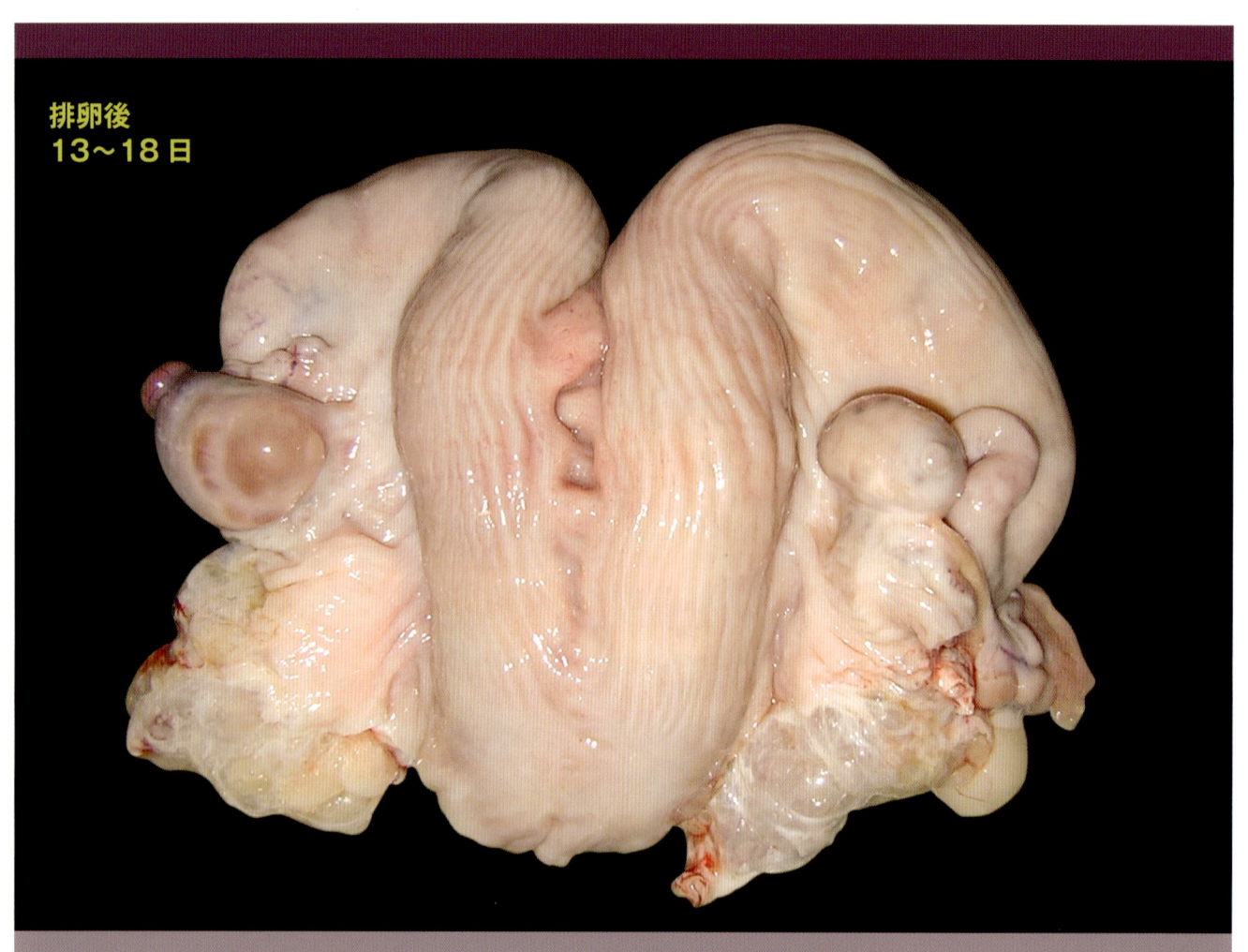

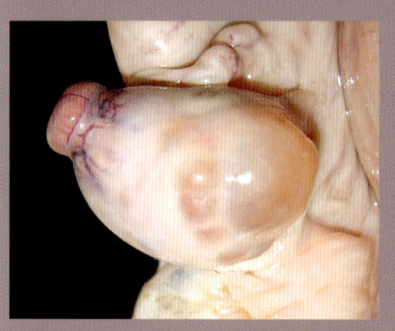

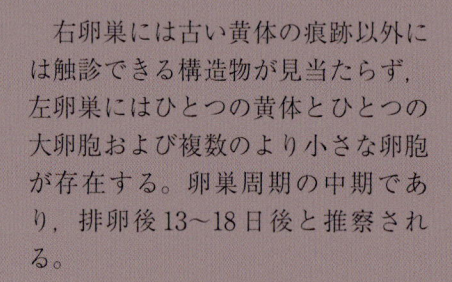

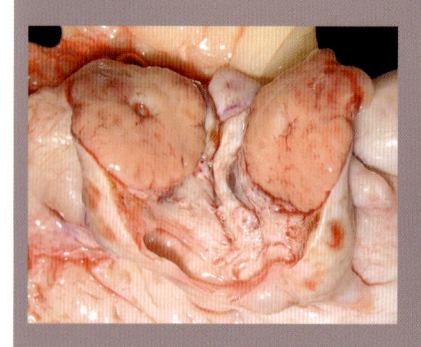

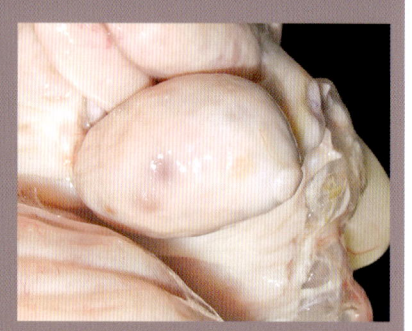

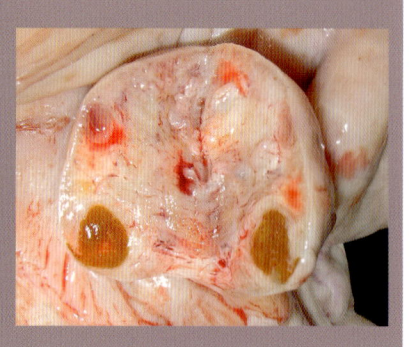

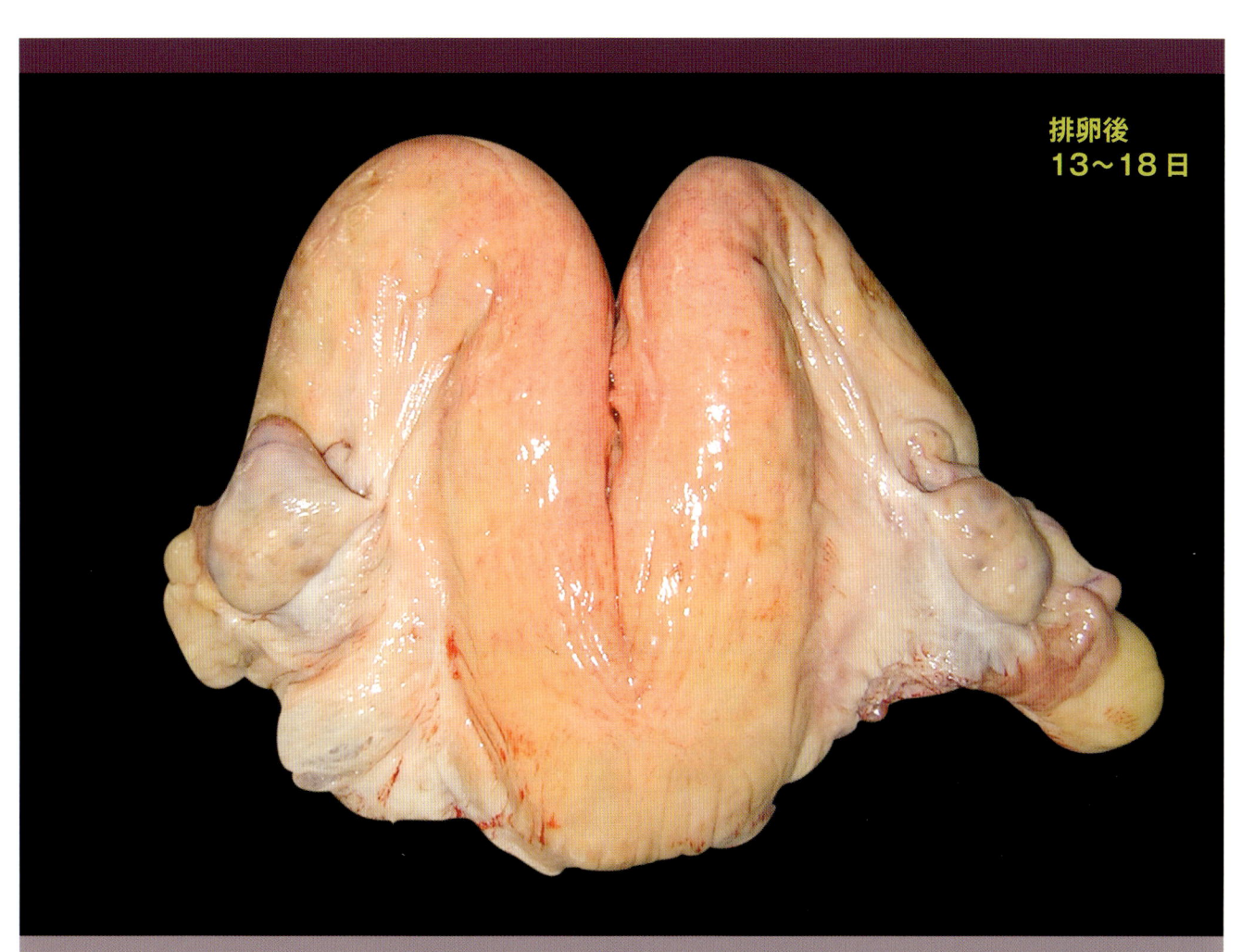

3 構造を認識する

排卵後
13〜18日

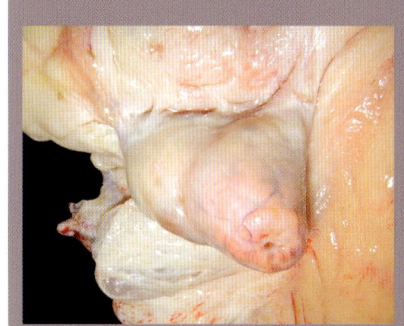

右卵巣には異なるサイズの卵胞が，左卵巣には明瞭な黄体が観察される。卵巣周期の中期であり，排卵後13〜18日後と推察される。

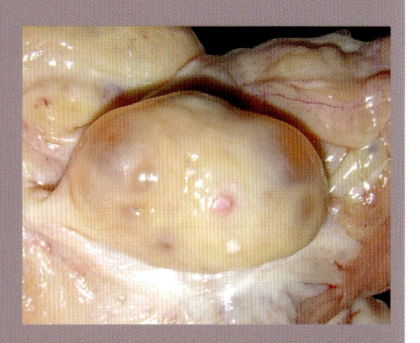

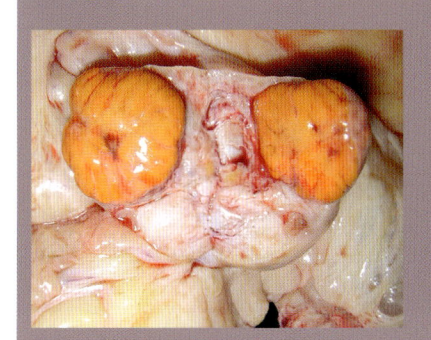

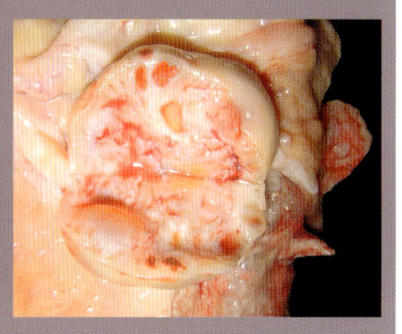

51

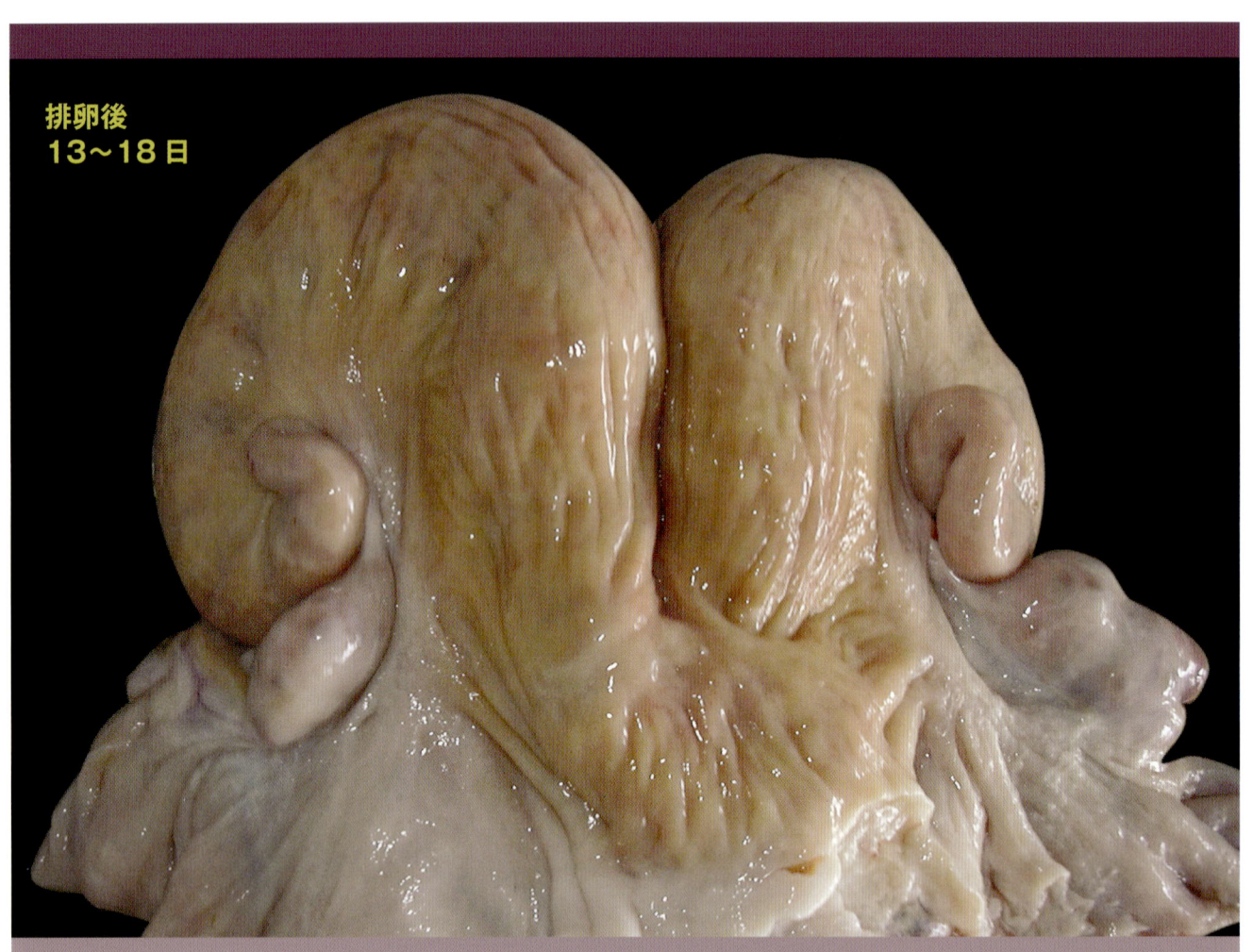

排卵後 13〜18日

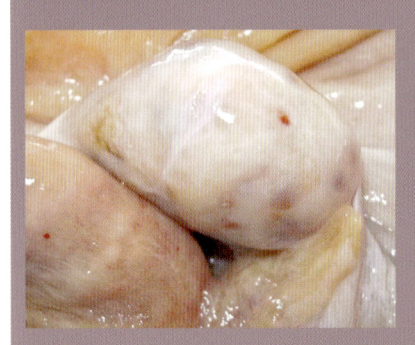

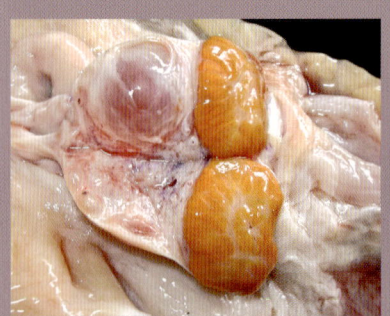

左卵巣にはよく発達した黄体がひとつと非常に大きな卵胞がひとつ観察される。右卵巣にはサイズの異なる複数の卵胞と古い黄体がひとつ観察される。時として第一波の主席卵胞が第二波の最初のフェーズにおいて観察されることもある。卵巣周期の中期であり、排卵後13〜18日後と推察される。

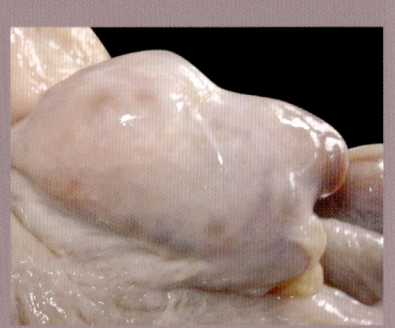

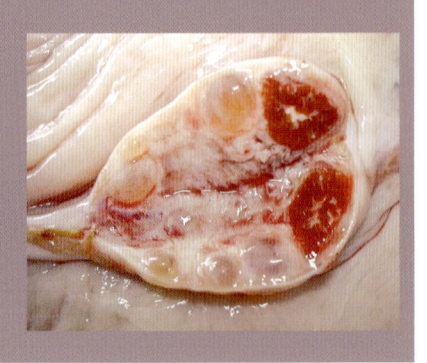

3 構造を認識する

排卵後
13～18日

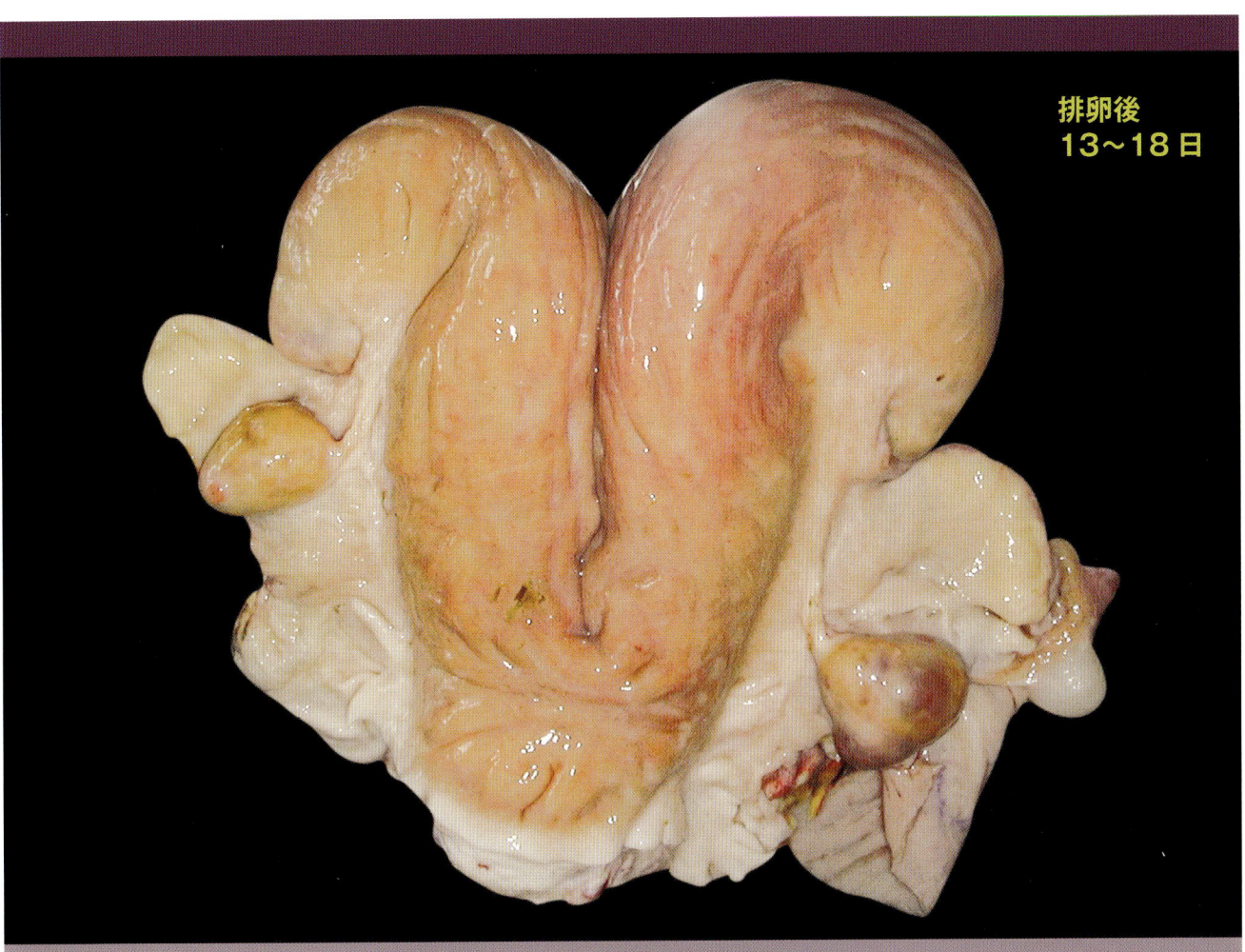

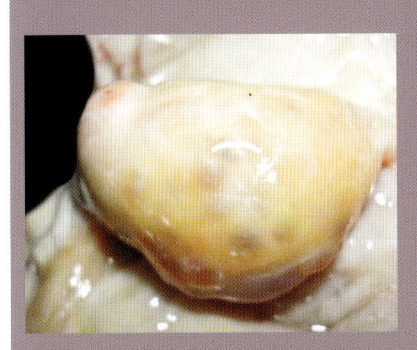

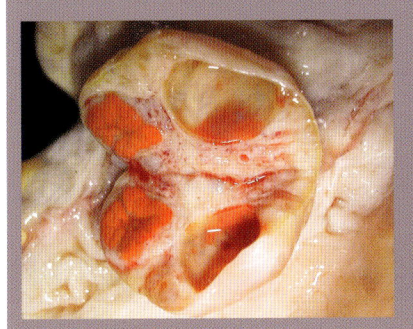

　右卵巣にはよく発達した黄体がひとつと非常に大きな卵胞がひとつ観察される。左卵巣には古い黄体と突出した卵胞，そしてサイズの異なる複数の卵胞が観察される。このことは，これら2つの卵胞のいずれもが，主席性獲得からプラトー期，そして閉鎖退行過程を歩み，排卵しないことを示している。第二波の第一段階の典型である。したがって，卵巣周期の中期であり，排卵後13～18日後と推察される。

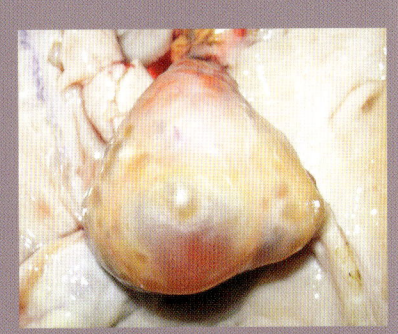

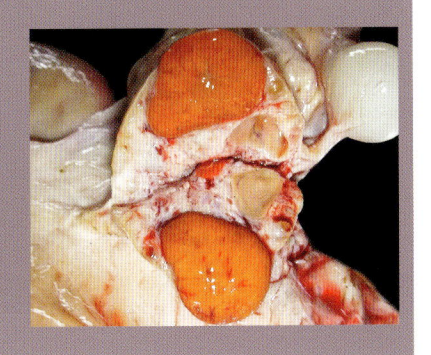

排卵後 19〜21日

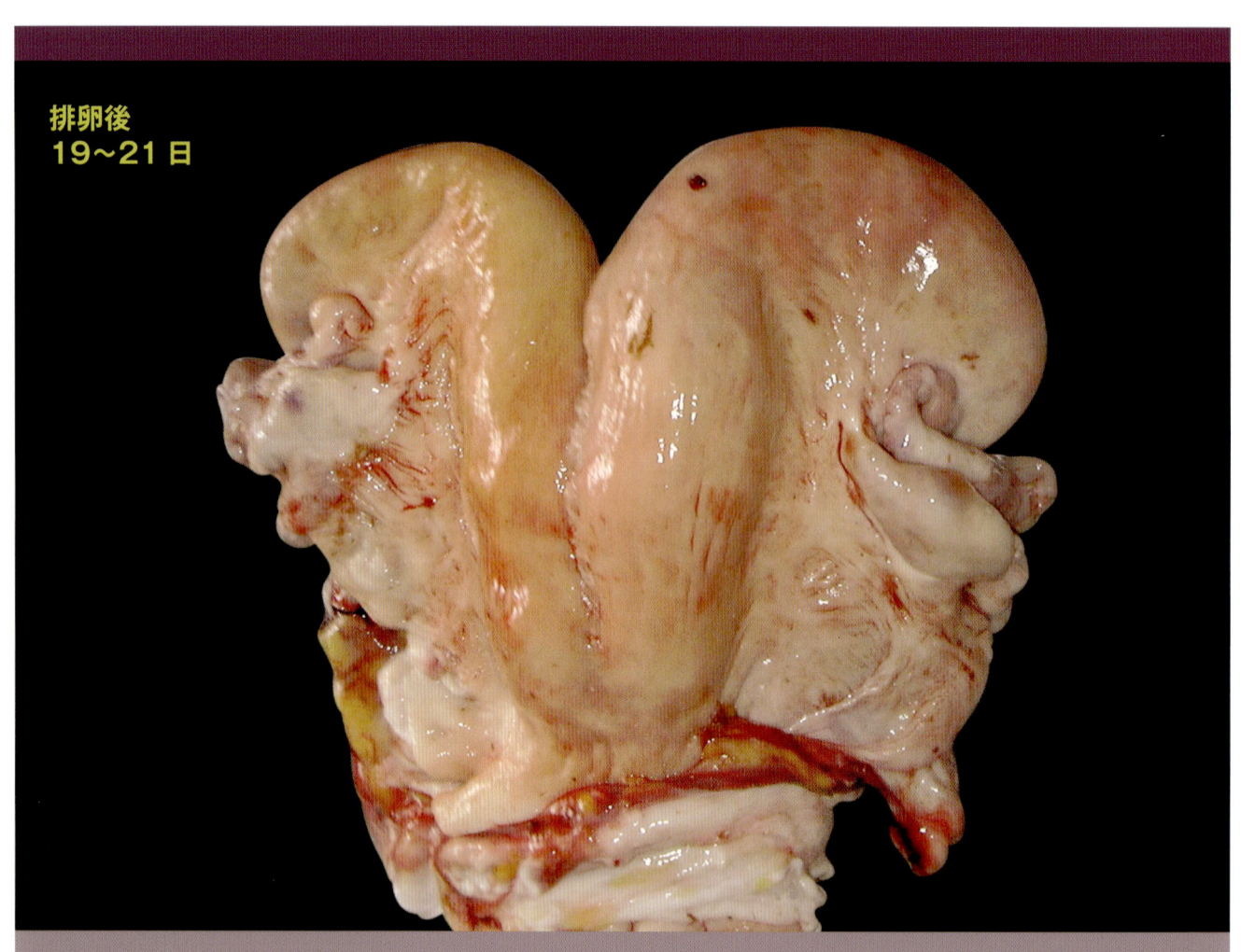

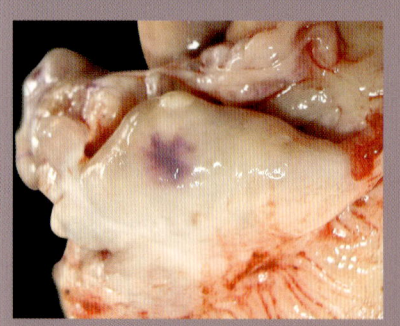

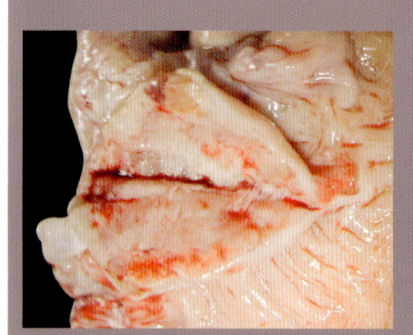

　右卵巣には大卵胞がひとつと，左卵巣には古い黄体が複数観察される。卵巣周期の末期，すなわち排卵後19〜21日後と推察される。
（訳者注：写真を見る限り，この卵巣周期において退行黄体が認められないことから，排卵障害あるいは卵巣静止の可能性も否定できないと考えられる）

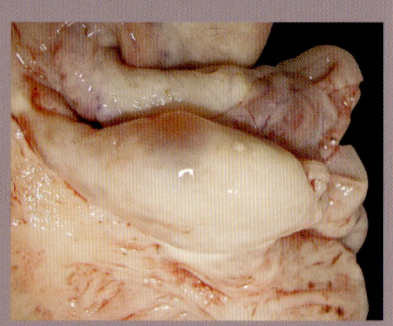

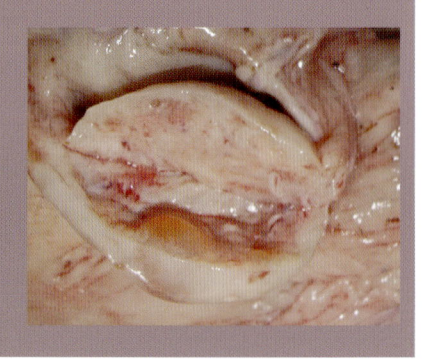

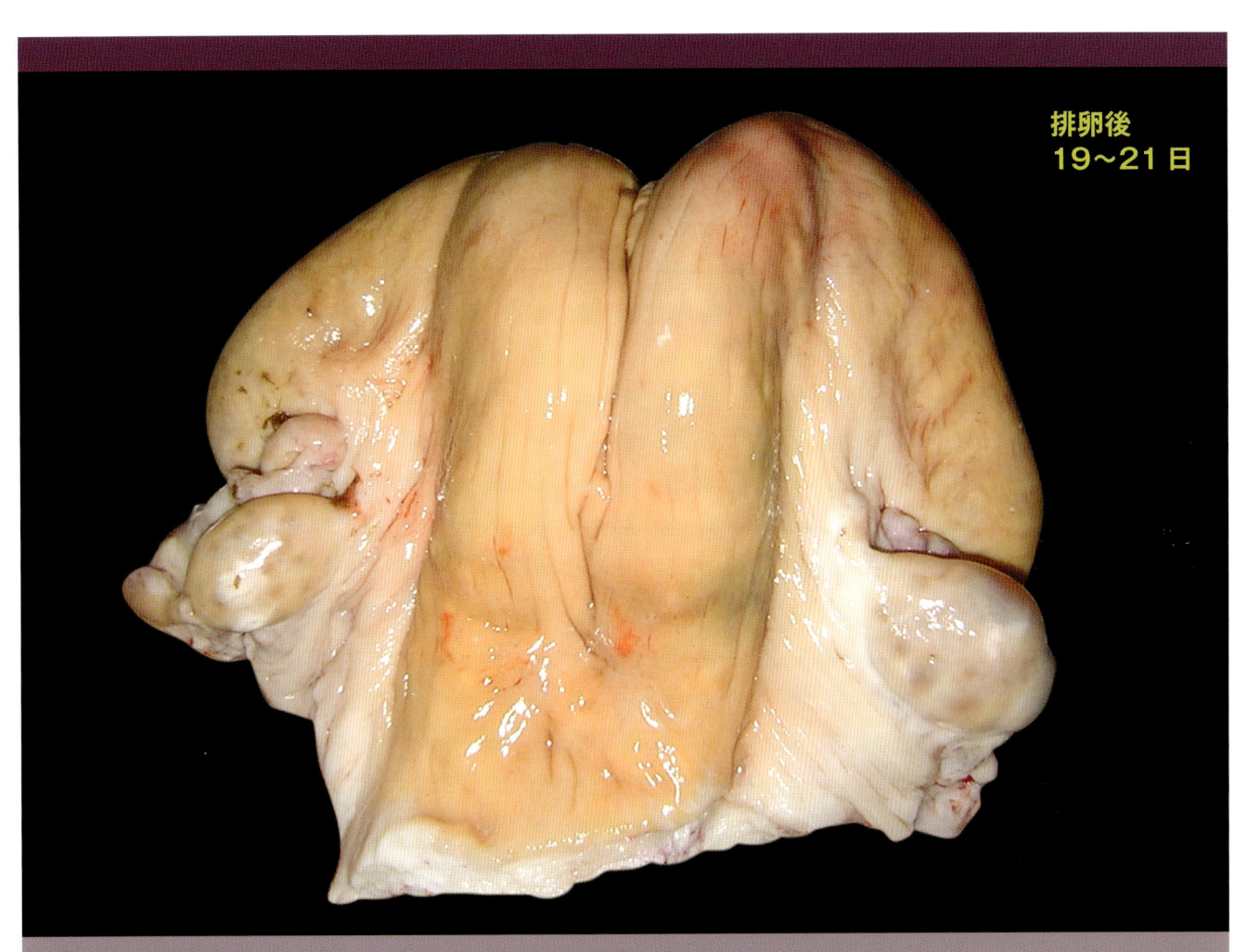

3 構造を認識する

排卵後
19〜21日

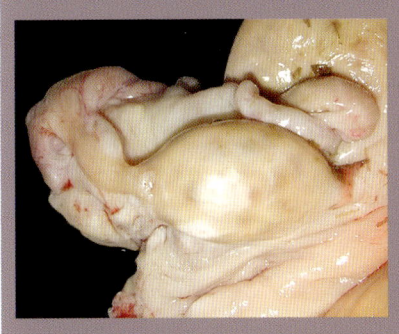

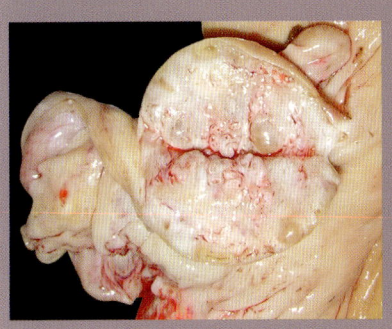

　右卵巣においてより多くの，そしてより大きい（特にそのうちのひとつは明らかにほかよりも大きい）卵胞が見られるが，左右両方の卵巣に異なるサイズの卵胞が観察される。卵巣周期の末期，排卵後19〜21日後と推察される。
（訳者注：写真を見る限り，この卵巣周期において退行黄体が認められないことから，排卵障害あるいは卵巣静止の可能性も否定できないと考えられる）

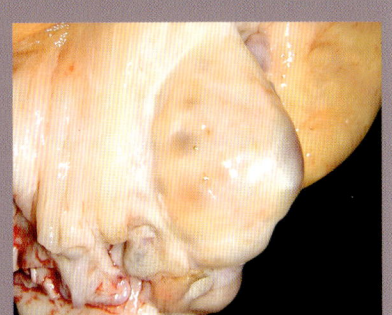

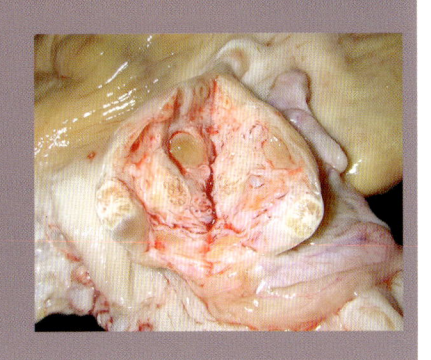

55

排卵後 19〜21日

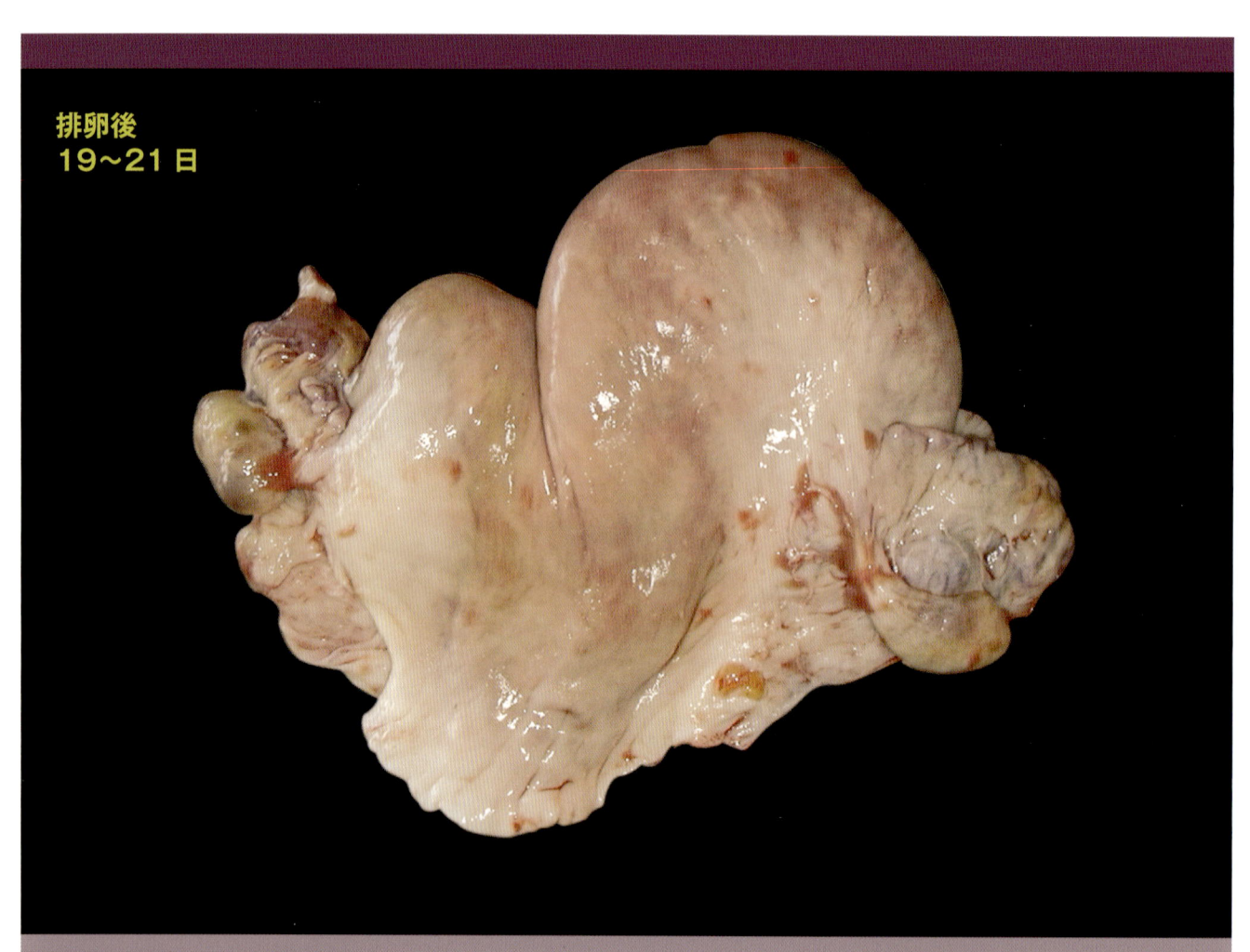

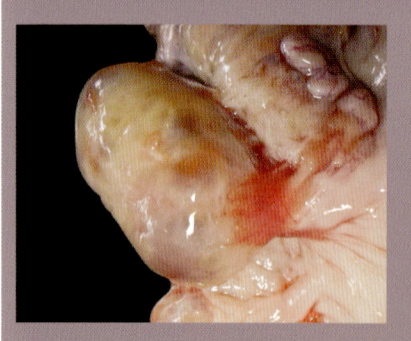

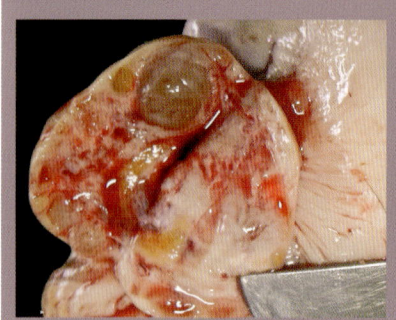

　左卵巣においてひとつの大きな卵胞が存在し，右卵巣には古い黄体の痕跡がある。卵巣周期の末期，排卵後19〜21日後と推察される。
（訳者注：写真を見る限り，この卵巣周期において退行黄体が認められないことから，排卵障害あるいは卵巣静止の可能性も否定できないと考えられる）

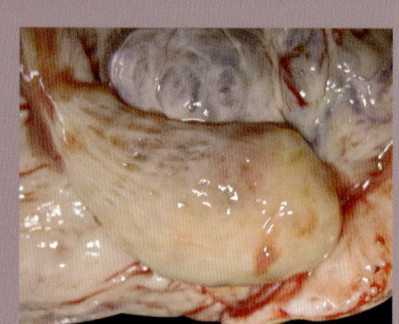

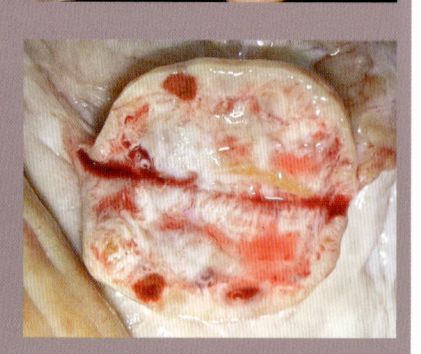

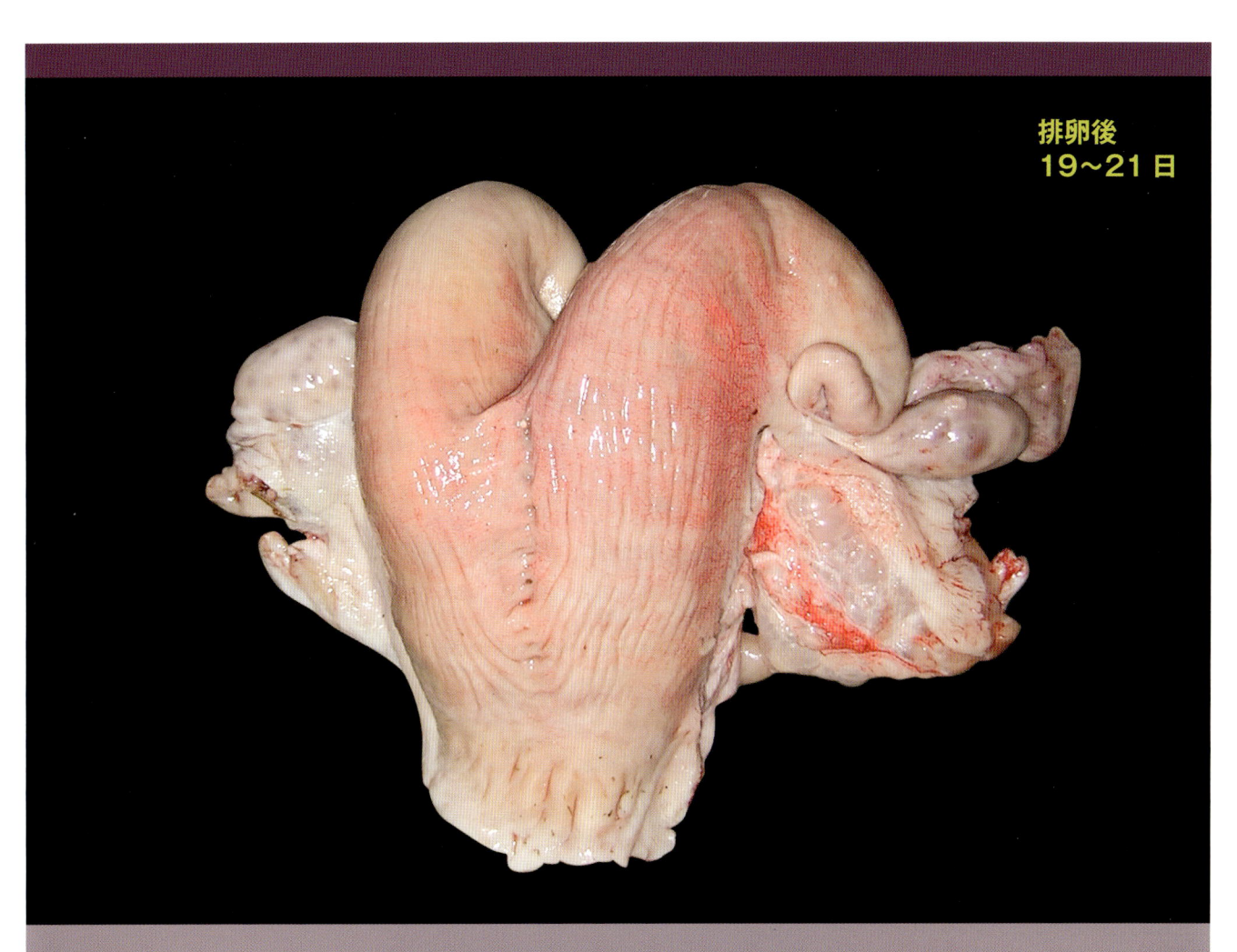

3 構造を認識する

排卵後
19〜21日

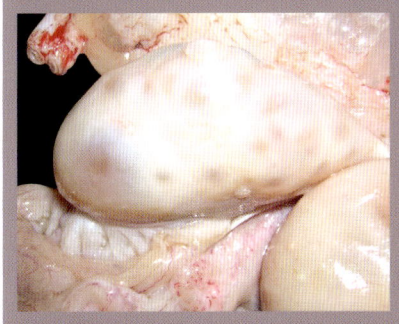

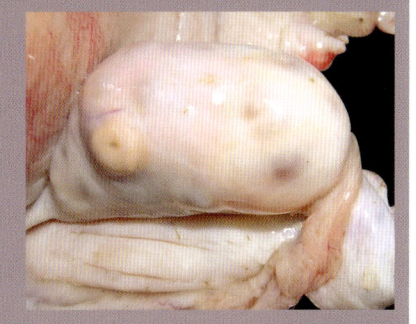

右卵巣にある程度の日数が経過した黄体が，左卵巣には複数の卵胞が存在し，そのうちのひとつが大卵胞である。黄体退行が終了し，主席卵胞の排卵が近いという所見である。卵巣周期の末期，排卵後19〜21日後と推察される。

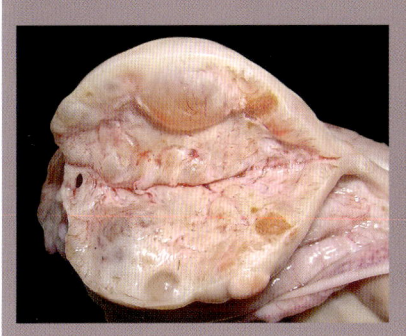

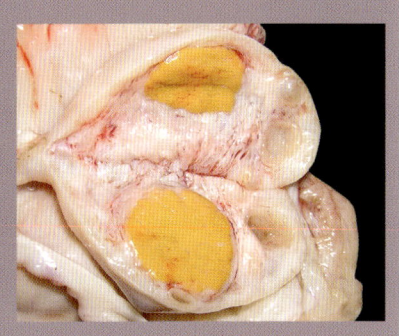

卵巣の構造を認識する

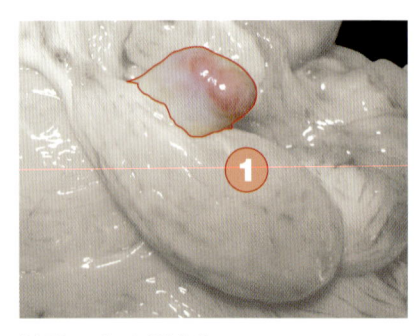

触診できる構造物：
1　よく発達した黄体

その他の構造物：
卵巣表面に小さな点として観察できる。これらの点はそれぞれが動員されてきたひとつの小卵胞に相当するものであると考えられる

分類：
明瞭な黄体；あり
明瞭な卵胞；なし

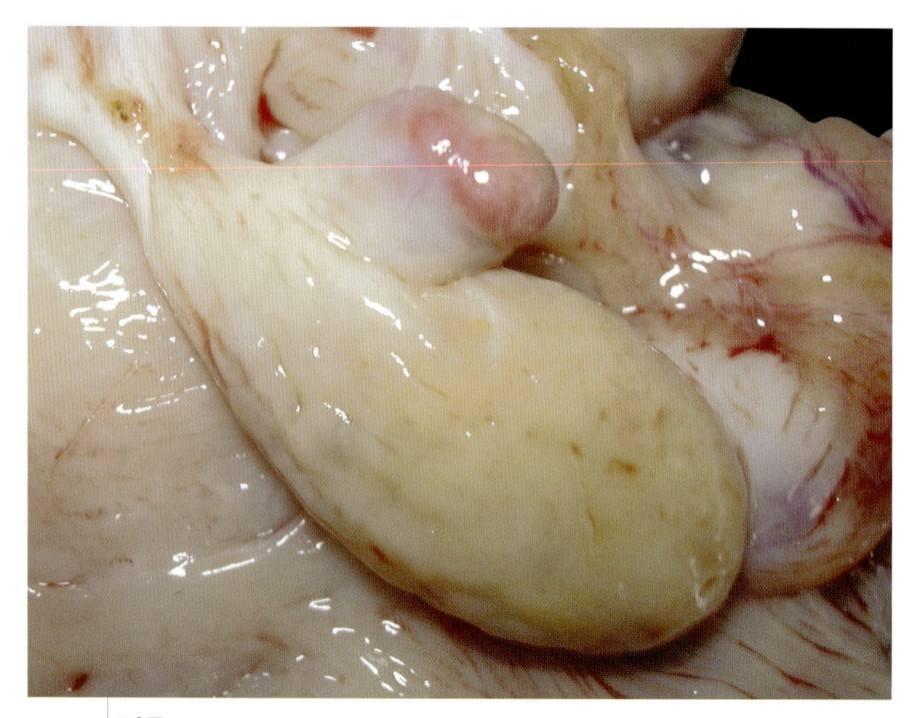

001　所見：
突出した黄体を有する卵巣

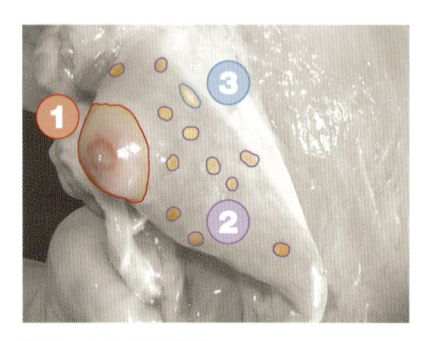

触診できる構造物：
1　古い黄体が卵巣間膜から離れた場所にある。触診で古い黄体と診断することは難しい

その他の構造物：
2　複数の小卵胞
3　古い黄体の痕跡

分類：
明瞭な黄体；なし
明瞭な卵胞；なし

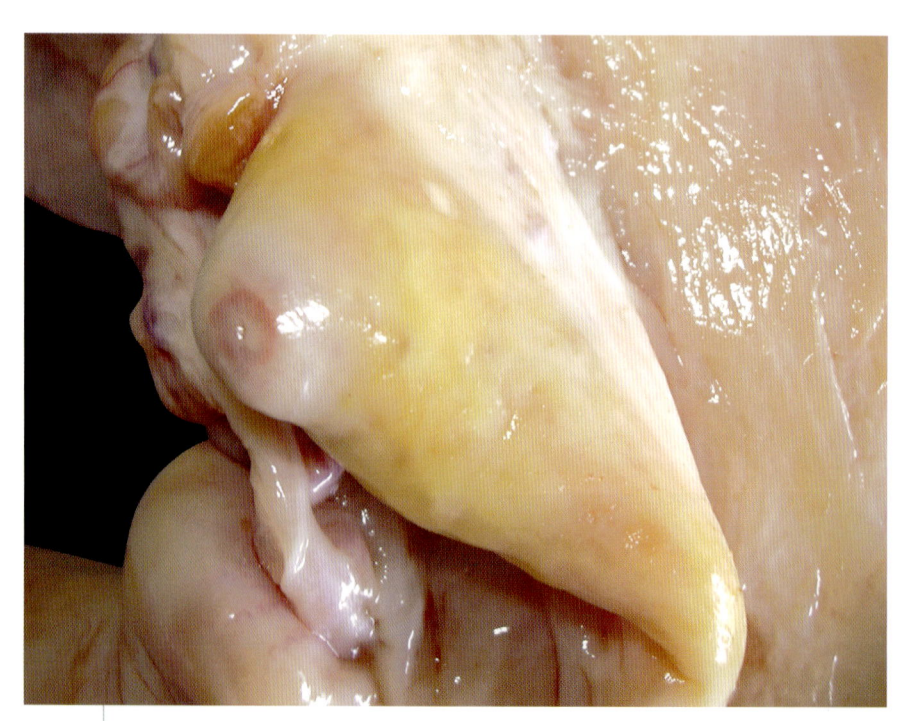

002　所見：
黄体を有する卵巣

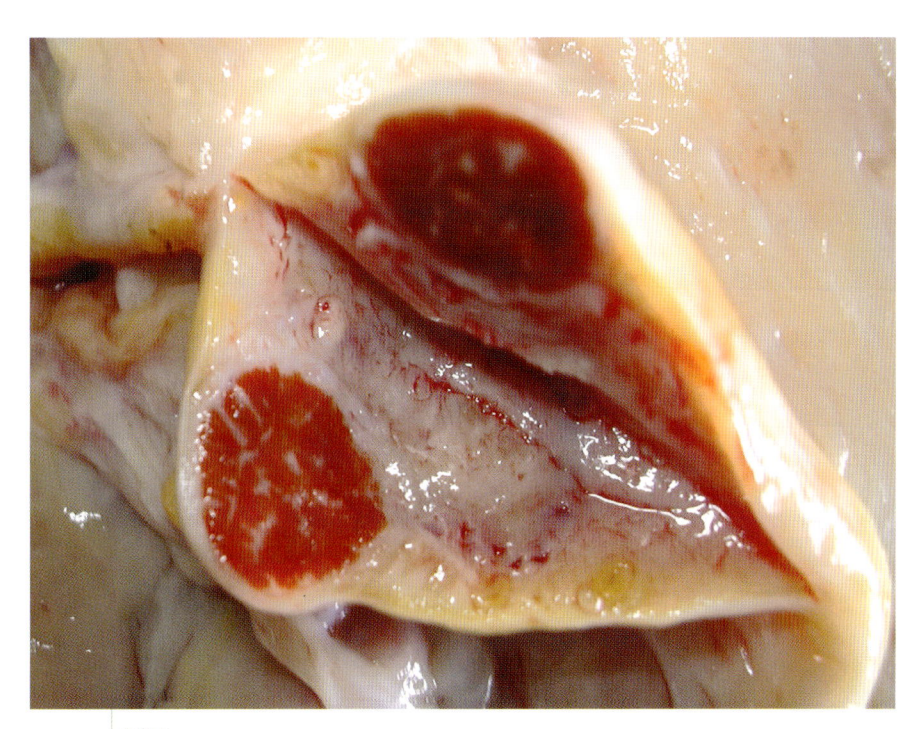

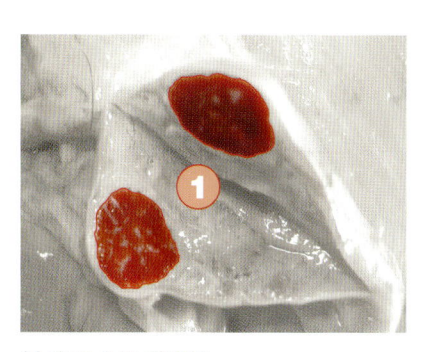

3 構造を認識する

触診できる構造物：
1 古い黄体
分類：
明瞭な黄体；なし
明瞭な卵胞；なし

所見：
003 古い黄体を有する卵巣の割面．002 と同一卵巣である

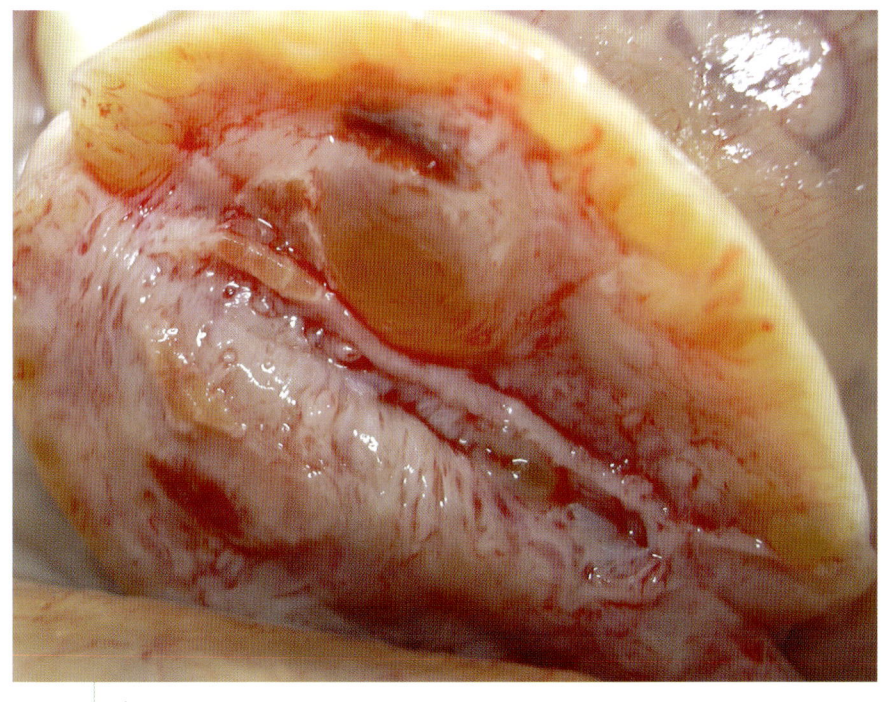

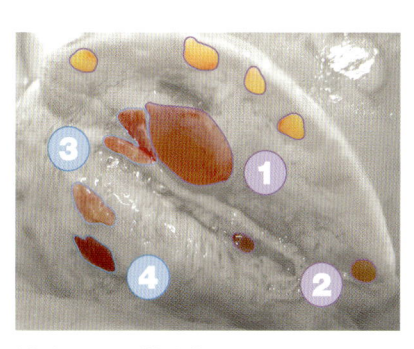

触診できる構造物：
1 明瞭な卵胞
その他の構造物：
2 次の動員期の開始時において表層の下に存在する複数の小卵胞
3 古い黄体の痕跡
4 黄体の痕跡
分類：
明瞭な黄体；なし
明瞭な卵胞；あり

所見：
004 大卵胞を有する卵巣の割面

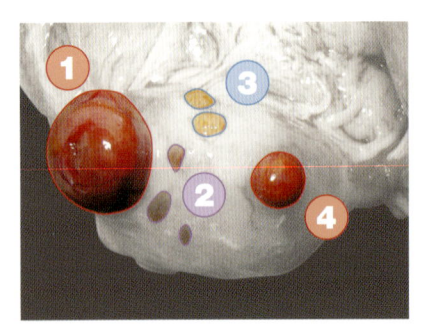

触診できる構造物：
1 明瞭な黄体。シャンパンコルクのような形状を示し，卵巣表面から突出している

その他の構造物：
2 動員された小卵胞
3 古い黄体の痕跡
4 もうひとつの黄体

分類：
明瞭な黄体；あり
明瞭な卵胞；なし

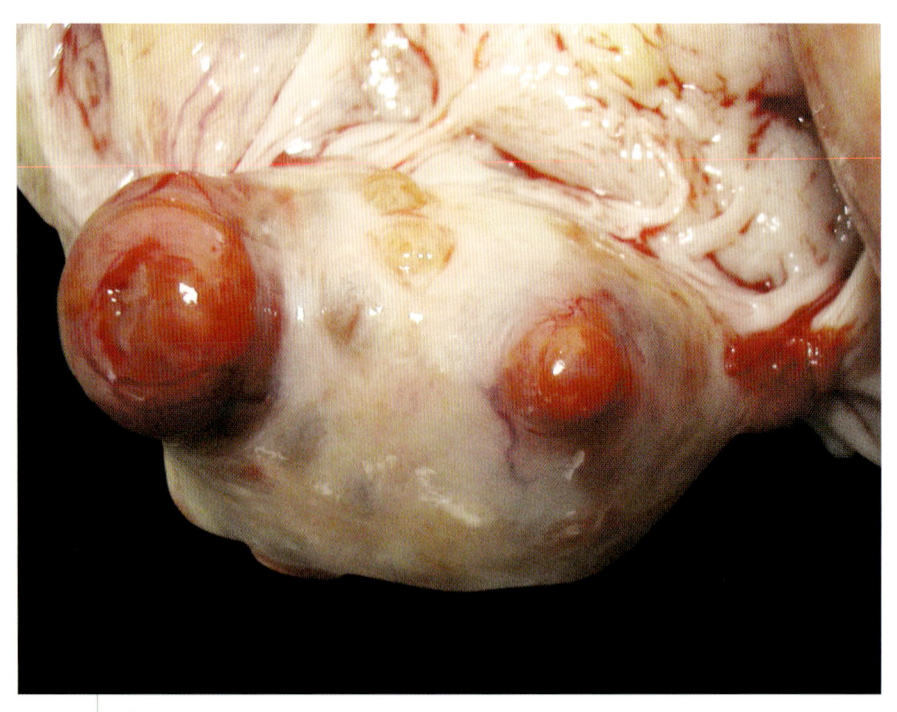

所見：
005 2つの黄体を有する卵巣。2個排卵後に形成されたものである

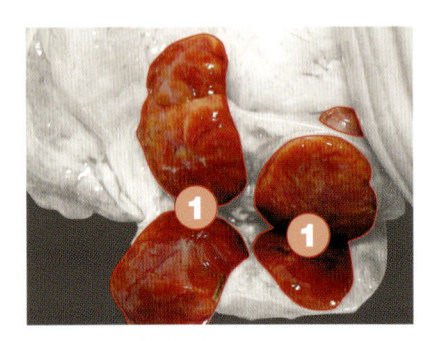

触診できる構造物：
1 明瞭な黄体

分類：
明瞭な黄体；あり
明瞭な卵胞；なし

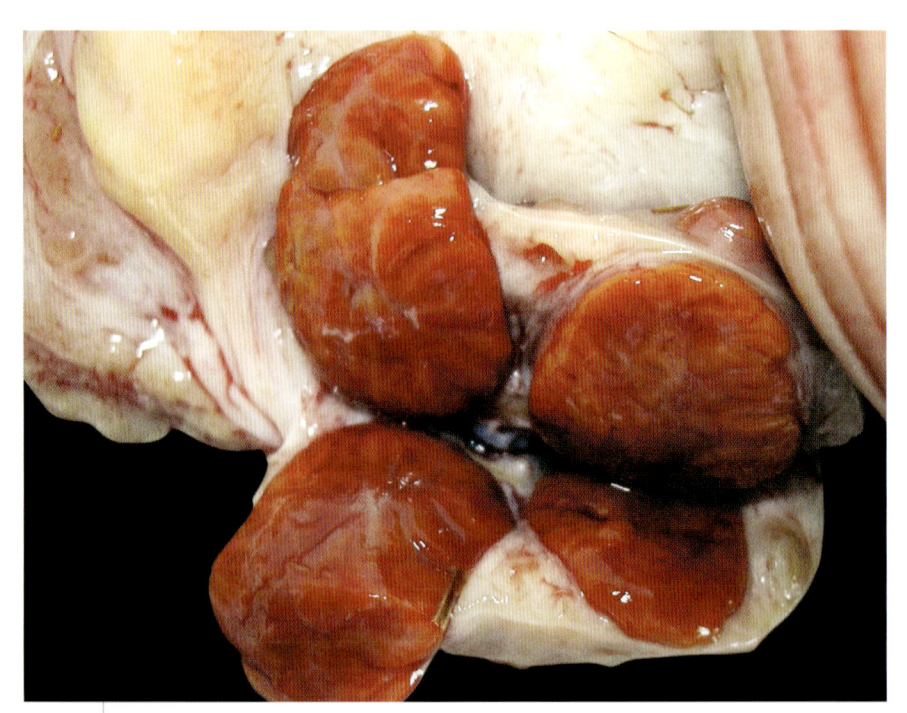

所見：
006 2つの黄体を有する卵巣の割面。005と同一卵巣の割面である

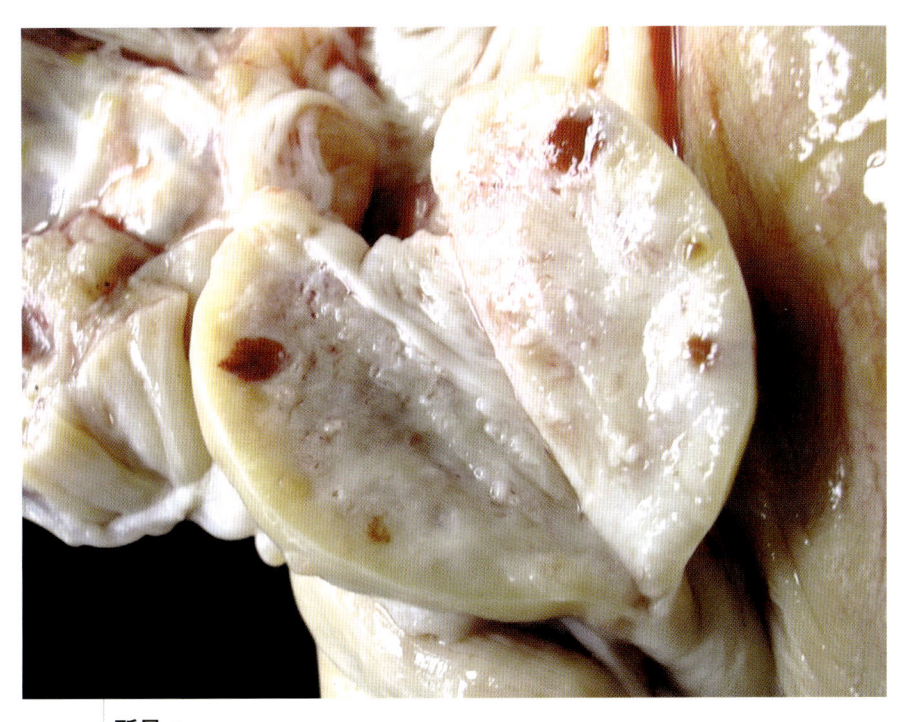

3　構造を認識する

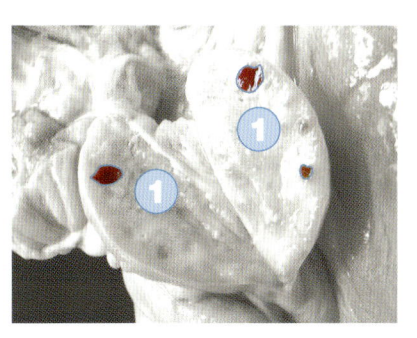

触診できる構造物：
なし

その他の構造物：
1　割面においてひとつの黄体の痕跡を認めることができる

分類：
明瞭な黄体；なし
明瞭な卵胞；なし

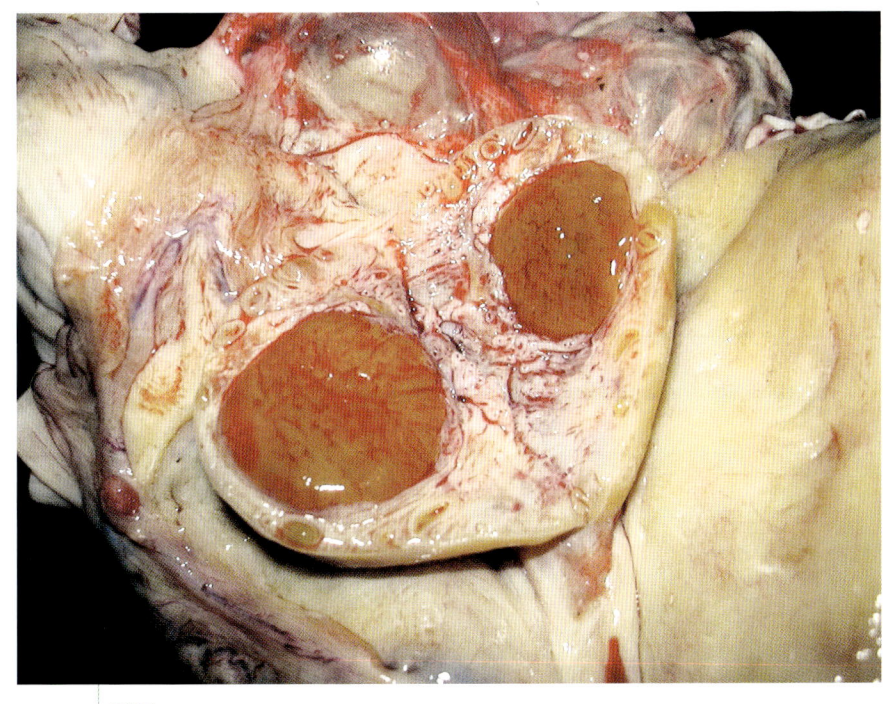

所見：
007　明瞭な構造物を持たない卵巣の割面

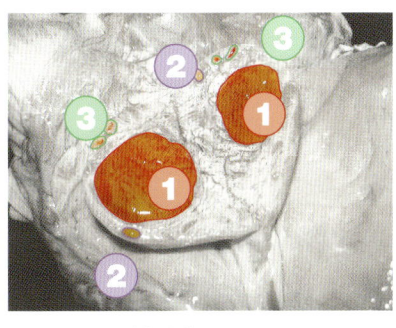

触診できる構造物：
1　明瞭な黄体があり，内側に向かって発達している。卵巣表面からは突出していない

その他の構造物：
2　動員された小卵胞
3　切断された血管

分類：
明瞭な黄体；あり
明瞭な卵胞；なし

所見：
008　ひとつの黄体を有する卵巣の割面

61

触診できる構造物：
なし
その他の構造物：
1 黄体の痕跡
2 小卵胞
3 古い黄体の痕跡
分類：
明瞭な黄体；なし
明瞭な卵胞；なし

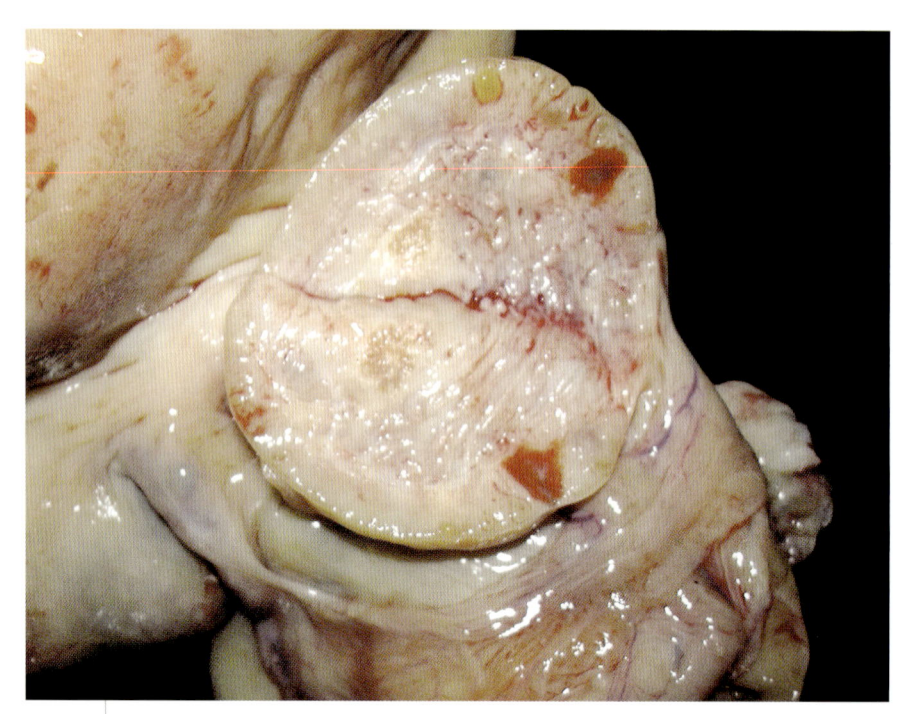

所見：
009 明瞭な構造物を持たない卵巣の割面

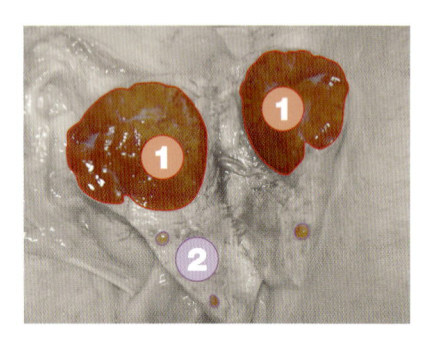

触診できる構造物：
1 明瞭な黄体
その他の構造物：
2 卵巣の表面に認められる複数の小卵胞
分類：
明瞭な黄体；あり
明瞭な卵胞；なし

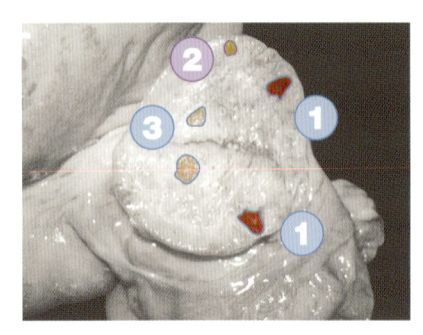

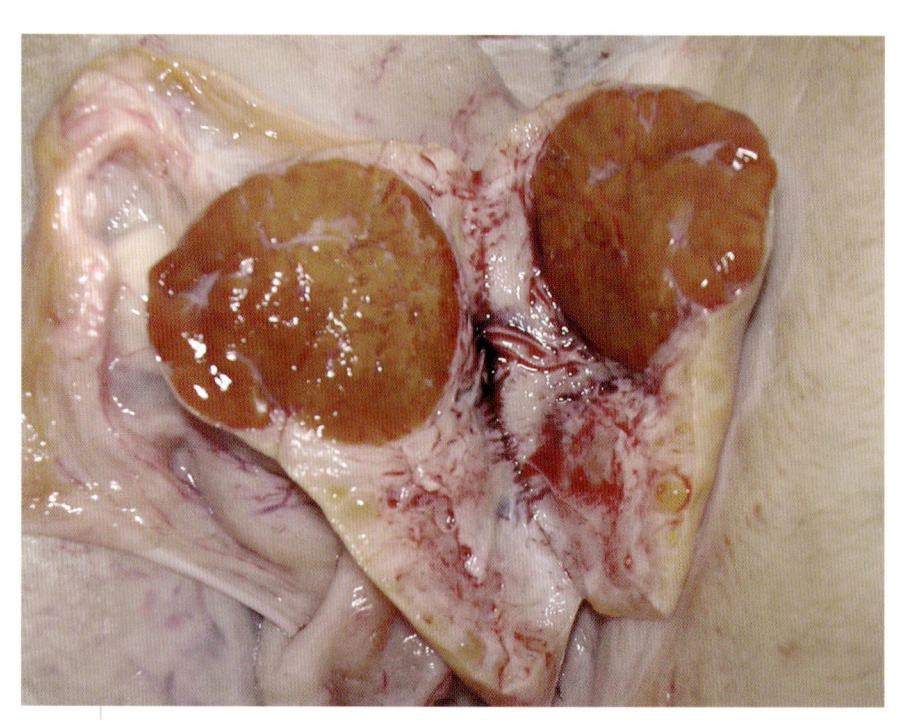

所見：
010 ひとつの大きな黄体を有する卵巣の割面

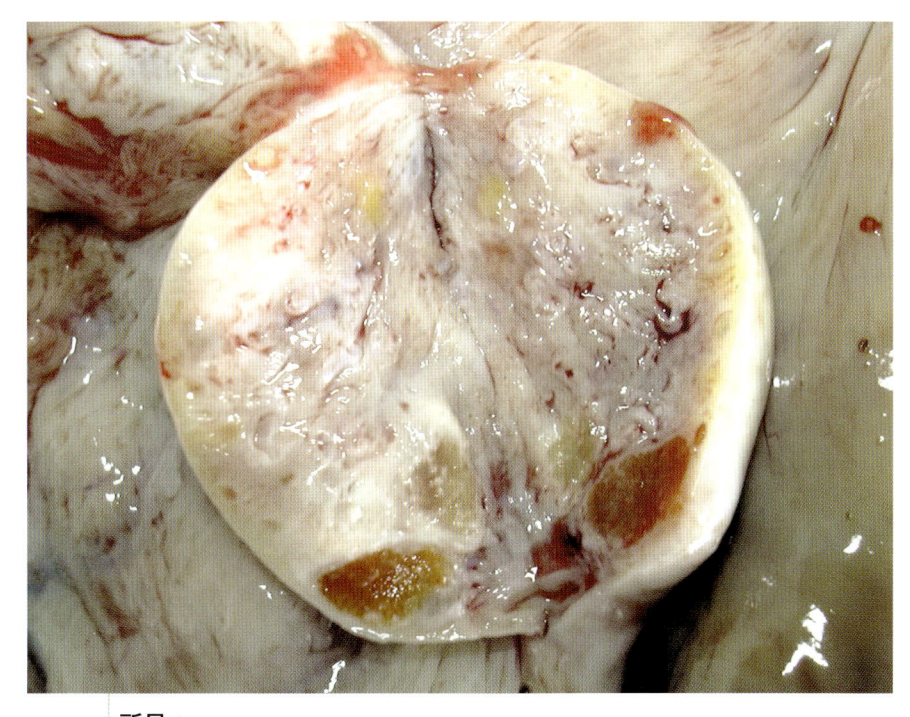

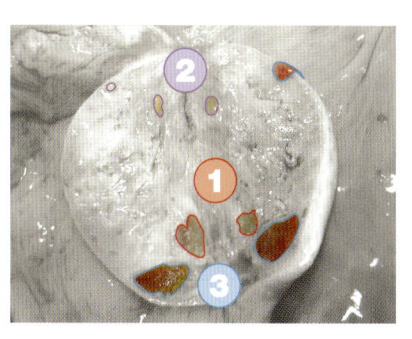

3 構造を認識する

触診できる構造物：
なし
その他の構造物：
1 触診できるような明瞭な構造物がない
2 複数の初期卵胞
3 黄体の痕跡
分類：
明瞭な黄体；なし
明瞭な卵胞；なし

所見：
011 明瞭な構造物を持たない卵巣の割面

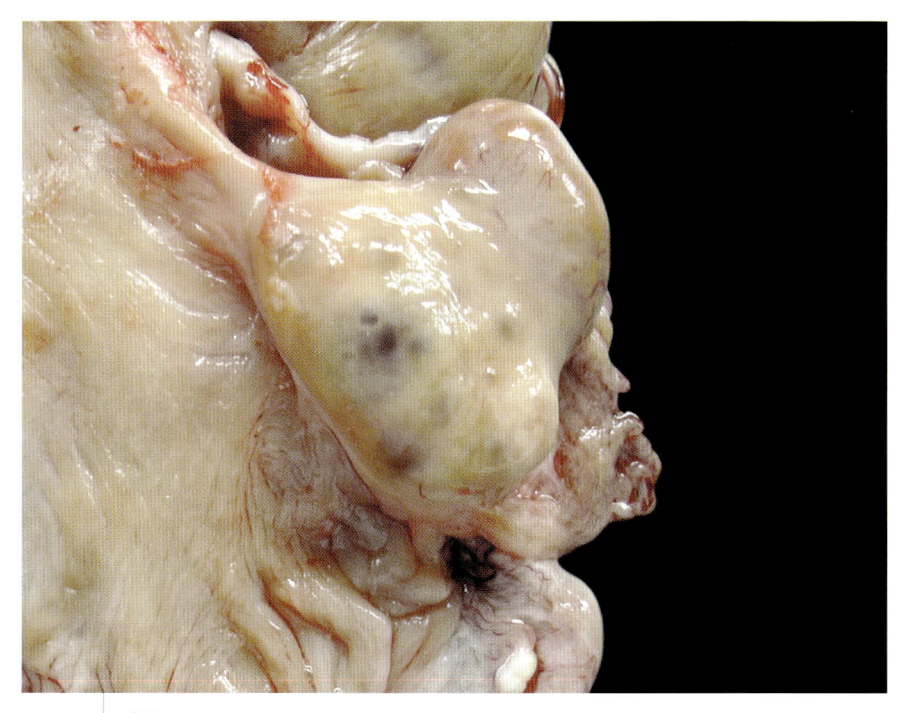

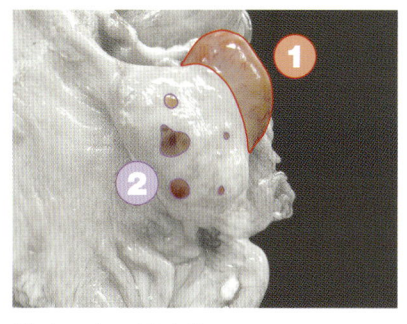

触診できる構造物：
1 触診できる黄体
2 複数の異なるサイズの卵胞
分類：
明瞭な黄体；あり
明瞭な卵胞；あり（複数）

所見：
012 ひとつの大きな黄体を有する卵巣

63

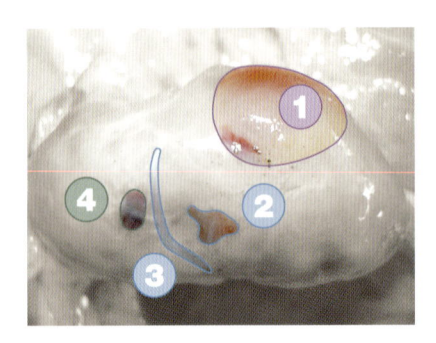

触診できる構造物：
1　明瞭な卵胞

その他の構造物：
2　古い黄体の痕跡
3　結合組織の瘢痕
4　小さな出血斑

分類：
明瞭な黄体；なし
明瞭な卵胞；あり

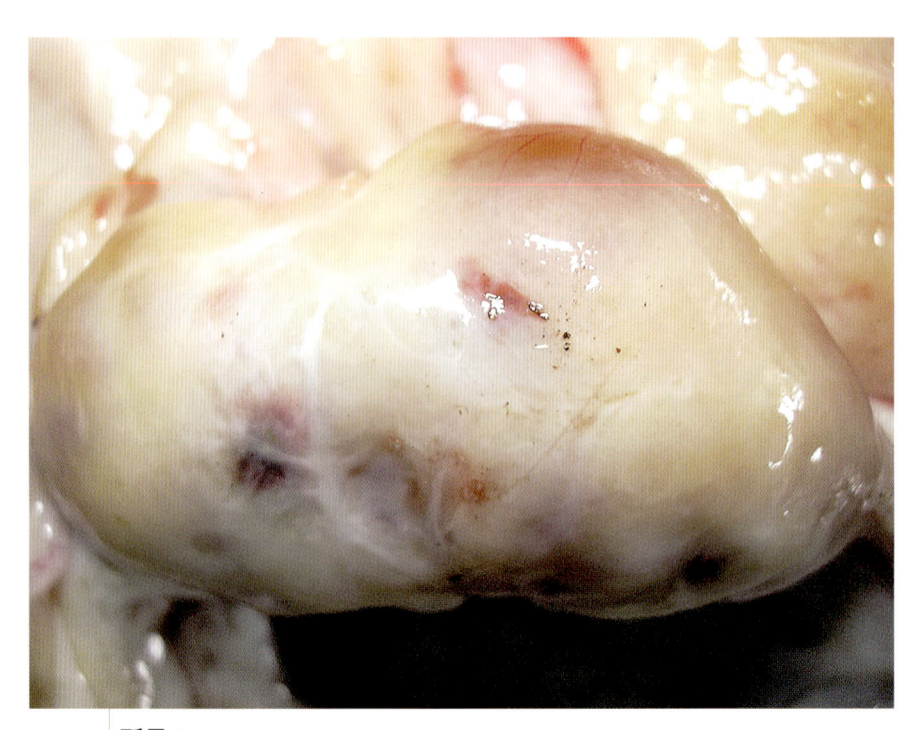

所見：
013　大卵胞を有する卵巣

触診できる構造物：
1　注意深い触診で認識可能な卵胞

その他の構造物：
2　非常に小さな卵胞
3　古い黄体の痕跡

分類：
明瞭な黄体；なし
明瞭な卵胞；あり

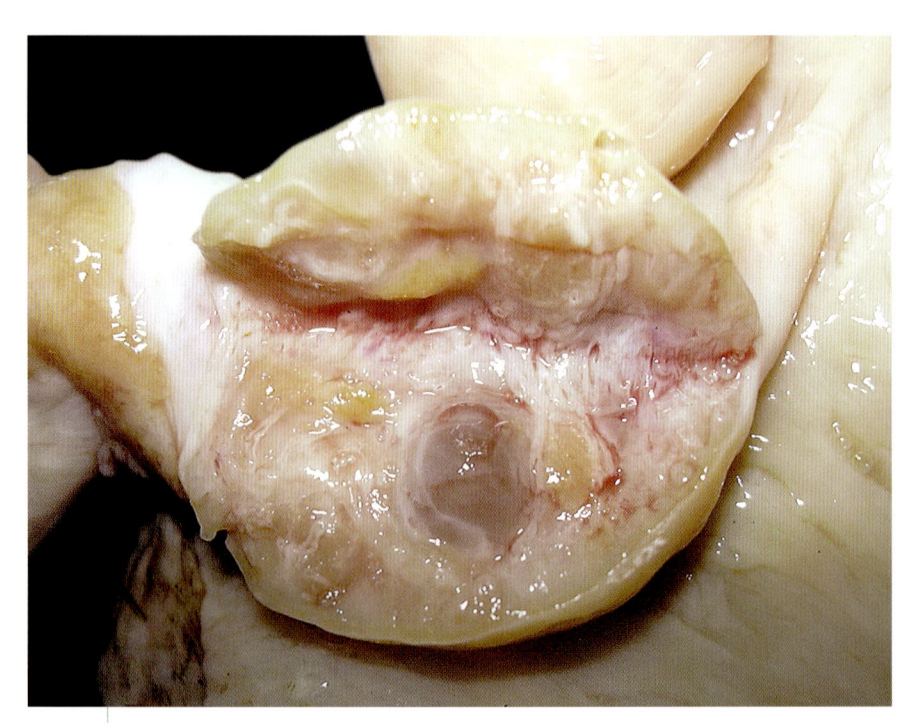

所見：
014　ひとつの卵胞を有する卵巣の割面

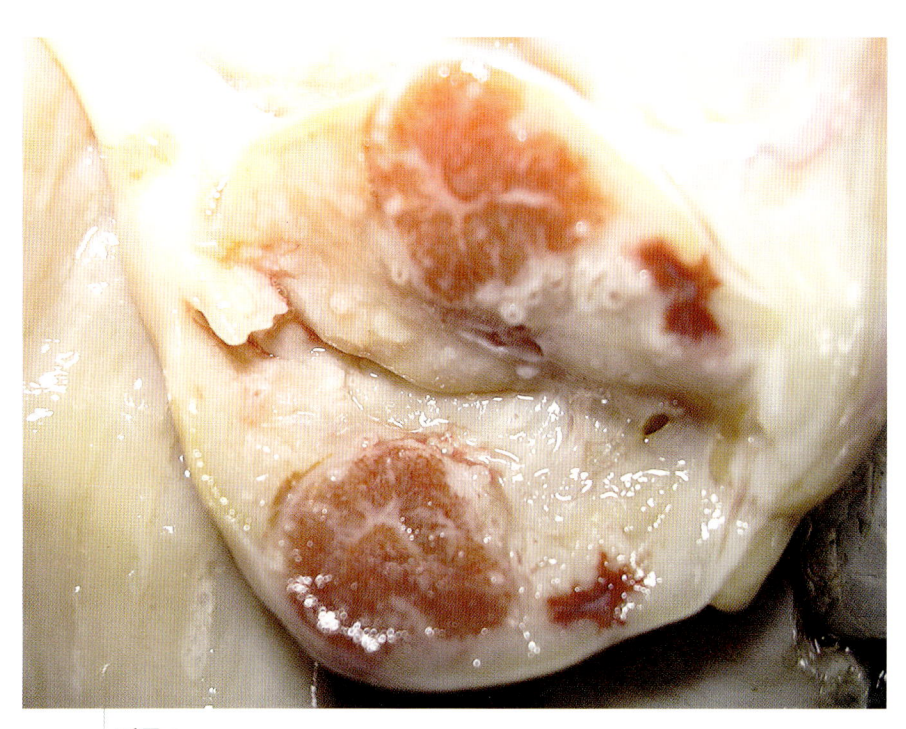

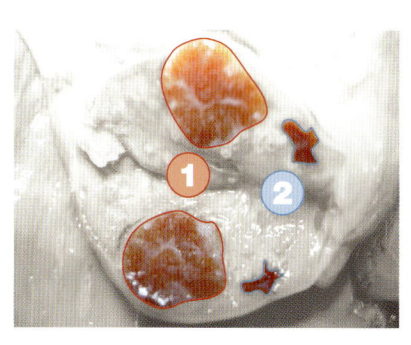

3 構造を認識する

触診できる構造物：
なし
その他の構造物：
1 古い黄体
2 古い黄体の痕跡
分類：
明瞭な黄体；なし
明瞭な卵胞；なし

所見：
015 ひとつの古い黄体と，それとは別の黄体の痕跡を有する卵巣の割面

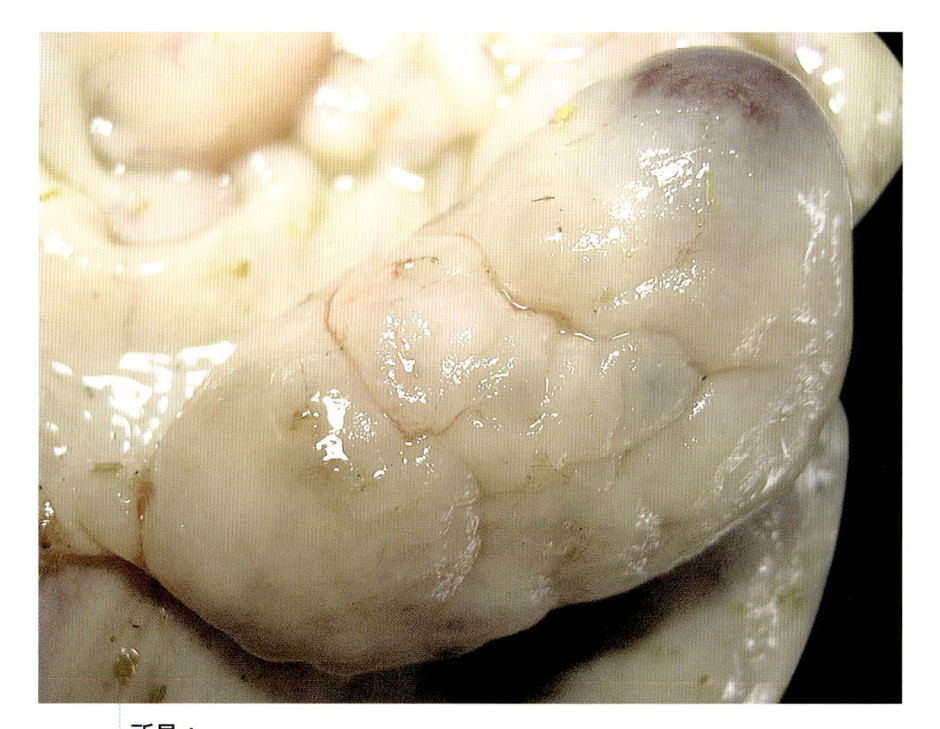

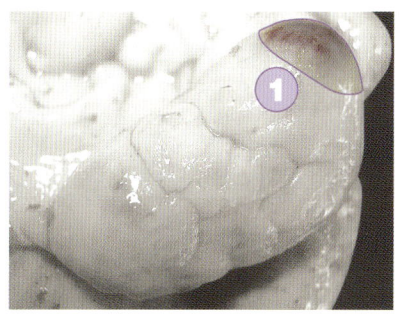

触診できる構造物：
1 明瞭な卵胞
分類：
明瞭な黄体；なし
明瞭な卵胞；あり

所見：
016 ひとつの卵胞を有する卵巣（未経産牛）

65

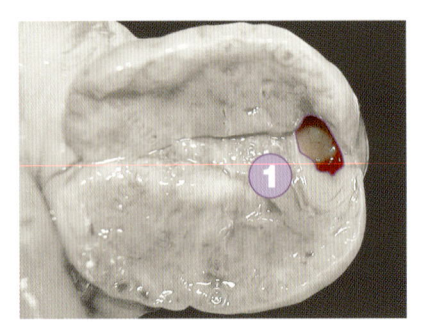

触診できる構造物：
1　明瞭な卵胞
分類：
明瞭な黄体；なし
明瞭な卵胞；あり

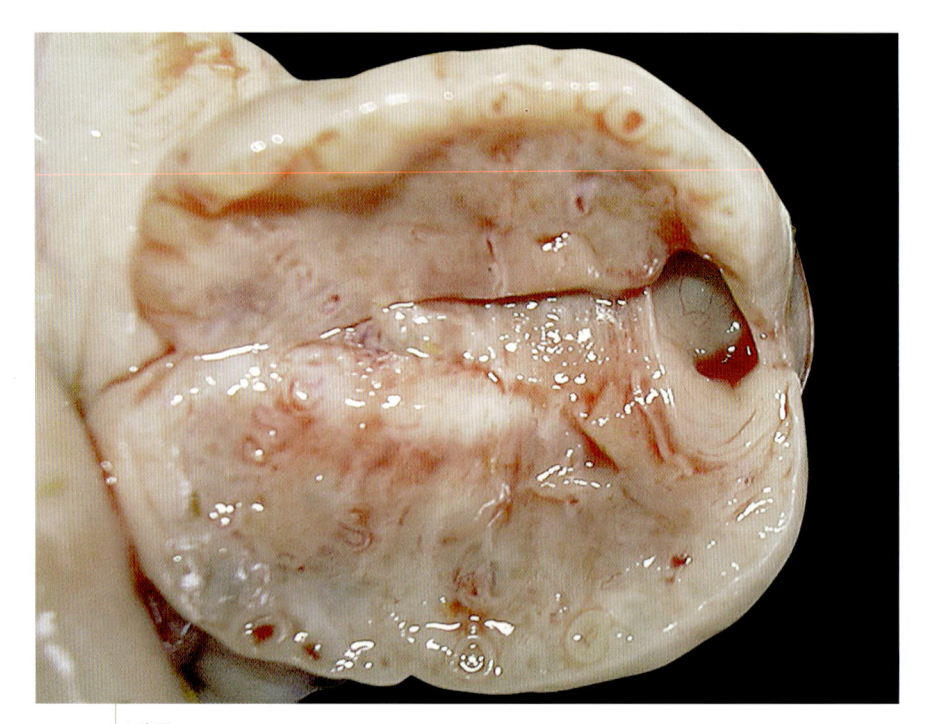

017 所見：
大卵胞の腔が見える卵巣の割面。016と同一卵巣の割面である

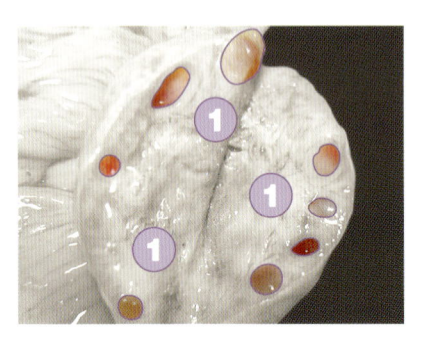

触診できる構造物：
1　卵巣表面の複数の小卵胞がかろうじて触診できる
分類：
明瞭な黄体；なし
明瞭な卵胞；なし

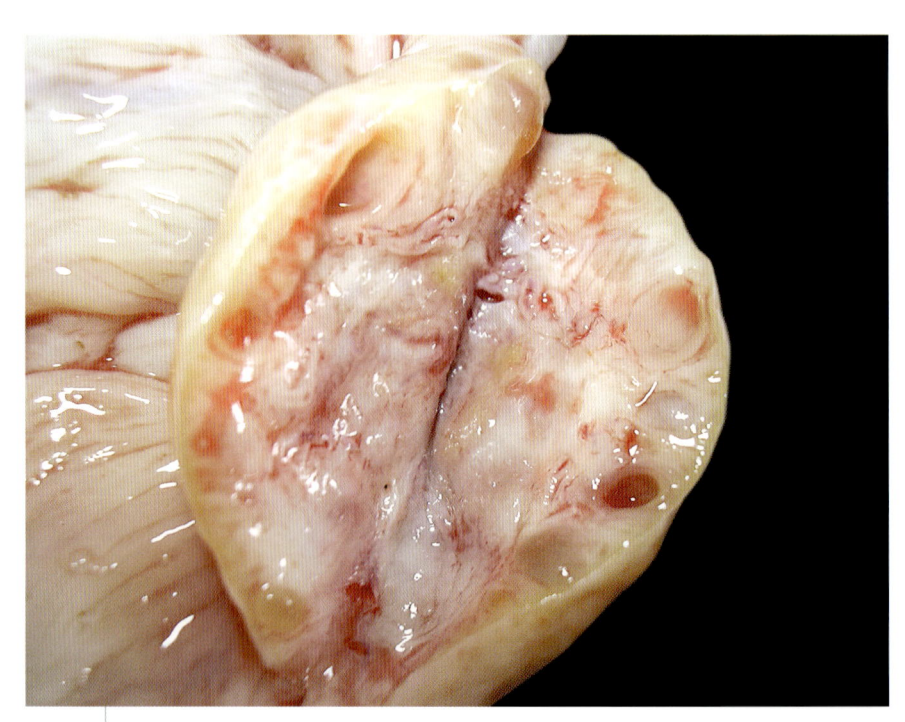

018 所見：
卵胞が皮質に認められる卵巣の割面。異なる大きさの卵胞が複数観察できる

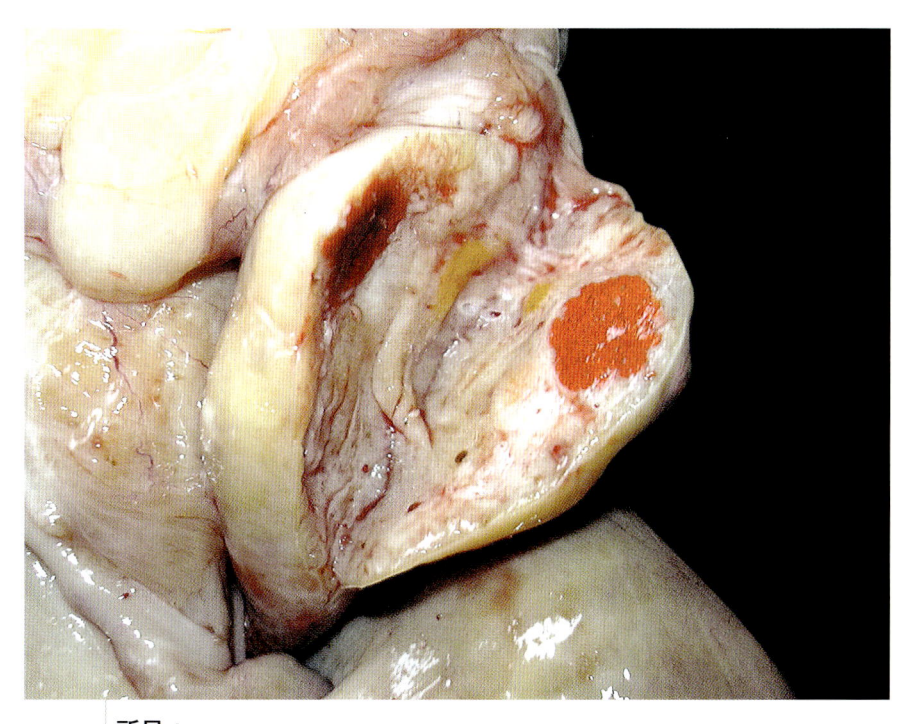

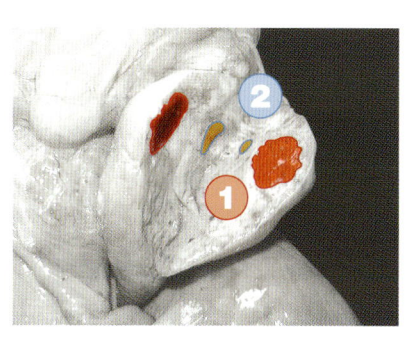

3 構造を認識する

触診できる構造物：
なし
その他の構造物：
1 古い黄体
2 （かつての黄体と思われる）黄色の痕跡
分類：
明瞭な黄体；なし
明瞭な卵胞；なし

所見：
019 古い黄体を有する卵巣の割面

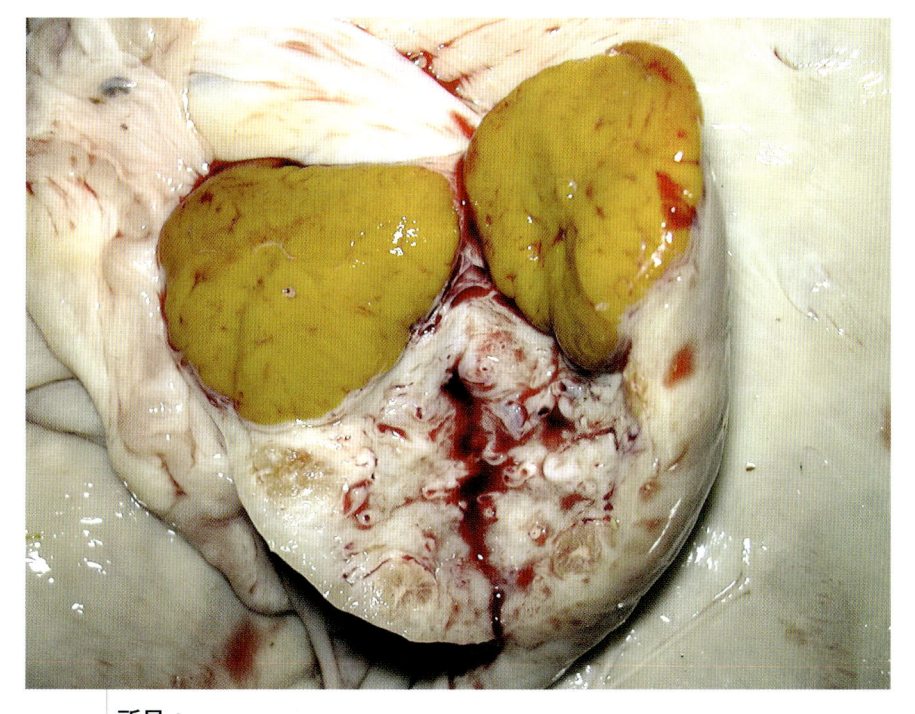

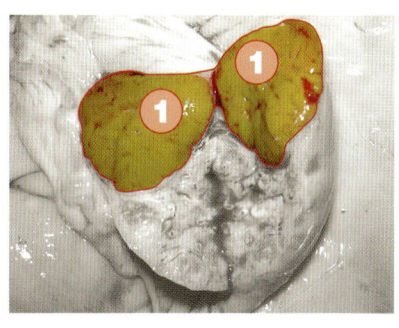

触診できる構造物：
1 一部が卵巣表面から突出し、また内部にも発達した明瞭な黄体
分類：
明瞭な黄体；あり
明瞭な卵胞；なし

所見：
020 大きな黄体を有する卵巣の割面

67

触診できる構造物：
1 明瞭な黄体
2 明瞭な卵胞

分類：
明瞭な黄体；あり
明瞭な卵胞；あり

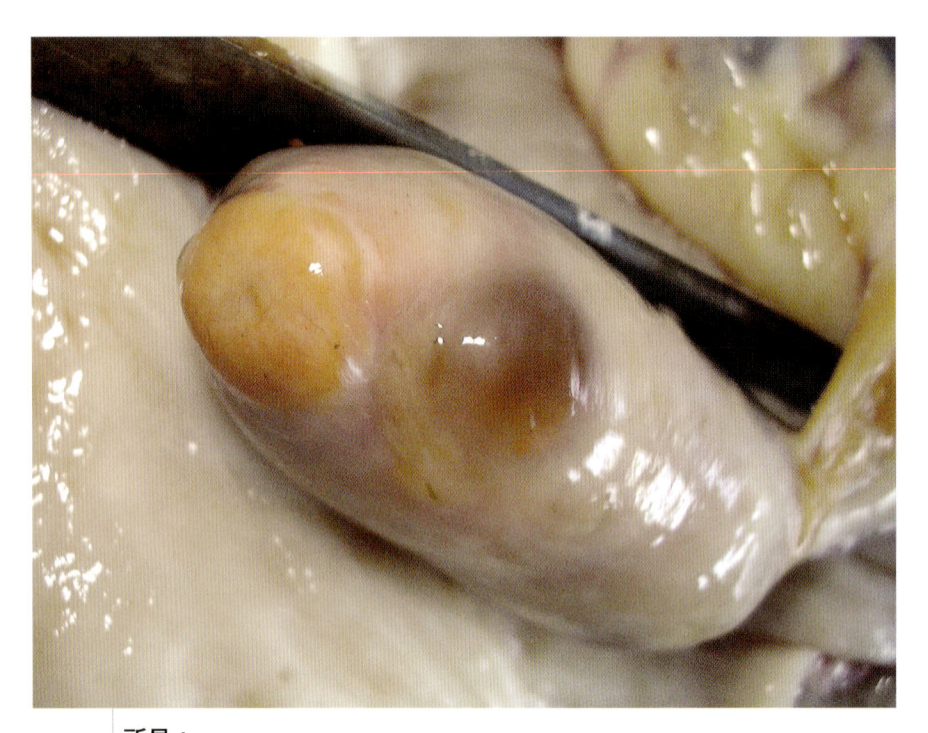

021 所見：
すぐにそれと分かる大きな黄体と大卵胞を有する卵巣

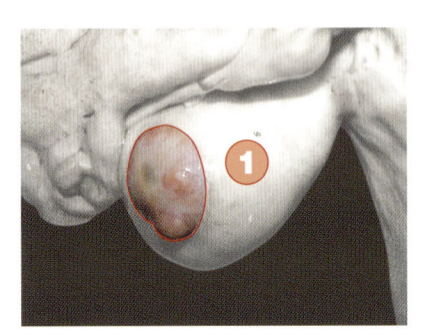

触診できる構造物：
1 明瞭な黄体

分類：
明瞭な黄体；あり
明瞭な卵胞；なし

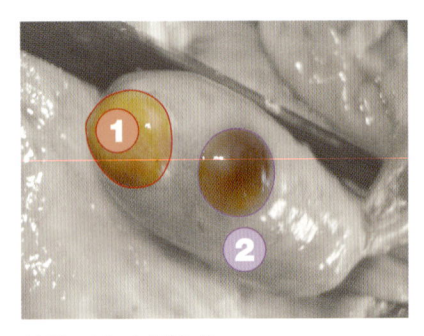

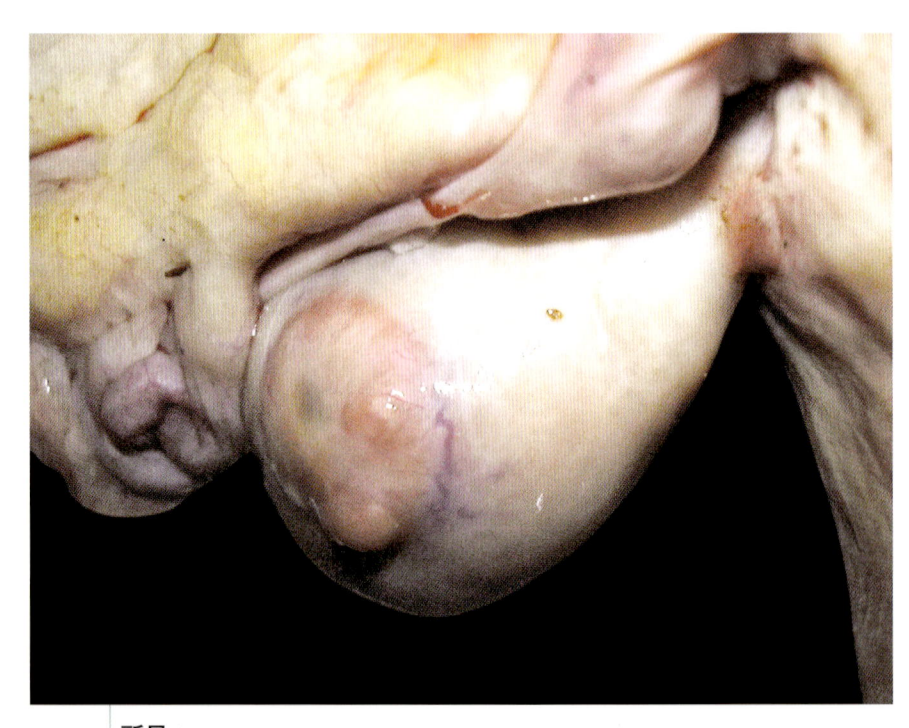

022 所見：
表面からの突出があまりないが大きな黄体を有する卵巣

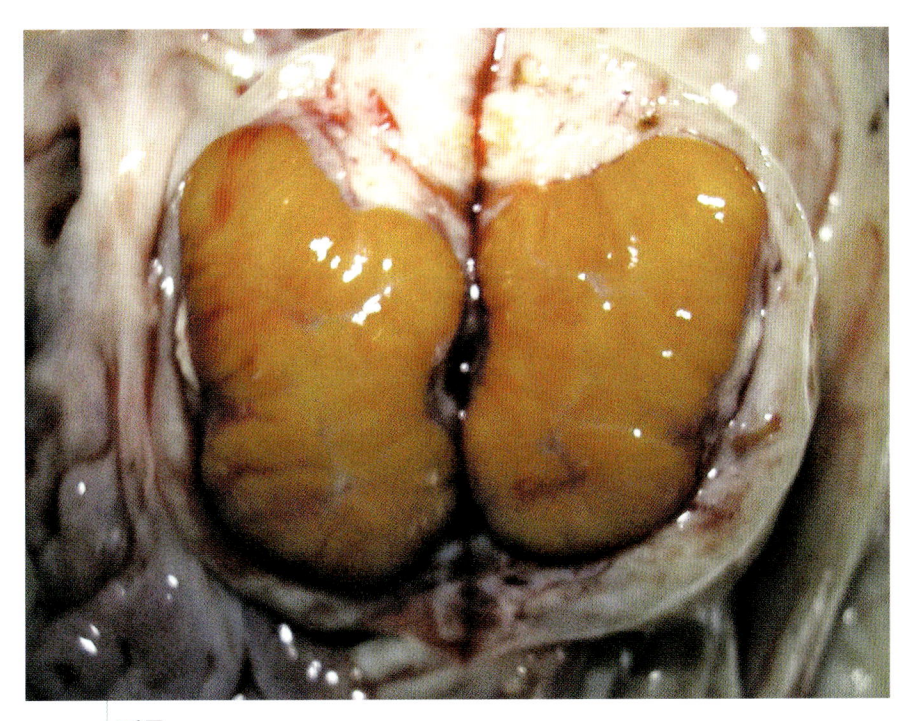

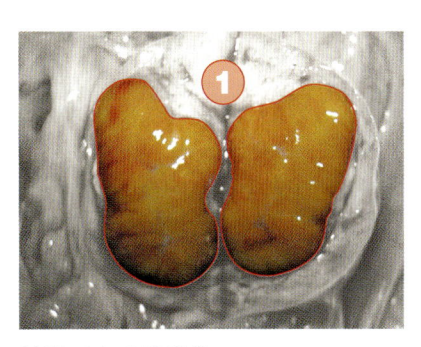

3 構造を認識する

触診できる構造物：
1 卵巣内部のほぼ全域を占めるまで発達した明瞭な黄体

分類：
明瞭な黄体；あり
明瞭な卵胞；なし

023 所見：
大きな黄体を有する卵巣の割面。022と同一卵巣である

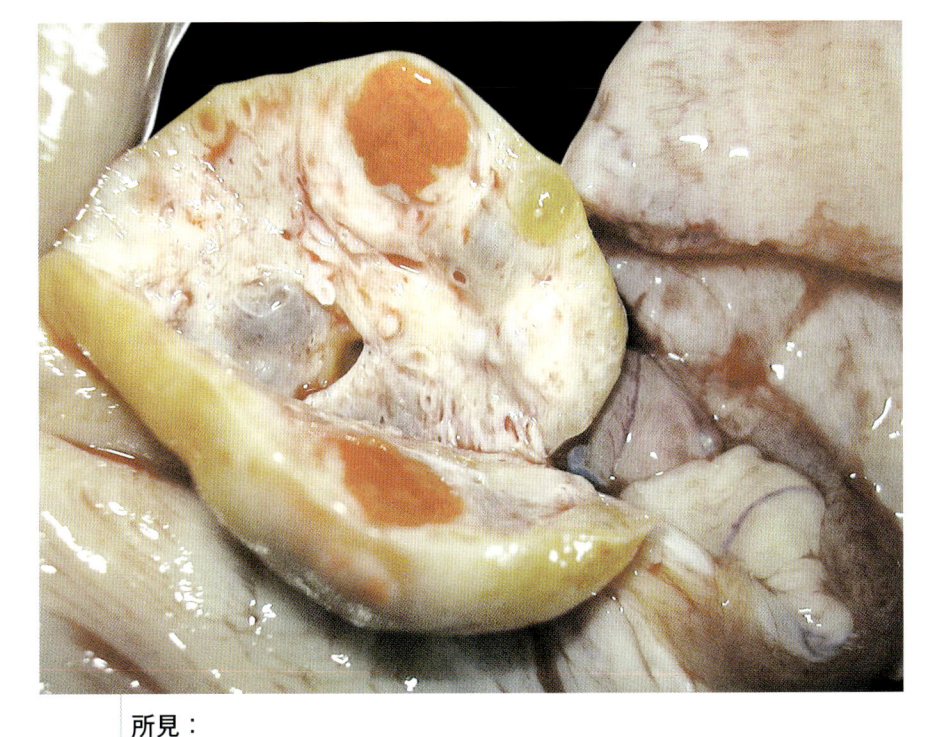

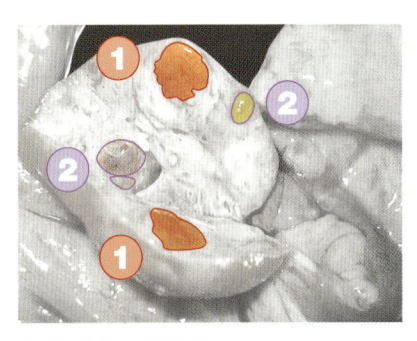

触診できる構造物：
1 古い黄体であり，注意深い触診で認識可能
2 異なる大きさの複数の卵胞

分類：
明瞭な黄体；なし
明瞭な卵胞；あり（複数）

024 所見：
ひとつの古い黄体と異なる大きさの卵胞を複数有する卵巣の割面

69

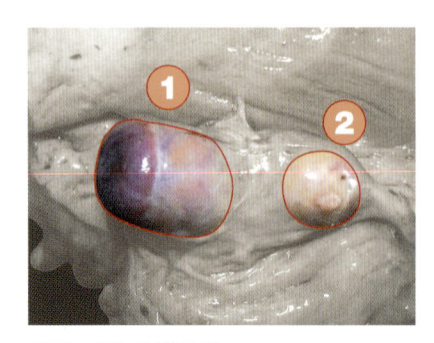

触診できる構造物：
1 触診で容易に見つけることができる黄体であり，突出部分はシャンパンコルク状をしている

その他の構造物：
2 古い黄体

分類：妊娠黄体

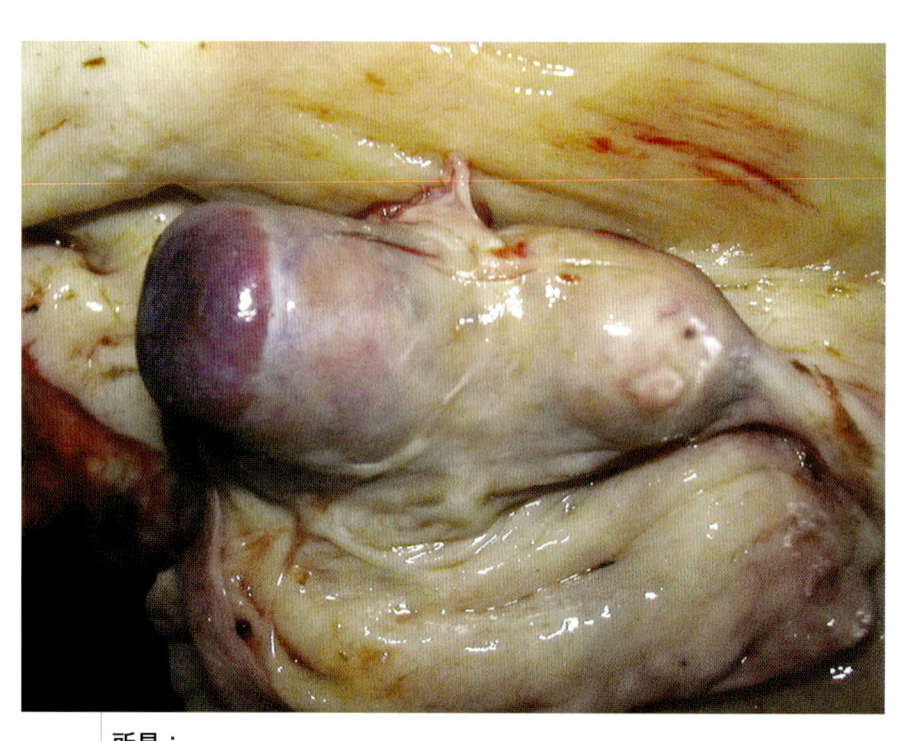

025 所見：
ほぼ全域を占めるほど発達した大きな黄体を有する卵巣

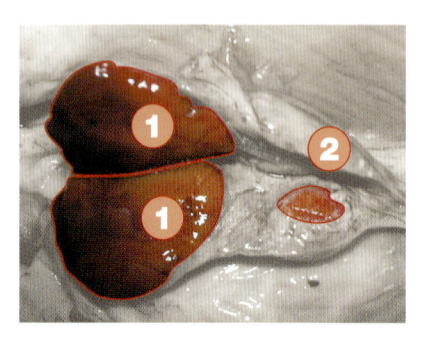

触診できる構造物：
1 触診で容易に見つけることができる黄体であり，突出部分はシャンパンコルク状をしている

その他の構造物：
2 古い黄体

分類：妊娠黄体

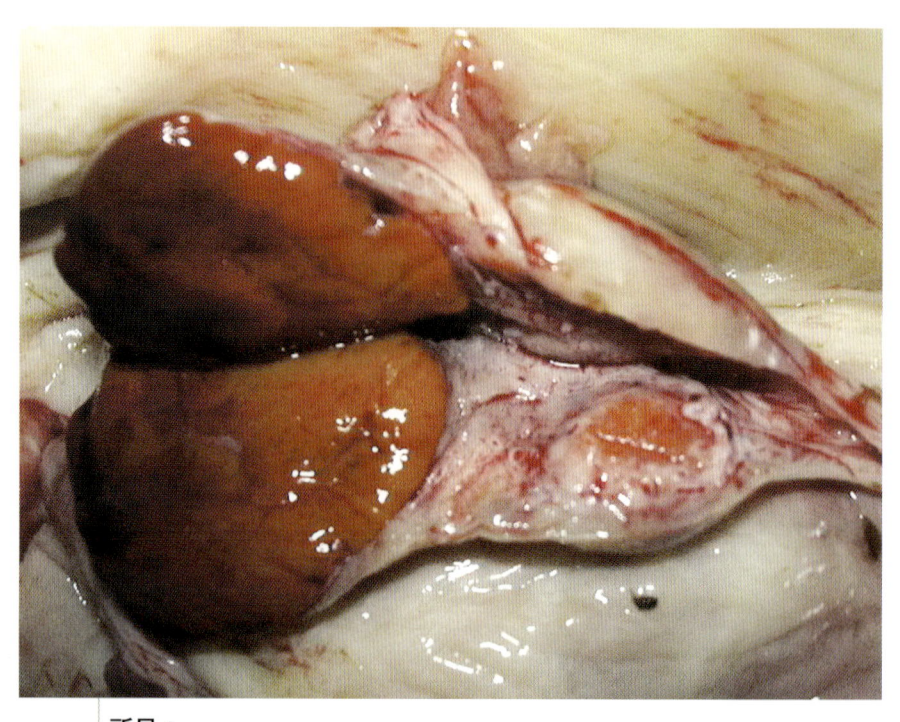

026 所見：
025と同一卵巣の割面

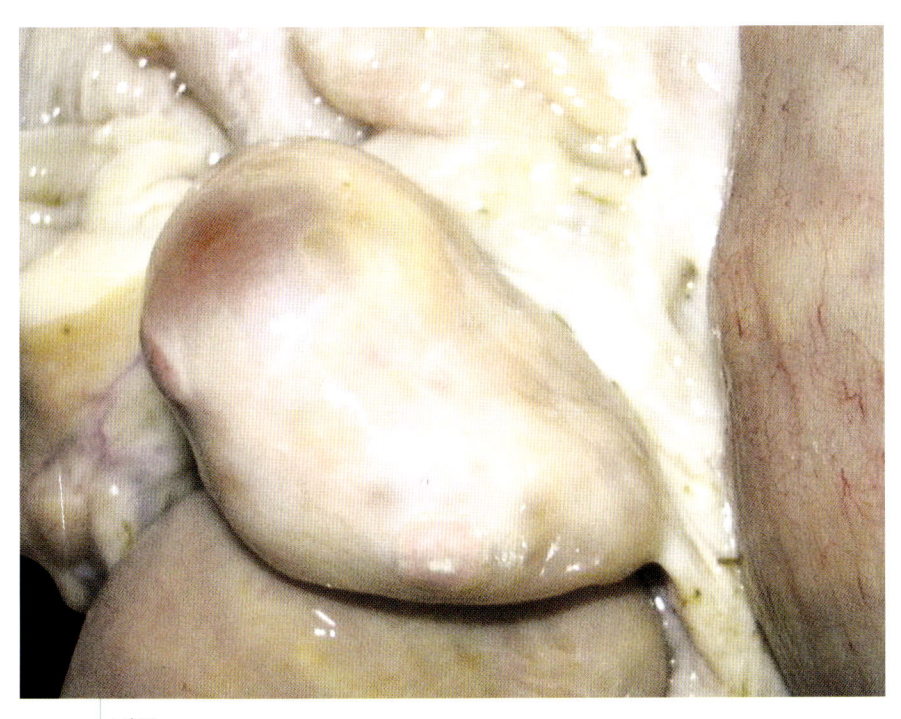

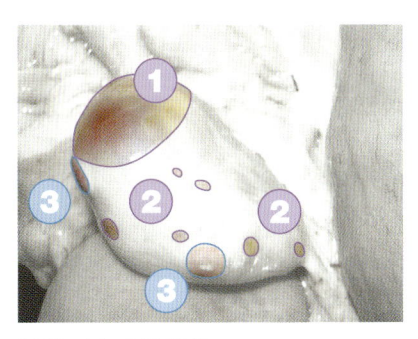

3　構造を認識する

触診できる構造物：
1　明瞭な卵胞
その他の構造物：
2　小卵胞
3　古い黄体の痕跡
分類：
明瞭な黄体；なし
明瞭な卵胞；あり

所見：
027　大卵胞を有する卵巣

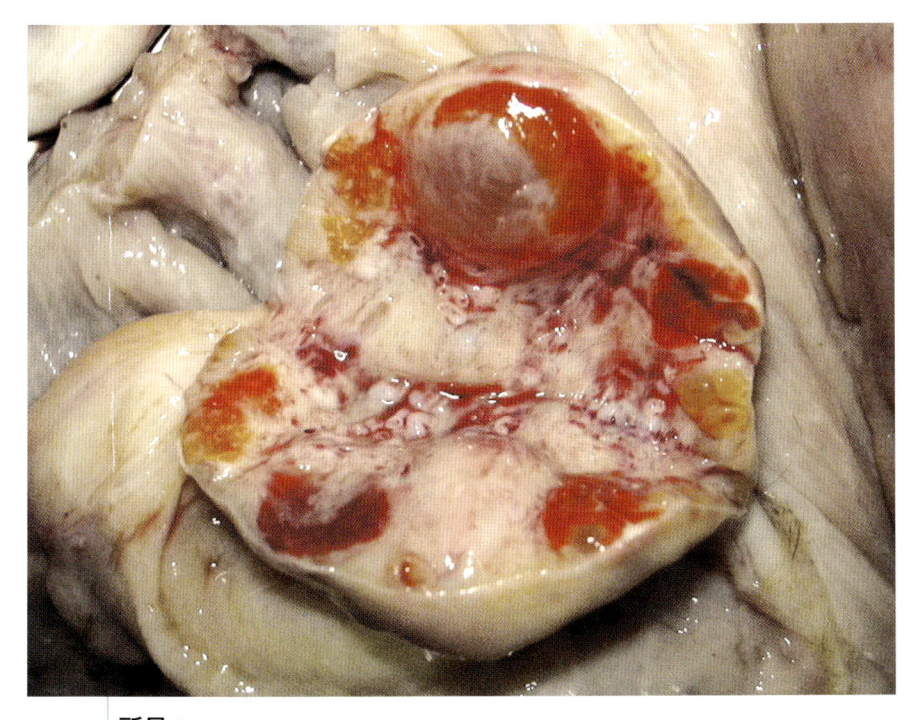

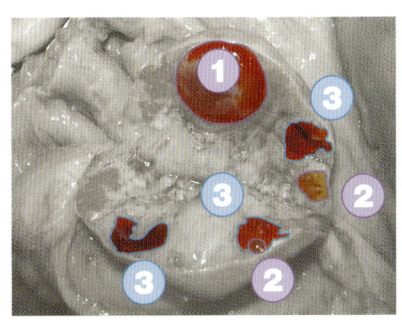

触診できる構造物：
1　明瞭な卵胞
その他の構造物：
2　小卵胞
3　古い黄体の痕跡
分類：
明瞭な黄体；なし
明瞭な卵胞；あり

所見：
028　大卵胞を有する卵巣の割面

71

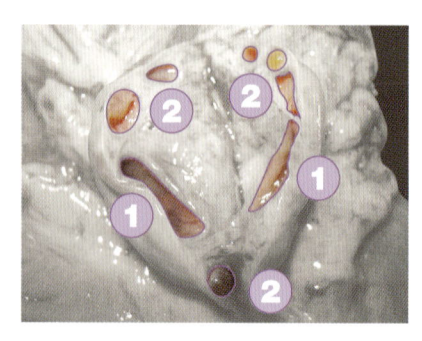

触診できる構造物：
1 異なるサイズの卵胞があり，そのうちのひとつは他よりも大きく，主席卵胞である

その他の構造物：
2 下位の小卵胞

分類：
明瞭な黄体；なし
明瞭な卵胞；あり

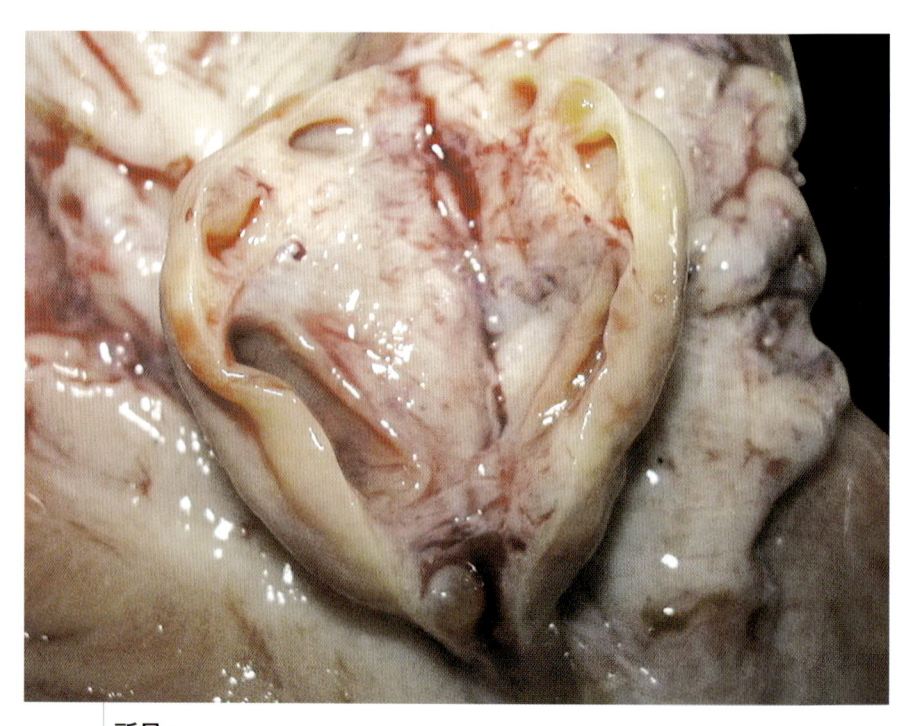

所見：
029 卵胞液が抜けた後の腔として観察できる，異なるサイズの卵胞を有する卵巣の割面

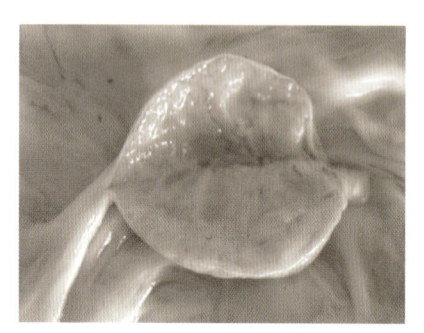

触診できる構造物：
表層のみならず内部においても特に観察できる構造物がない

分類：無発情の卵巣

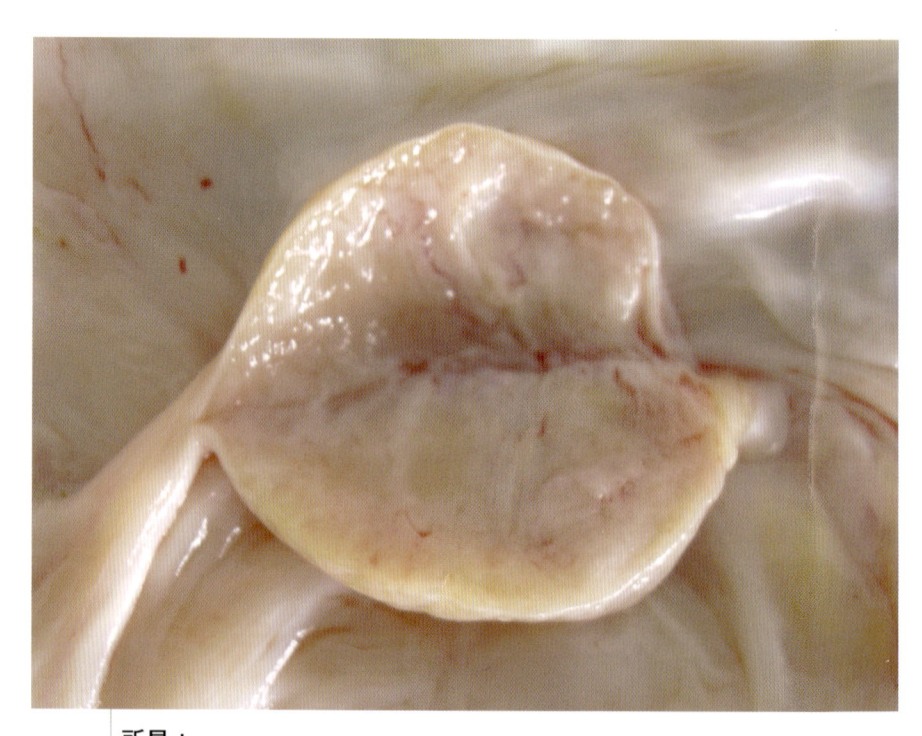

所見：
030 特に観察できる構造物を持たない卵巣の割面

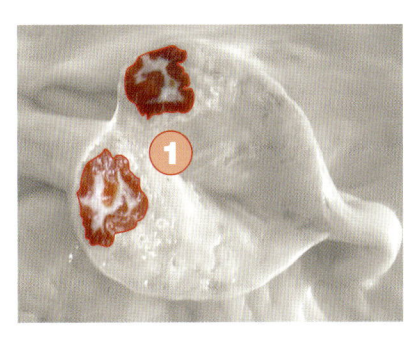

3　構造を認識する

触診できる構造物：
なし
その他の構造物：
1　割面にて，古い黄体の形跡が観察できる
分類：
明瞭な黄体；なし
明瞭な卵胞；なし

所見：
031　明瞭な構造物を持たない卵巣の割面

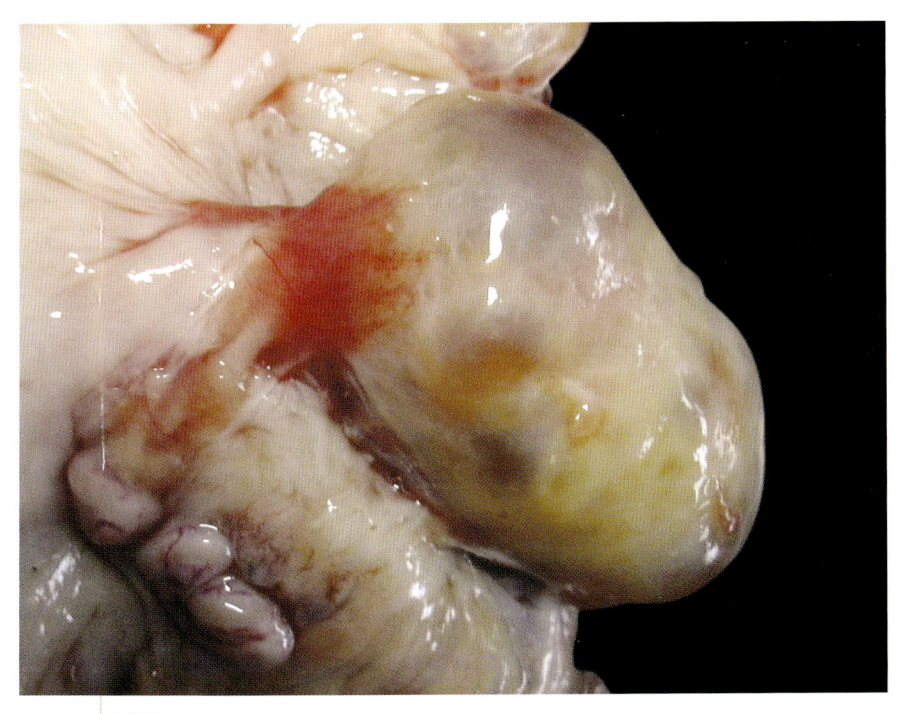

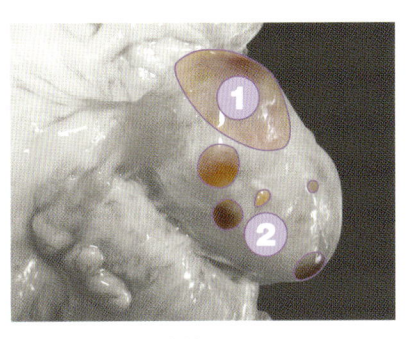

触診できる構造物：
1　主席卵胞
その他の構造物：
2　その他の異なるサイズの卵胞
分類：
明瞭な黄体；なし
明瞭な卵胞；あり（複数）

所見：
032　大卵胞を有する卵巣

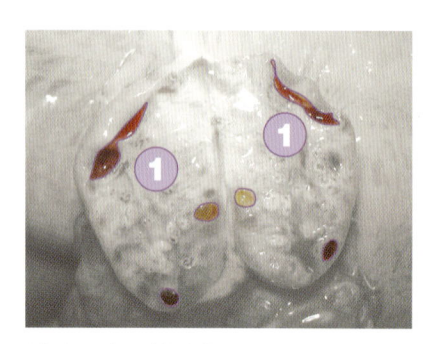

触診できる構造物：
1　明瞭な卵胞
分類：
明瞭な黄体；なし
明瞭な卵胞；あり

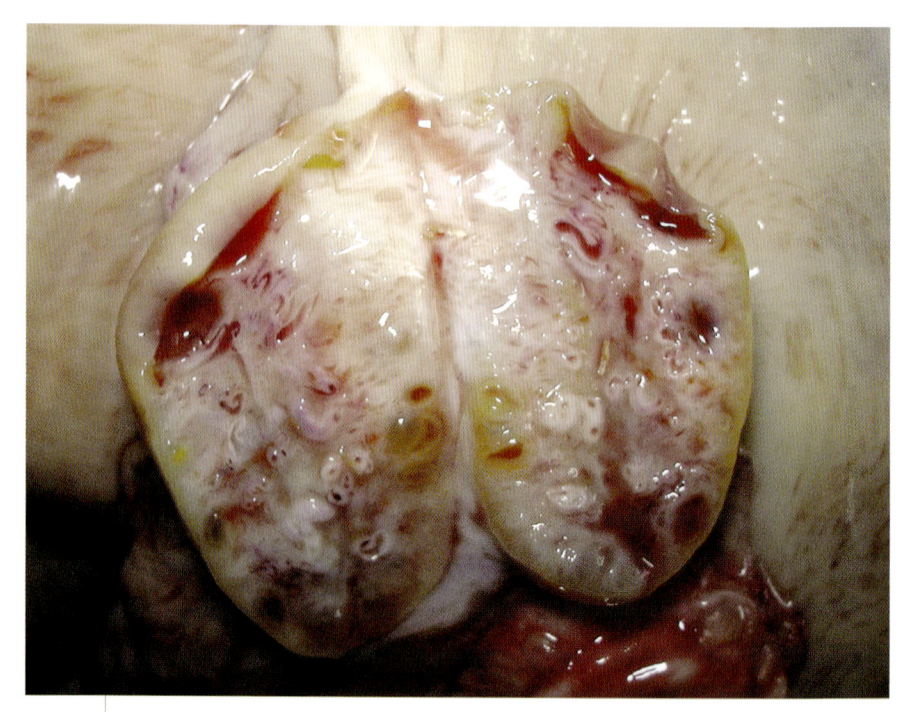

033 所見：
大卵胞の液体が抜けた後の腔を持つ卵巣の割面。複数の小卵胞も認められる

触診できる構造物：
1　主席卵胞
その他の構造物：
2　主席卵胞よりやや小型の卵胞
分類：
明瞭な黄体；なし
明瞭な卵胞；あり

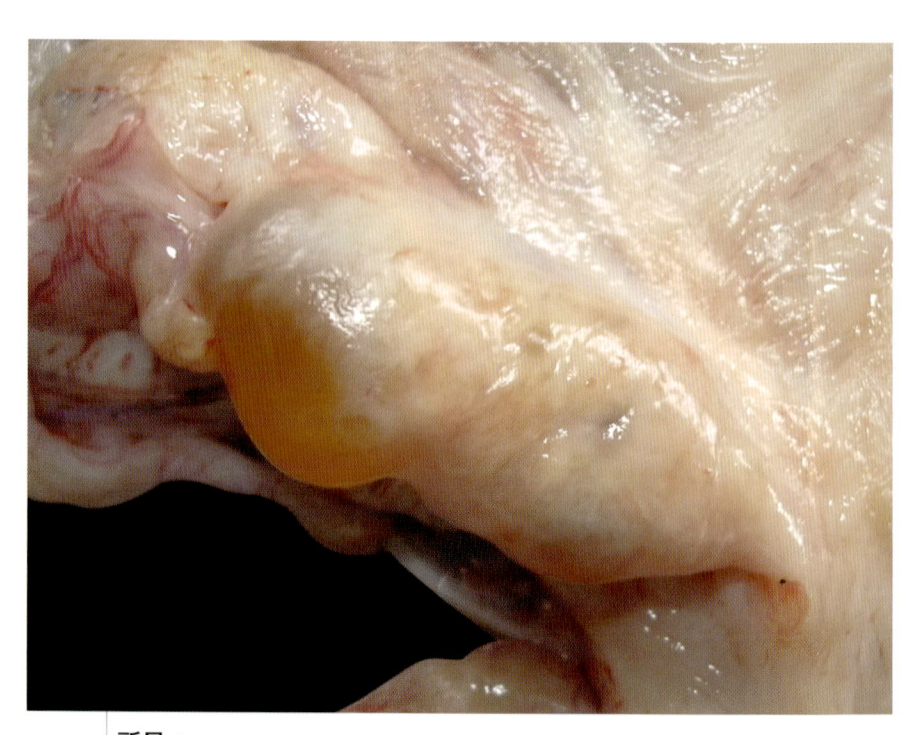

034 所見：
ひとつの大卵胞とより小さなひとつの卵胞を有する卵巣

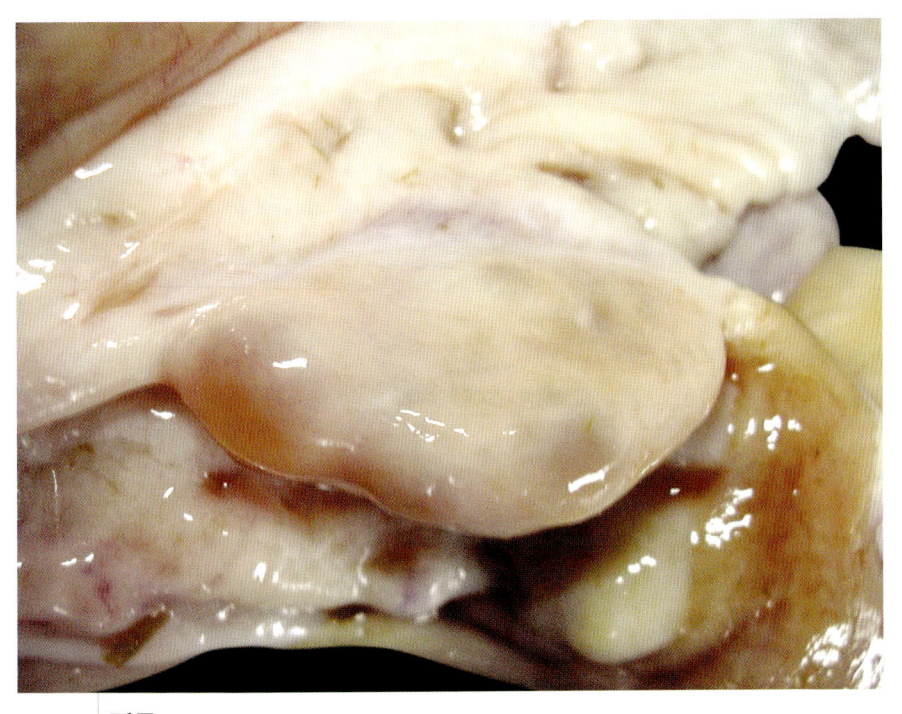

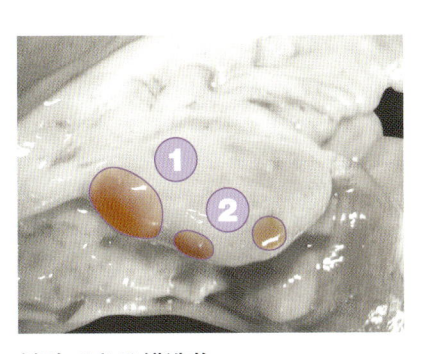

3 構造を認識する

触診できる構造物：
1 主席卵胞
その他の構造物：
2 サイズが異なる複数の下位卵胞
分類：
明瞭な黄体；なし
明瞭な卵胞；あり（複数）

所見：
035 ひとつの大卵胞と複数のより小さな卵胞を有する卵巣

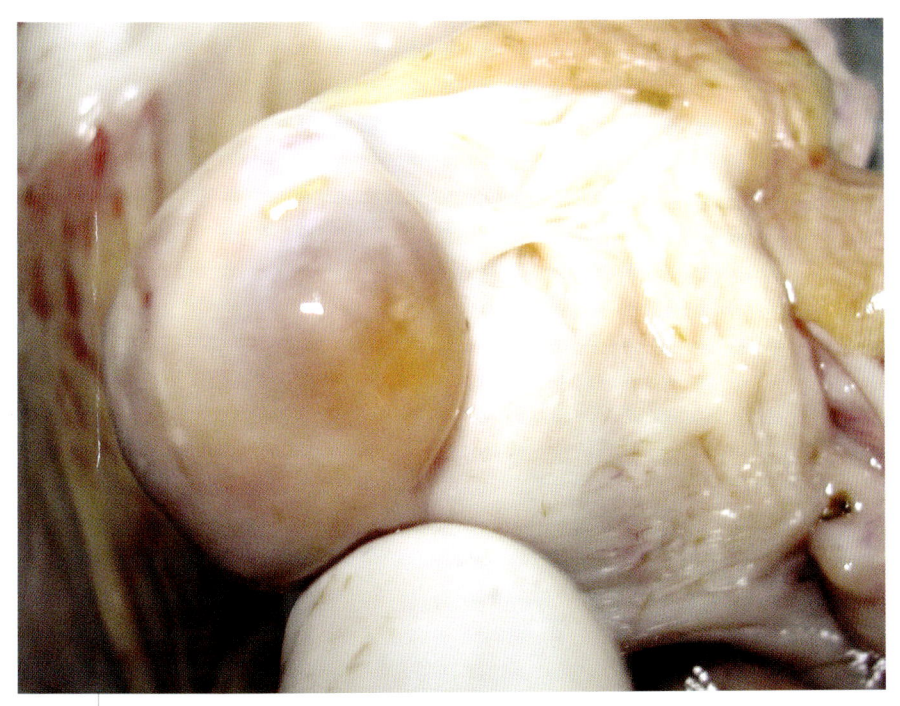

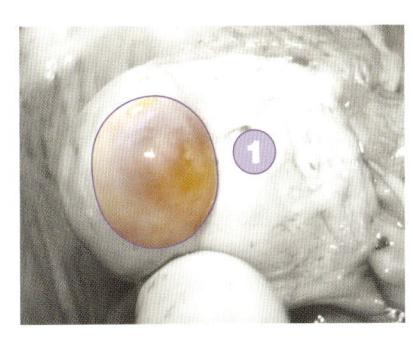

触診できる構造物：
1 明瞭な卵胞
分類：
明瞭な黄体；なし
明瞭な卵胞；あり

所見：
036 ほぼ卵巣の全域を占めるひとつの大卵胞を有する卵巣

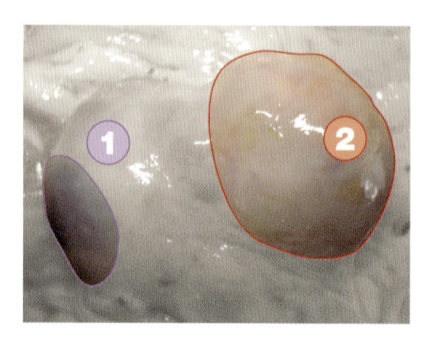

触診できる構造物：
1 明瞭な卵胞
2 明瞭な黄体

分類：
明瞭な黄体；あり
明瞭な卵胞；あり

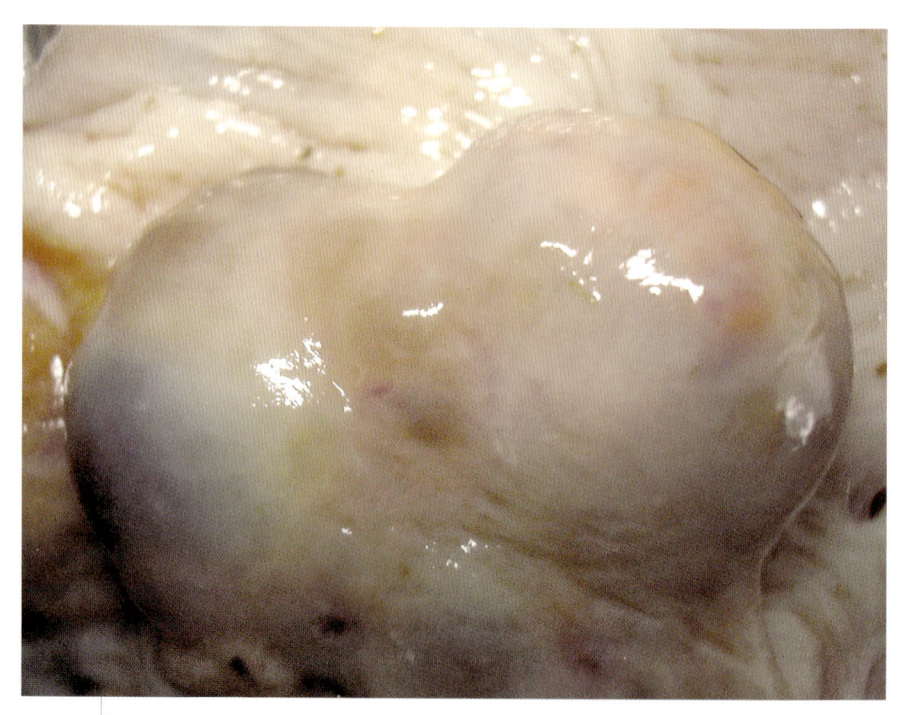

所見：
037 ひとつの大卵胞とひとつの大きな黄体を有する卵巣

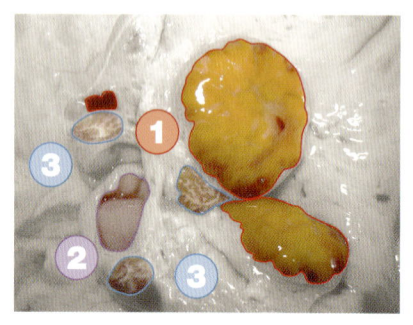

触診できる構造物：
1 明瞭な黄体
2 明瞭な卵胞の腔

その他の構造物：
3 古い黄体の白い痕跡

分類：
明瞭な黄体；あり
明瞭な卵胞；あり

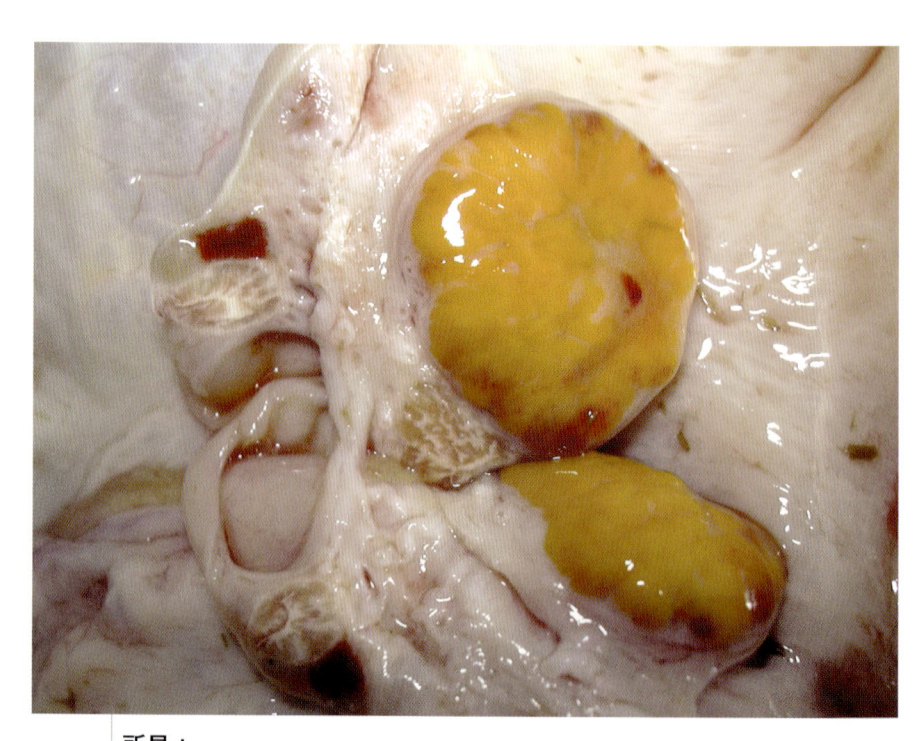

所見：
038 037と同一卵巣の割面

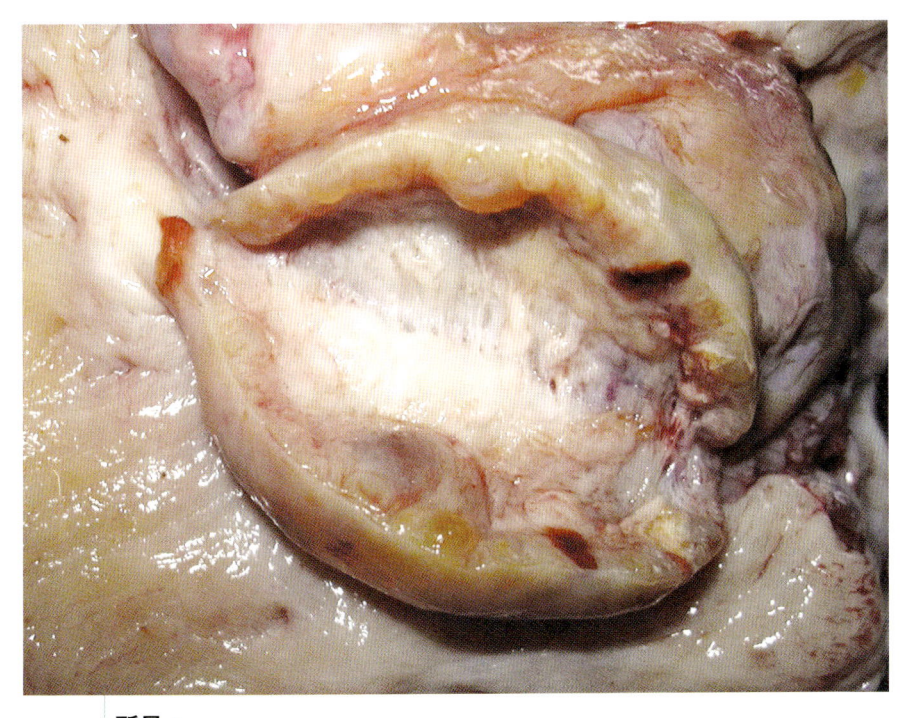

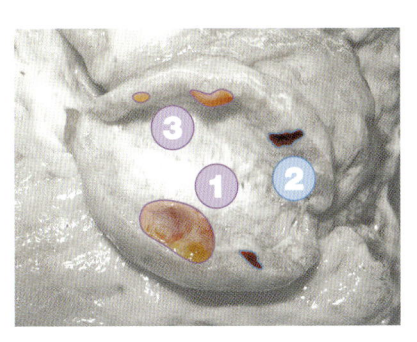

3 構造を認識する

触診できる構造物：
1 割面にて，ひとつの卵胞がその他の卵胞よりも大きい

その他の構造物：
2 黄体の痕跡
3 小卵胞

分類：
明瞭な黄体；なし
明瞭な卵胞；あり

所見：
039 他の卵胞よりも目立つ（大きな）ひとつの卵胞を有する卵巣

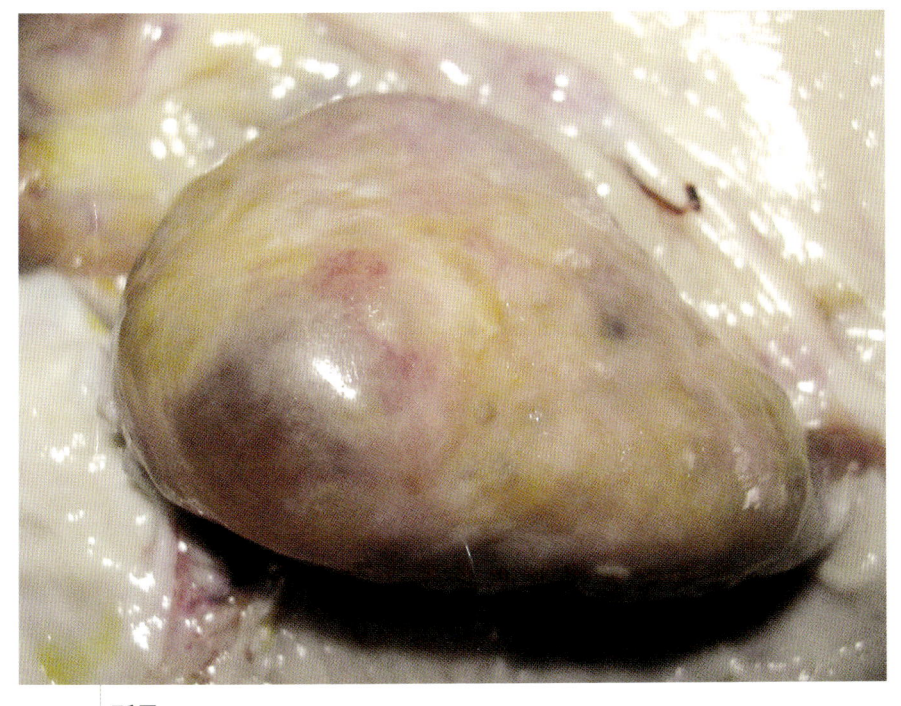

触診できる構造物：
1 黄体
2 明瞭な卵胞

分類：妊娠黄体

所見：
040 硬い触感の妊娠黄体を有する卵巣で，卵胞も認められる。妊娠の特に初期において卵胞発育は継続して起こっている

77

触診できる構造物：
1 明瞭な黄体
2 明瞭な卵胞
分類：妊娠黄体と共存する卵胞

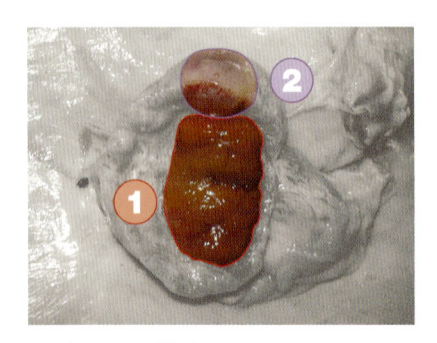

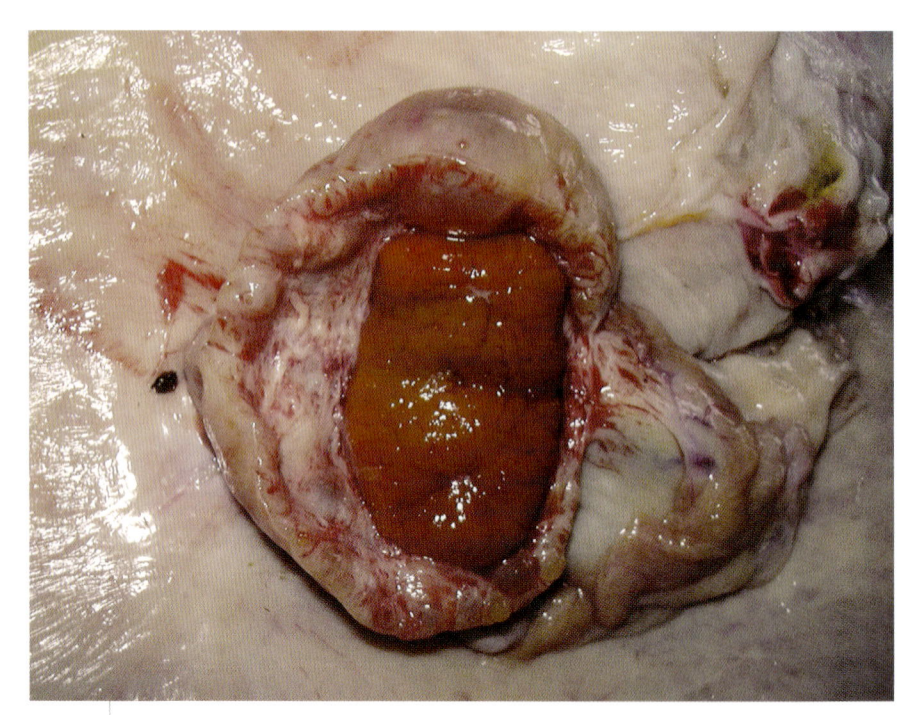

041 所見：
040と同一卵巣の割面

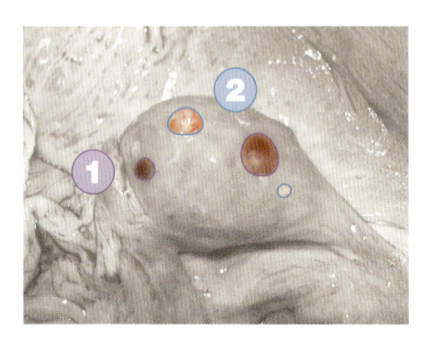

触診できる構造物：
なし
その他の構造物：
1 発育中の卵胞
2 古い黄体の痕跡
分類：
明瞭な黄体；なし
明瞭な卵胞；なし

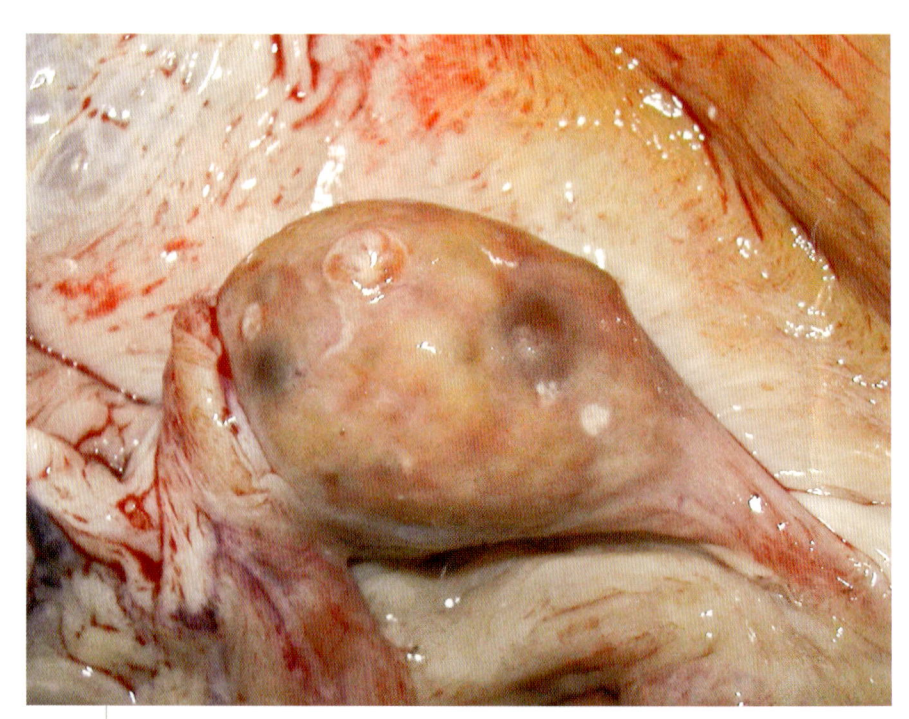

042 所見：
かろうじて触ることができる黄体の痕跡と卵胞を有する卵巣である。卵胞が位置する部分は柔らかい

3 構造を認識する

触診できる構造物：
なし
その他の構造物：
1 液体が抜けた後の卵胞の腔
2 古い黄体の痕跡
分類：
明瞭な黄体；なし
明瞭な卵胞；なし

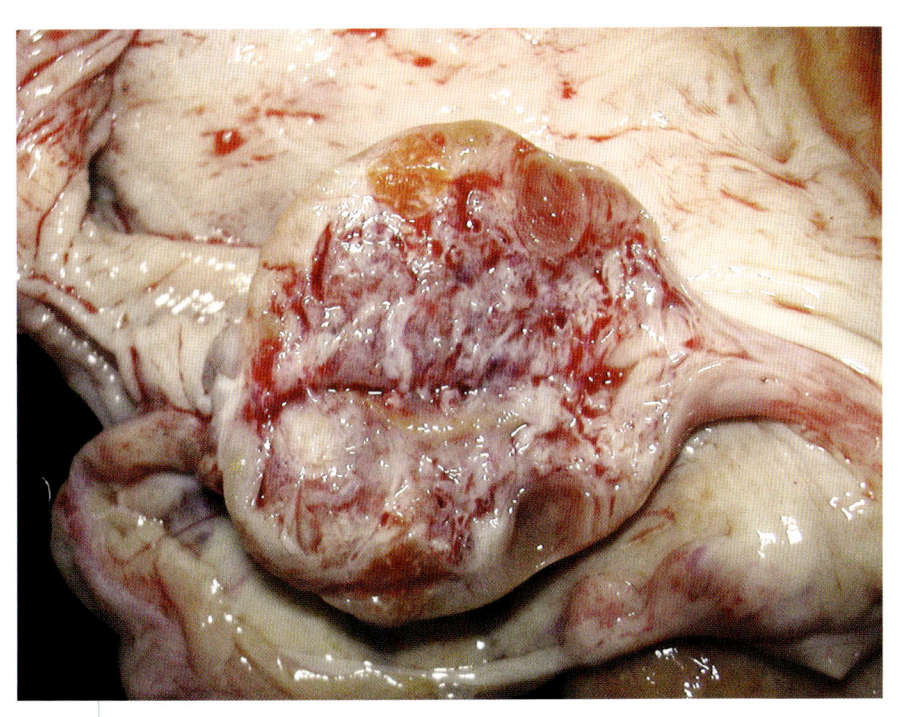

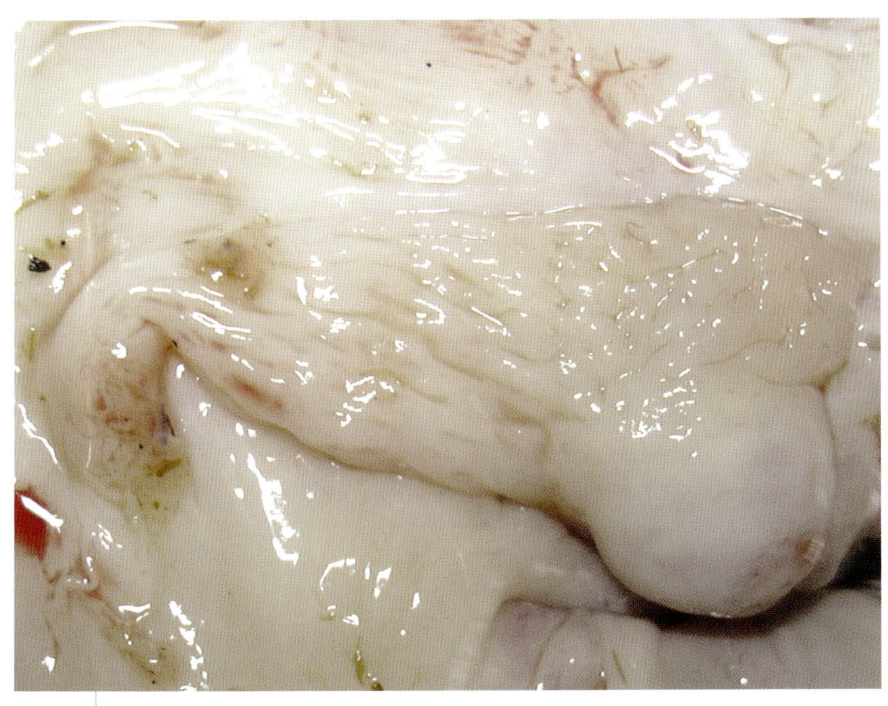

043 所見：
042と同一卵巣であるが，割面を入れてみると主たる構造物を持っていないことが分かる

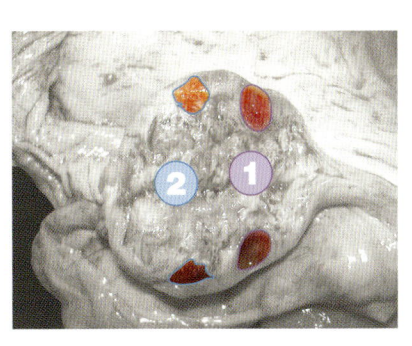

触診できる構造物：
1 卵巣の大きさと比較して大きなサイズの古い黄体
分類：
明瞭な黄体；あり
明瞭な卵胞；なし

044 所見：
比較的大きな古い黄体を有する小さなサイズの卵巣

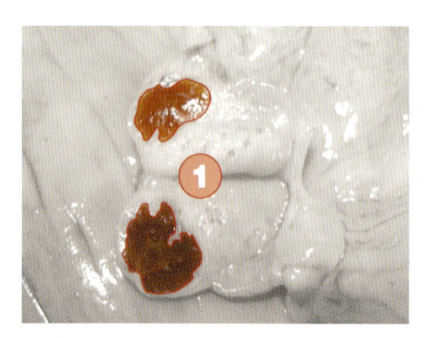

触診できる構造物：
1 比較的明瞭な古い黄体
分類：
明瞭な黄体；あり
明瞭な卵胞；なし

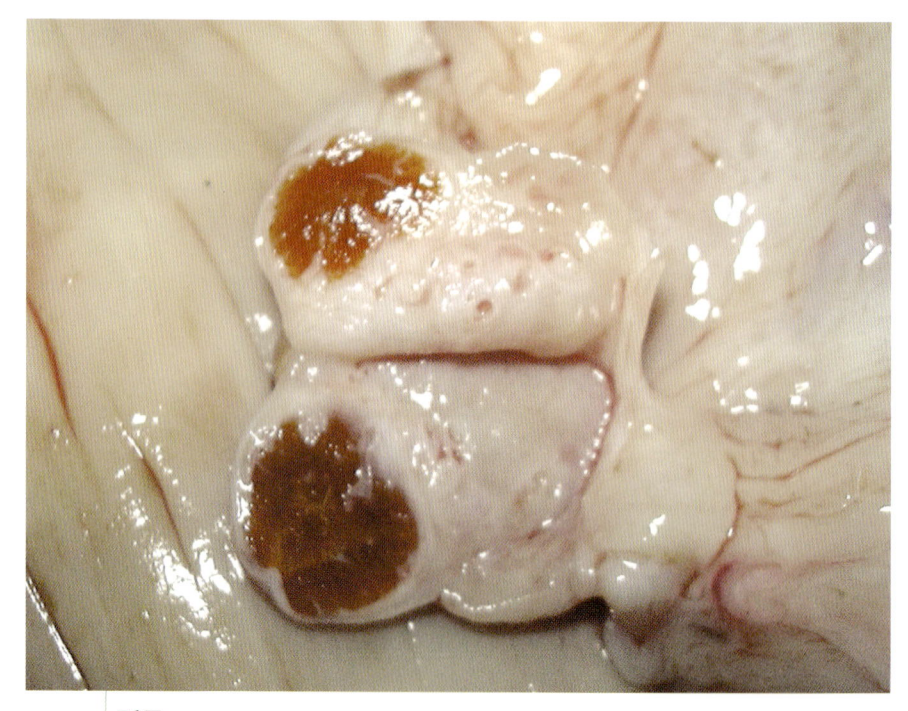

所見：
045 044と同一卵巣の割面。黄体は退行中とはいえ，卵巣自体のサイズが小さいために大きく見える

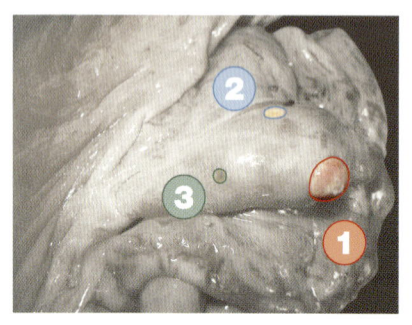

触診できる構造物：
1 退行黄体
その他の構造物：
2 古い黄体の痕跡
3 小さな出血斑
分類：
明瞭な黄体；なし
明瞭な卵胞；なし

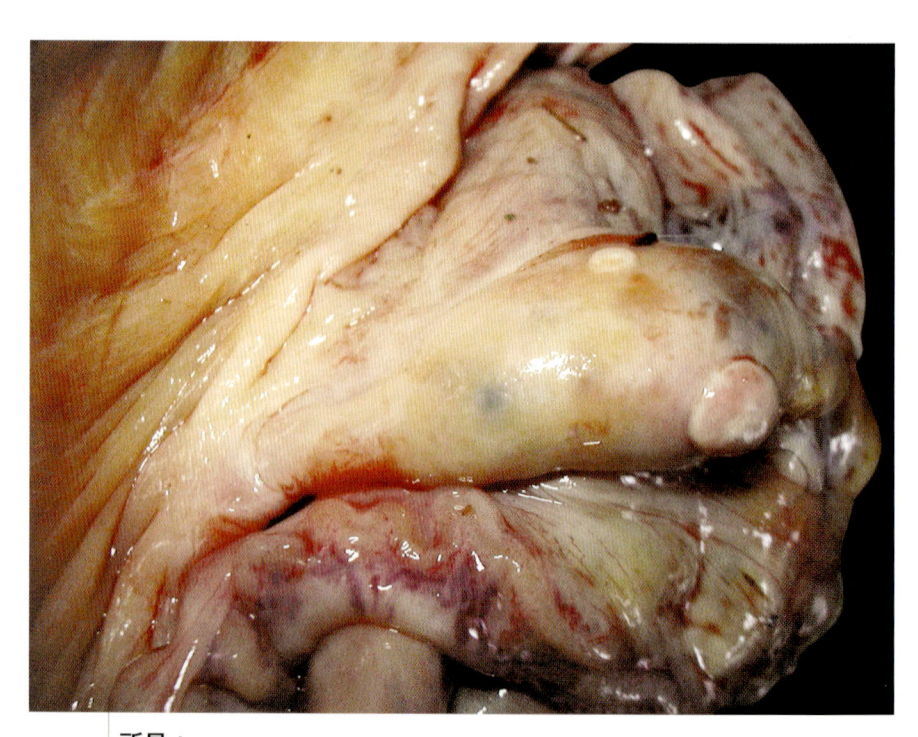

所見：
046 独立して突出した退行黄体を有する卵巣

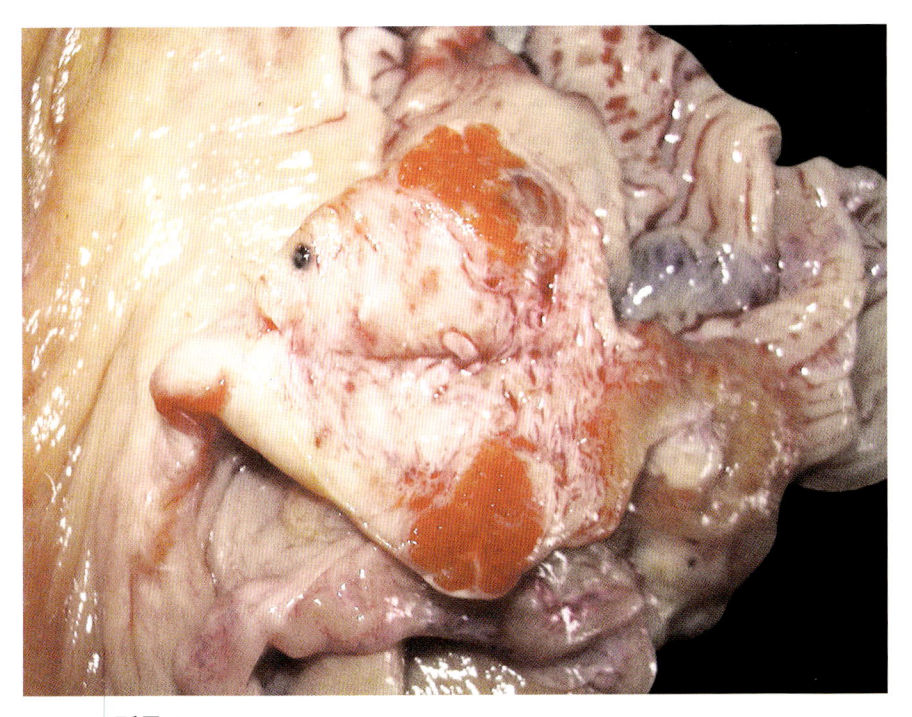

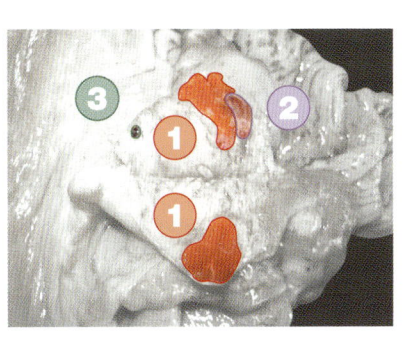

3 構造を認識する

触診できる構造物：
1 退行黄体
その他の構造物：
2 黄体に隣接した残存卵胞
3 小さな出血斑
分類：
明瞭な黄体；なし
明瞭な卵胞；なし

047 所見：
卵胞に隣接した退行黄体が観察できる卵巣の割面。046と同一卵巣である

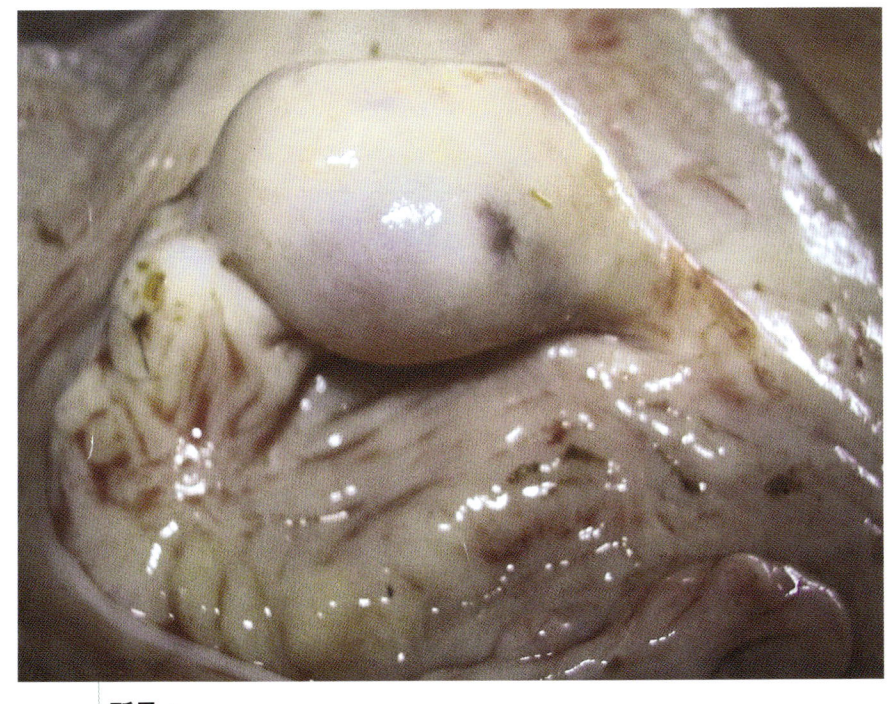

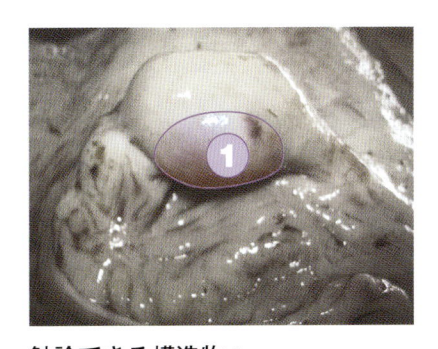

触診できる構造物：
1 明瞭な卵胞
分類：
明瞭な黄体；なし
明瞭な卵胞；あり

048 所見：
明瞭な卵胞を有する卵巣

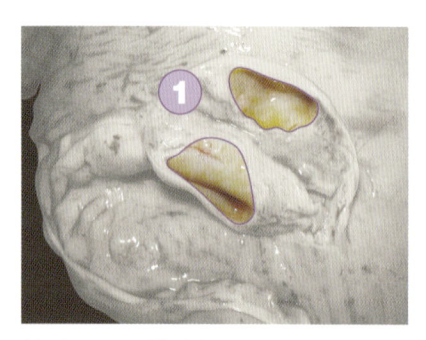

触診できる構造物：
1　明瞭な卵胞
分類：
明瞭な黄体；なし
明瞭な卵胞；あり

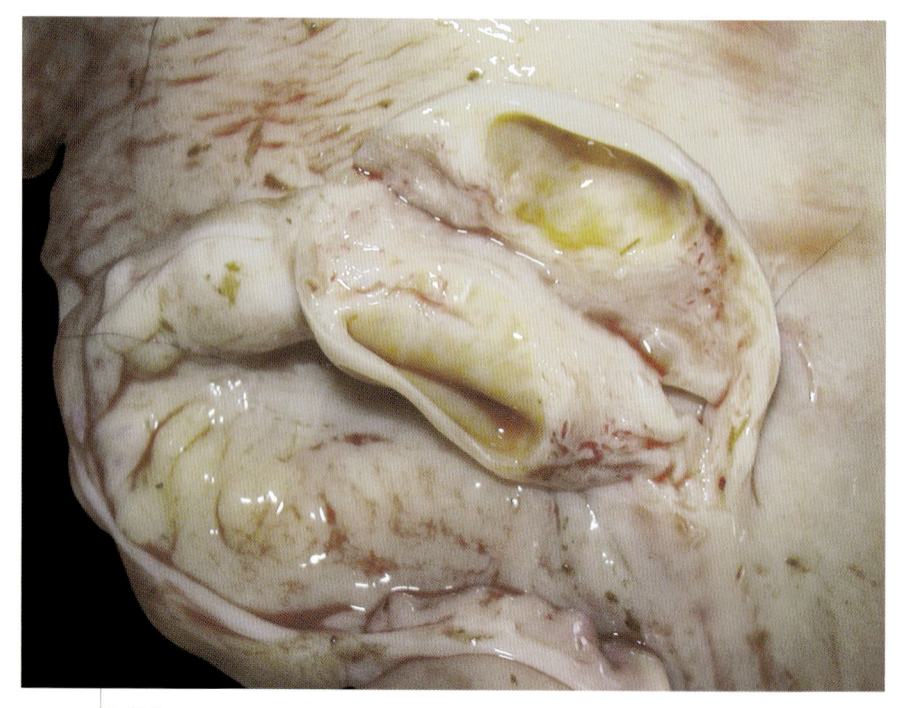

049 所見：
大卵胞の腔を有する卵巣の割面。直径 2.5cm以上の卵胞は嚢腫と推察される

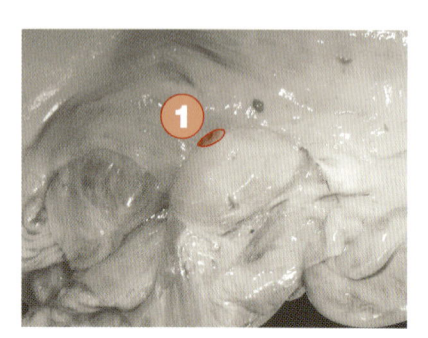

触診できる構造物：
1　小さな黄体
分類：
明瞭な黄体；なし
明瞭な卵胞；なし

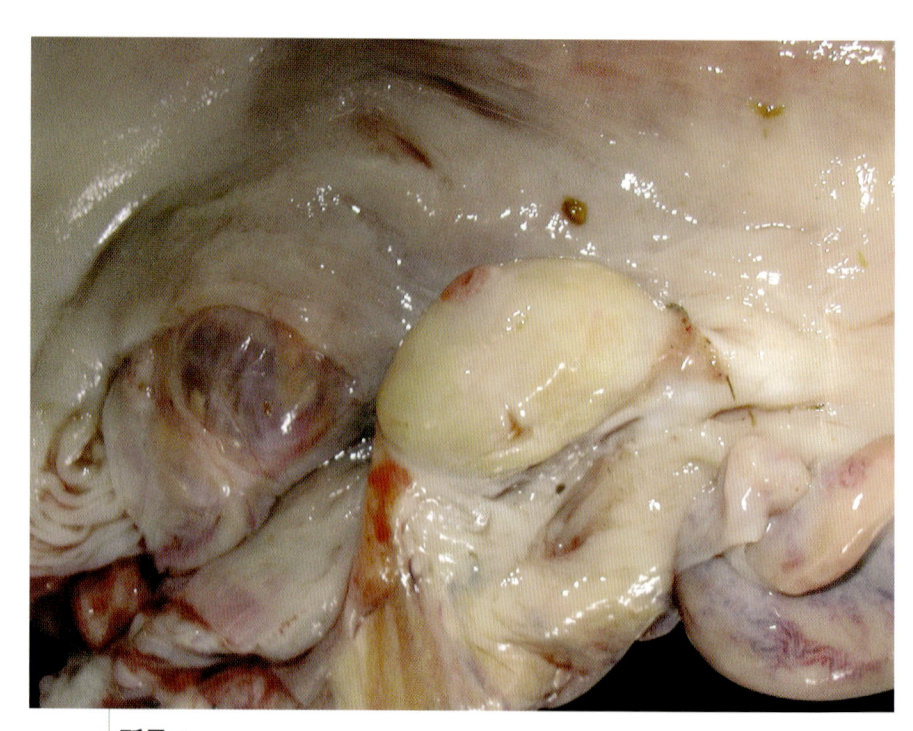

050 所見：
小さな黄体を有する卵巣

3 構造を認識する

触診できる構造物：
1 小さな退行黄体
分類：
明瞭な黄体；なし
明瞭な卵胞；なし

所見：
051 小さな黄体を有する卵巣の割面。050 と同一卵巣

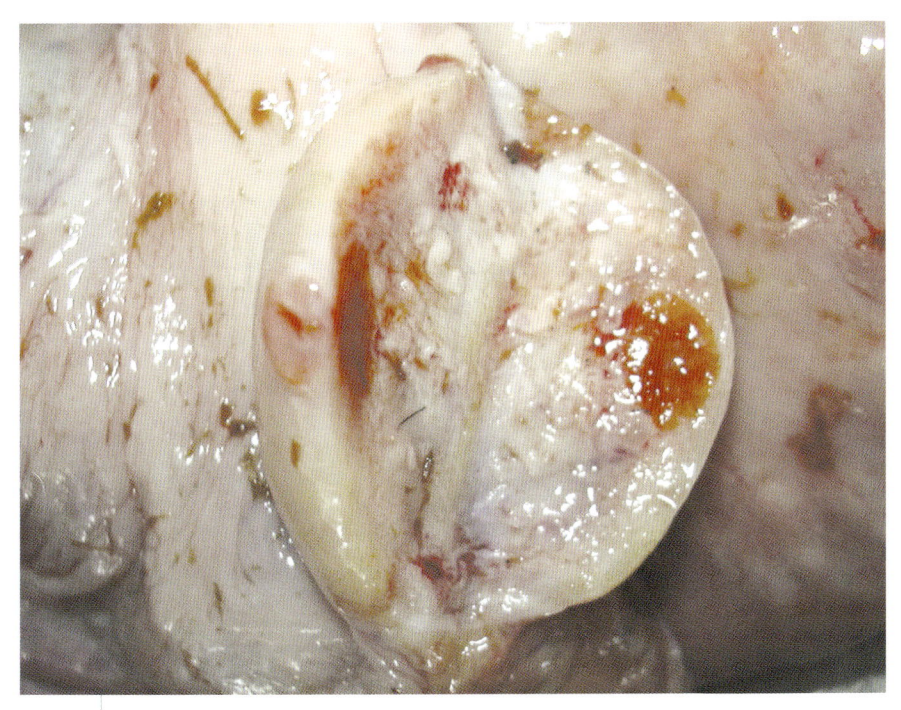

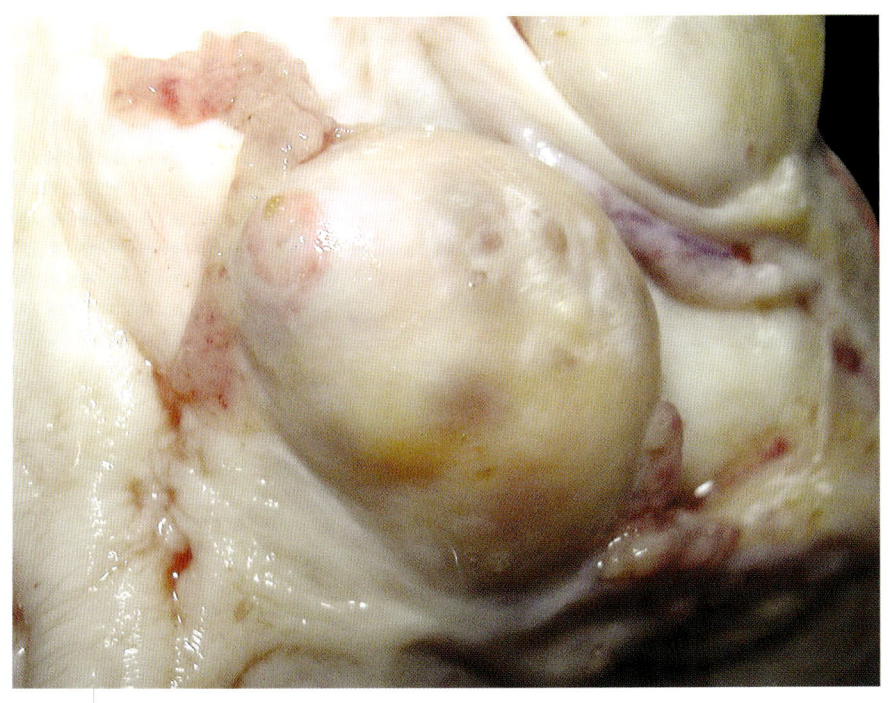

触診できる構造物：
1 明瞭な黄体
その他の構造物：
2 表面下にある小卵胞。おそらく次の動員の開始期であろう
3 古い黄体の痕跡
分類：
明瞭な黄体；あり
明瞭な卵胞；なし

所見：
052 大きな黄体を有する卵巣

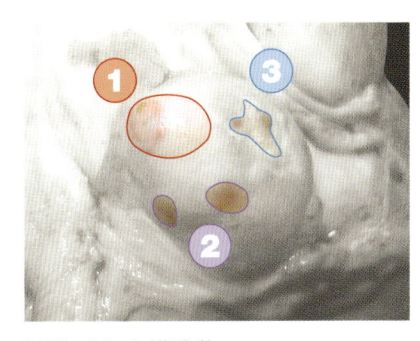

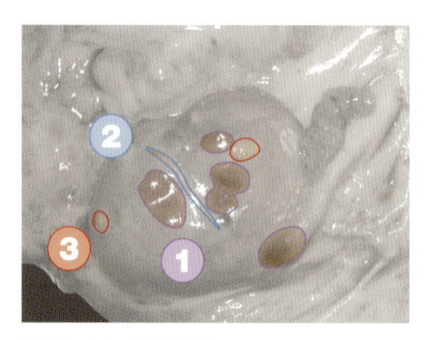

触診できる構造物：
1 おそらく選択期の卵胞。注意深い触診が必要となる

その他の構造物：
2 中央に白い線状の痕跡
3 古い黄体の形跡

分類：
明瞭な黄体；なし
明瞭な卵胞；あり（複数）

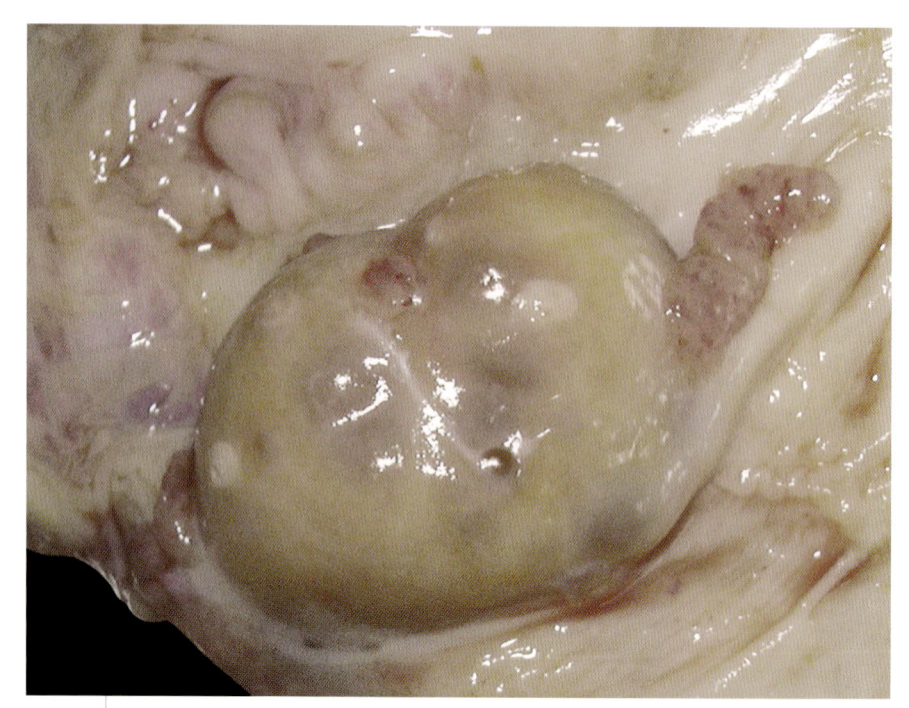

053 所見：
おそらく選択期にあると推察される複数の卵胞を有する卵巣

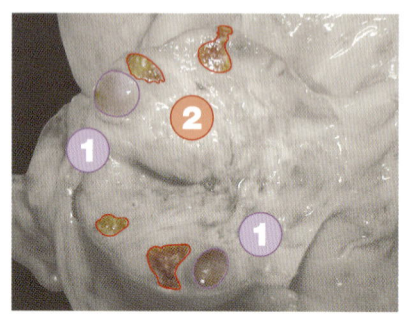

触診できる構造物：
1 おそらく選択期の卵胞

その他の構造物：
2 古い黄体

分類：
明瞭な黄体；なし
明瞭な卵胞；あり

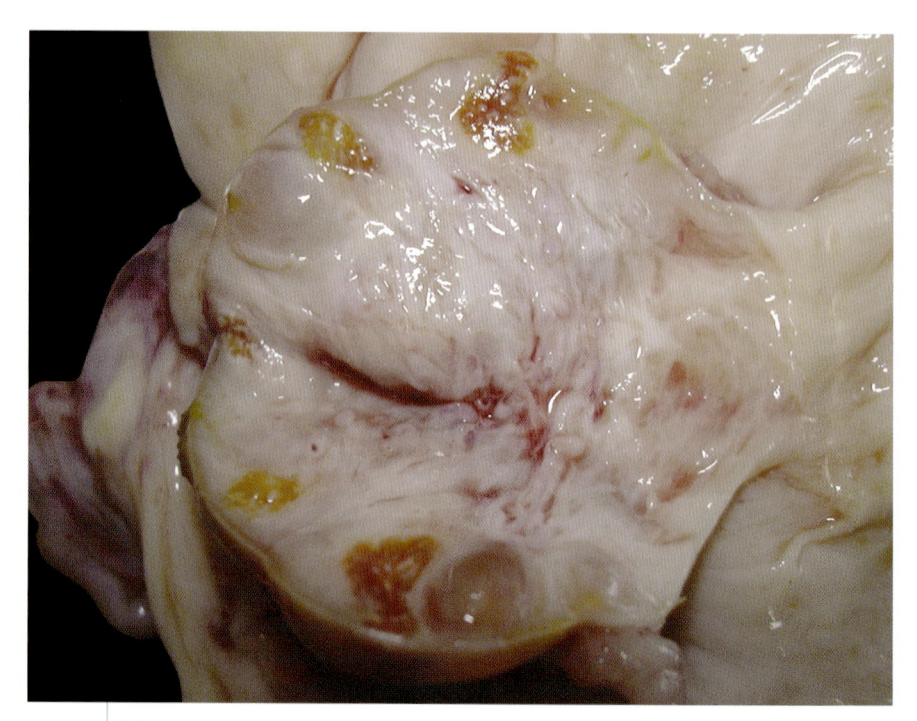

054 所見：
下方にひとつの卵胞，左上に別のひとつの卵胞を有する卵巣の割面

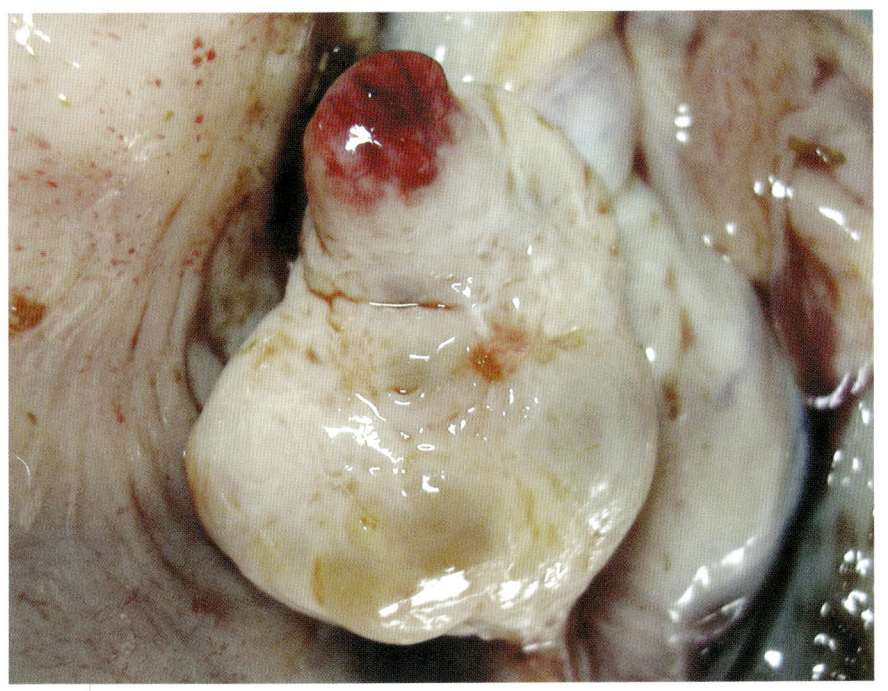

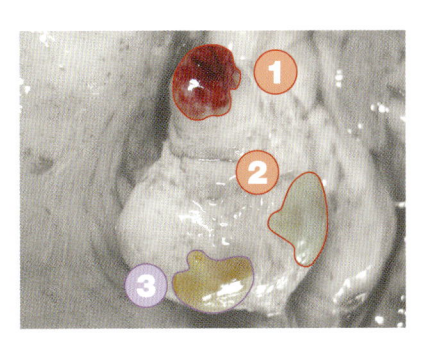

3　構造を認識する

触診できる構造物：
1　明瞭な黄体
2　触診可能な黄体
3　明瞭な卵胞

分類：
明瞭な黄体；あり
明瞭な卵胞；あり

所見：
055 上方に形成されたばかりの黄体が観察される。また、右方に別の硬い領域が、下方に卵胞が触診できる

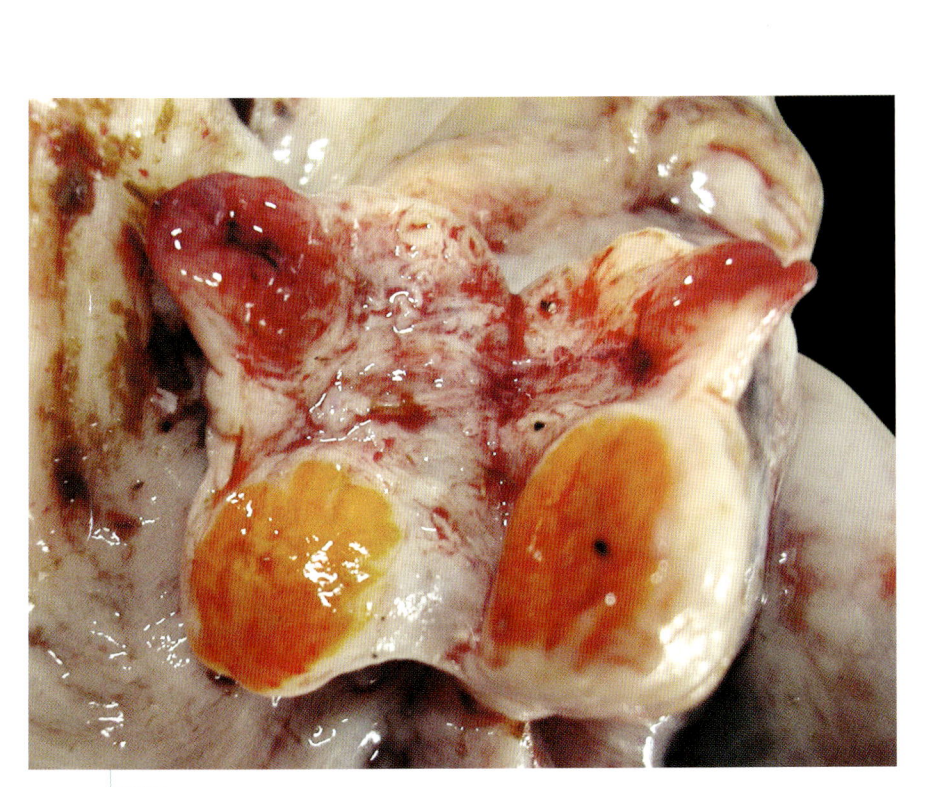

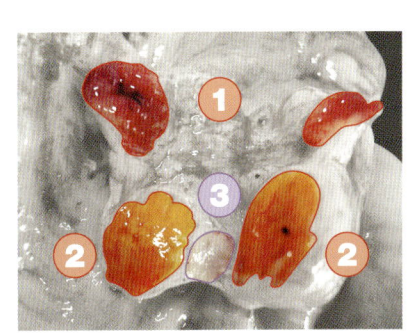

触診できる構造物：
1　若い黄体
2　退行黄体
3　明瞭な卵胞

分類：
明瞭な黄体；あり
明瞭な卵胞；あり

所見：
056 形成後間もない黄体と古い黄体を有する卵巣の割面。055と同一卵巣である

触診できる構造物：
1 古く硬い黄体。注意深い触診で認識可能

その他の構造物：
2 小卵胞が表面上の小さな凹みとして確認できる

分類：
明瞭な黄体；なし
明瞭な卵胞；なし

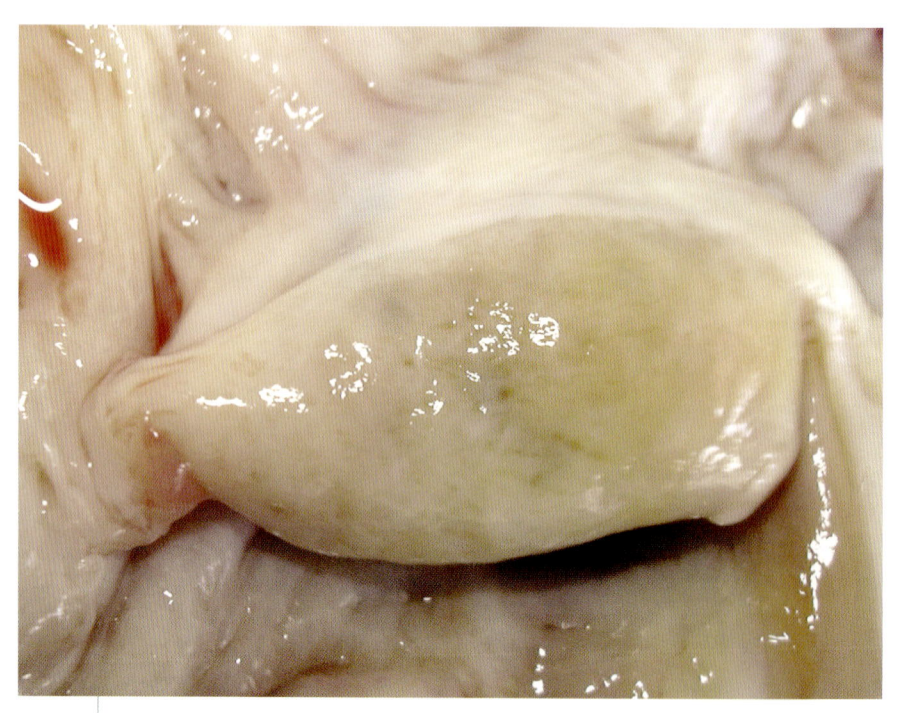

所見：
057 比較的硬くて小さな黄体を有する卵巣

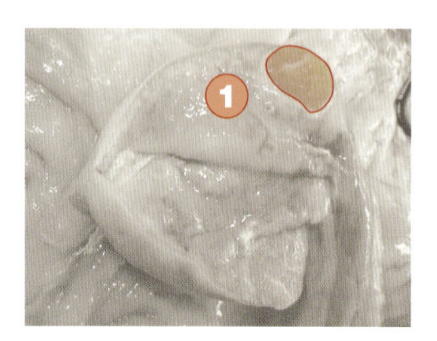

触診できる構造物：
なし

その他の構造物：
1 古い黄体

分類：
明瞭な黄体；なし
明瞭な卵胞；なし

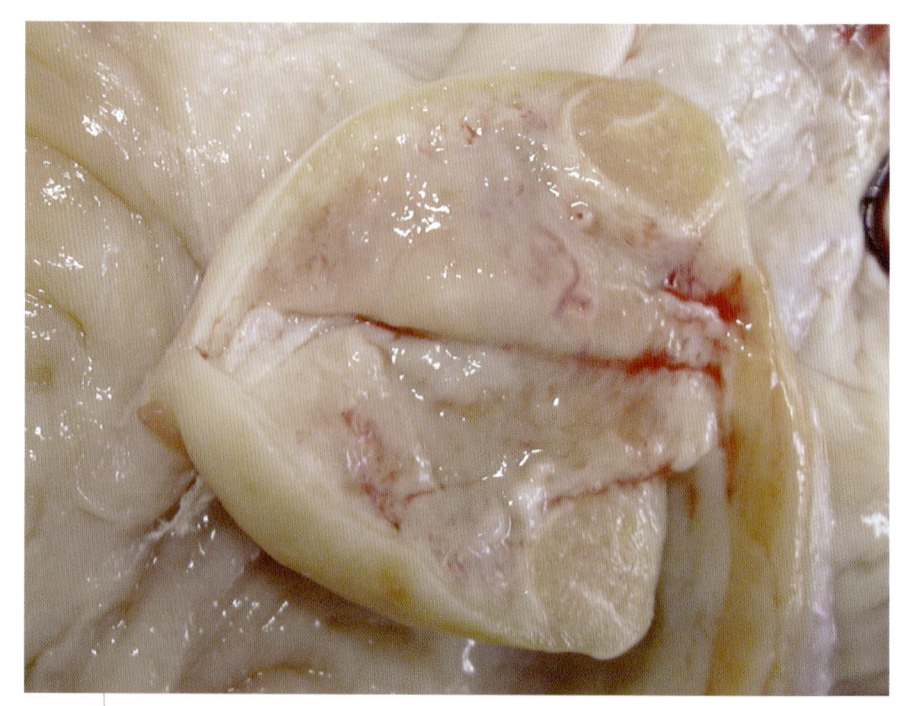

所見：
058 古い黄体の痕跡を有する卵巣の割面

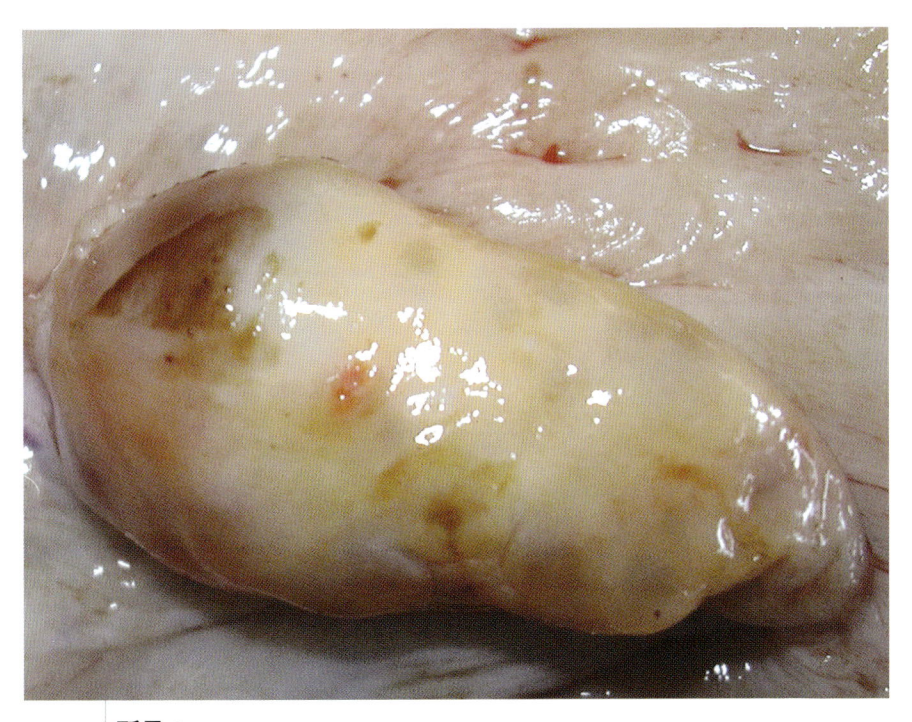

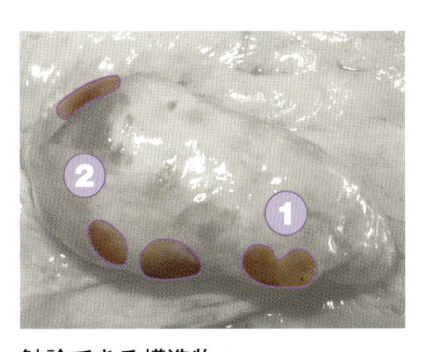

3　構造を認識する

触診できる構造物：
1　右下方の卵胞
その他の構造物：
2　その他の異なるサイズの卵胞
分類：
明瞭な黄体；なし
明瞭な卵胞；あり（複数）

059 所見：
複数の卵胞を有する卵巣

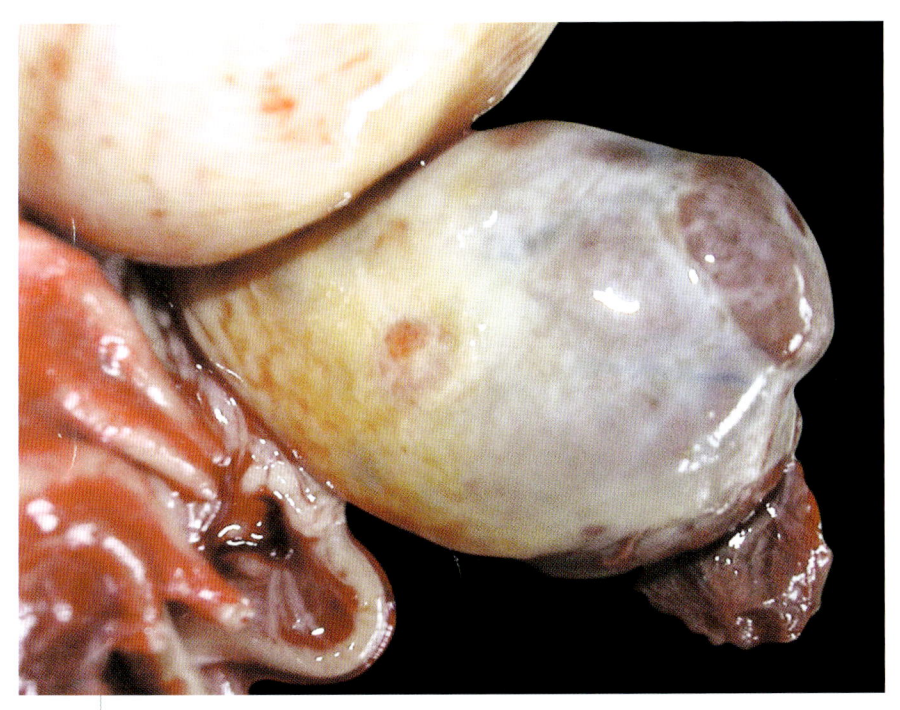

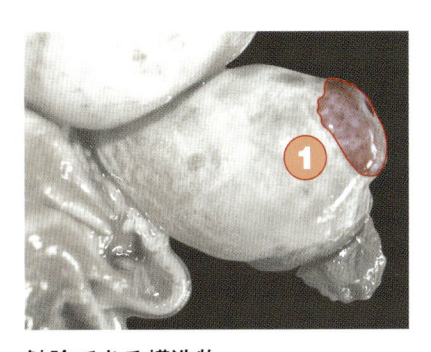

触診できる構造物：
1　硬い感触の明瞭な黄体
分類：妊娠黄体

060 所見：
大きな黄体を有する卵巣

87

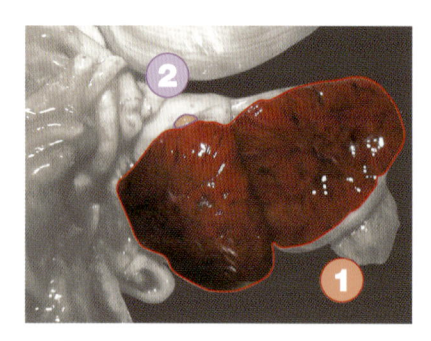

触診できる構造物：
1 明瞭な黄体
その他の構造物：
2 卵巣の端に小卵胞
分類：妊娠黄体

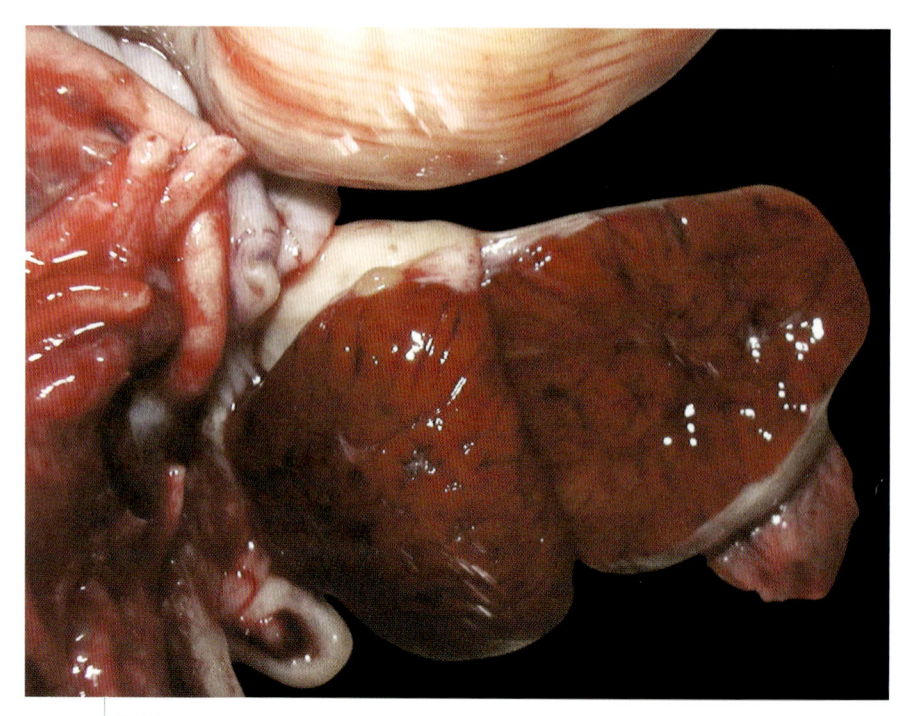

所見：
061 妊娠黄体を有する卵巣の割面

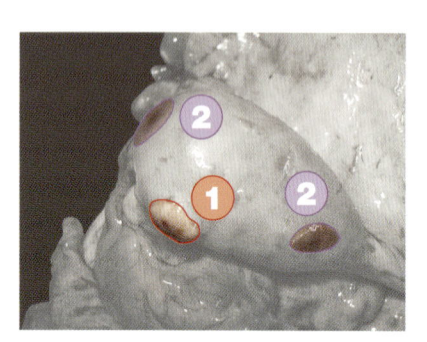

触診できる構造物：
1 古くて硬い黄体
2 外面からは注意深い触診を必要とする卵胞
分類：
明瞭な黄体；なし
明瞭な卵胞；あり（複数）

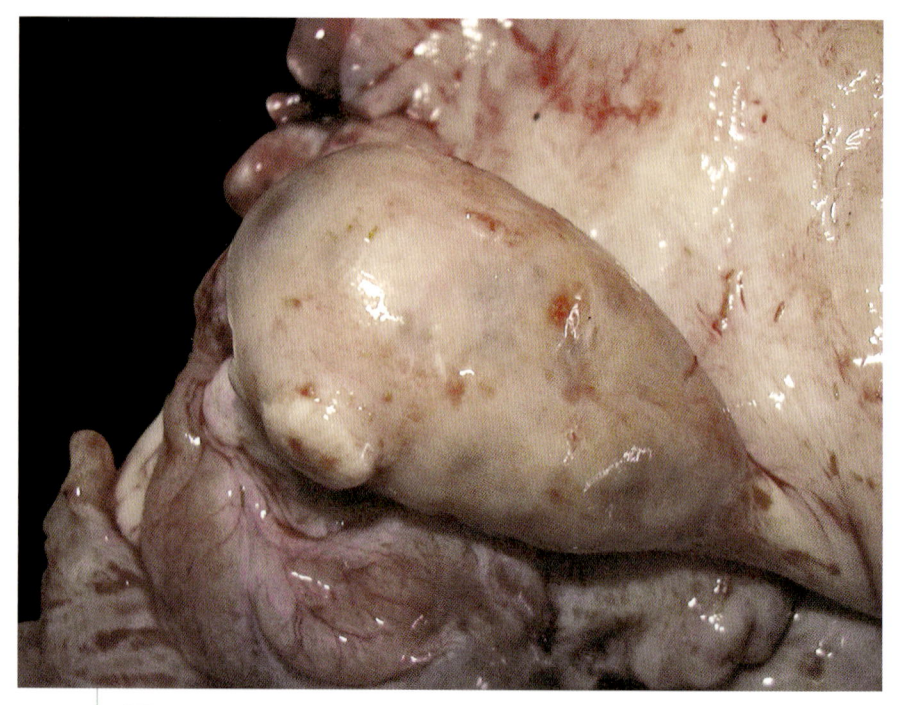

所見：
062 古い黄体と複数の卵胞を有する卵巣

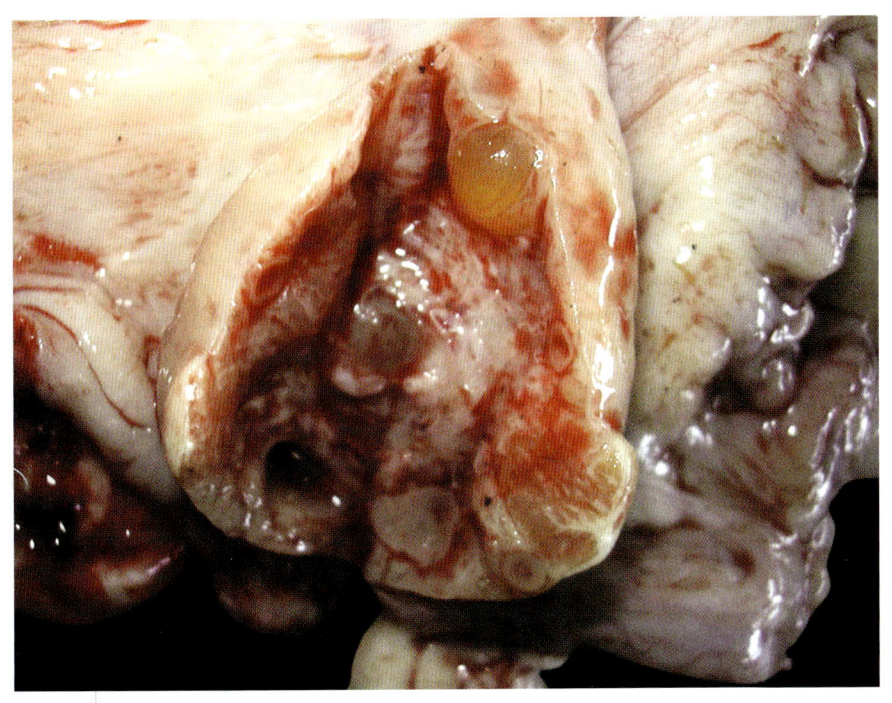

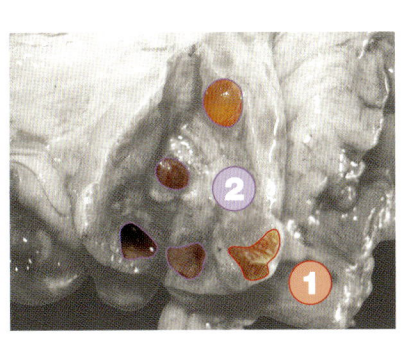

3 構造を認識する

触診できる構造物：
1 古くて硬い黄体
2 複数の卵胞が存在するが注意深い触診が必要

分類：
明瞭な黄体；なし
明瞭な卵胞；あり（複数）

所見：
063 複数の卵胞と古い黄体を有する卵巣の割面。062 と同一卵巣である

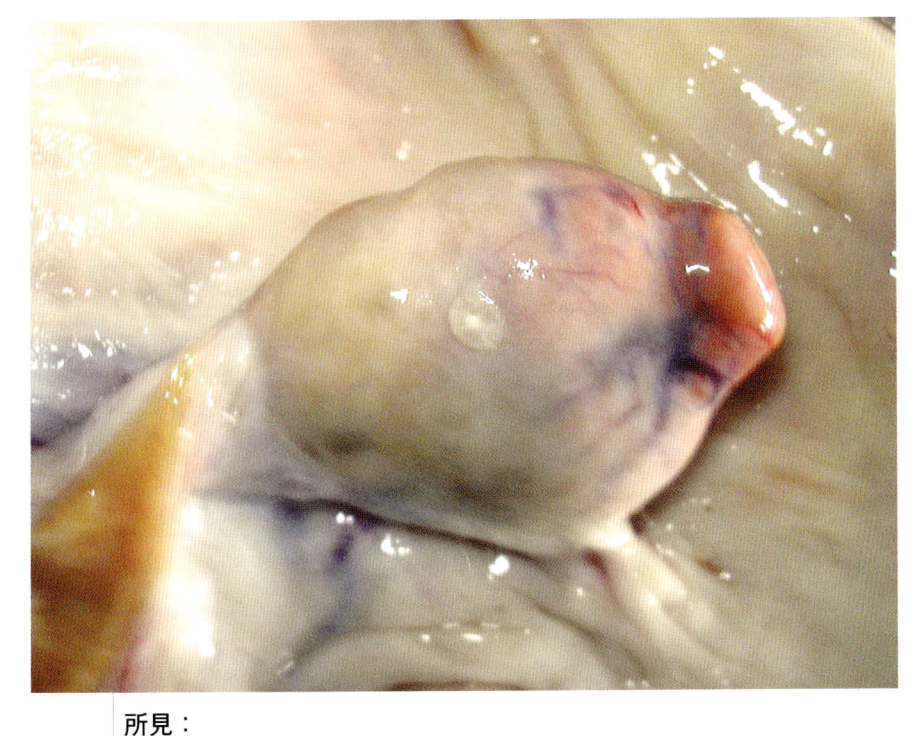

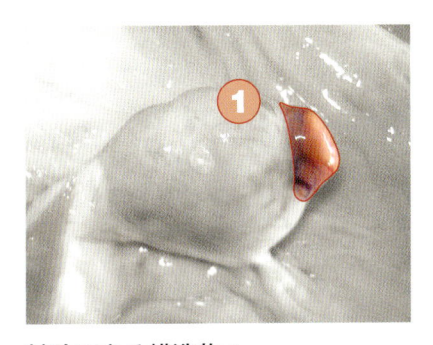

触診できる構造物：
1 明瞭な黄体

分類：
明瞭な黄体；あり
明瞭な卵胞；なし

所見：
064 大きな黄体を有する卵巣

触診できる構造物：
1 明瞭な卵胞
その他の構造物：
2 古い黄体
分類：
明瞭な黄体；なし
明瞭な卵胞；あり

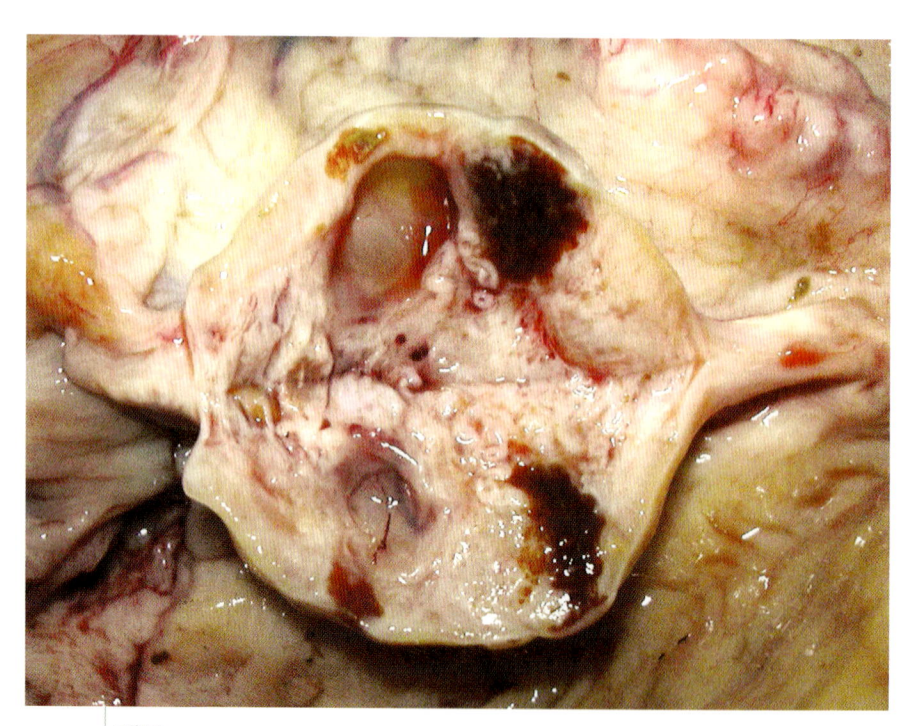

所見：
065 大卵胞により占められていた腔を有する卵巣の割面

触診できる構造物：
なし
その他の構造物：
1 形成後間もない黄体
2 古い黄体
分類：
明瞭な黄体；なし
明瞭な卵胞；なし

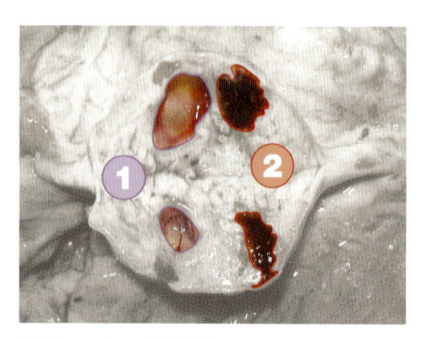

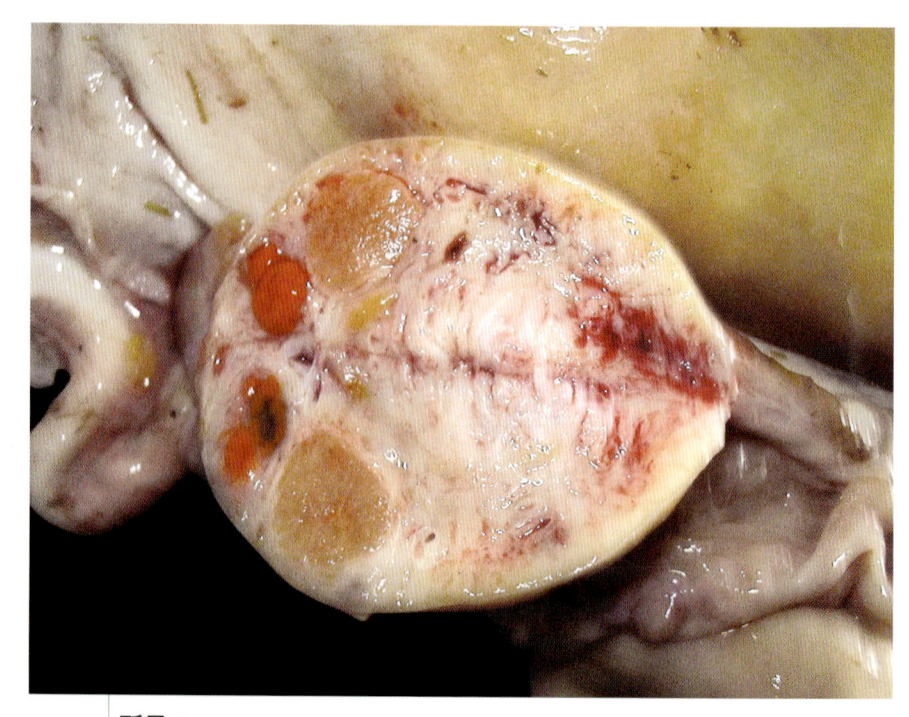

所見：
066 形成後間もない黄体と古い黄体を有する卵巣の割面

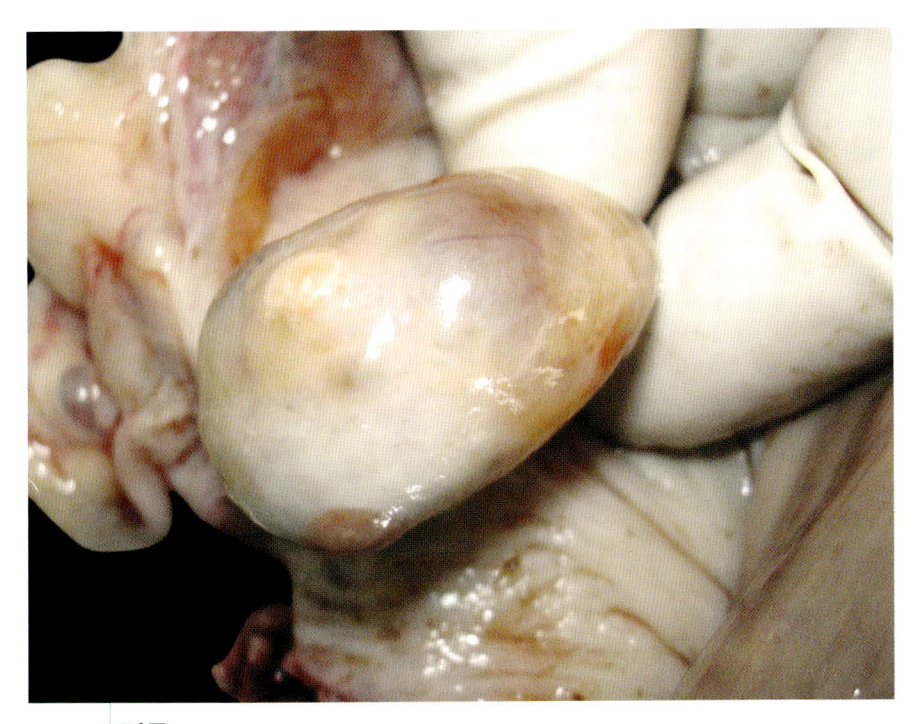

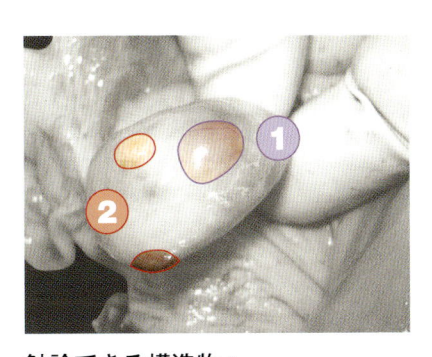

3　構造を認識する

触診できる構造物：
1　明瞭な卵胞
その他の構造物：
2　古い黄体の遺残
分類：
明瞭な黄体；なし
明瞭な卵胞；あり

所見：
067　大卵胞を有する卵巣

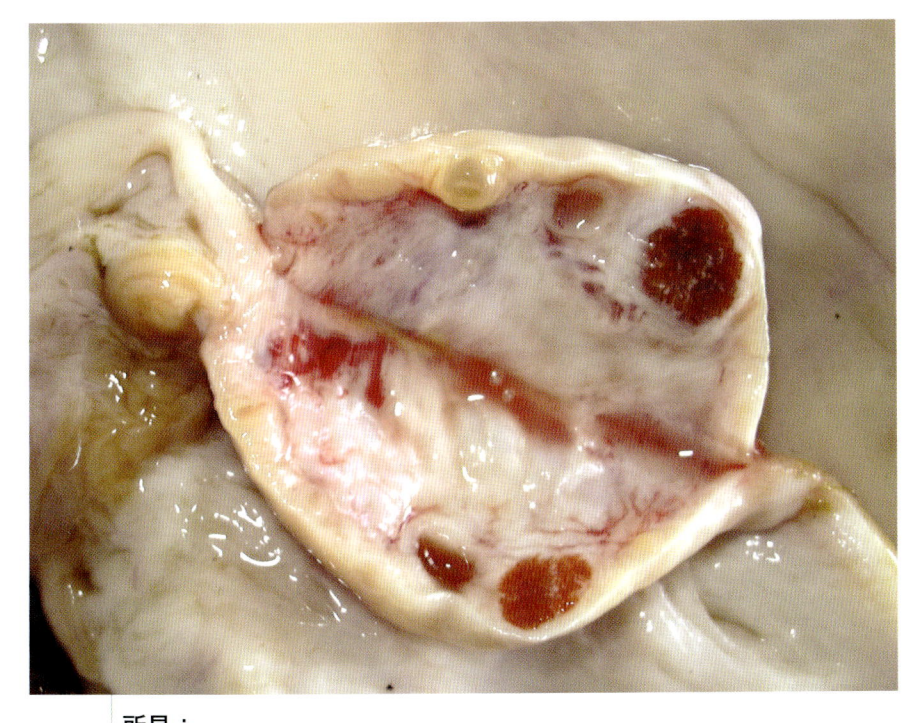

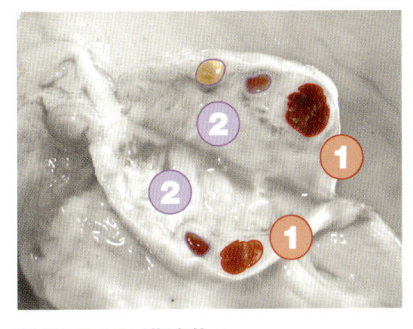

触診できる構造物：
なし
その他の構造物：
1　古い黄体
2　小卵胞
分類：
明瞭な黄体；なし
明瞭な卵胞；なし

所見：
068　特に触診できる構造物を持たない卵巣

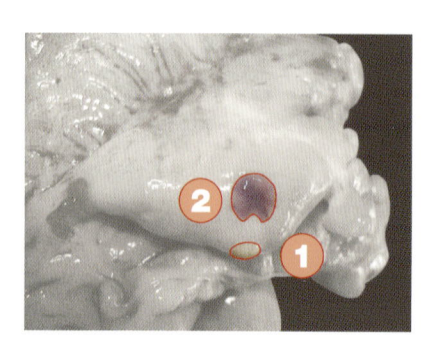

触診できる構造物：
なし
その他の構造物：
1　古い黄体の遺残
2　発育中の新しい黄体
分類：
明瞭な黄体；なし
明瞭な卵胞；なし

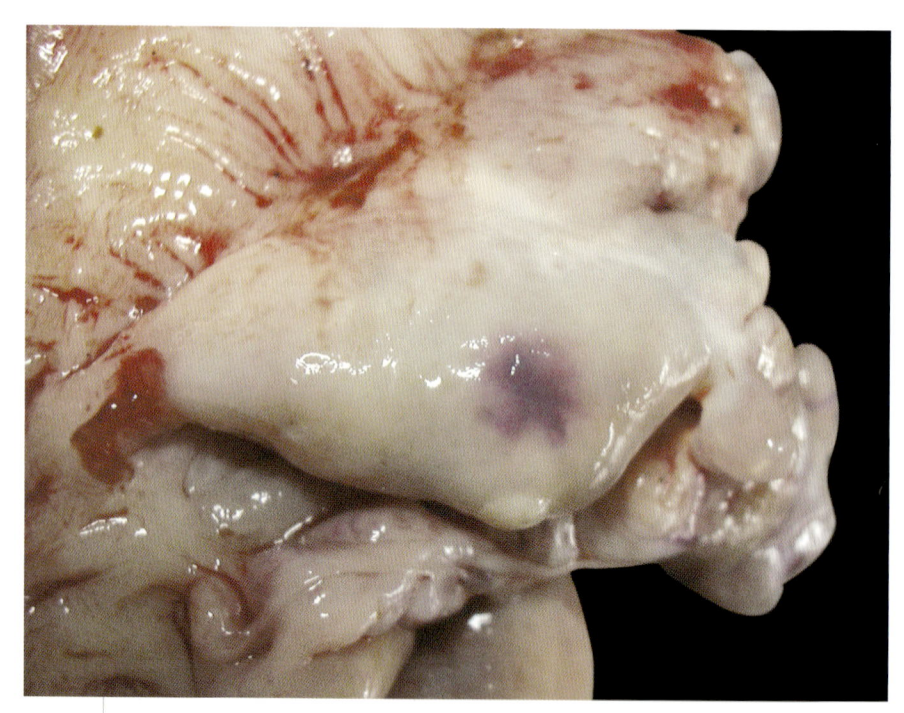

所見：
069 発育中の新しい黄体を有する卵巣

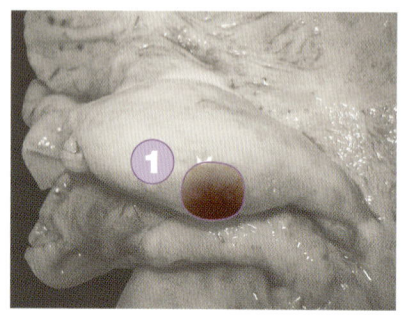

触診できる構造物：
1　明瞭な卵胞
分類：
明瞭な黄体；なし
明瞭な卵胞；あり

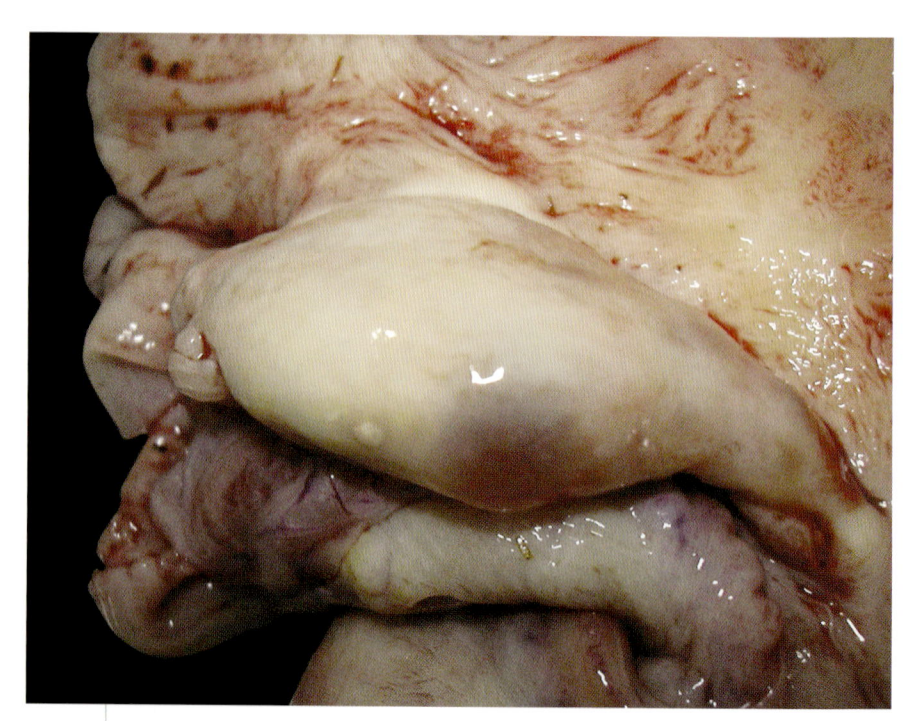

所見：
070 大卵胞を有する卵巣

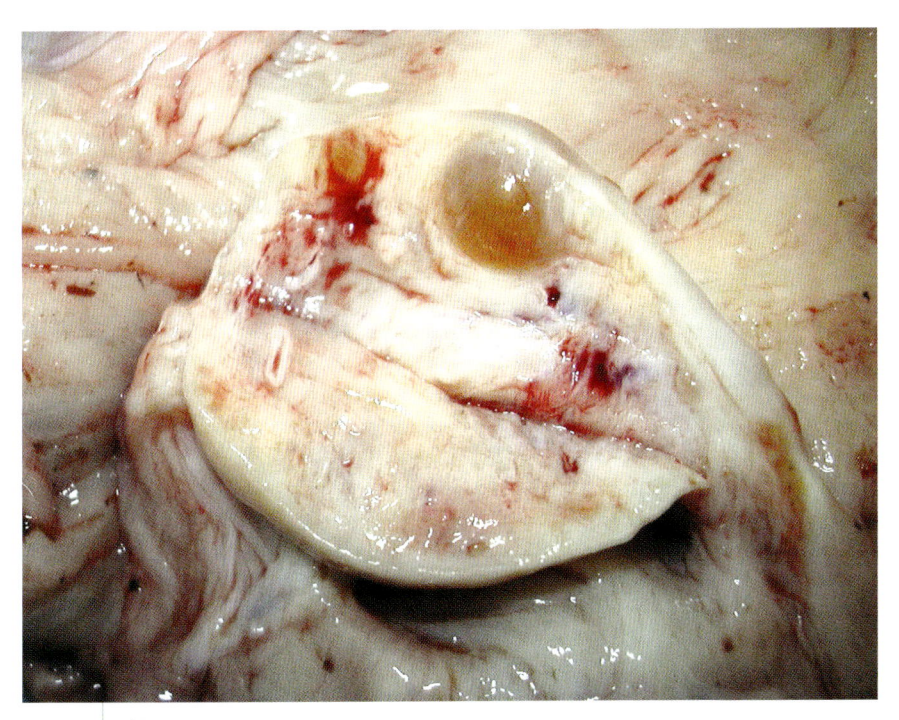

3 構造を認識する

所見：
071 大卵胞を有する卵巣の割面

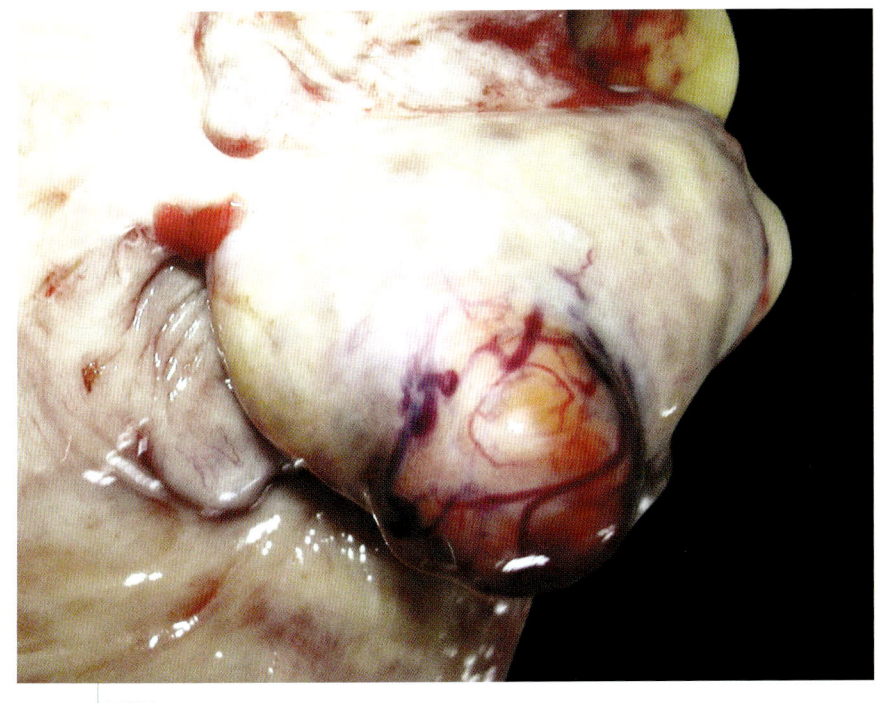

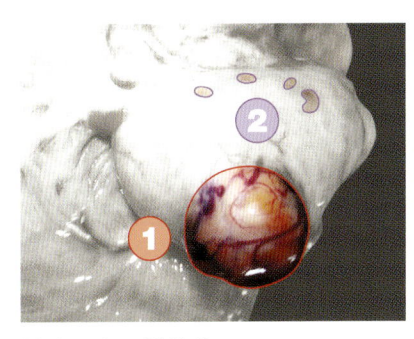

触診できる構造物：
1 明瞭な卵胞
分類：
明瞭な黄体；なし
明瞭な卵胞；あり

所見：
072 大きな黄体を有する卵巣

触診できる構造物：
1 明瞭な黄体
その他の構造物：
2 小卵胞
分類：
明瞭な黄体；あり
明瞭な卵胞；なし
（訳者注：原書では「明瞭な卵胞；あり（複数）」となっているが，卵胞についてはかろうじて触診できる程度の小卵胞を有しているのみと見受けられる）

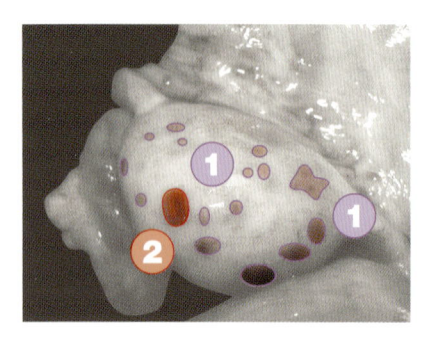

触診できる構造物：
1 注意深い触診が必要な卵胞
その他の構造物：
2 小さな退行黄体
分類：
明瞭な黄体；なし
明瞭な卵胞；なし

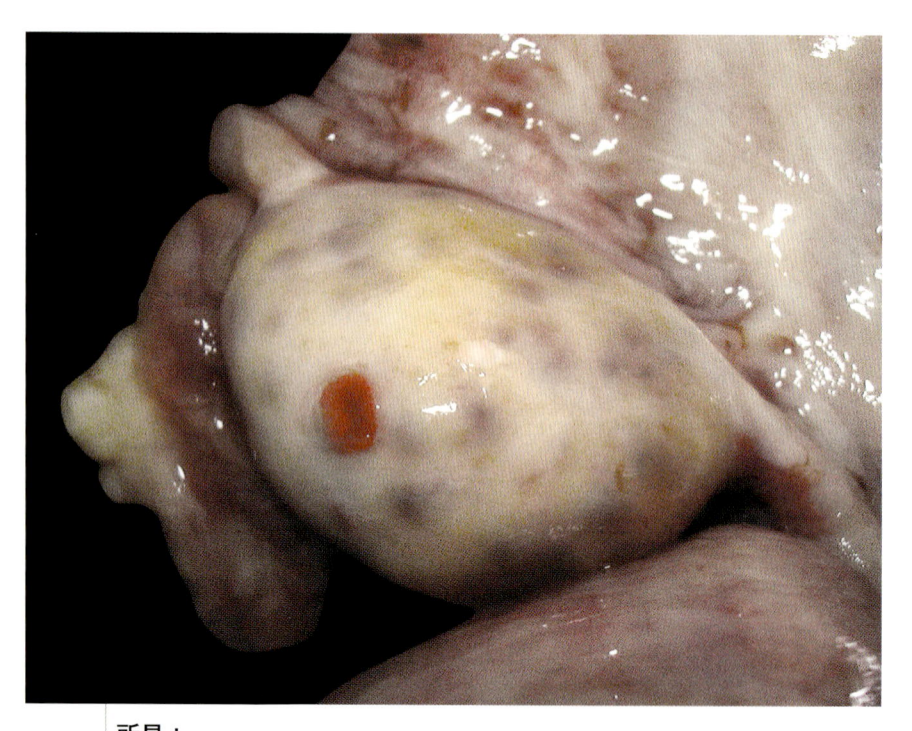

所見：
073 動員中の多数の卵胞と退行中の黄体を有する卵巣

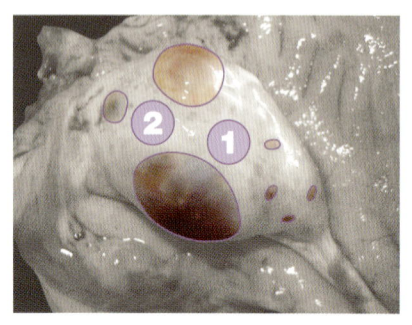

触診できる構造物：
1 非常に大きな卵胞とその他の小卵胞
その他の構造物：
2 異なるサイズの卵胞
分類：
明瞭な黄体；なし
明瞭な卵胞；あり

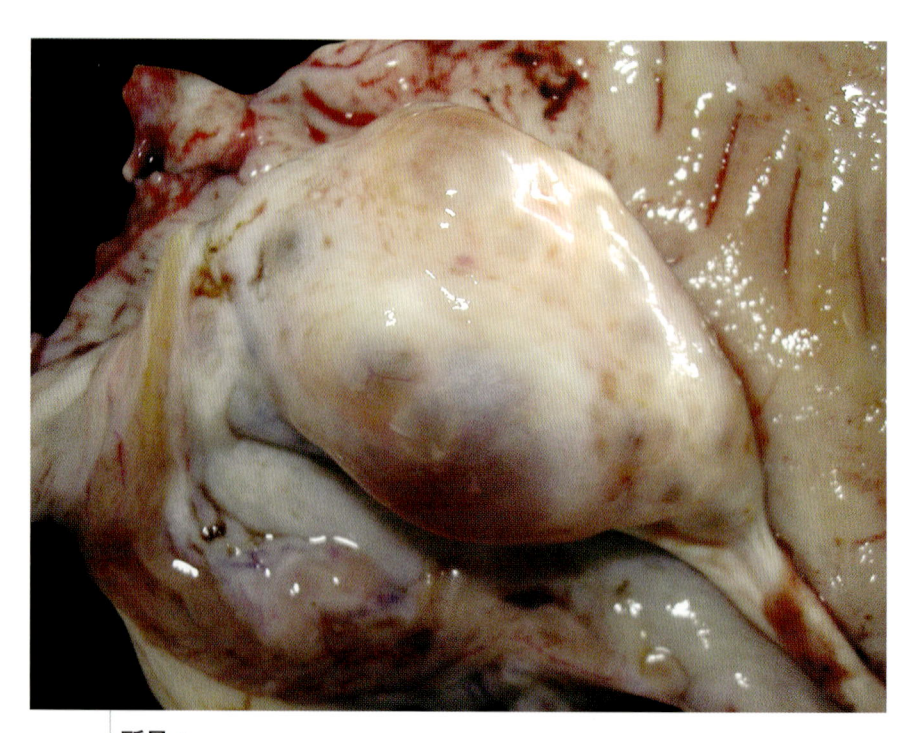

所見：
074 大卵胞を有する卵巣

3 構造を認識する

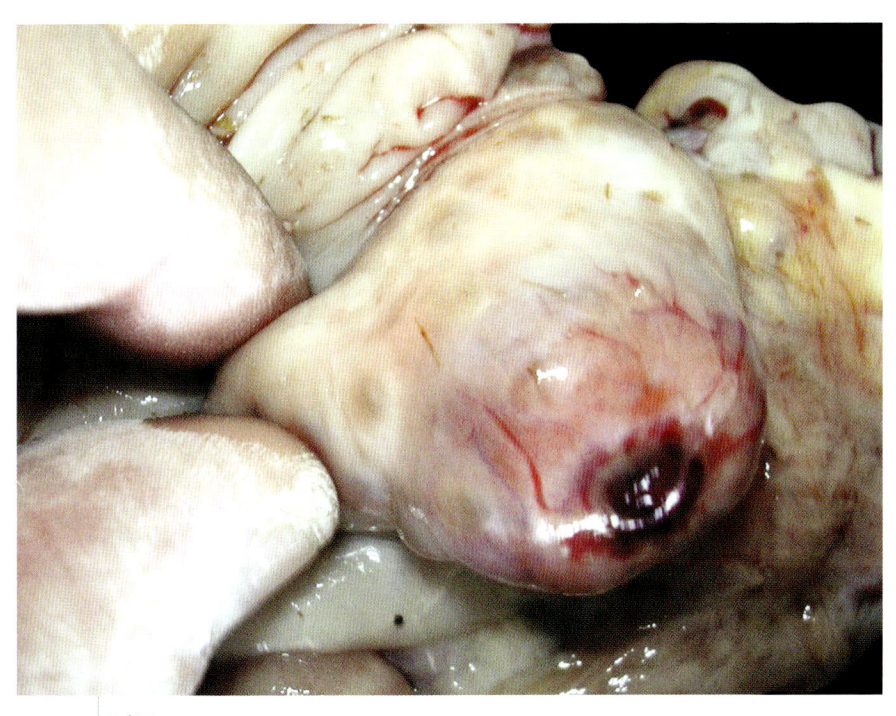

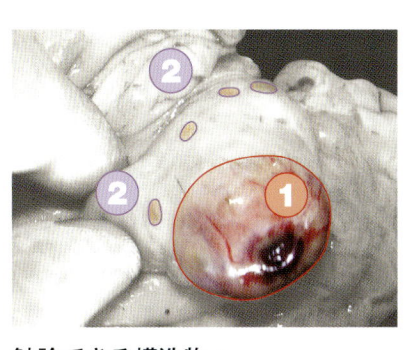

触診できる構造物：
1 明瞭な黄体
その他の構造物：
2 卵巣の辺縁に位置する小卵胞
分類：
明瞭な黄体；あり
明瞭な卵胞；なし

所見：
075 大きな黄体を有する卵巣

触診できる構造物：
1 明瞭な黄体。黄体中央のくぼみに注目（異常ではない）
分類：
明瞭な黄体；あり
明瞭な卵胞；なし

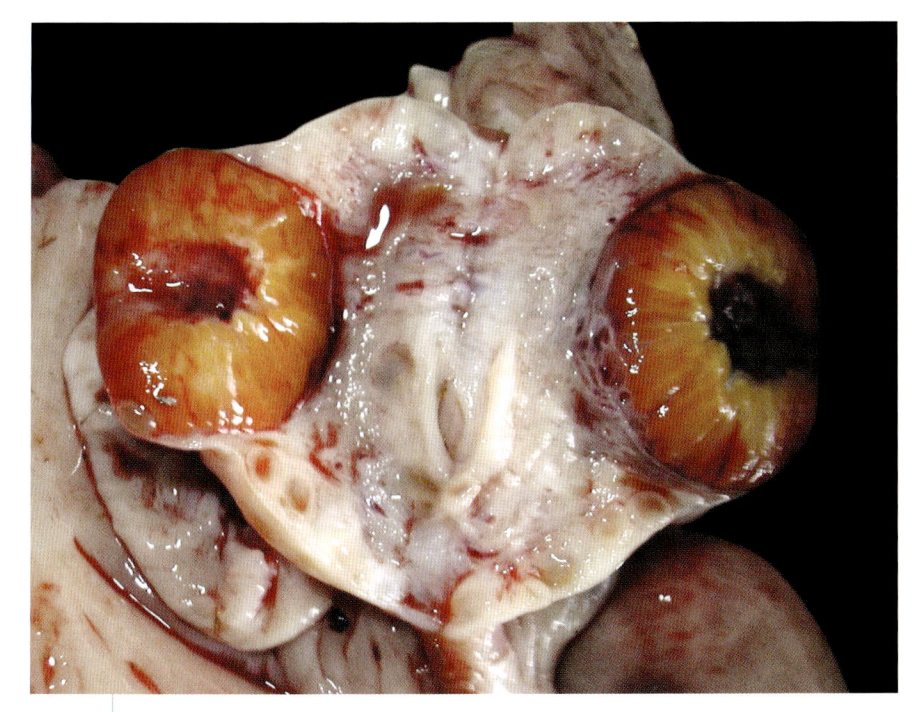

所見：
076 大きな黄体を有する卵巣の割面

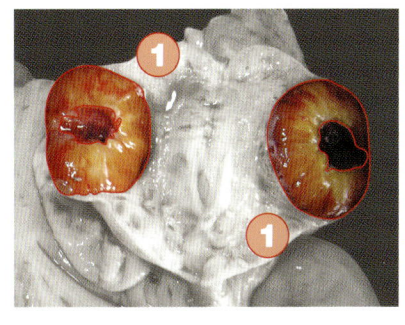

95

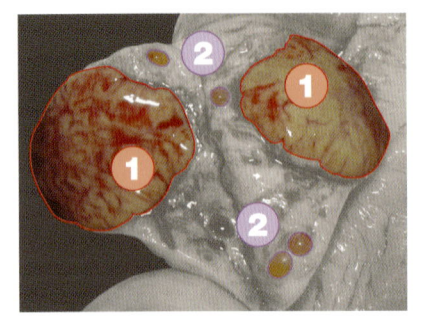

触診できる構造物：
1 明瞭な黄体。割面上に組織の区切り（柱状組織）が観察できる

その他の構造物：
2 小卵胞

分類：
明瞭な黄体；あり
明瞭な卵胞；なし

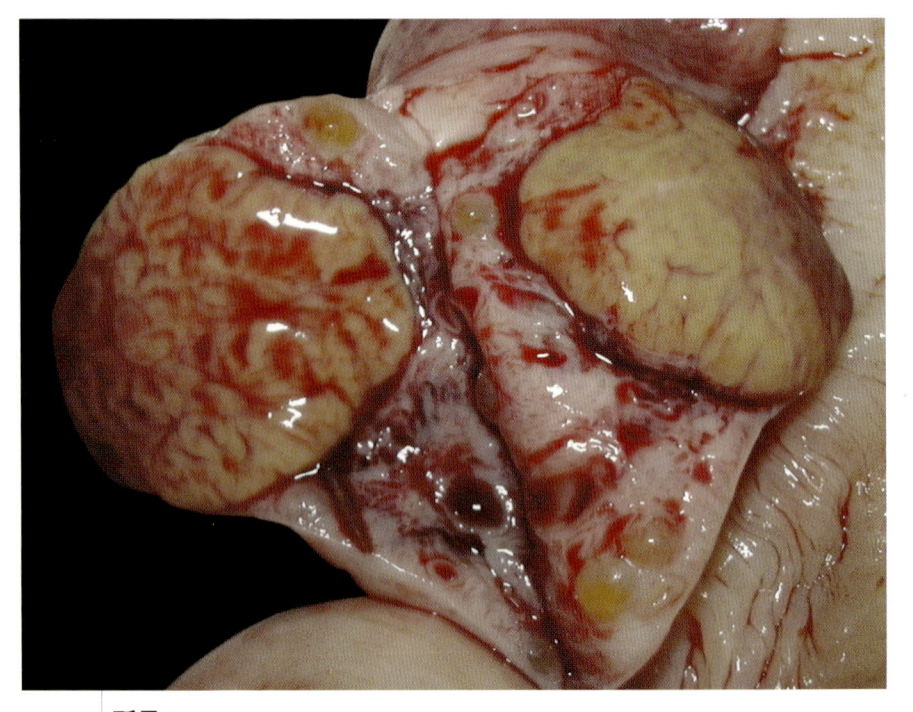

所見：
077 大きな黄体を有する卵巣

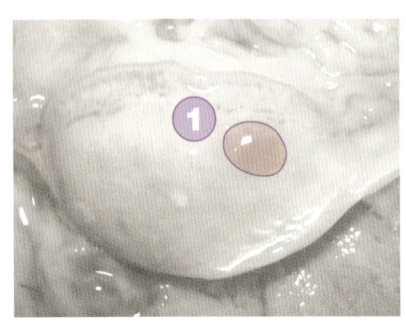

触診できる構造物：
1 明瞭な卵胞

分類：
明瞭な黄体；なし
明瞭な卵胞；あり

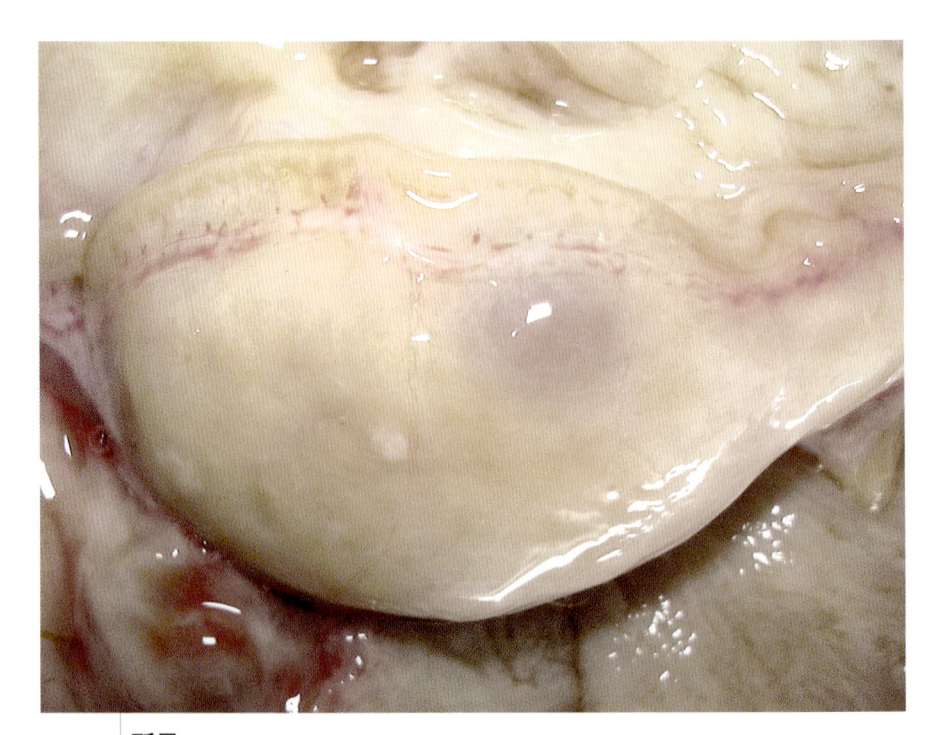

所見：
078 卵胞を有する卵巣

96

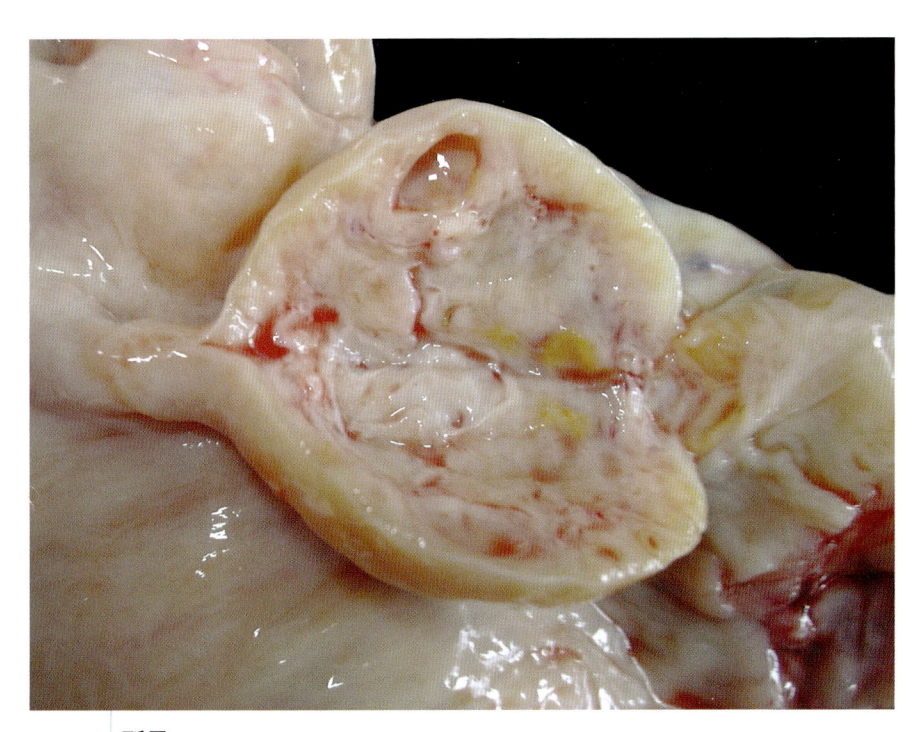

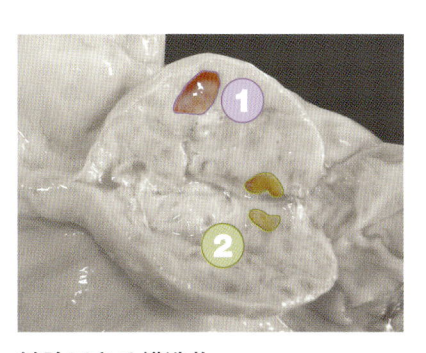

3 構造を認識する

触診できる構造物：
なし
その他の構造物：
1 卵胞
2 黄体の痕跡
分類：
明瞭な黄体；なし
明瞭な卵胞；なし

所見：
079 ひとつの中卵胞を有する卵巣の割面

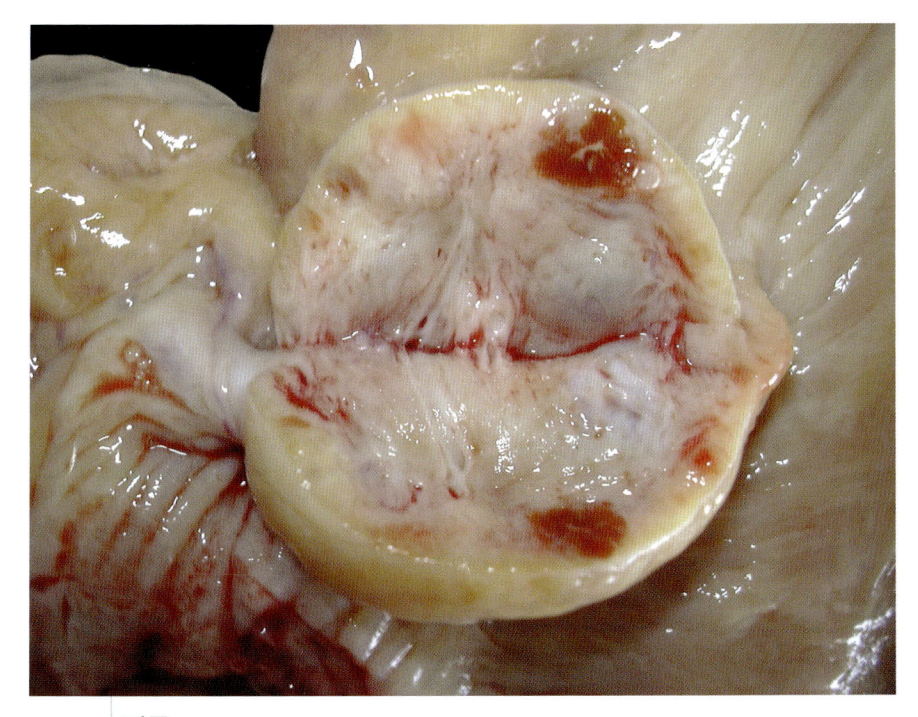

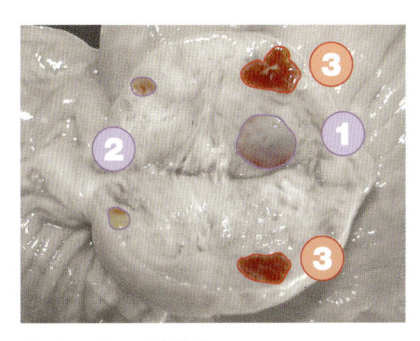

触診できる構造物：
1 明瞭な卵胞
その他の構造物：
2 表面下で動員中の複数の小卵胞
3 古い黄体
分類：
明瞭な黄体；なし
明瞭な卵胞；あり

所見：
080 卵胞を有する卵巣の割面

97

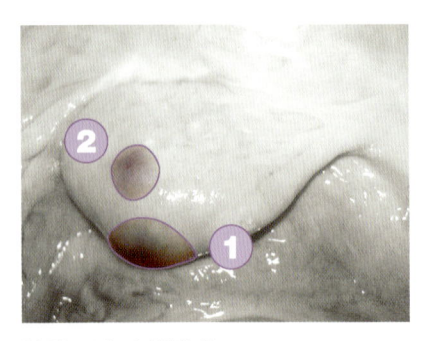

触診できる構造物：
1　明瞭な卵胞
2　1の卵胞よりは小さいが明瞭な卵胞
分類：
明瞭な黄体；なし
明瞭な卵胞；あり（複数）

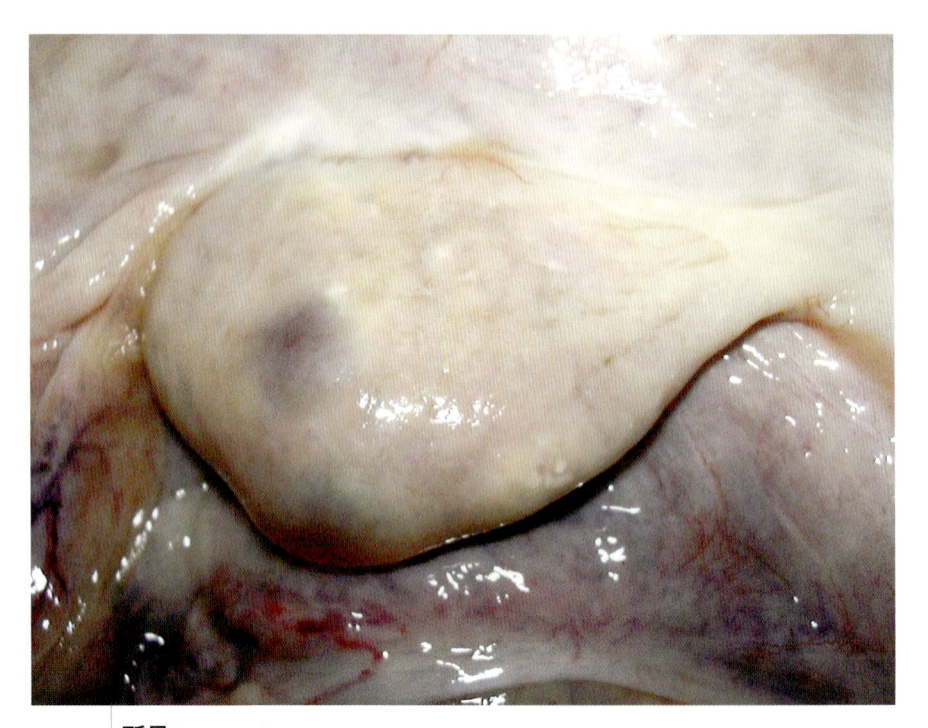

所見：
081　ひとつの大卵胞とそれよりやや小さな別の卵胞を有する卵巣

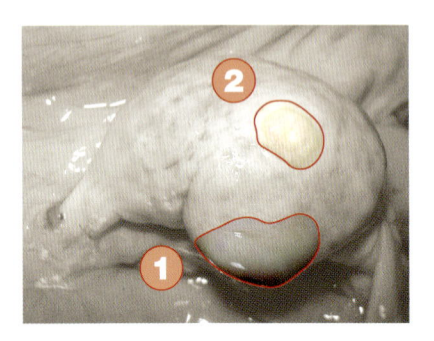

触診できる構造物：
1　退行黄体
その他の構造物：
2　古い黄体
分類：
明瞭な黄体；なし
明瞭な卵胞；なし

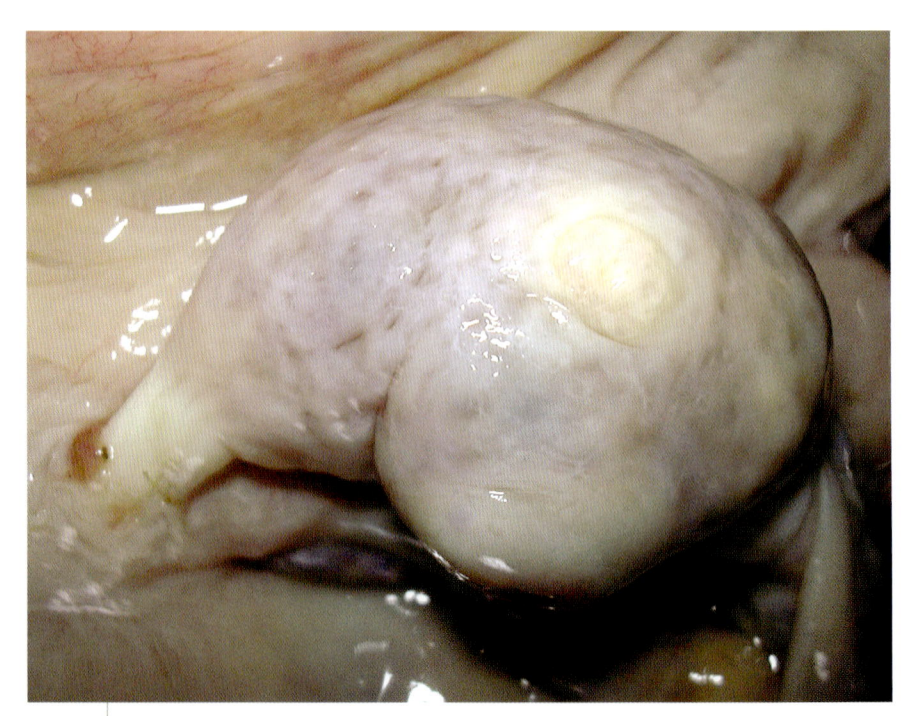

所見：
082　触診可能な退行中の黄体を有する卵巣

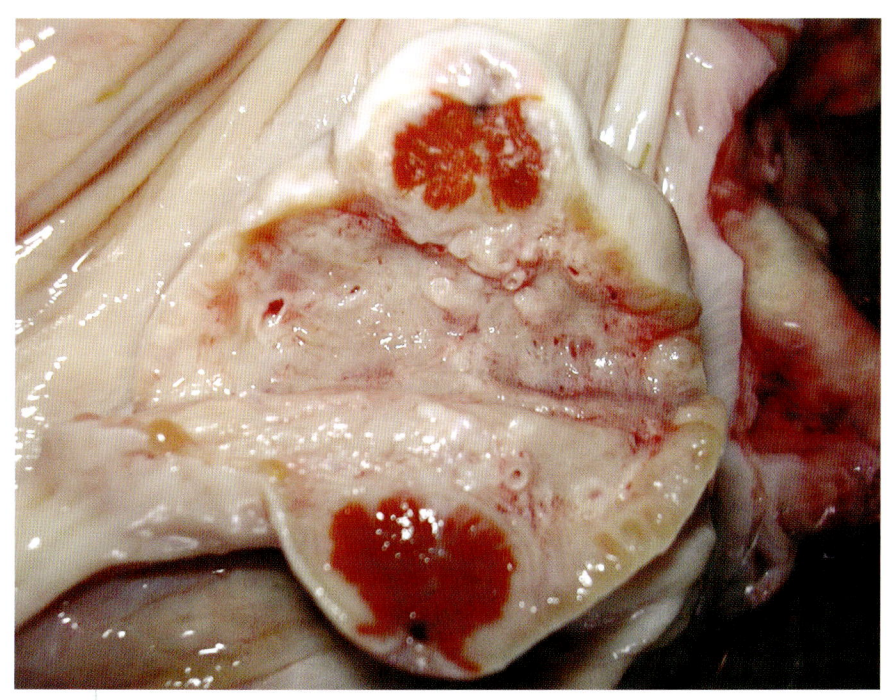

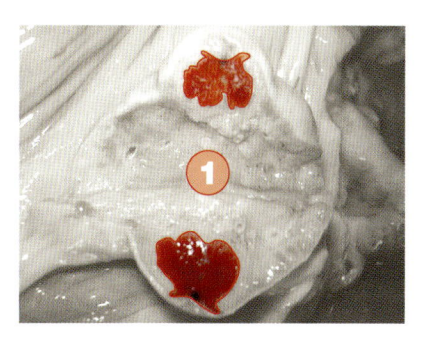

3 構造を認識する

触診できる構造物：
1 退行黄体
分類：
明瞭な黄体；なし
明瞭な卵胞；なし

083 所見：
退行中の黄体を有する卵巣。082と同一卵巣

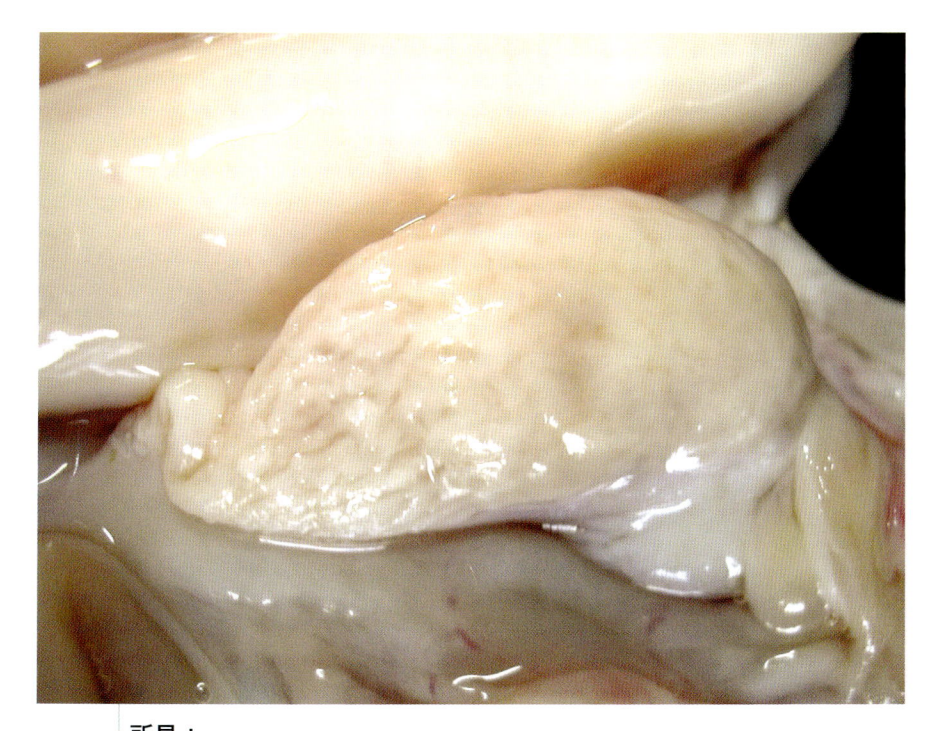

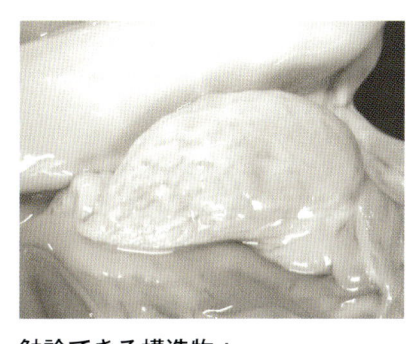

触診できる構造物：
なし
分類：
明瞭な黄体；なし
明瞭な卵胞；なし

084 所見：
特に構造物を認めない卵巣。構造物が豊富な100〜101ページの卵巣との違いに注目

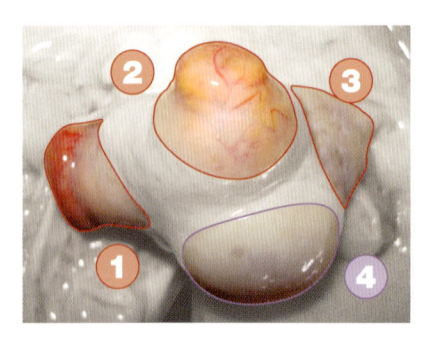

触診できる構造物：
1 明瞭な黄体
2 明瞭な黄体
3 古い黄体
4 大卵胞

分類：
明瞭な黄体；あり
明瞭な卵胞；あり

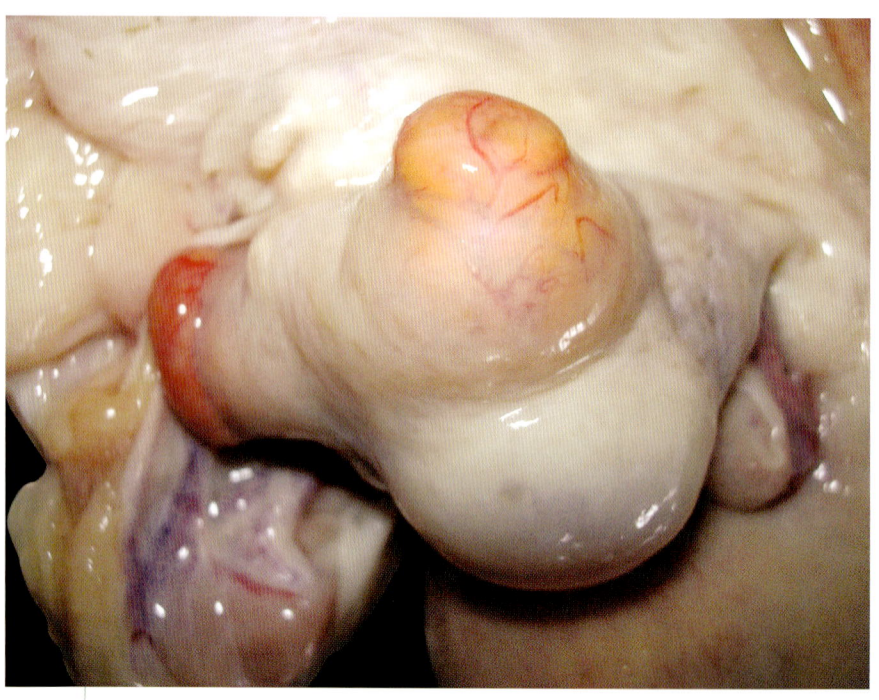

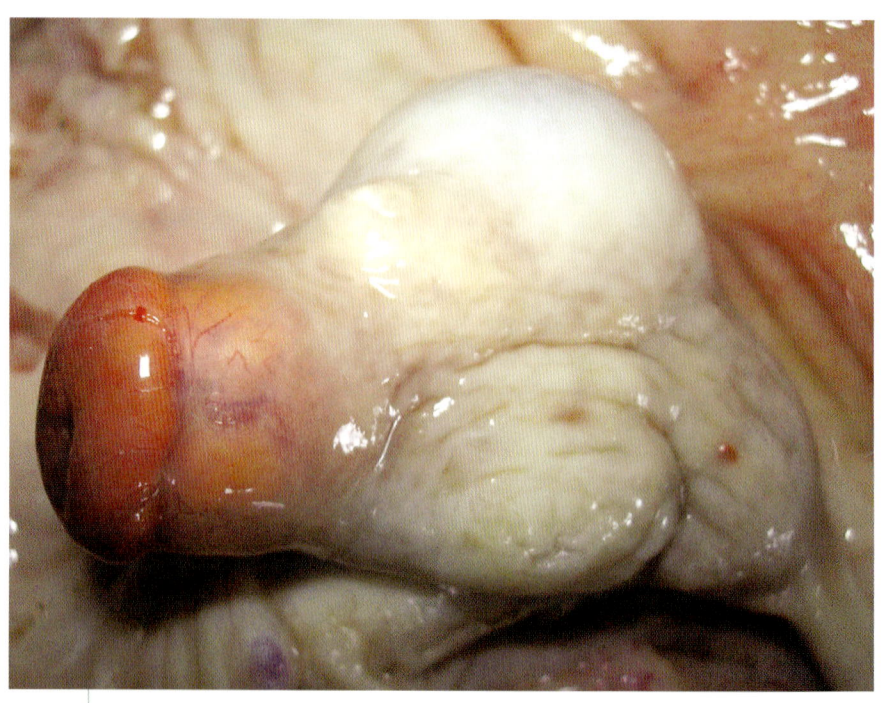

所見：
085 2つの黄体と大卵胞を有する卵巣。左方の黄体はシャンパンコルク状をしており，もう一方は形状と色合いは異なるが排卵後の日数は同じである。2個排卵した例である

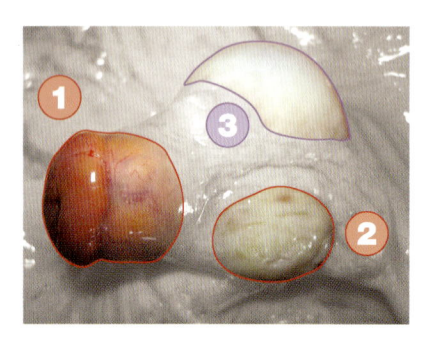

触診できる構造物：
1 明瞭な黄体
2 古い黄体
3 大卵胞

分類：
明瞭な黄体；あり
明瞭な卵胞；あり

所見：
086 085と同一卵巣を別の角度から観察したところ。シャンパンコルク状をした黄体と大卵胞がよりよく観察できる

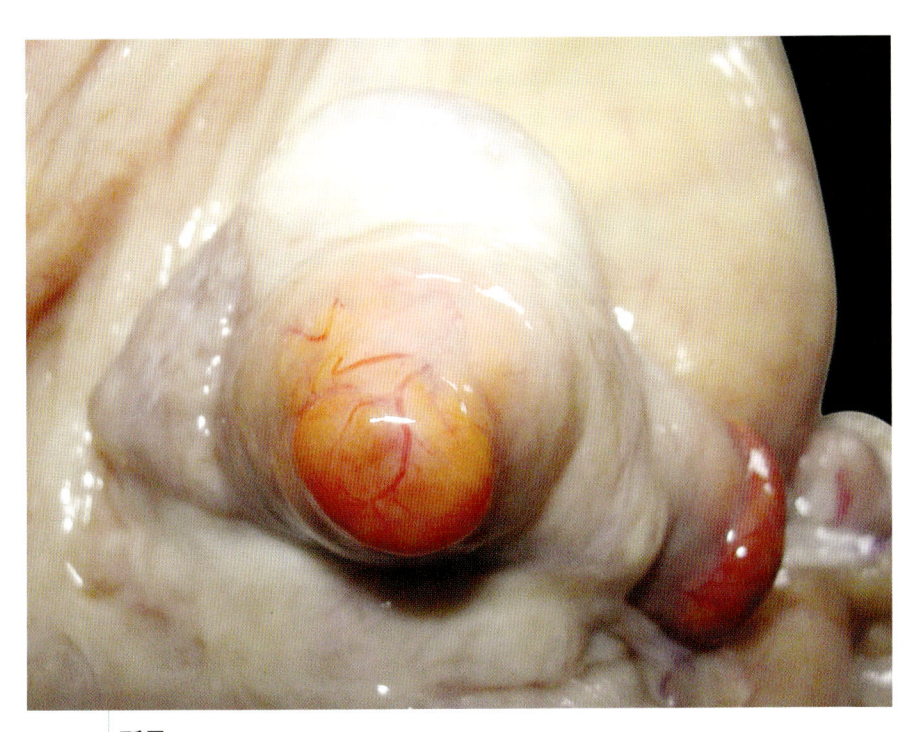

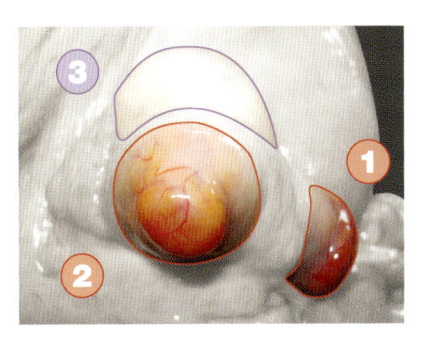

3　構造を認識する

触診できる構造物：
1　明瞭な黄体
2　明瞭な黄体
3　大卵胞

分類：
明瞭な黄体；あり
明瞭な卵胞；あり

所見：
087 085と同一卵巣を別の角度から観察したところ

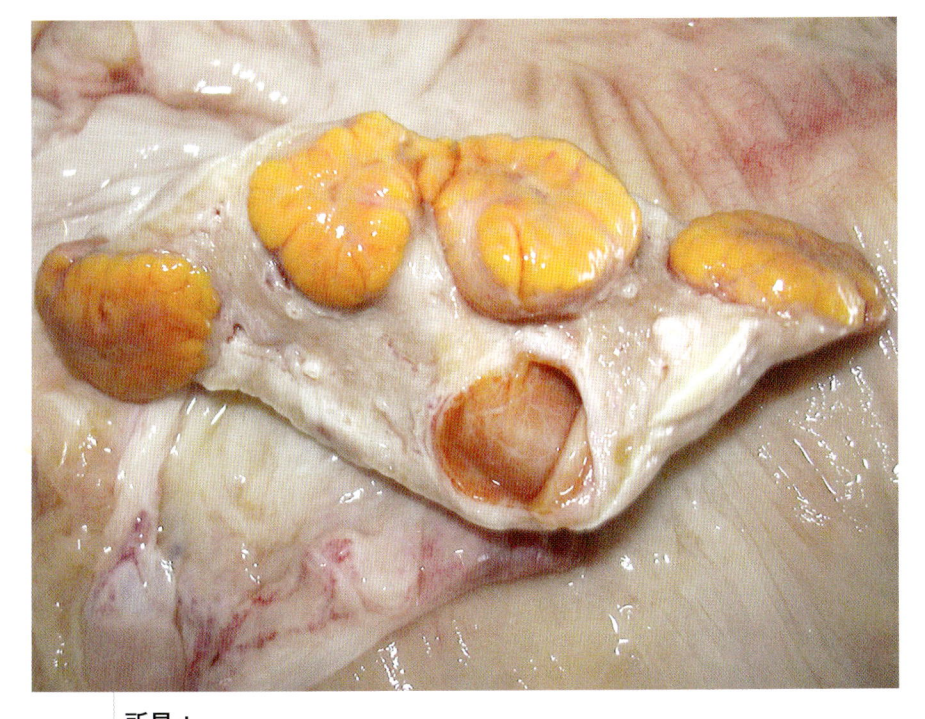

触診できる構造物：
1　明瞭な黄体
2　明瞭な黄体
3　大卵胞

分類：
明瞭な黄体；あり
明瞭な卵胞；あり

所見：
088 085と同一卵巣の割面

101

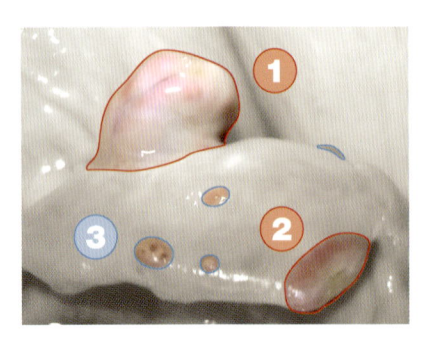

触診できる構造物：
1 シャンパンコルク状をした明瞭な黄体

その他の構造物：
2 1より小さな黄体
3 古い黄体の痕跡

分類：
明瞭な黄体；あり
明瞭な卵胞；なし

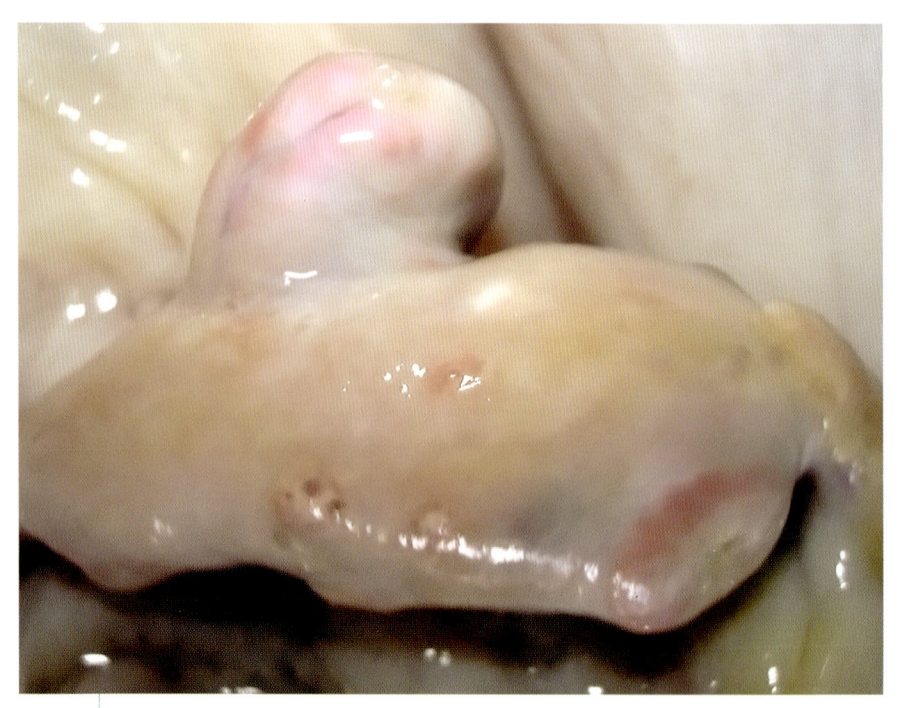

所見：
089 | 大きな黄体とそれとは別のより小さな黄体を有する卵巣。2個排卵したものと推察される

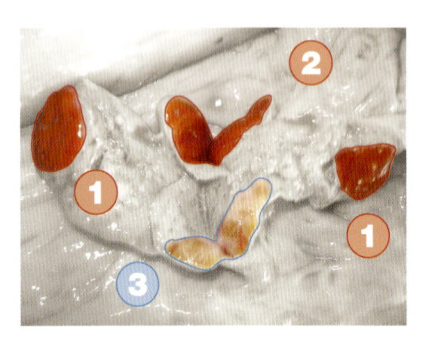

触診できる構造物：
1 シャンパンコルク状をした明瞭な黄体

その他の構造物：
2 1より小さな黄体
3 古い黄体の痕跡

分類：
明瞭な黄体；あり
明瞭な卵胞；なし

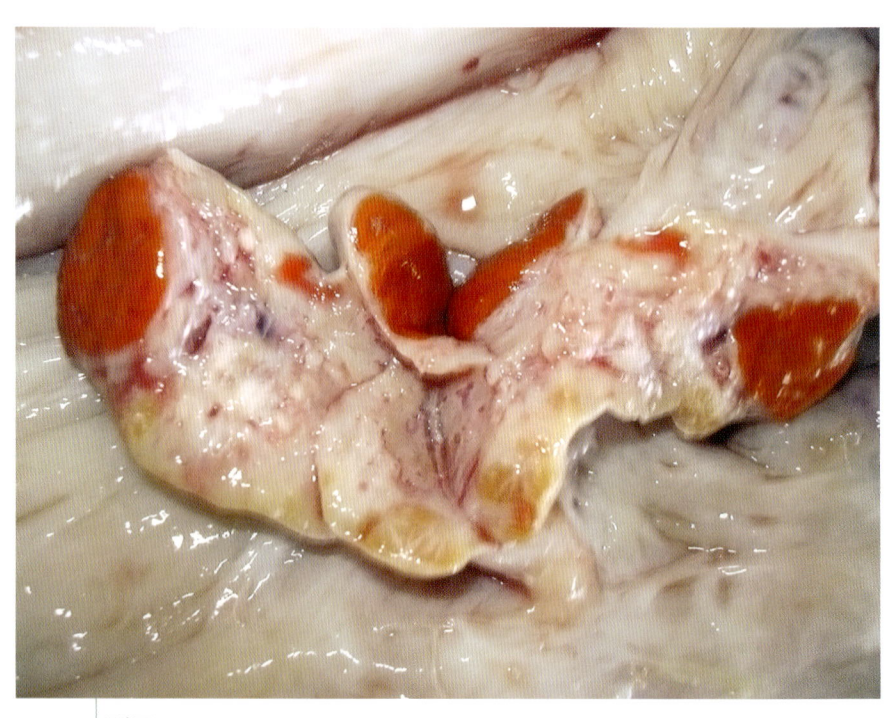

所見：
090 | 089と同一卵巣の割面

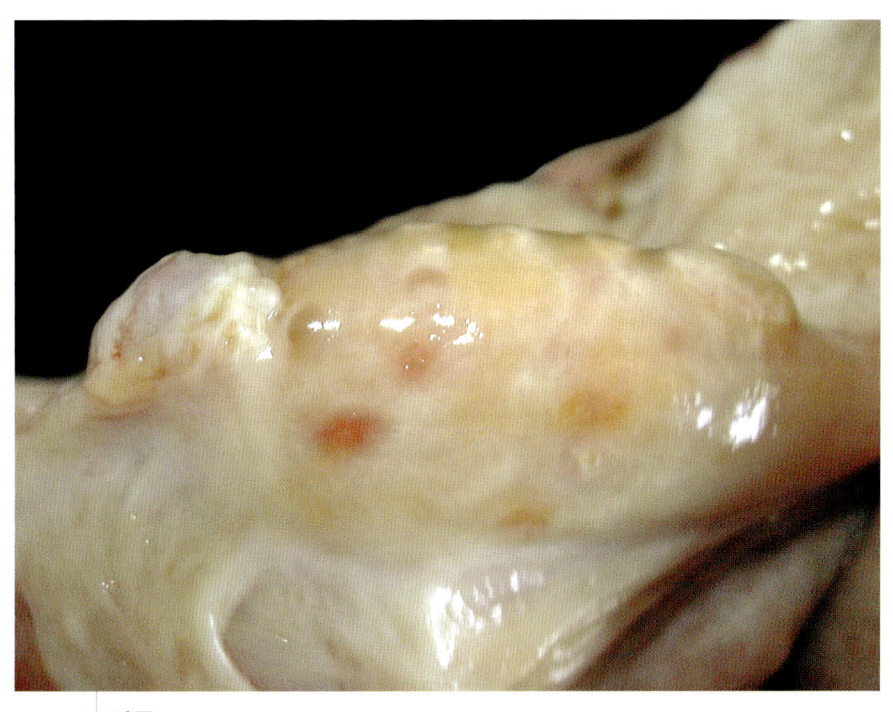

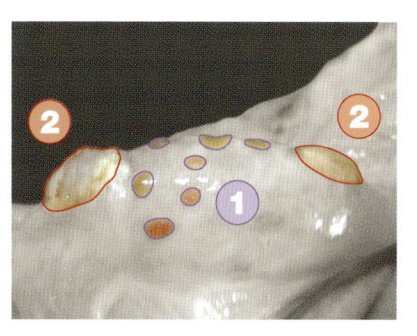

3　構造を認識する

触診できる構造物：
なし
その他の構造物：
1　小卵胞
2　古い黄体
分類：
明瞭な黄体；なし
明瞭な卵胞；なし

所見：
091 小卵胞を有する卵巣

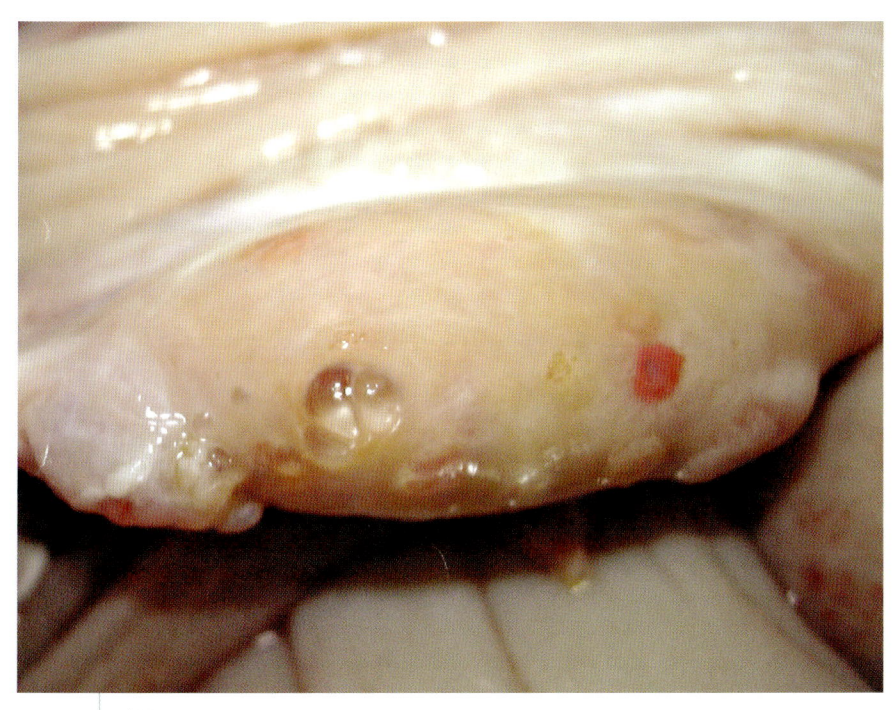

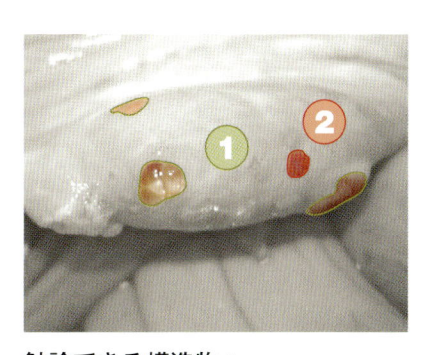

触診できる構造物：
なし
その他の構造物：
1　傍卵巣嚢腫
2　退行黄体の痕跡
分類：
明瞭な黄体；なし
明瞭な卵胞；なし

所見：
092 機能する黄体や卵胞を持たない卵巣

103

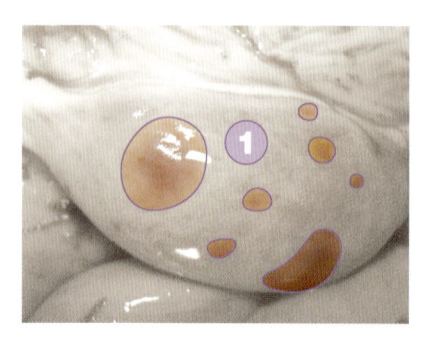

触診できる構造物：
1 発育ステージの異なる複数の卵胞

分類：
明瞭な黄体；なし
明瞭な卵胞；あり（複数）

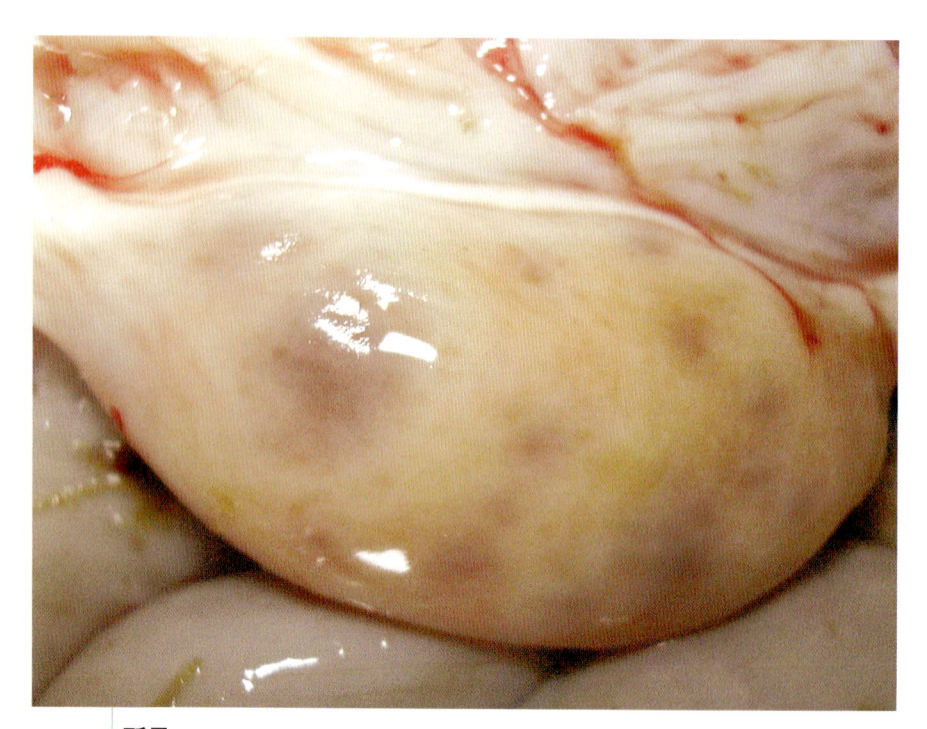

所見：
093 発育中の複数の卵胞を有する卵巣

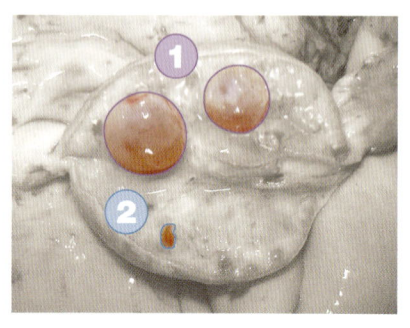

触診できる構造物：
1 明瞭な卵胞

その他の構造物：
2 古い黄体の痕跡

分類：
明瞭な黄体；なし
明瞭な卵胞；あり

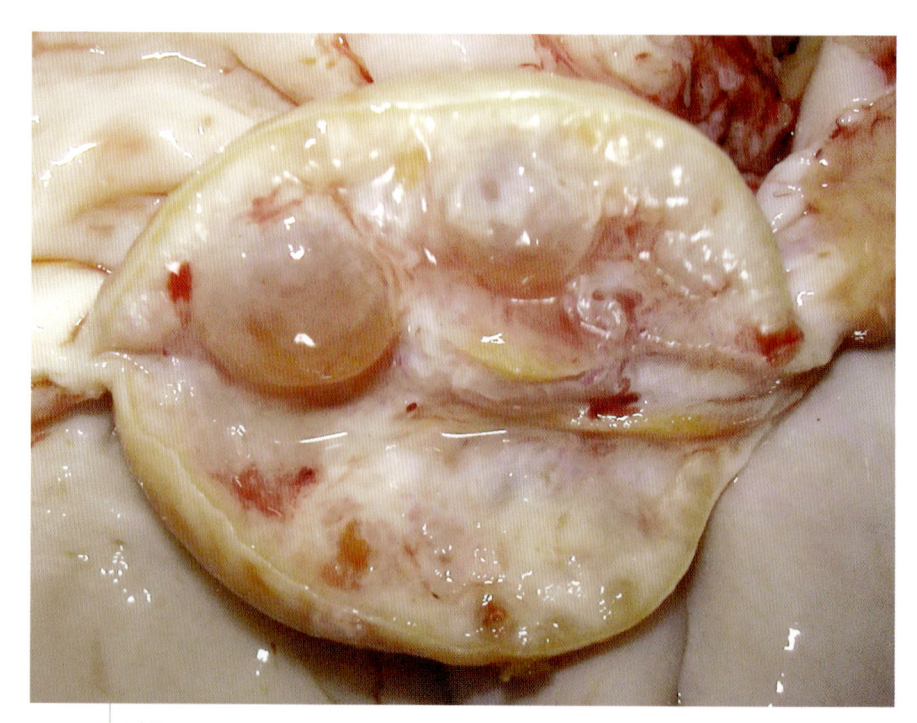

所見：
094 2つの卵胞を有する卵巣の割面

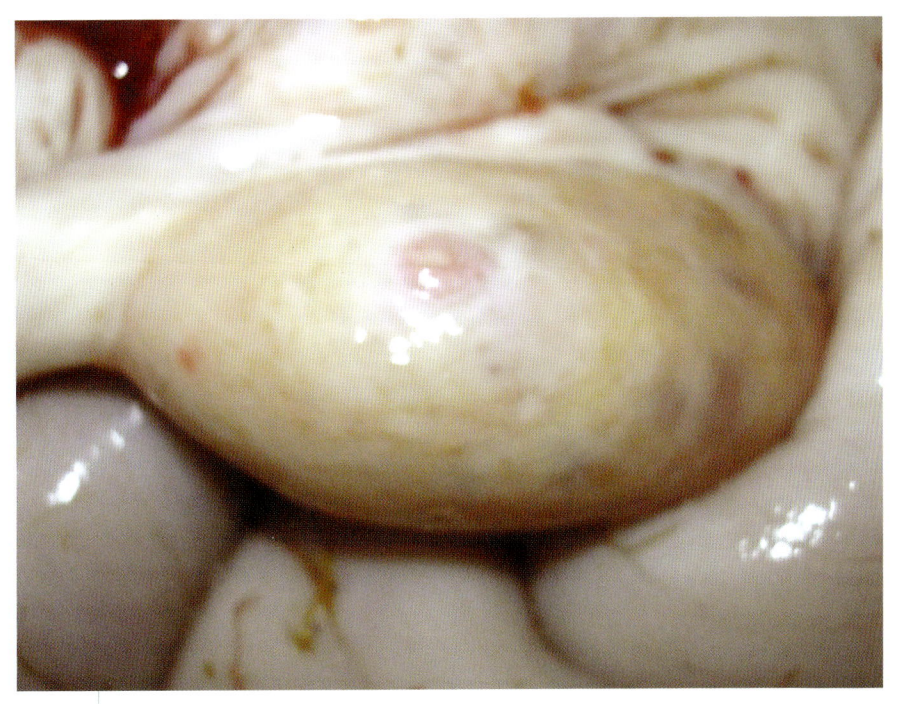

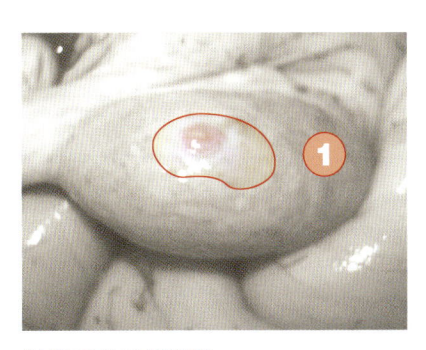

3　構造を認識する

触診できる構造物：
なし
その他の構造物：
1　明瞭ではない黄体
分類：
明瞭な黄体；なし
明瞭な卵胞；なし

所見：
095 小さな黄体を有する卵巣。おそらく退行過程にあるものと推察される

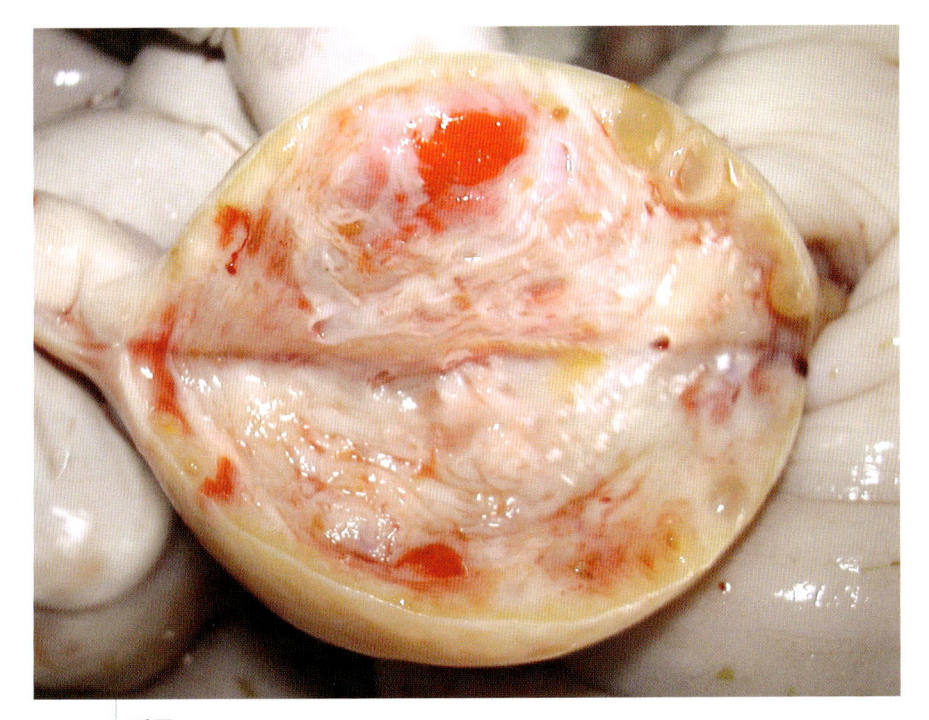

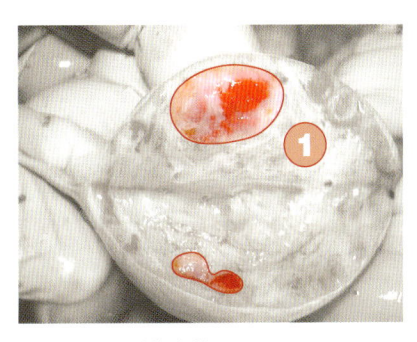

触診できる構造物：
なし
その他の構造物：
1　退行中の黄体
分類：
明瞭な黄体；なし
明瞭な卵胞；なし

所見：
096 退行中の黄体を有する卵巣の割面

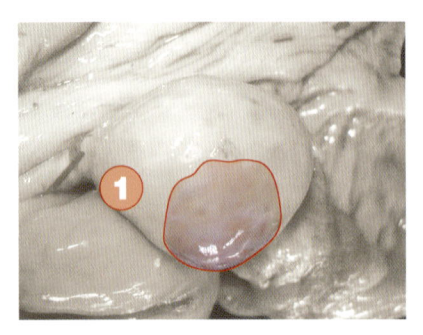

触診できる構造物：
1 明瞭な黄体
分類：
明瞭な黄体；あり
明瞭な卵胞；なし

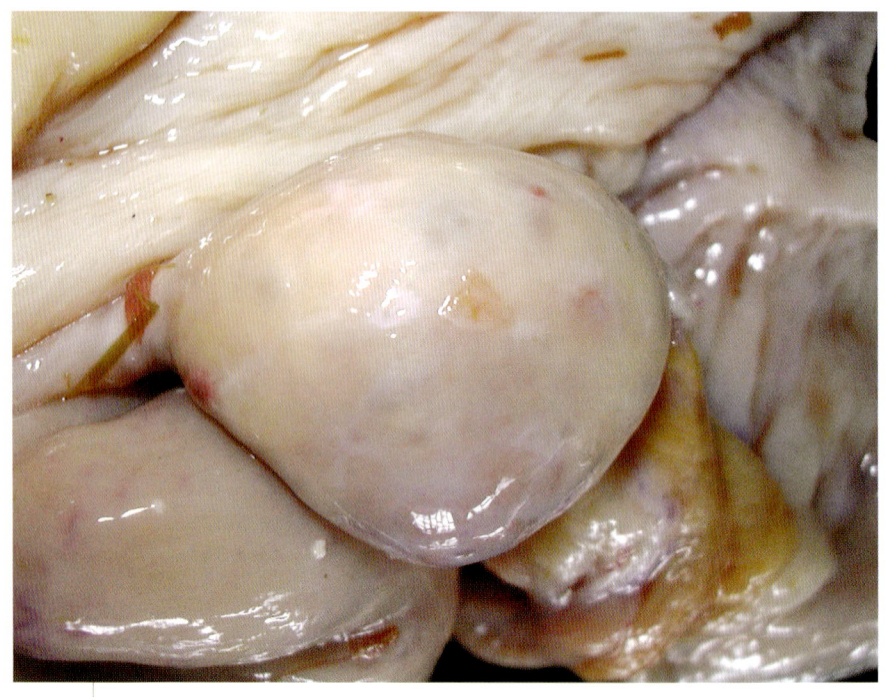

097 所見：
触診で卵巣周期のどのステージか判別するのが難しい卵巣。黄体は内側に向かって発育している

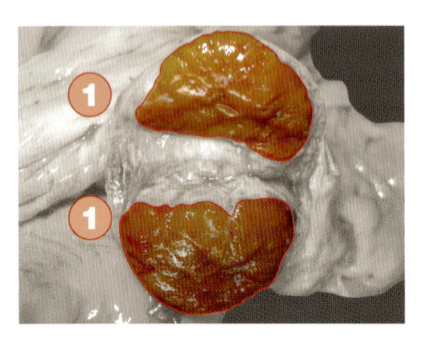

触診できる構造物：
1 明瞭な黄体
分類：
明瞭な黄体；あり
明瞭な卵胞；なし

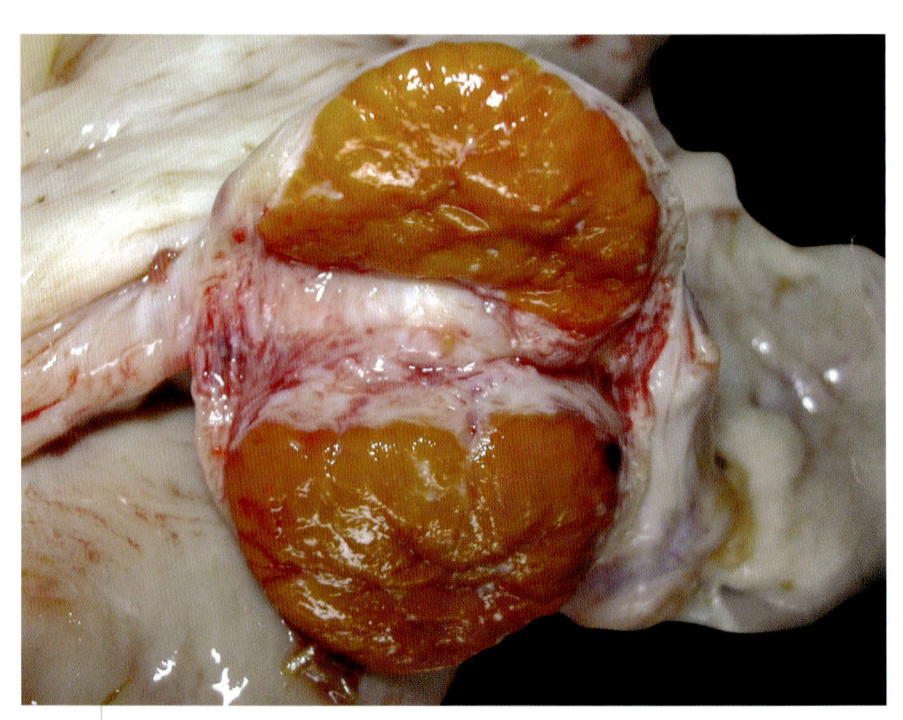

098 所見：
大きな黄体を有する卵巣の割面。097と同一卵巣である

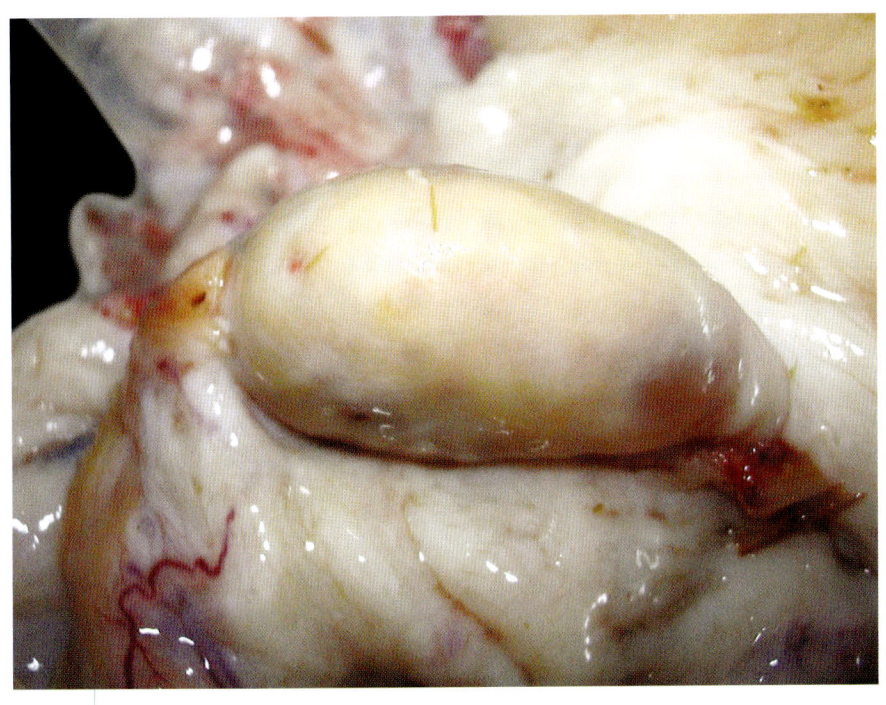

3　構造を認識する

触診できる構造物：
1　明瞭な卵胞
その他の構造物：
2　複数の小卵胞
分類：
明瞭な黄体；なし
明瞭な卵胞；あり（複数）

所見：
099　比較的平滑な表面の卵巣だが，固有卵巣索側に触診可能な大卵胞があり，より小さな卵胞も複数認められる

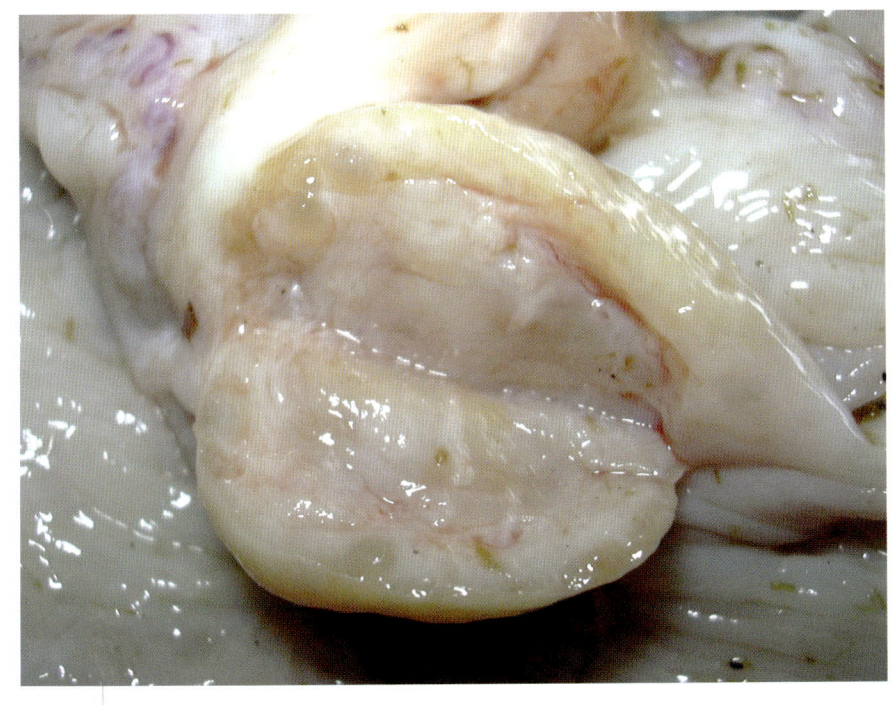

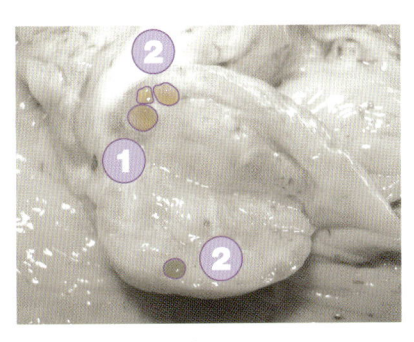

触診できる構造物：
1　明瞭な卵胞
その他の構造物：
2　より小さな複数の卵胞
分類：
明瞭な黄体；なし
明瞭な卵胞；あり（複数）

所見：
100　大卵胞と複数の小卵胞を有する卵巣の割面。099と同一卵巣である

107

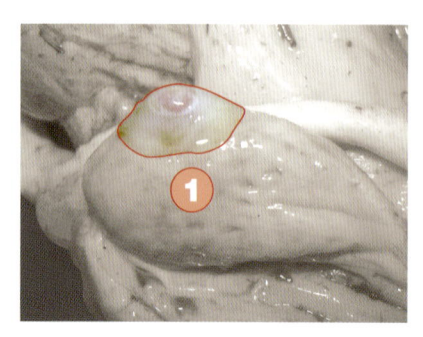

触診できる構造物：
なし
その他の構造物：
1 明瞭ではない退行中の黄体
分類：
明瞭な黄体；なし
明瞭な卵胞；なし

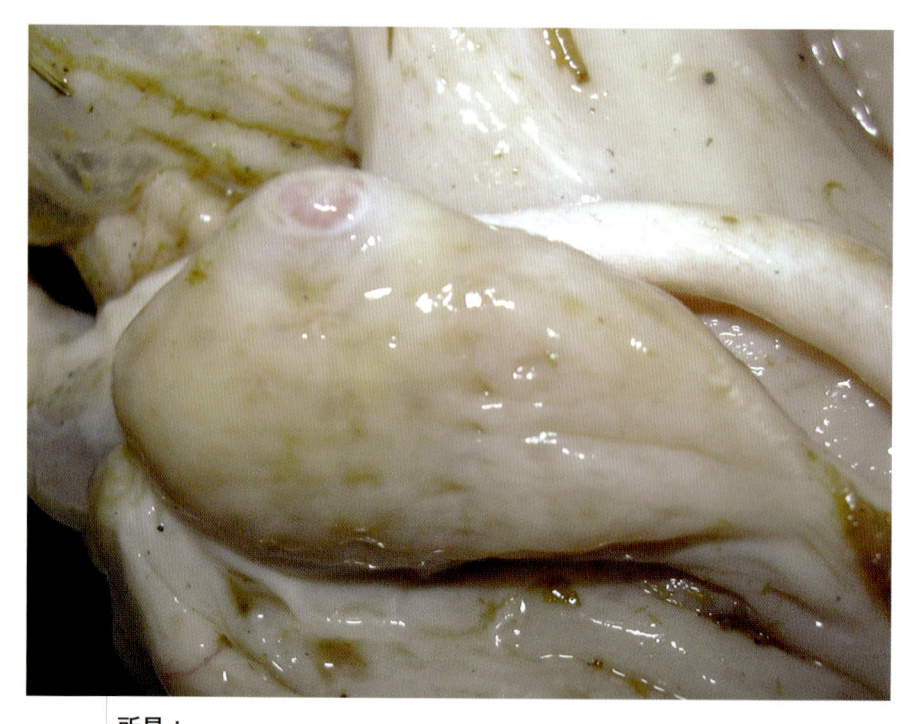

101 所見：
中型サイズの黄体を有する卵巣

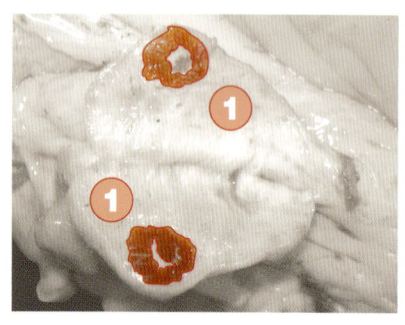

触診できる構造物：
なし
その他の構造物：
1 明瞭ではない退行中の黄体
分類：
明瞭な黄体；なし
明瞭な卵胞；なし

102 所見：
101と同一卵巣の割面

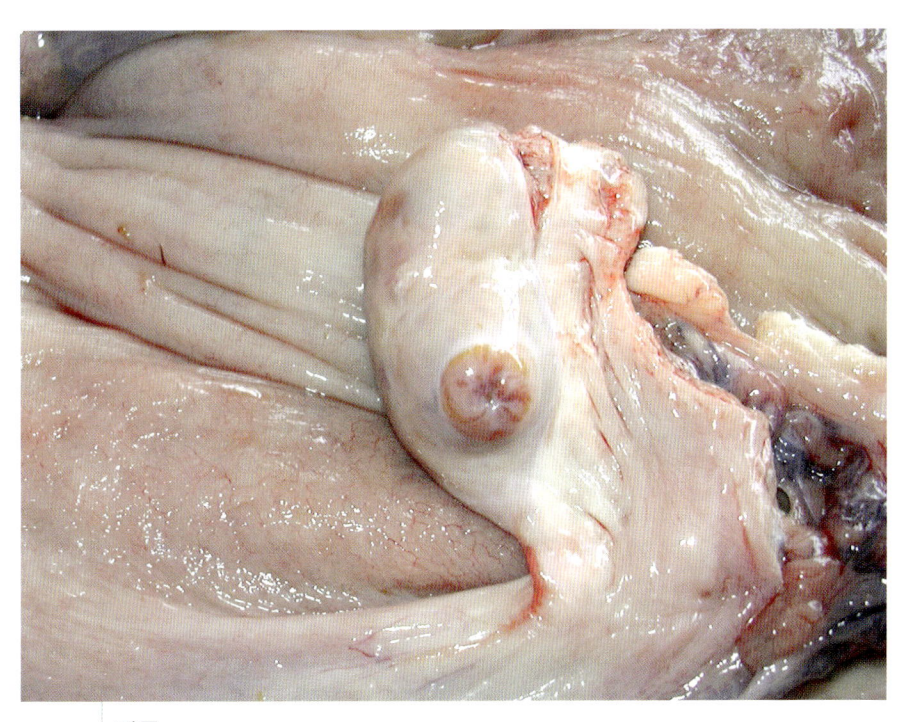

触診できる構造物：
1 明瞭な黄体
分類：
明瞭な黄体；あり
明瞭な卵胞；なし

所見：
103 突出した黄体を有する卵巣

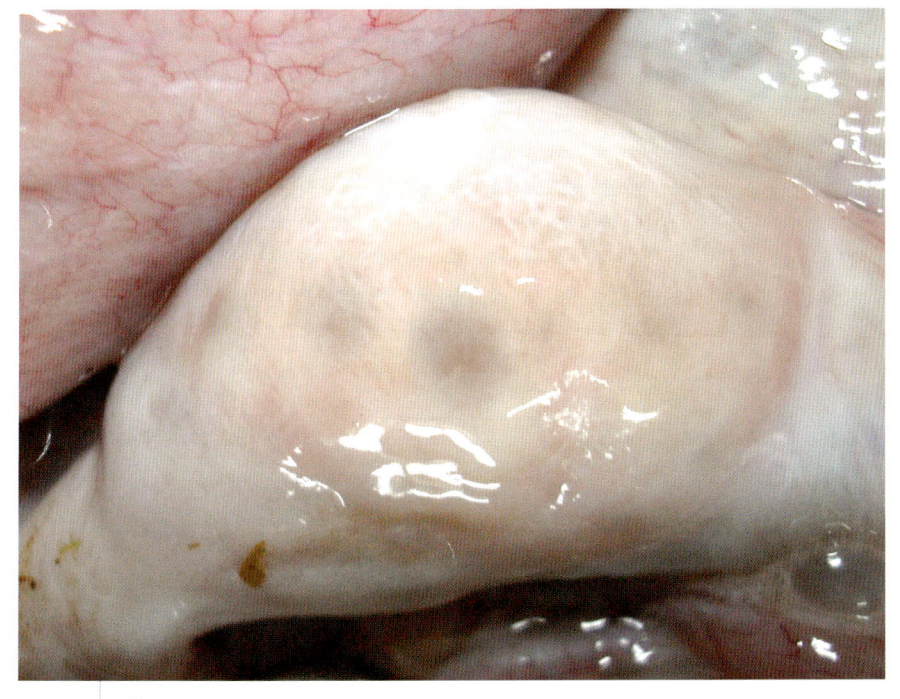

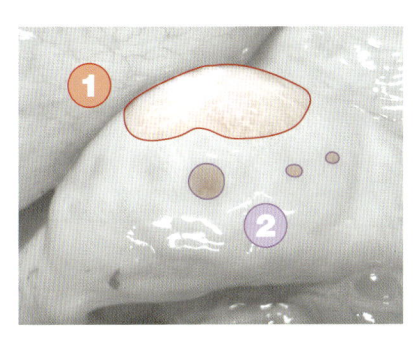

触診できる構造物：
1 古い黄体であり，注意深い触診が必要となる
その他の構造物：
2 動員されたばかりの小卵胞
分類：
明瞭な黄体；なし
明瞭な卵胞；なし

所見：
104 古い黄体を有する卵巣。注意深い触診が必要となる

触診できる構造物：
1 注意深い触診が必要な退行中の黄体

分類：
明瞭な黄体；なし
明瞭な卵胞；なし

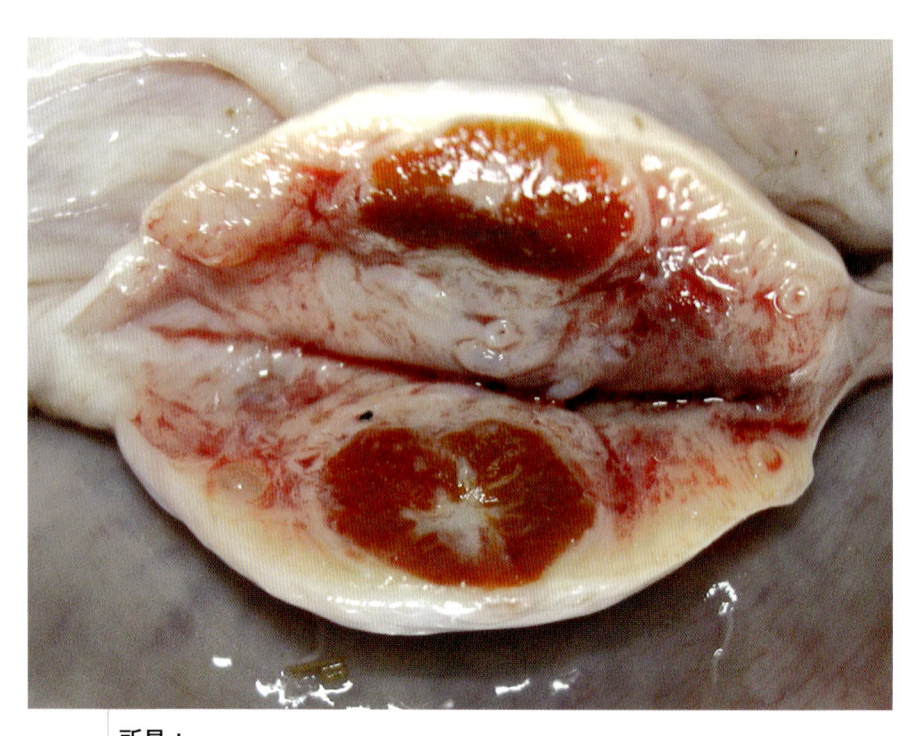

所見：
105 退行中の黄体を有する卵巣の割面

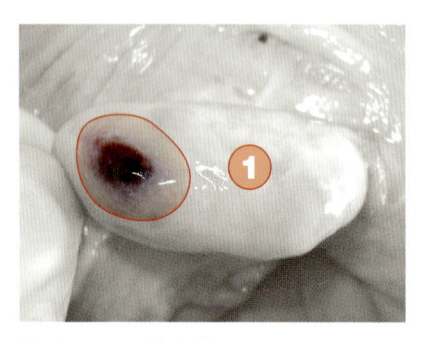

触診できる構造物：
なし

その他の構造物：
1 形成開始直後の黄体

分類：
明瞭な黄体；なし
明瞭な卵胞；なし

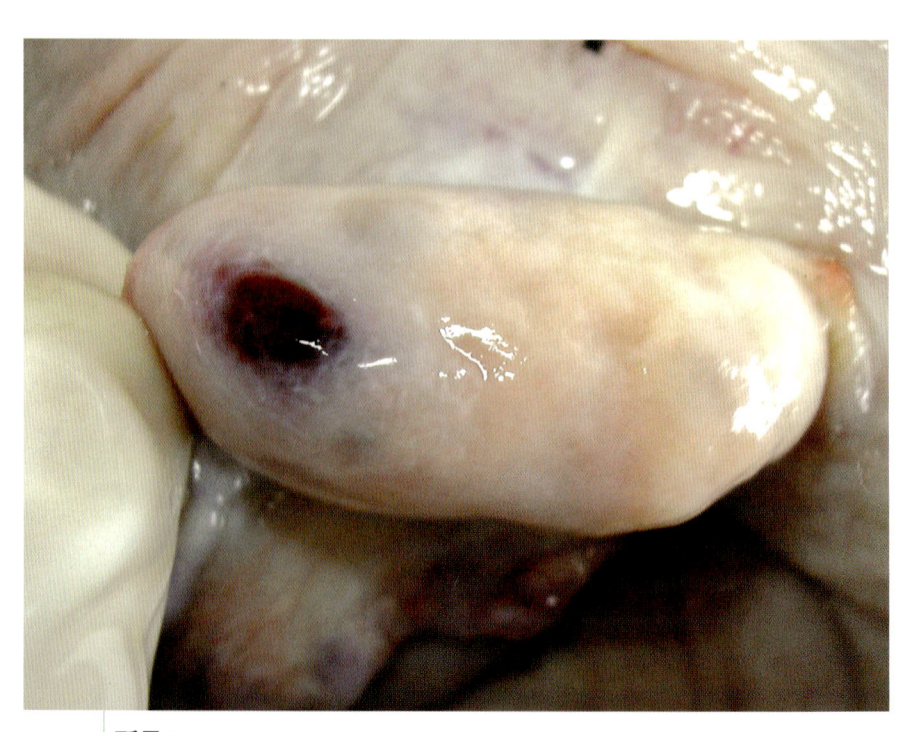

所見：
106 形成開始直後の黄体を有する卵巣。触診は困難である

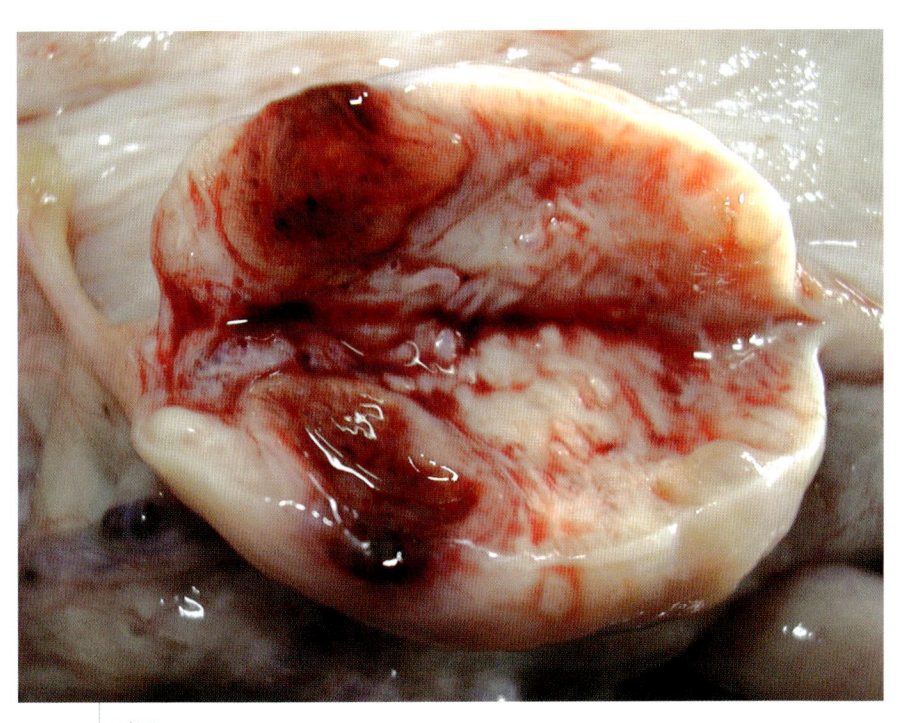

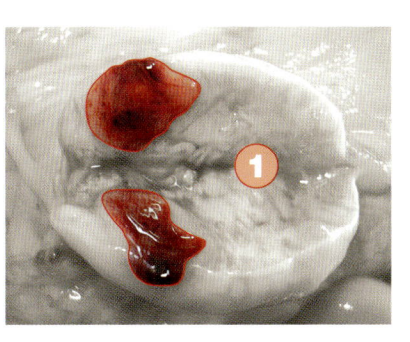

3　構造を認識する

触診できる構造物：
1　写真では明らかに排卵後間もない時期の黄体であることが分かるが，直腸検査で注意深い触診が必要となる

分類：
明瞭な黄体；なし
明瞭な卵胞；なし

所見：
107　形成開始直後の黄体を有する卵巣の割面。106 と同一卵巣

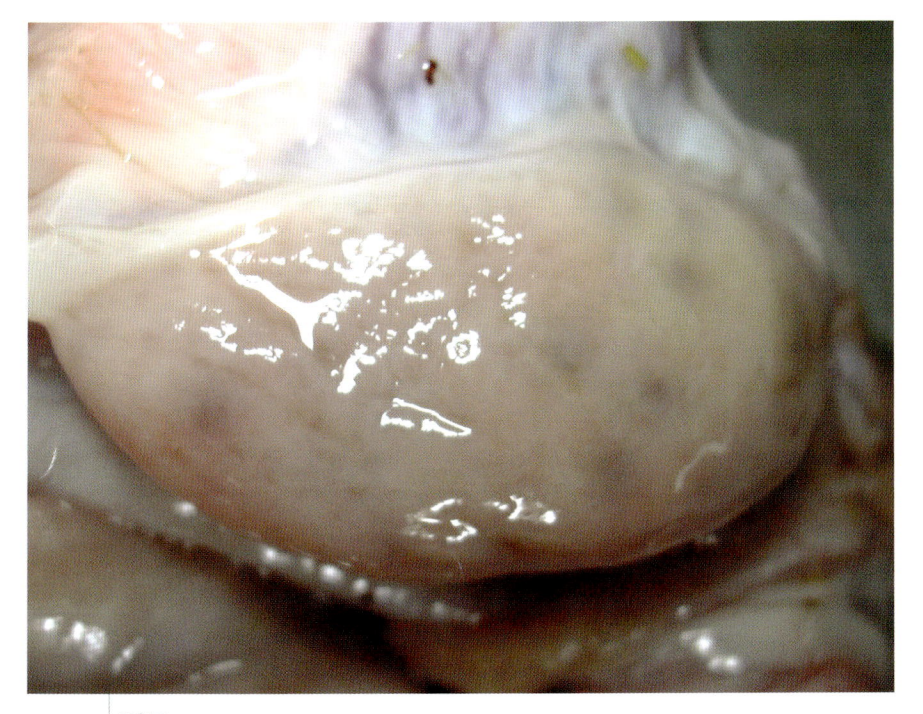

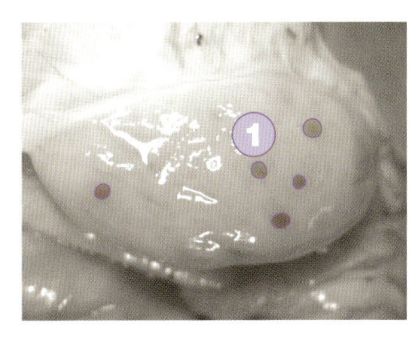

触診できる構造物：
1　注意深い触診が必要な卵胞

分類：
明瞭な黄体；なし
明瞭な卵胞；なし

所見：
108　平滑な表面で，注意深い触診を必要とする複数の卵胞を有する卵巣

触診できる構造物：
なし
その他の構造物：
1 古い黄体
分類：
明瞭な黄体；なし
明瞭な卵胞；なし

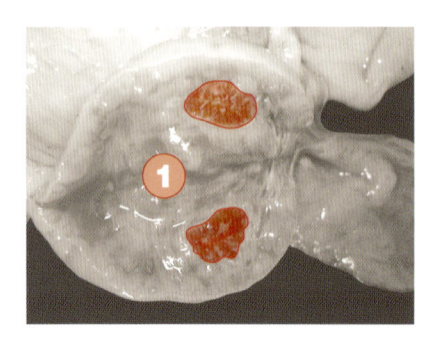

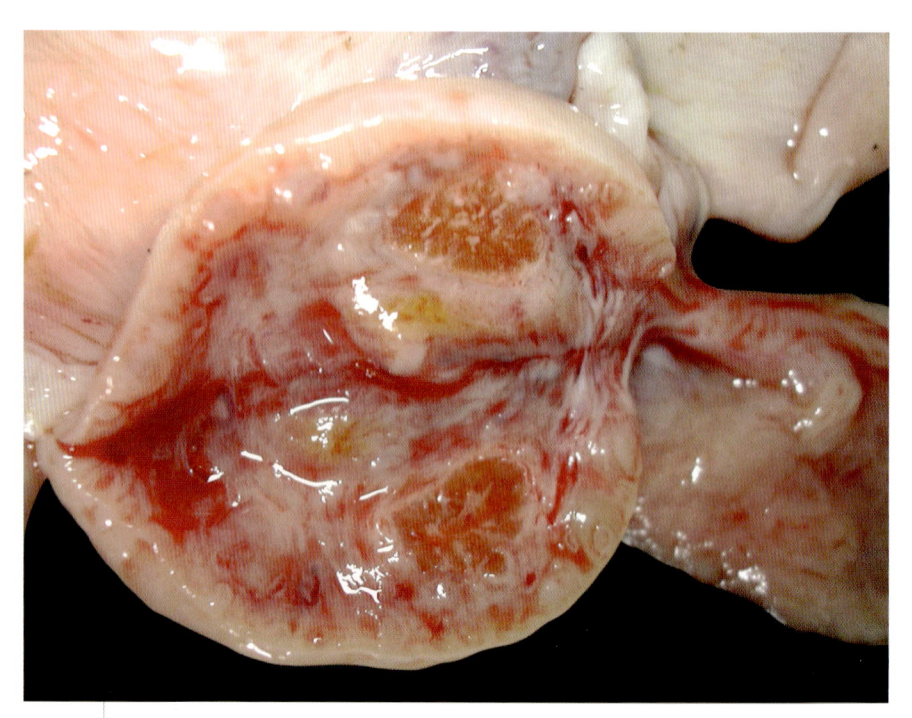

所見：
109 古い黄体を有する卵巣の割面

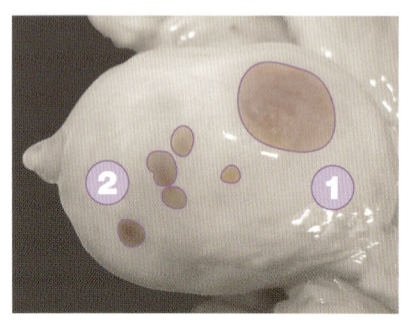

触診できる構造物：
1 触診可能な卵胞
その他の構造物：
2 複数の小卵胞
分類：
明瞭な黄体；なし
明瞭な卵胞；あり（複数）

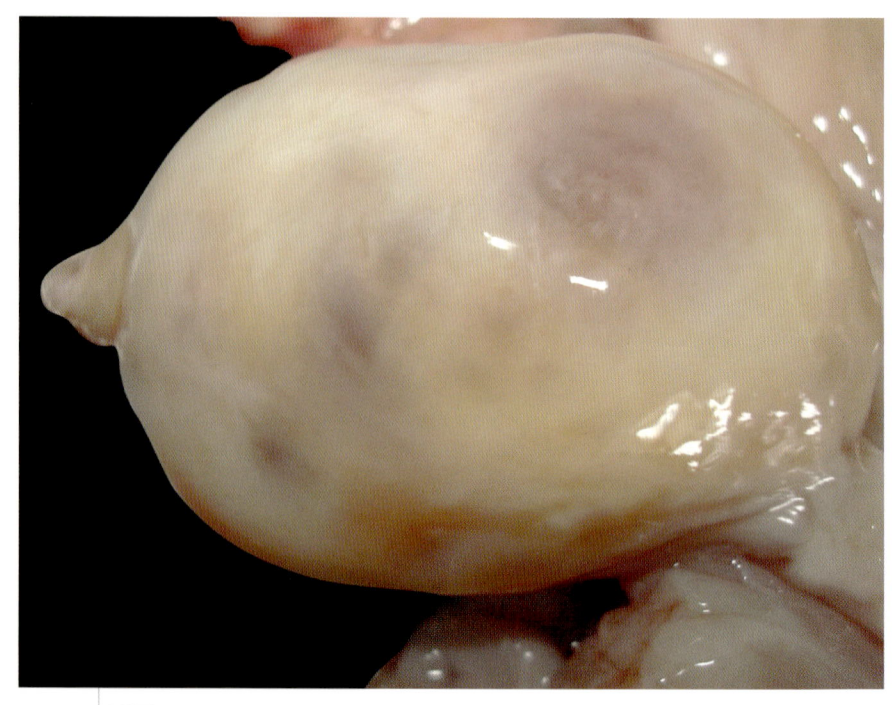

所見：
110 大卵胞と複数の小卵胞を有する卵巣

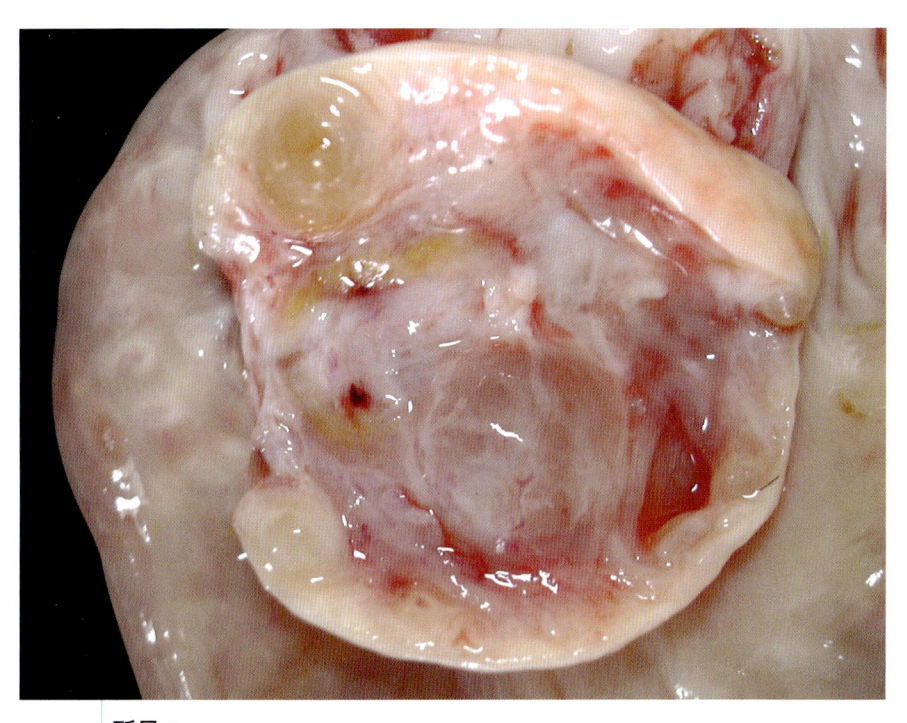

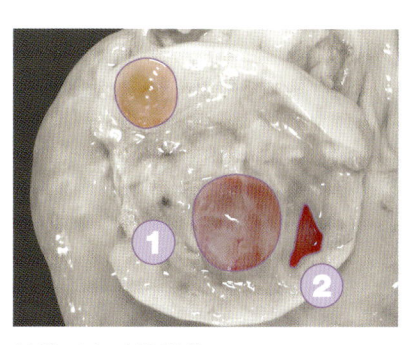

3 構造を認識する

触診できる構造物：
1 明瞭な卵胞
2 より小さな卵胞（割面にて卵胞液が抜けた後の腔として観察できる）

分類：
明瞭な黄体；なし
明瞭な卵胞；あり（複数）

所見：
111 大卵胞と，それよりは小さな複数の卵胞を有する卵巣の割面

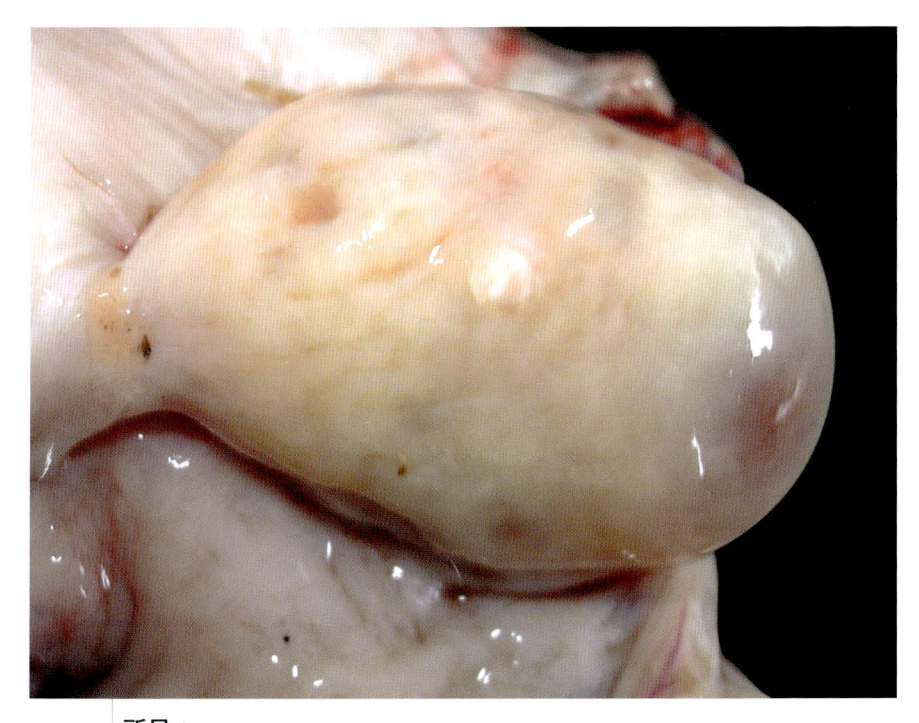

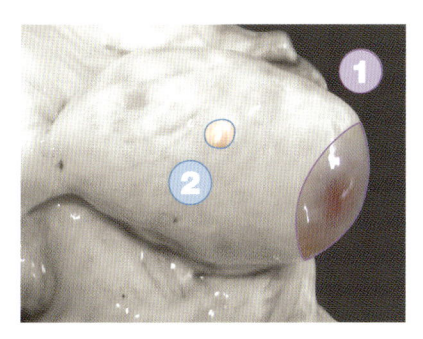

触診できる構造物：
1 明瞭な卵胞

その他の構造物：
2 黄体の痕跡

分類：
明瞭な黄体；なし
明瞭な卵胞；あり

所見：
112 大卵胞を有する卵巣

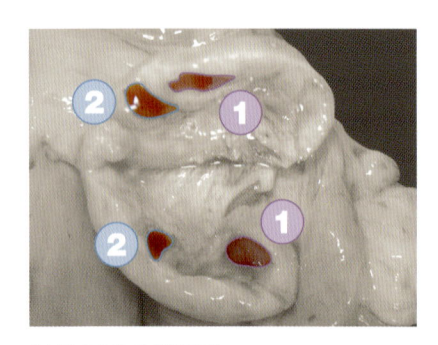

触診できる構造物：
1 明瞭な卵胞
その他の構造物：
2 黄体の痕跡
分類：
明瞭な黄体；なし
明瞭な卵胞；あり

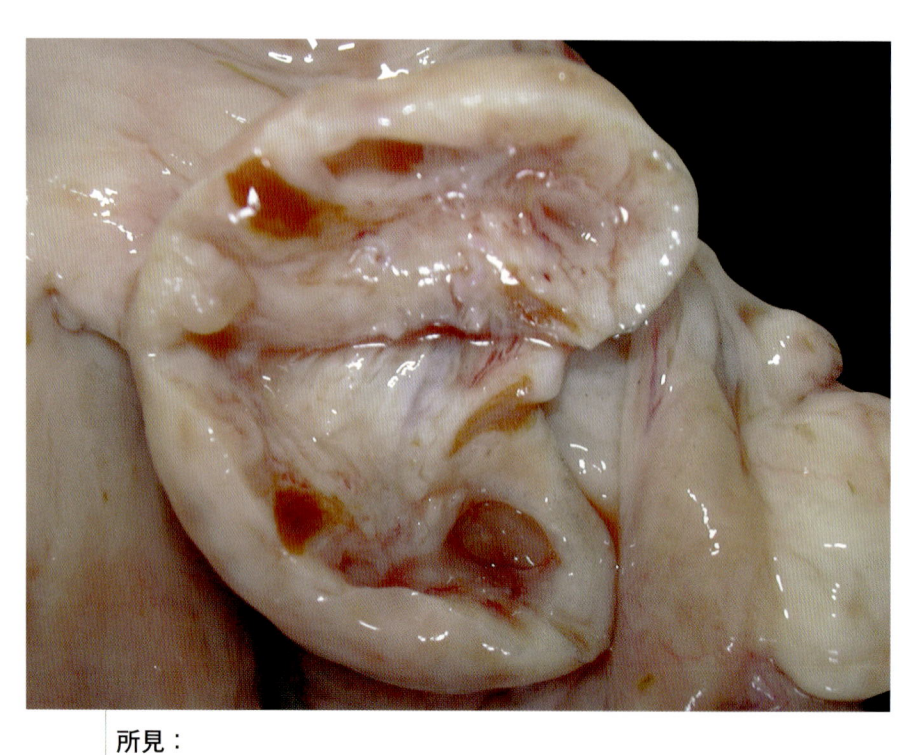

所見：
113 大卵胞の卵胞液が抜けた後の腔を有する卵巣の割面

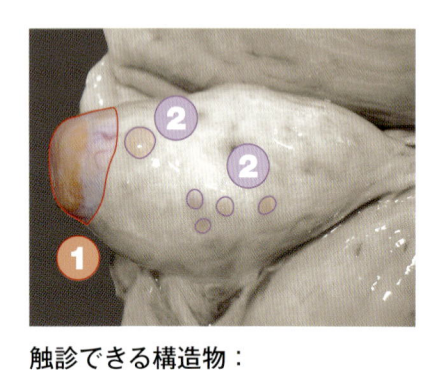

触診できる構造物：
1 明瞭な黄体
その他の構造物：
2 複数の小卵胞
分類：
明瞭な黄体；あり
明瞭な卵胞；なし

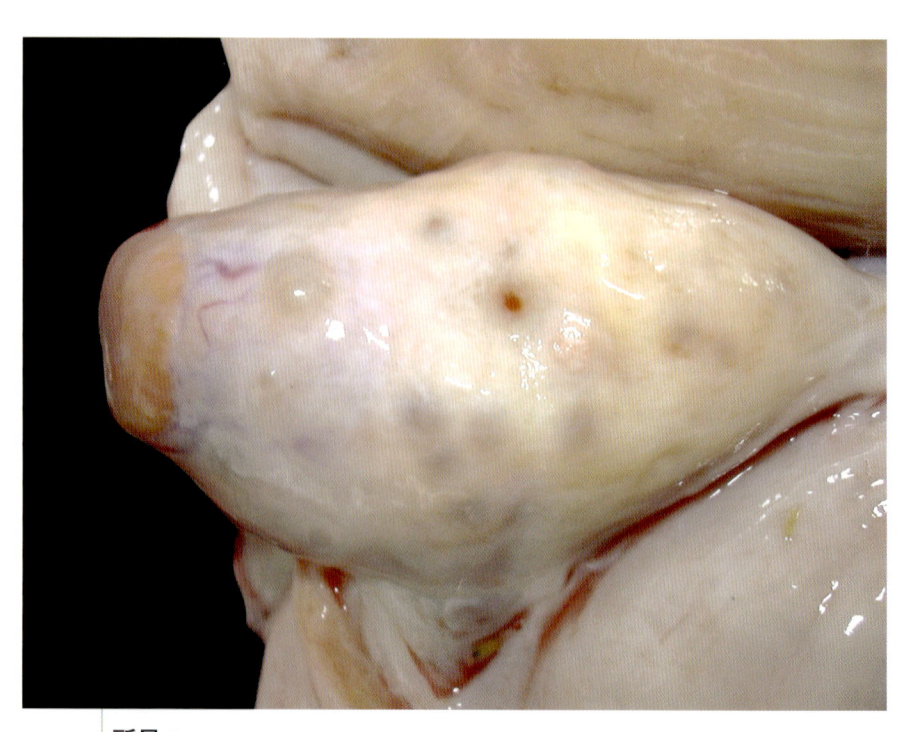

所見：
114 大きな黄体を有する卵巣

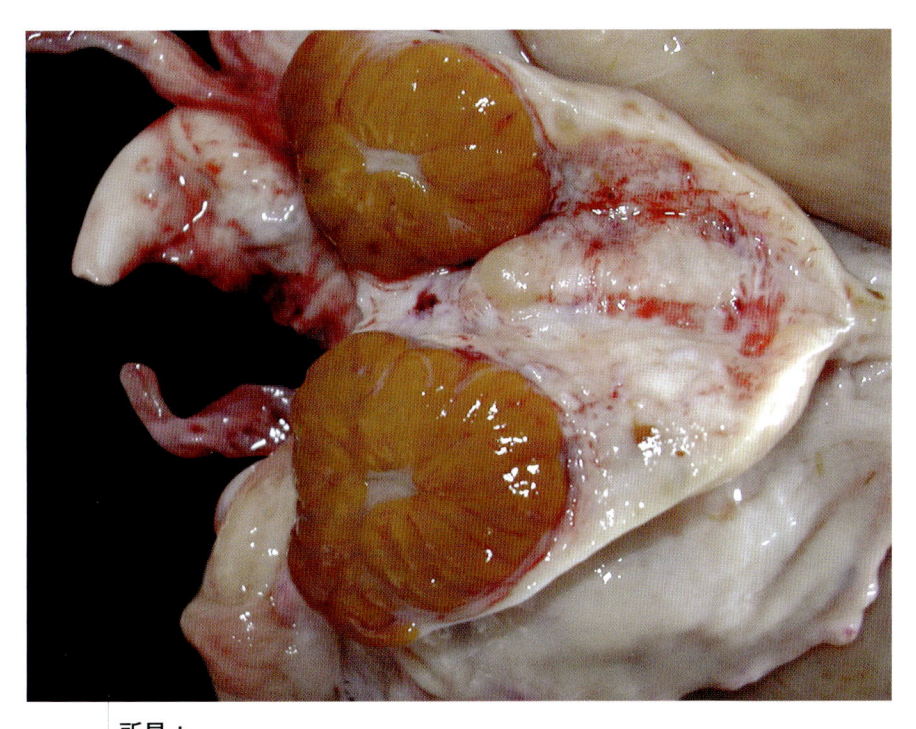

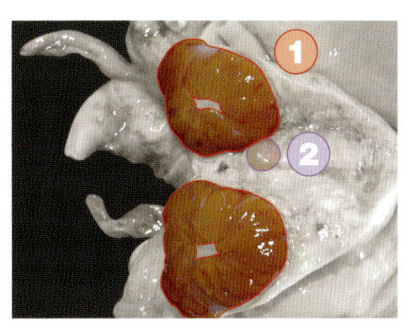

3 構造を認識する

触診できる構造物：
1 明瞭な黄体。柱状組織が観察できる

その他の構造物：
2 小卵胞

分類：
明瞭な黄体；あり
明瞭な卵胞；なし

所見：
115 大きな黄体を有する卵巣の割面

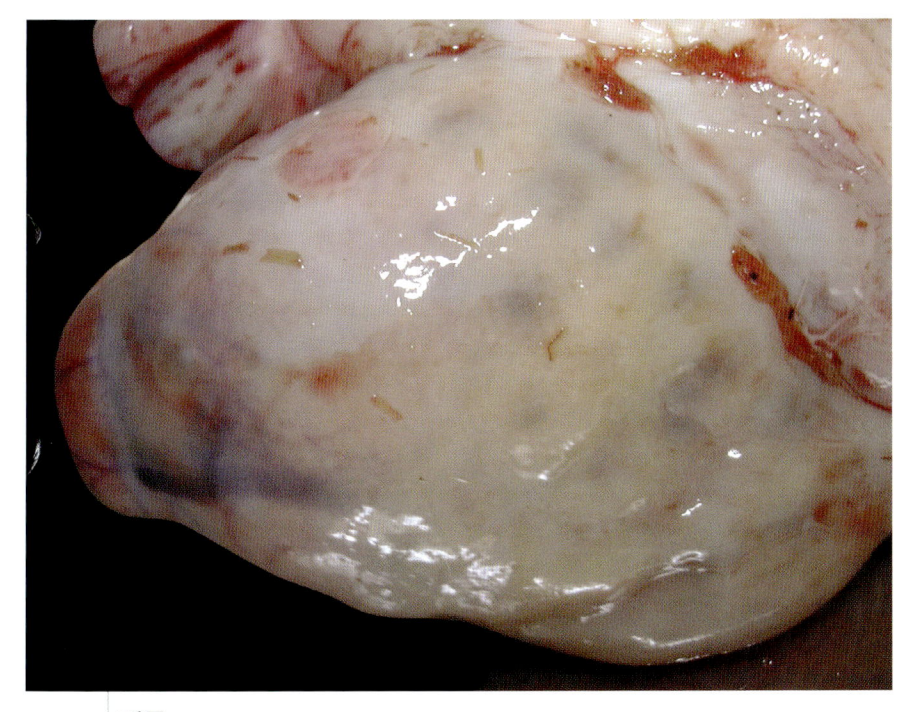

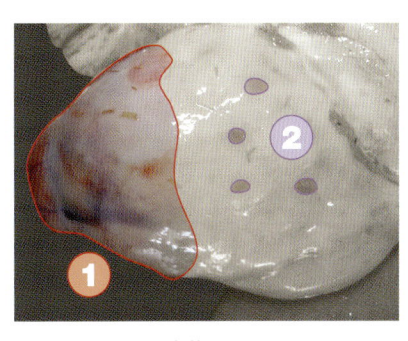

触診できる構造物：
1 シャンパンコルク状の形態を持つ明瞭な黄体

その他の構造物：
2 小卵胞

分類：
明瞭な黄体；あり
明瞭な卵胞；なし

所見：
116 大きな黄体を有する卵巣

触診できる構造物：
1 明瞭な黄体
その他の構造物：
2 小卵胞
分類：
明瞭な黄体；あり
明瞭な卵胞；なし

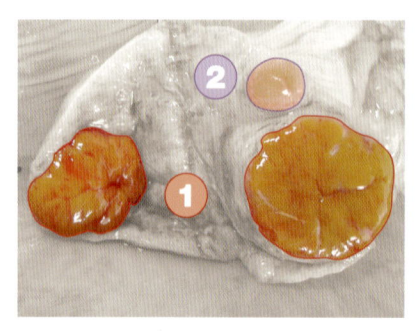

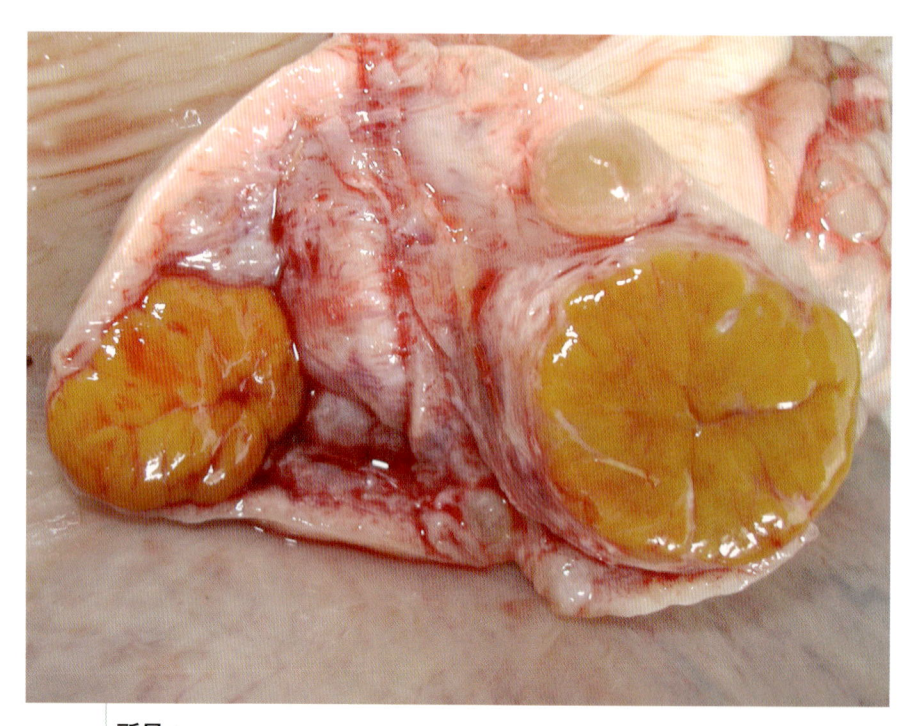

所見：
117 主に内側に向かって発達した大きな黄体を有する卵巣の割面

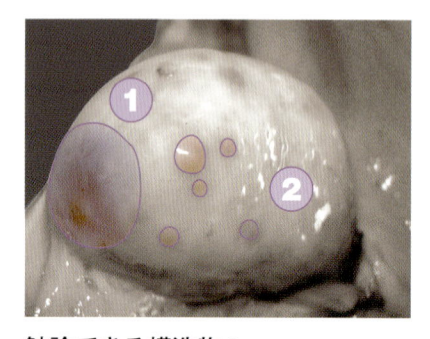

触診できる構造物：
1 明瞭な卵胞
その他の構造物：
2 小卵胞
分類：
明瞭な黄体；なし
明瞭な卵胞；あり

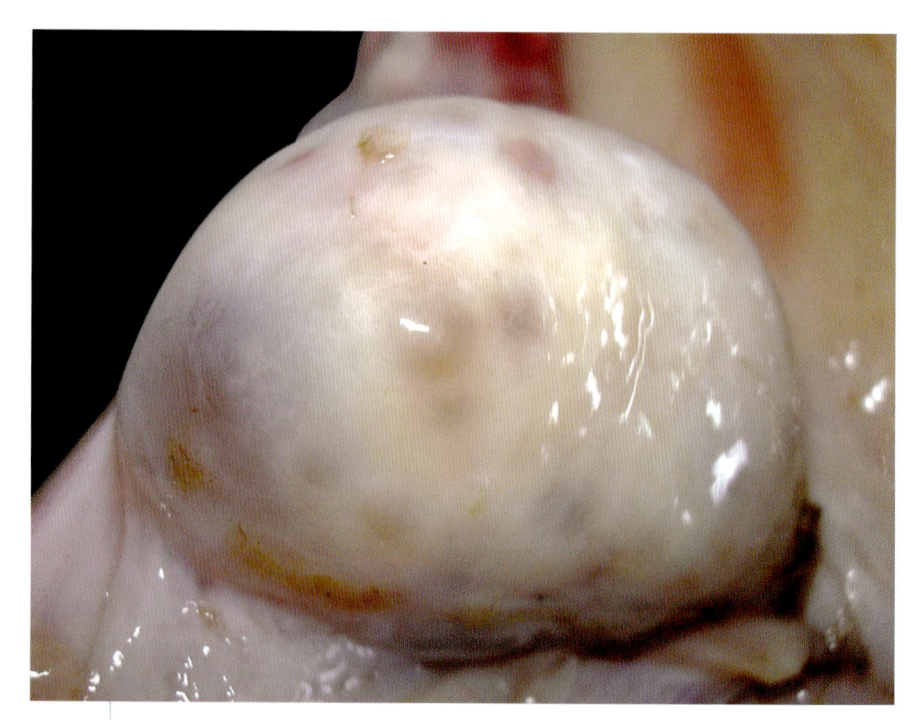

所見：
118 側方に隆起した卵胞を有する卵巣

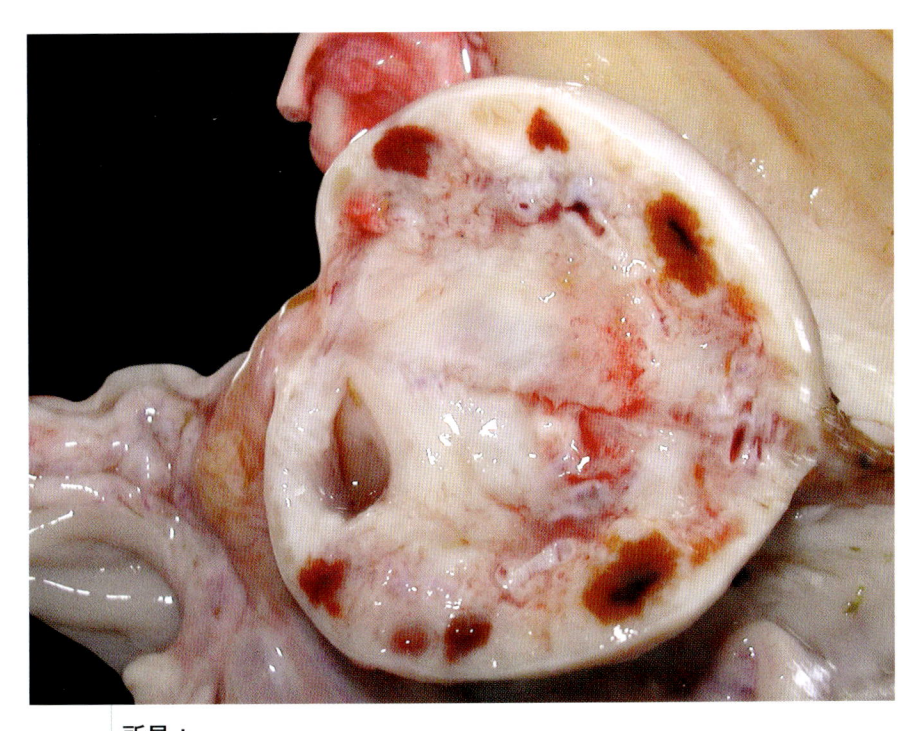

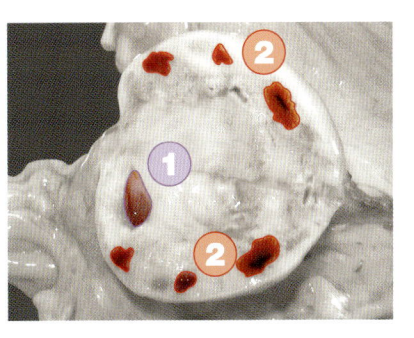

触診できる構造物：
1 発育中の明瞭ではない卵胞
その他の構造物：
2 小さな退行中の黄体
分類：
明瞭な黄体；なし
明瞭な卵胞；なし

所見：
119 卵胞の腔を有する卵巣の割面

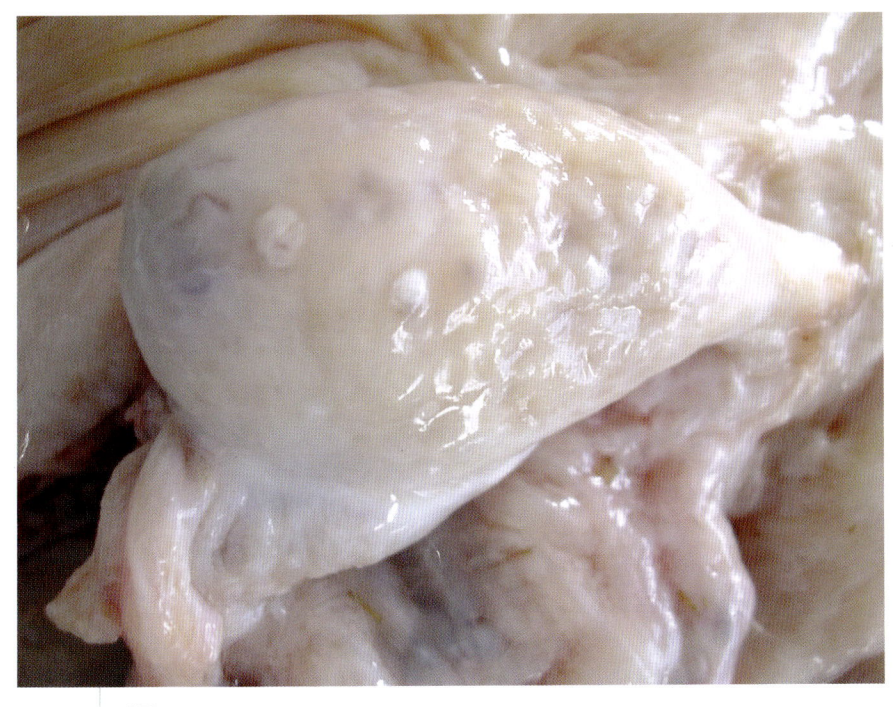

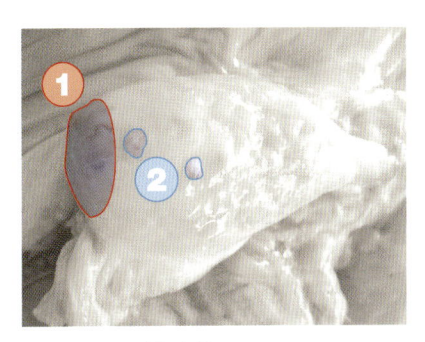

触診できる構造物：
1 古い黄体であり，注意深い触診を必要とする
その他の構造物：
2 古い黄体の痕跡
分類：
明瞭な黄体；なし
明瞭な卵胞；なし
（訳者注：原文では「明瞭な黄体；あり」となっているが，「注意深い触診を必要とする」としていることから「明瞭な黄体；なし」とした）

所見：
120 側方にて触ることができる中型の黄体を有する卵巣

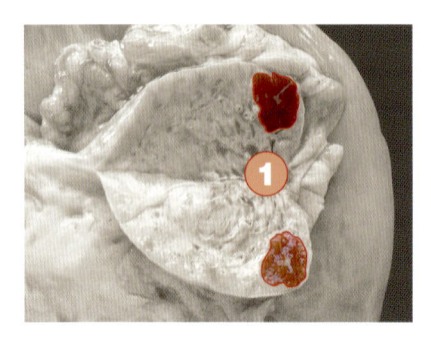

触診できる構造物：
1 退行中の黄体。注意深い触診が必要となる

分類：
明瞭な黄体；なし
明瞭な卵胞；なし

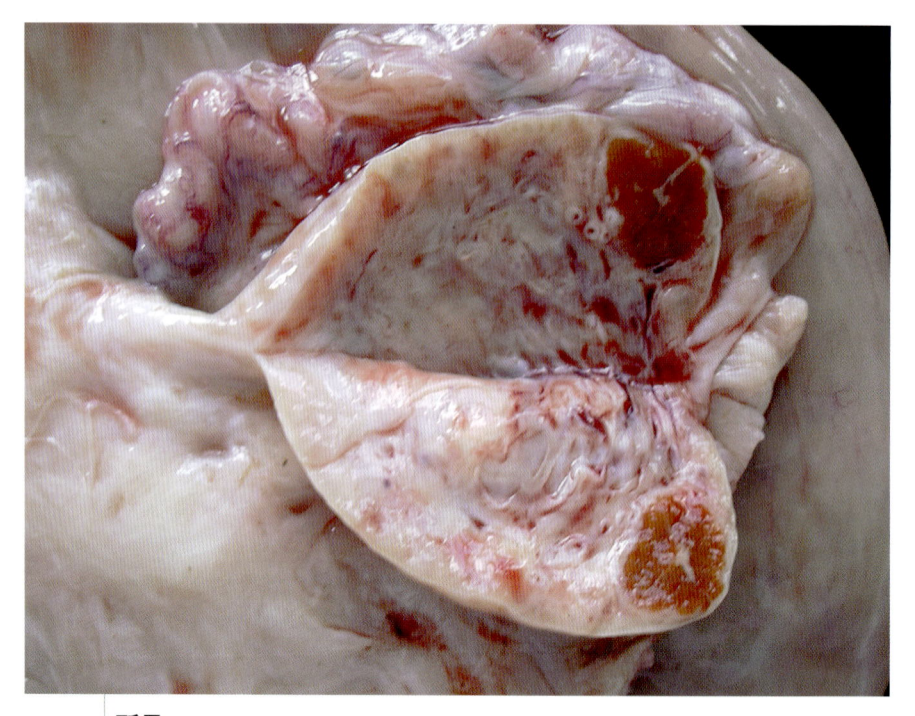

所見：
121 120と同一卵巣の割面

触診できる構造物：
なし

その他の構造物：
1 小さなくぼみを有するが，全体として平滑な表面の卵巣

分類：
明瞭な黄体；なし
明瞭な卵胞；なし

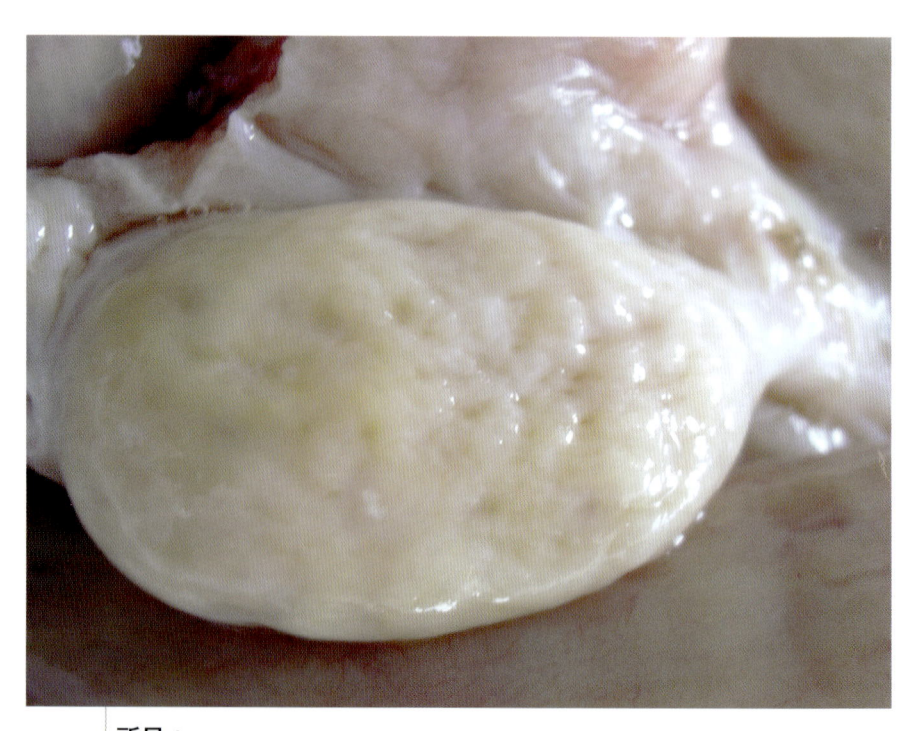

所見：
122 触ることができる構造物を持たない卵巣

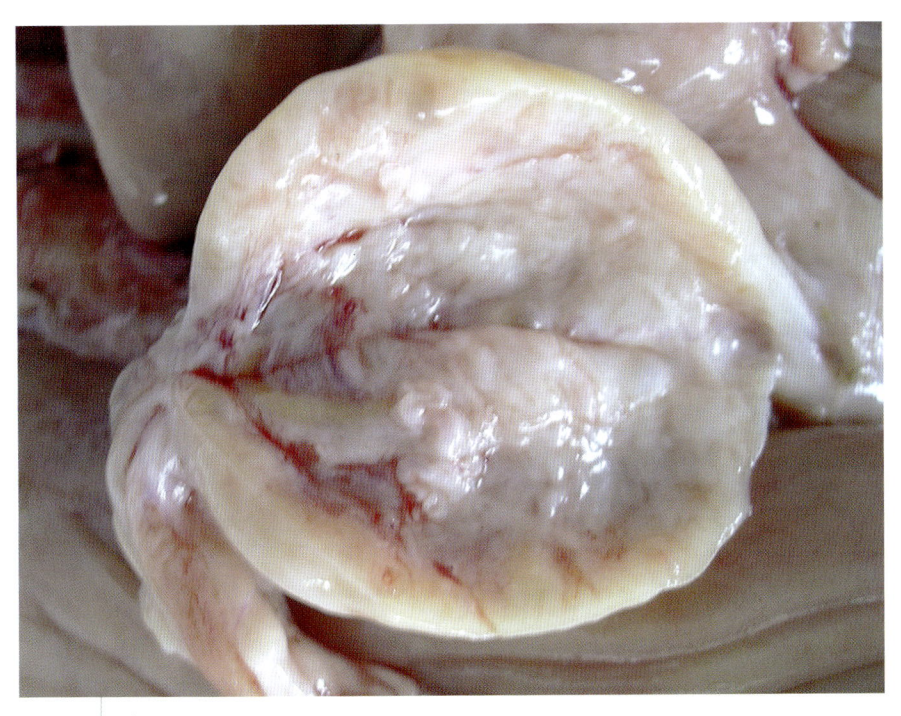

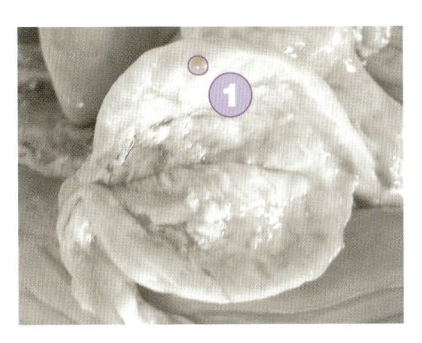

触診できる構造物：
なし
その他の構造物：
1 動員されはじめたひとつの小卵胞
分類：
明瞭な黄体；なし
明瞭な卵胞；なし

所見：
123 122と同一卵巣の割面。機能している構造物を持っていない

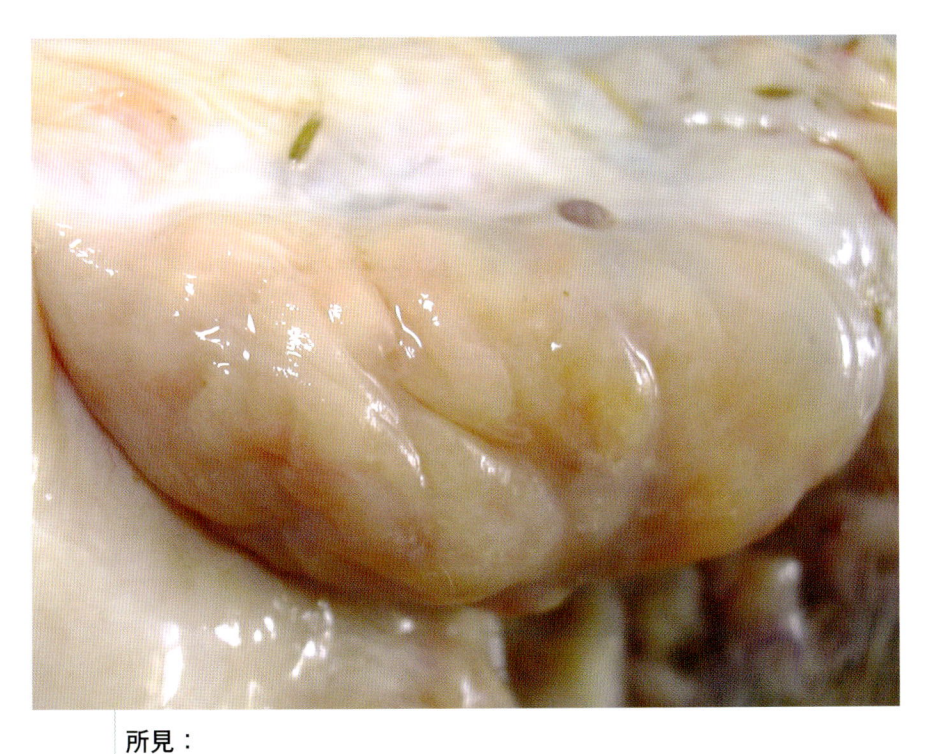

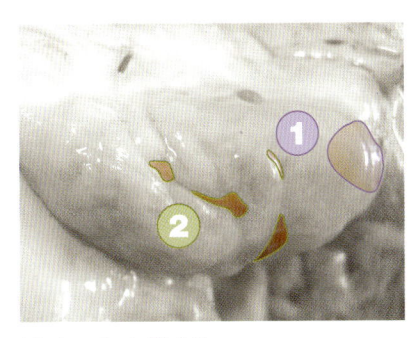

触診できる構造物：
1 明瞭な卵胞
その他の構造物：
2 この例においては容易に認識できるくぼみが卵巣本体に認められる
分類：
明瞭な黄体；なし
明瞭な卵胞；あり

所見：
124 片側に卵胞を有する卵巣

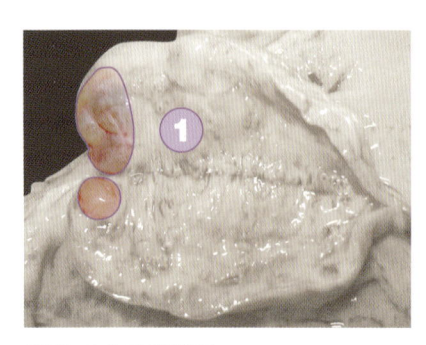

触診できる構造物：
1　明瞭な卵胞
分類：
明瞭な黄体；なし
明瞭な卵胞；あり

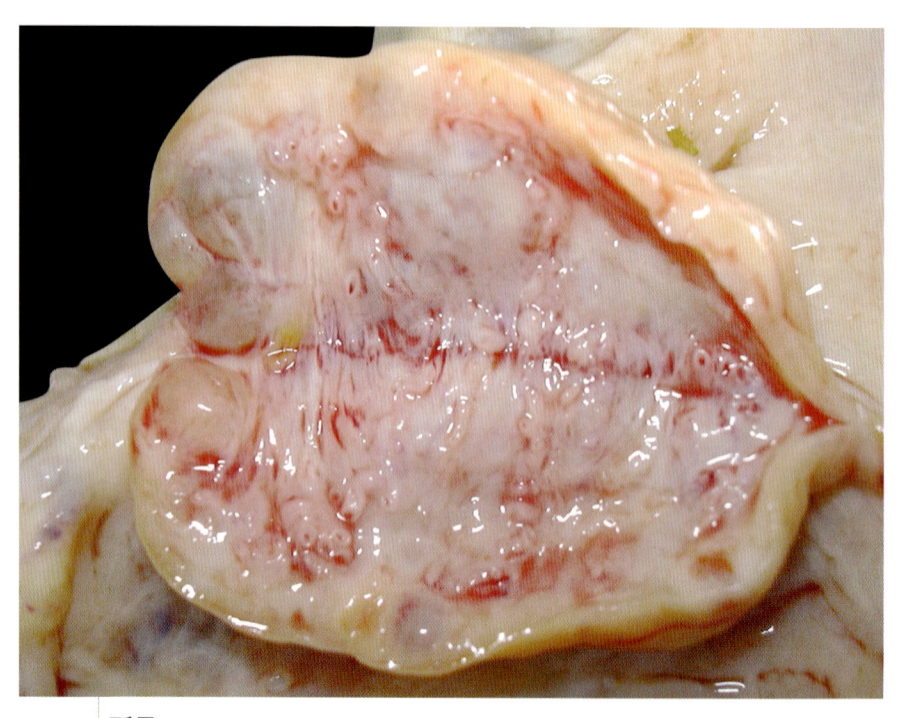

125 所見：
124と同一卵巣の割面。卵胞が確認できる

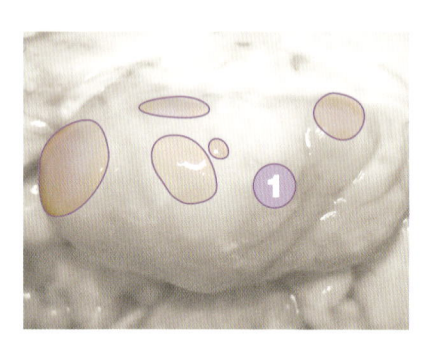

触診できる構造物：
1　比較的大きな複数の卵胞
分類：
明瞭な黄体；なし
明瞭な卵胞；あり（複数）

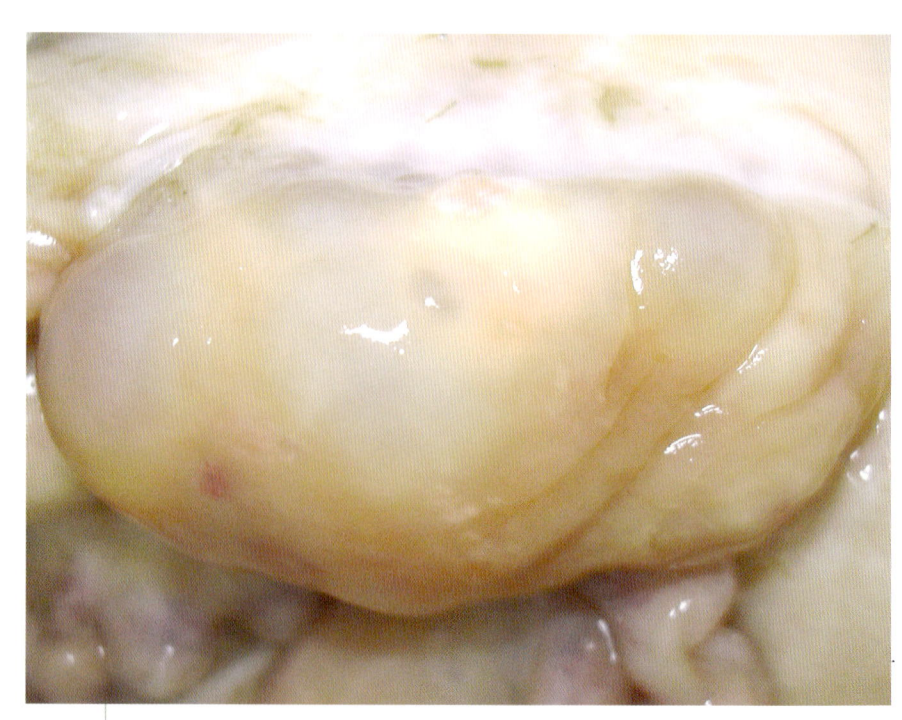

126 所見：
様々なサイズの複数の卵胞を有する卵巣

3 構造を認識する

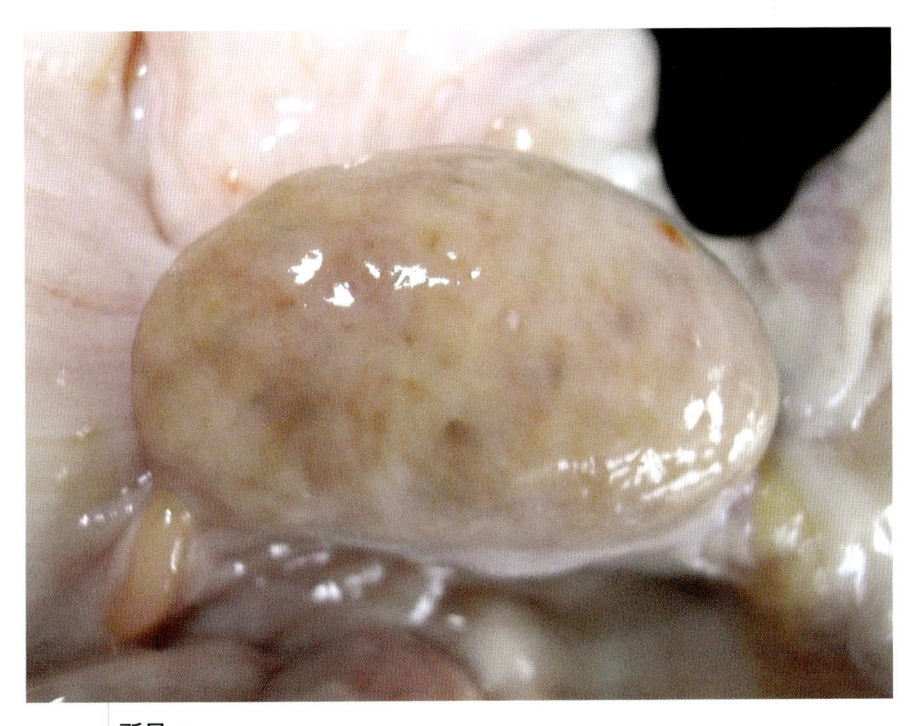

所見：
127 平滑な表面の卵巣。観察できる構造物を持たない

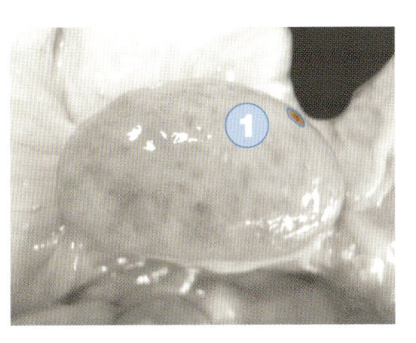

触診できる構造物：
なし
その他の構造物：
1 小さな黄体の痕跡であるが，臨床的意義は持たない
分類：
明瞭な黄体；なし
明瞭な卵胞；なし

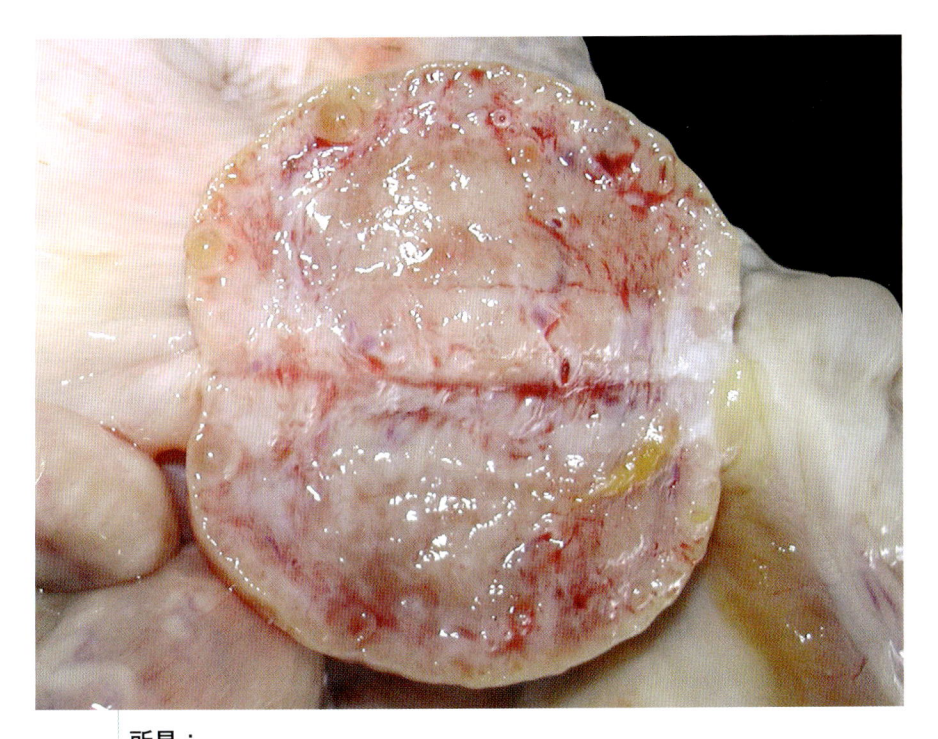

所見：
128 127と同一卵巣の割面

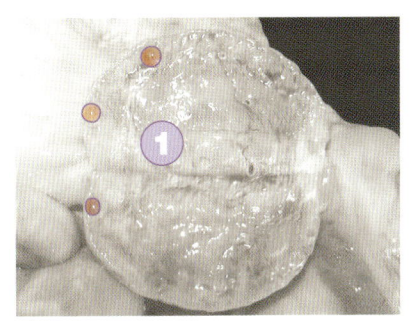

触診できる構造物：
1 写真では小卵胞の出現が確認できるが，臨床的意義は持たない
分類：
明瞭な黄体；なし
明瞭な卵胞；なし

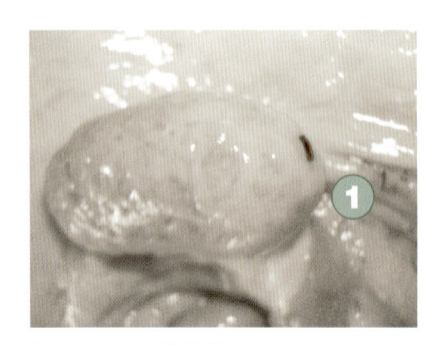

触診できる構造物：
なし
その他の構造物：
1 出血点
分類：
明瞭な黄体；なし
明瞭な卵胞；なし

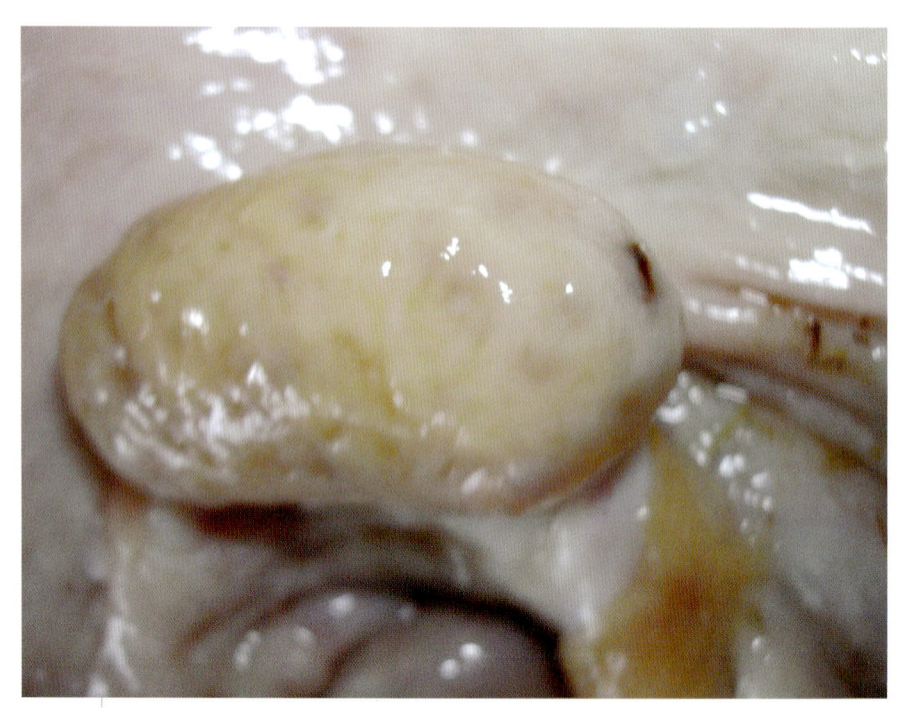

129 所見：
平滑な表面の卵巣。写真上では赤っぽい領域が観察でき，これは小さな出血があったことを表している

触診できる構造物：
なし
その他の構造物：
1 出血点
分類：
明瞭な黄体；なし
明瞭な卵胞；なし

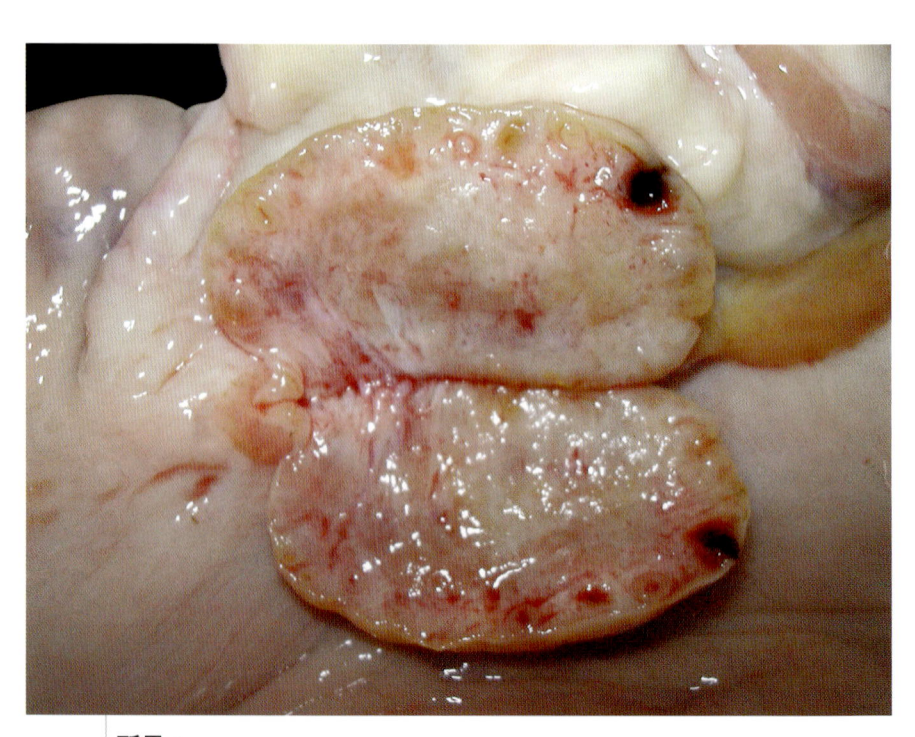

130 所見：
129と同一卵巣の割面

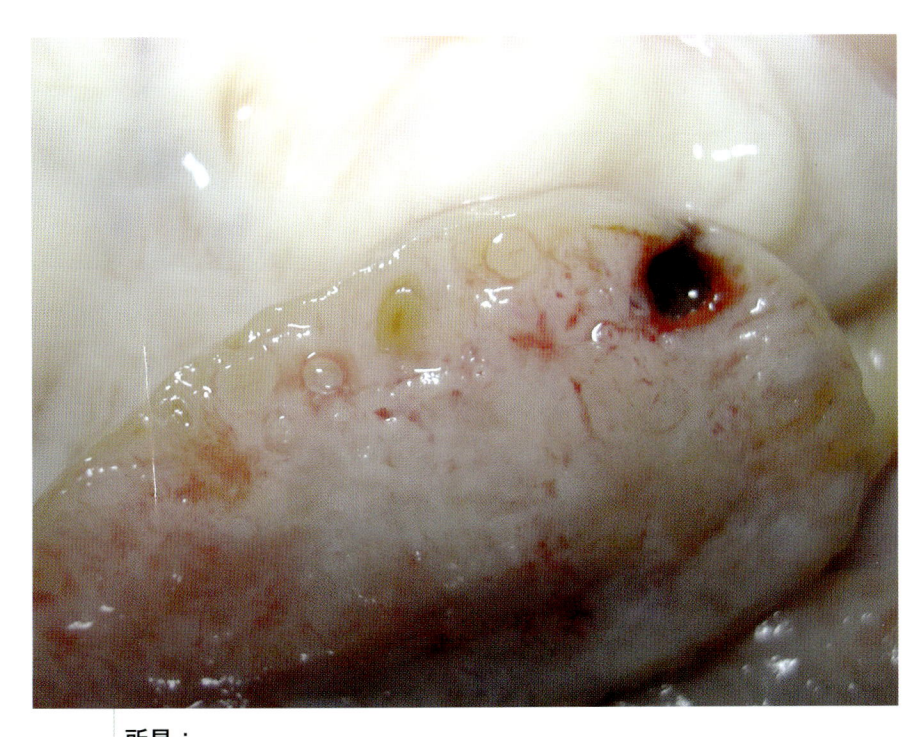

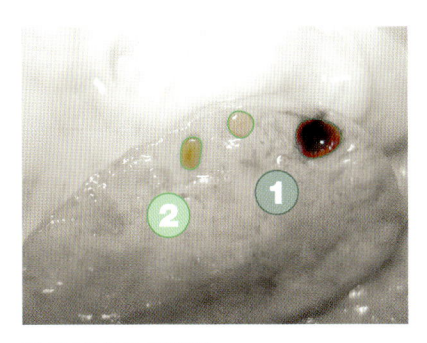

3 構造を認識する

触診できる構造物：
なし
その他の構造物：
1 出血点
2 血管
分類：
明瞭な黄体；なし
明瞭な卵胞；なし

所見：
131 130と同一卵巣の拡大図

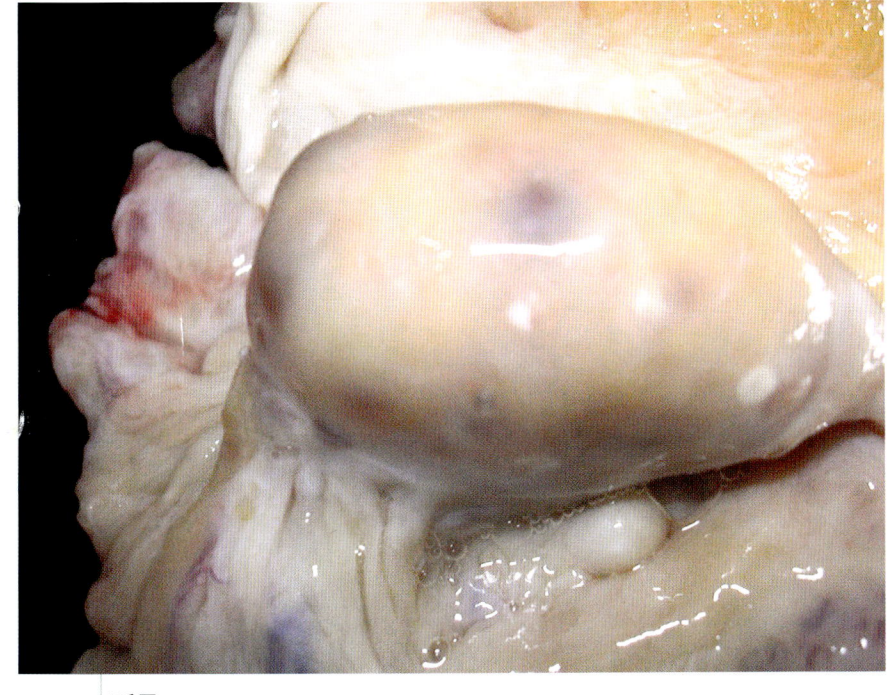

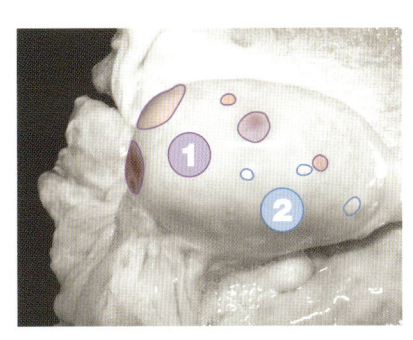

触診できる構造物：
1 異なるサイズの複数の卵胞
その他の構造物：
2 痕跡（訳者注：白体）
分類：
明瞭な黄体；なし
明瞭な卵胞；あり（複数）

所見：
132 異なるサイズの複数の卵胞を有する卵巣

123

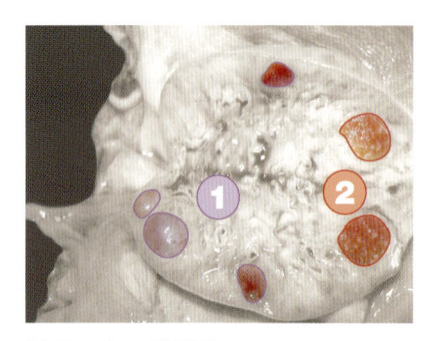

触診できる構造物：
1　異なるサイズの小卵胞
その他の構造物：
2　古い黄体
分類：
明瞭な黄体；なし
明瞭な卵胞；なし

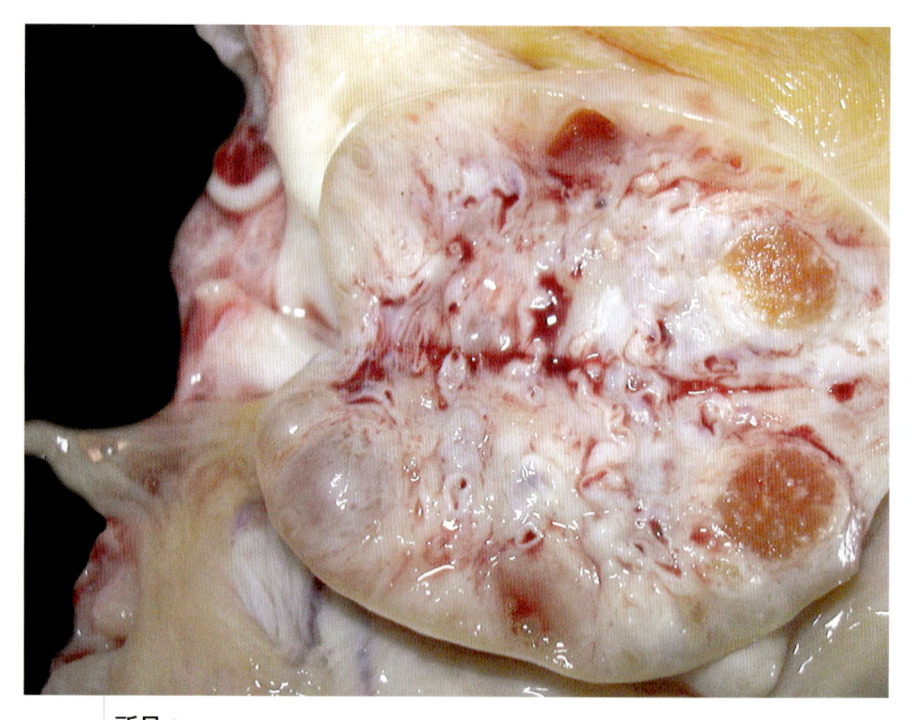

133 所見：
古い黄体と複数の動員された卵胞を有する卵巣の割面

触診できる構造物：
1　異なるサイズの卵胞
分類：
明瞭な黄体；なし
明瞭な卵胞；あり（複数）

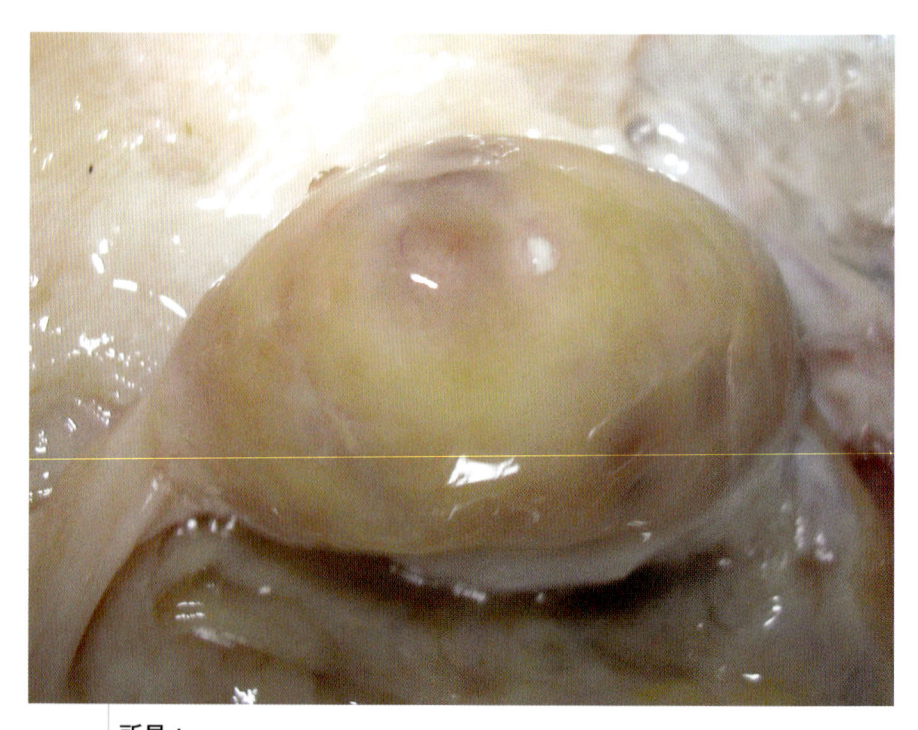

134 所見：
複数の中型卵胞を有する卵巣

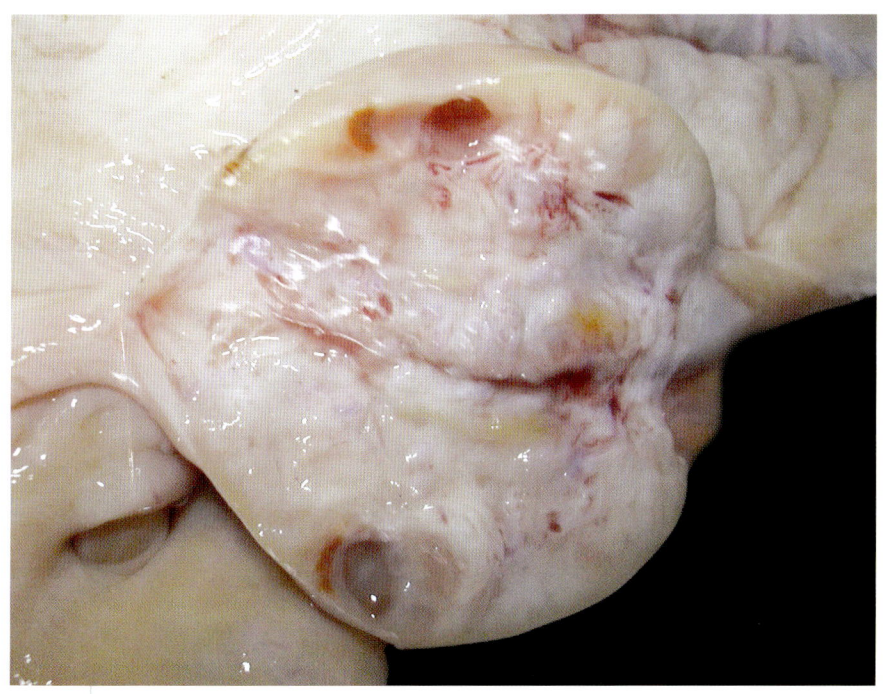

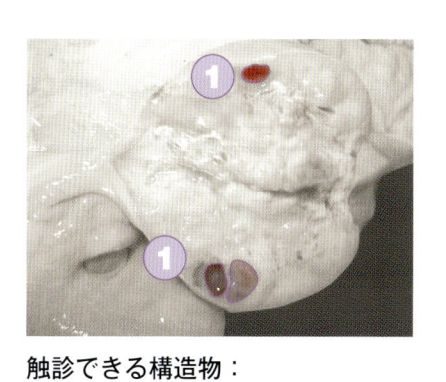

3　構造を認識する

触診できる構造物：
1　動員された卵胞
分類：
明瞭な黄体；なし
明瞭な卵胞；あり（複数）

所見：
135 134と同一卵巣の割面

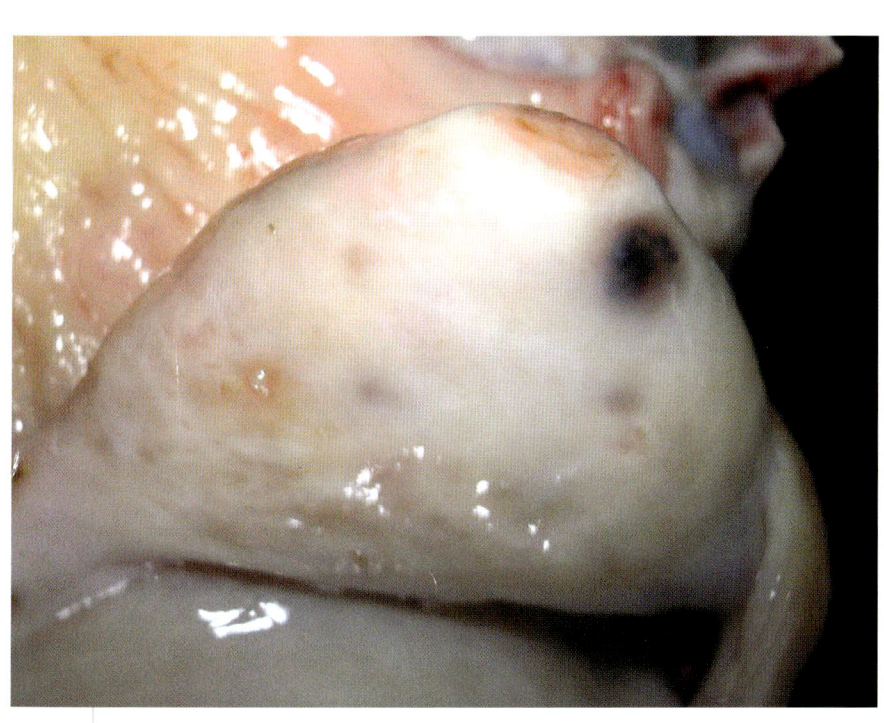

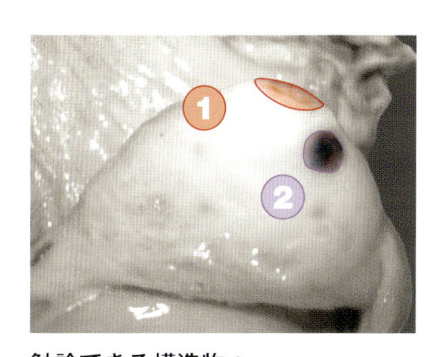

触診できる構造物：
1　注意深い触診を必要とする古い黄体
その他の構造物：
2　卵胞
分類：
明瞭な黄体；なし
明瞭な卵胞；なし

所見：
136 明瞭な構造物を持たない卵巣

125

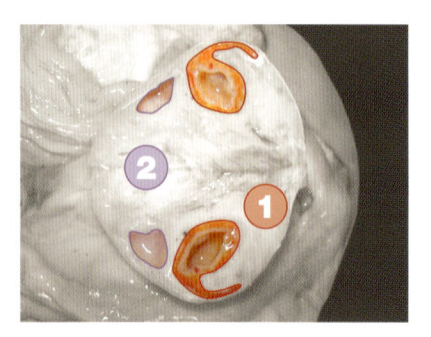

触診できる構造物：
1　退行中と推察される黄体
その他の構造物：
2　卵胞
分類：
明瞭な黄体；なし
明瞭な卵胞；なし

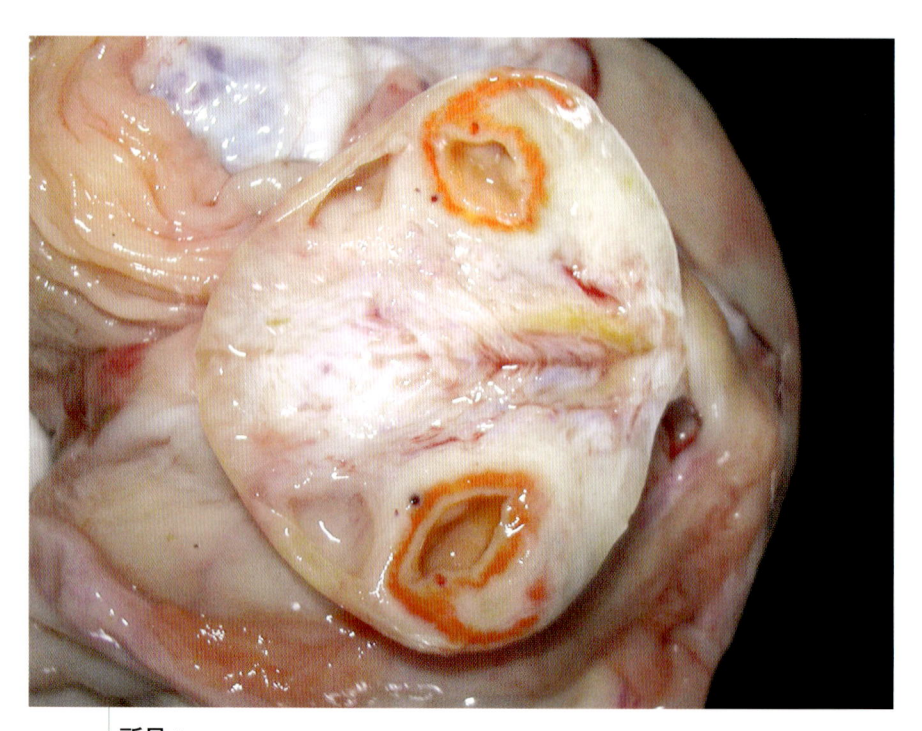

所見：
137　136と同一卵巣

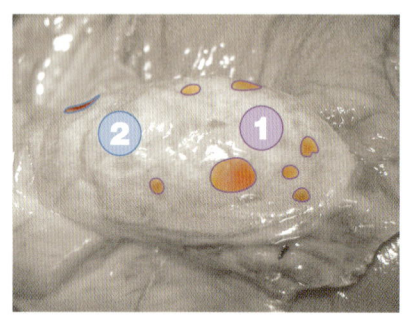

触診できる構造物：
1　注意深い触診を必要とする卵胞を有する平滑な表面
その他の構造物：
2　古い黄体の痕跡
分類：
明瞭な黄体；なし
明瞭な卵胞；なし

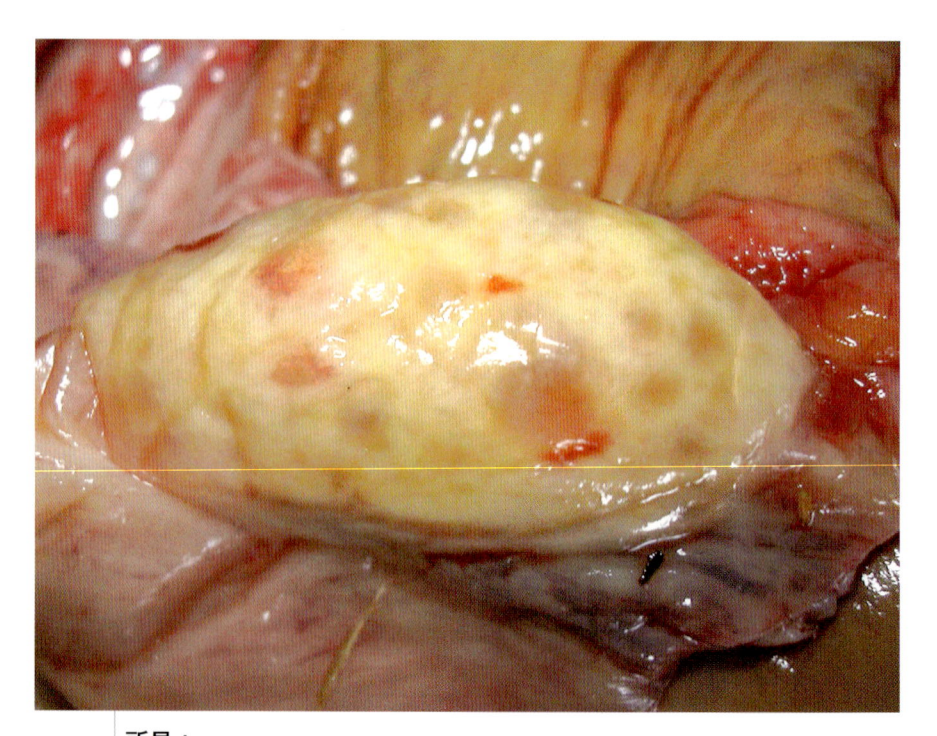

所見：
138　複数の卵胞を有する卵巣

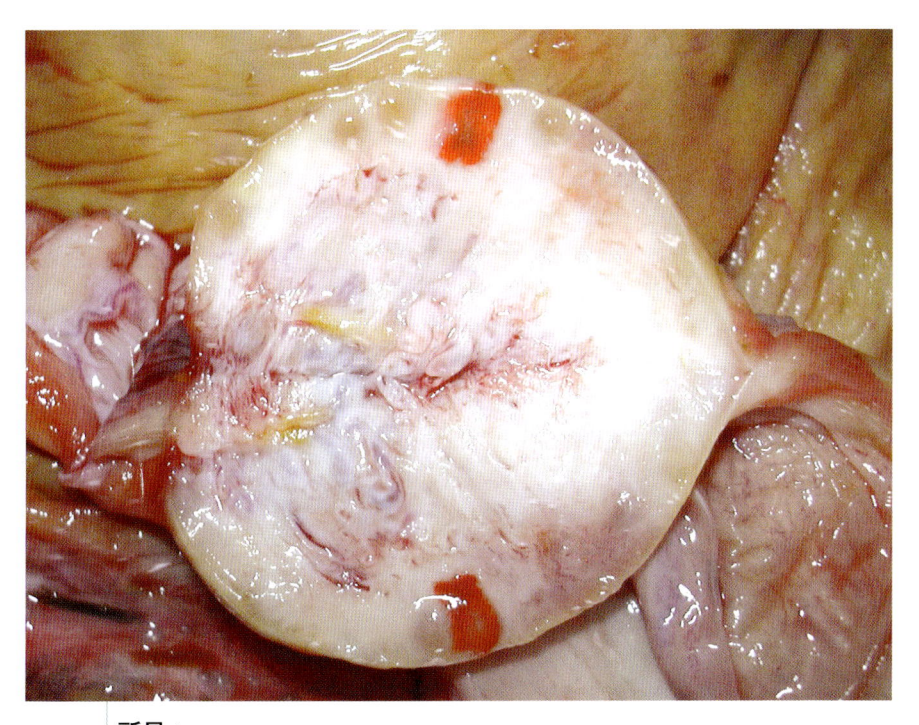

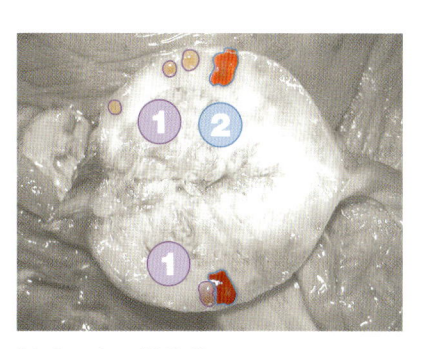

3 構造を認識する

触診できる構造物：
1 おそらく動員されつつある卵胞。注意深い触診が必要となる

その他の構造物：
2 古い黄体の痕跡

分類：
明瞭な黄体；なし
明瞭な卵胞；なし

所見：
139 138と同一卵巣の割面

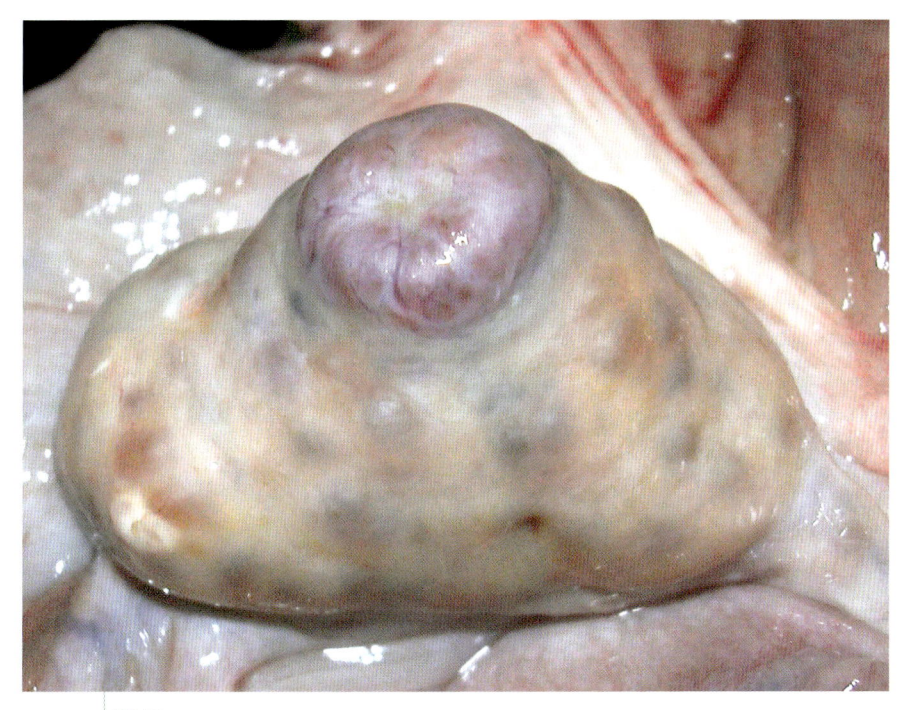

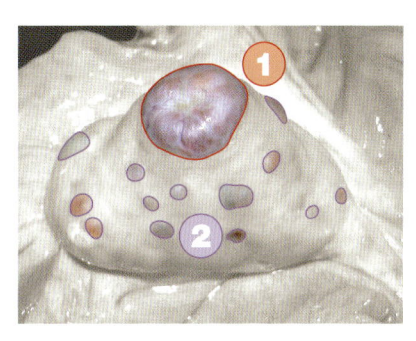

触診できる構造物：
1 シャンパンコルク状の黄体

その他の構造物：
2 小卵胞

分類：
明瞭な黄体；あり
明瞭な卵胞；なし

所見：
140 シャンパンコルク状の黄体を有する卵巣

127

触診できる構造物：
1 明瞭な黄体

その他の構造物：
2 動員された複数の卵胞。うちひとつは他よりも大きいので主席卵胞であろう。直腸検査で触診がほぼ不可能だったために140から分類を変更している
3 前の卵巣周期における黄体の痕跡

分類：
明瞭な黄体；あり
明瞭な卵胞；あり

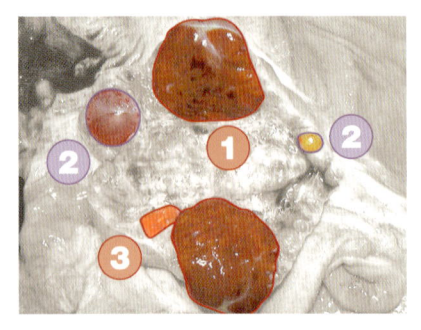

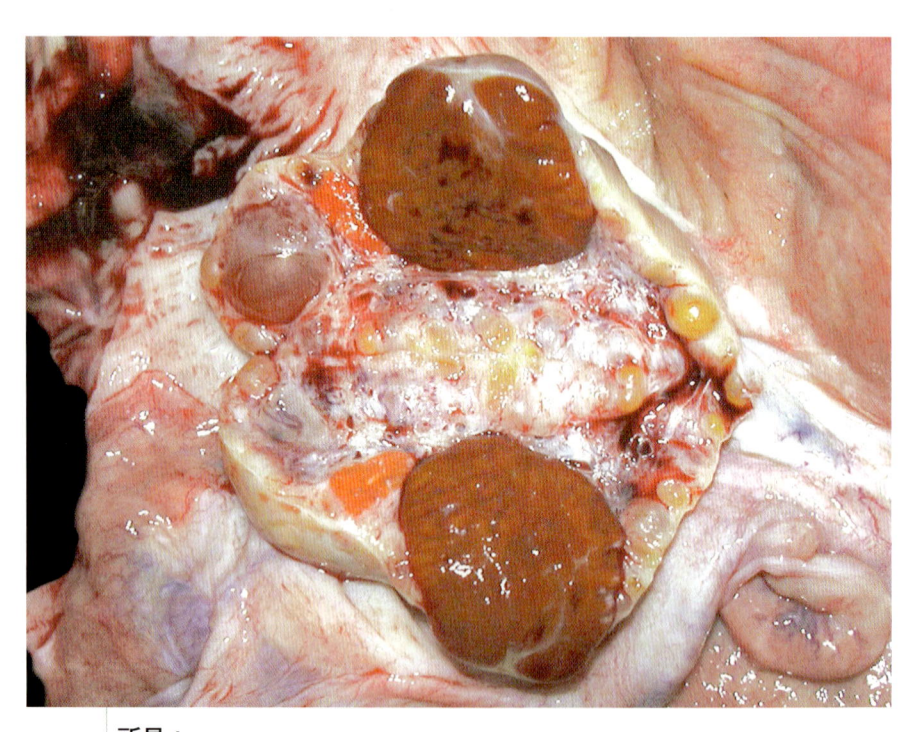

所見：
141 140と同一卵巣

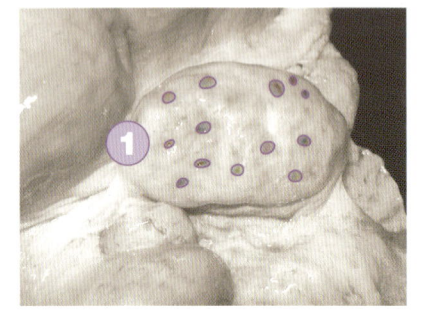

触診できる構造物：
なし

その他の構造物：
1 触診がほぼ不可能な卵胞群。くぼみを持った平滑な表面

分類：
明瞭な黄体；なし
明瞭な卵胞；なし

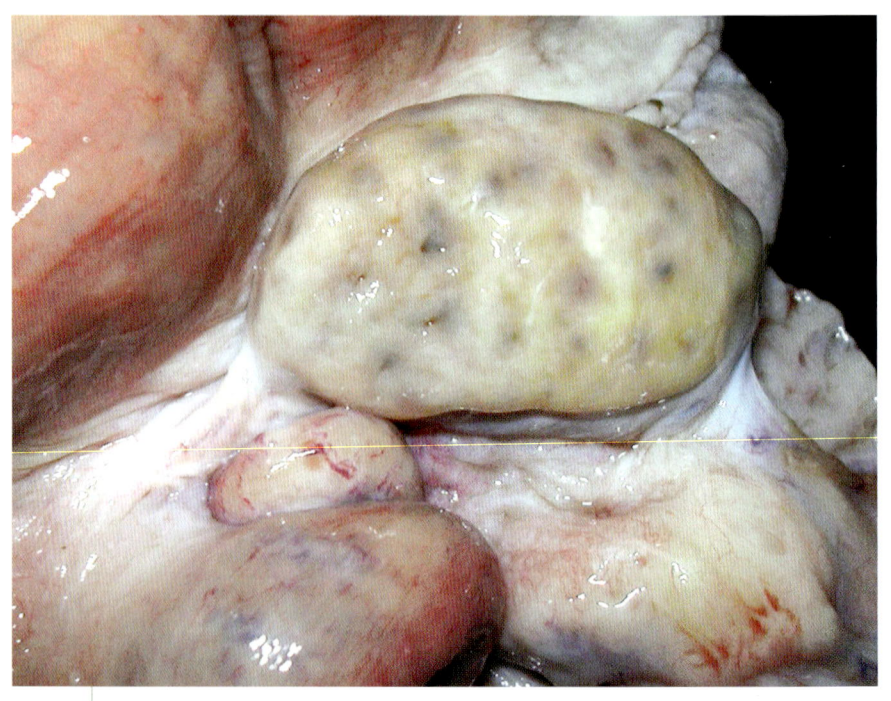

所見：
142 触診がほぼ不可能な卵胞群を伴った平滑な表面を有する卵巣

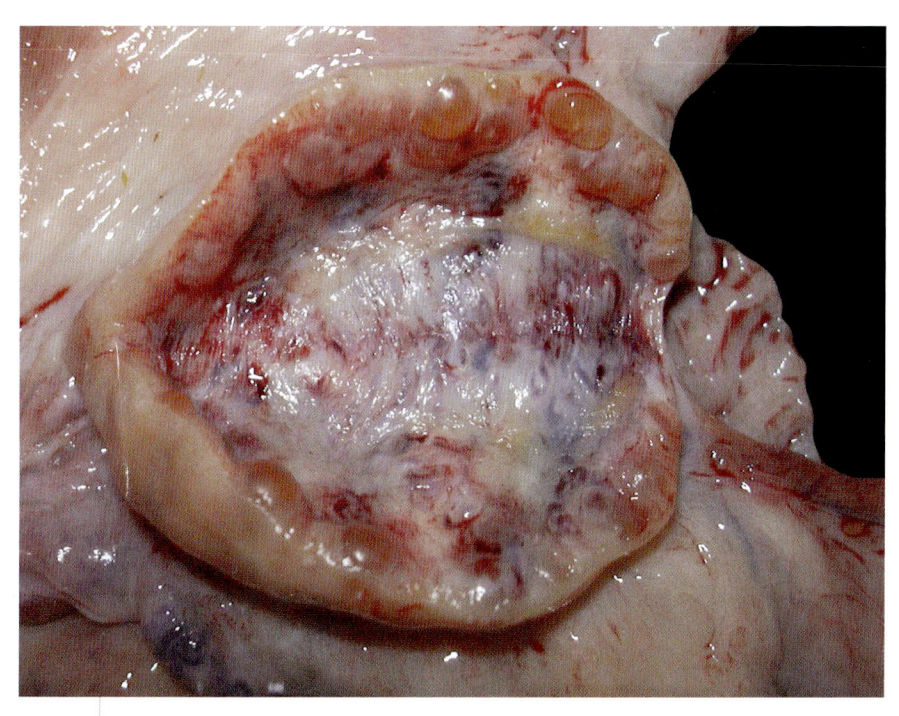

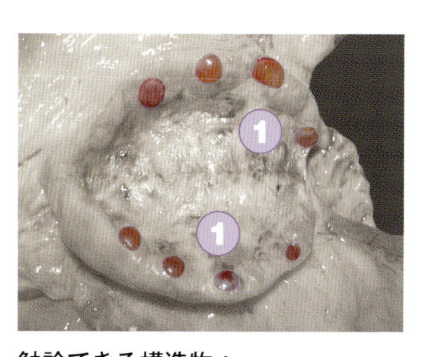

3 構造を認識する

触診できる構造物：
なし
その他の構造物：
1 卵巣表面に存在する複数の卵胞は動員された卵胞であると考えられる
分類：
明瞭な黄体；なし
明瞭な卵胞；なし

所見：
143 142と同一卵巣の割面

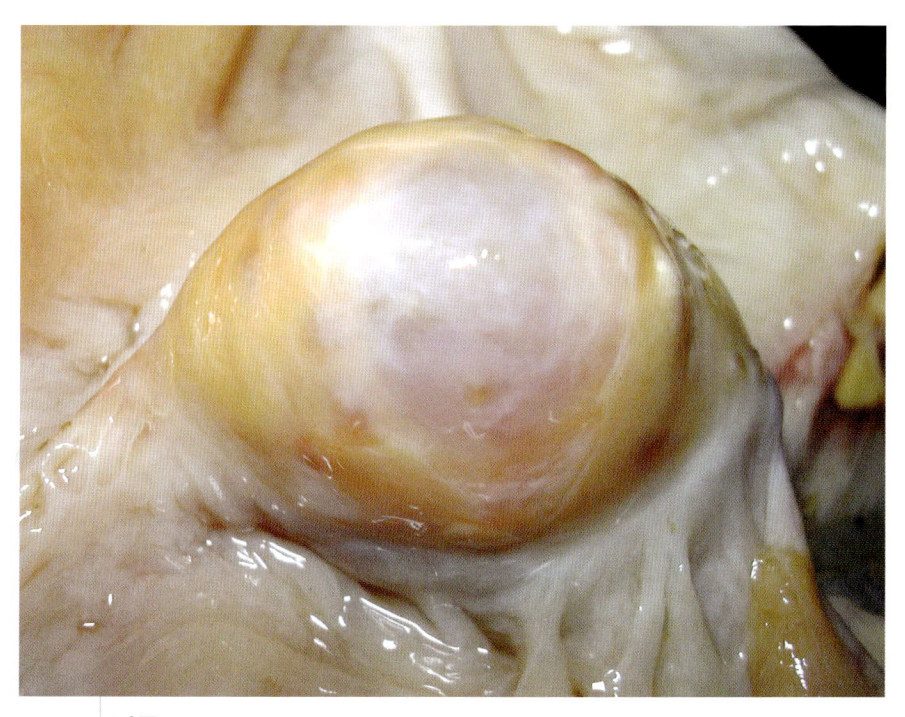

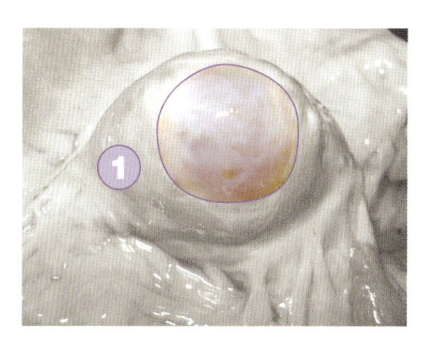

触診できる構造物：
1 明瞭な卵胞
分類：
明瞭な黄体；なし
明瞭な卵胞；あり

所見：
144 大卵胞を有する卵巣

129

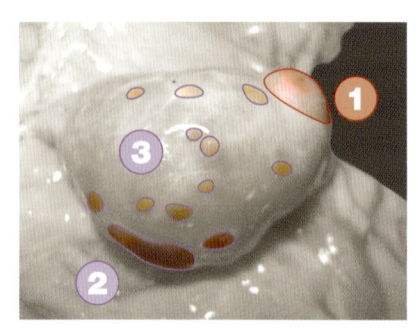

触診できる構造物：
1 古い黄体で明瞭ではない
2 下方の明瞭な卵胞

その他の構造物：
3 小卵胞

分類：
明瞭な黄体；なし
明瞭な卵胞；あり

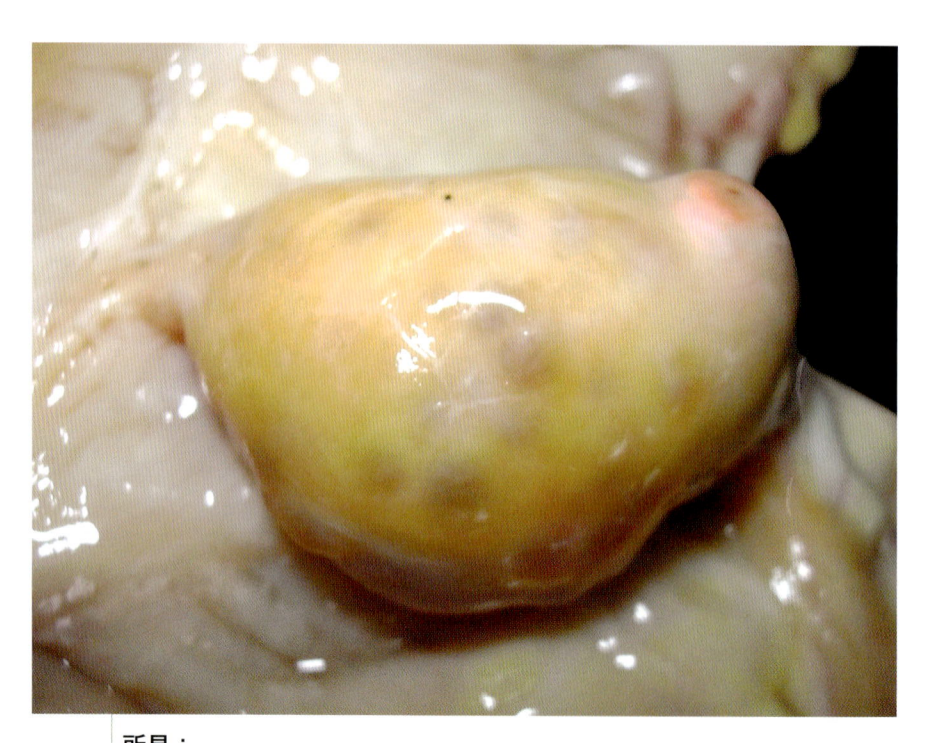

所見：
145 端に古い黄体と下方に大きな卵胞を有する卵巣

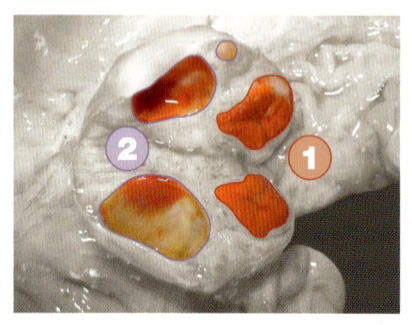

触診できる構造物：
1 退行中の黄体
2 この写真では，大きな卵胞であることがよく分かる（識別できる）

分類：
明瞭な黄体；なし
明瞭な卵胞；あり

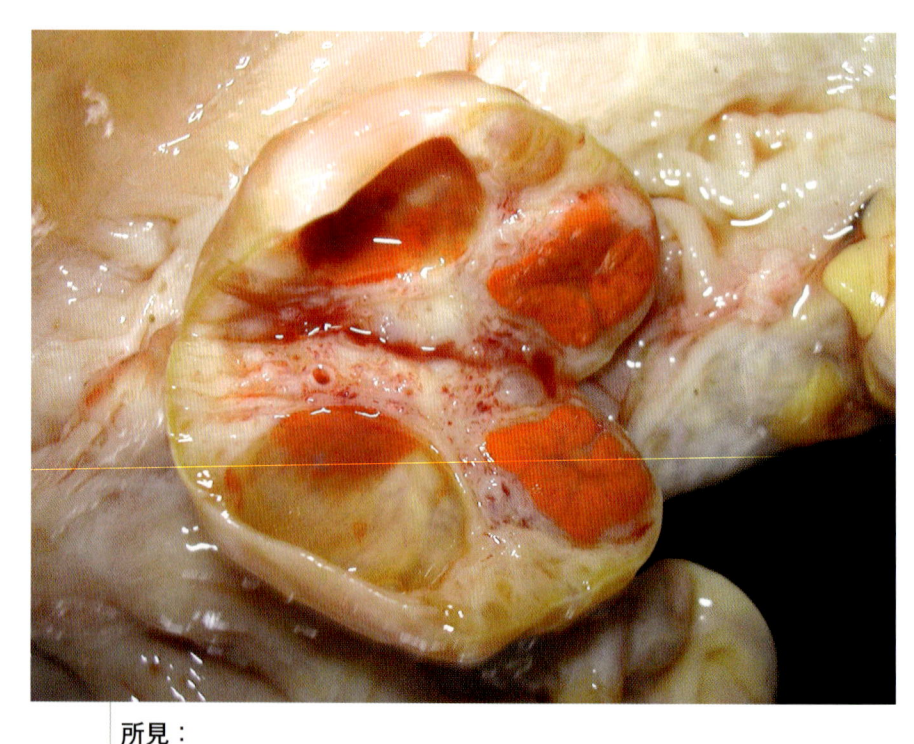

所見：
146 145と同一卵巣の割面

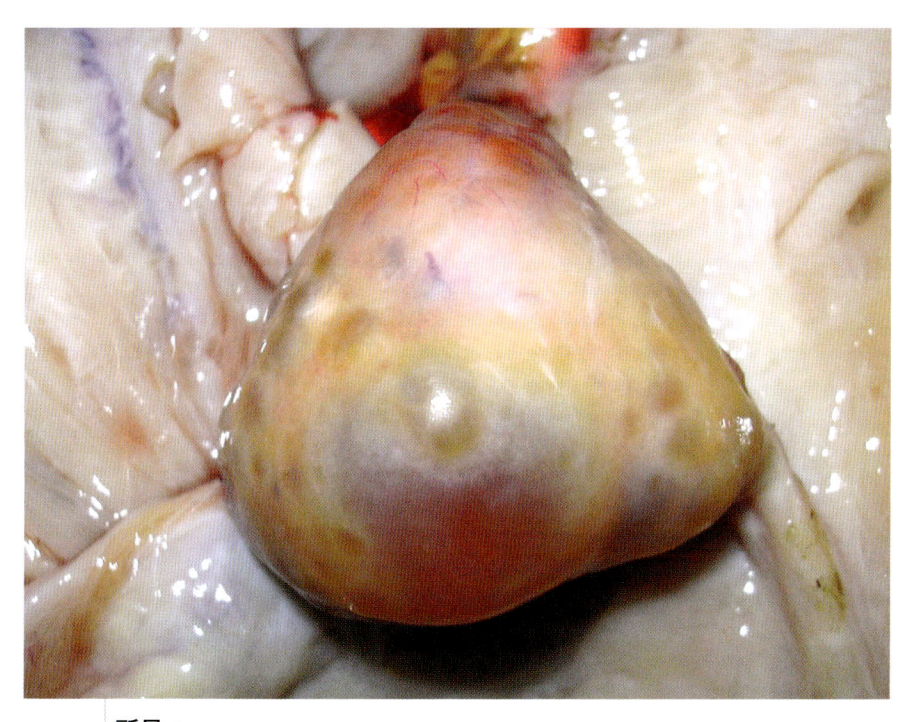

3　構造を認識する

触診できる構造物：
1　明瞭な黄体
2　明瞭な主席卵胞
その他の構造物：
3　小卵胞
分類：
明瞭な黄体；あり
明瞭な卵胞；あり（複数）

所見：
147　突出した黄体と大きな卵胞を有する卵巣

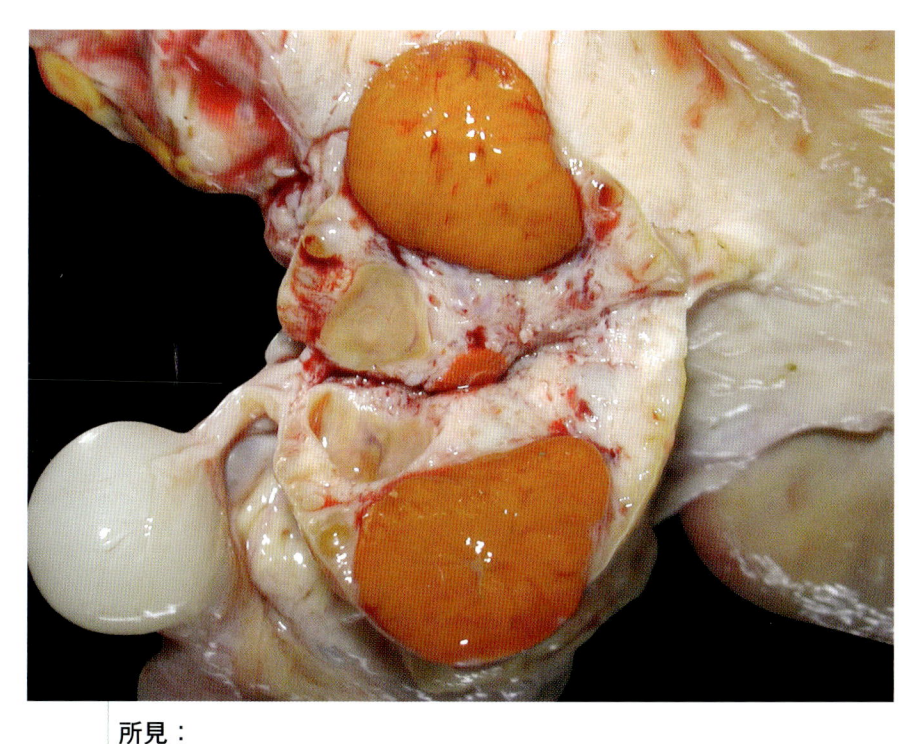

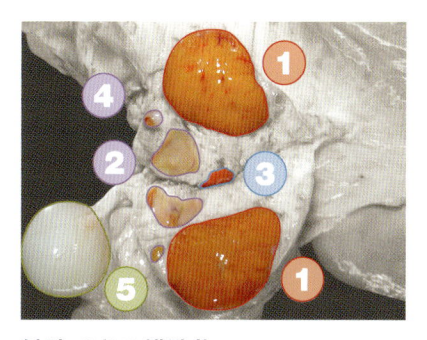

触診できる構造物：
1　明瞭な黄体
2　主席卵胞の卵胞液が抜けた後の腔
その他の構造物
3　黄体の小さな痕跡
4　主席ではない卵胞
5　由来は不明だが白っぽい液体が貯留している。感染によるものの可能性がある
分類：
明瞭な黄体；あり
明瞭な卵胞；あり（複数）

所見：
148　黄体と大きな卵胞の卵胞液が抜けた後の腔を有する。147と同一卵巣の割面

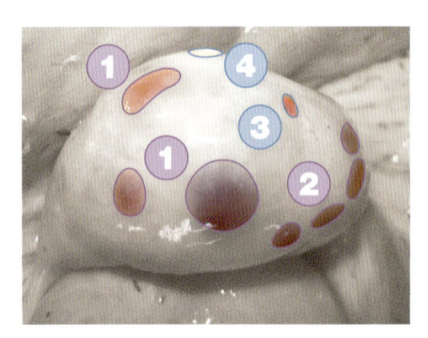

触診できる構造物：
1 異なるサイズの複数の卵胞
その他の構造物：
2 小卵胞
3 黄体の痕跡
4 古い黄体の痕跡（白体）
分類：
明瞭な黄体；なし
明瞭な卵胞；あり（複数）

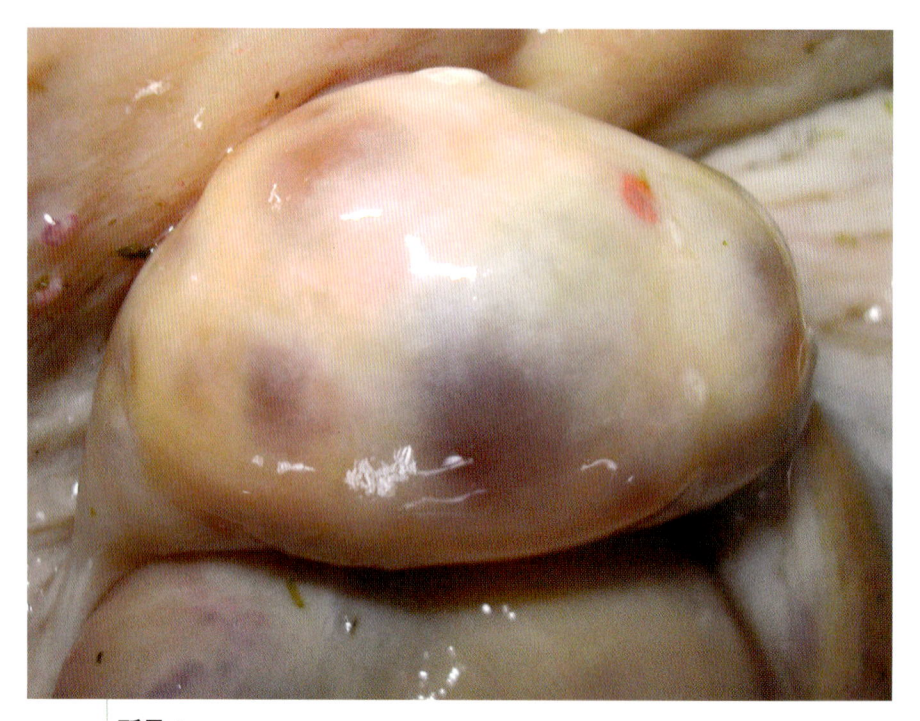

所見：
149 異なるサイズの複数の卵胞を有する卵巣

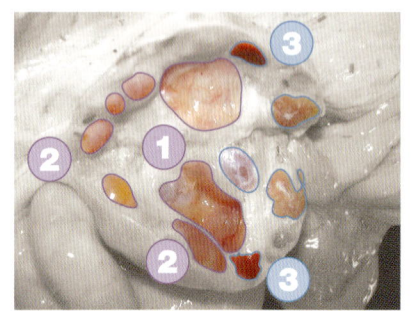

触診できる構造物：
1 かなりの大きさの卵胞があったことを示す腔
その他の構造物：
2 小卵胞
3 古い黄体の痕跡（白体）
分類：
明瞭な黄体；なし
明瞭な卵胞；あり（複数）

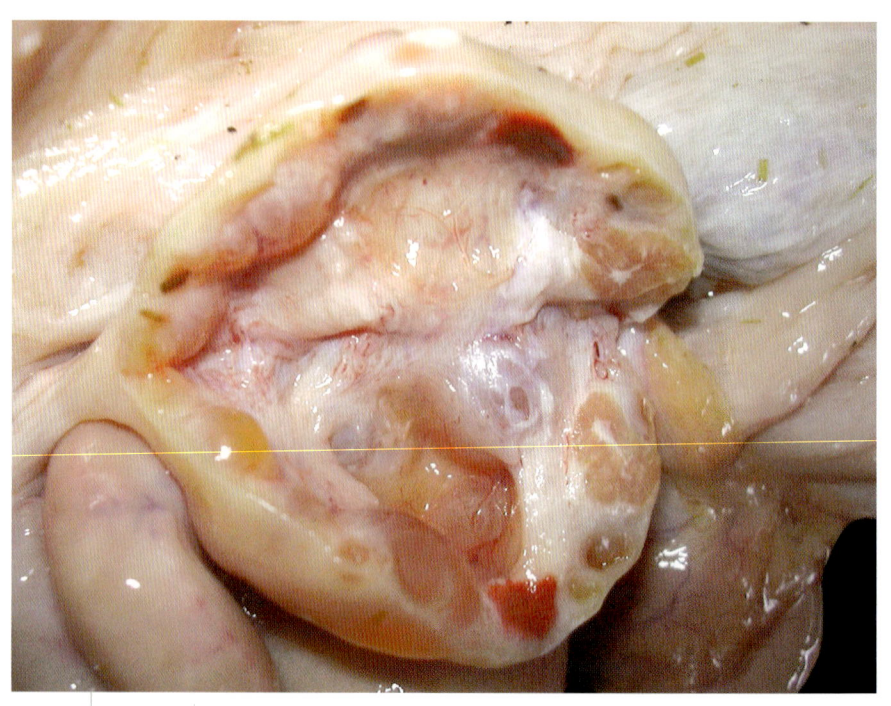

所見：
150 主席卵胞があったことを示す腔と種々の大きさの卵胞を有する卵巣。149と同一卵巣の割面

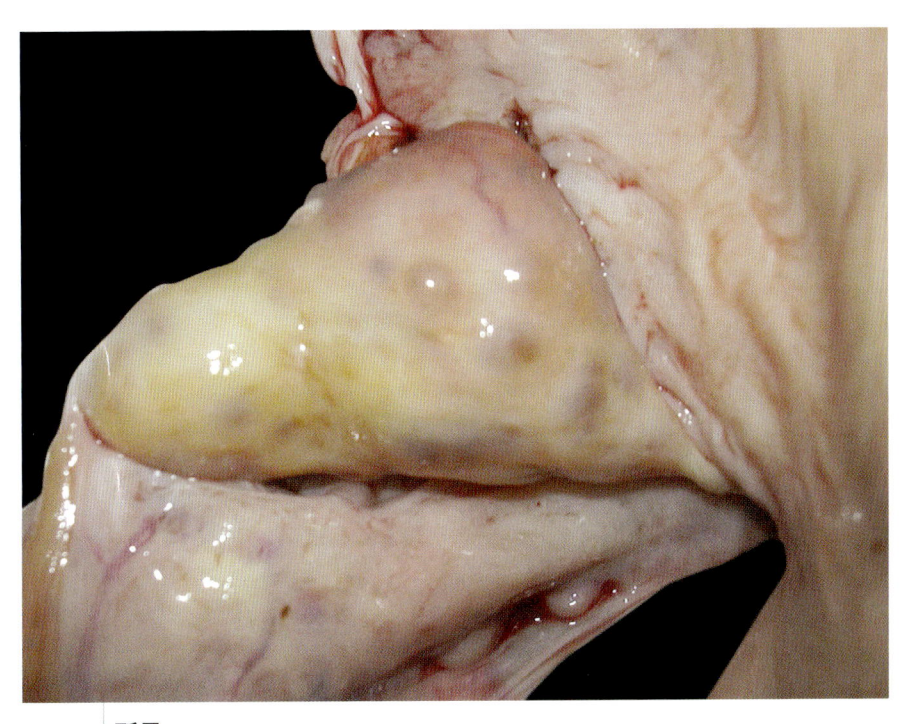

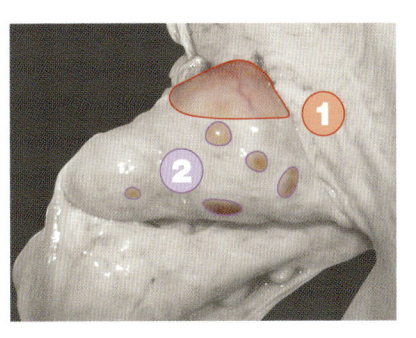

3　構造を認識する

触診できる構造物：
1 明瞭な黄体
その他の構造物：
2 動員された小卵胞
分類：
明瞭な黄体；あり
明瞭な卵胞；なし

所見：
151 突出した黄体を有する卵巣

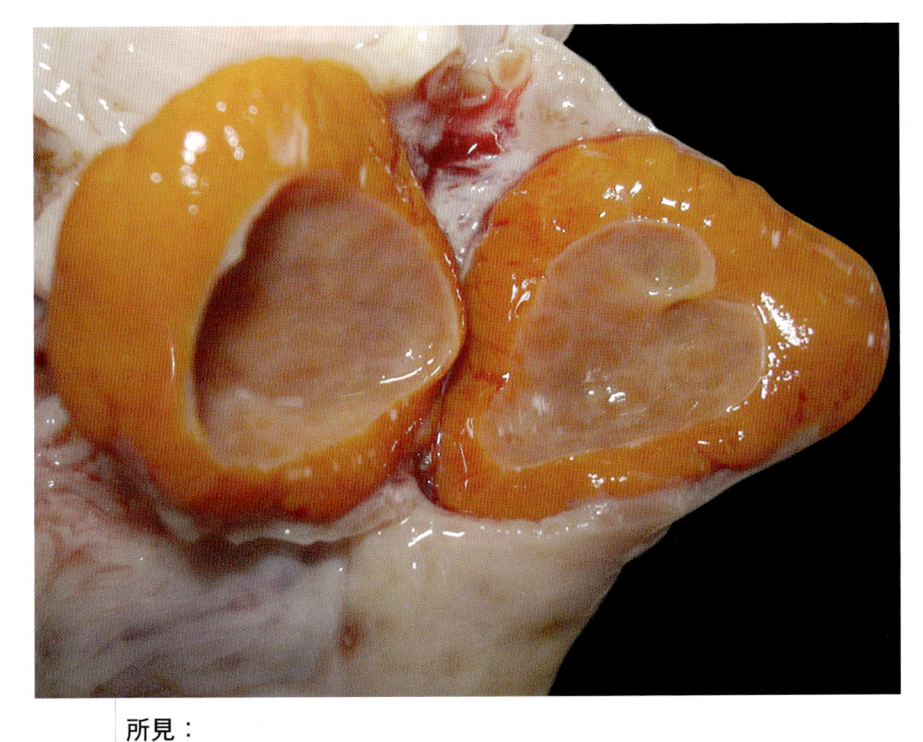

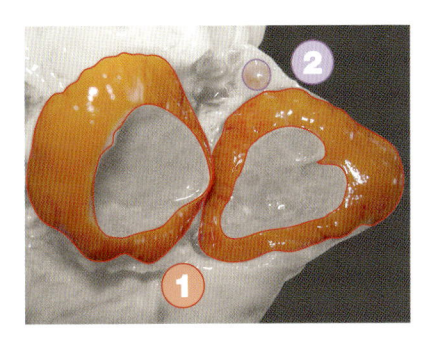

触診できる構造物：
1 内腔を有する大きな黄体。よく囊腫と誤診される黄体の典型的な像
その他の構造物：
2 黄体に隣接する小卵胞
分類：
明瞭な黄体；あり
明瞭な卵胞；なし

所見：
152 151と同一卵巣の割面

133

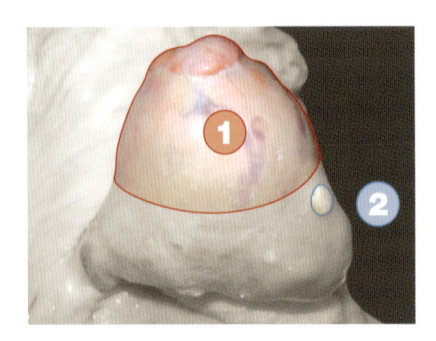

触診できる構造物：
1 突出して周囲より盛り上がった黄体

その他の構造物：
2 古い黄体の痕跡（白体）

分類：妊娠黄体

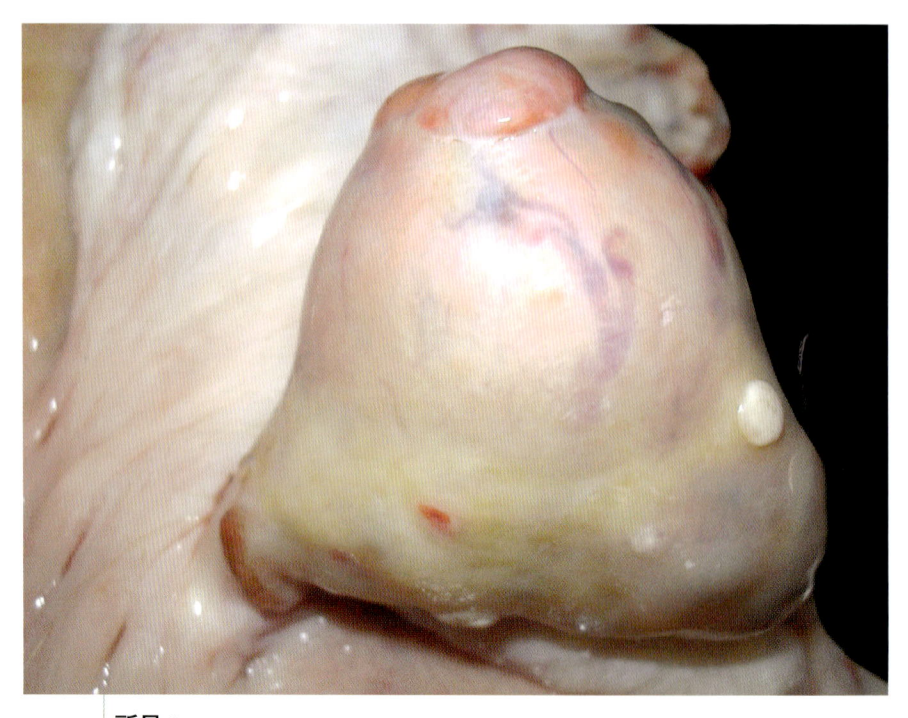

所見：
153 大きな妊娠黄体

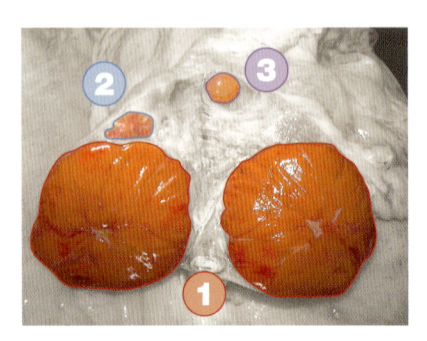

触診できる構造物：
1 明瞭な黄体

その他の構造物：
2 古い黄体の痕跡（白体）
3 皮質にある小卵胞

分類：妊娠黄体

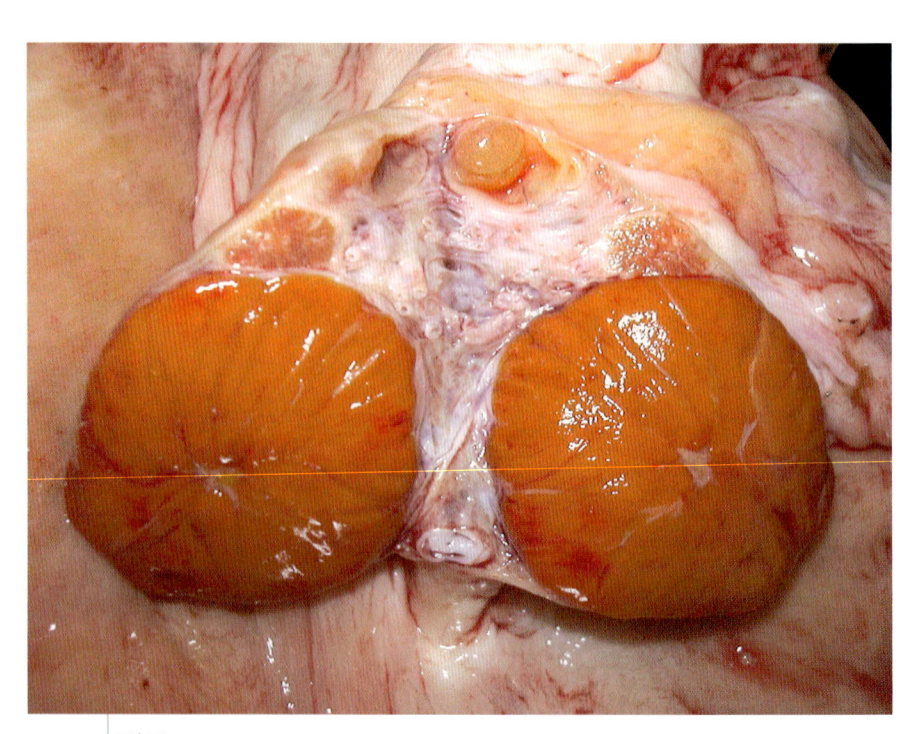

所見：
154 153と同一卵巣の割面

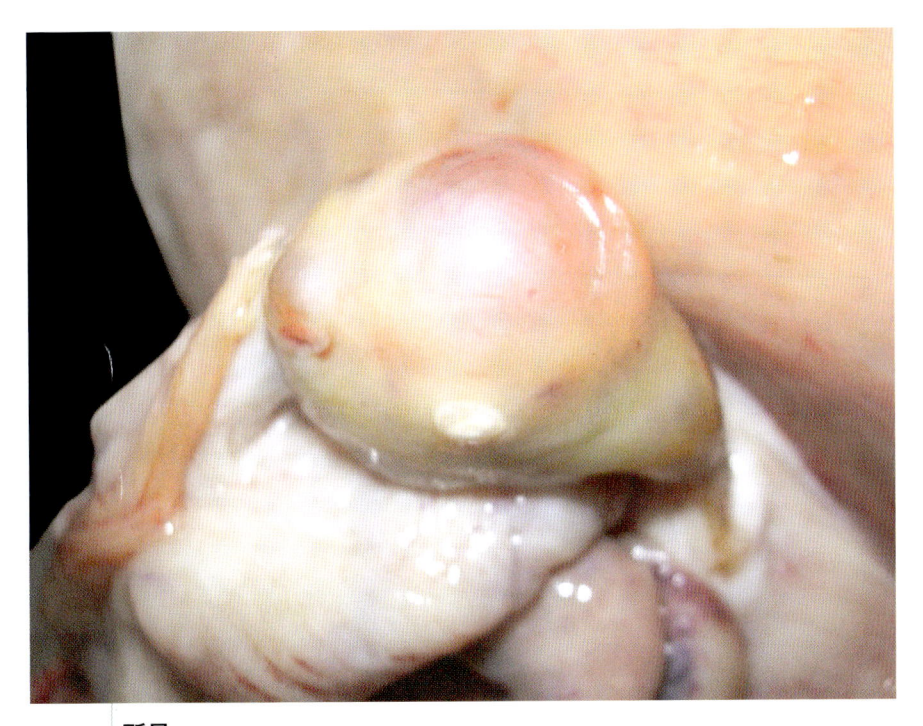

3 構造を認識する

所見：
155 大きな主席卵胞を有する卵巣

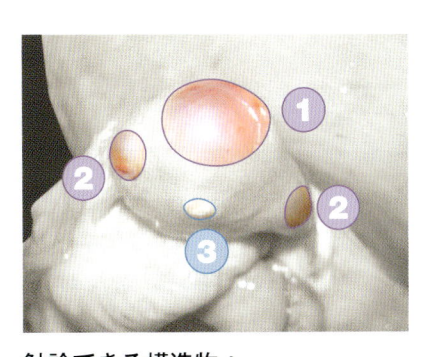

触診できる構造物：
1 大きな主席卵胞
その他の構造物：
2 その他の閉鎖退行中の卵胞
3 古い黄体の痕跡（白体）
分類：
明瞭な黄体；なし
明瞭な卵胞；あり

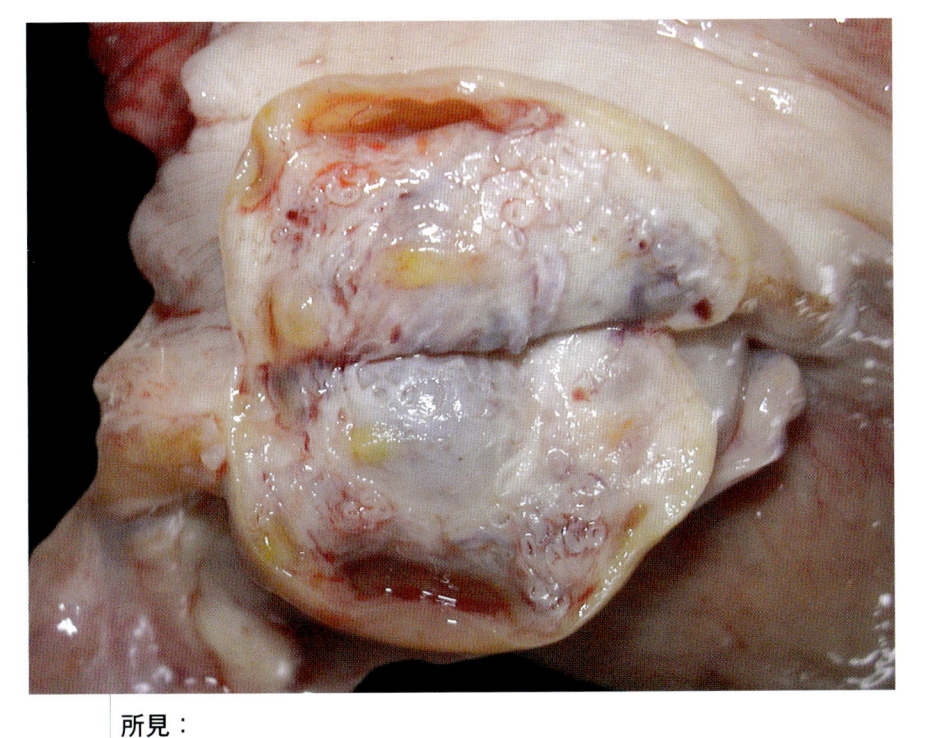

所見：
156 155と同一卵巣の割面

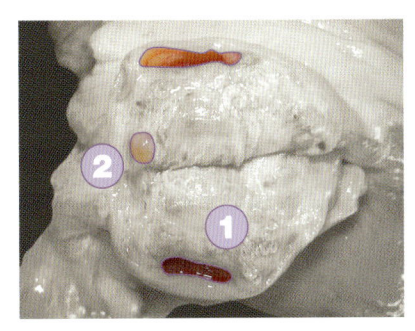

触診できる構造物：
1 大きな主席卵胞
その他の構造物：
2 その他の閉鎖退行中の卵胞
分類：
明瞭な黄体；なし
明瞭な卵胞；あり

135

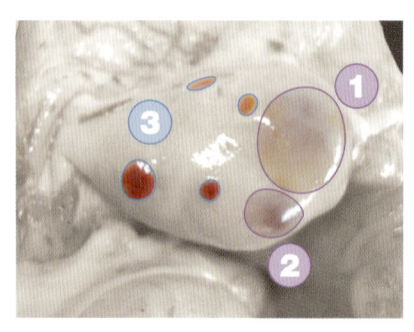

触診できる構造物：
1，**2** 明瞭な卵胞
その他の構造物：
3 黄体の痕跡
分類：
明瞭な黄体；なし
明瞭な卵胞；あり

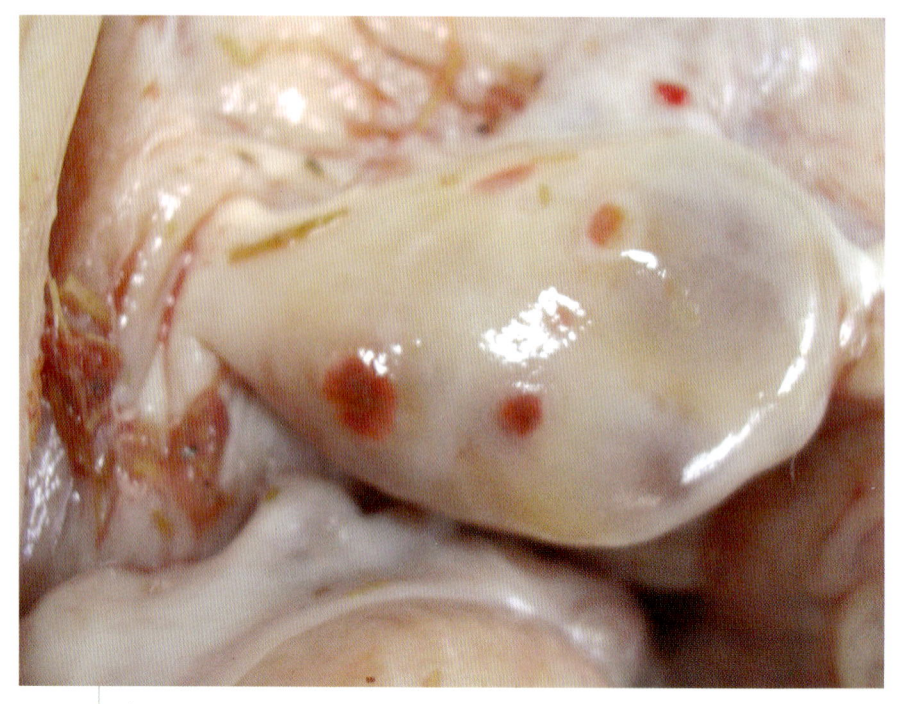

所見：
157 ひとつの大卵胞に相当する大きさの，液体を満たした2つの領域を有する卵巣

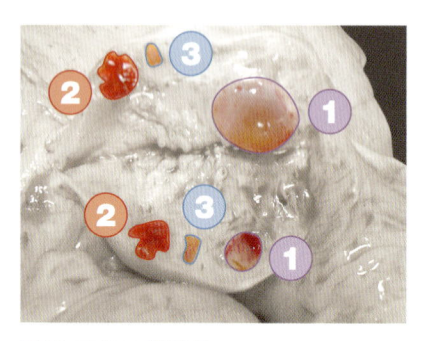

触診できる構造物：
1 明瞭な卵胞
その他の構造物：
2 古い黄体が存在する領域
3 黄体の痕跡
分類：
明瞭な黄体；なし
明瞭な卵胞；あり

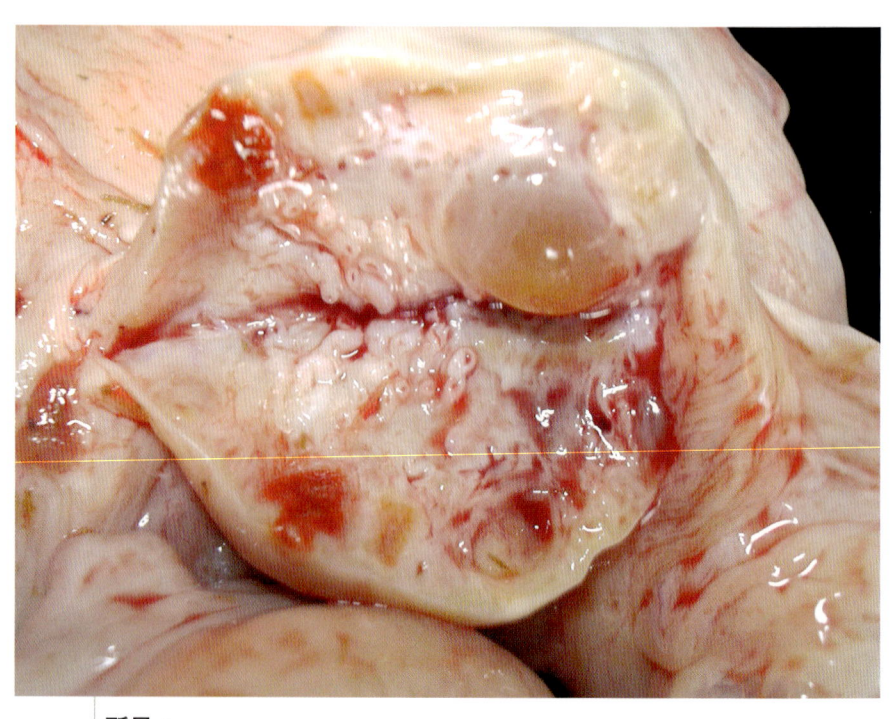

所見：
158 157と同一卵巣の割面

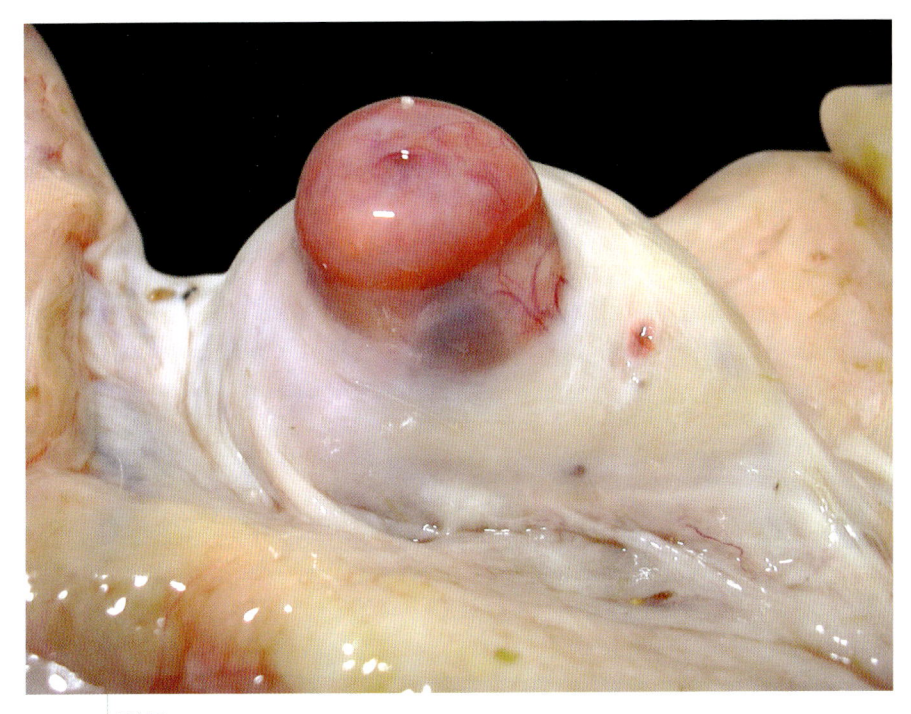

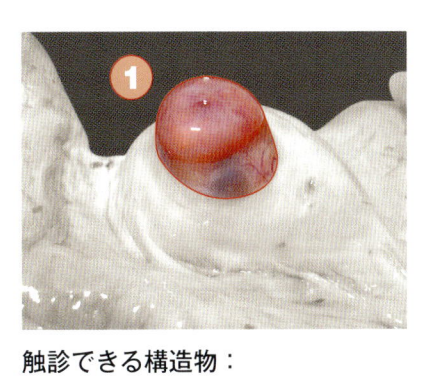

3 構造を認識する

触診できる構造物：
1 明瞭な黄体
分類：
明瞭な黄体；あり
明瞭な卵胞；なし

所見：
159 シャンパンコルク状をした大きな黄体を有する卵巣

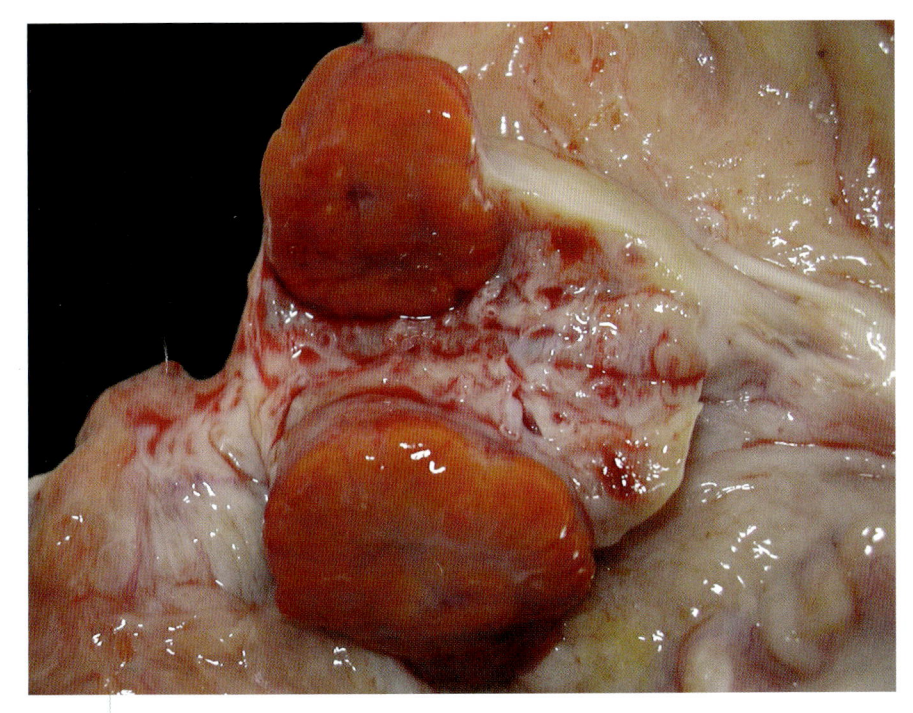

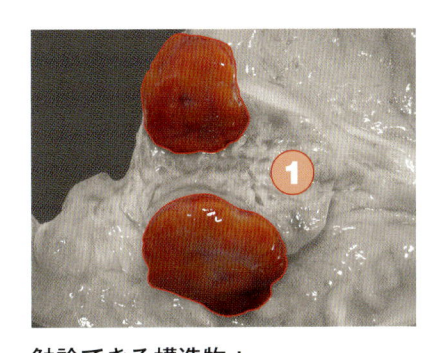

触診できる構造物：
1 明瞭な黄体
分類：
明瞭な黄体；あり
明瞭な卵胞；なし

所見：
160 大きな黄体を有する卵巣の割面

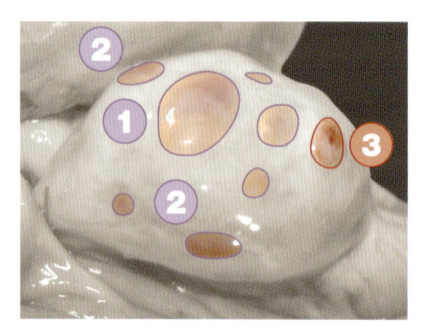

触診できる構造物：
1　主席卵胞
その他の構造物：
2　異なるサイズの複数の卵胞
3　古い黄体
分類：
明瞭な黄体；なし
明瞭な卵胞；あり（複数）

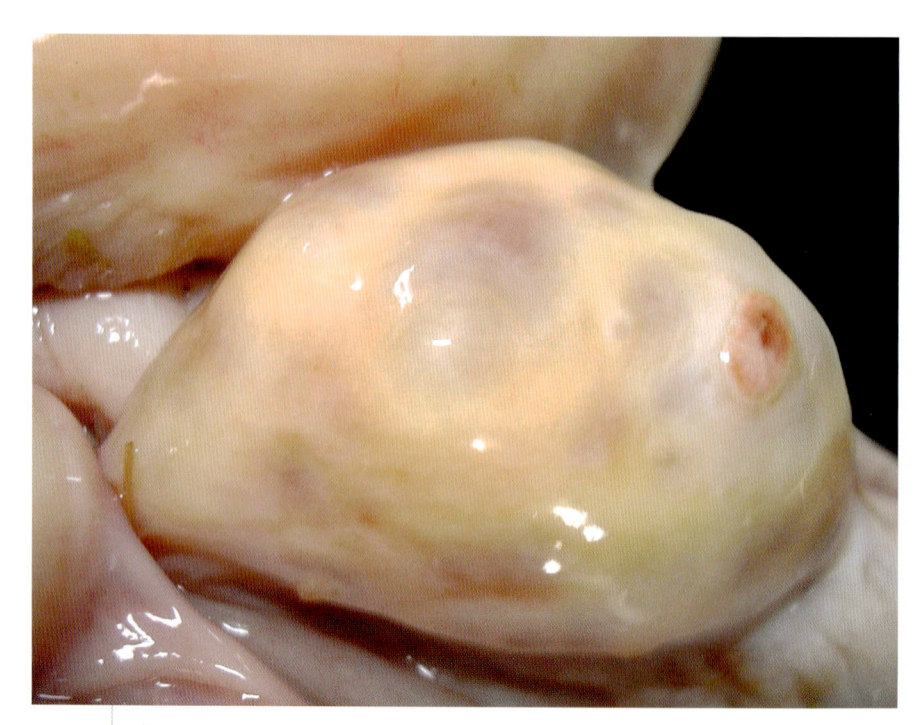

161 所見：
異なるサイズの複数の卵胞を有する卵巣

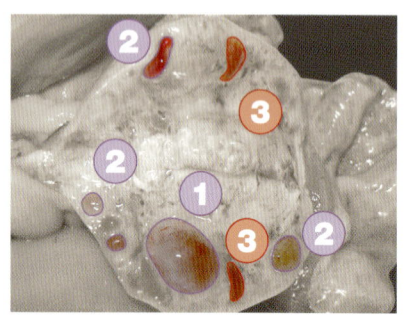

触診できる構造物：
1　主席卵胞
その他の構造物：
2　異なるサイズの複数の卵胞
3　古い黄体
分類：
明瞭な黄体；なし
明瞭な卵胞；あり（複数）

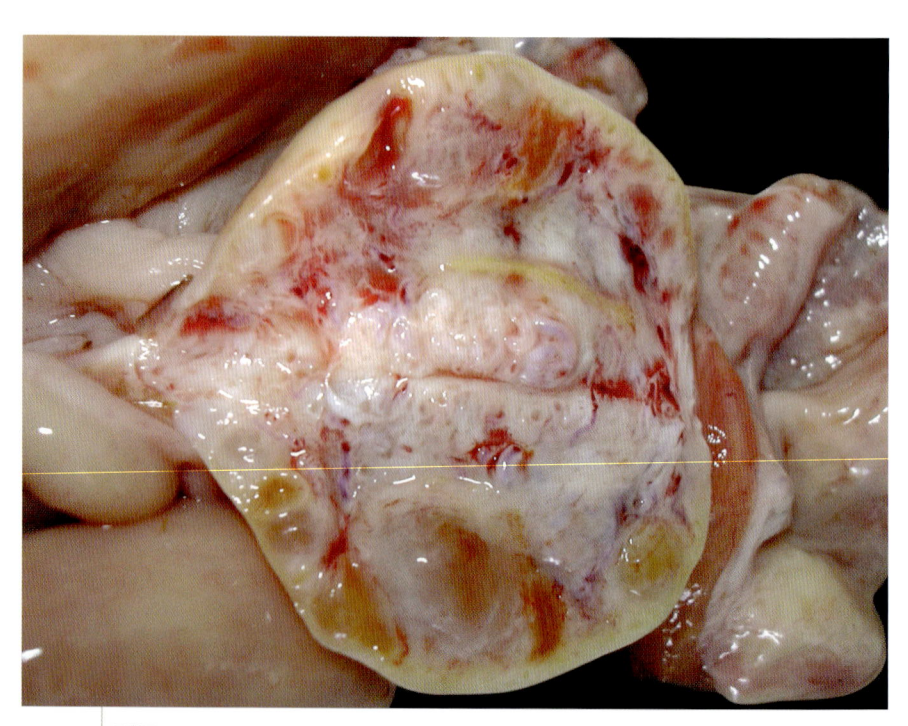

162 所見：
161と同一卵巣の割面

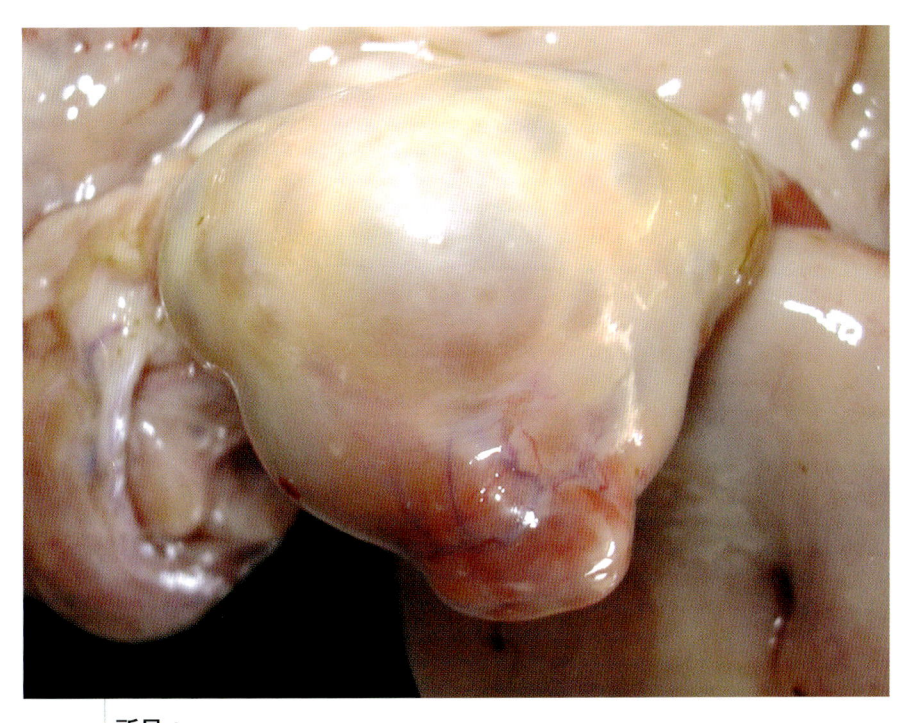

3　構造を認識する

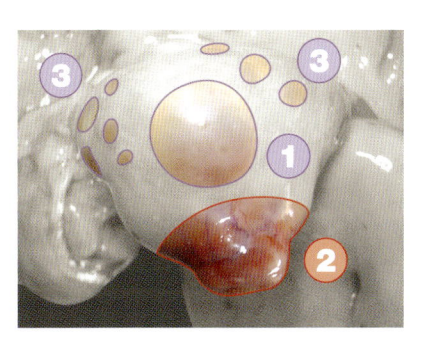

触診できる構造物：
1　明瞭な卵胞
2　明瞭な黄体
その他の構造物：
3　小卵胞
分類：
明瞭な黄体；あり
明瞭な卵胞；あり（複数）

所見：
163　大きな黄体と卵胞を有する卵巣

触診できる構造物：
1　明瞭な黄体
2　明瞭な卵胞
分類：
明瞭な黄体；あり
明瞭な卵胞；あり（複数）

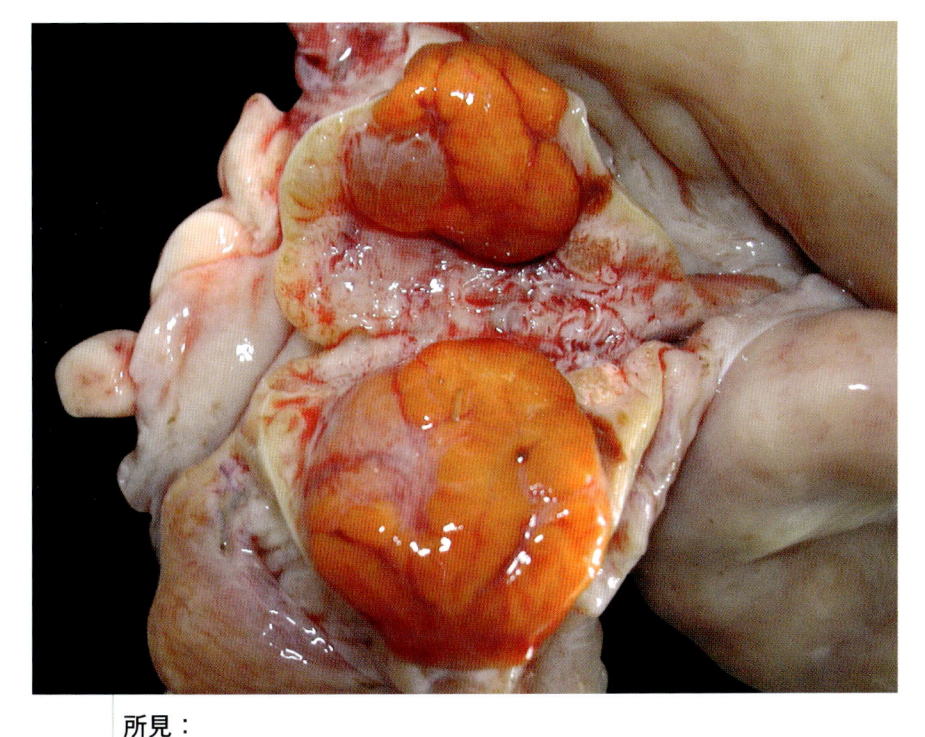

所見：
164　大きな黄体と卵胞を有する卵巣の割面。163と同一卵巣の割面

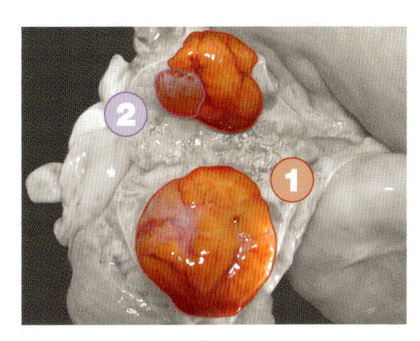

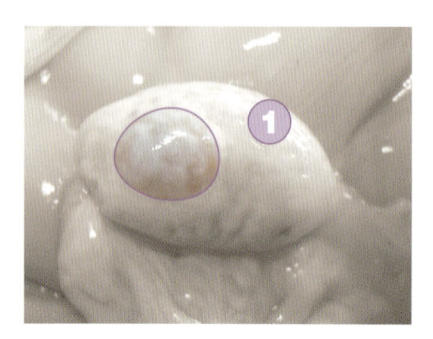

触診できる構造物：
1　明瞭な卵胞

分類：
明瞭な黄体；なし
明瞭な卵胞；あり

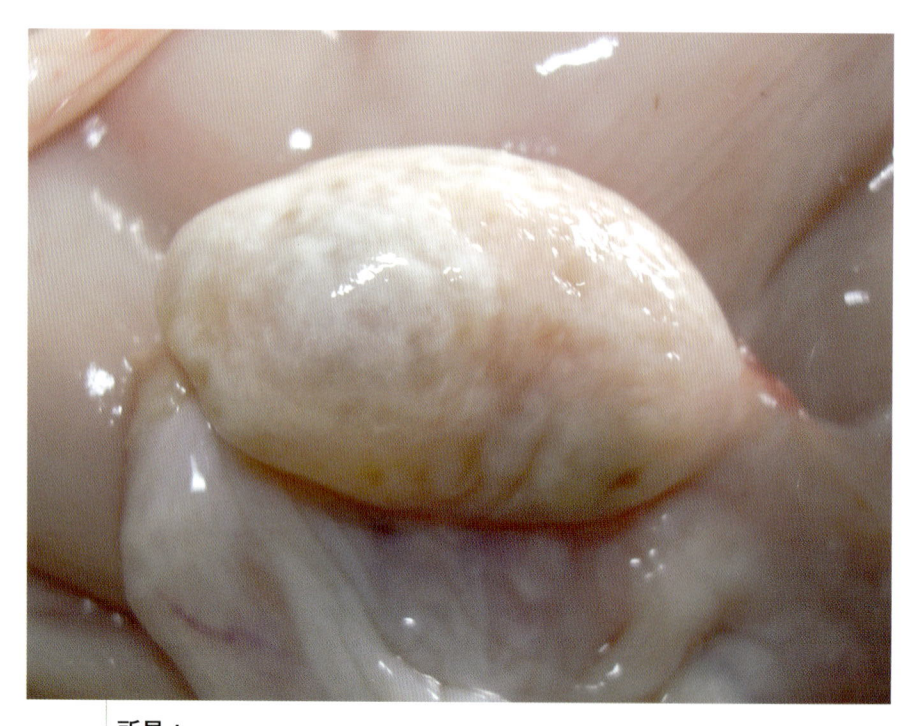

所見：
165　隆起した卵胞を有する未経産牛の卵巣

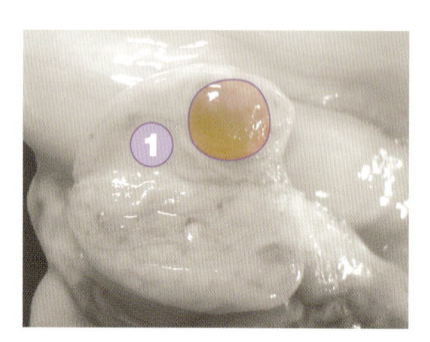

触診できる構造物：
1　明瞭な卵胞

分類：
明瞭な黄体；なし
明瞭な卵胞；あり

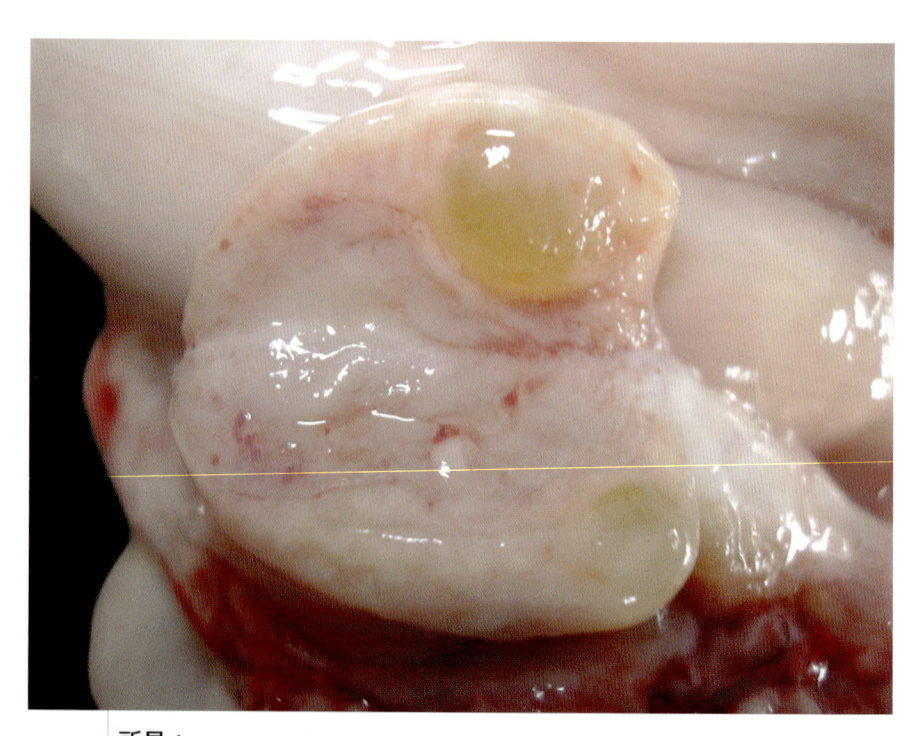

所見：
166　大卵胞を有する卵巣の割面。165と同一卵巣の割面

3 構造を認識する

触診できる構造物：
なし
その他の構造物：
1 皮質に存在する小卵胞
分類：
明瞭な黄体；なし
明瞭な卵胞；なし

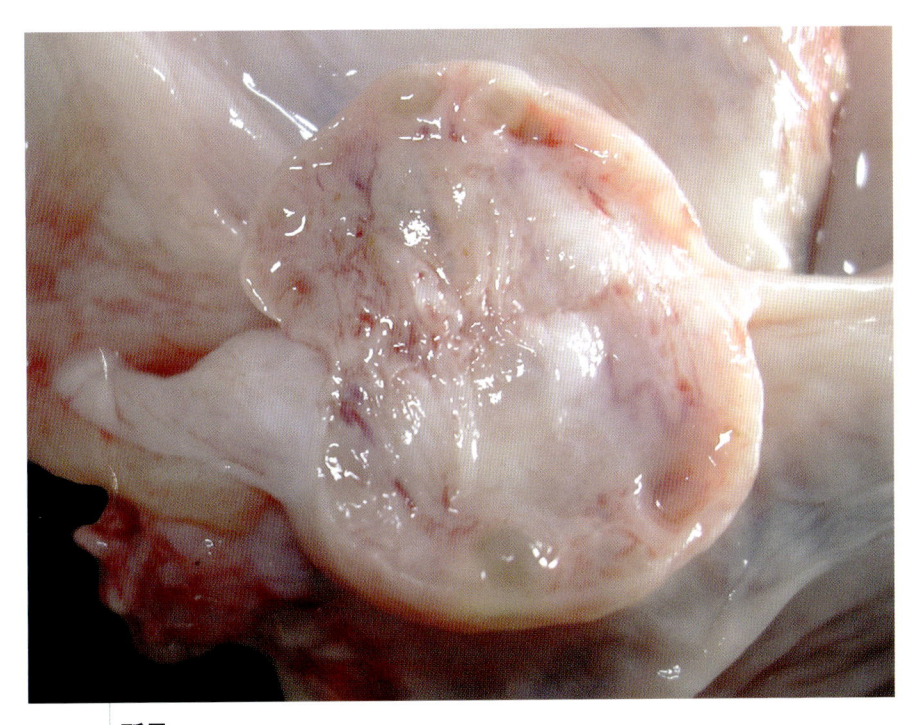

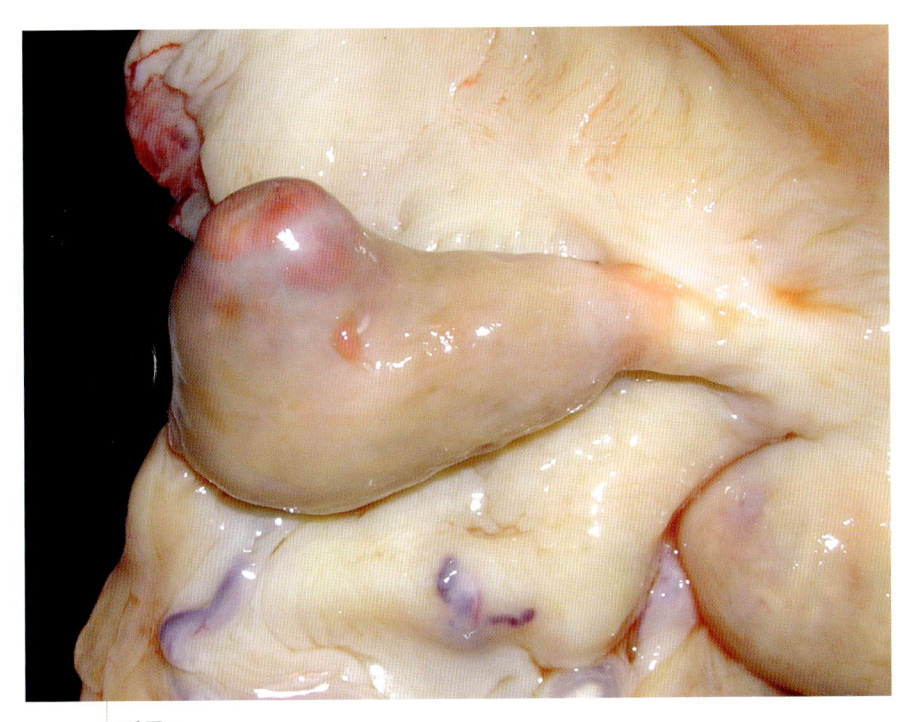

所見：
167 特段の構造物を持たない卵巣の割面

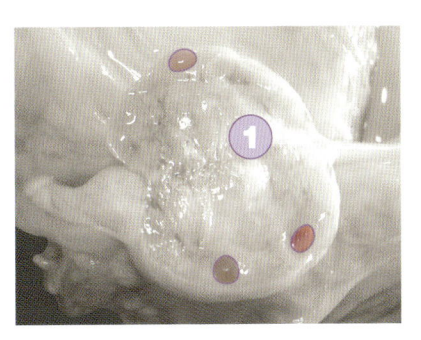

触診できる構造物：
1 明瞭な黄体
分類：
明瞭な黄体；あり
明瞭な卵胞；なし

所見：
168 突出した黄体を有する卵巣

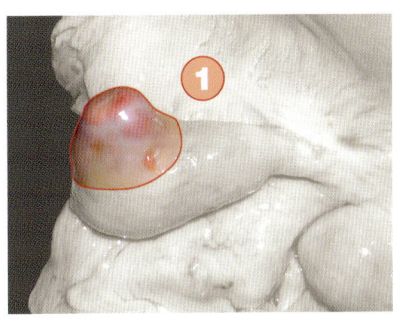

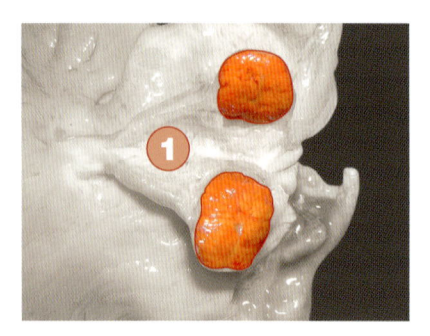

触診できる構造物：
1 明瞭な黄体
分類：
明瞭な黄体；あり
明瞭な卵胞；なし

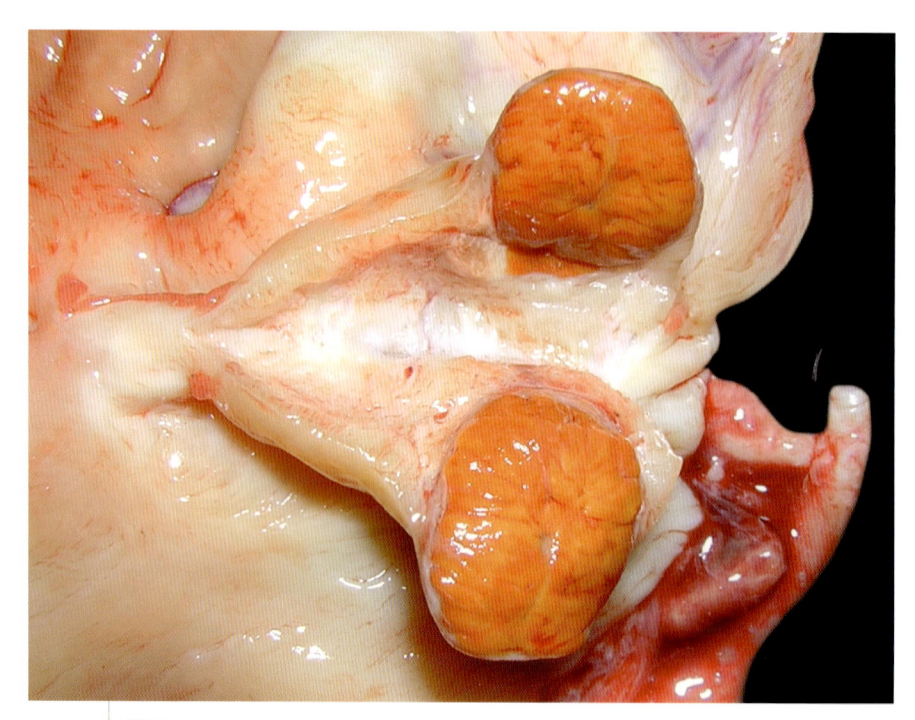

所見：
169 黄体を有する卵巣の割面。168 と同一卵巣

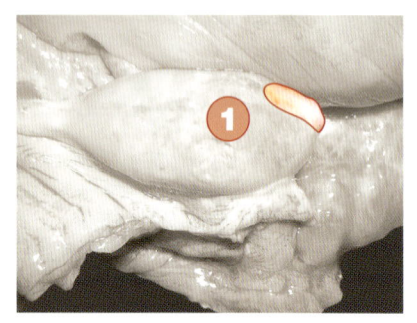

触診できる構造物：
なし
その他の構造物：
1 古い黄体
分類：
明瞭な黄体；なし
明瞭な卵胞；なし

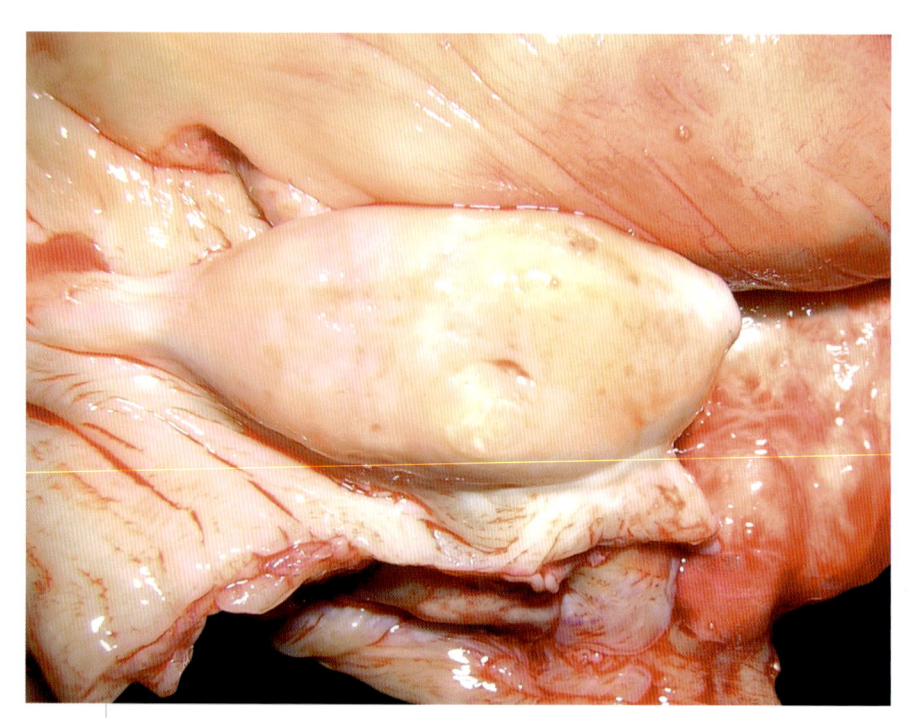

所見：
170 やや表面から突出した古い黄体以外に特段の構造物を持たない卵巣

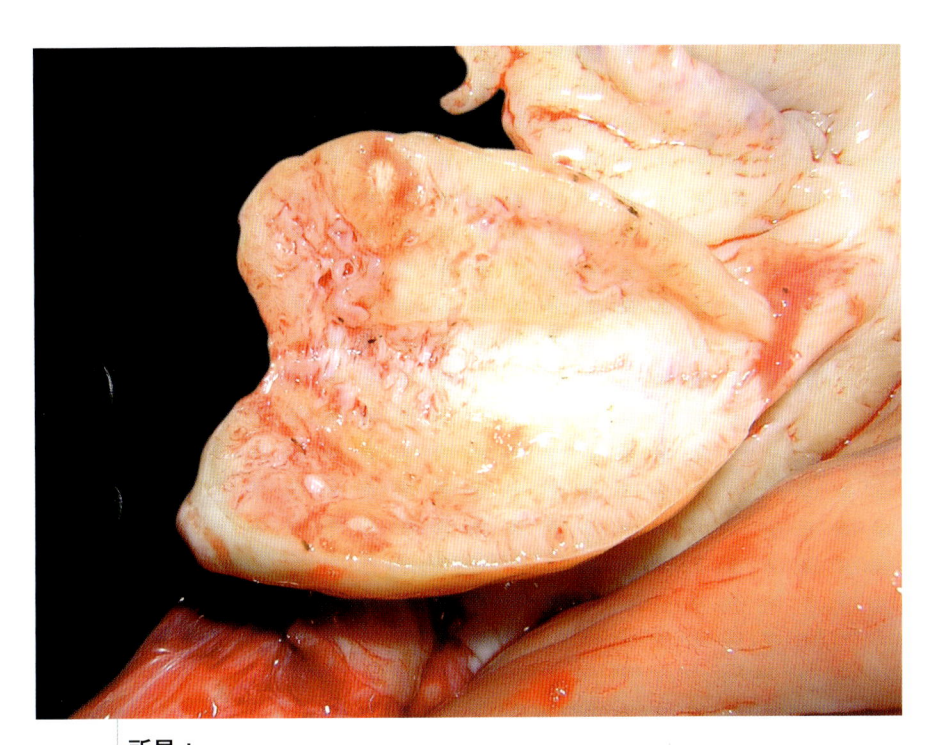

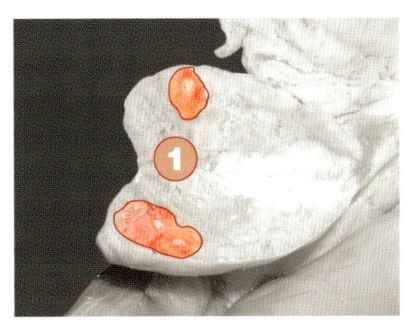

触診できる構造物：
なし
その他の構造物：
1 古い黄体
分類：
明瞭な黄体；なし
明瞭な卵胞；なし

所見：
171 170と同一卵巣の割面

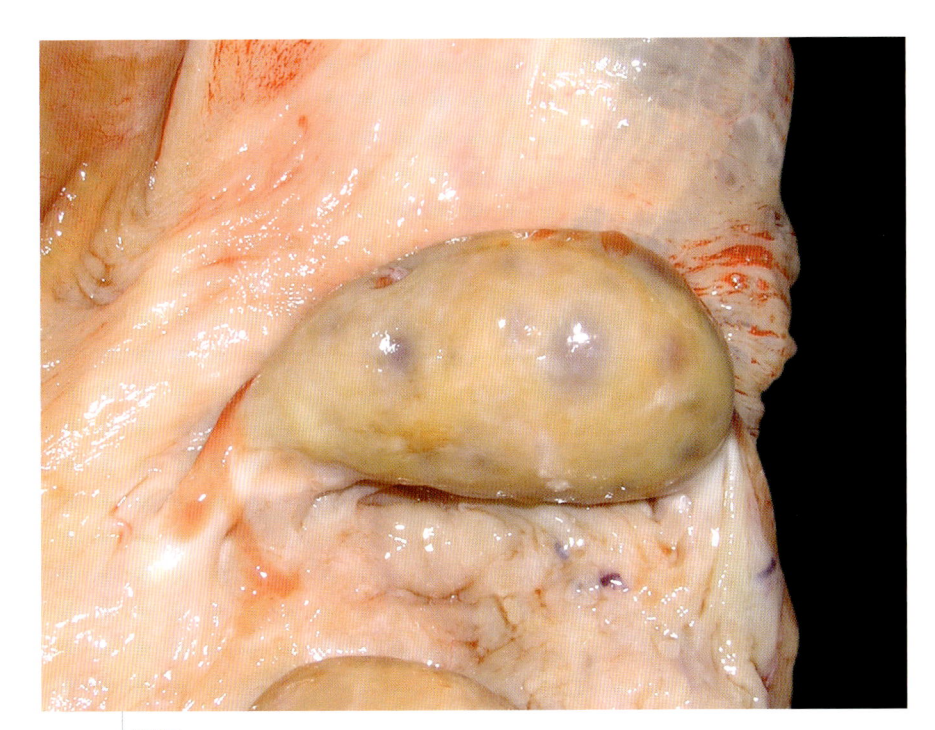

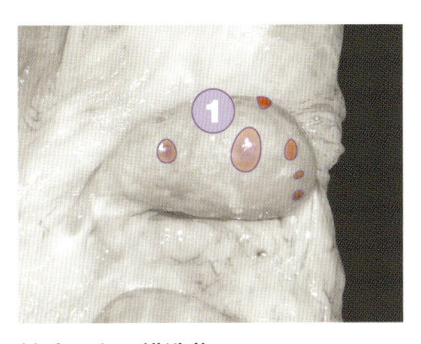

触診できる構造物：
1 異なるサイズの卵胞
分類：
明瞭な黄体；なし
明瞭な卵胞；あり（複数）

所見：
172 異なるサイズの卵胞を複数有する卵巣

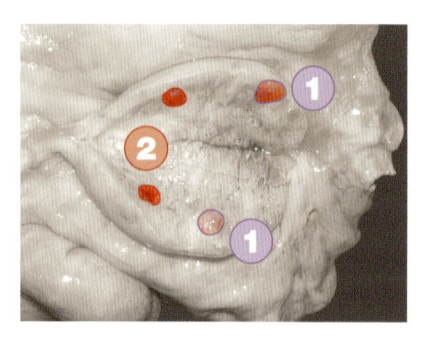

触診できる構造物：
1 異なるサイズの卵胞
その他の構造物：
2 黄体化した領域（古い黄体）
分類：
明瞭な黄体；なし
明瞭な卵胞；あり（複数）

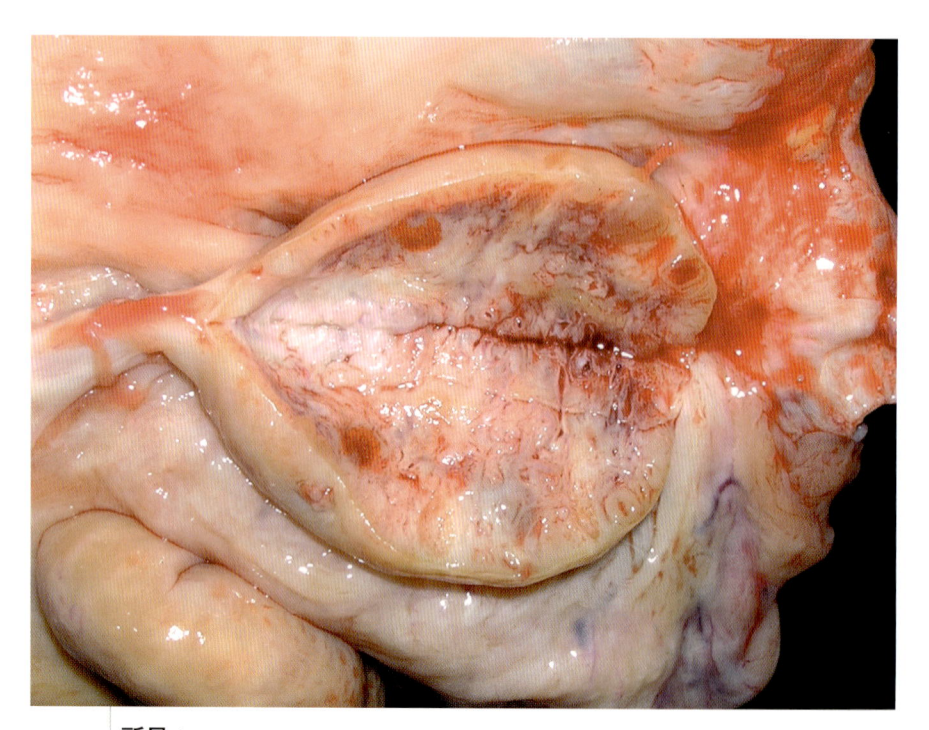

173 所見：
172 と同一卵巣の割面

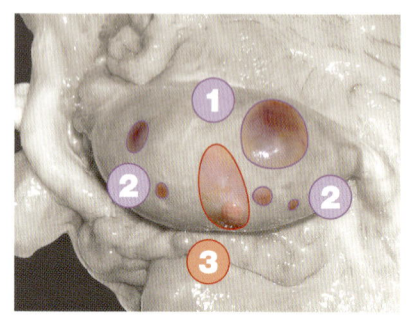

触診できる構造物：
1 主席卵胞
2 次席以下の卵胞
その他の構造物：
3 古い黄体
分類：
明瞭な黄体；なし
明瞭な卵胞；あり（複数）

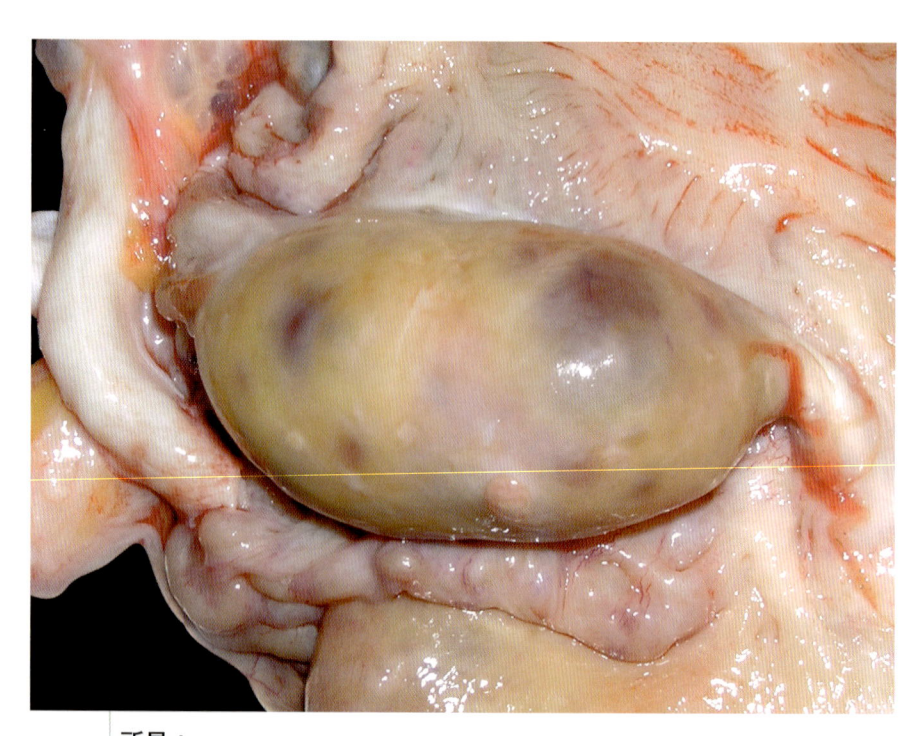

174 所見：
複数の大卵胞を有する卵巣

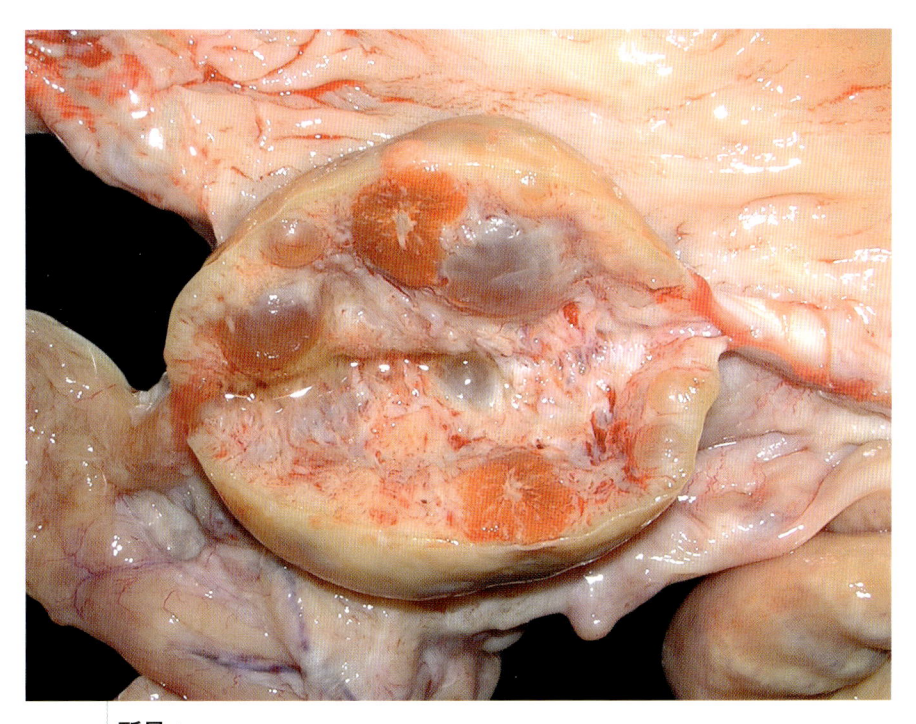

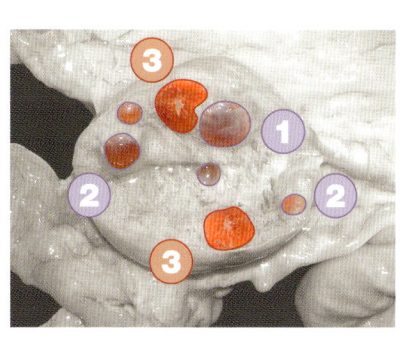

3 　構造を認識する

触診できる構造物：
1 　主席卵胞
2 　異なるサイズの卵胞
その他の構造物：
3 　古い黄体
分類：
明瞭な黄体；なし
明瞭な卵胞；あり（複数）

所見：
175 　異なるサイズの卵胞を複数有する卵巣の割面。174と同一卵巣である

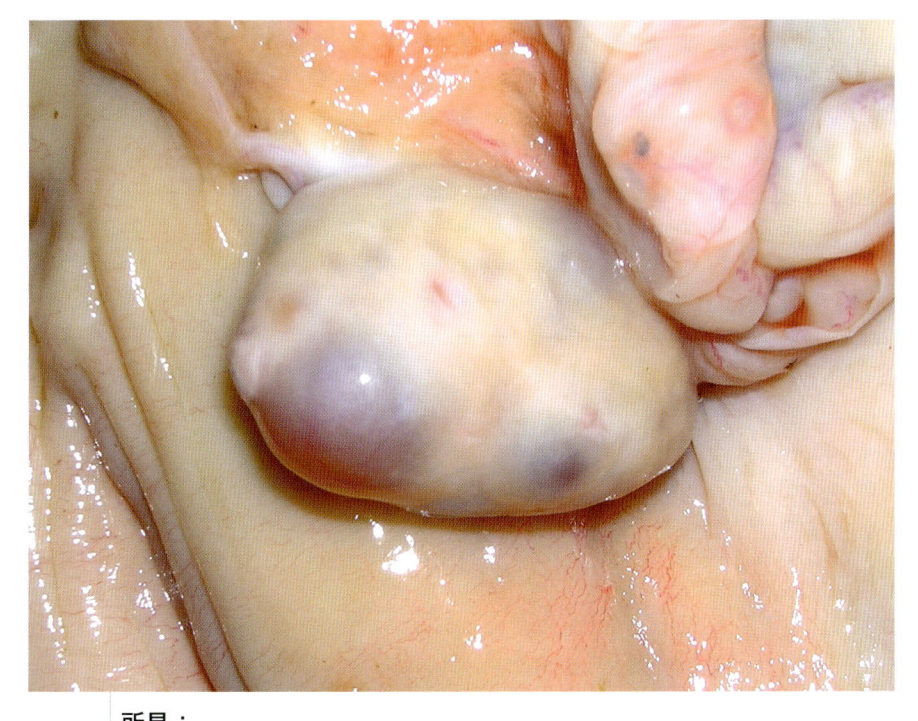

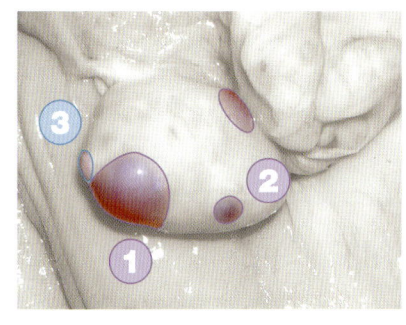

触診できる構造物：
1 　明瞭な卵胞
その他の構造物：
2 　より小さな卵胞
3 　古い黄体の痕跡
分類：
明瞭な黄体；なし
明瞭な卵胞；あり

所見：
176 　大卵胞を有する卵巣

145

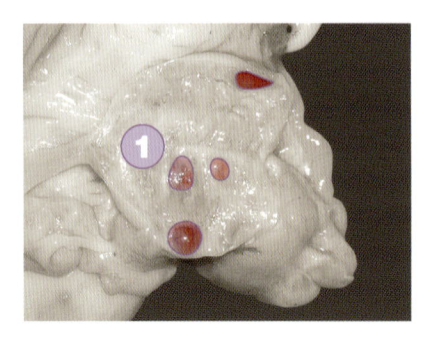

触診できる構造物：
1 異なるサイズの卵胞（この写真では主席卵胞が見えないが，176のとおり，主席卵胞が存在している）

分類：
明瞭な黄体；なし
明瞭な卵胞；あり

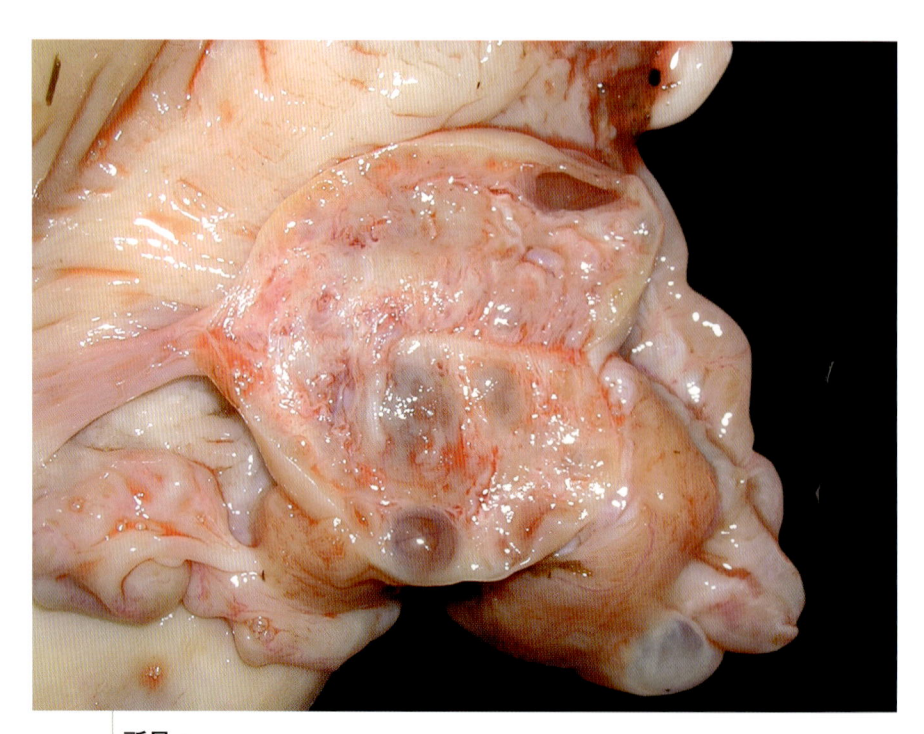

所見：
177 176と同一卵巣の割面

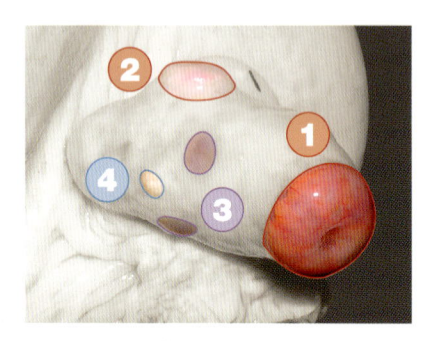

触診できる構造物：
1 シャンパンコルク状をした明瞭な黄体

その他の構造物：
2 古い黄体
3 卵胞
4 古い黄体の痕跡（白体）

分類：
明瞭な黄体；あり
明瞭な卵胞；なし

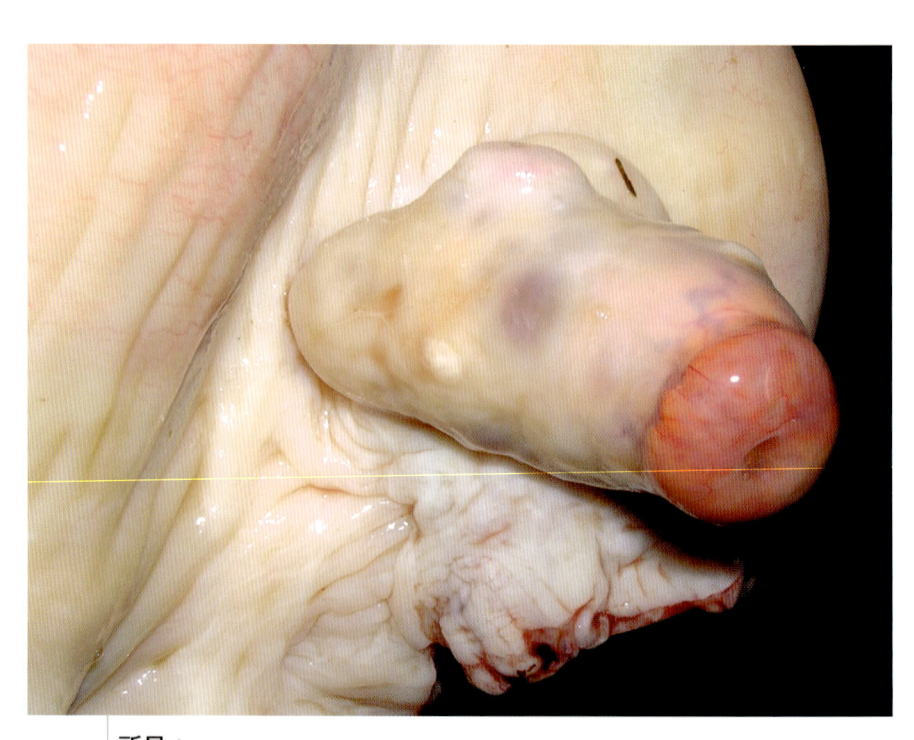

所見：
178 シャンパンコルク状をした黄体を有する卵巣

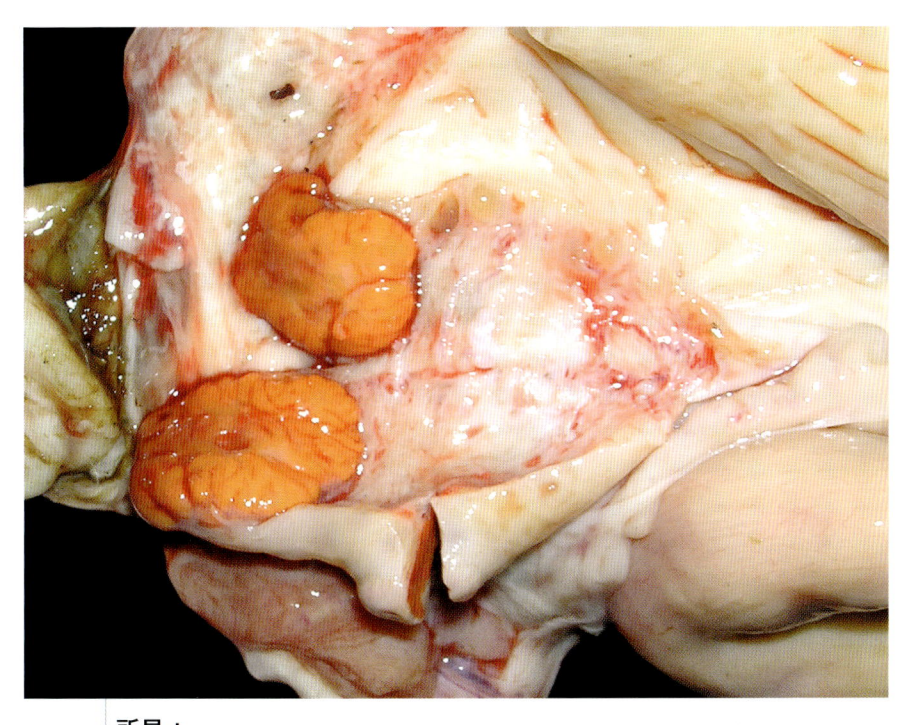

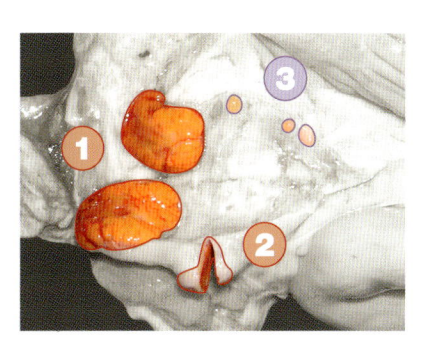

3　構造を認識する

触診できる構造物：
1　シャンパンコルク状をした明瞭な黄体

その他の構造物：
2　古い黄体
3　小卵胞

分類：
明瞭な黄体；あり
明瞭な卵胞；なし

所見：
179　大きな黄体を有する卵巣。178と同一卵巣の割面

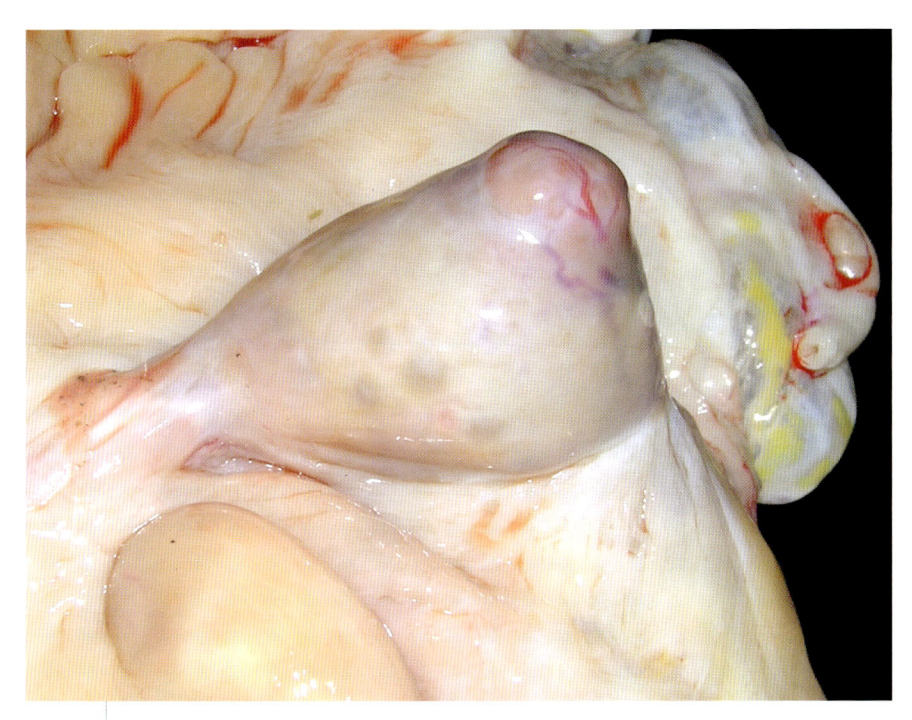

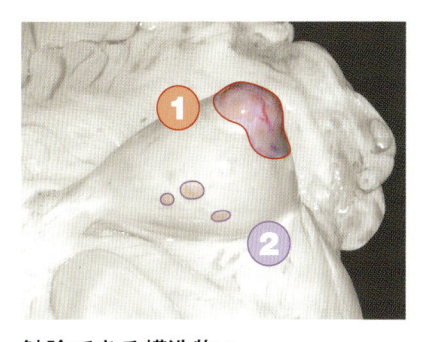

触診できる構造物：
1　明瞭な黄体

その他の構造物：
2　小卵胞

分類：
明瞭な黄体；あり
明瞭な卵胞；なし

所見：
180　黄体を有する卵巣

147

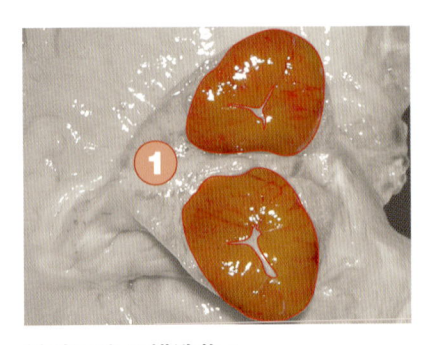

触診できる構造物：
1 明瞭な黄体（内部に観察される柱状組織に注目）

分類：
明瞭な黄体；あり
明瞭な卵胞；なし

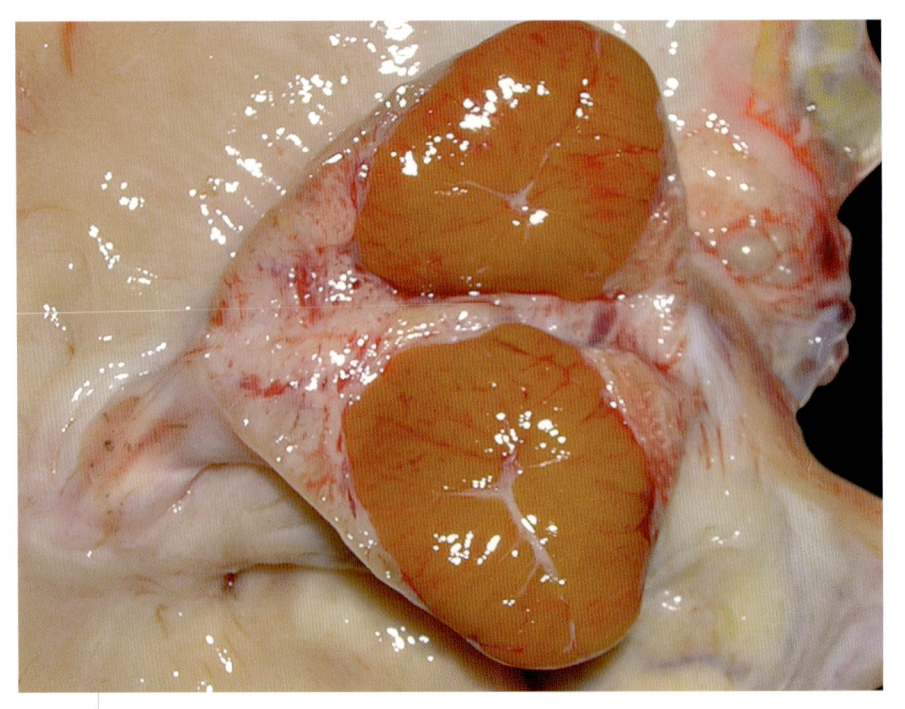

181 所見：
黄体を有する卵巣の割面。180と同一卵巣である

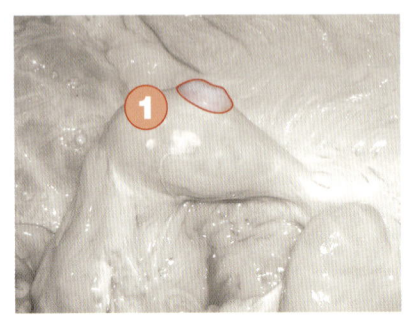

触診できる構造物：
1 古い黄体であり，注意深い触診が必要となる

分類：
明瞭な黄体；なし
明瞭な卵胞；なし

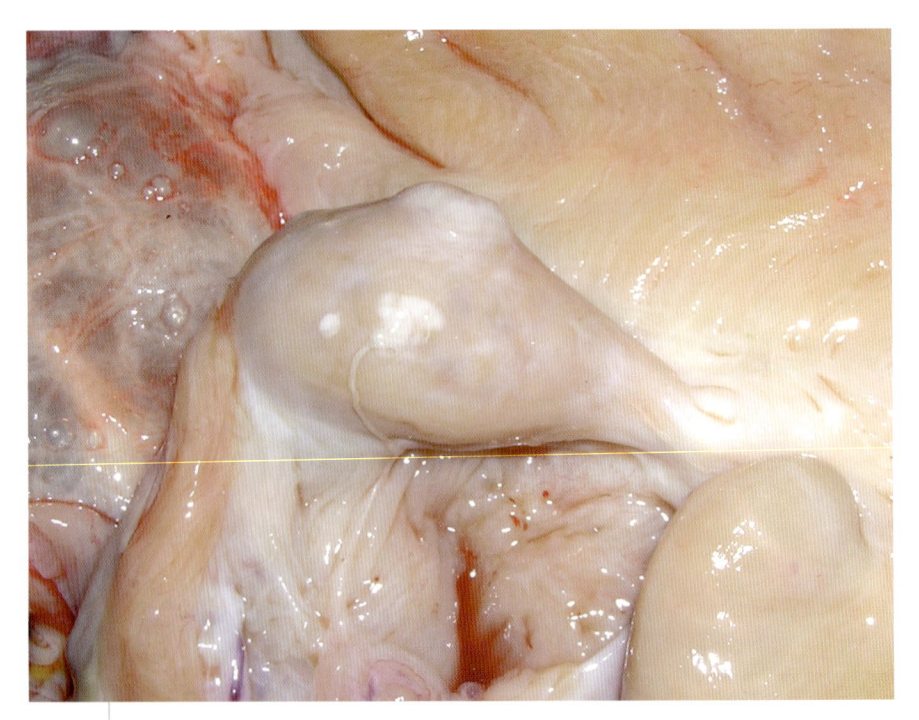

182 所見：
小さく古い黄体を有する卵巣

3　構造を認識する

触診できる構造物：
1 古い黄体組織で注意深い触診が必要となる
分類：
明瞭な黄体；なし
明瞭な卵胞；なし

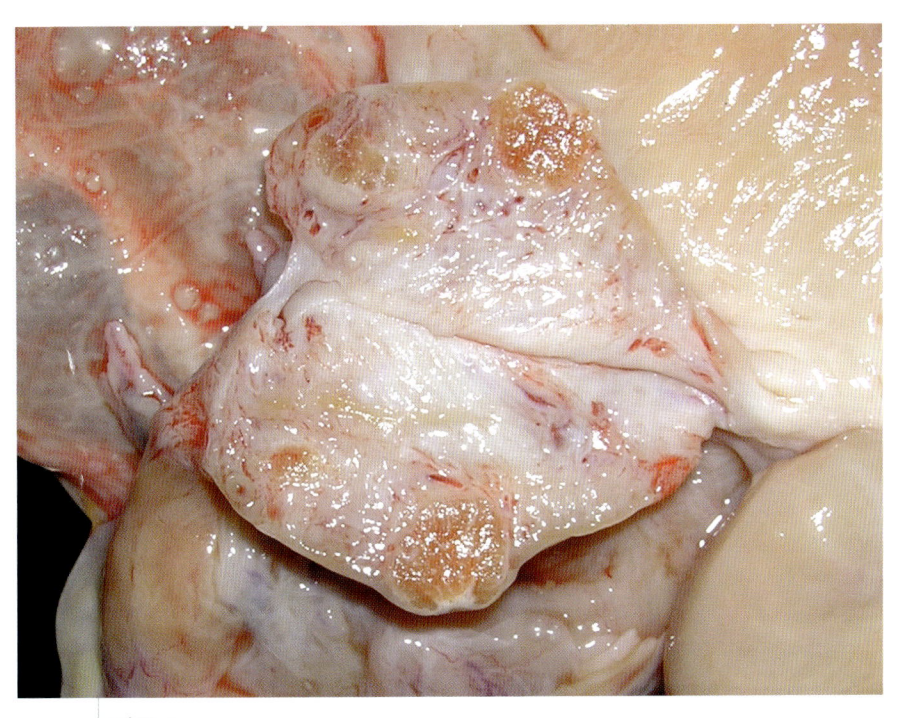

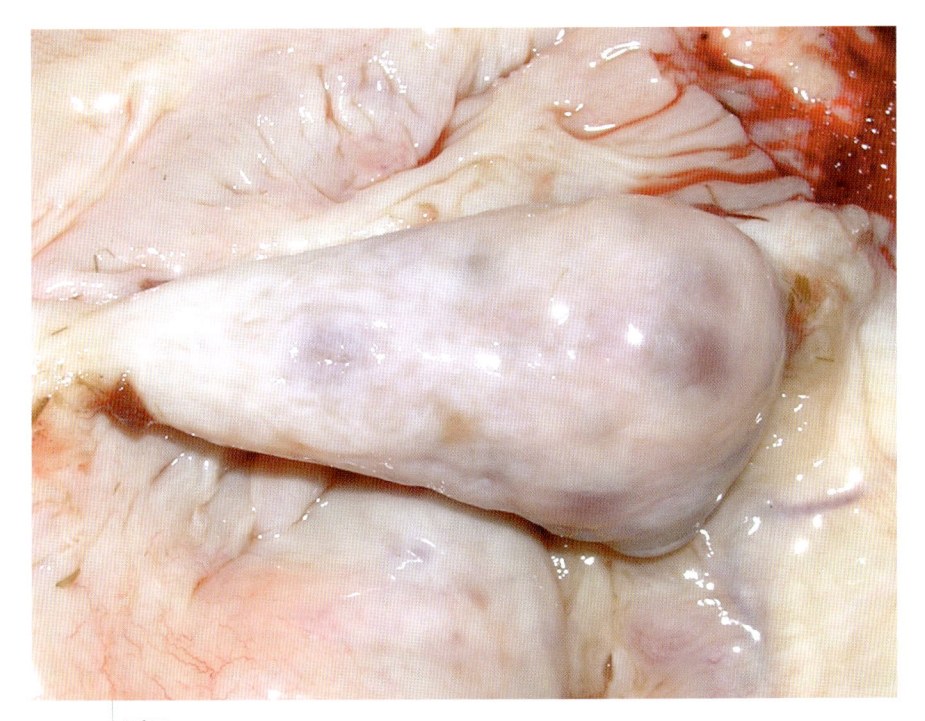

所見：
183 明瞭な構造物を持たない卵巣の割面。182 と同一卵巣である

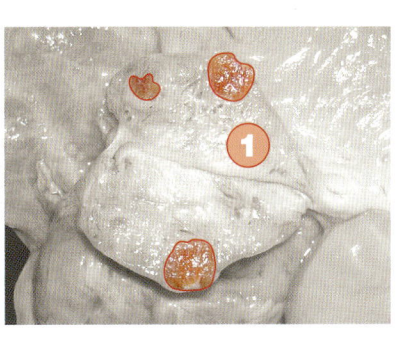

触診できる構造物：
1 種々のサイズの複数の卵胞
分類：
明瞭な黄体；なし
明瞭な卵胞；あり（複数）

所見：
184 異なるサイズの複数の卵胞を有する卵巣（直腸検査でひとつひとつの卵胞の大きさの違いを見分けるのは難しい）

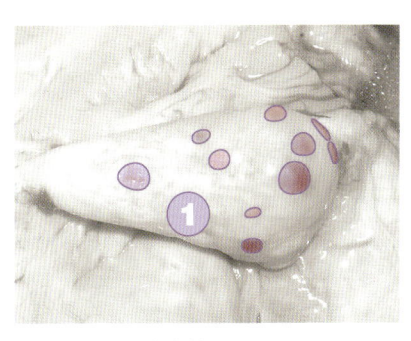

触診できる構造物：
1 主席卵胞
2 形成開始から間もない黄体

その他の構造物：
3 次席卵胞以下の卵胞
4 古い黄体

分類：
明瞭な黄体；あり
明瞭な卵胞；あり（複数）

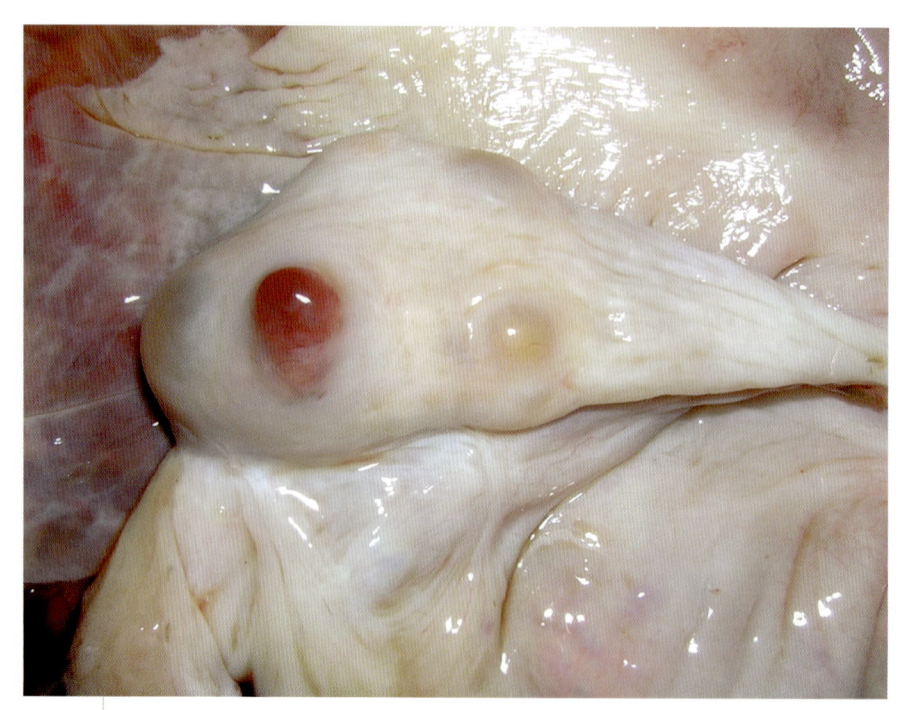

所見：
185 複数のサイズの卵胞と形成初期の黄体，および古い黄体を有する卵巣。これらすべての構造物が同一卵巣において同一時期に観察できる

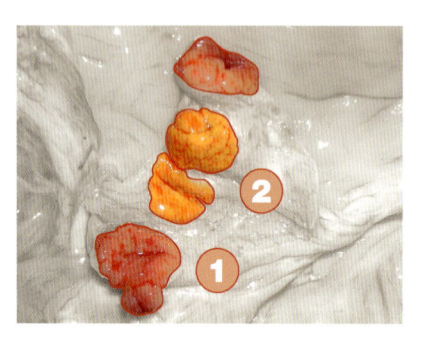

触診できる構造物：
1 形成初期の明瞭な黄体
2 1より古いが明瞭な黄体

分類：
明瞭な黄体；あり
明瞭な卵胞；あり（複数）

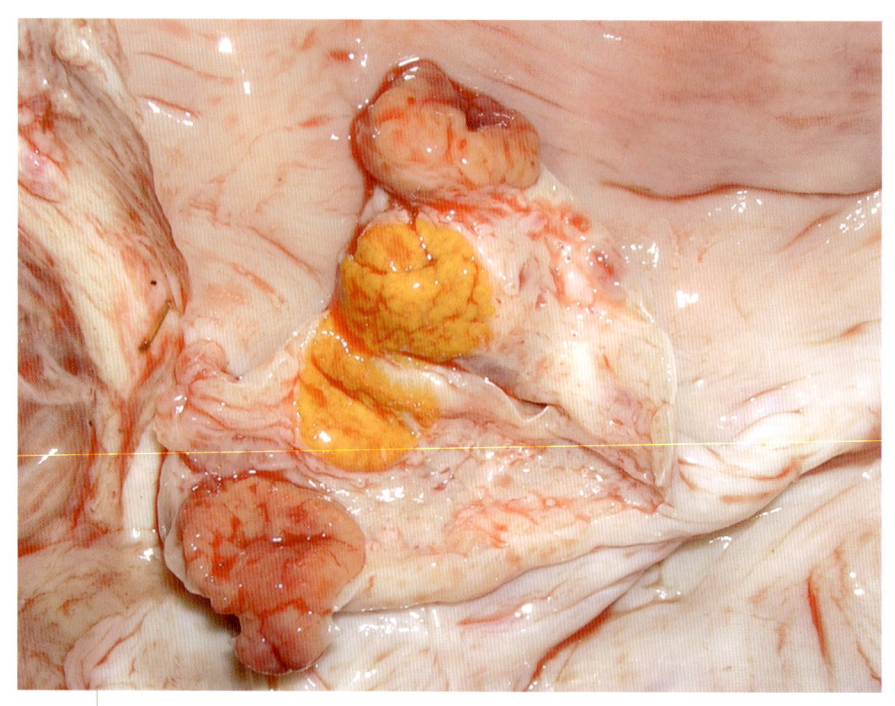

所見：
186 185と同一卵巣の割面。2つの黄体の色調の違いに注目（古い方が色が明るい〈より黄色がかっている〉）

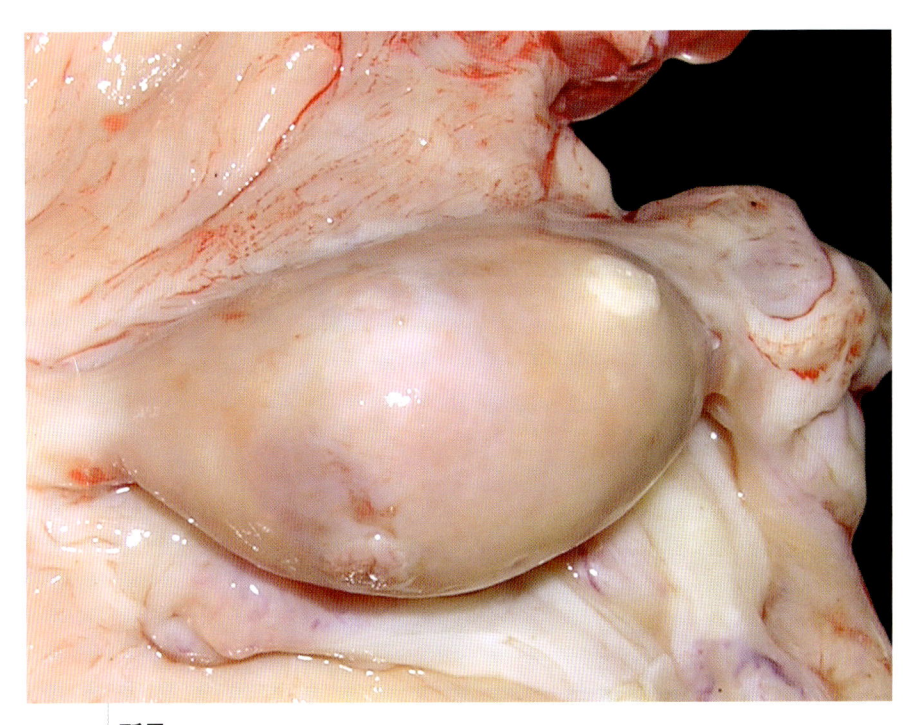

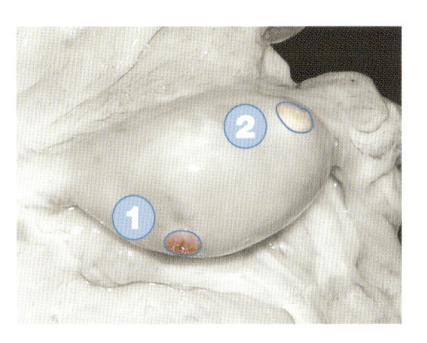

3　構造を認識する

触診できる構造物：
1　黄体の痕跡
その他の構造物：
2　黄体の痕跡（白体）
分類：
明瞭な黄体；なし
明瞭な卵胞；なし

所見：
187 触診できる構造物をほとんど持たない卵巣

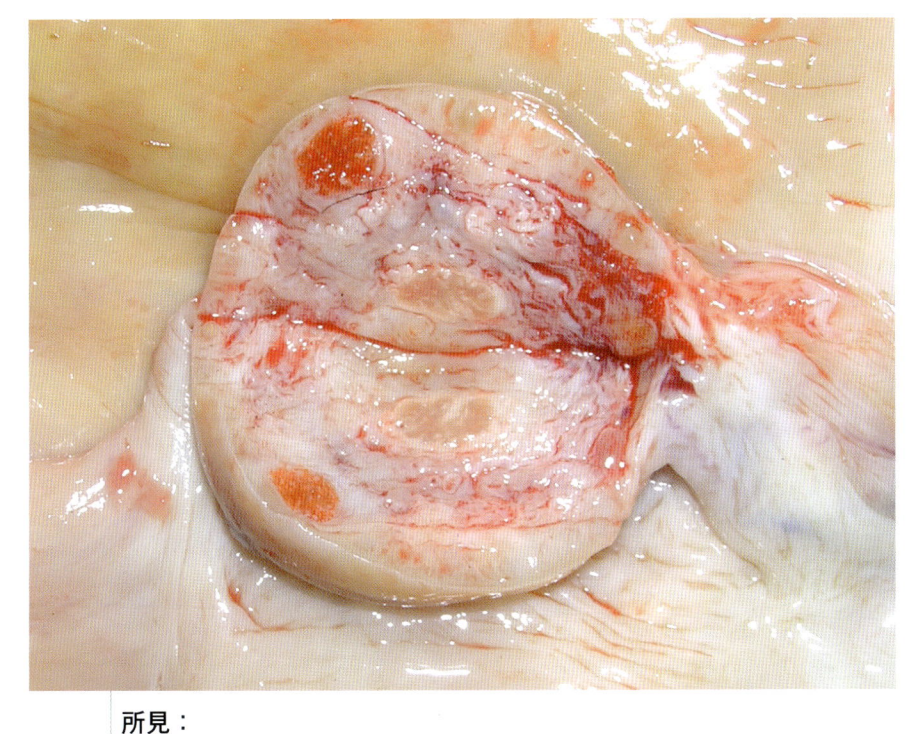

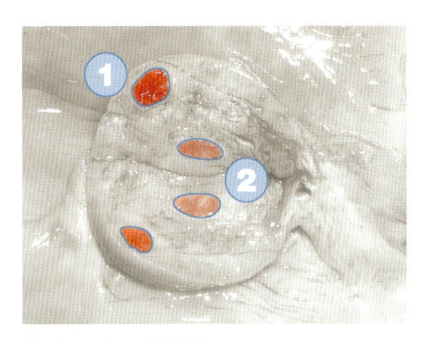

触診できる構造物：
1　黄体の痕跡
その他の構造物：
2　黄体の痕跡
分類：
明瞭な黄体；なし
明瞭な卵胞；なし

所見：
188 187と同一卵巣の割面

151

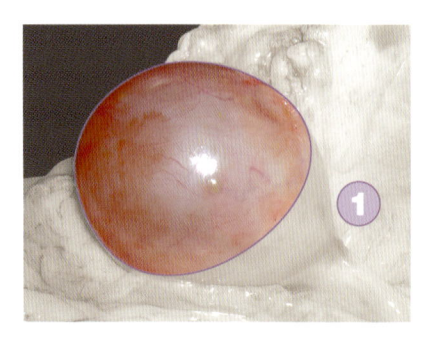

触診できる構造物：
1 嚢腫卵胞（訳者注：原文では卵胞嚢腫となっているが，卵胞嚢腫は疾患名であることから卵胞の名称としてここでは嚢腫卵胞とする）

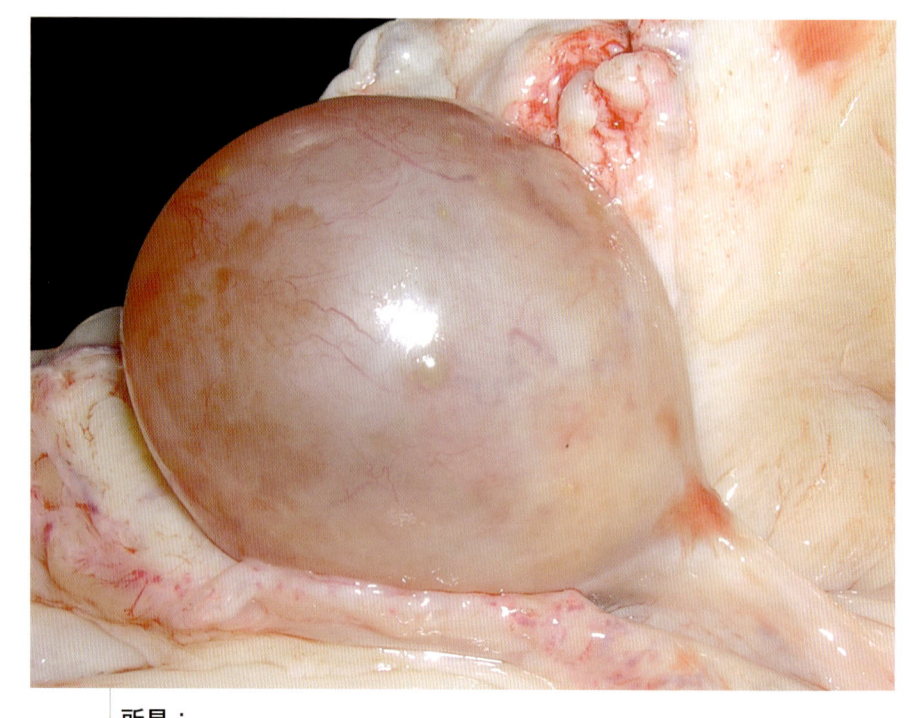

分類：嚢腫卵胞

所見：
189 卵巣のほぼ全域を占める巨大な嚢腫卵胞を有する卵巣

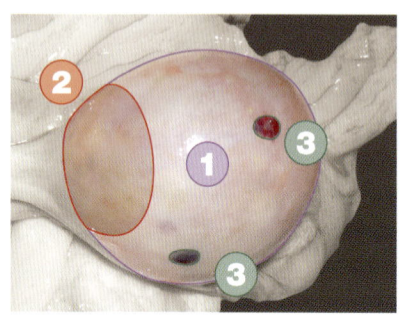

触診できる構造物：
1 嚢腫卵胞

その他の構造物：
2 嚢腫の一部において色がやや変化している。黄体化がはじまっている
（訳者注：黄体化した嚢腫は黄体嚢腫と呼ぶべきだが，黄体化がはじまったばかりの段階ではいずれに分類すべきか議論があるだろう）
3 出血点

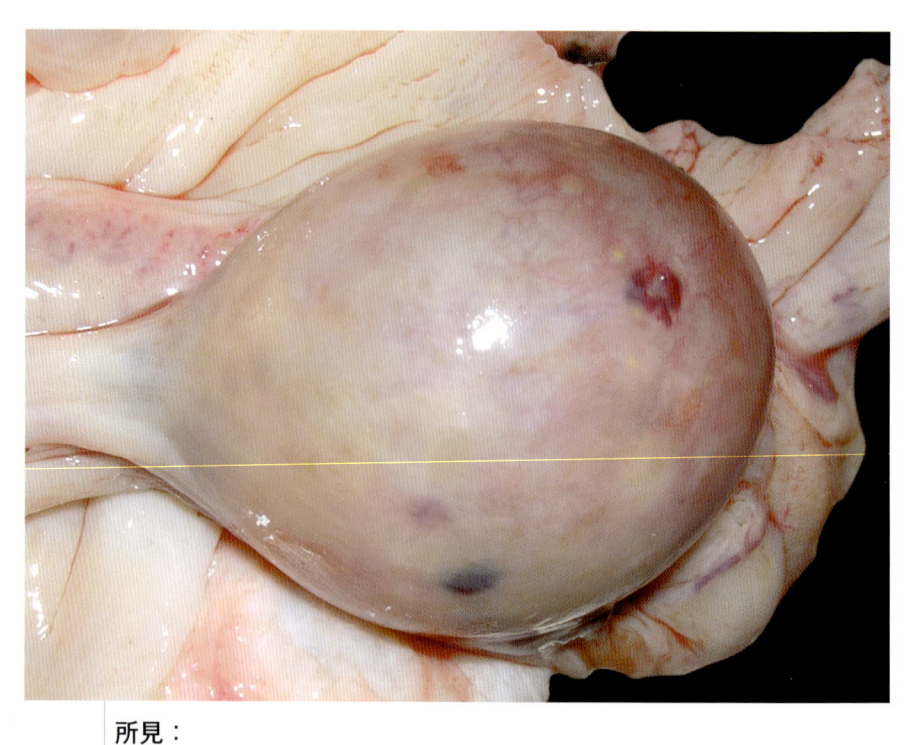

分類：嚢腫卵胞

所見：
190 大きな嚢腫卵胞

触診できる構造物：
1 囊腫卵胞（黄体化していない領域）
2 囊腫卵胞（黄体化がはじまった領域）

分類：**囊腫卵胞**

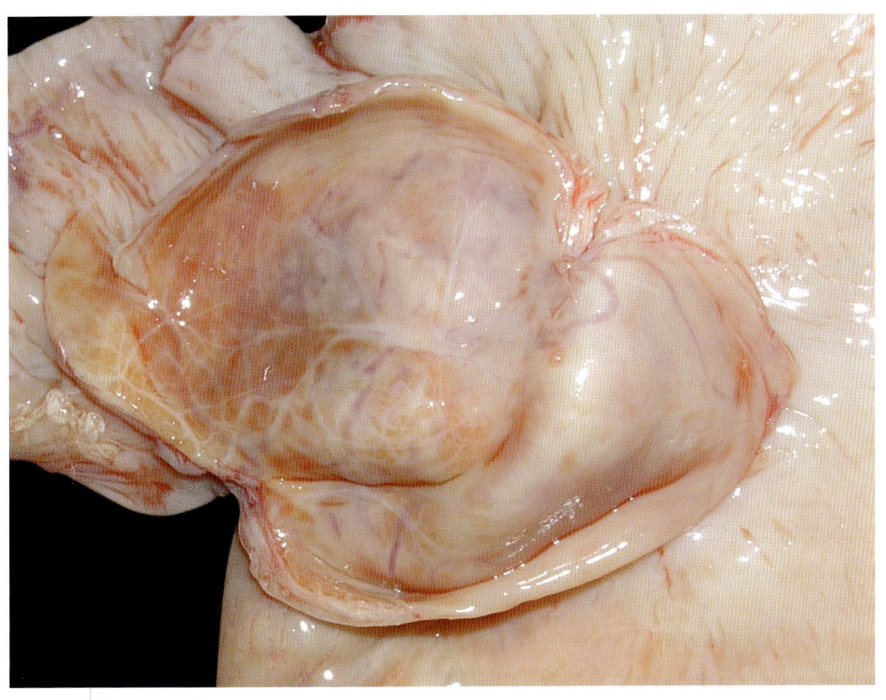

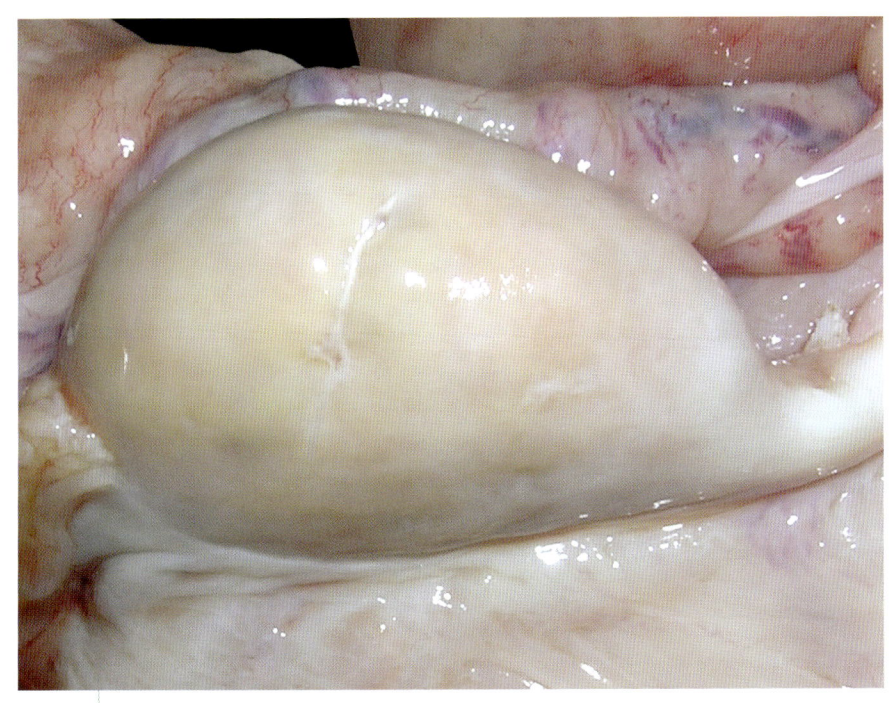

所見：
191 190と同一卵巣の割面。内腔の左方の領域（より黄色く見える）では黄体化がはじまっているのがより明確に観察できる

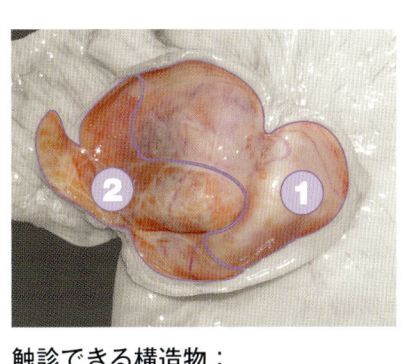

触診できる構造物：
なし
分類：
明瞭な黄体；なし
明瞭な卵胞；なし

所見：
192 明瞭な構造物を持たない卵巣

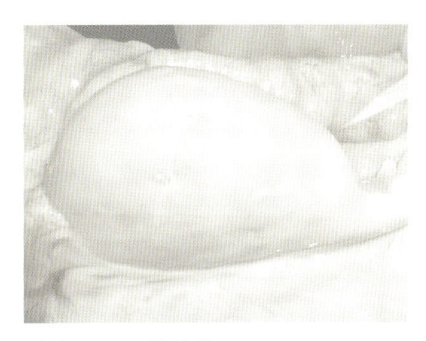

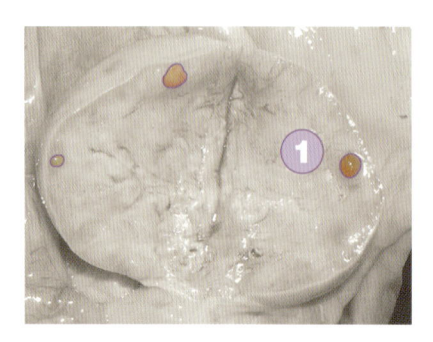

触診できる構造物：
なし
その他の構造物：
1 写真上で複数個の小卵胞が観察できる。おそらく，皮質において動員されつつある小卵胞である
分類：
明瞭な黄体；なし
明瞭な卵胞；なし

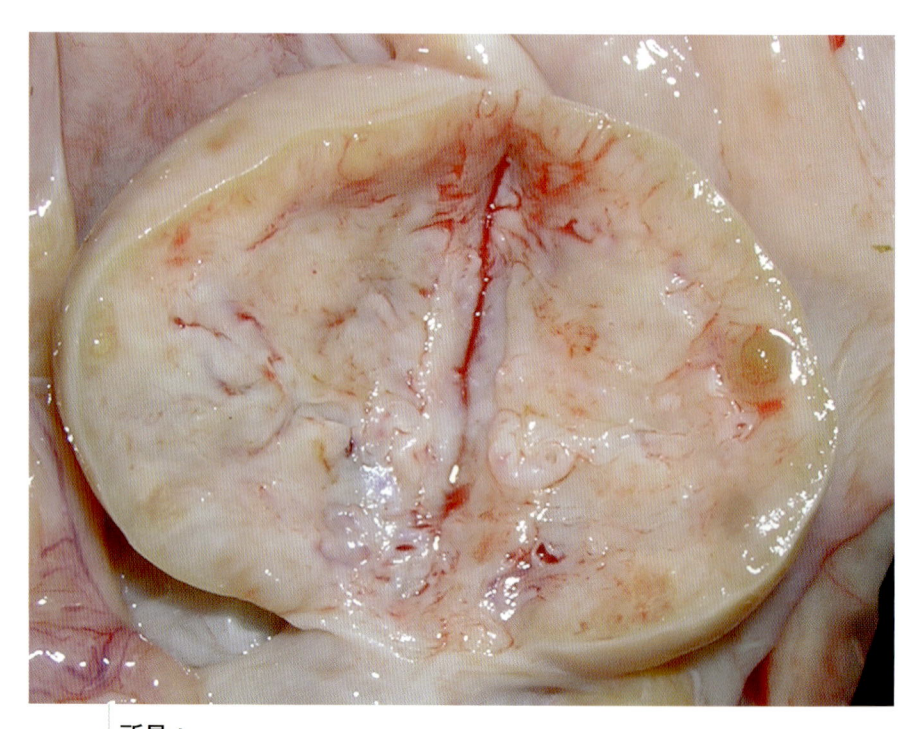

所見：
193 192と同一卵巣の割面

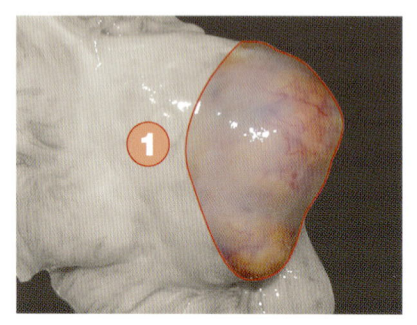

触診できる構造物：
1 明瞭な黄体
分類：
明瞭な黄体；あり
明瞭な卵胞；なし

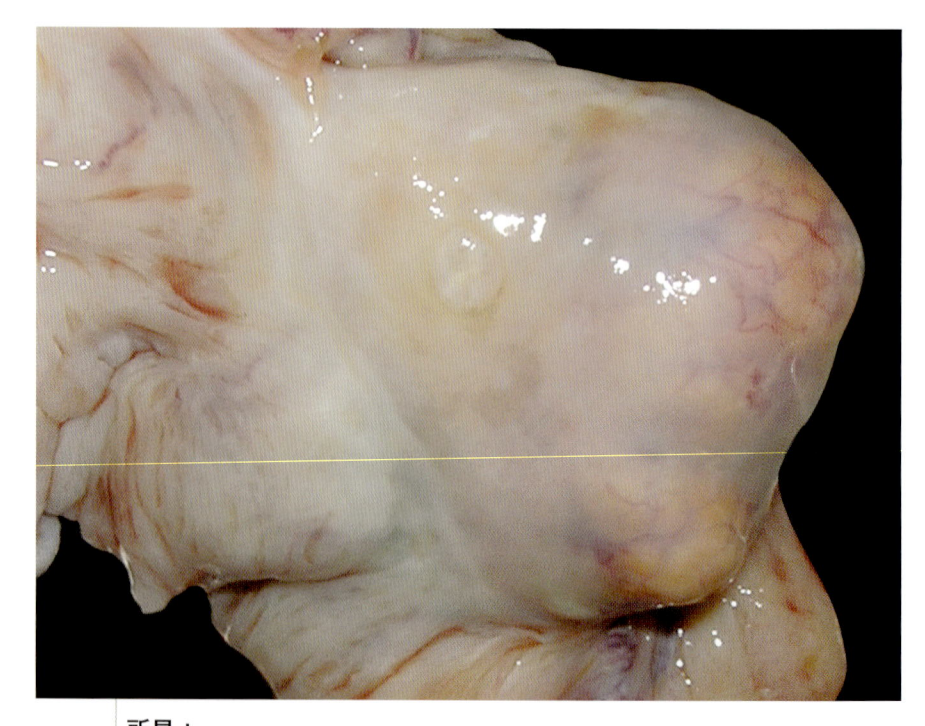

所見：
194 卵巣のほぼ全域を占める2つの黄体を有する卵巣

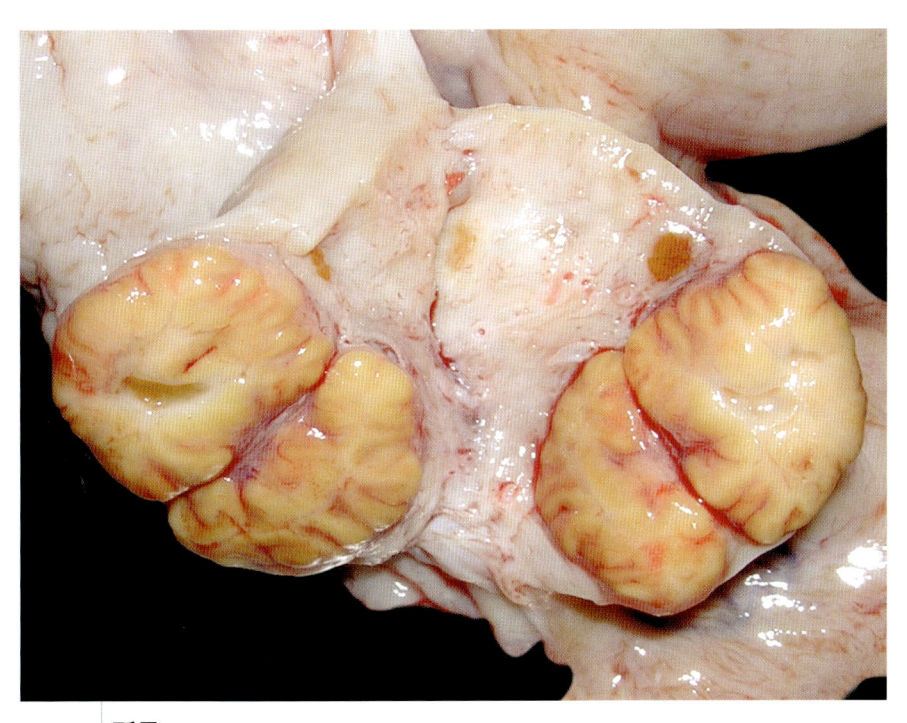

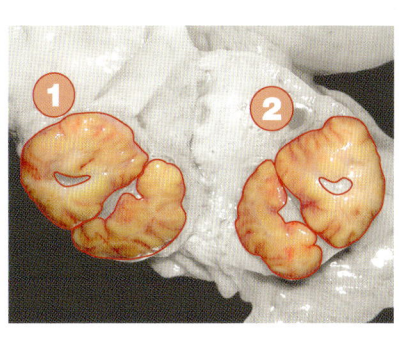

3　構造を認識する

触診できる構造物：
1　小さな内腔を有する黄体
2　別の黄体
分類：
明瞭な黄体；あり
明瞭な卵胞；なし

所見：
195　2つの黄体を有する卵巣。194と同一卵巣の割面である

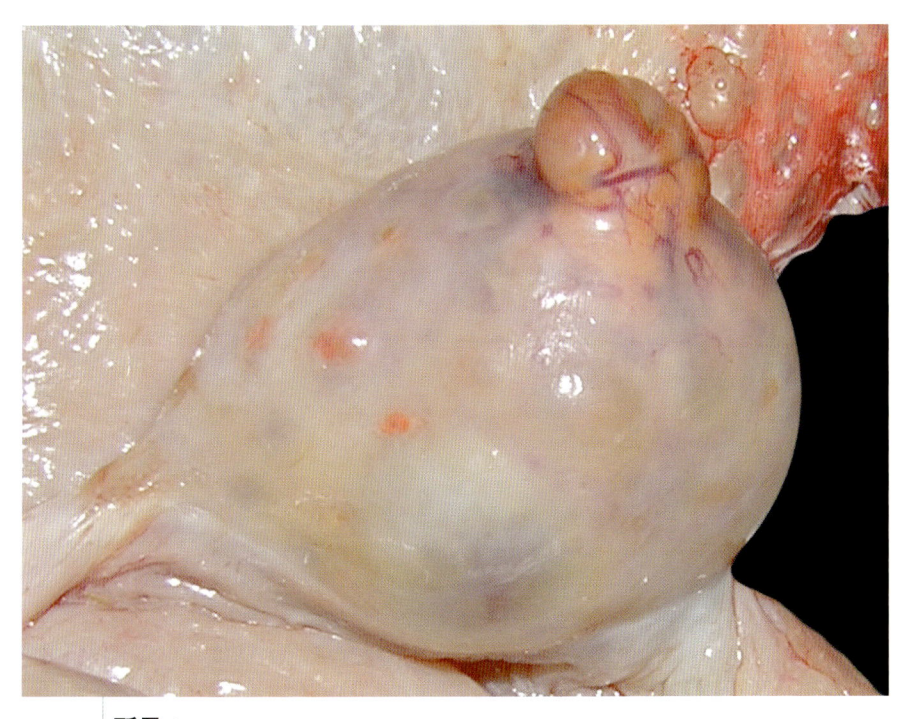

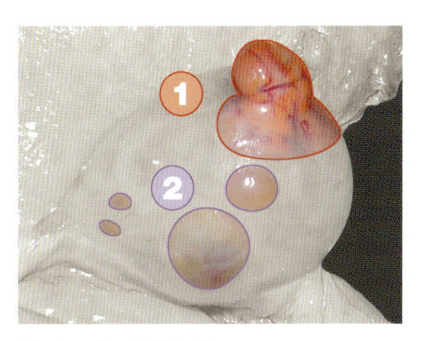

触診できる構造物：
1　明瞭な黄体
2　様々なサイズの卵胞
分類：
明瞭な黄体；あり
明瞭な卵胞；あり（複数）

所見：
196　黄体と，様々なサイズの卵胞を有する卵巣

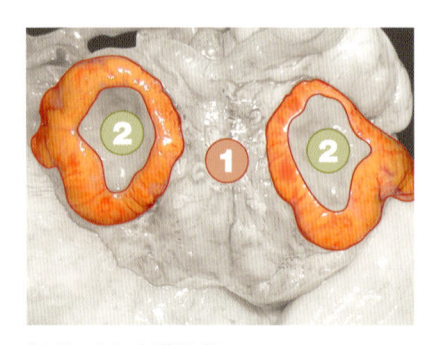

触診できる構造物：
1 いわゆる嚢腫様黄体
2 内腔

分類：
明瞭な黄体；あり
明瞭な卵胞；あり（複数）

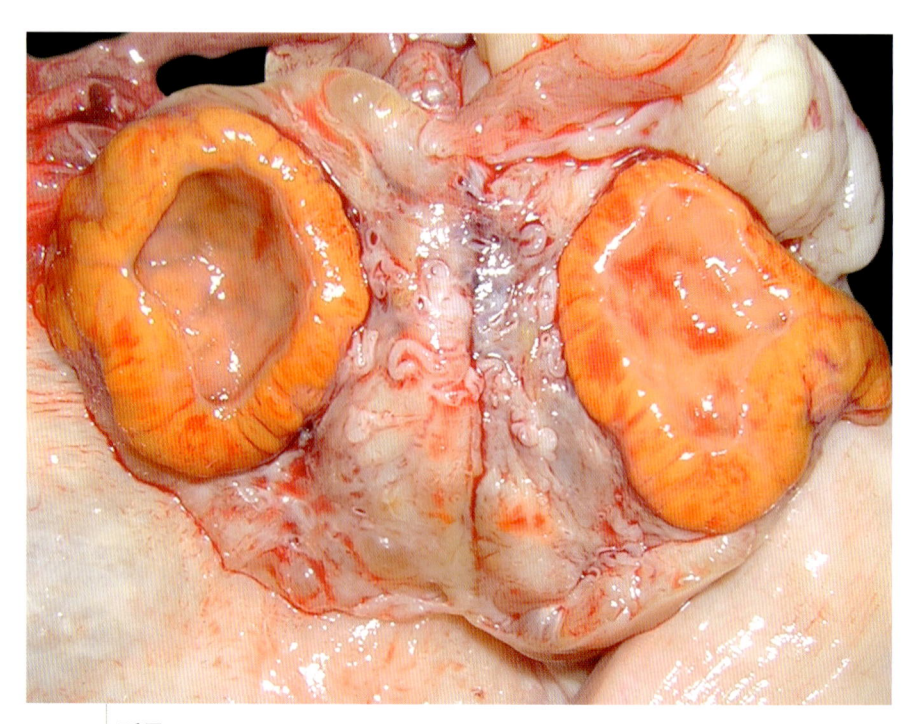

197 所見：
196と同一卵巣の割面。内腔が大きいことから，あまり古くない黄体である

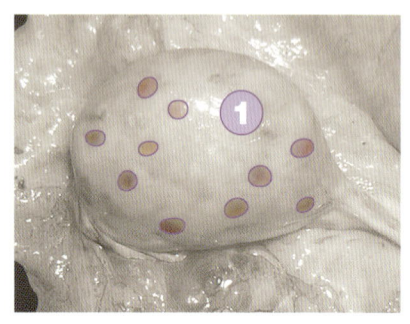

触診できる構造物：
なし

その他の構造物：
1 明瞭な構造物は何もない。写真では，複数の発育中の卵胞が観察できる

分類：
明瞭な黄体；なし
明瞭な卵胞；なし

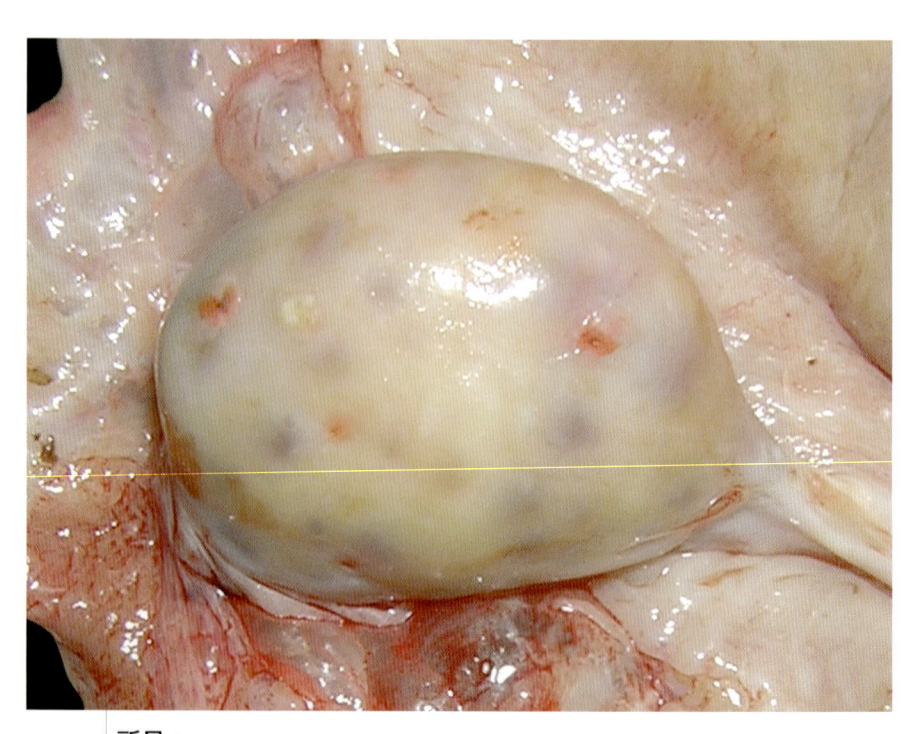

198 所見：
表面において発育をはじめた複数の卵胞を有する卵巣

3 構造を認識する

触診できる構造物：
なし
その他の構造物：
1 明瞭な構造物は何もない。写真では，複数の発育中の卵胞が観察できる
分類：
明瞭な黄体；なし
明瞭な卵胞；なし

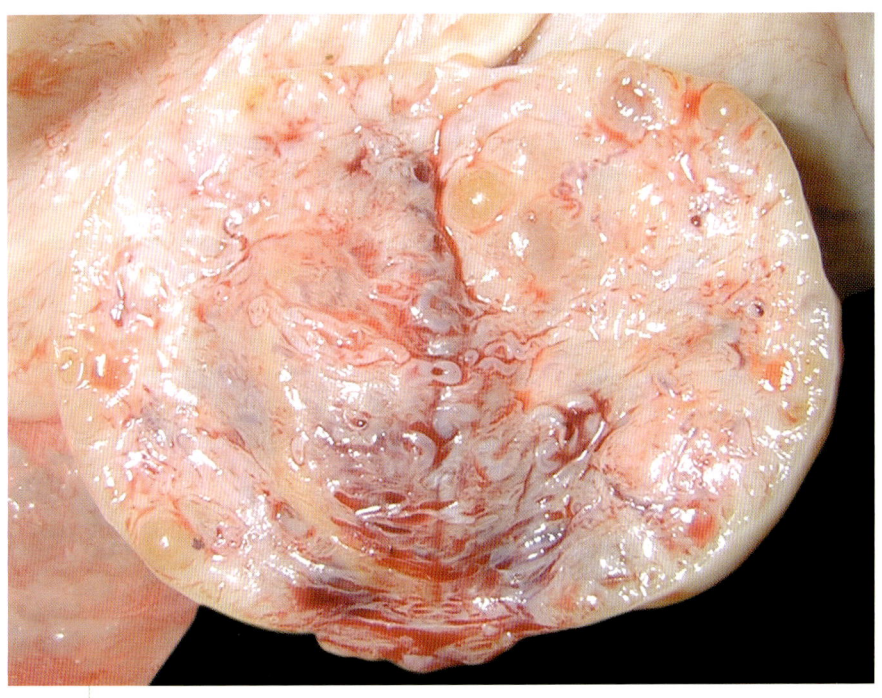

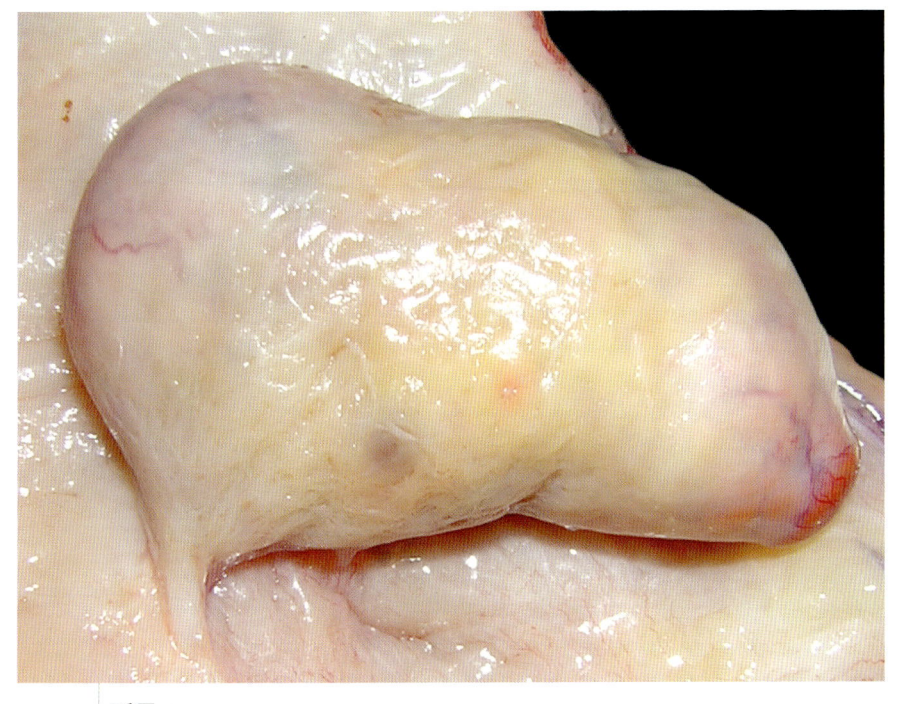

所見：
199 198と同一卵巣の割面。皮質において発育中の複数の卵胞の様子がより詳しく観察できる

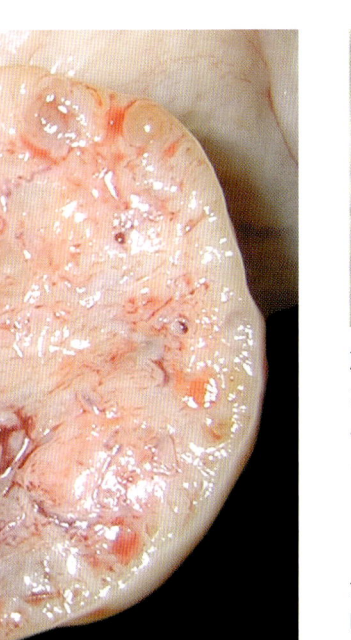

触診できる構造物：
1 黄体
2 別の黄体
分類：
明瞭な黄体；あり
明瞭な卵胞；なし

所見：
200 2つの黄体を有する卵巣。卵巣の両端にそれぞれひとつの黄体がある。2個排卵した例である

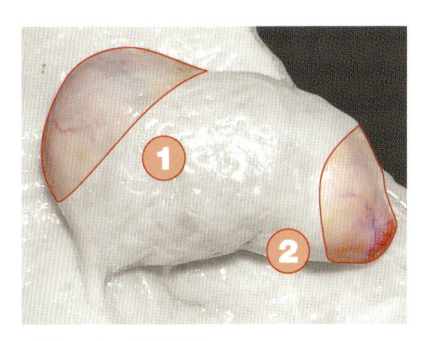

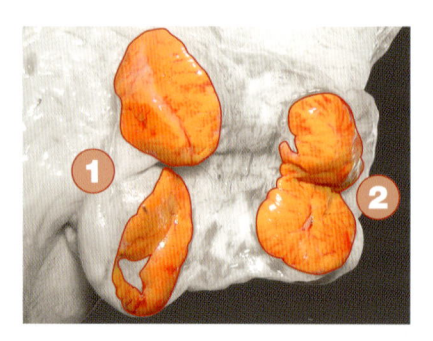

触診できる構造物：
1　黄体
2　別の黄体
分類：
明瞭な黄体；あり
明瞭な卵胞；なし

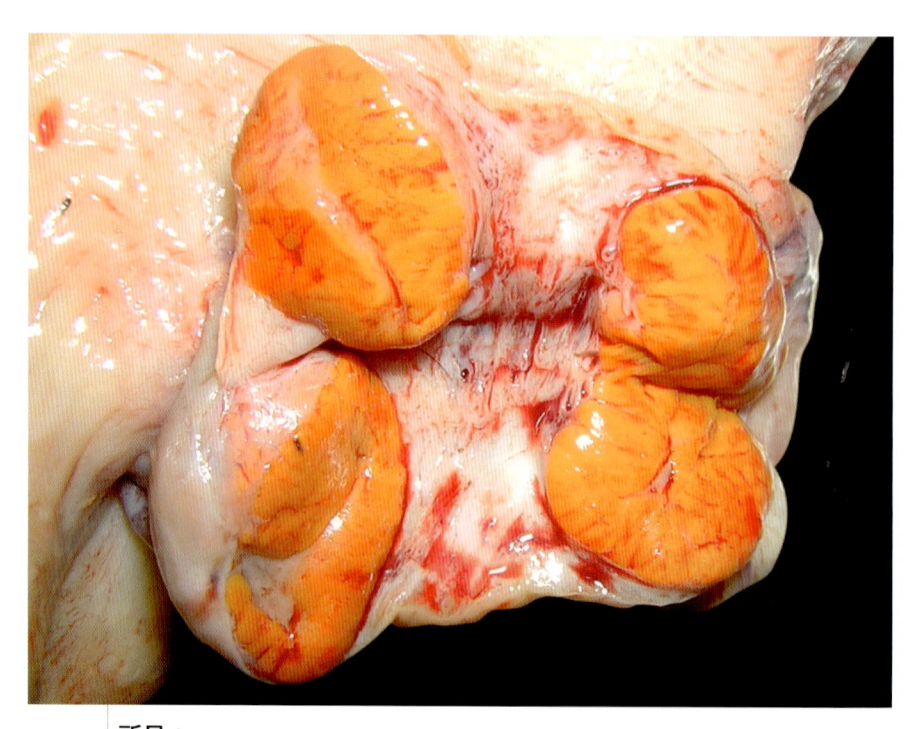

201 所見：
200と同一卵巣の割面。2個排卵した例

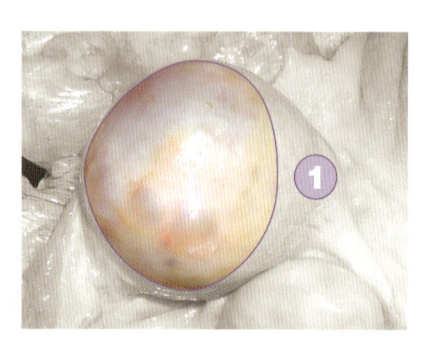

触診できる構造物：
1　嚢腫卵胞
分類：嚢腫卵胞

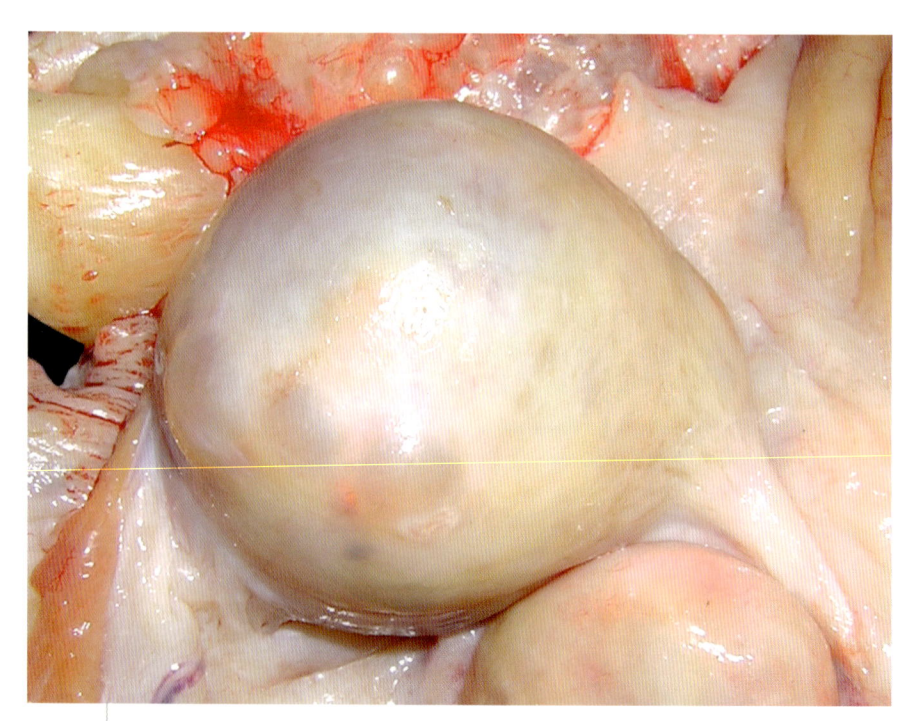

202 所見：
嚢腫化した卵巣。嚢腫が卵巣のほぼ全域を占めていることに注目

3　構造を認識する

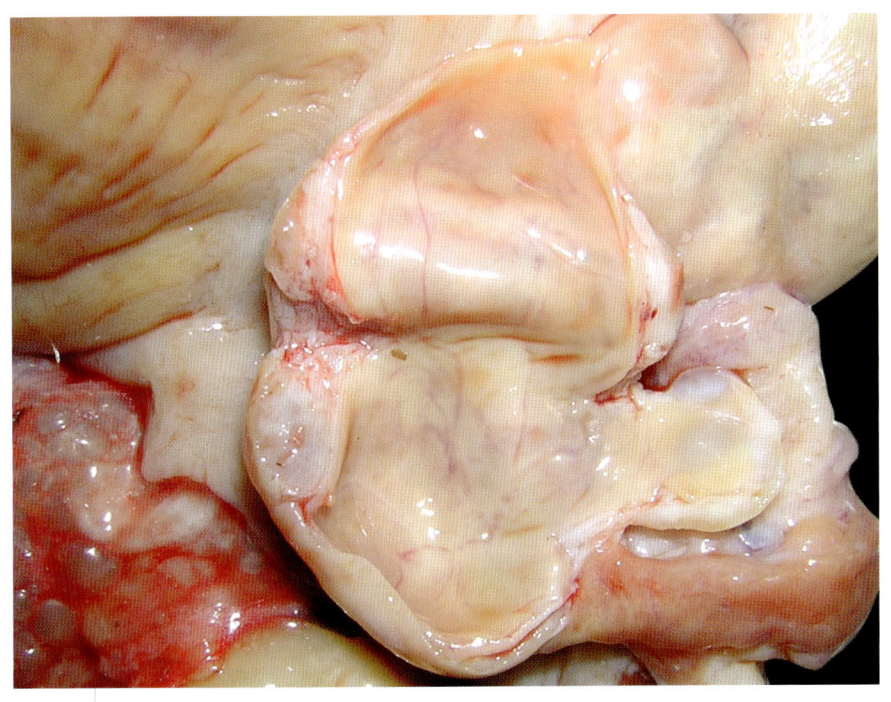

触診できる構造物：
1　嚢腫卵胞
分類：嚢腫卵胞

所見：
203 202と同一卵巣の割面。卵巣の大部分を占めていた嚢腫内の液体が抜けた後のスペースが観察できる。卵胞壁にわずかに黄体化が認められる

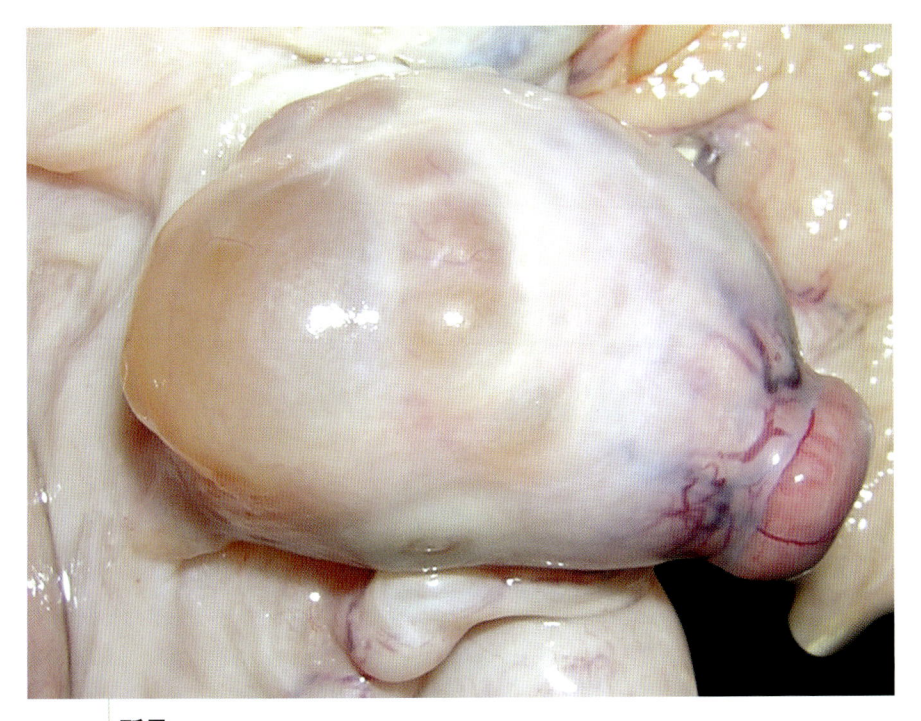

触診できる構造物：
1　明瞭な黄体
2　明瞭な卵胞
その他の構造物：
3　小卵胞
分類：
明瞭な黄体；あり
明瞭な卵胞；あり

所見：
204 シャンパンコルク状をした黄体と，大きな主席卵胞およびその他のより小さな複数の卵胞を有する卵巣

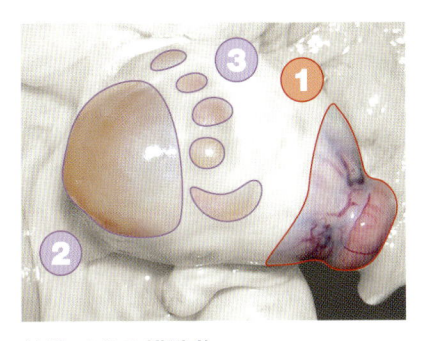

159

触診できる構造物：
1　明瞭な黄体
2　明瞭な卵胞

分類：
明瞭な黄体；あり
明瞭な卵胞；あり

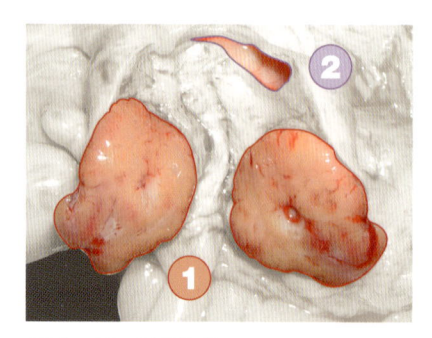

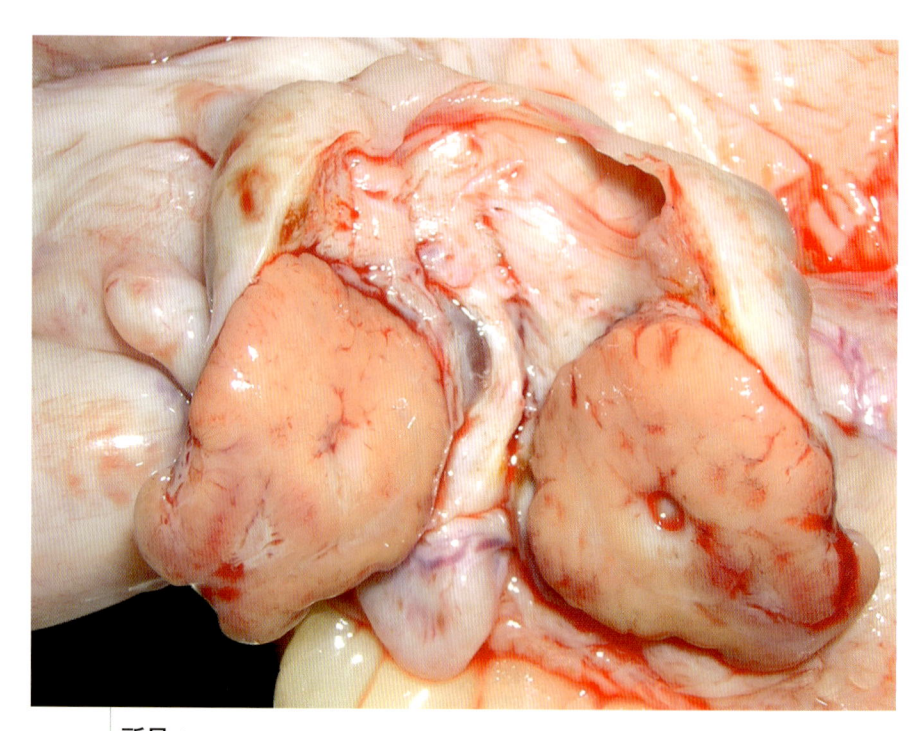

205 所見：
204と同一卵巣の割面

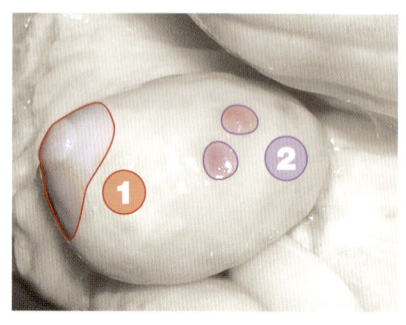

触診できる構造物：
なし

その他の構造物：
1　古い黄体
2　発育しはじめた卵胞

分類：
明瞭な黄体；なし
明瞭な卵胞；なし

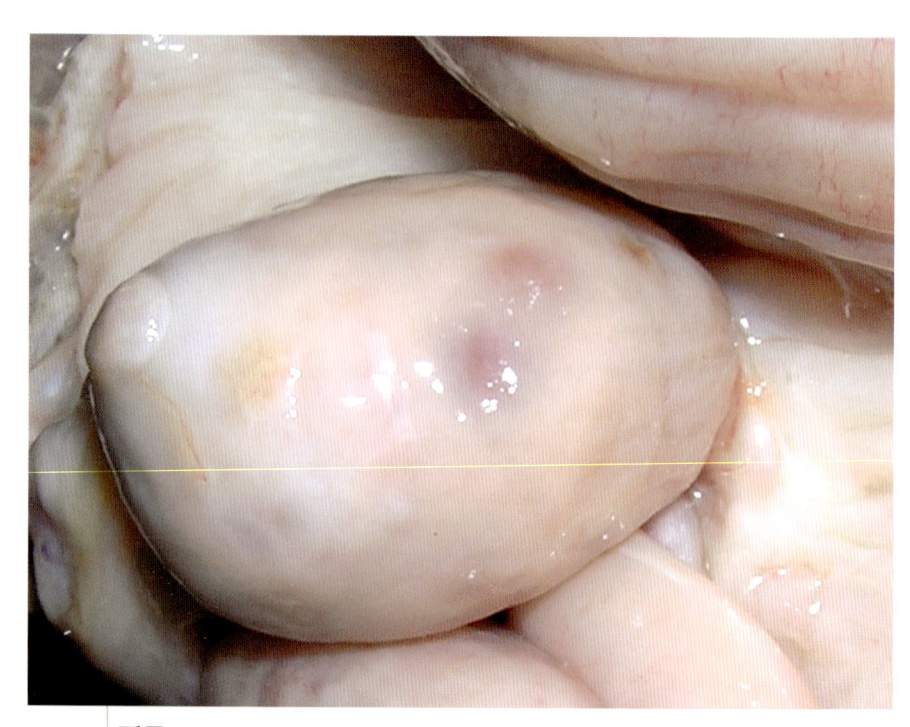

206 所見：
ひとつの古い黄体といくつかの小卵胞以外に明瞭な構造物を持たない卵巣

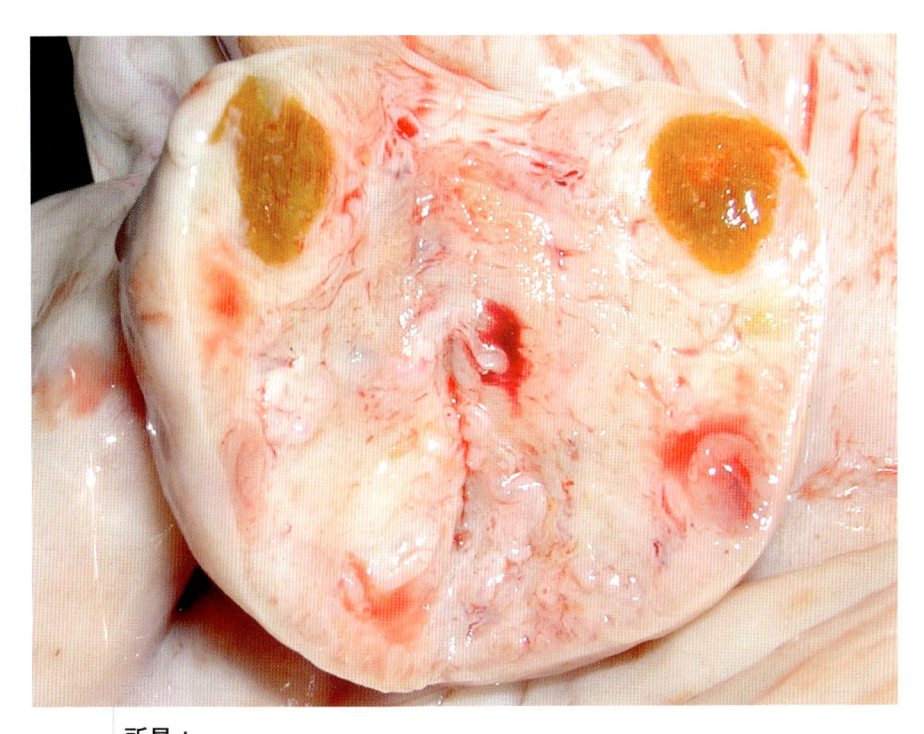

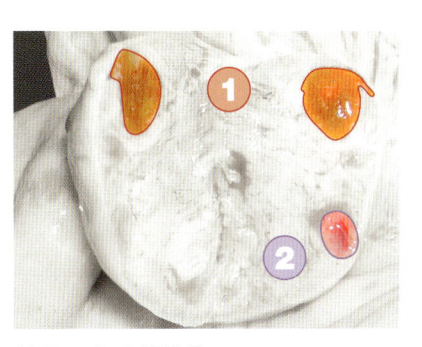

3 構造を認識する

触診できる構造物：
なし
その他の構造物：
1　古い黄体
2　発育しはじめた卵胞
分類：
明瞭な黄体；なし
明瞭な卵胞；なし

所見：
207 206と同一卵巣の割面。黄体の色に注目（古い黄体の色である）

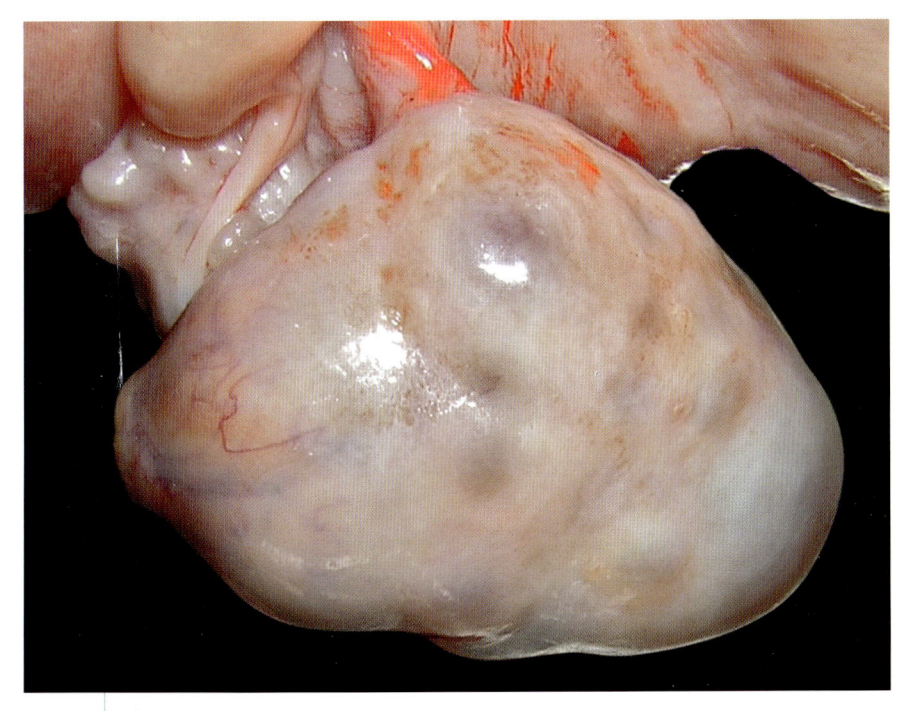

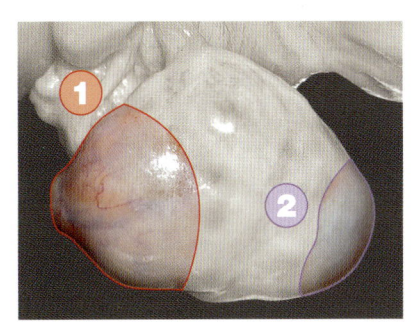

触診できる構造物：
1　明瞭な黄体
2　明瞭な卵胞
分類：
明瞭な黄体；あり
明瞭な卵胞；あり

所見：
208 一端に黄体を，他端に卵胞を有する卵巣

161

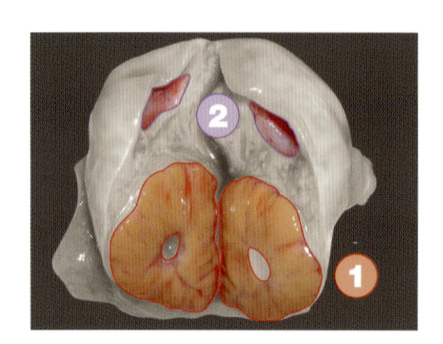

触診できる構造物：
1　内腔を有する明瞭な黄体
2　明瞭な卵胞
分類：
明瞭な黄体；あり
明瞭な卵胞；あり

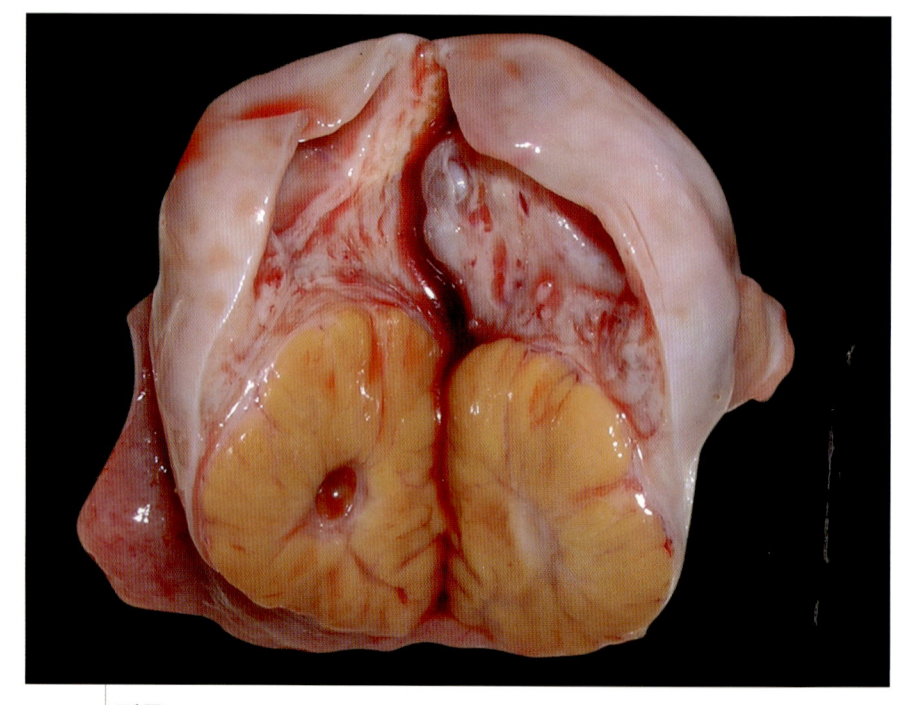

所見：
209　208と同一卵巣の割面。触診にて黄体と卵巣が認識できる

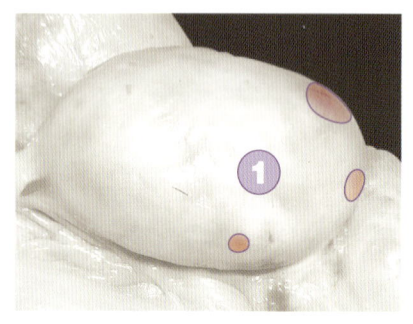

触診できる構造物：
なし
その他の構造物：
1　発育しはじめた卵胞
分類：
明瞭な黄体；なし
明瞭な卵胞；なし

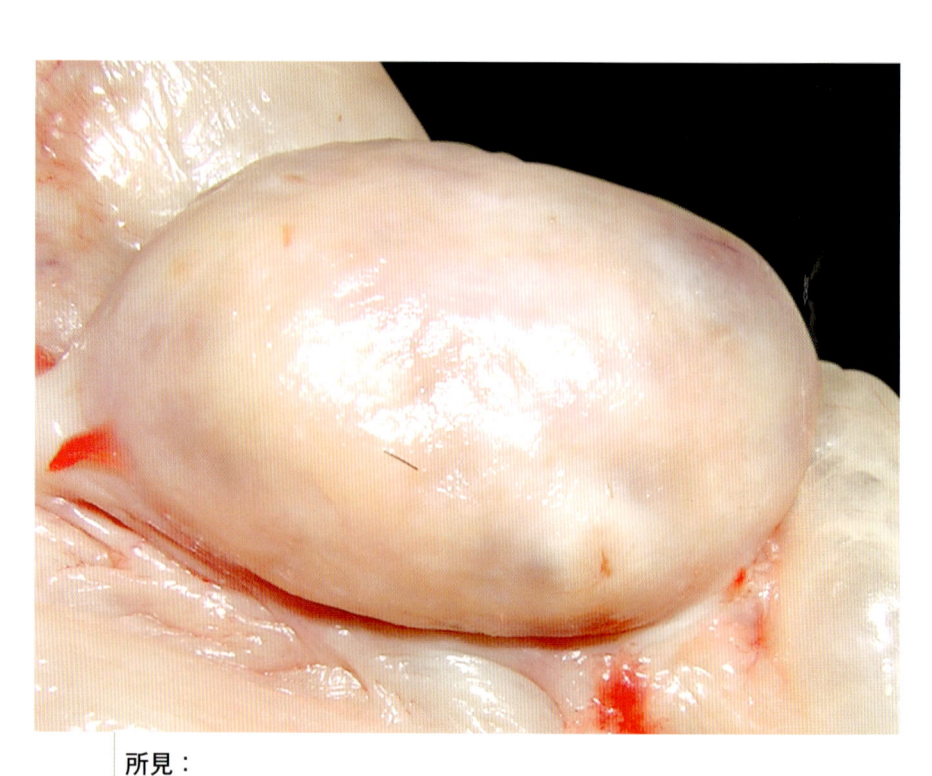

所見：
210　触診できる構造物を持たない卵巣

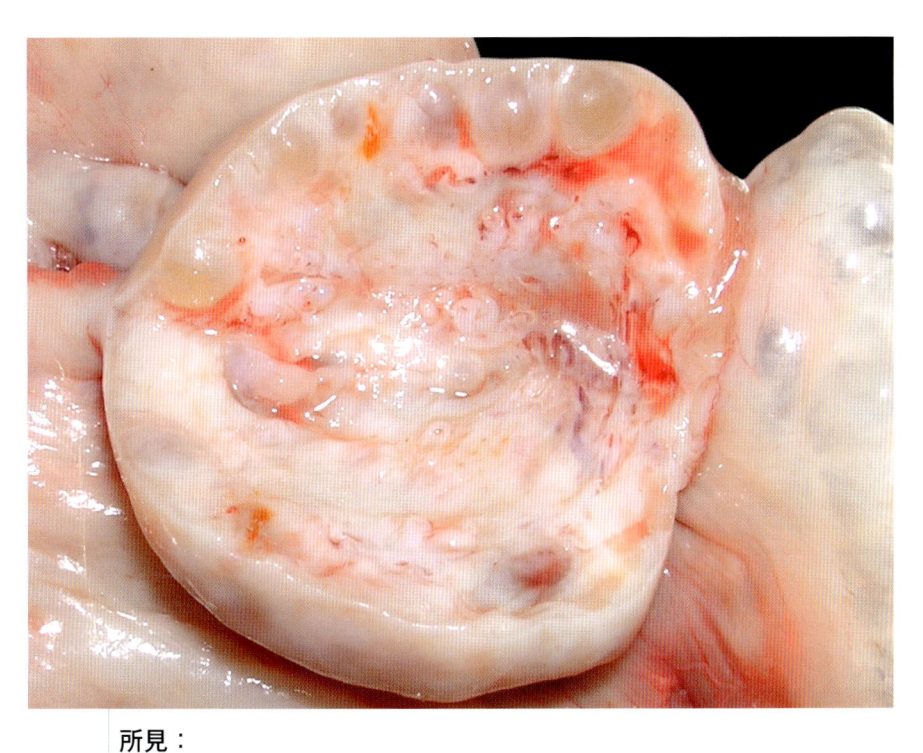

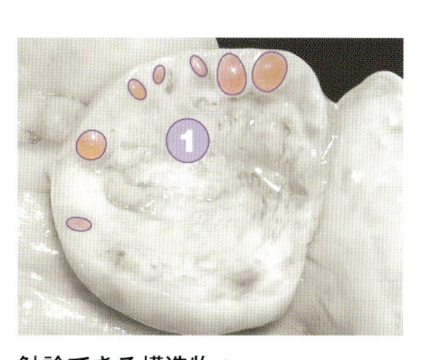

3 構造を認識する

触診できる構造物：
なし
その他の構造物：
1 発育中の卵胞
分類：
明瞭な黄体；なし
明瞭な卵胞；なし

所見：
211 210と同一卵巣の割面。卵巣皮質に存在する複数の発育中の卵胞に注目

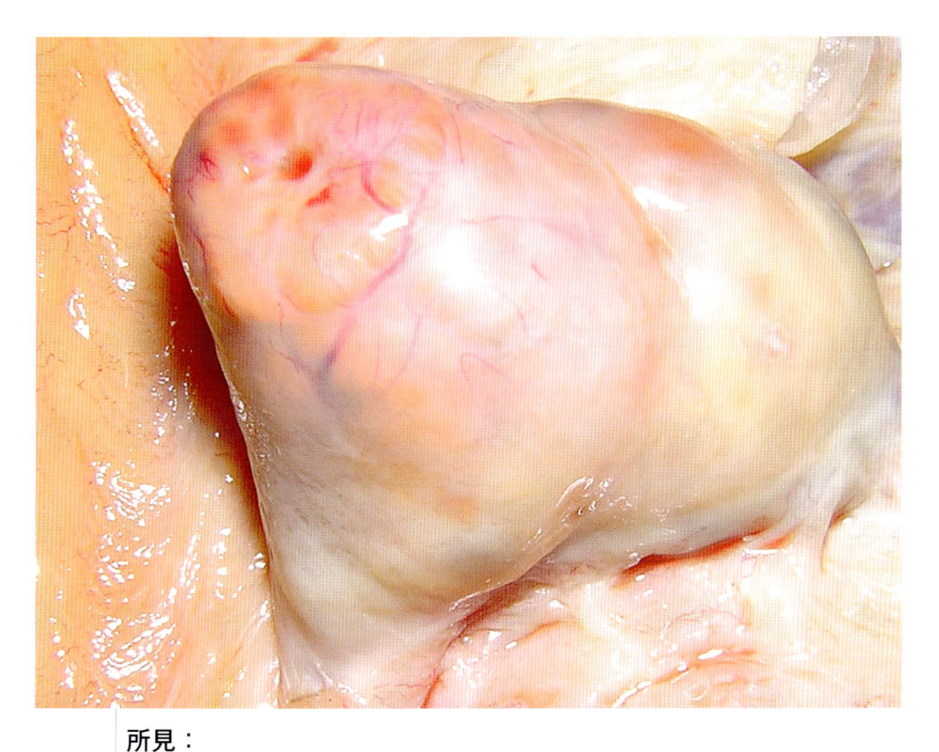

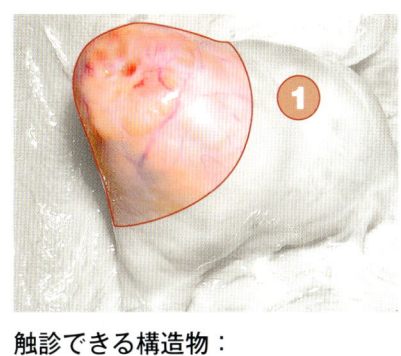

触診できる構造物：
1 シャンパンコルク状をした明瞭な黄体
分類：
明瞭な黄体；あり
明瞭な卵胞；なし

所見：
212 大きな黄体を有する卵巣

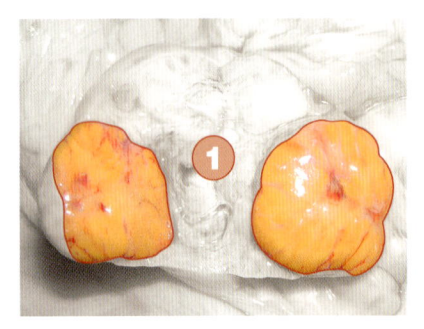

触診できる構造物：
1　明瞭な黄体

分類：
明瞭な黄体；あり
明瞭な卵胞；なし

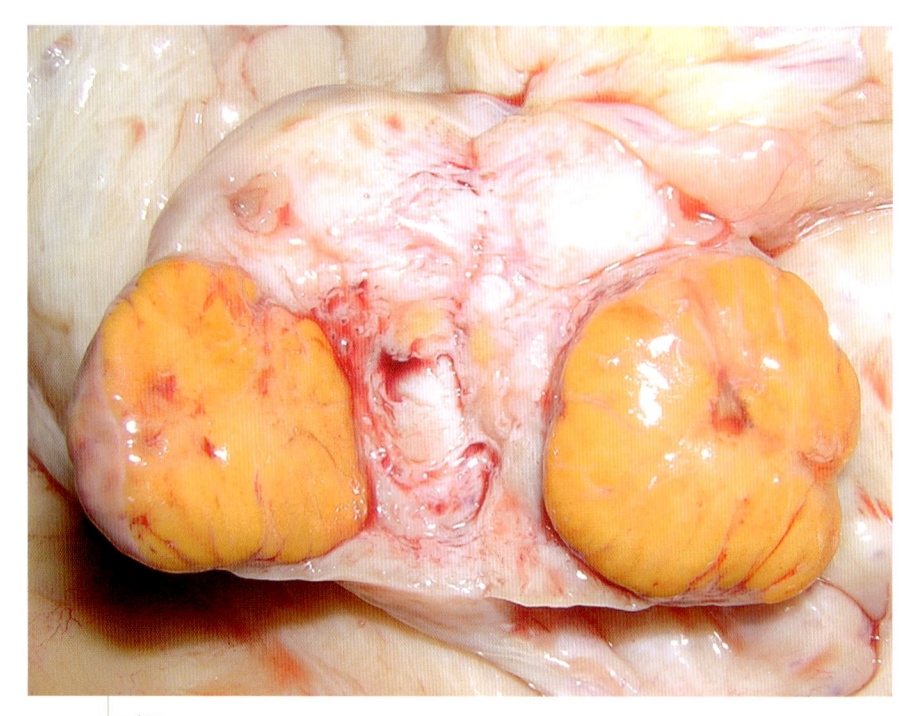

213 所見：
212と同一卵巣の割面。黄体の詳細が分かる

触診できる構造物：
1　大卵胞
2　複数の小卵胞

その他の構造物：
3　古い黄体

分類：
明瞭な黄体；なし
明瞭な卵胞；あり（複数）

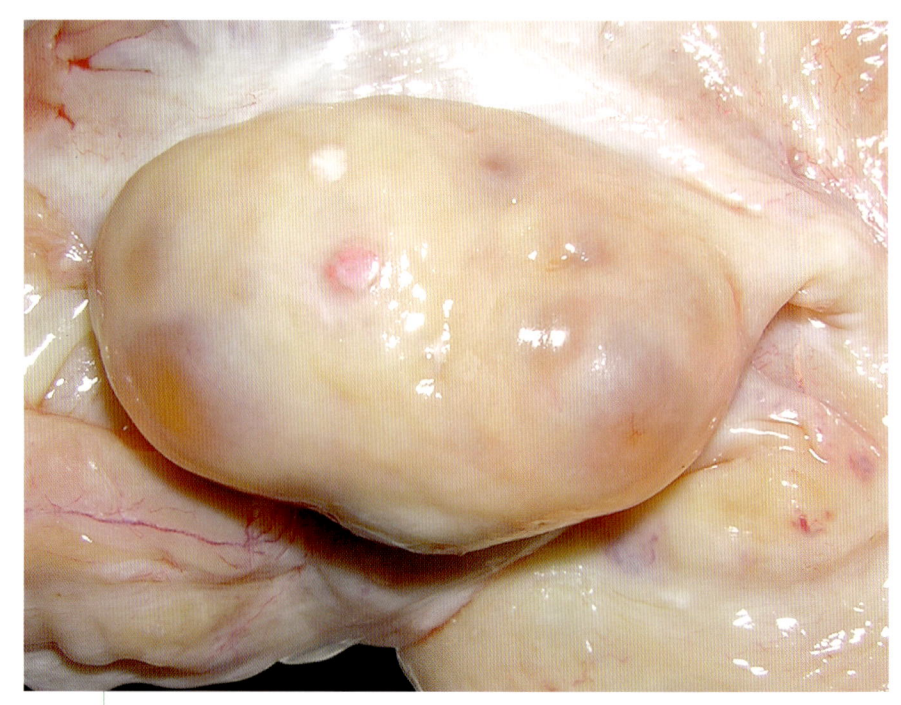

214 所見：
複数の異なるサイズの卵胞を有する卵巣。卵胞のうちのひとつが主席性を獲得しつつある

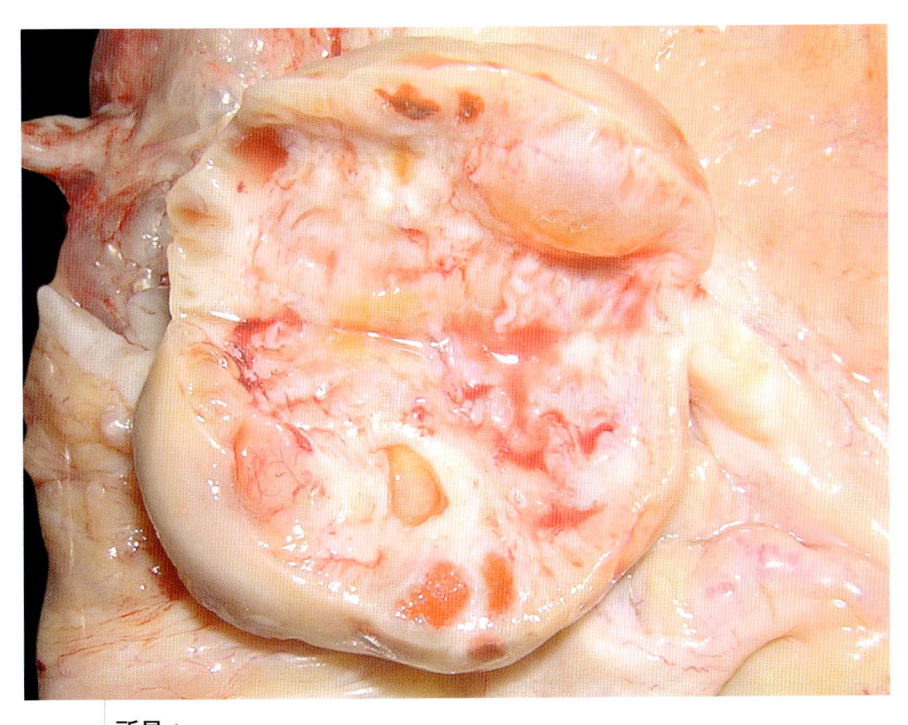

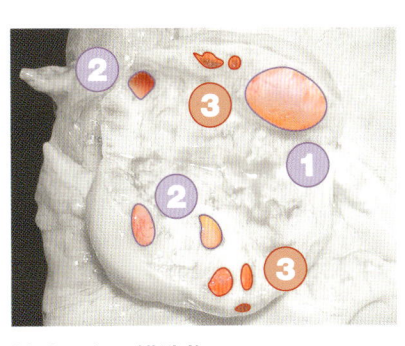

3 構造を認識する

触診できる構造物：
1 大卵胞
2 小卵胞
その他の構造物：
3 古い退行中の黄体
分類：
明瞭な黄体；なし
明瞭な卵胞；あり（複数）

所見：
215 214と同一卵巣の割面。卵巣内の構造物をより詳細に観察することができる

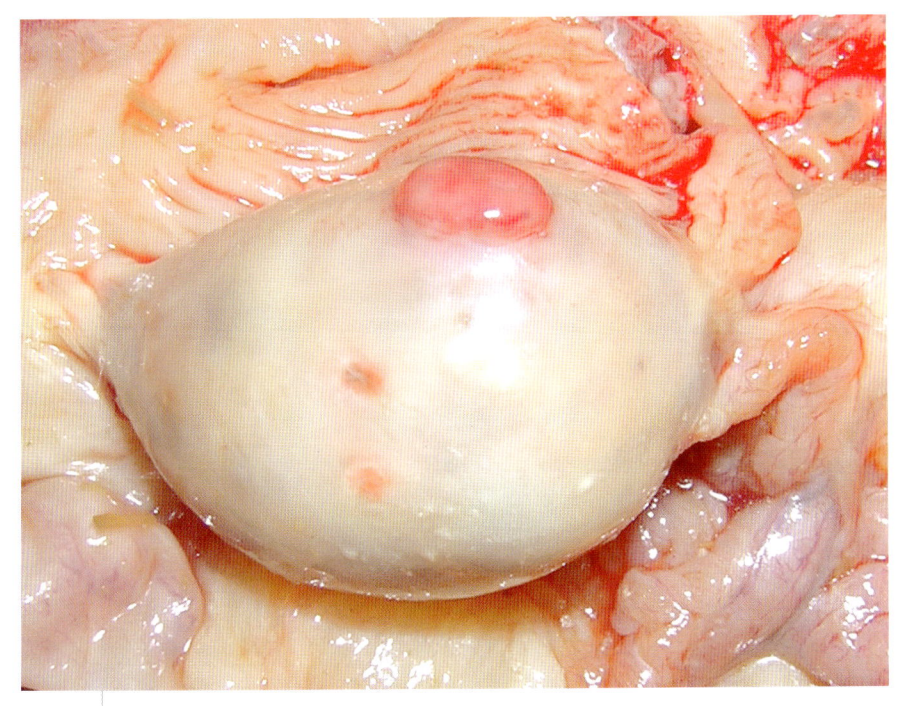

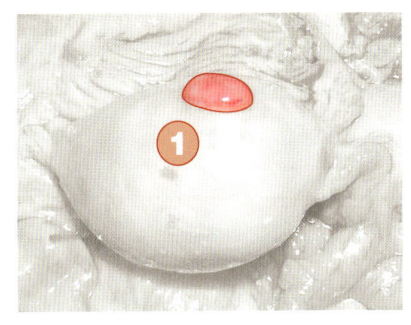

触診できる構造物：
1 発育をはじめた黄体
分類：
明瞭な黄体；なし
明瞭な卵胞；なし

所見：
216 排卵後間もなく形成された新しい黄体を有する卵巣。黄体の色に注意。表面に突出している部分がわずかである

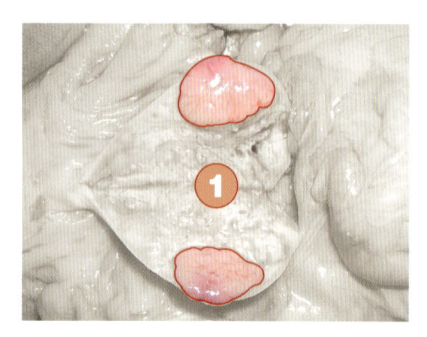

触診できる構造物：
1 形成されたばかりの若い黄体（色が皮質部分よりも内部の方が薄い。この黄体を確認するのは注意深い触診が必要となる）

分類：
明瞭な黄体；なし
明瞭な卵胞；なし

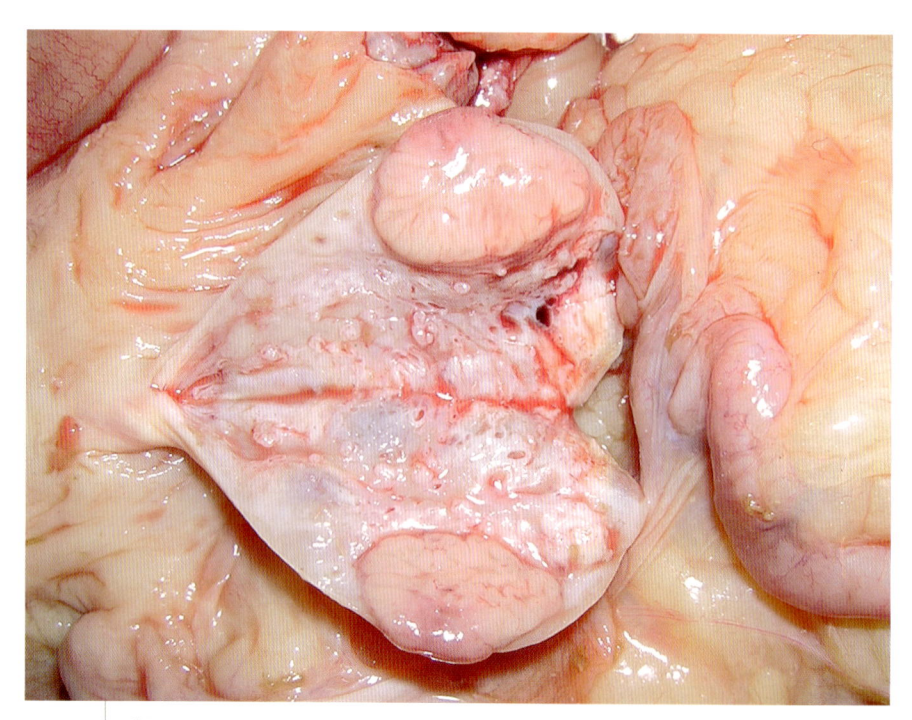

217 所見：
216と同一卵巣の割面。若い黄体

触診できる構造物：
なし
その他の構造物：
1 発育中の卵胞
2 退行中の黄体
3 黄体の痕跡（白体）

分類：
明瞭な黄体；なし
明瞭な卵胞；なし

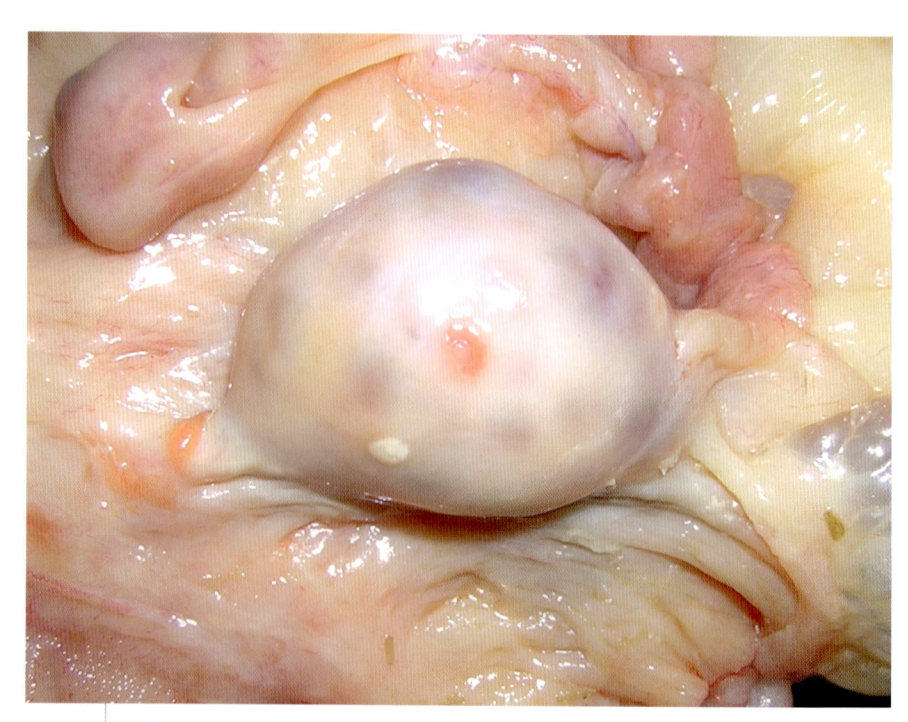

218 所見：
発育中の複数の卵胞を有する卵巣

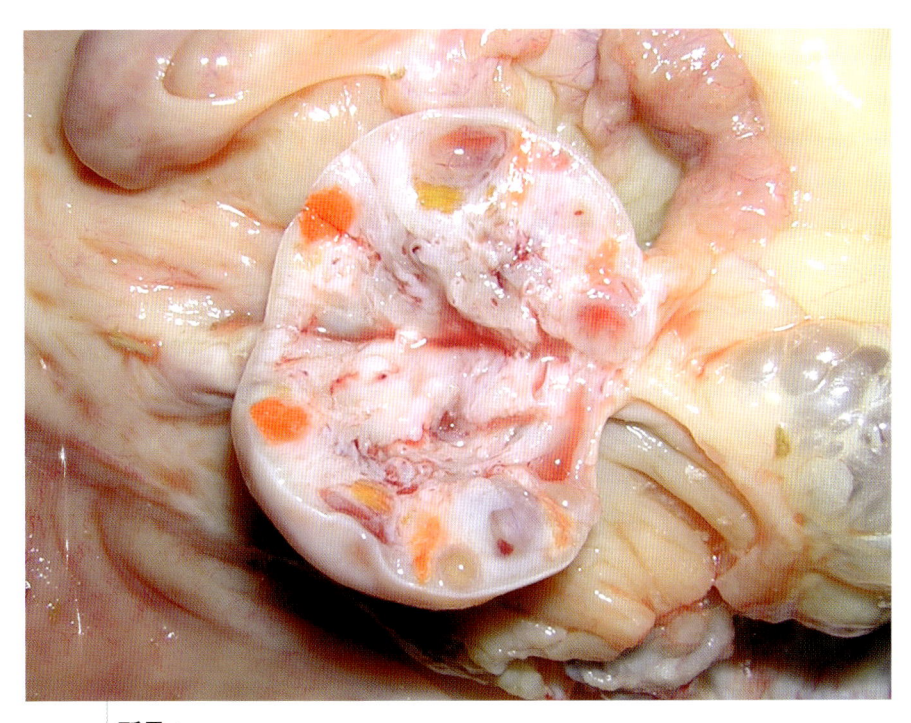

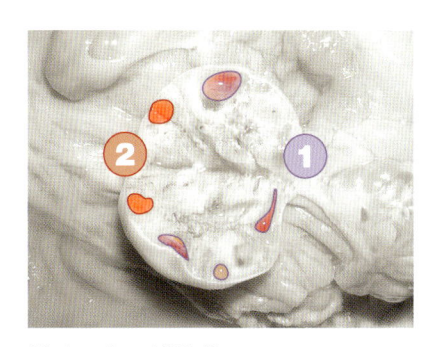

3 構造を認識する

触診できる構造物：
なし
その他の構造物：
1 発育中の卵胞
2 退行中の黄体
分類：
明瞭な黄体；なし
明瞭な卵胞；なし

所見：
219 218と同一卵巣の割面

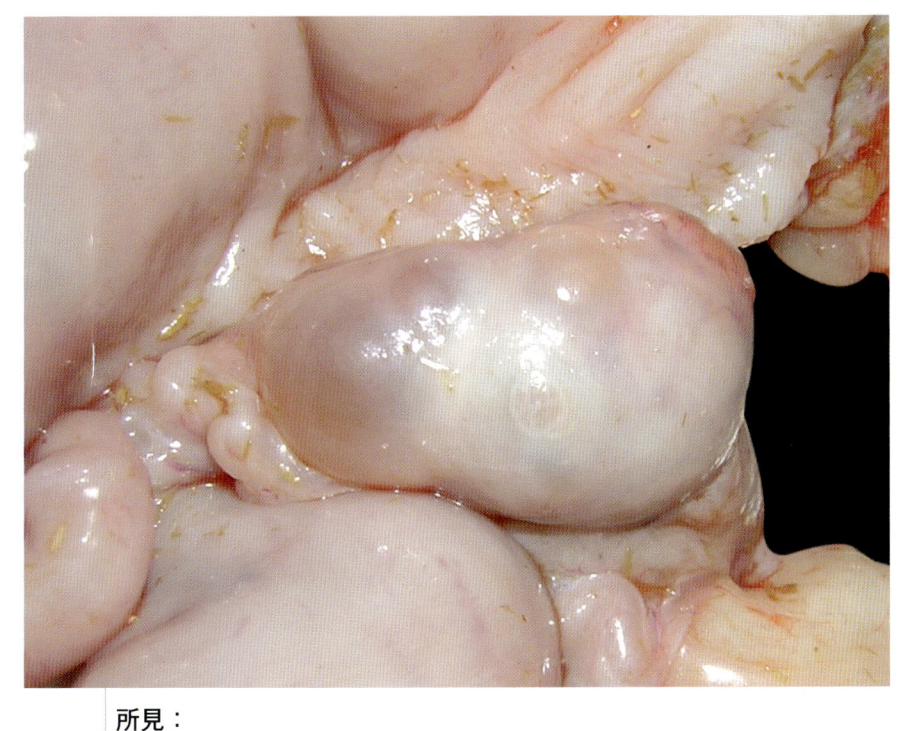

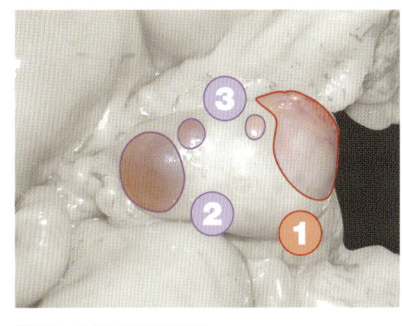

触診できる構造物：
1 明瞭な黄体
2 大卵胞
その他の構造物：
3 小卵胞
分類：
明瞭な黄体；あり
明瞭な卵胞；あり

所見：
220 一端に黄体を，他端に主席卵胞を有する卵巣

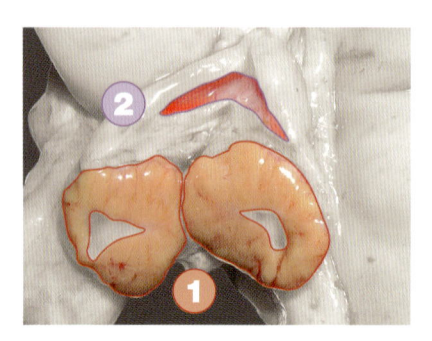

触診できる構造物：
1 明瞭な黄体（色と中央の腔に注目）
2 大卵胞

分類：
明瞭な黄体；あり
明瞭な卵胞；あり

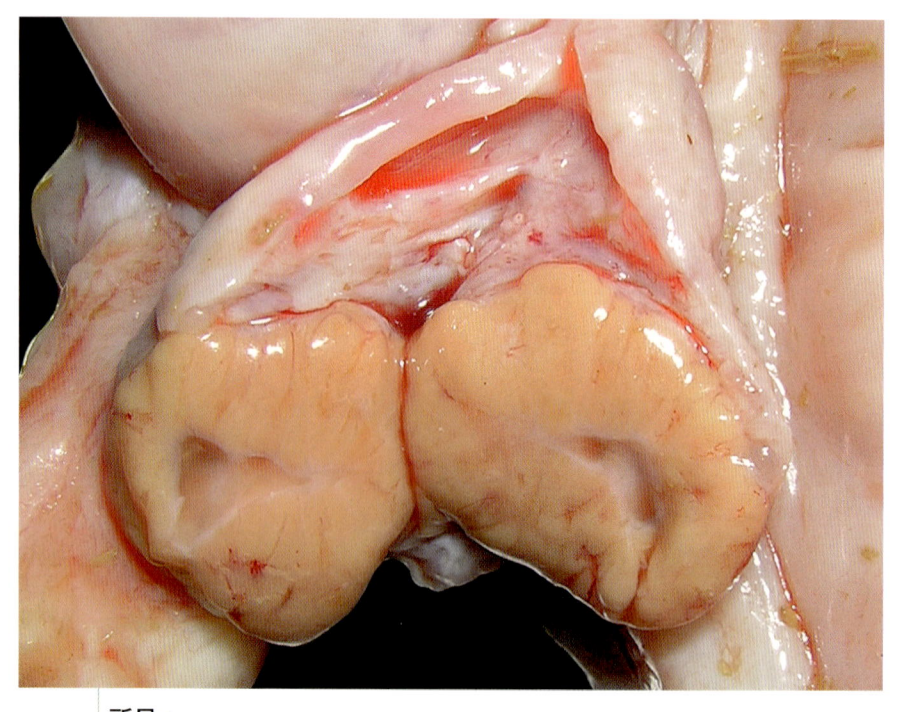

所見：
221 黄体と卵胞，2つの構造物を有する卵巣。220と同一卵巣の割面

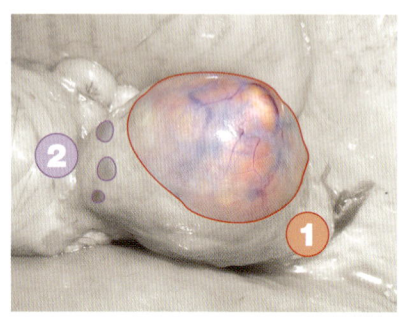

触診できる構造物：
1 明瞭で大きな黄体
その他の構造物：
2 小卵胞
分類：妊娠黄体

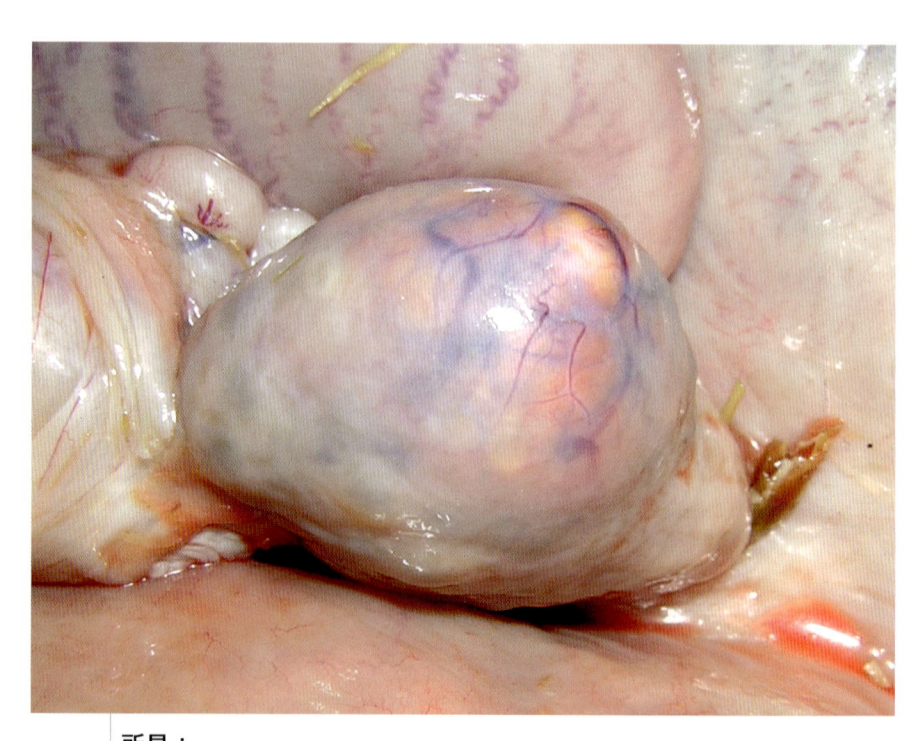

所見：
222 妊娠黄体

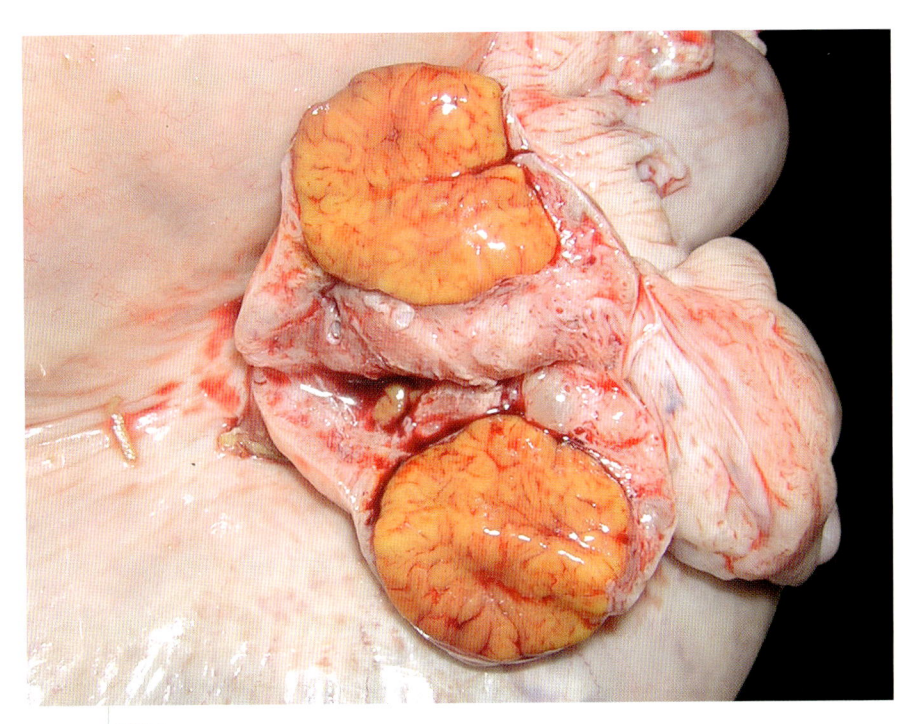

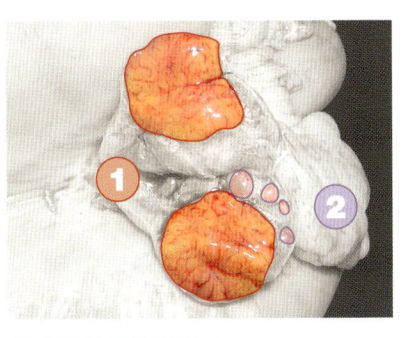

3 構造を認識する

触診できる構造物：
1 明瞭で大きな黄体。内部に見える発達した柱状組織に注目

その他の構造物：
2 小卵胞

分類：妊娠黄体

223 所見：
222と同一卵巣の割面

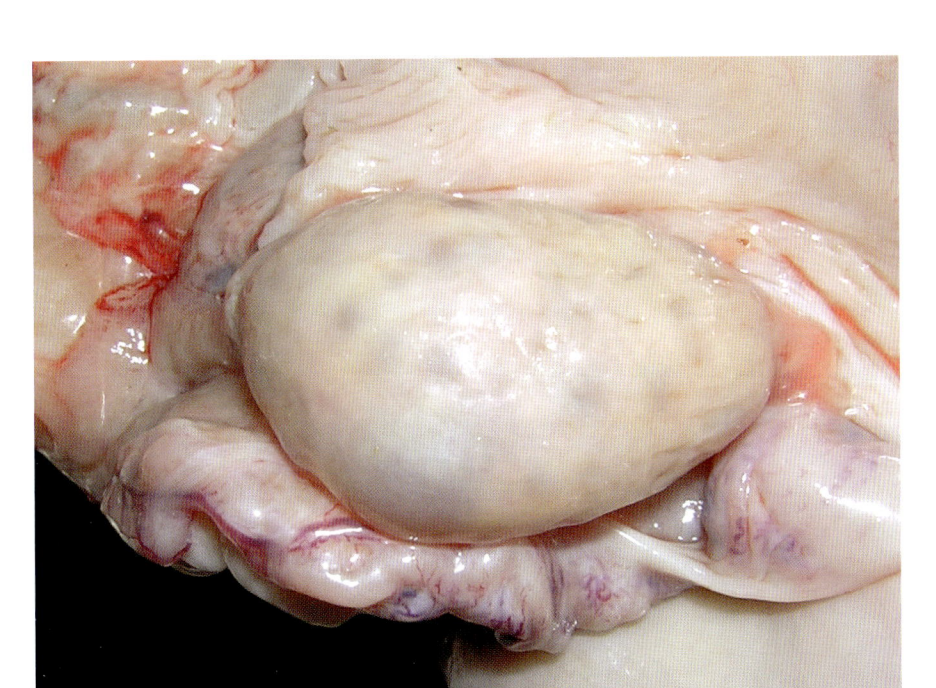

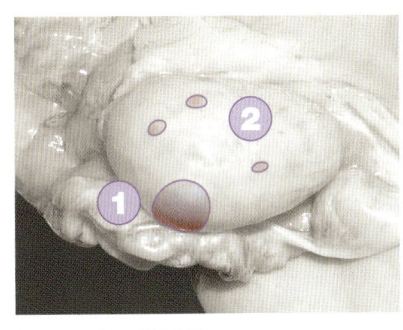

触診できる構造物：
1 主席卵胞

その他の構造物：
2 小卵胞

分類：
明瞭な黄体；なし
明瞭な卵胞；あり

224 所見：
主席卵胞を有する卵巣

169

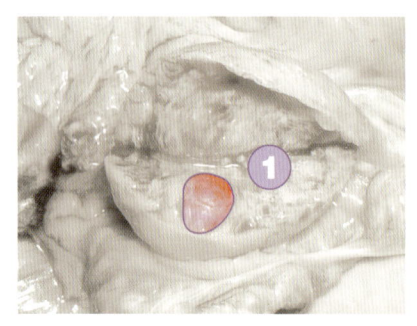

触診できる構造物：
1　主席卵胞
分類：
明瞭な黄体；なし
明瞭な卵胞；あり

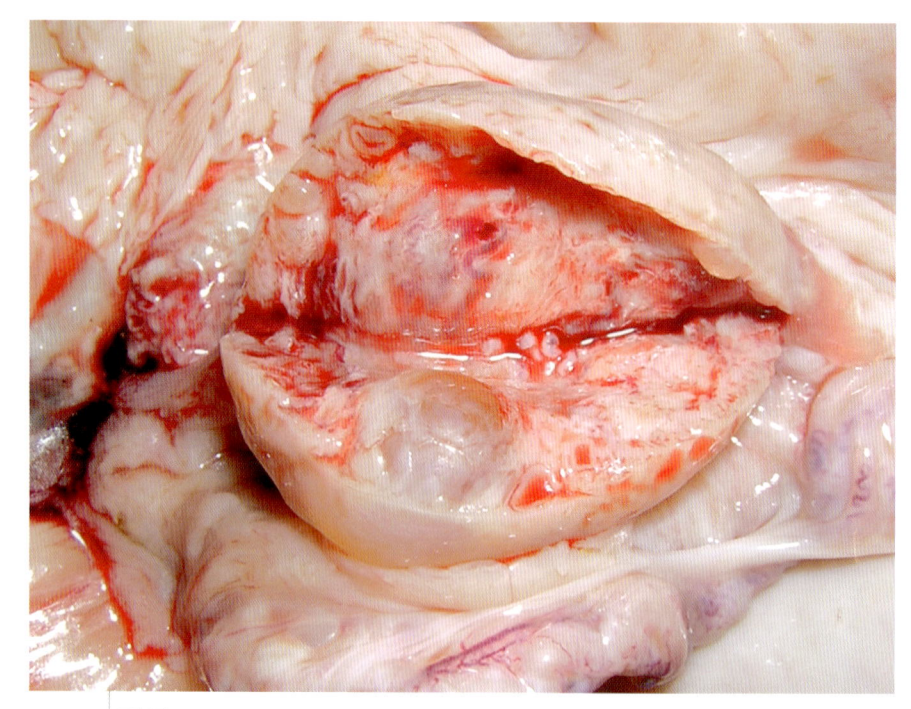

所見：
225　主席卵胞を有する卵巣。224と同一卵巣の割面

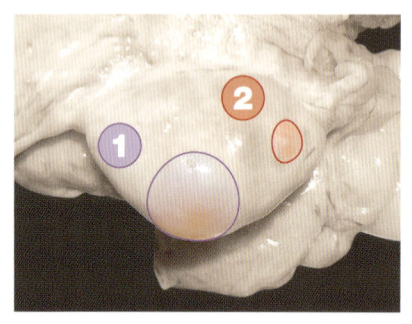

触診できる構造物：
1　明瞭な卵胞
その他の構造物：
2　退行中の黄体
分類：
明瞭な黄体；なし
明瞭な卵胞；あり

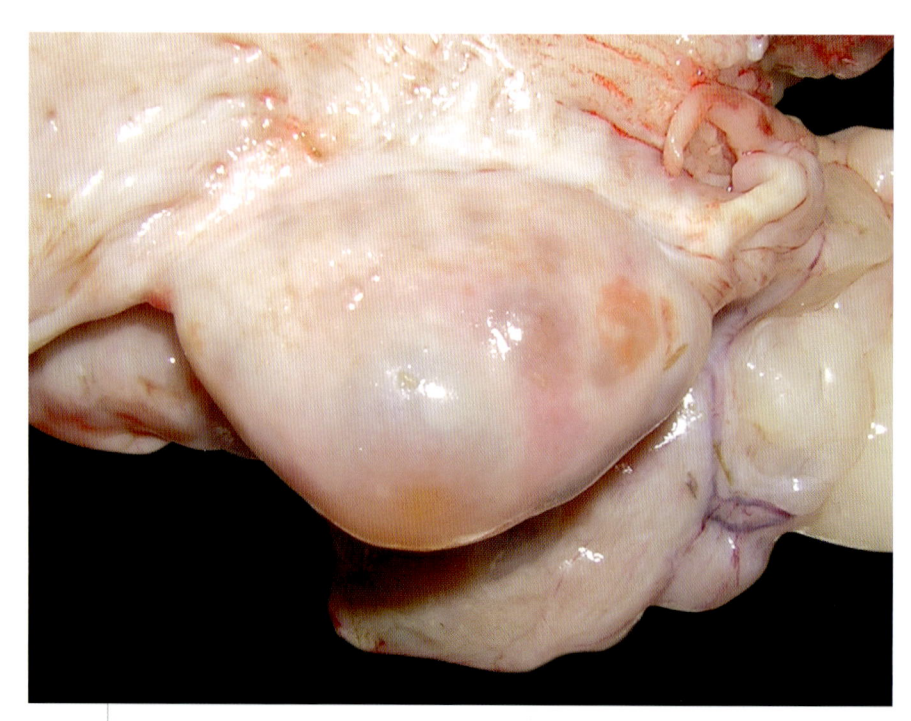

所見：
226　大卵胞を有する卵巣

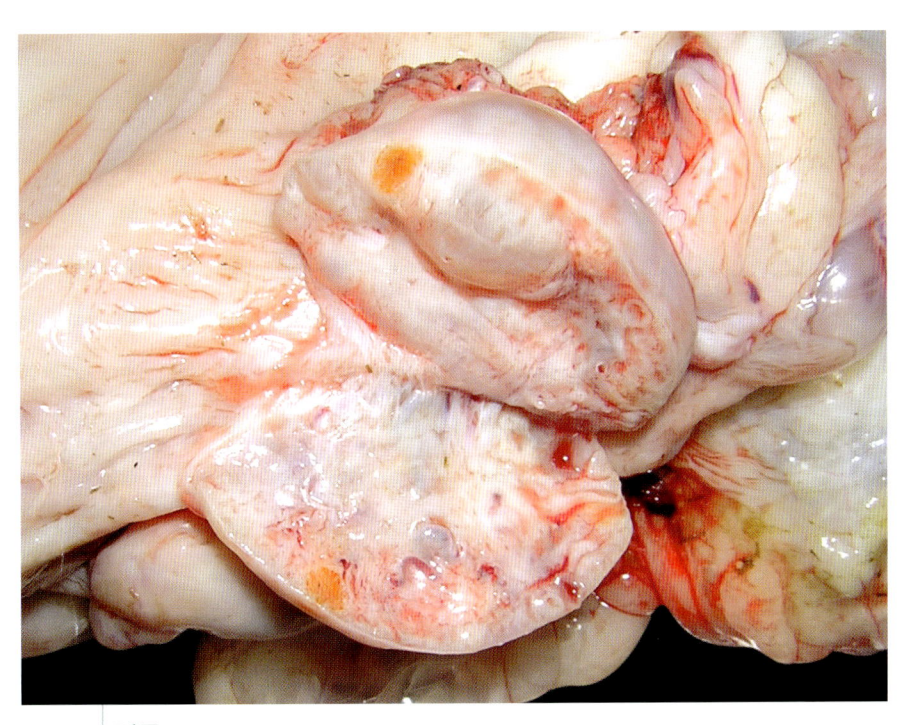

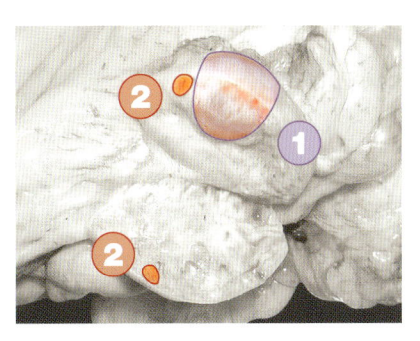

3　構造を認識する

触診できる構造物：
1　明瞭な卵胞
その他の構造物：
2　退行中の黄体
分類：
明瞭な黄体；なし
明瞭な卵胞；あり

所見：
227　226と同一卵巣の割面。卵胞の大きさが分かる

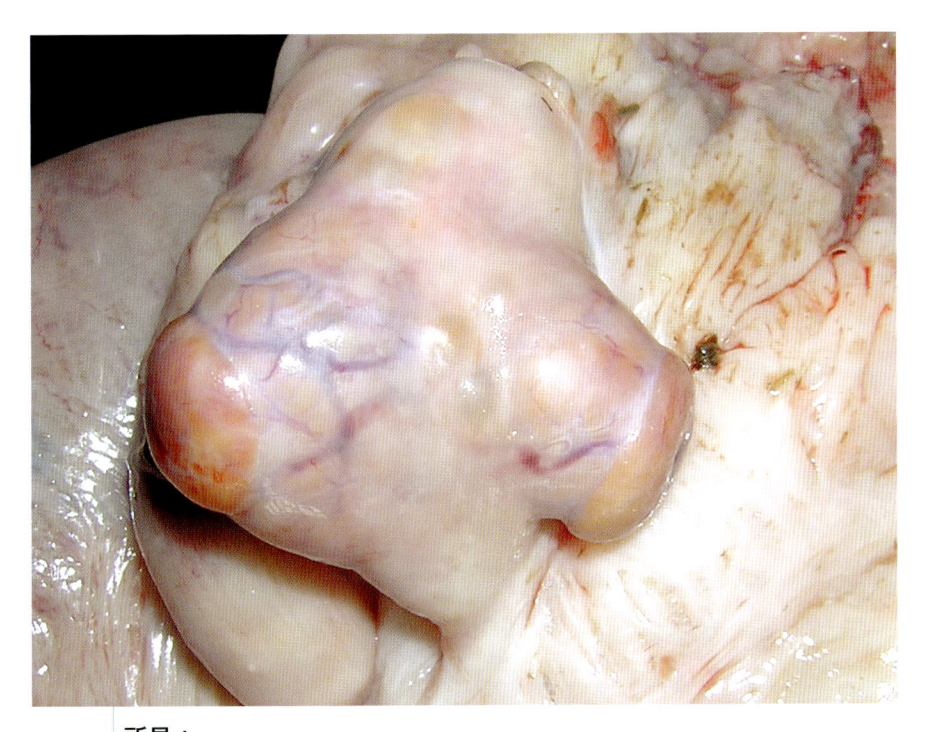

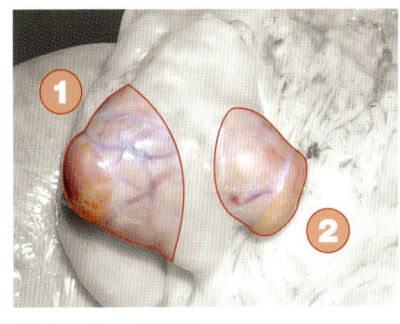

触診できる構造物：
1　黄体
2　もうひとつの黄体
分類：双胎妊娠

所見：
228　ひとつの卵巣に2つの黄体が存在する例。理由は単純で，双胎に相応する2つの黄体があるということである

171

触診できる構造物：
1 黄体
2 もうひとつの黄体
分類：双胎妊娠

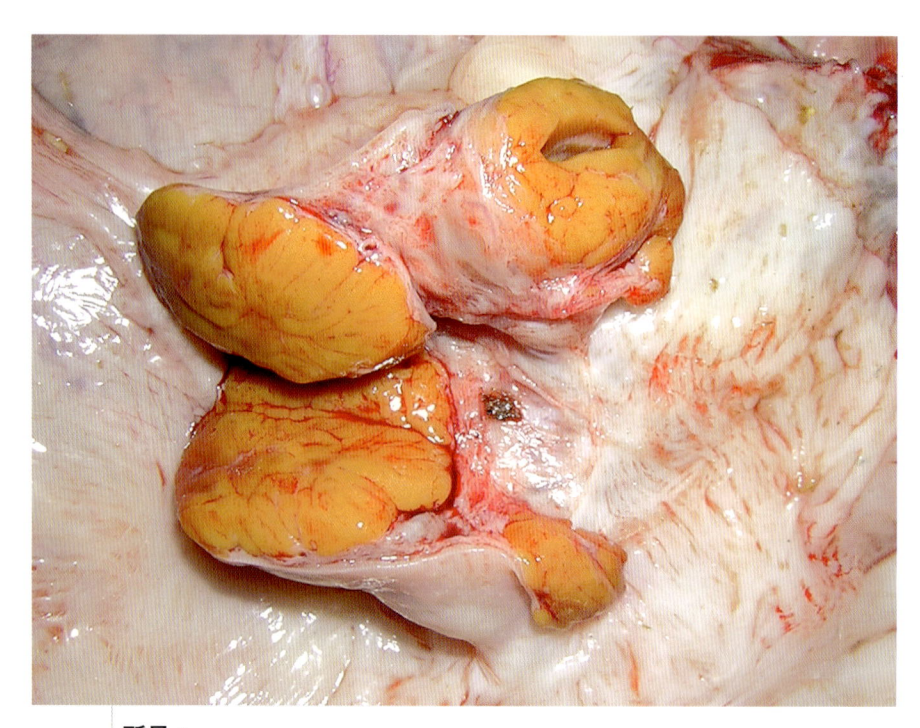

229 所見：
228と同一卵巣の割面。2つの黄体を有する

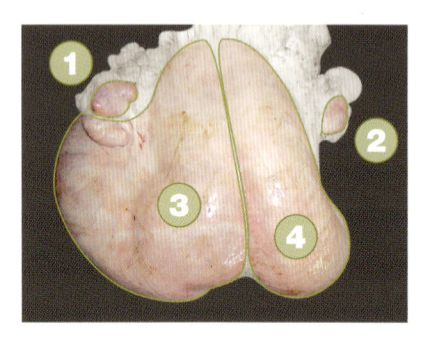

構造物：
1 片側の卵巣に2つの黄体があるのは同側の子宮角に胎子が2頭いることを示唆する
2 非妊角側の卵巣
3 妊角
4 非妊角
分類：双胎妊娠

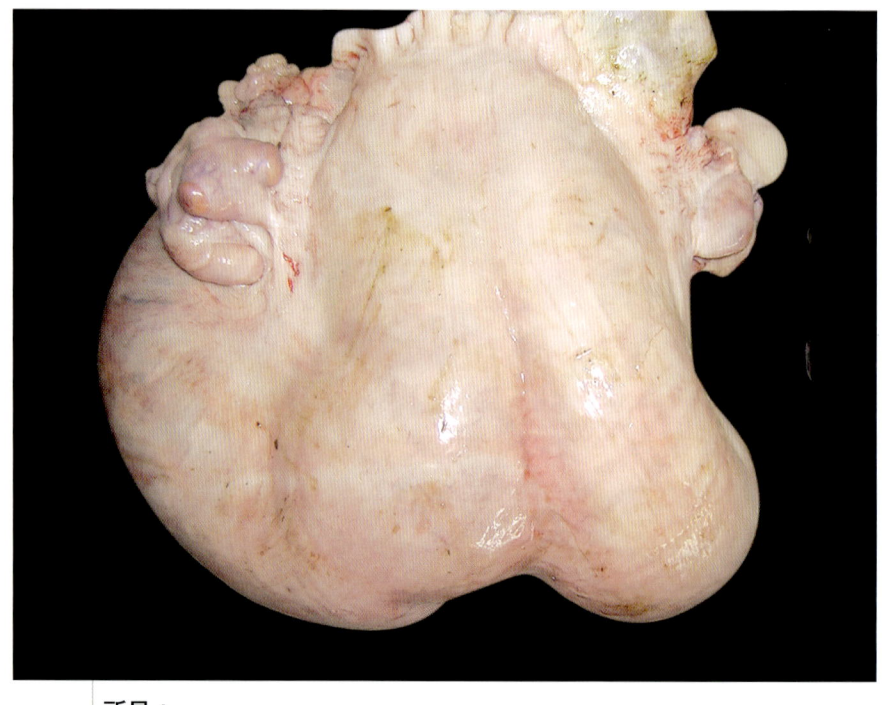

230 所見：
228，229と同一卵巣を有する妊娠子宮の全体写真を見ると双胎妊娠であることが分かるかと思う

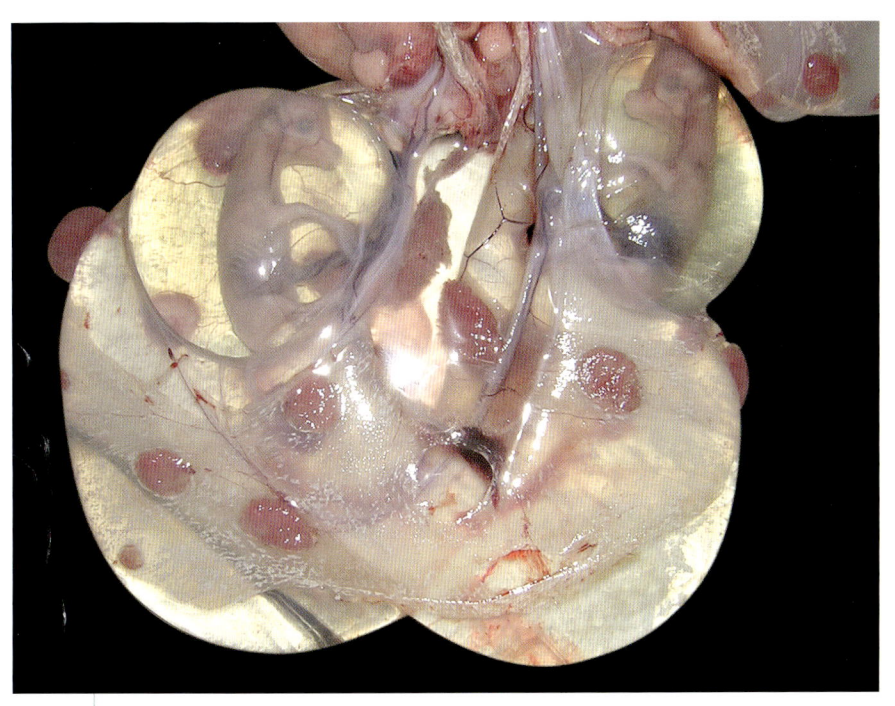

構造物：
1 羊膜嚢のなかの2頭の胎子
2 胚膜（訳者注：絨毛膜が一部破れていることから，上図の線で縁取られた部分は尿膜である）
3 絨毛叢

分類：双胎妊娠

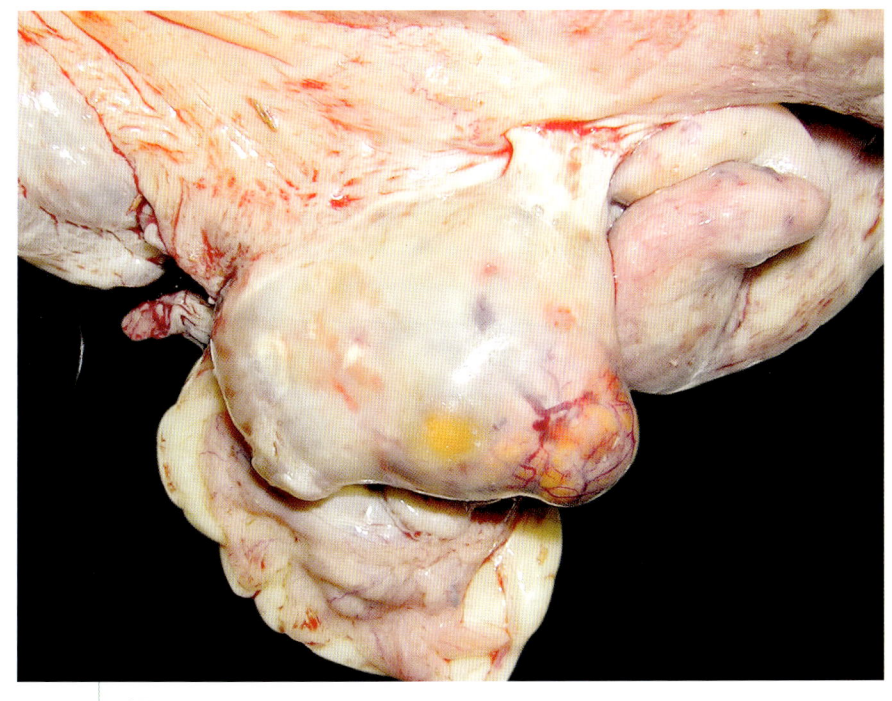

所見：
231 230と同一の子宮を切開すると2頭の胎子が2つの黄体を有する卵巣と同側の子宮角内に現れた

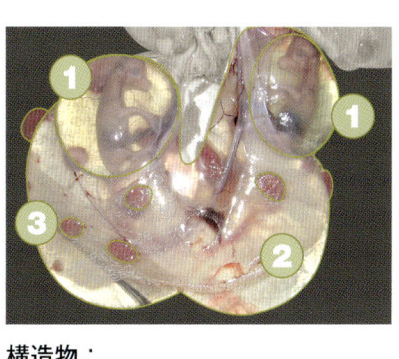

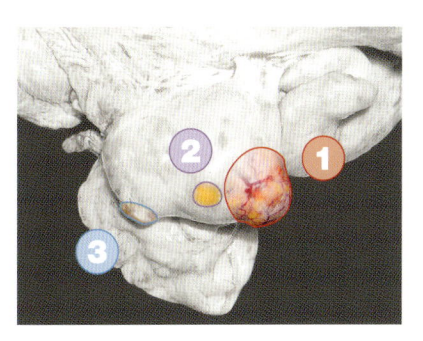

触診できる構造物：
1 明瞭な黄体
その他の構造物：
2 小卵胞
3 古い黄体の痕跡
分類：
明瞭な黄体；あり
明瞭な卵胞；なし

所見：
232 大きな黄体を有する卵巣

3 構造を認識する

173

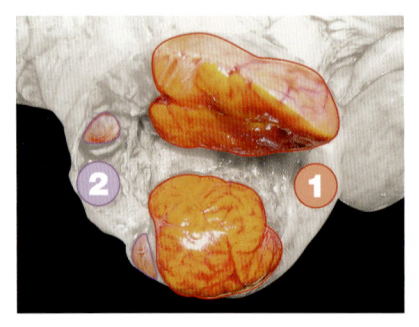

触診できる構造物：
1　明瞭な黄体
その他の構造物：
2　小卵胞
分類：
明瞭な黄体；あり
明瞭な卵胞；なし

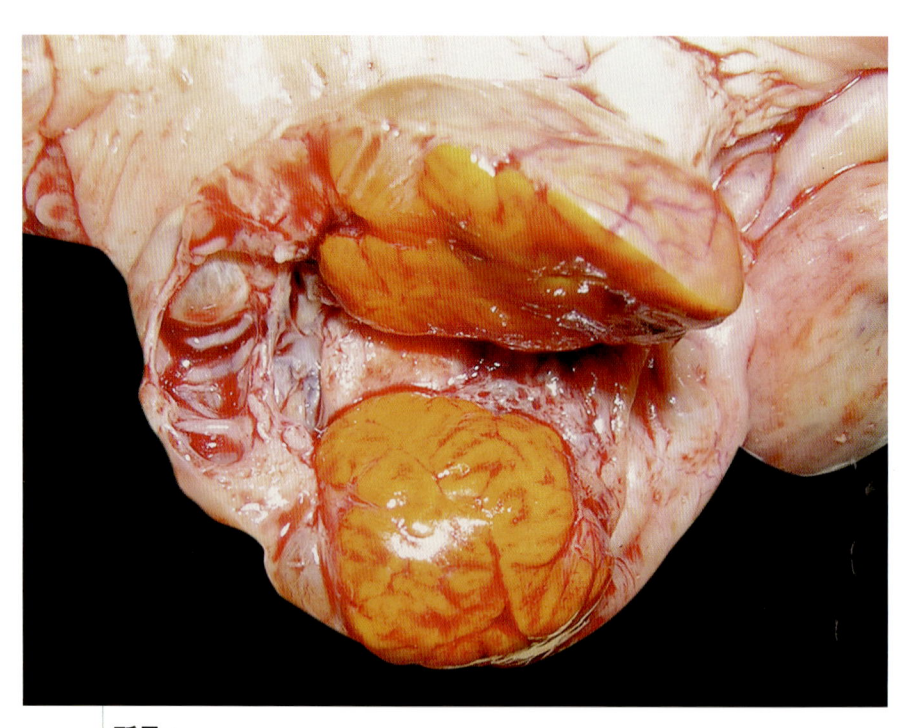

233　所見：
232と同一卵巣の割面。内部に多くの柱状組織を持つ黄体が観察できる

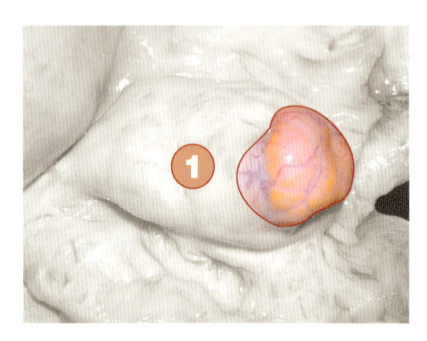

触診できる構造物：
1　明瞭な黄体
分類：
明瞭な黄体；あり
明瞭な卵胞；なし

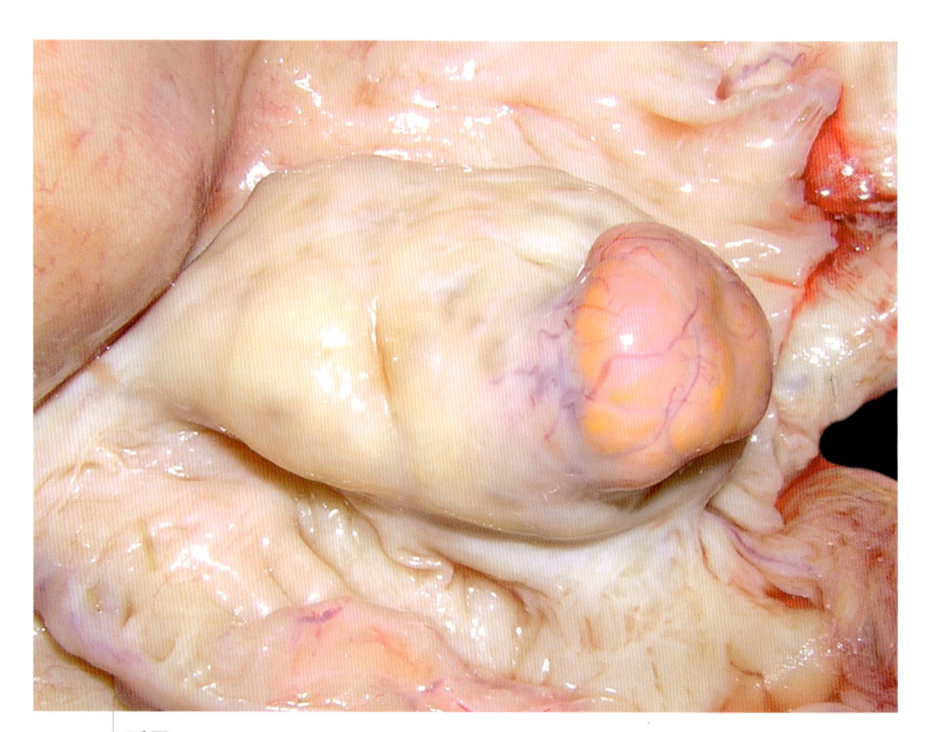

234　所見：
突出した黄体を有する卵巣

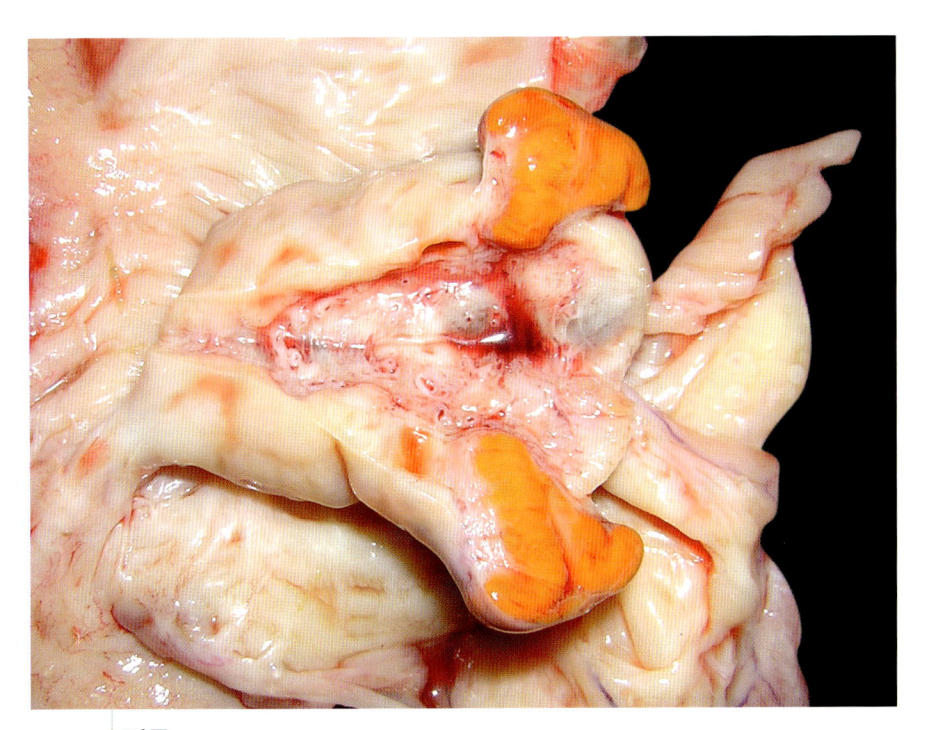

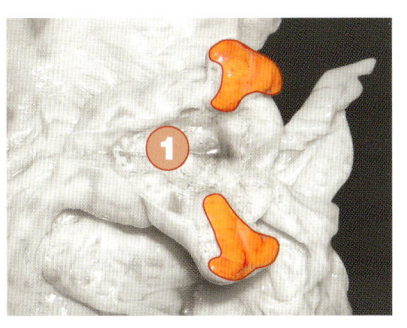

3 構造を認識する

触診できる構造物：
1 明瞭な黄体
分類：
明瞭な黄体；あり
明瞭な卵胞；なし

所見：
235 234と同一卵巣の割面。黄体の内部がよく観察できる

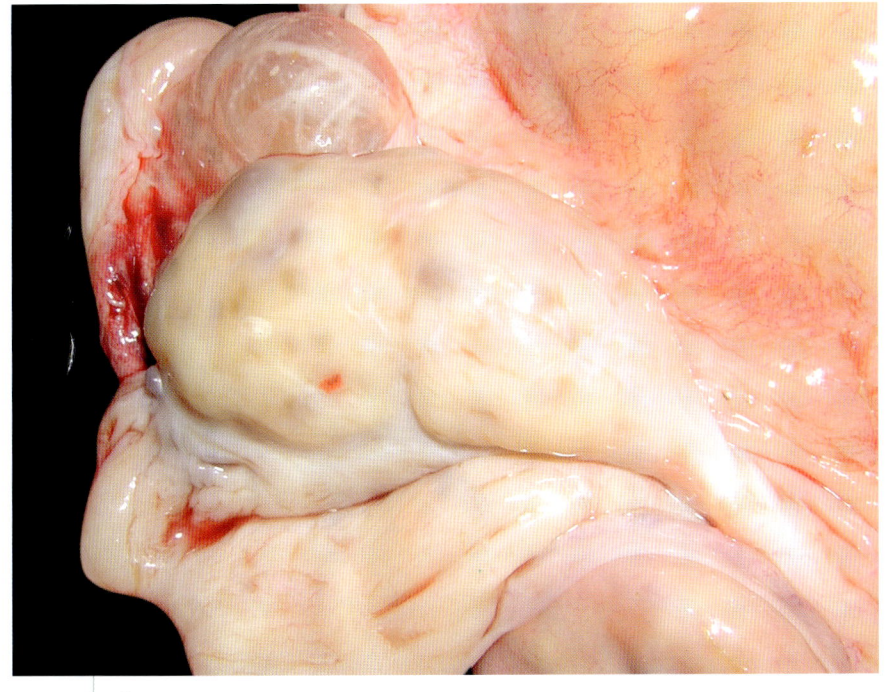

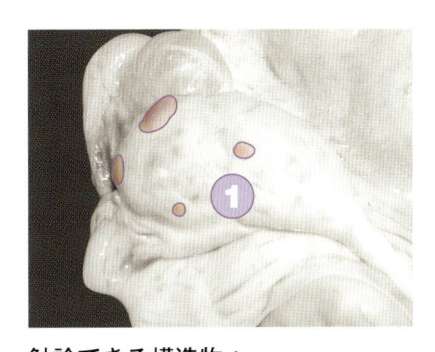

触診できる構造物：
1 様々なサイズの卵胞
分類：
明瞭な黄体；なし
明瞭な卵胞；あり（複数）

所見：
236 複数の卵胞を有する卵巣

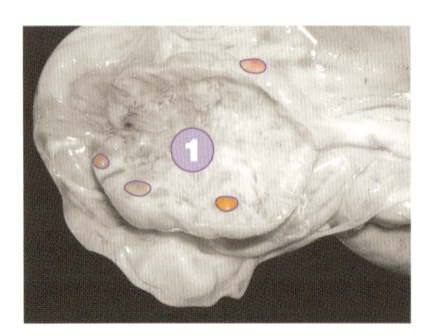

触診できる構造物：
1 様々なサイズの卵胞
分類：
明瞭な黄体；なし
明瞭な卵胞；あり（複数）

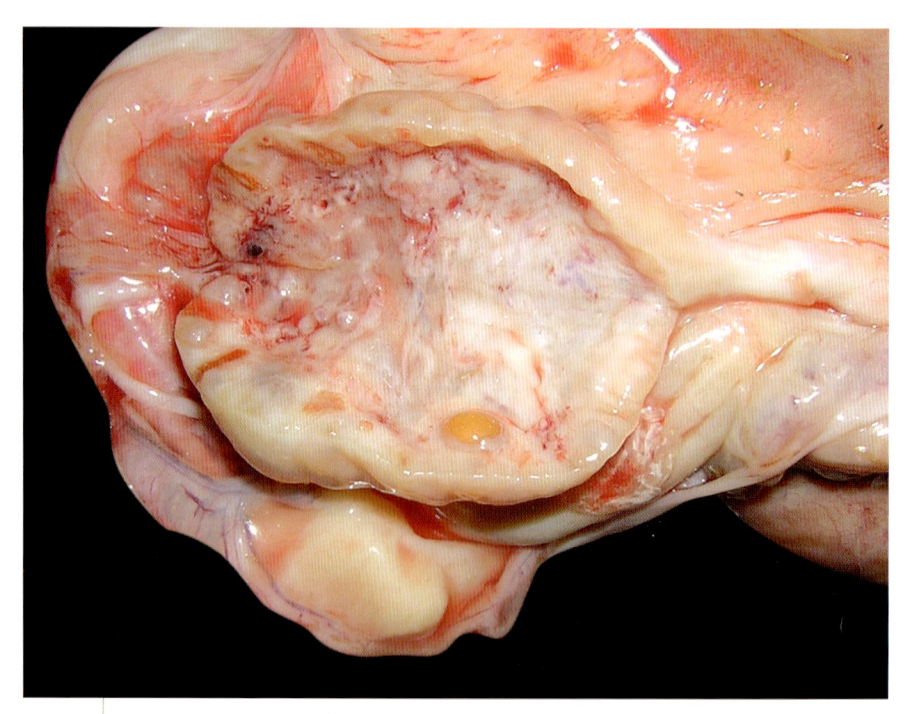

所見：
237 236と同一卵巣の割面。複数の卵胞が観察できる

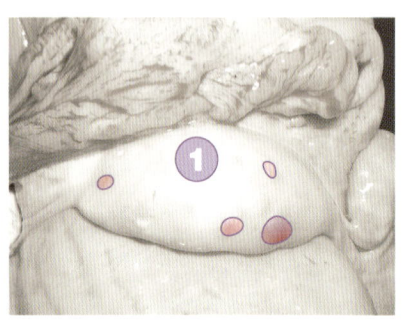

触診できる構造物：
1 様々なサイズの卵胞
分類：
明瞭な黄体；なし
明瞭な卵胞；あり（複数）

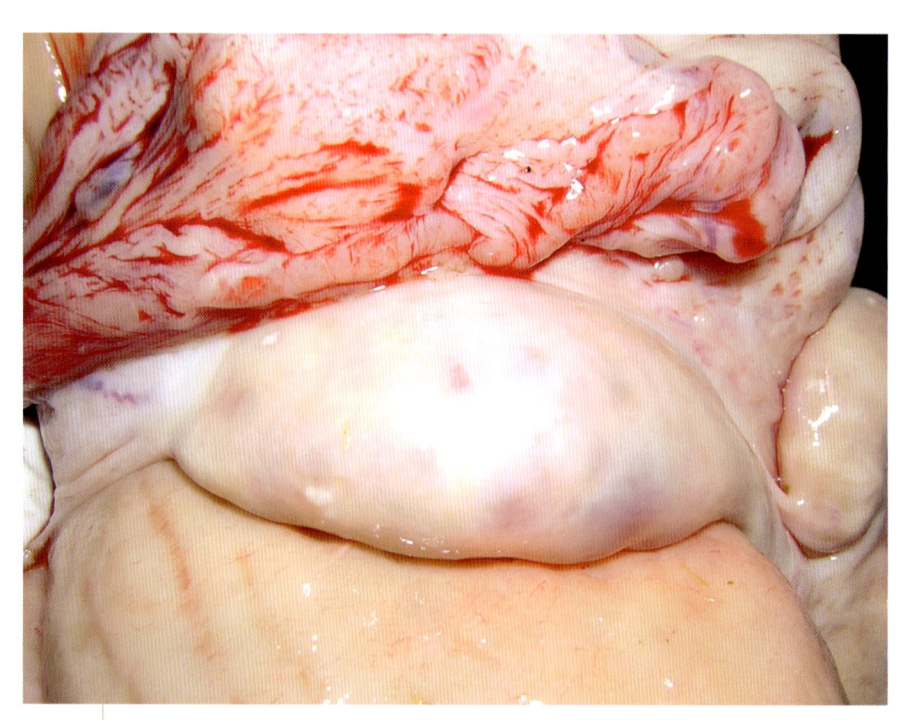

所見：
238 様々なサイズの卵胞を有する卵巣

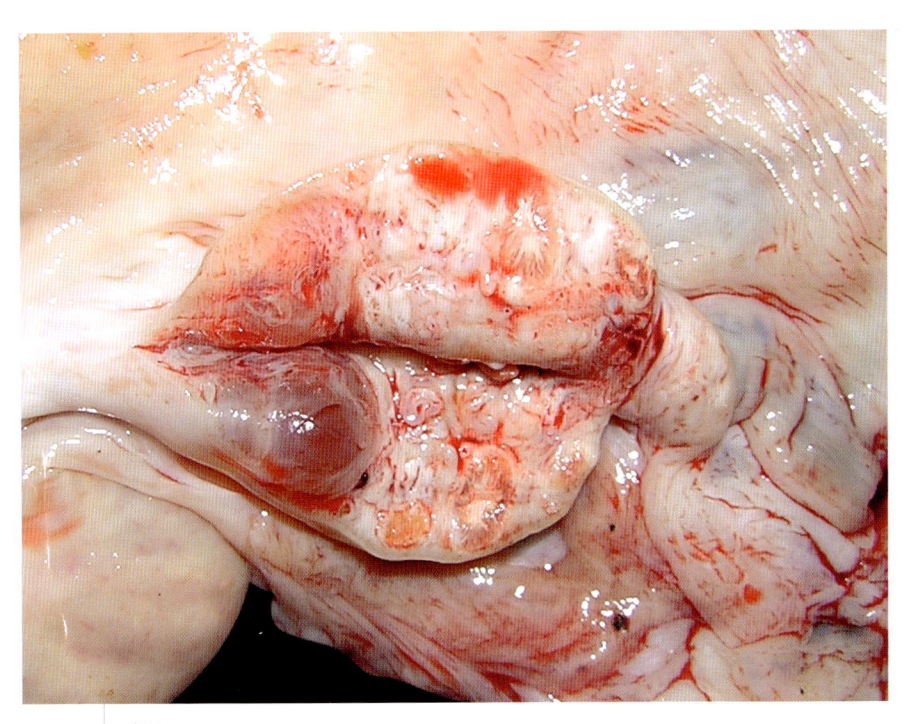

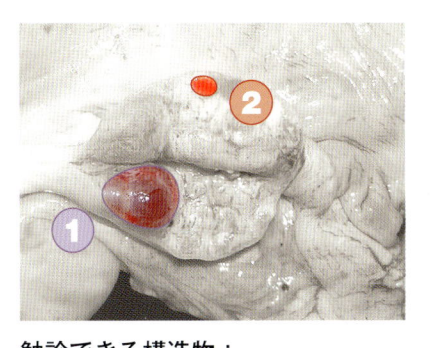

3 構造を認識する

触診できる構造物：
1 明瞭な卵胞
その他の構造物：
2 退行黄体
分類：
明瞭な黄体；なし
明瞭な卵胞；あり

所見：
239 主席卵胞を有する卵巣の割面

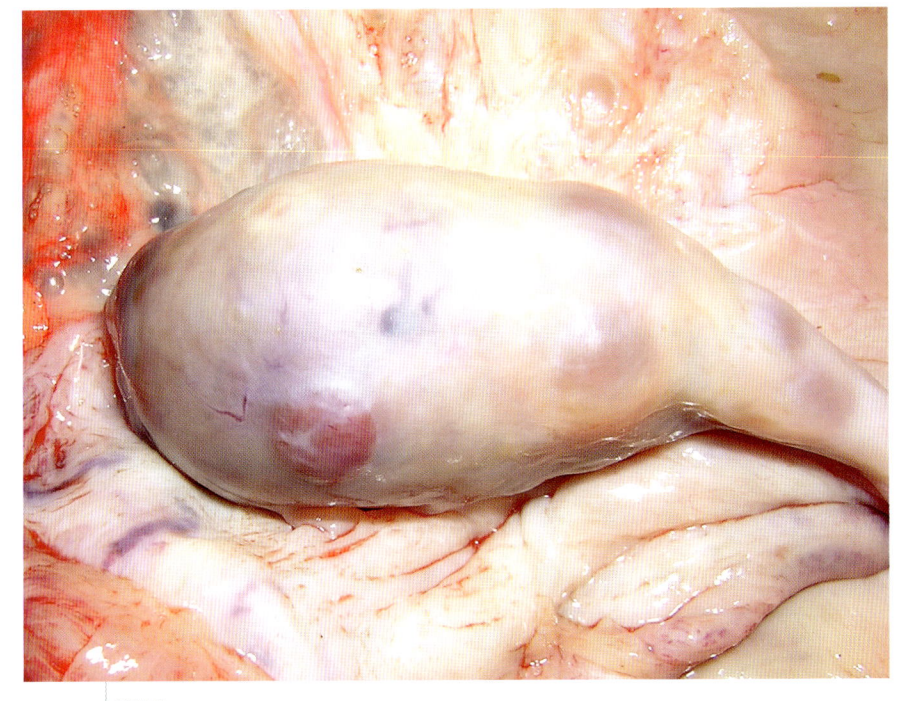

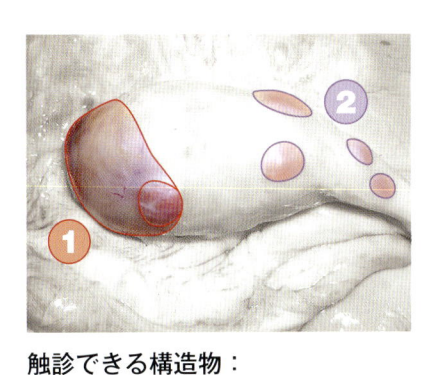

触診できる構造物：
1 明瞭な黄体
その他の構造物：
2 小卵胞
分類：妊娠黄体

所見：
240 大きな黄体を有する卵巣。実際，この黄体は妊娠黄体である

177

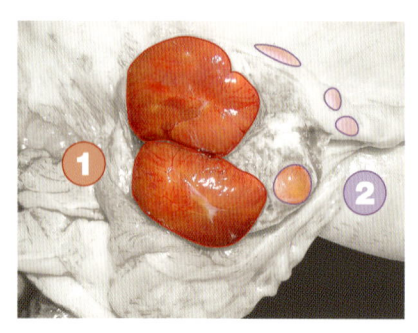

触診できる構造物：
1 妊娠黄体
その他の構造物：
2 小卵胞
分類：妊娠黄体

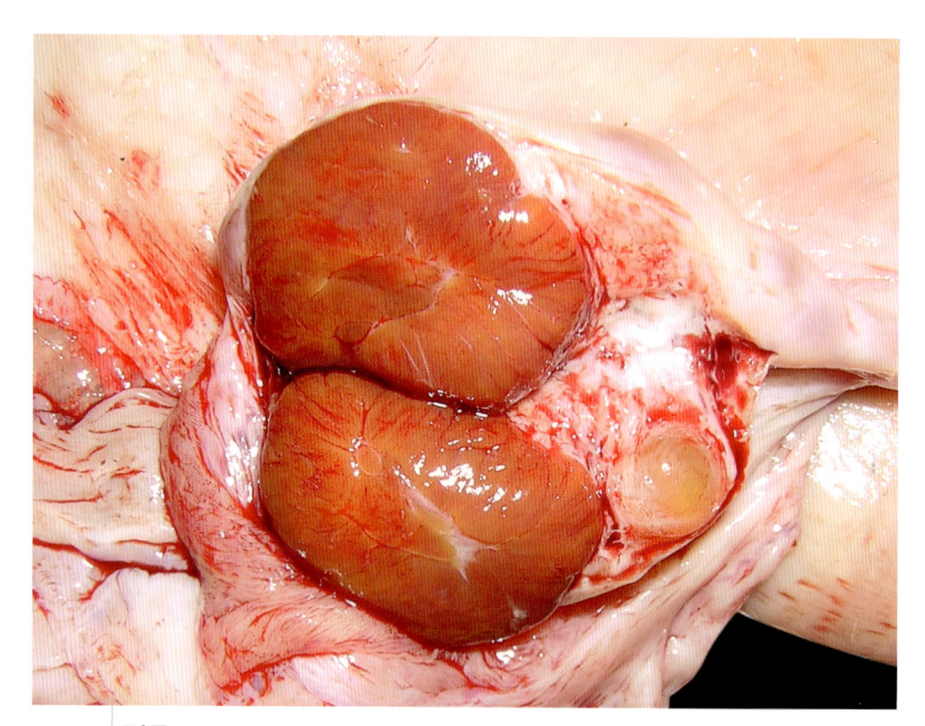

所見：
241 240と同一卵巣の割面

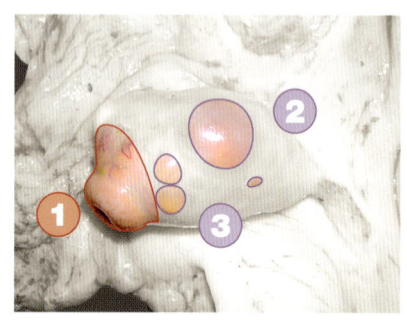

触診できる構造物：
1 シャンパンコルク状の明瞭な黄体
2 明瞭な卵胞
その他の構造物：
3 小卵胞
分類：
明瞭な黄体；あり
明瞭な卵胞；あり

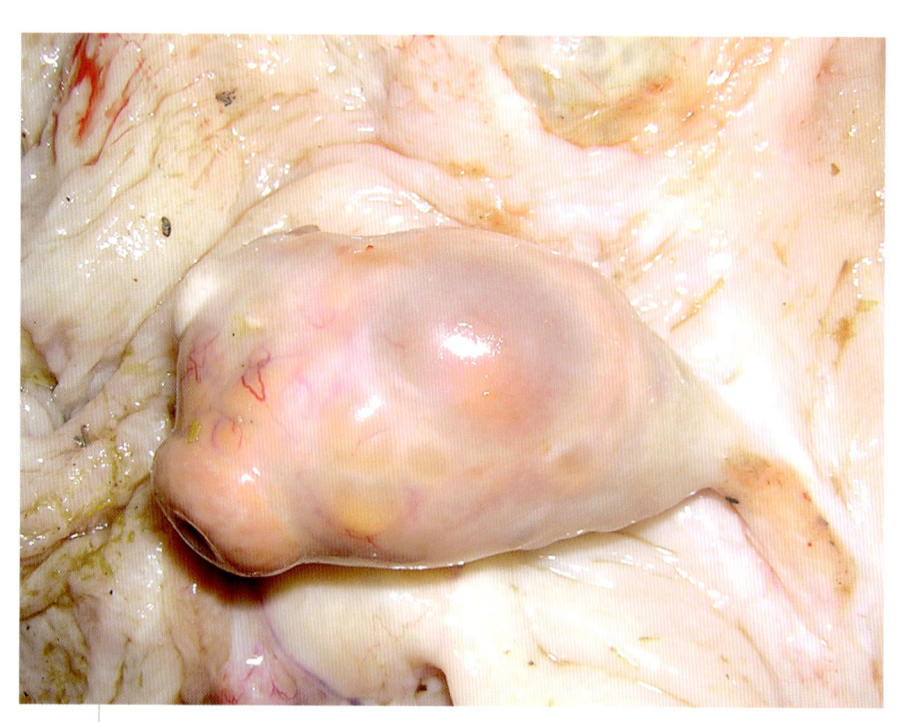

所見：
242 黄体と大卵胞を有する卵巣

3　構造を認識する

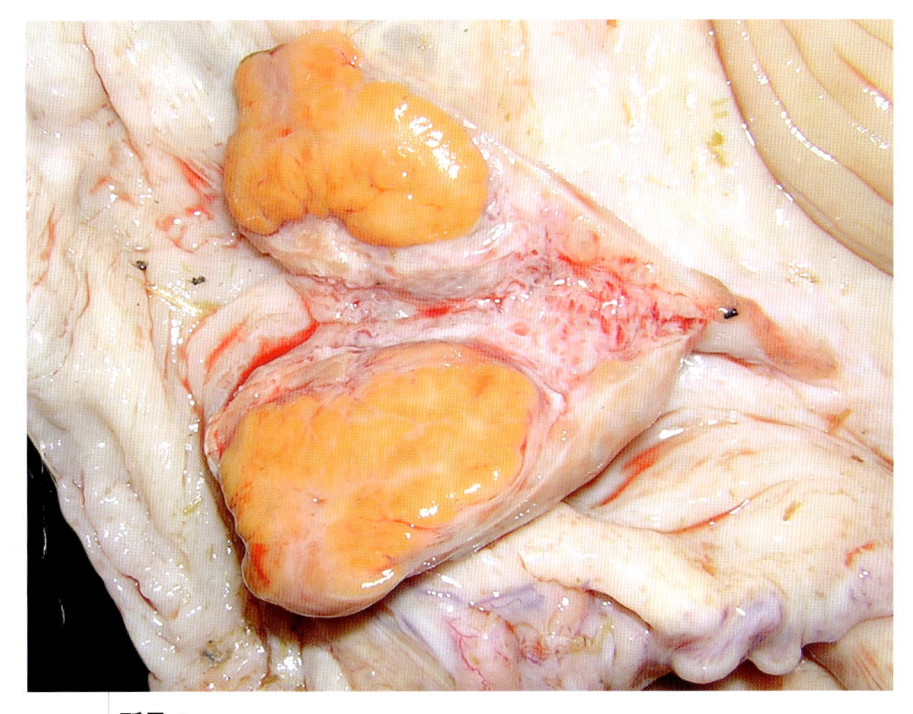

所見：
243 242と同一卵巣の割面。写真では見えないが，黄体の後に主席卵胞が隠れている

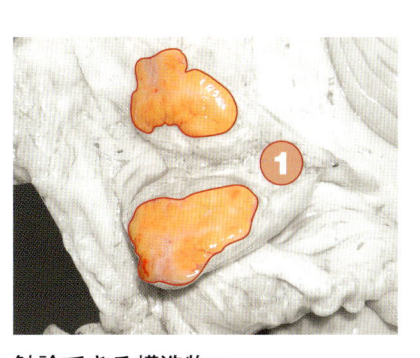

触診できる構造物：
1 明瞭な黄体
分類：
明瞭な黄体；あり
明瞭な卵胞；あり

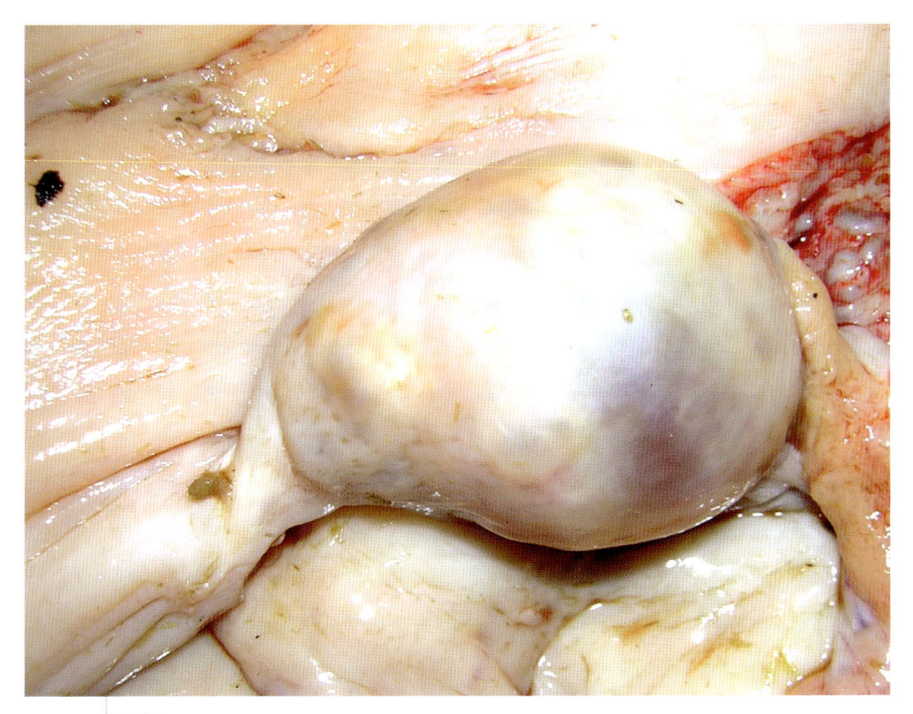

所見：
244 巨大卵胞（直径2.5 cm以上の囊腫）を有する卵巣

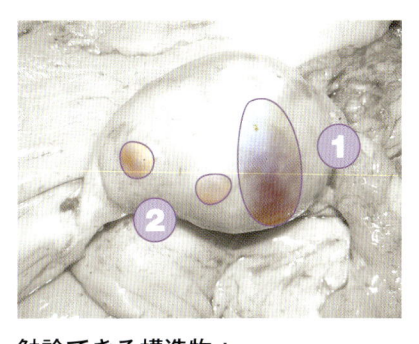

触診できる構造物：
1 明瞭な囊腫卵胞
その他の構造物：
2 小卵胞
分類：囊腫卵胞

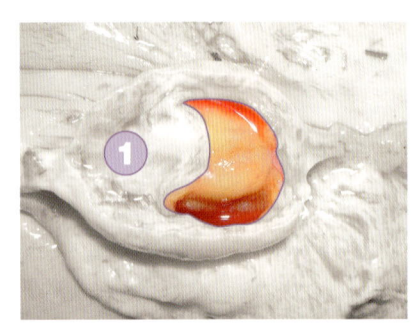

触診できる構造物：
1 明瞭な（嚢腫）卵胞
分類：嚢腫卵胞

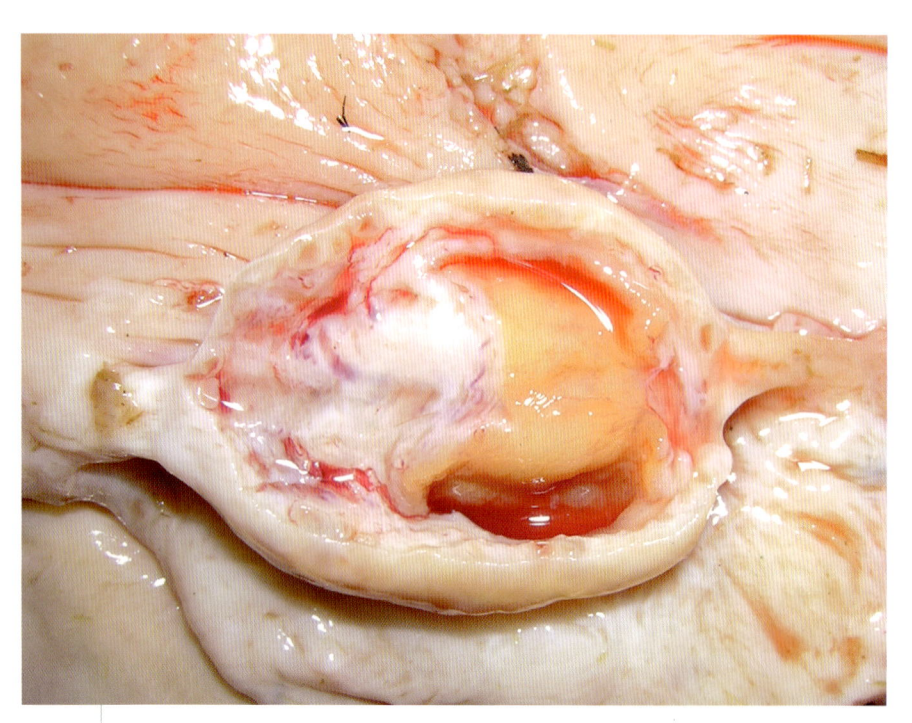

245 所見：
244と同一卵巣の割面。中央に帯状になっているのは卵胞壁が黄体化しはじめている部分である

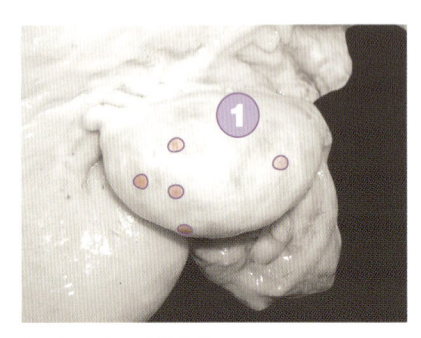

触診できる構造物：
なし
その他の構造物：
1 小さく，発育中の卵胞。触診は難しい
分類：
明瞭な黄体；なし
明瞭な卵胞；なし

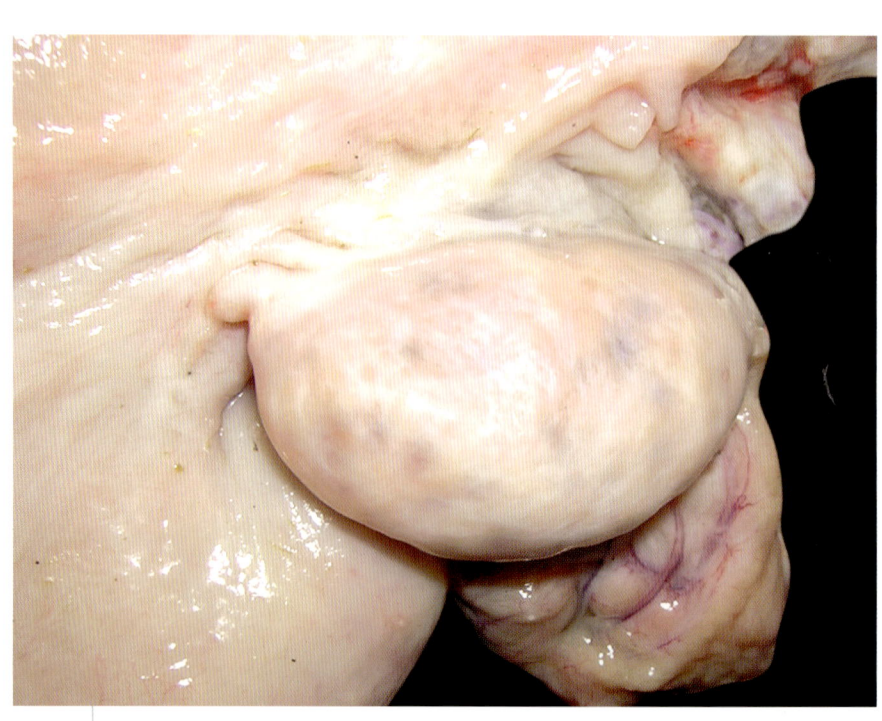

246 所見：
触診で検出できる構造物を持たない卵巣

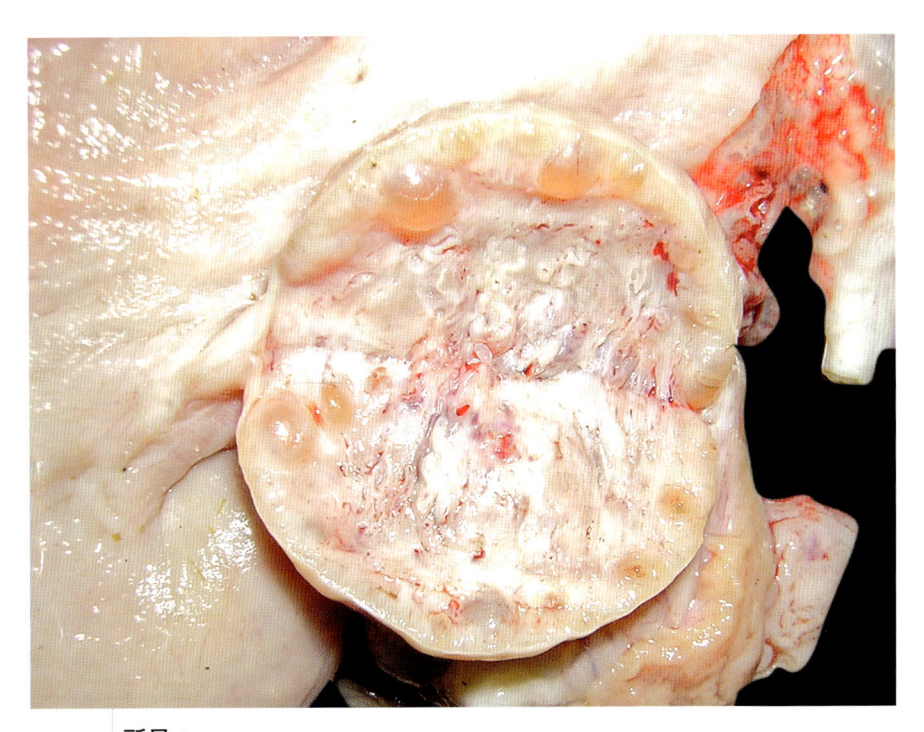

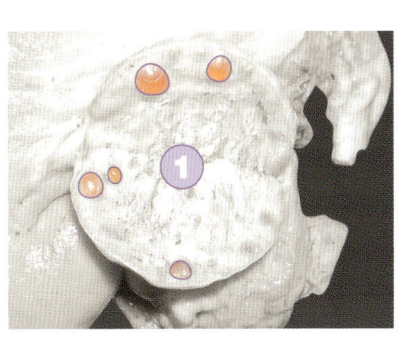

触診できる構造物：
なし
その他の構造物：
1 小さく，発育中の卵胞
分類：
明瞭な黄体；なし
明瞭な卵胞；なし

所見：
247 246と同一卵巣の割面。皮質において発育中の卵胞の詳細が観察できる

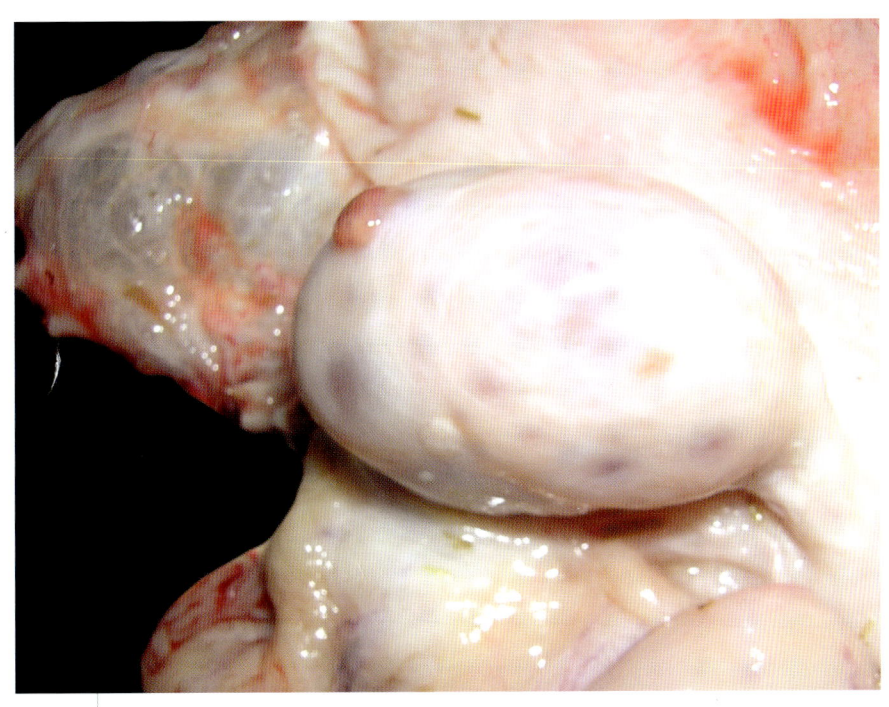

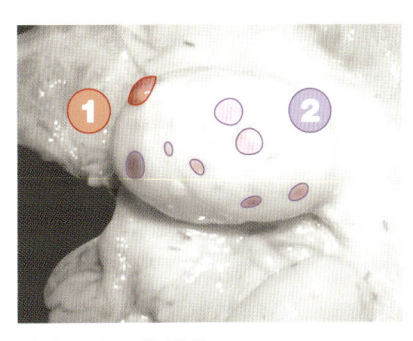

触診できる構造物：
1 新しく発育中の黄体
その他の構造物：
2 異なるサイズの複数の卵胞。触診は困難である
分類：
明瞭な黄体；なし
明瞭な卵胞；なし

（訳者注：原文では，触診できる構造物を複数の卵胞とし，その他の構造物を発育中の黄体としている。黄体は明瞭とは言えないまでも触ることはできると思われる。また，卵胞は触診困難としているため，上記のように触診できる構造物を発育中の黄体，その他の構造物を複数の卵胞，明瞭な卵胞を「なし」とした）

所見：
248 複数の発育中の卵胞と，できたばかりで発育を開始した黄体が共存する卵巣

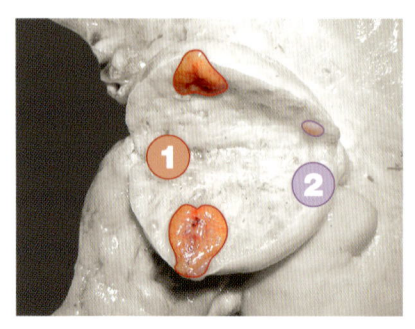

触診できる構造物：
1 新しく形成され，発育中の黄体。注意深い触診が必要である

その他の構造物：
2 異なるサイズの複数の卵胞。触診で見つけるのは難しい

分類：
明瞭な黄体；なし
明瞭な卵胞；なし
（訳者注：原文では明瞭な卵胞を「あり（複数）」としているが，248と同様に卵胞は触診困難としていることから，明瞭な卵胞は「なし」とした）

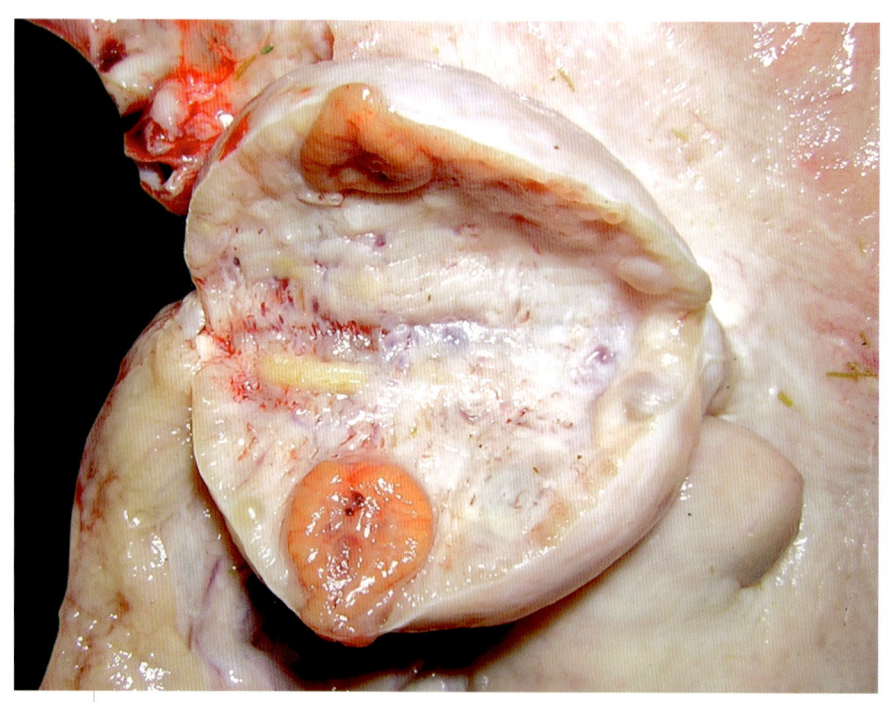

所見：
249 248と同一卵巣の割面。特に形成しはじめたばかりで発育中の黄体が観察できる（色に注目）

触診できる構造物：
1 明瞭な黄体で卵巣の多くの部分を占めている

分類：妊娠黄体

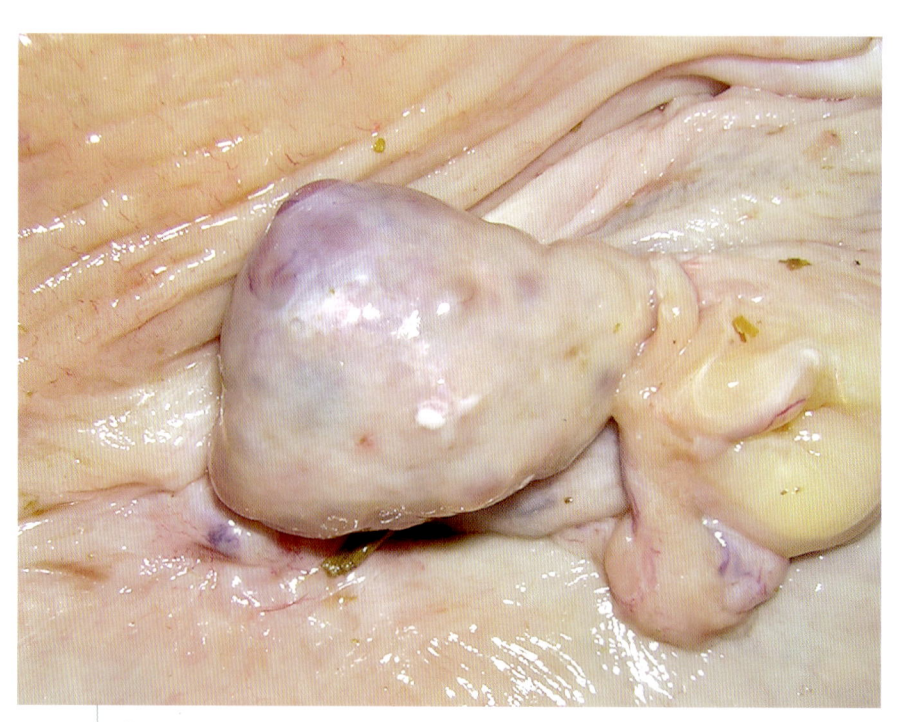

所見：
250 妊娠黄体

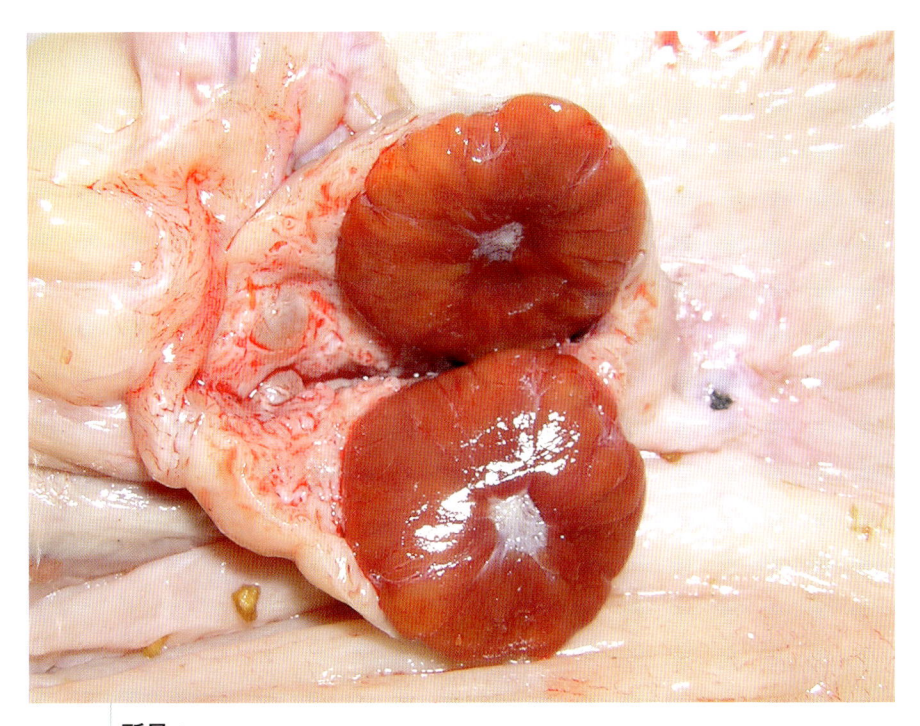

触診できる構造物：
1　内腔と柱状組織を有する妊娠黄体

その他の構造物：
2　小卵胞

分類：妊娠黄体

所見：
251 250と同一卵巣の割面。妊娠黄体の詳細を観察することができる

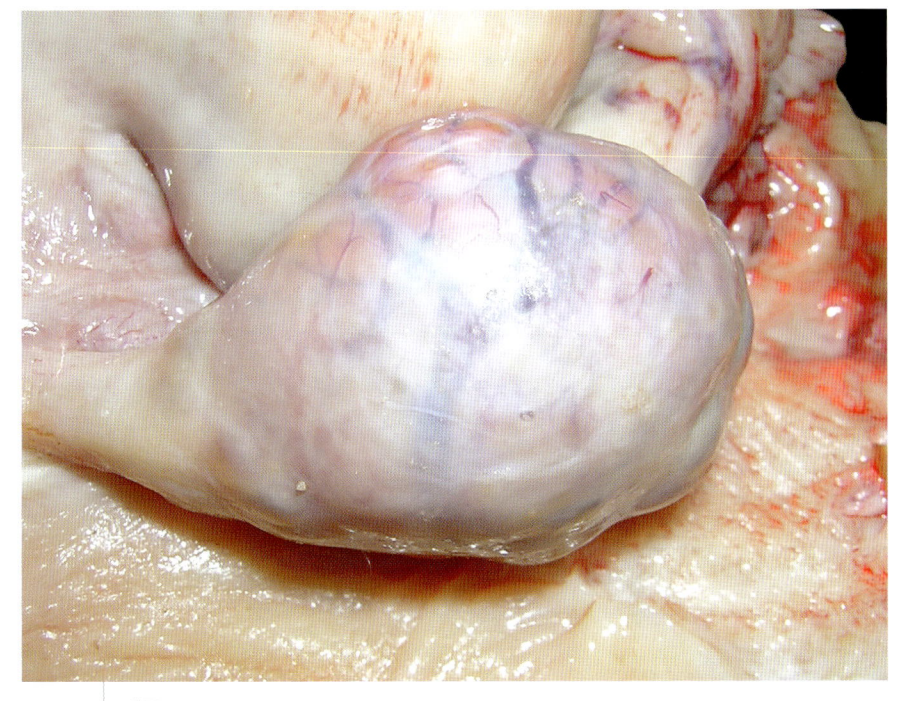

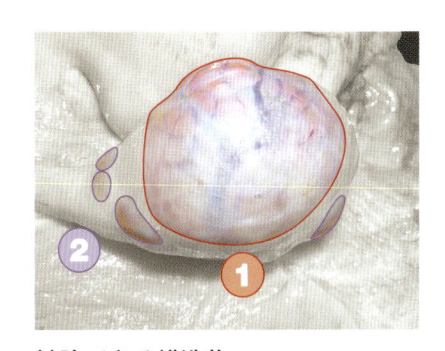

触診できる構造物：
1　明瞭な黄体

その他の構造物：
2　小卵胞

分類：
明瞭な黄体；あり
明瞭な卵胞；なし

所見：
252 卵巣のほぼ全域を占める黄体を有する卵巣

触診できる構造物：
1 明瞭な黄体
その他の構造物：
2 小卵胞
分類：
明瞭な黄体；あり
明瞭な卵胞；なし

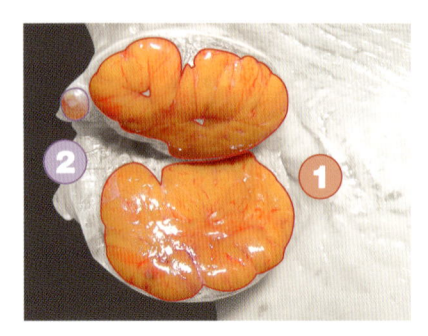

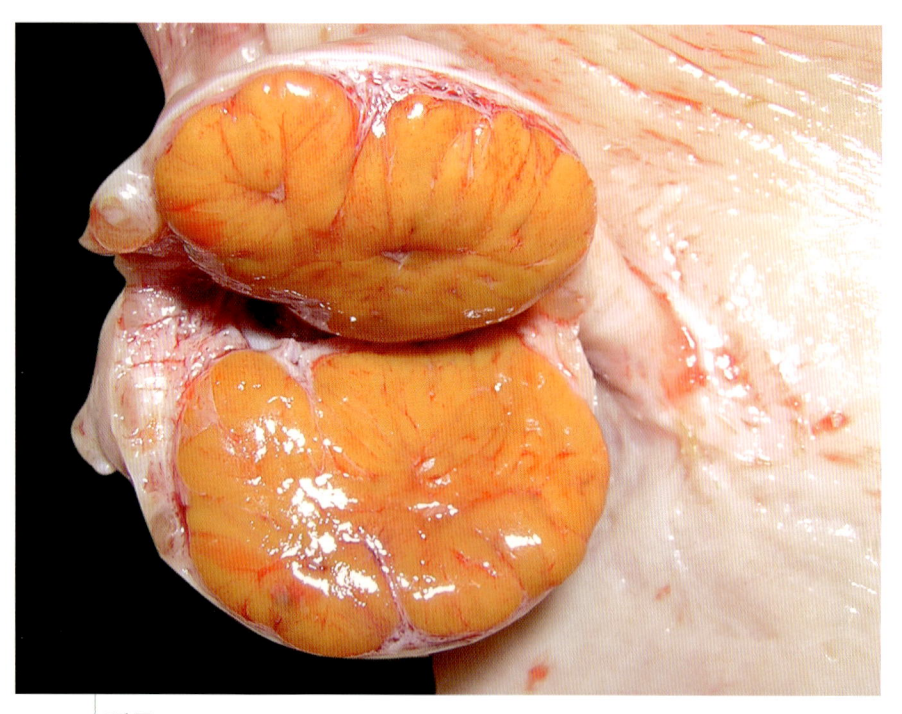

253 所見：
252と同一卵巣の割面。黄体が卵巣のほぼ全域を占めているのがよく分かる

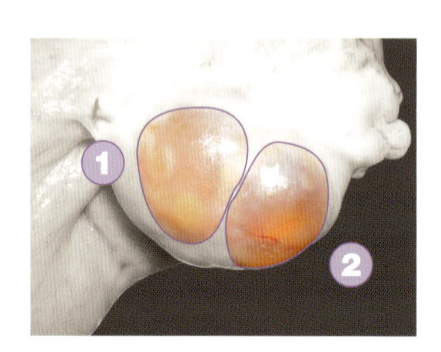

触診できる構造物：
1 明瞭な卵胞
2 2つ目の明瞭な卵胞
分類：
明瞭な黄体；なし
明瞭な卵胞；あり（複数）

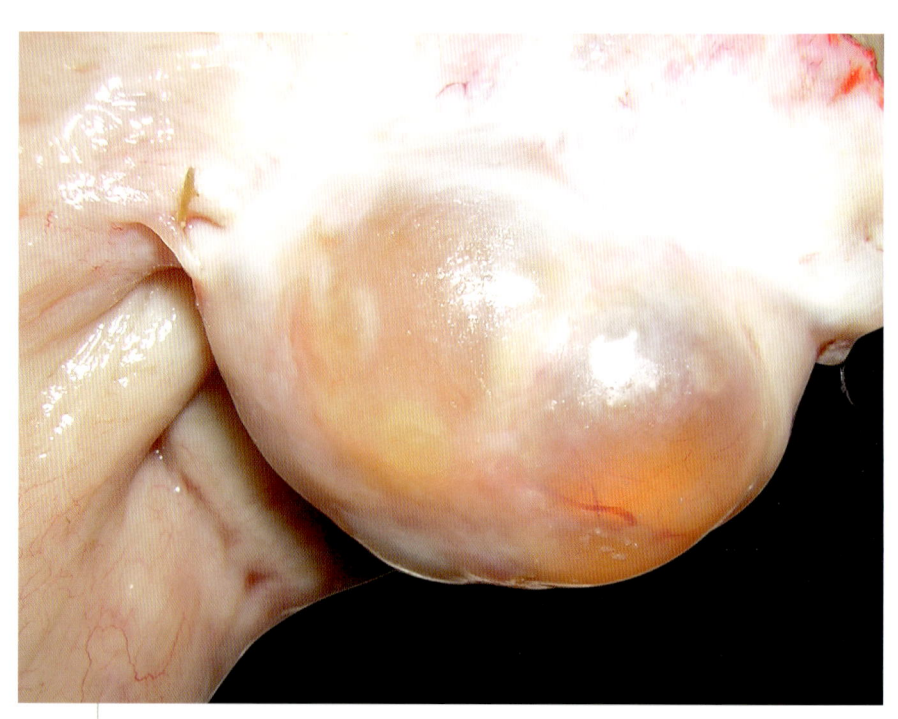

254 所見：
2つの大卵胞を有する卵巣。対側の卵巣に何が存在しているかによるが、両方排卵する可能性がある

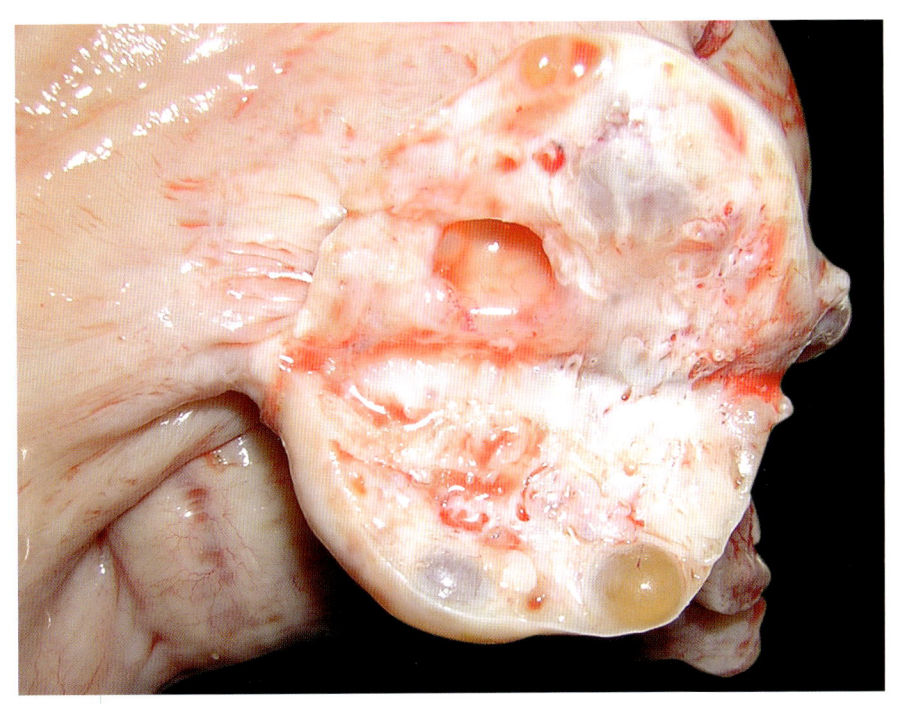

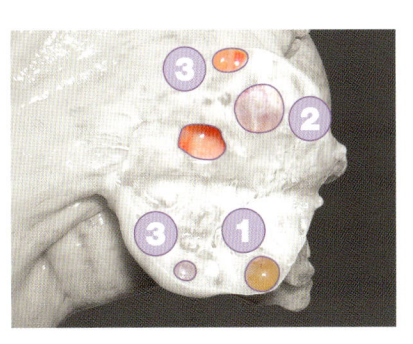

3 　構造を認識する

触診できる構造物：
1 　明瞭な卵胞
2 　2つ目の明瞭な卵胞
その他の構造物：
3 　小卵胞
分類：
明瞭な黄体；なし
明瞭な卵胞；あり（複数）

所見：
255 254と同一卵巣の割面。2つの卵胞を部分的に観察することができる

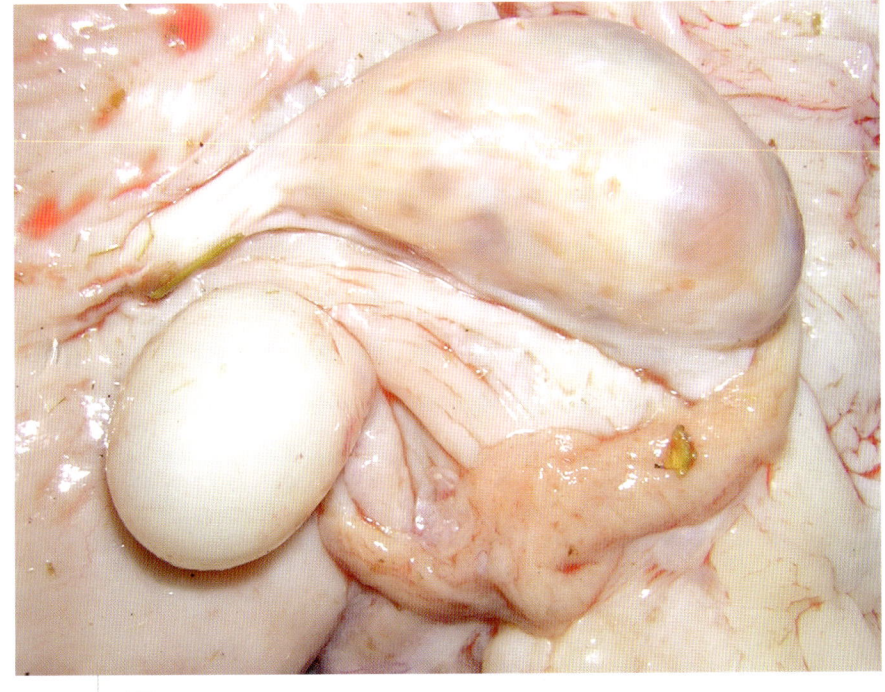

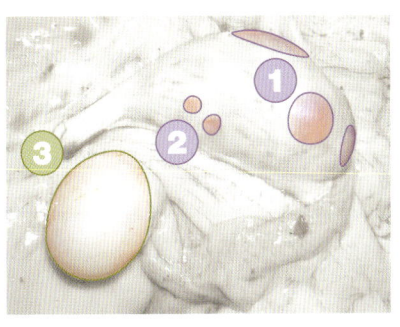

触診できる構造物：
1 　主席性を獲得しつつある大卵胞
その他の構造物：
2 　小卵胞
3 　白っぽい液体を満たした囊胞。おそらく傍卵巣囊腫と推察される
分類：
明瞭な黄体；なし
明瞭な卵胞；あり（複数）

所見：
256 サイズの異なる複数の卵胞を有する卵巣

185

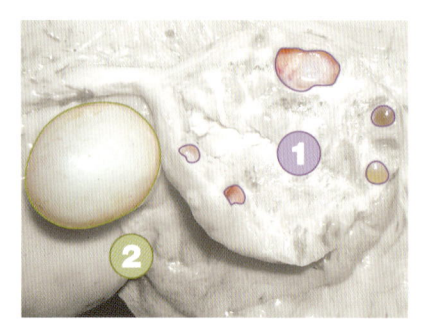

触診できる構造物：
1 選択期にある複数の卵胞
その他の構造物：
2 白っぽい液体を満たした嚢胞。おそらく傍卵巣嚢腫と推察される
分類：
明瞭な黄体；なし
明瞭な卵胞；あり（複数）

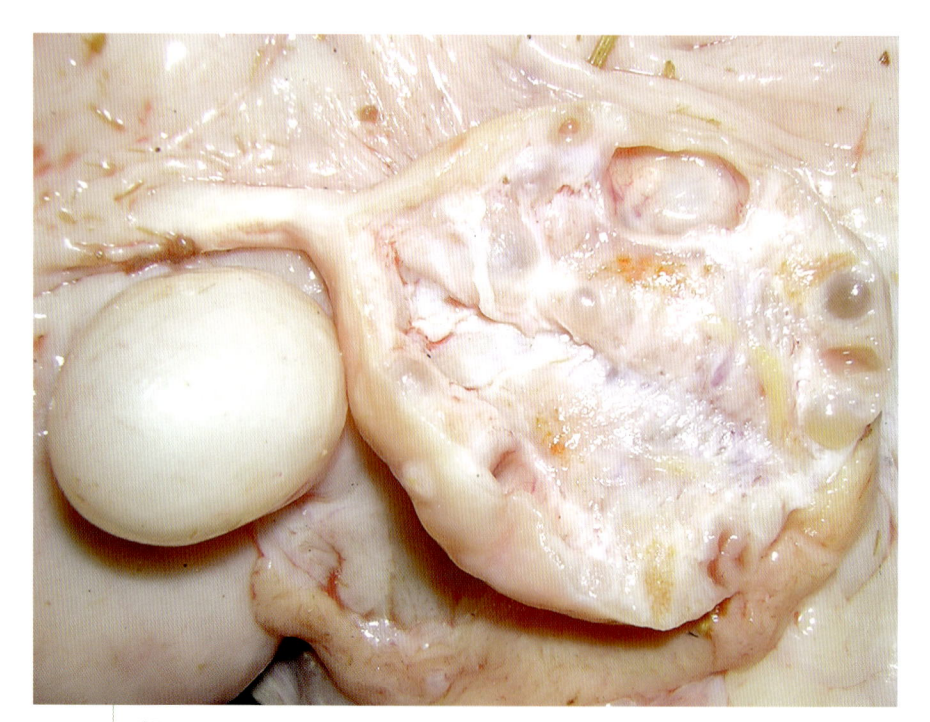

所見：
257 256と同一卵巣の割面。発育中の複数の卵胞を有する

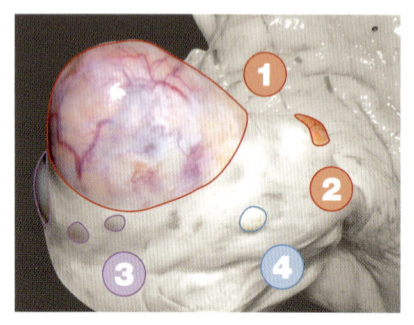

触診できる構造物：
1 明瞭な黄体
その他の構造物：
2 古い黄体
3 小卵胞
4 黄体の痕跡
分類：
明瞭な黄体；あり
明瞭な卵胞；なし

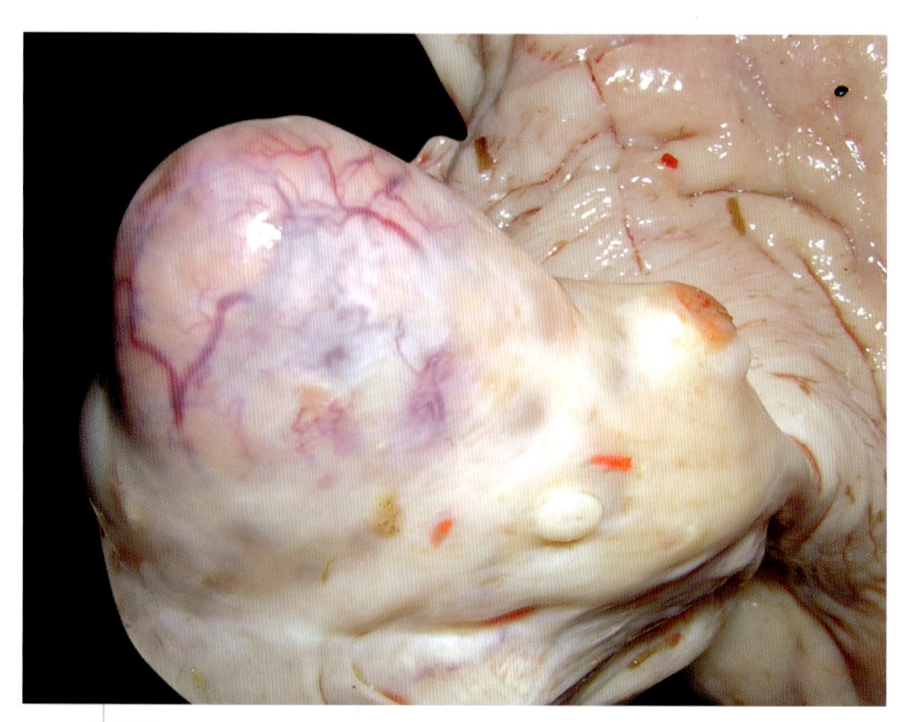

所見：
258 突出部分が非常に大きい黄体を有する卵巣

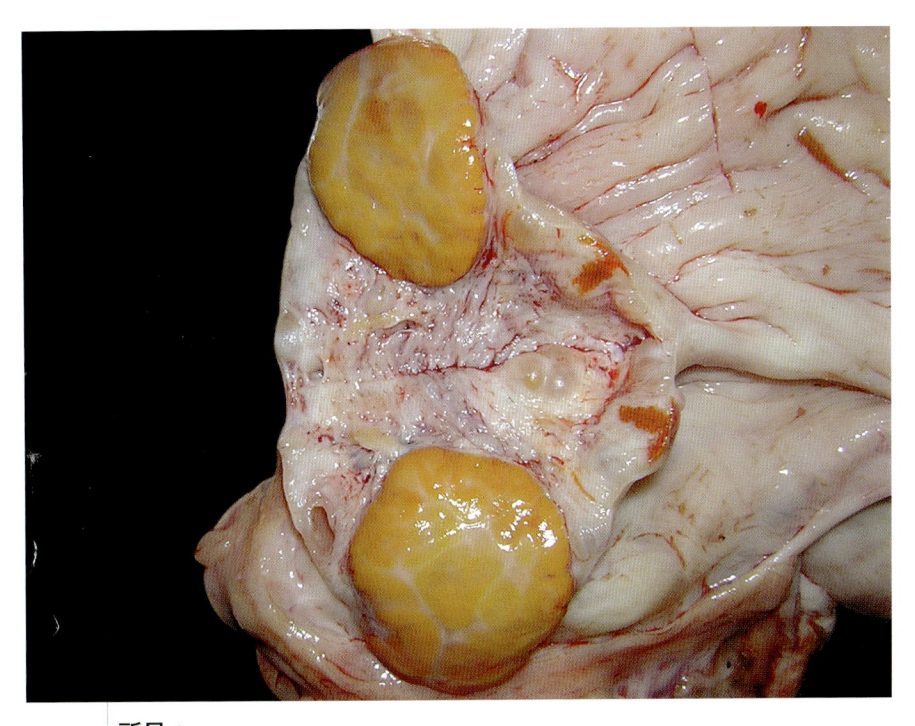

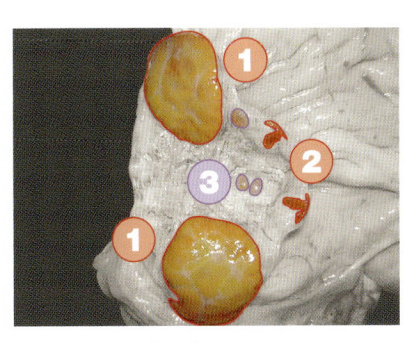

3 構造を認識する

触診できる構造物：
1 明瞭な黄体
その他の構造物：
2 古い黄体
3 小卵胞
分類：
明瞭な黄体；あり
明瞭な卵胞；なし

259 所見：
258と同一卵巣の割面。黄体を有する

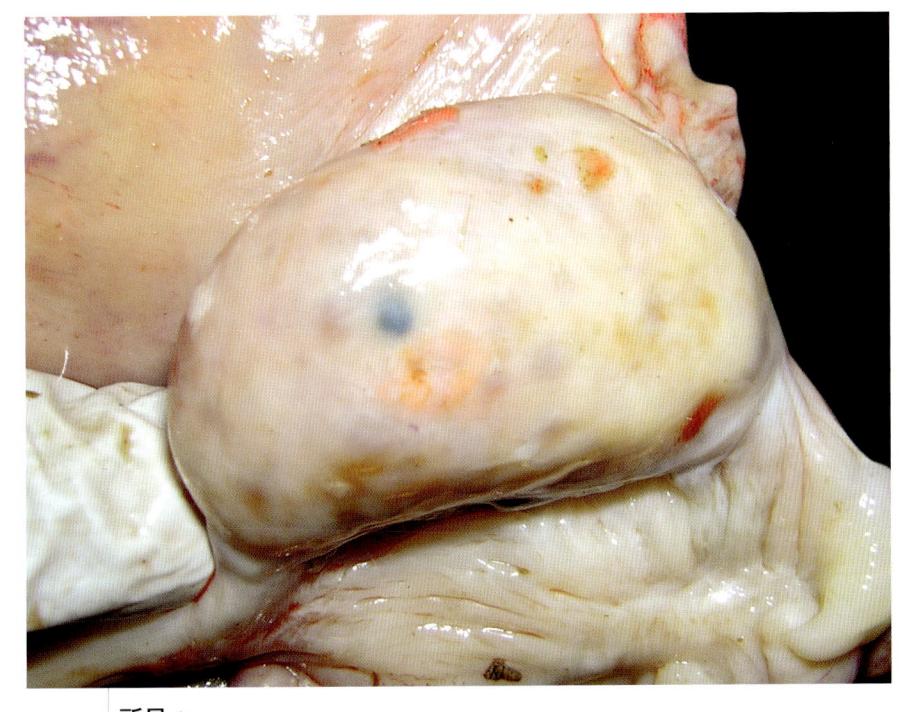

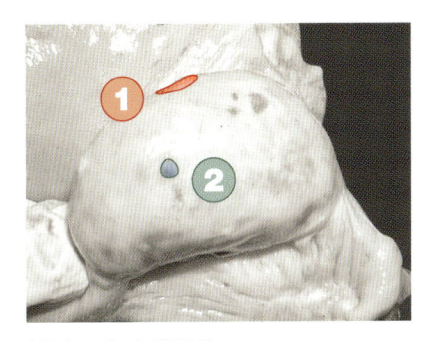

触診できる構造物：
なし
その他の構造物：
1 退行中の黄体に相当すると考えられる硬い領域
2 小出血
分類：
明瞭な黄体；なし
明瞭な卵胞；なし

260 所見：
特に触ることができる構造物を持たない卵巣

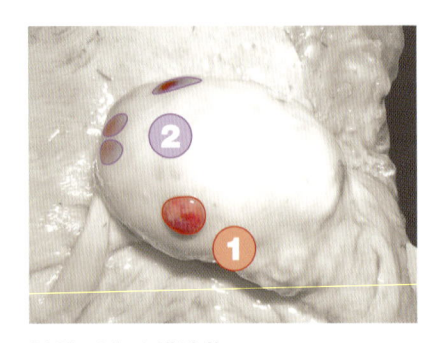

触診できる構造物：
なし
その他の構造物：
1　形成初期の黄体（色に注目）
2　小卵胞
分類：
明瞭な黄体；なし
明瞭な卵胞；なし

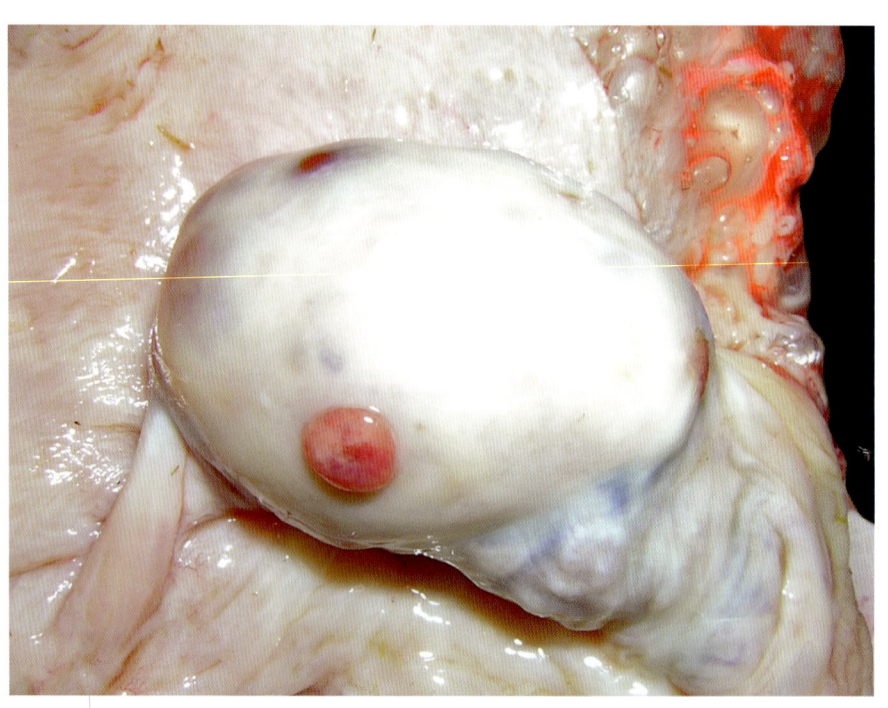

261 所見：
260と同一卵巣を別の角度から見たところ。ひとつの若い発育中の黄体が，発育をはじめたばかりの卵胞の隣に観察される

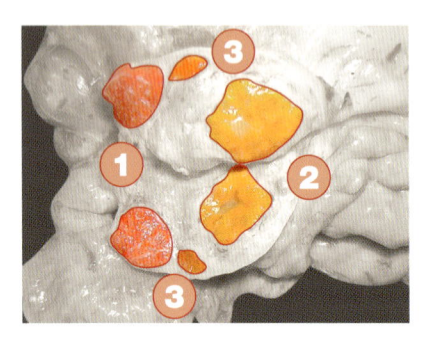

触診できる構造物：
なし
その他の構造物：
1　前回の排卵から日数の経過していない段階の若い発育中の黄体（上図に観察できるとおり）
2　古い黄体
3　退行中の黄体
（訳者注：2と3が逆と思われる）
分類：
明瞭な黄体；なし
明瞭な卵胞；なし

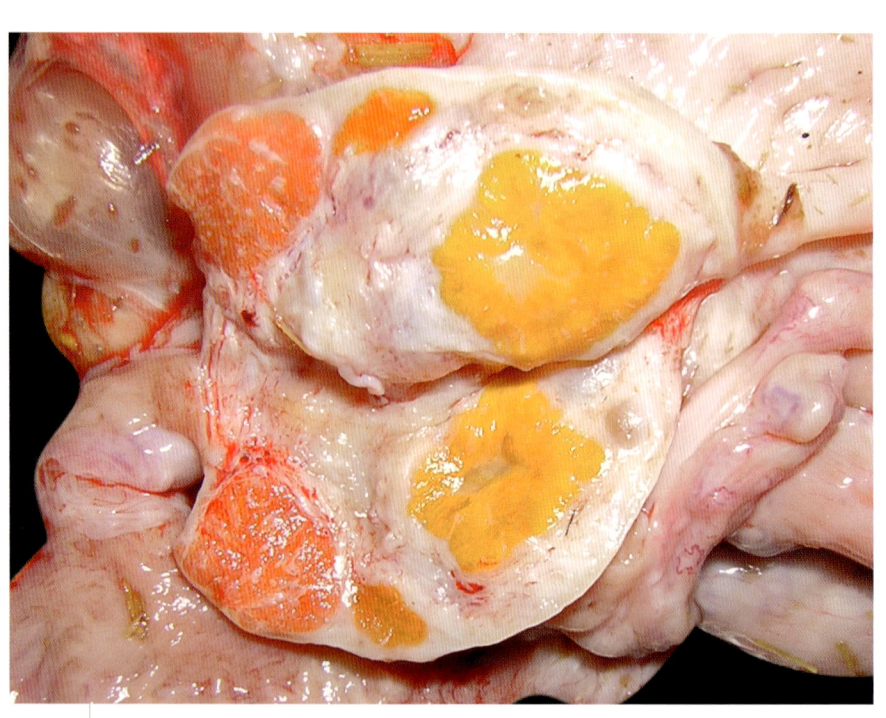

262 所見：
261と同一卵巣の割面。直腸検査では触診できないような構造物を有する。黄体の排卵後の日数を色の違いで観察できるよい例

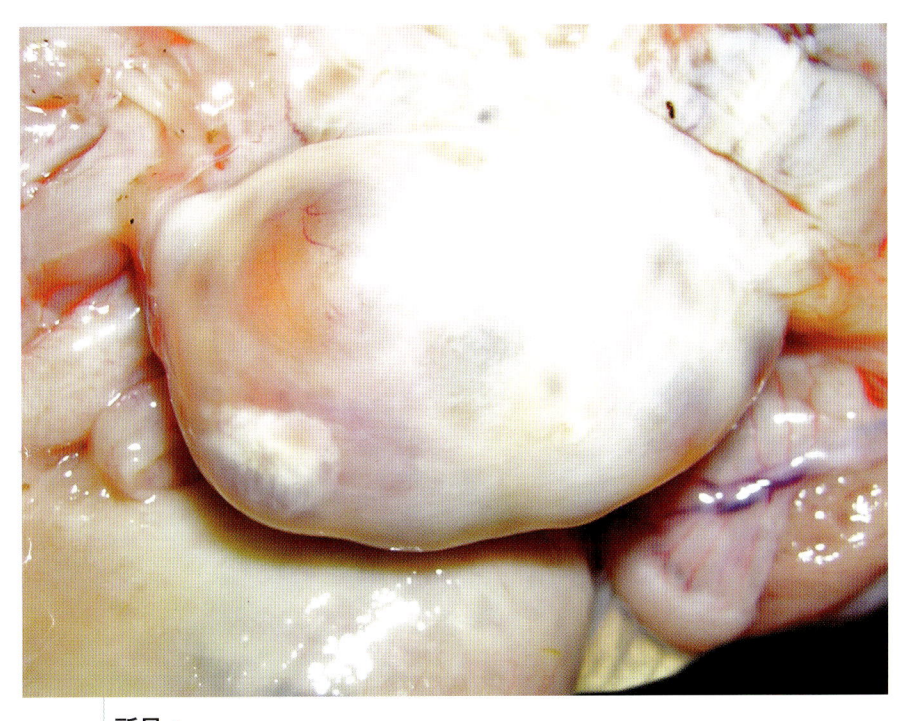

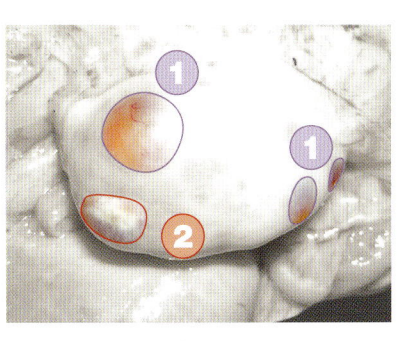

触診できる構造物：
1 異なるサイズの複数の卵胞
その他の構造物：
2 古い黄体
分類：
明瞭な黄体；なし
明瞭な卵胞；あり（複数）

所見：
263 いくつかの異なるステージにある卵胞発育を示す卵巣。注意深い触診を必要とするものもある

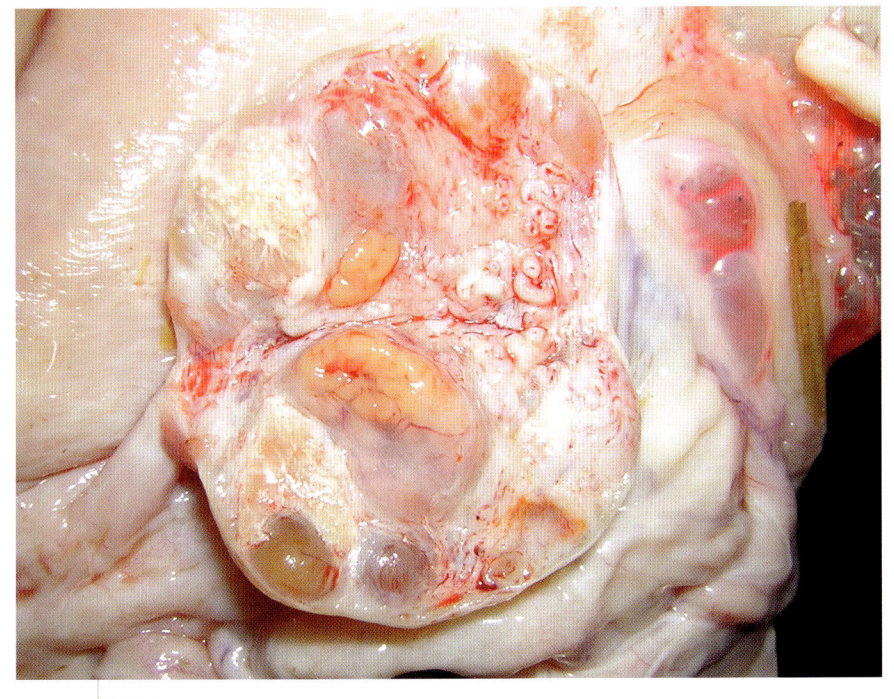

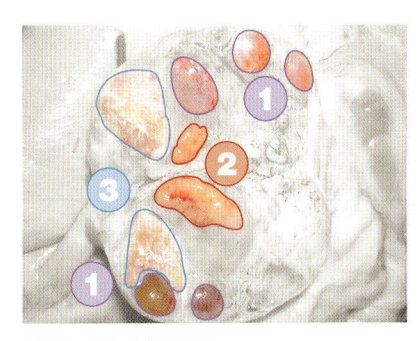

触診できる構造物：
1 複数の異なるサイズの卵胞
その他の構造物：
2 新しく形成されつつある黄体
3 黄体の痕跡
分類：
明瞭な黄体；なし
明瞭な卵胞；あり（複数）

所見：
264 263と同一卵巣の割面。複数の異なるサイズの卵胞が観察できる

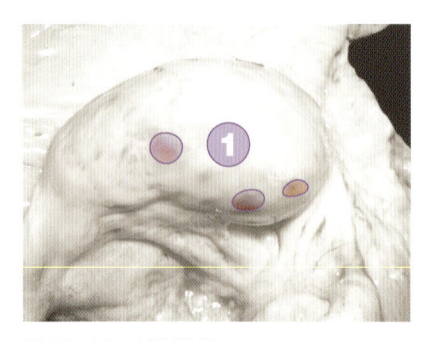

触診できる構造物：
なし
その他の構造物：
1　発育開始時の小卵胞
分類：
明瞭な黄体；なし
明瞭な卵胞；なし

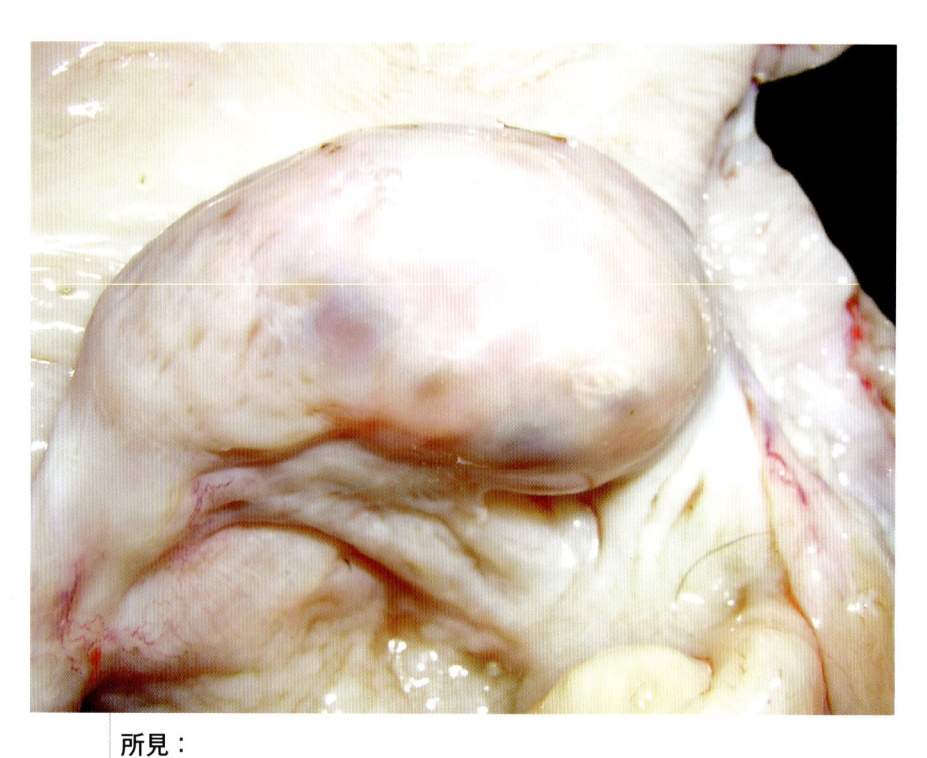

265 所見：
触診できる構造物を持たない卵巣

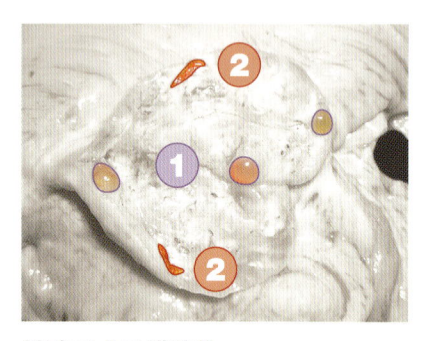

触診できる構造物：
なし
その他の構造物：
1　発育開始時の小卵胞
2　黄体組織がある小さな領域
分類：
明瞭な黄体；なし
明瞭な卵胞；なし

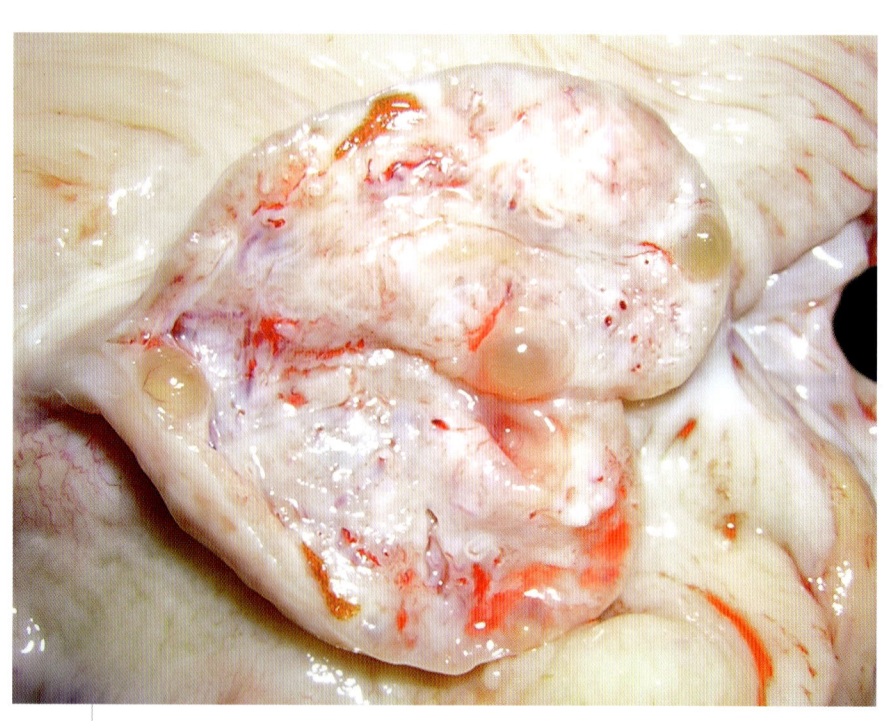

266 所見：
265と同一卵巣の割面。触診で見つけることがほとんどできない構造物が割面上では観察できる

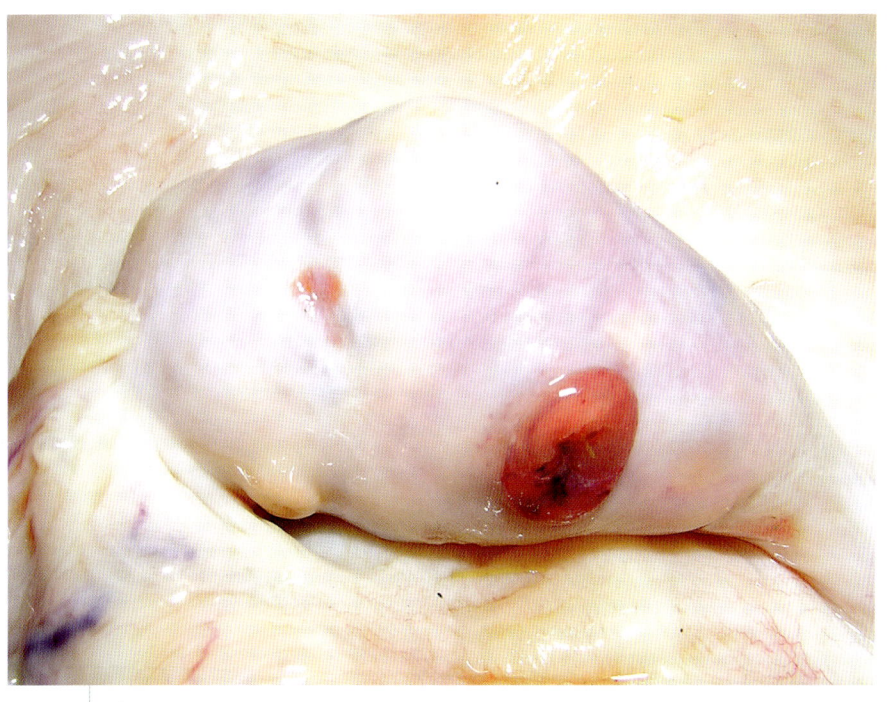

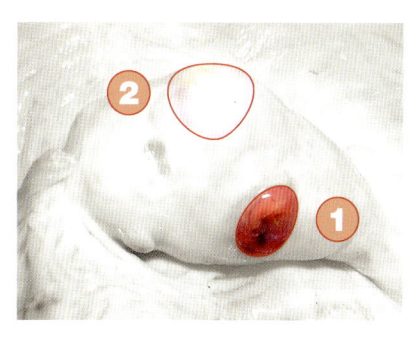

3 構造を認識する

触診できる構造物：
なし
その他の構造物：
1 若く，発育中の黄体
2 古い黄体
（訳者注：1，2は触診可能だと思われる）
分類：
明瞭な黄体；なし
明瞭な卵胞；なし

所見：
267 ひとつ前の周期の古い黄体に隣接して位置する若くて発育中の黄体を有する卵巣。触診により推測することはほぼ不可能である（訳者注：触診可能だと思われる）

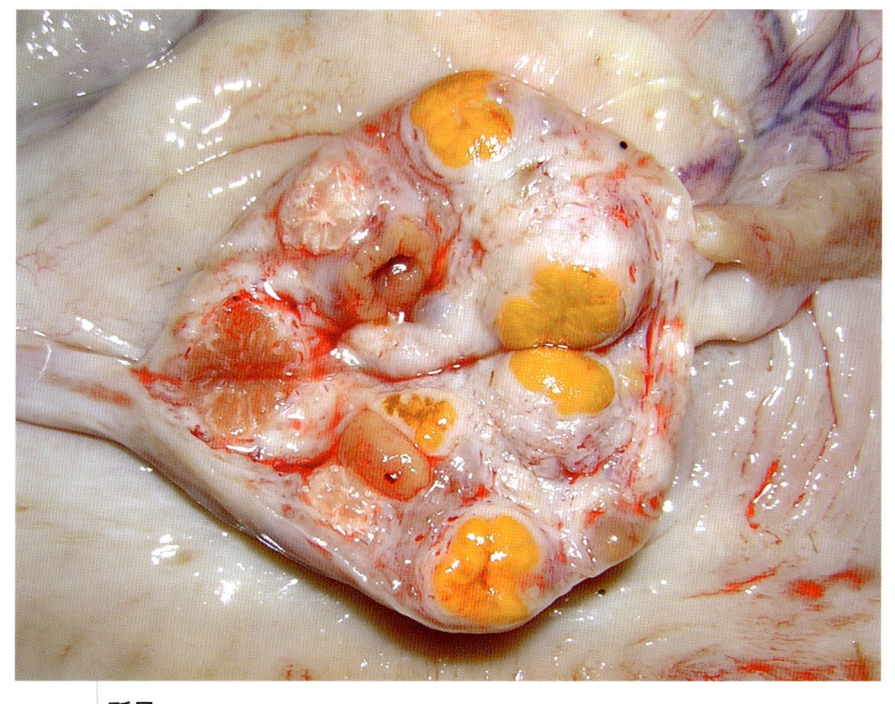

触診できる構造物：
なし
その他の構造物：
1 最近形成されたばかりの黄体（赤っぽい色を呈している）
2 （ひとつ前の周期の）古い黄体（オレンジ色を呈している）
3 さらに古い黄体の痕跡（白色を呈している）
4 発育中の卵胞
分類：
明瞭な黄体；なし
明瞭な卵胞；なし

所見：
268 267と同一卵巣の割面。複数の卵胞を有する卵巣。触診では検出できないが興味深い構造物を有している。黄体の色の違いを比較するとおもしろい

191

触診できる構造物：
なし

その他の構造物：
1 最近形成された黄体（赤っぽい色）
2 （ひとつ前の周期の）古い黄体（オレンジ色）
3 さらに古い黄体の痕跡（白色）

分類：
明瞭な黄体；なし
明瞭な卵胞；なし

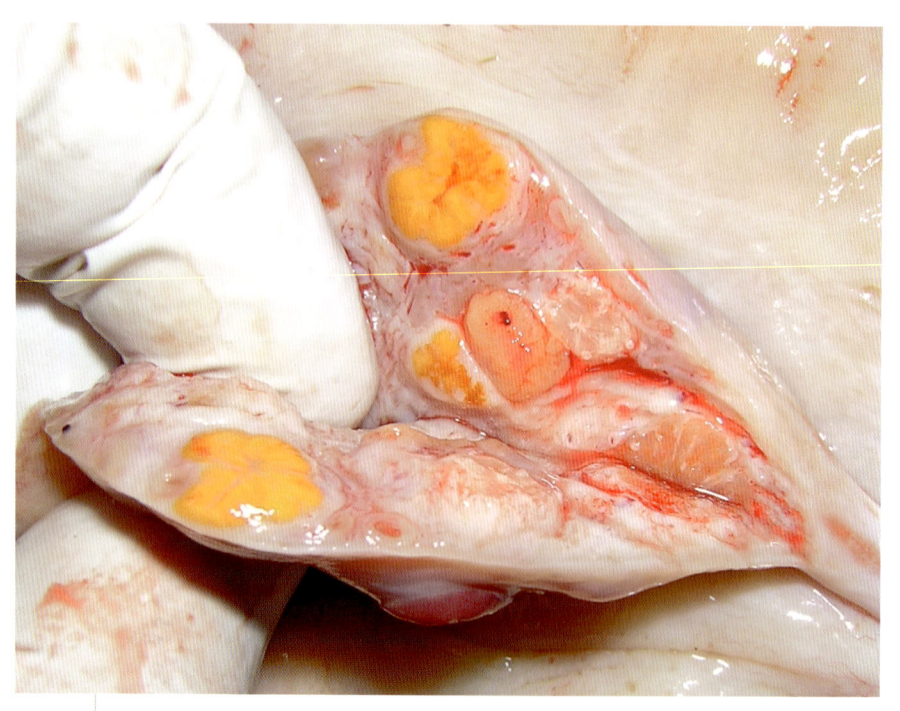

所見：
269 268と同一卵巣の割面を別の角度から見たところ

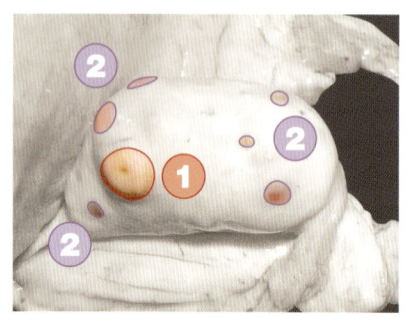

触診できる構造物：
1 おそらく退行中と推測される黄体

その他の構造物：
2 発育中の卵胞

分類：
明瞭な黄体；あり
明瞭な卵胞；なし

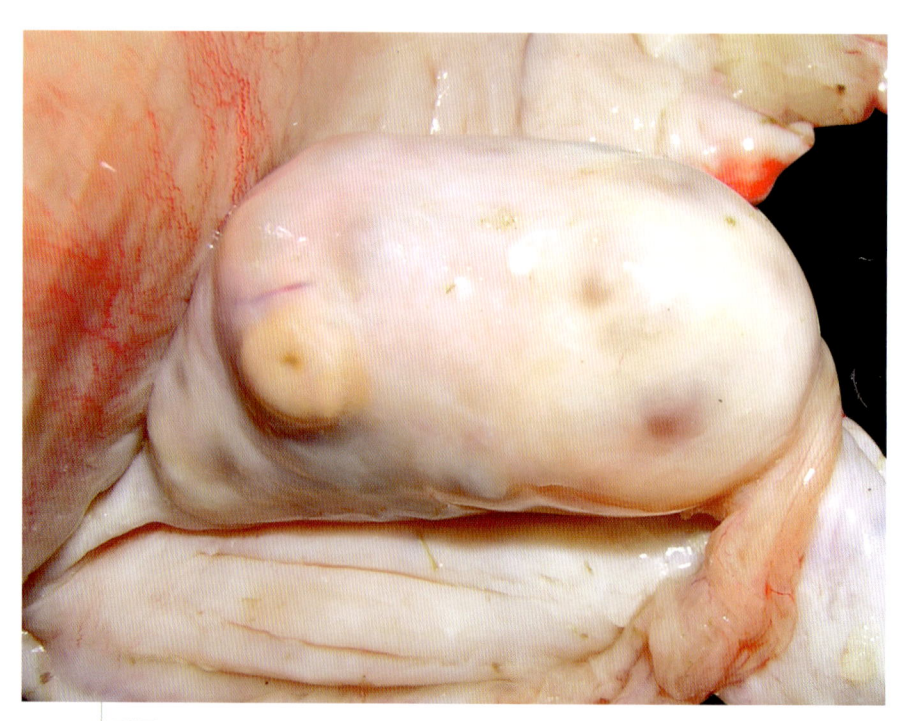

所見：
270 発育中の卵胞に隣接した黄体を有する卵巣

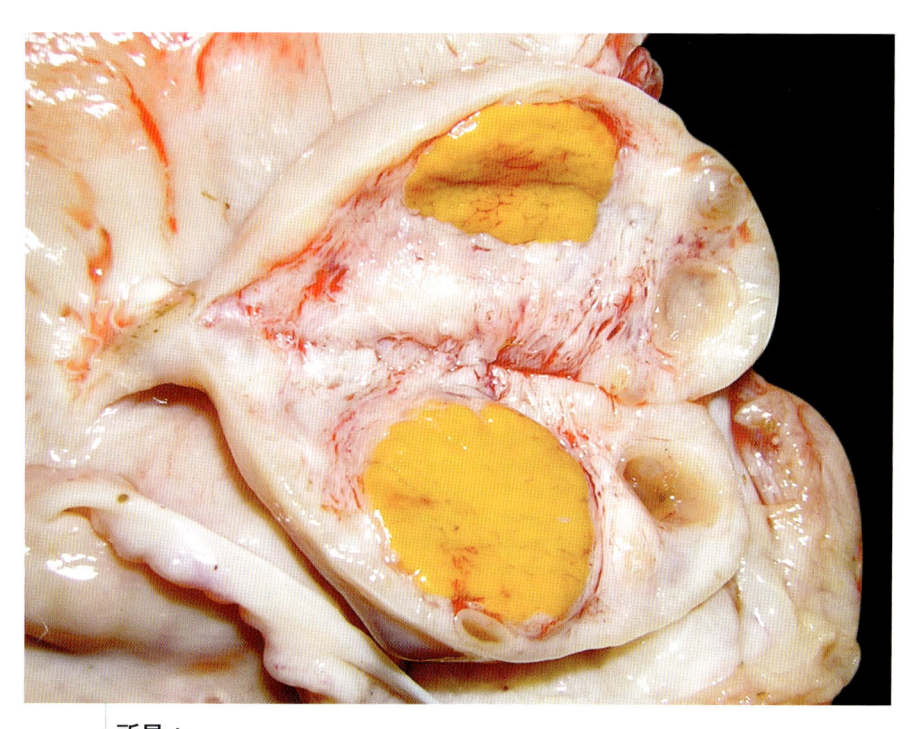

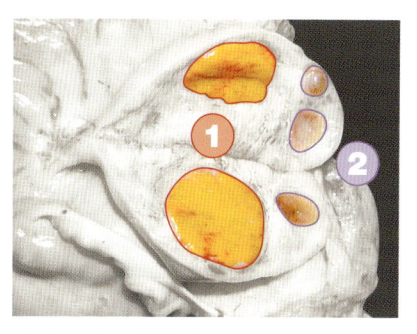

3 構造を認識する

触診できる構造物：
1 明瞭な黄体（色に注目）
その他の構造物：
2 発育中の卵胞
分類：
明瞭な黄体；あり
明瞭な卵胞；なし

所見：
271 270 と同一卵巣の割面

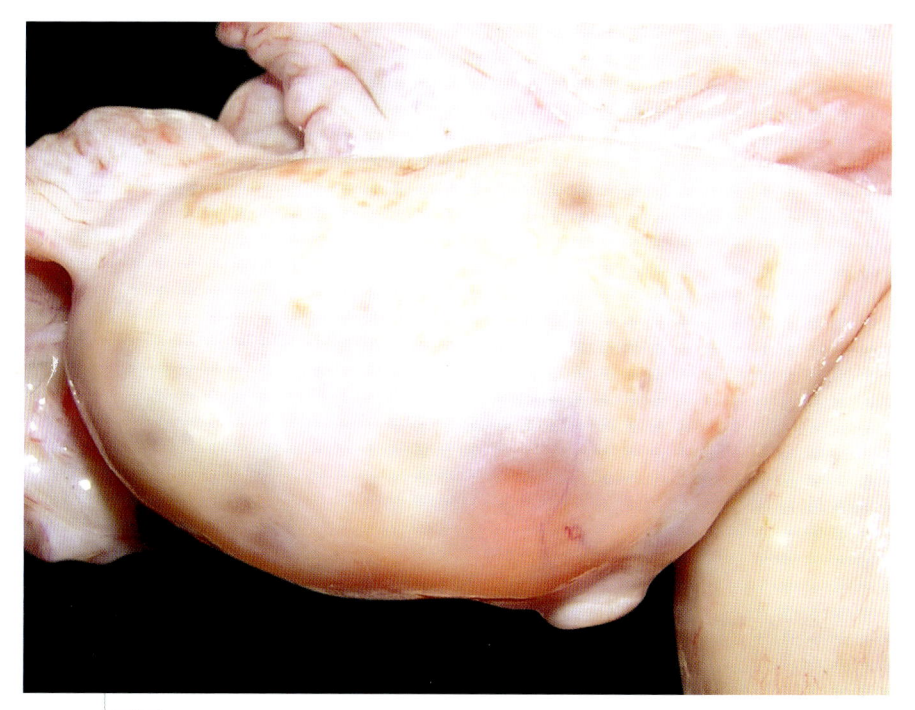

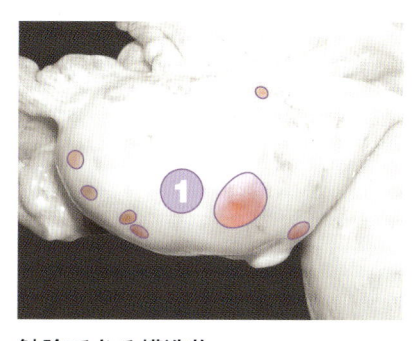

触診できる構造物：
1 異なるサイズの複数の卵胞
分類：
明瞭な黄体；なし
明瞭な卵胞；あり（複数）

所見：
272 異なるサイズの複数の卵胞を有する卵巣

193

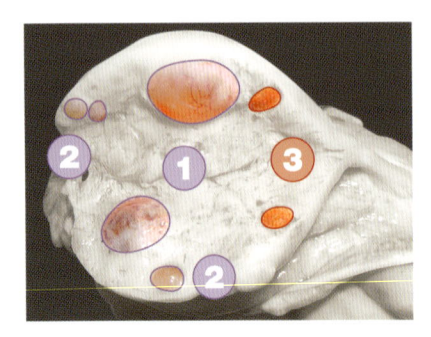

触診できる構造物：
1 主席性を獲得しようとしている卵胞。明らかに検出可能である

その他の構造物：
2 小卵胞
3 黄体化した組織の領域

分類：
明瞭な黄体；なし
明瞭な卵胞；あり（複数）

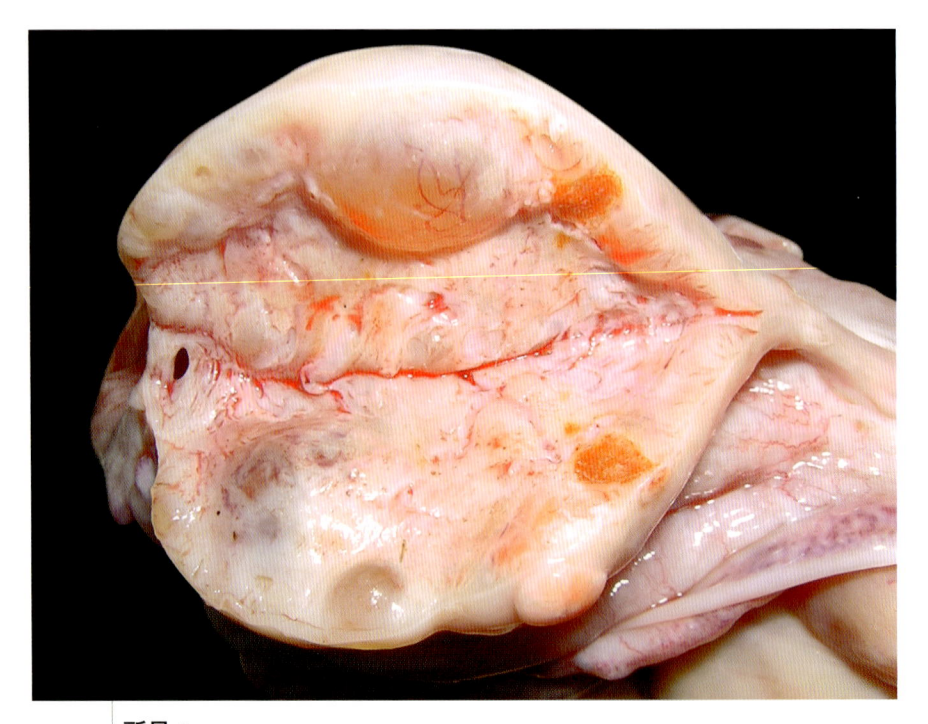

所見：
273 272と同一卵巣の割面。2つの卵胞のうちどちらかが主席性を獲得すると思われる

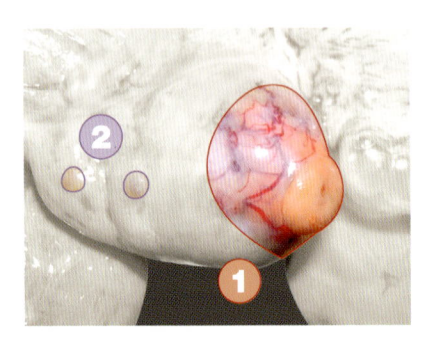

触診できる構造物：
1 明瞭な黄体

その他の構造物：
2 小卵胞

分類：
明瞭な黄体；あり
明瞭な卵胞；なし

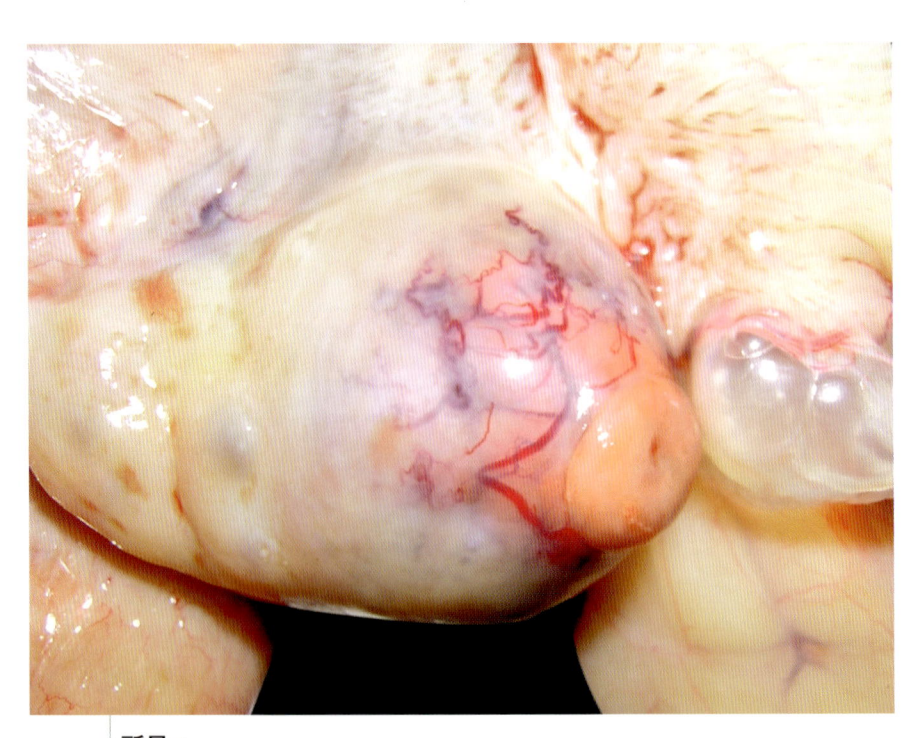

所見：
274 隆起した明瞭な黄体を有する卵巣

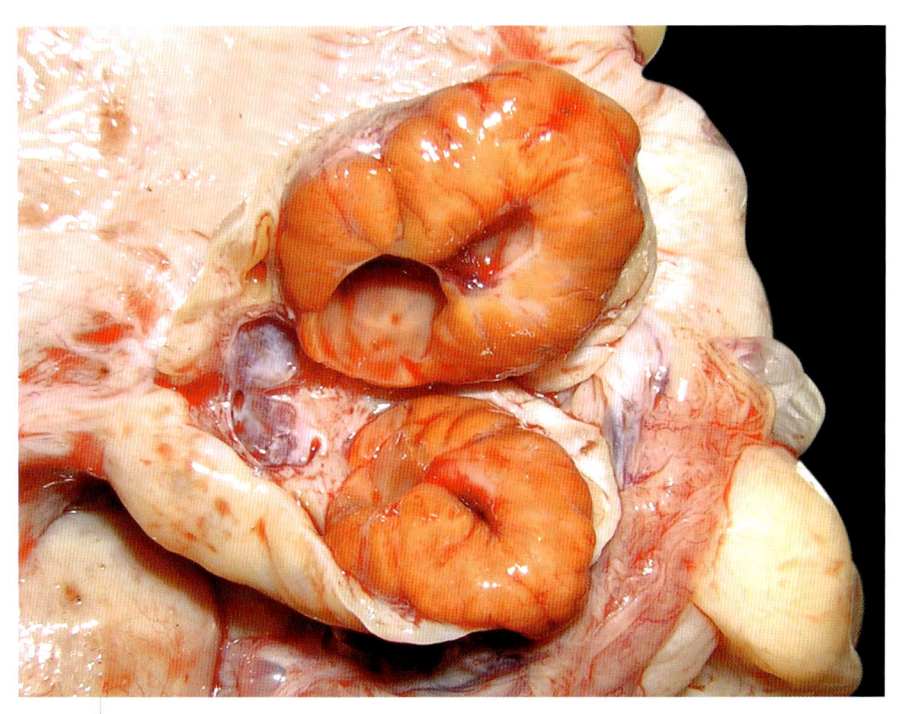

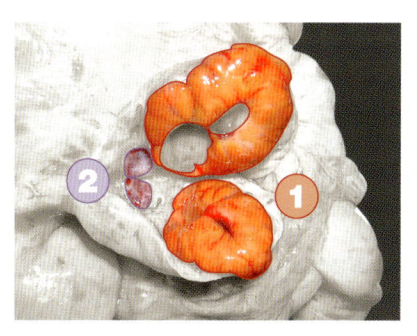

3　構造を認識する

触診できる構造物：
1　内腔を有する明瞭な黄体
その他の構造物：
2　発育中の小卵胞
分類：
明瞭な黄体；あり
明瞭な卵胞；なし

所見：
275　274と同一卵巣の割面。内腔と柱状組織に注目

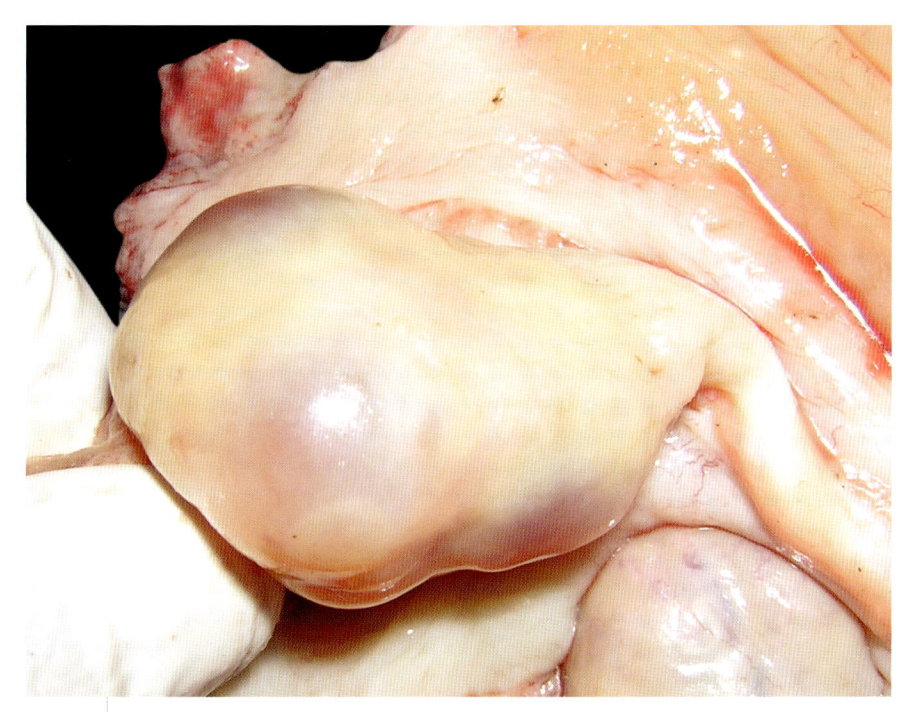

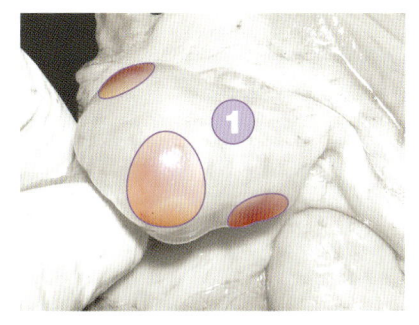

触診できる構造物：
1　異なるサイズの卵胞
分類：
明瞭な黄体；なし
明瞭な卵胞；あり（複数）

所見：
276　異なるサイズの複数の卵胞を有する卵巣

195

触診できる構造物：
1 大卵胞
2 小卵胞

その他の構造物：
3 黄体の痕跡

分類：
明瞭な黄体；なし
明瞭な卵胞；あり（複数）

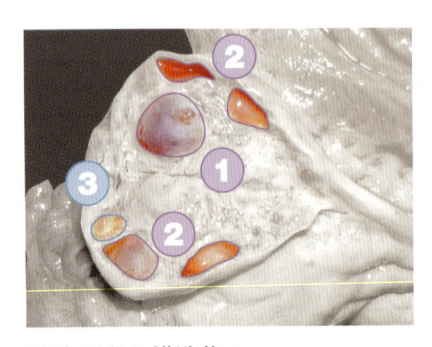

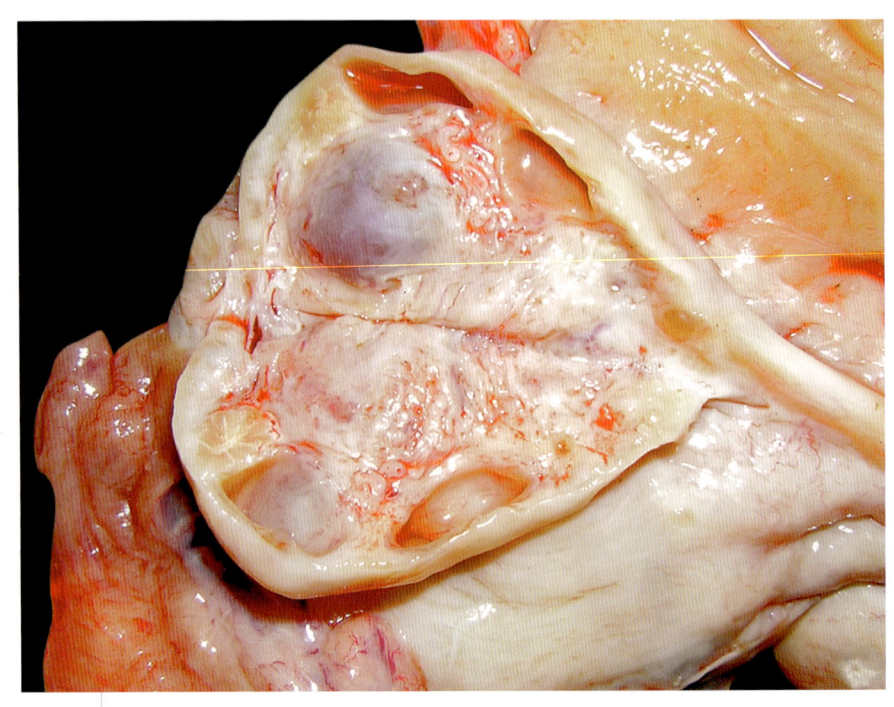

277 所見：
276と同一卵巣の割面。複数の卵胞のうちのひとつが他の卵胞よりも大きさを増している

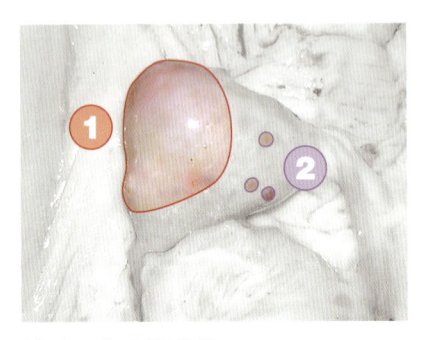

触診できる構造物：
1 明瞭な黄体

その他の構造物：
2 小卵胞

分類：
明瞭な黄体；あり
明瞭な卵胞；なし

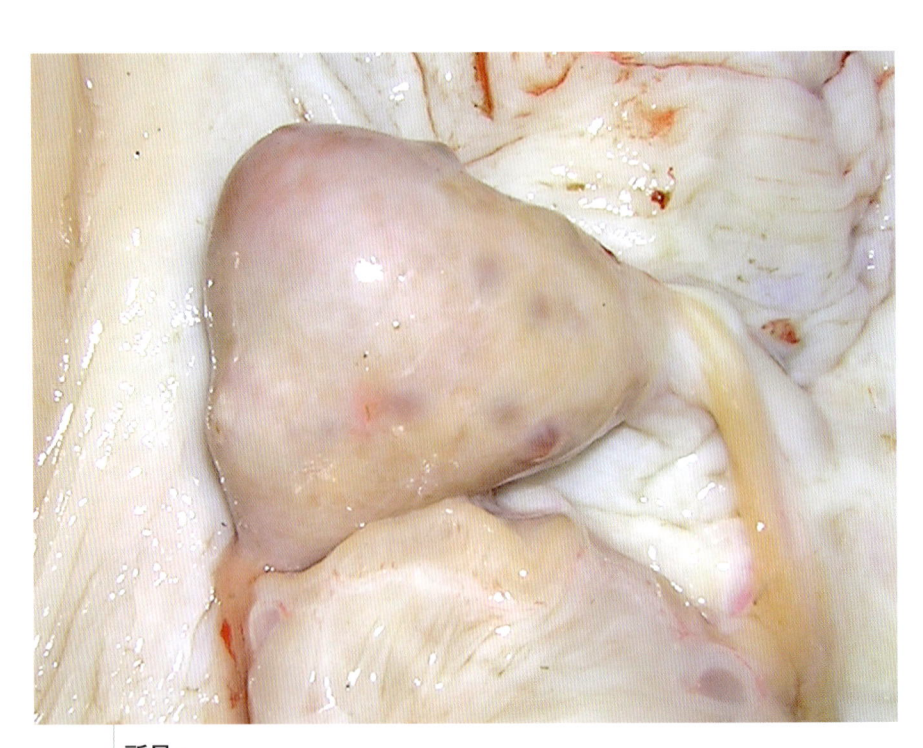

278 所見：
大きな黄体を有する卵巣

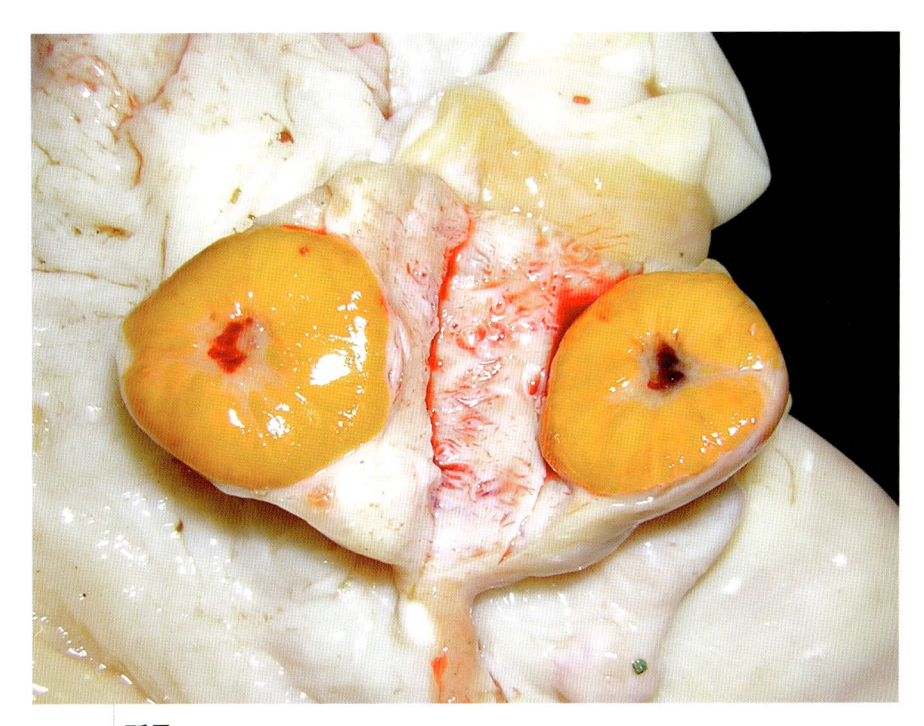

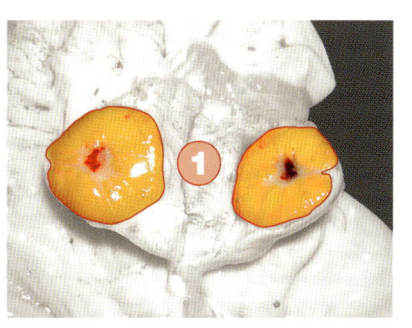

3　構造を認識する

触診できる構造物：
1　明瞭な黄体
分類：
明瞭な黄体；あり
明瞭な卵胞；なし

所見：
279 278と同一卵巣の割面

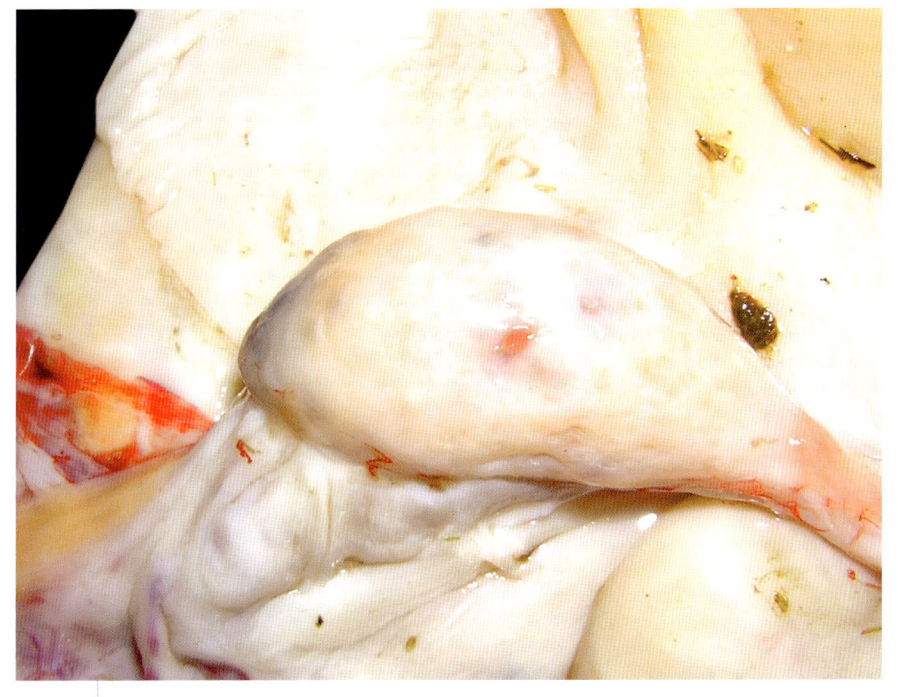

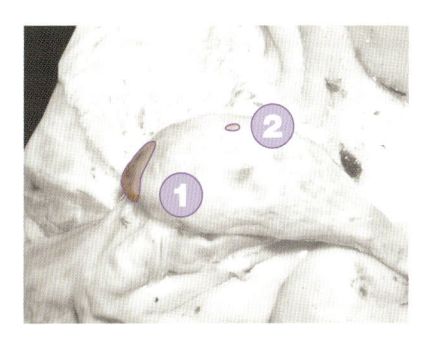

触診できる構造物：
1　注意深い触診を必要とする卵胞
その他の構造物：
2　小卵胞
分類：
明瞭な黄体；なし
明瞭な卵胞；なし

所見：
280 固有卵巣索から離れた卵巣間膜側にひとつの卵胞を有する卵巣

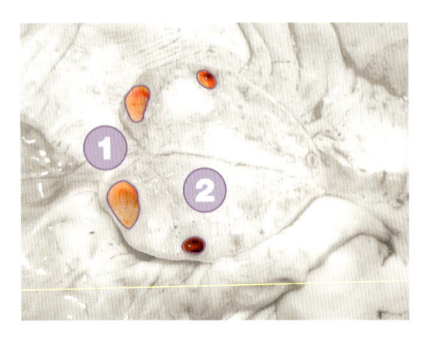

触診できる構造物：
1　注意深い触診を必要とする卵胞

その他の構造物：
2　小卵胞

分類：
明瞭な黄体；なし
明瞭な卵胞；なし

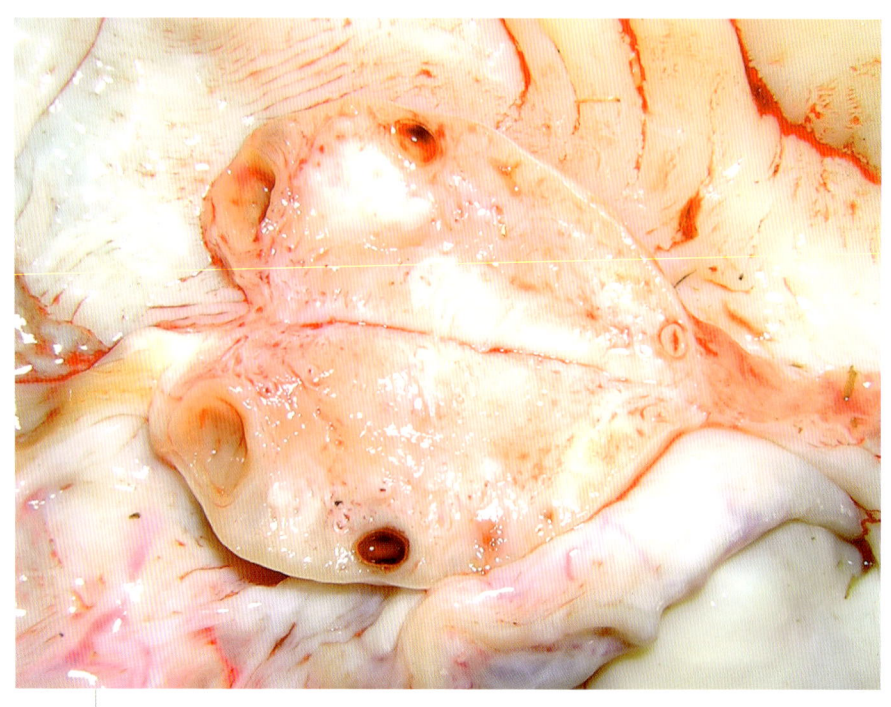

所見：
281　280と同一卵巣の割面

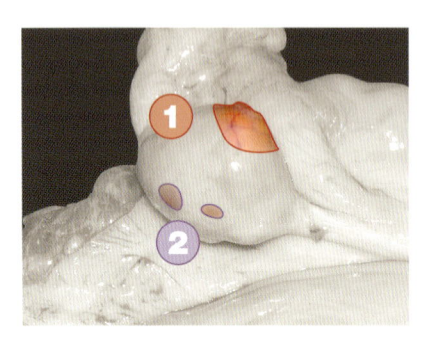

触診できる構造物：
1　明瞭な黄体

その他の構造物：
2　小卵胞

分類：
明瞭な黄体；あり
明瞭な卵胞；なし

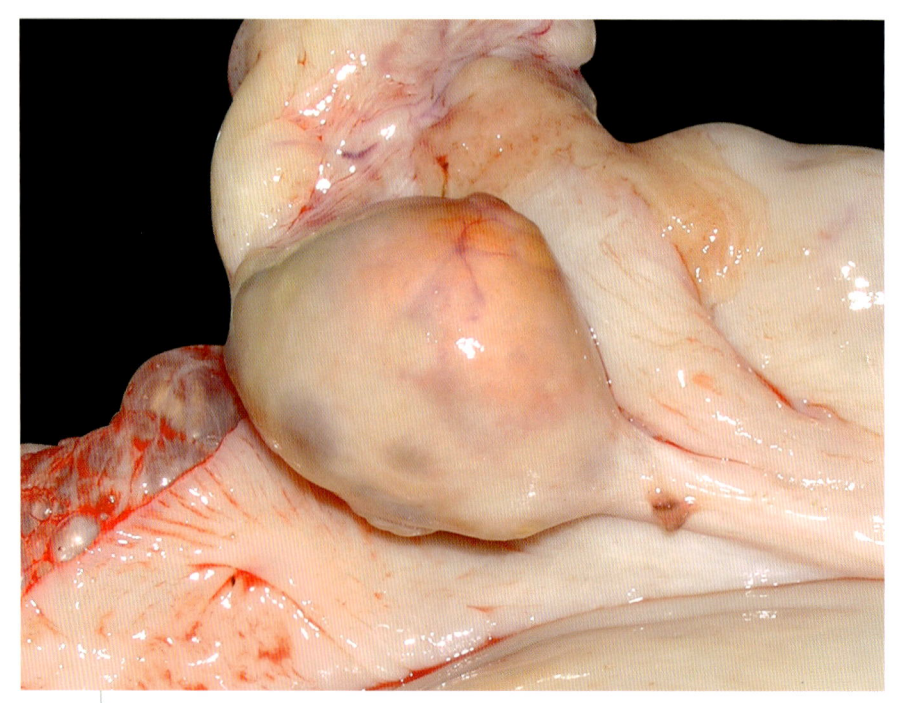

所見：
282　大きな黄体を有する卵巣

3　構造を認識する

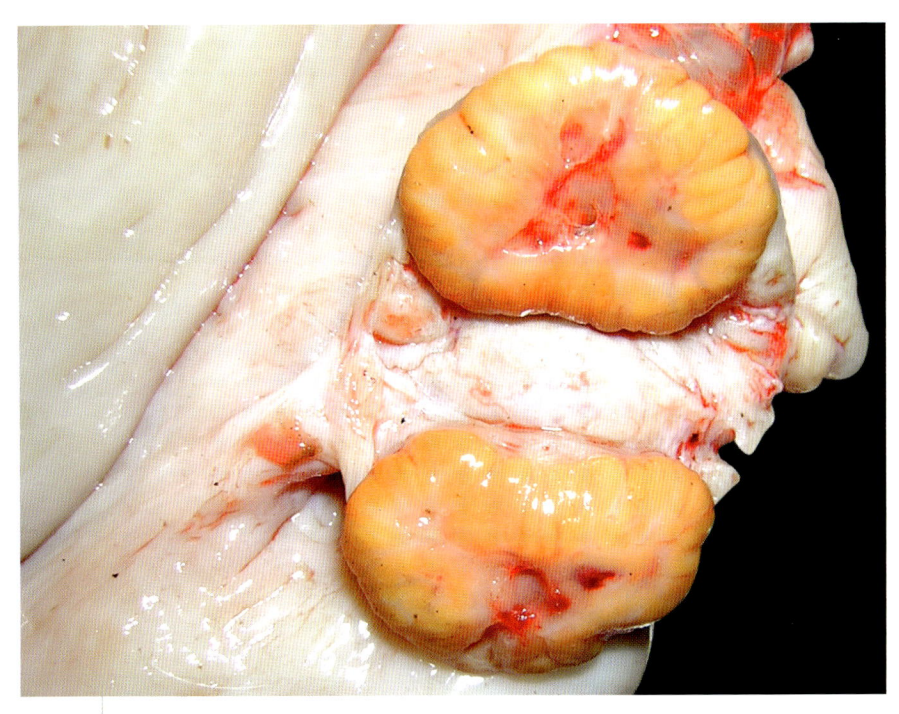

所見：
283 282と同一卵巣の割面。黄体には柱状組織と小さな内腔がある

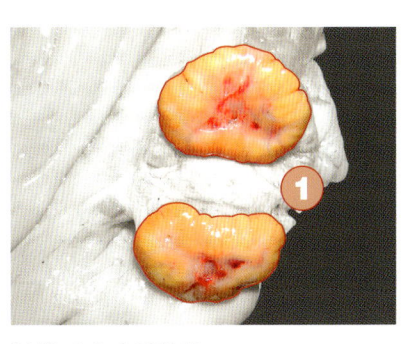

触診できる構造物：
1　明瞭な黄体
分類：
明瞭な黄体；あり
明瞭な卵胞；なし

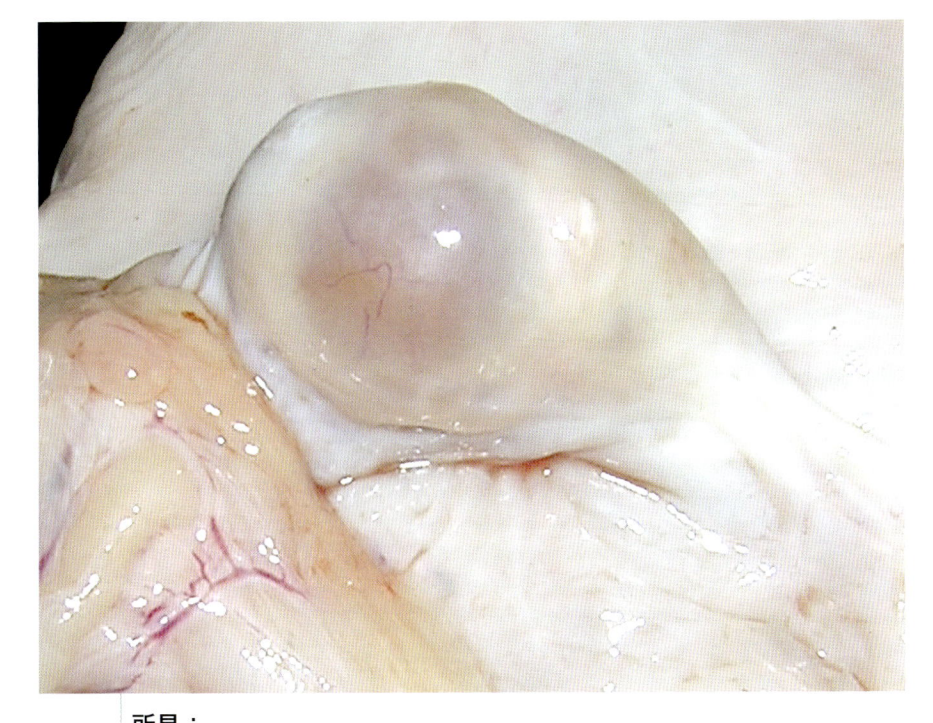

所見：
284 （反対側の卵巣所見次第ではあるが）排卵間近と察せられる大卵胞を有する卵巣

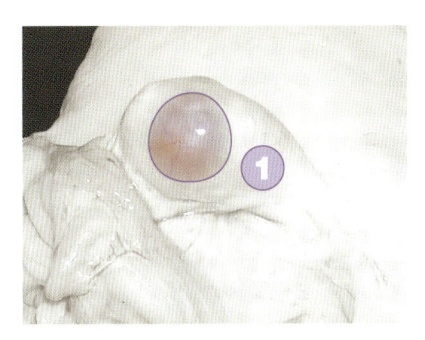

触診できる構造物：
1　隆起した卵胞
分類：
明瞭な黄体；なし
明瞭な卵胞；あり

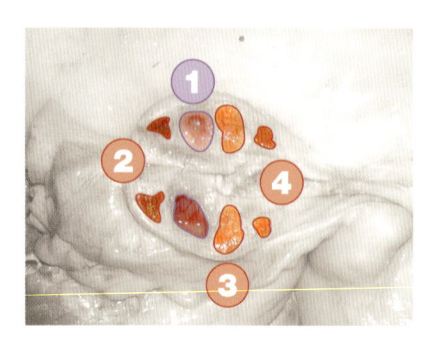

触診できる構造物：
1　明瞭な卵胞
その他の構造物：
2　退行中の黄体
3　古い黄体
4　黄体組織のある領域
分類：
明瞭な黄体；なし
明瞭な卵胞；あり

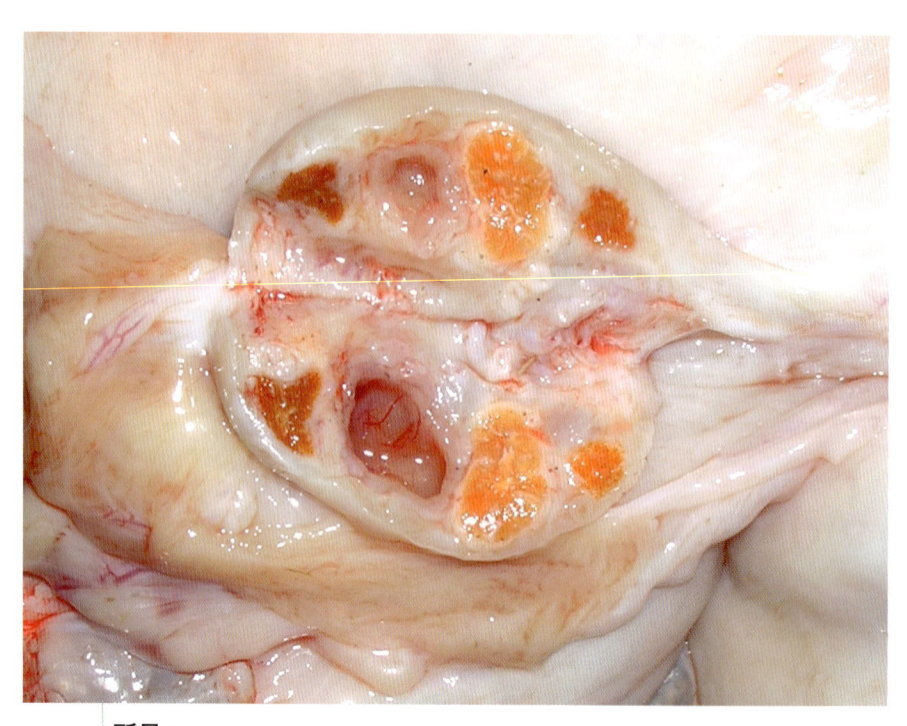

所見：
285　284と同一卵巣の割面。ひとつの大卵胞以外には，複数の異なる様相の黄体が観察できる

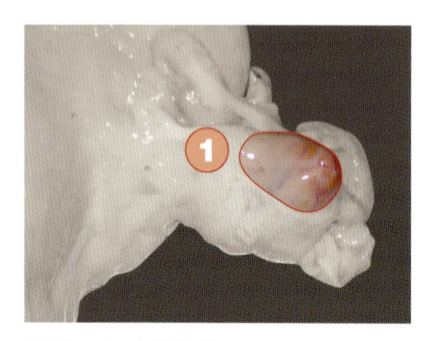

触診できる構造物：
1　明瞭な黄体
分類：
明瞭な黄体；あり
明瞭な卵胞；なし

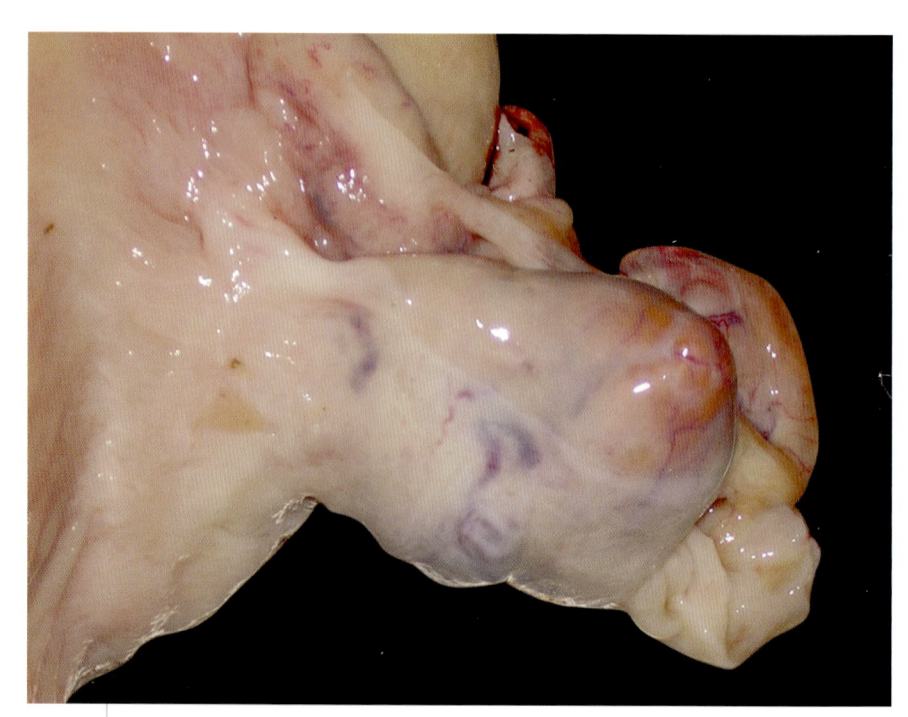

所見：
286　明瞭な黄体を有する卵巣

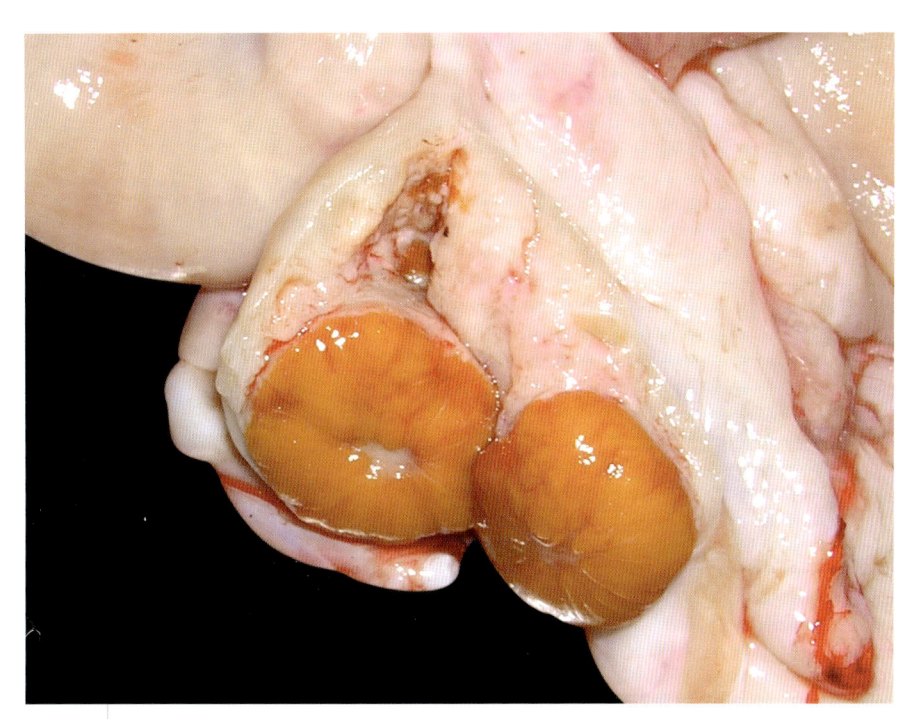

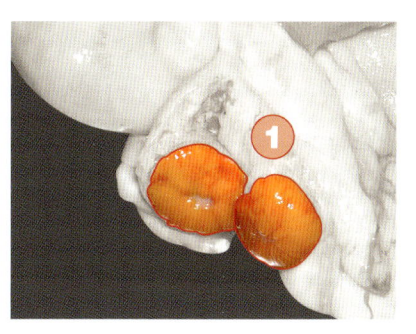

3 構造を認識する

触診できる構造物：
1 明瞭な黄体
分類：
明瞭な黄体；あり
明瞭な卵胞；なし

所見：
287 286と同一卵巣の割面

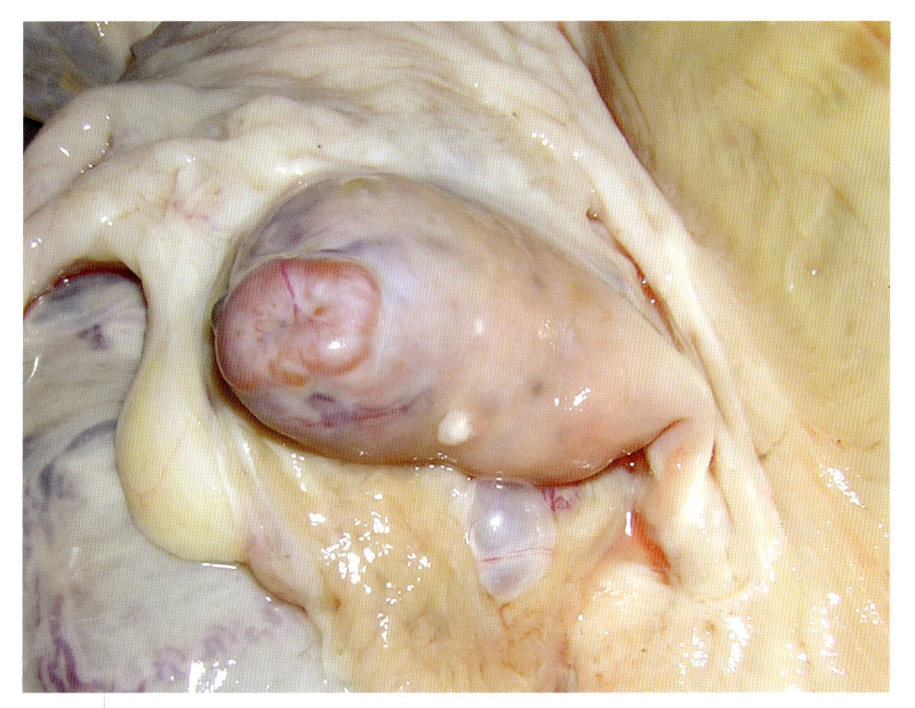

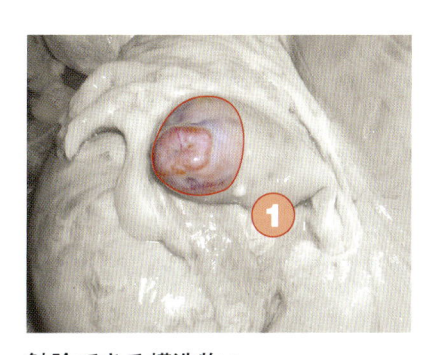

触診できる構造物：
1 明瞭で突出した黄体
分類：妊娠黄体

所見：
288 妊娠黄体を有する卵巣

触診できる構造物：
1 妊娠黄体
分類：妊娠黄体

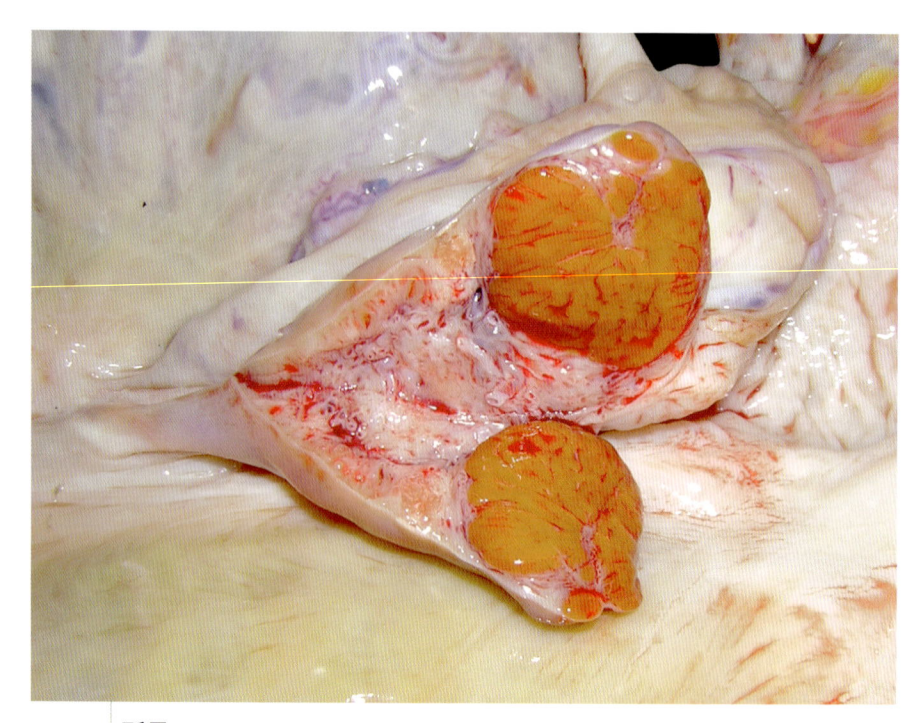

289 | 所見：
288と同一卵巣の割面

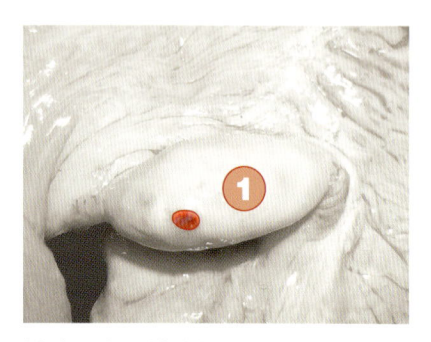

触診できる構造物：
なし
その他の構造物：
1 退行中の黄体
分類：
明瞭な黄体；なし
明瞭な卵胞；なし

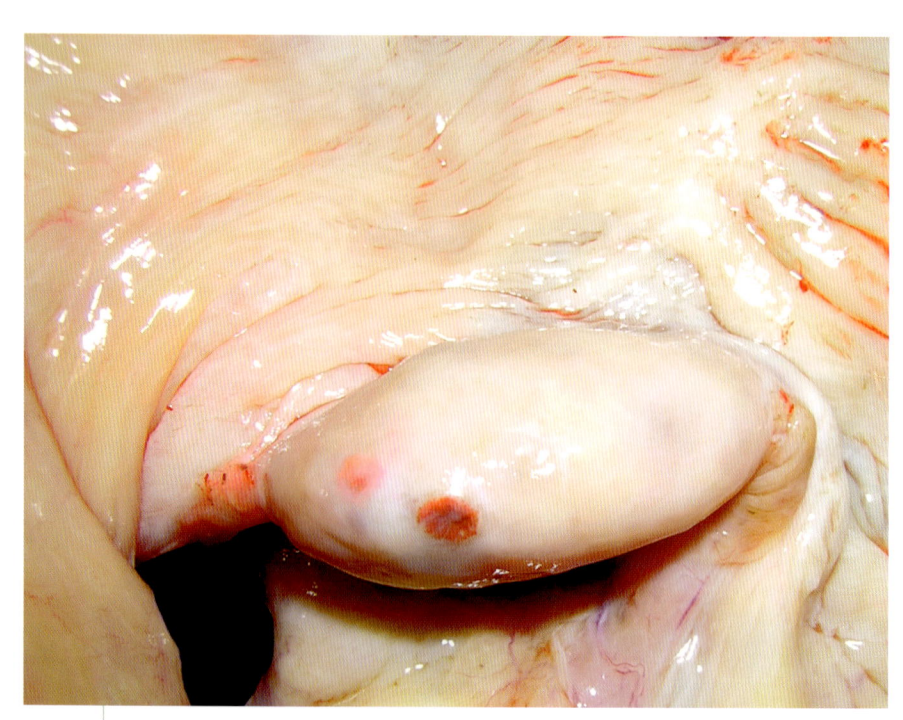

290 | 所見：
ほぼ平滑な表面を有する卵巣

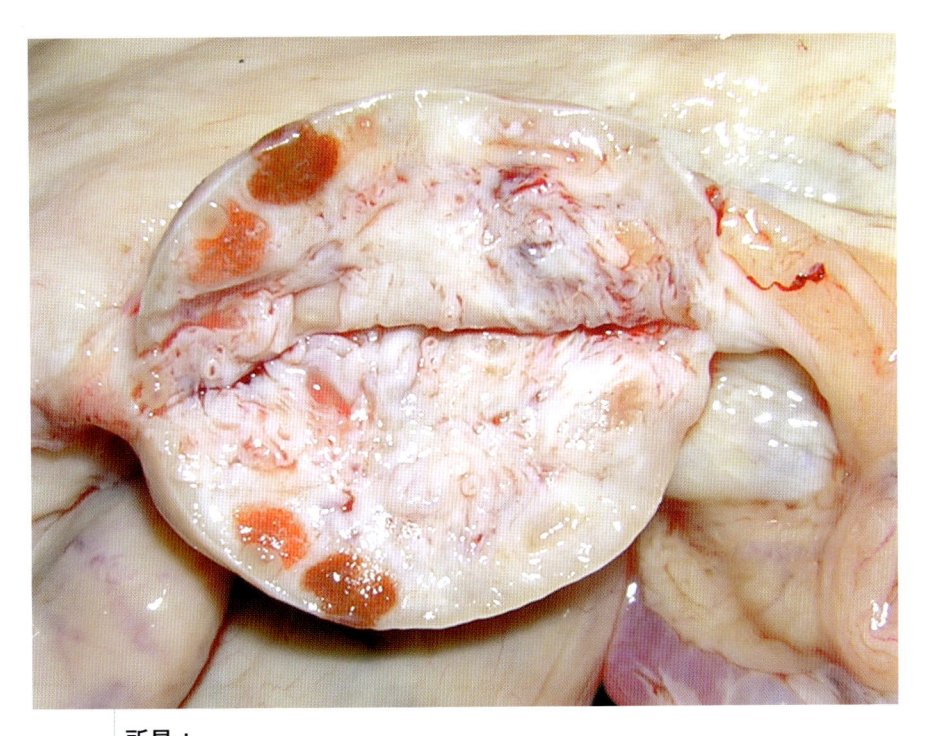

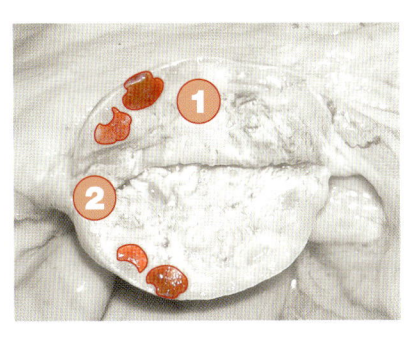

3 構造を認識する

触診できる構造物：
なし
その他の構造物：
1 退行中の黄体
2 黄体化した組織がある領域
分類：
明瞭な黄体；なし
明瞭な卵胞；なし

所見：
291 290と同一卵巣の割面

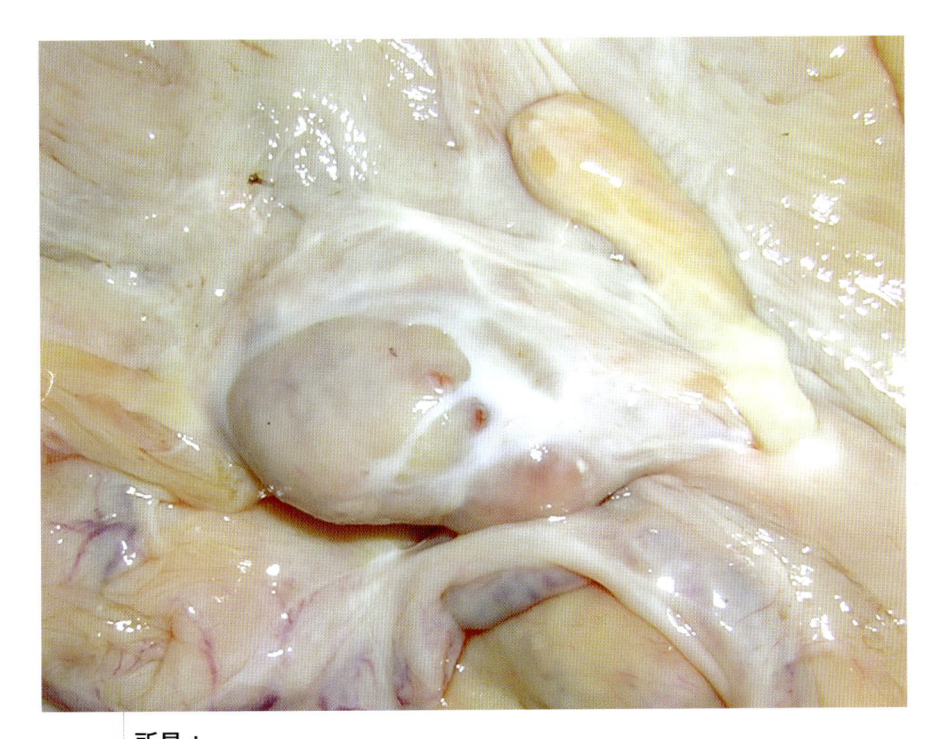

触診できる構造物：
なし
分類：
明瞭な黄体；なし
明瞭な卵胞；なし

所見：
292 特に明瞭な構造物を持たない卵巣

203

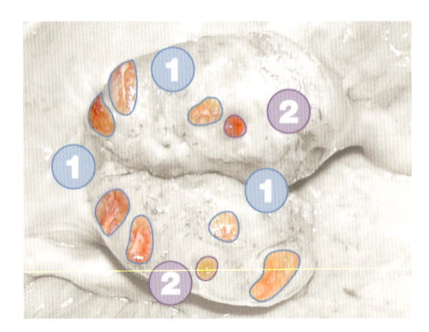

触診できる構造物：
なし
その他の構造物：
1 古い黄体の残余と痕跡
2 小卵胞
分類：
明瞭な黄体；なし
明瞭な卵胞；なし

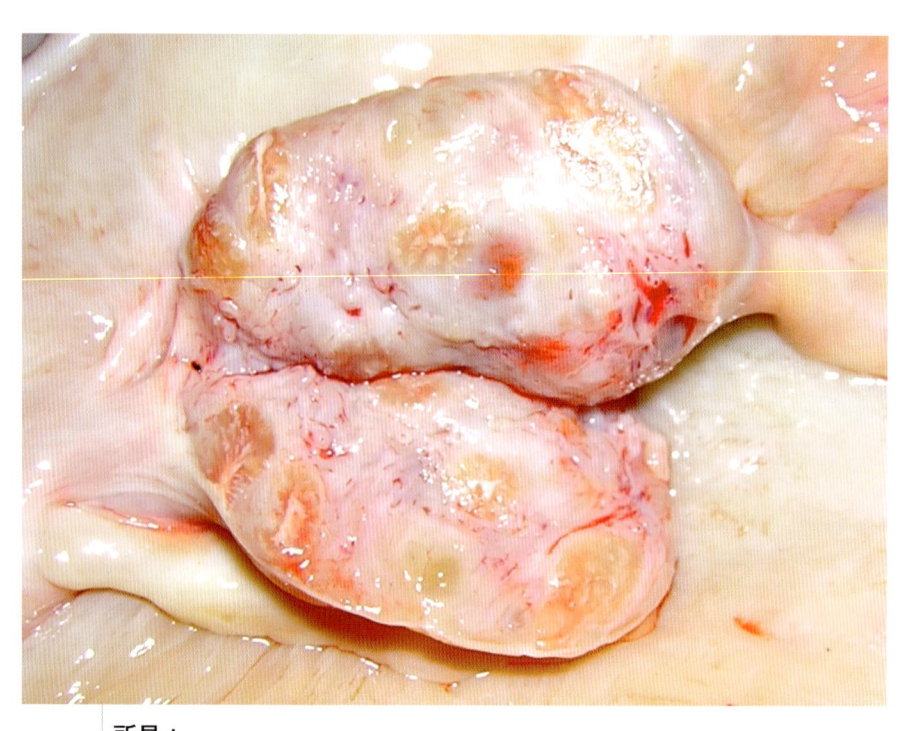

所見：

293 292と同一卵巣の割面

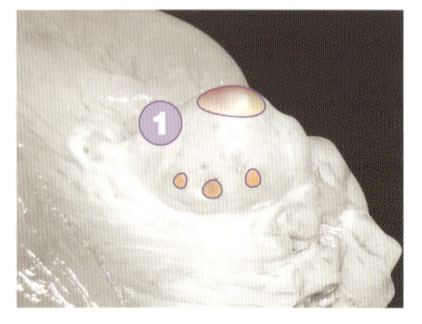

触診できる構造物：
1 異なるサイズの複数の卵胞
分類：
明瞭な黄体；なし
明瞭な卵胞；あり（複数）

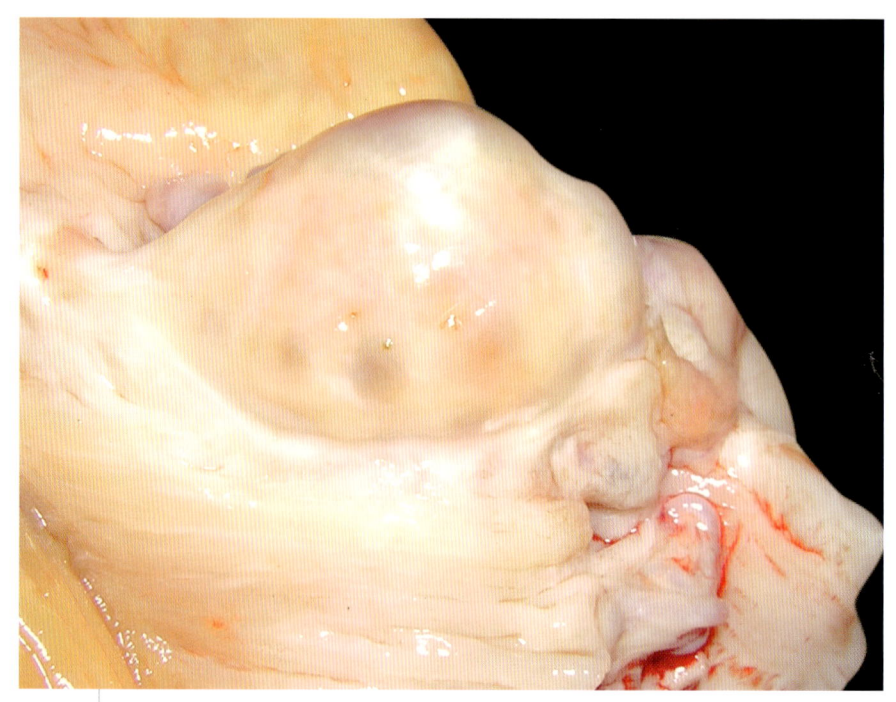

所見：

294 異なるサイズの複数の卵胞を有する卵巣

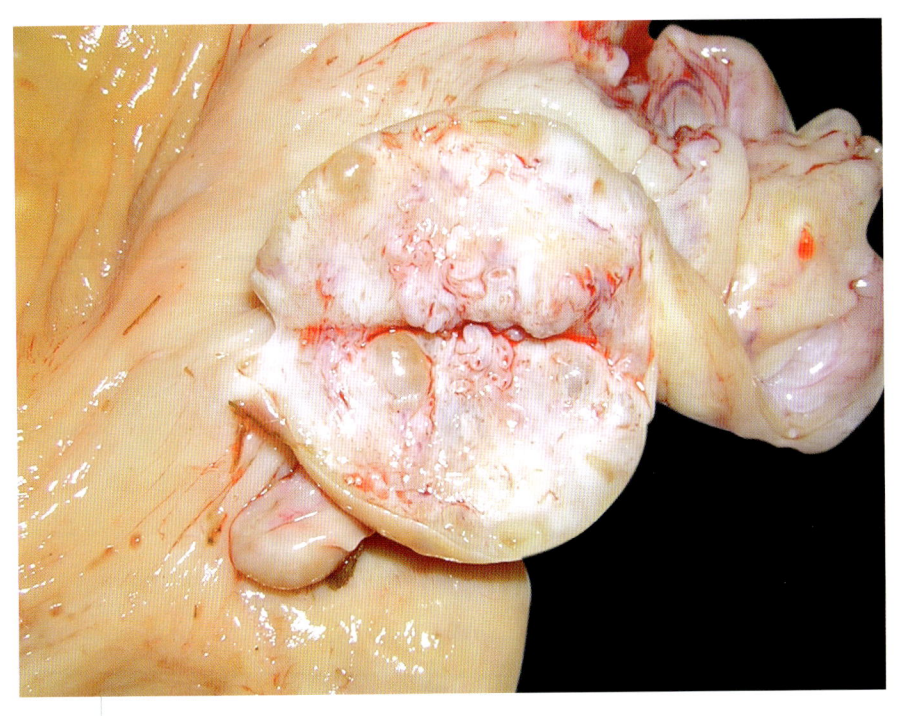

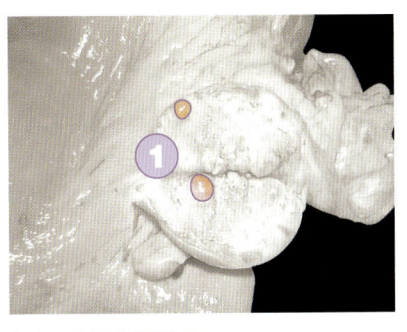

3　構造を認識する

触診できる構造物：
1　異なるサイズの複数の卵胞
分類：
明瞭な黄体；なし
明瞭な卵胞；あり（複数）

所見：
295　294と同一卵巣の割面

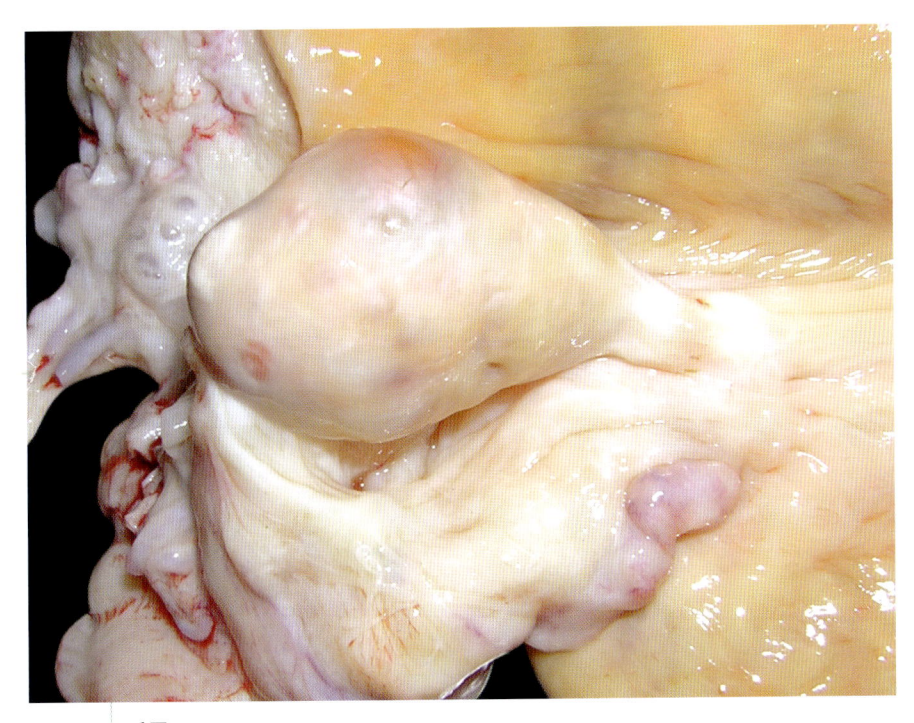

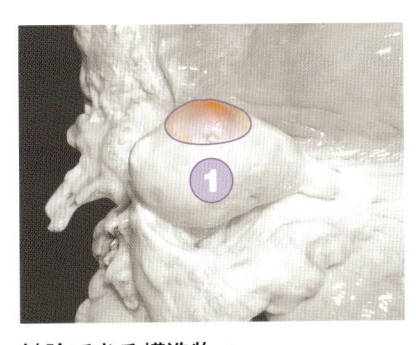

触診できる構造物：
1　明瞭な卵胞
分類：
明瞭な黄体；なし
明瞭な卵胞；あり

所見：
296　（反対側の卵巣所見次第ではあるが）排卵間近と察せられる卵胞を有する卵巣

205

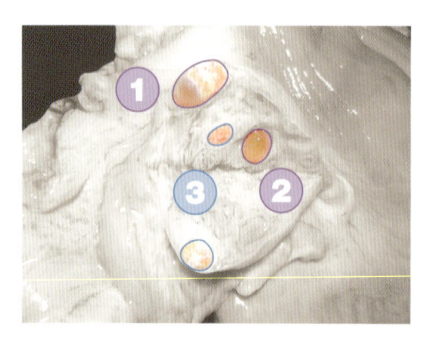

触診できる構造物：
1 明瞭な卵胞
その他の構造物：
2 小卵胞
3 古い黄体の痕跡（訳者注：白体化しつつある）
分類：
明瞭な黄体；なし
明瞭な卵胞；なし

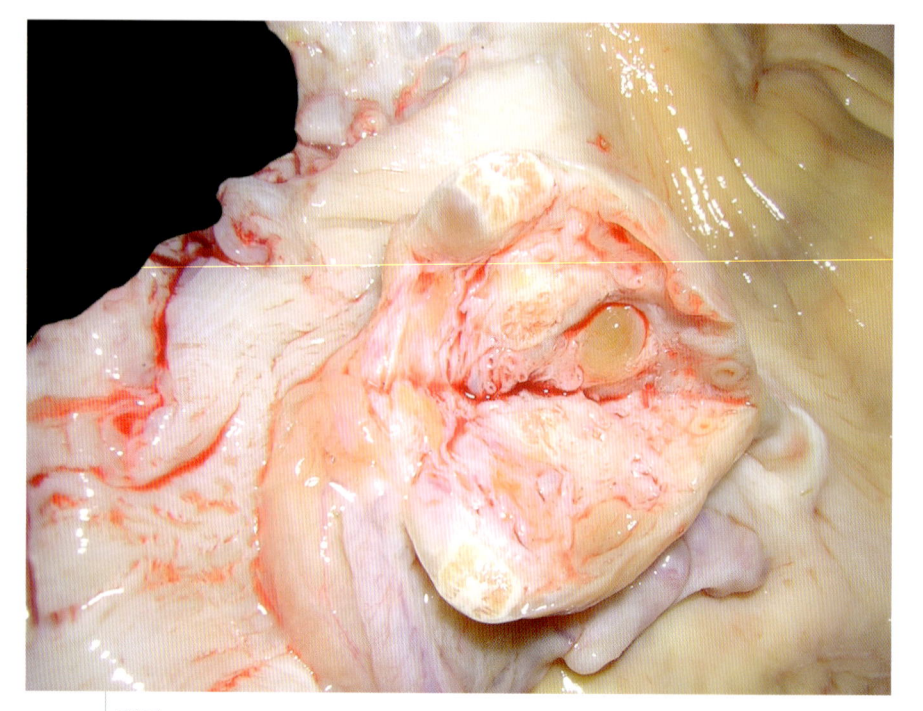

所見：
297 296と同一卵巣の割面

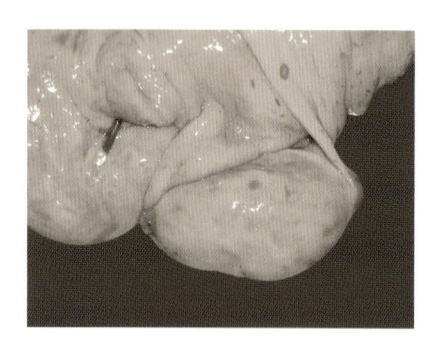

触診できる構造物：
なし
写真では小さなくぼみが卵巣表面において観察できる
分類：
明瞭な黄体；なし
明瞭な卵胞；なし

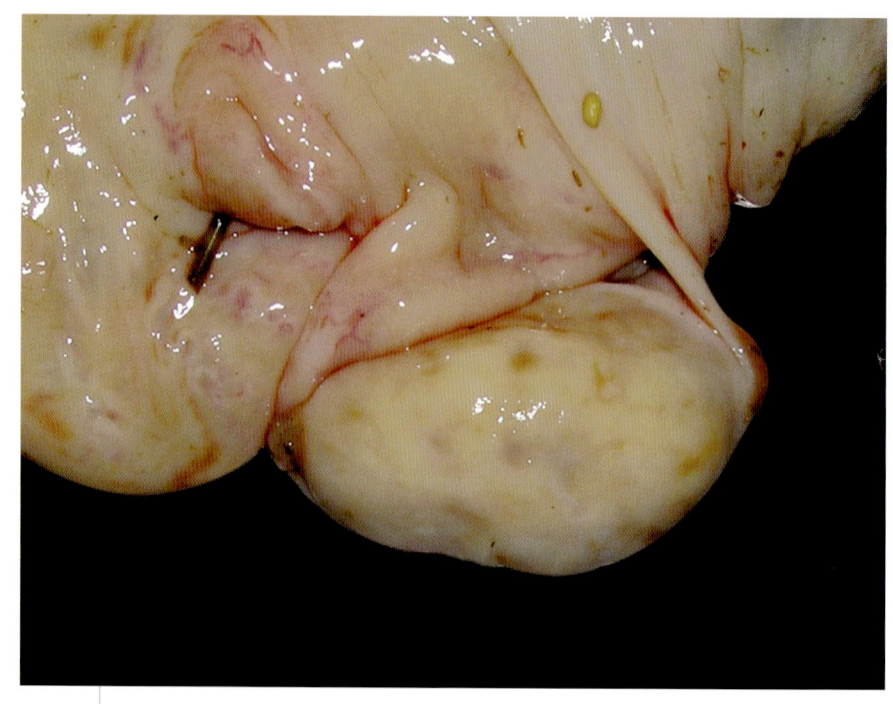

所見：
298 触診できる構造物を持たない卵巣

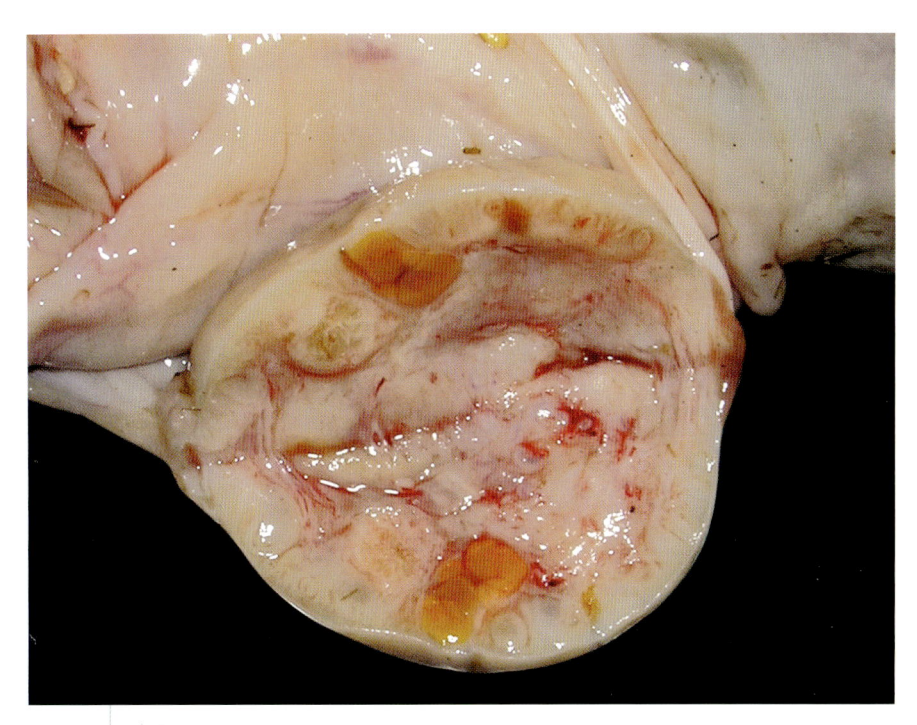

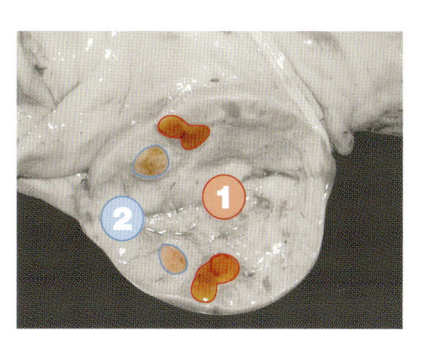

触診できる構造物：
なし
その他の構造物：
1　古い黄体
2　黄体の痕跡
分類：
明瞭な黄体；なし
明瞭な卵胞；なし

所見：
299 298と同一卵巣の割面。ほとんど構造物は認められない

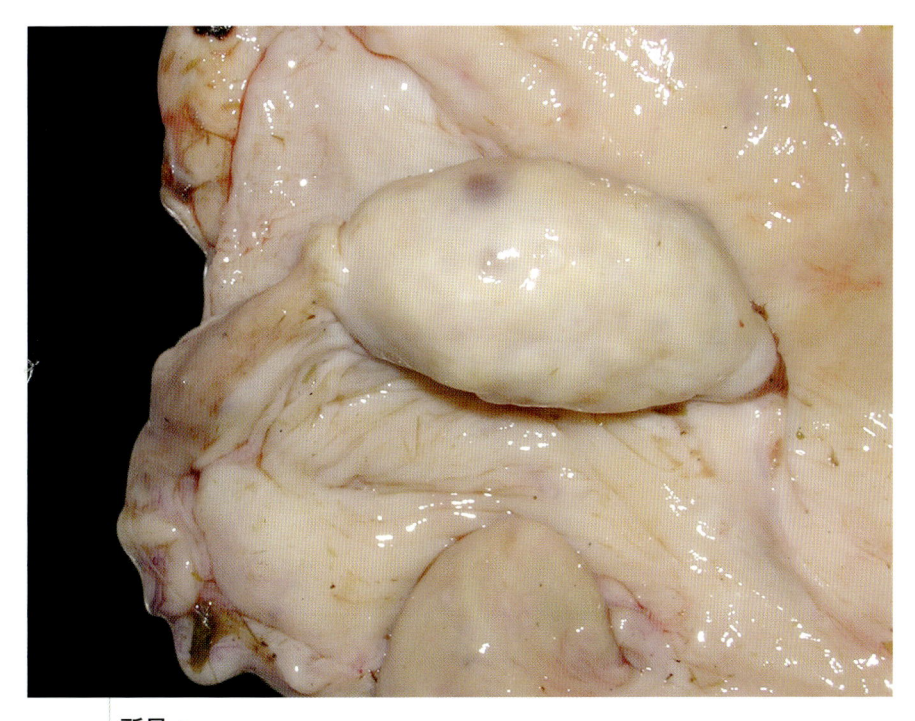

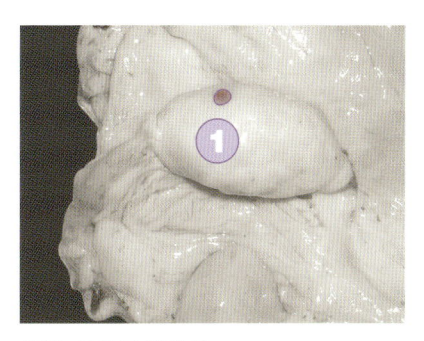

触診できる構造物：
なし
その他の構造物：
1　小卵胞
分類：
明瞭な黄体；なし
明瞭な卵胞；なし

所見：
300 まだ突出するまでには至っていない卵胞を有する卵巣

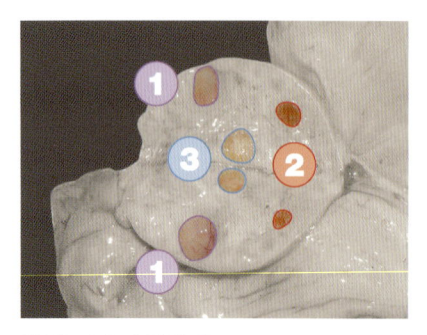

触診できる構造物：
1　明瞭な卵胞

その他の構造物：
2　古い黄体組織
3　黄体の痕跡

分類：
明瞭な黄体；なし
明瞭な卵胞；あり

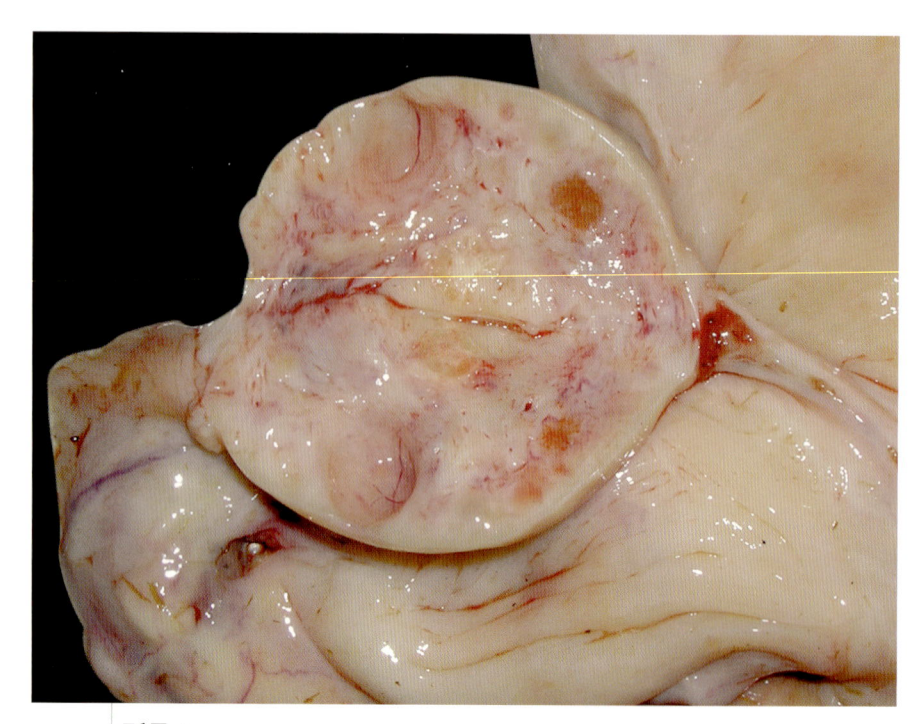

所見：
301　卵胞を有する卵巣の割面

触診できる構造物：
なし

その他の構造物：
卵胞発育を示すと考えられる小さなくぼみ

分類：卵巣静止状態の卵巣

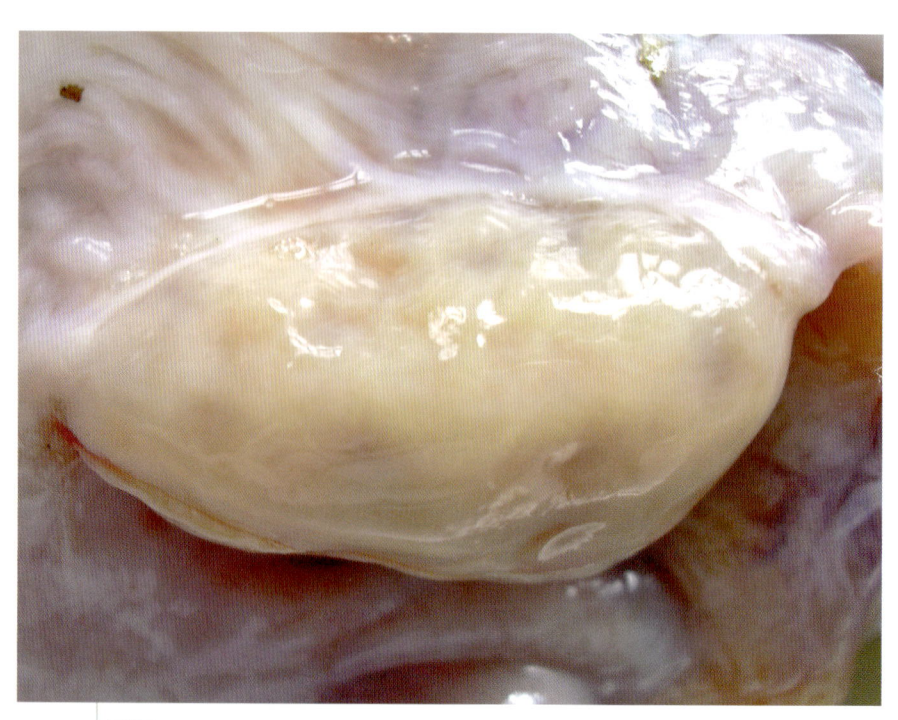

所見：
302　卵巣静止状態の卵巣。卵巣表面に構造物を持たない

3 構造を認識する

触診できる構造物：
なし
分類：卵巣静止状態の卵巣

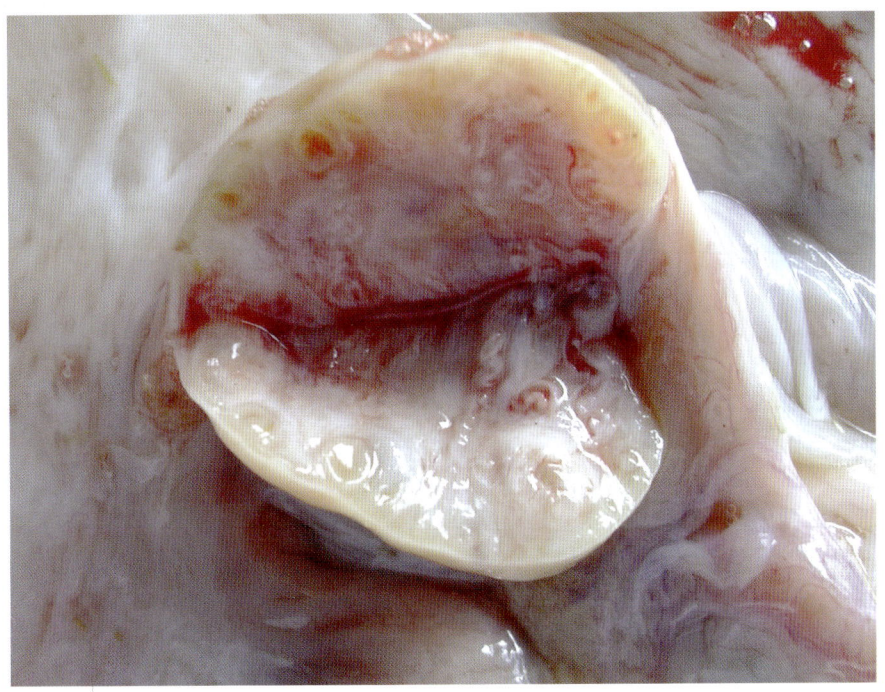

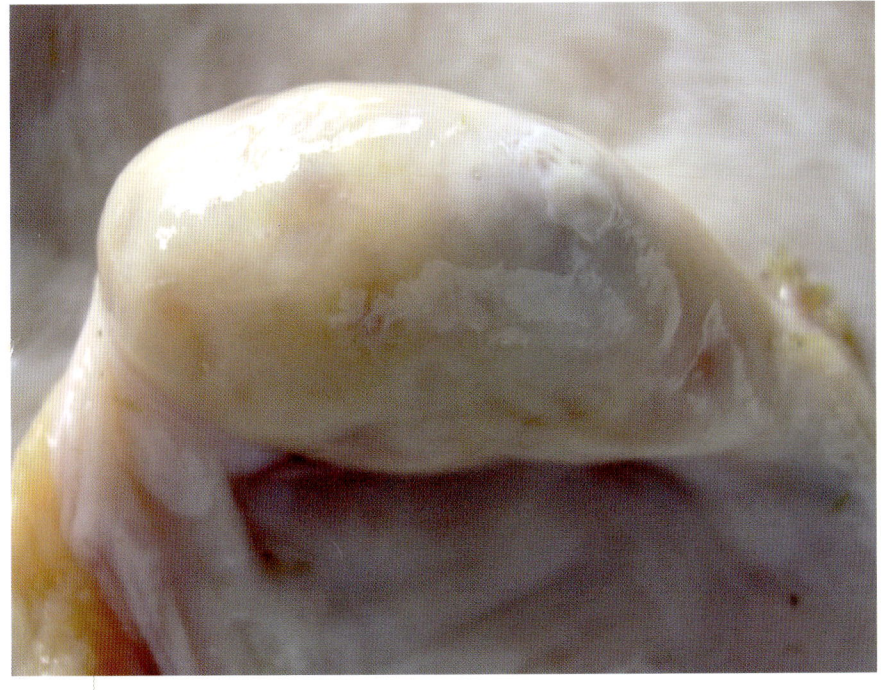

所見：
303 302と同一卵巣の割面。卵巣内部（皮質，髄質とも）に構造物を持たない

触診できる構造物：
なし
その他の構造物：
1 触診が困難な黄体
分類：
明瞭な黄体；なし
明瞭な卵胞；なし

所見：
304 突出はしていないものの硬い感触の領域を有する卵巣。この領域は黄体に相当することを示唆する。直腸検査において正確に識別することは難しい場合がある

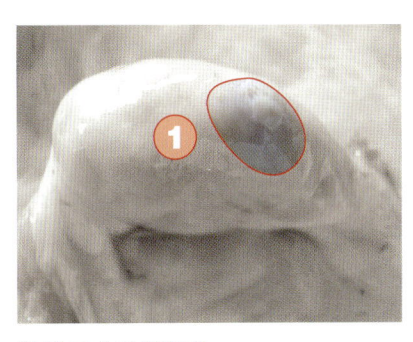

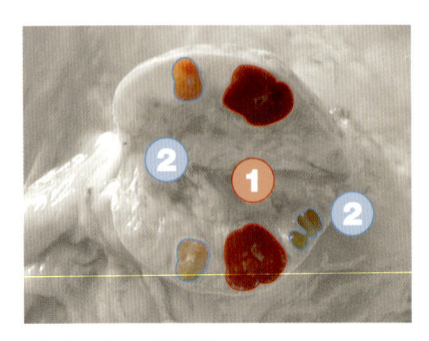

触診できる構造物：
なし
その他の構造物：
1 古い黄体であり，触診は難しい
2 古い黄体の痕跡
分類：
明瞭な黄体；なし
明瞭な卵胞；なし

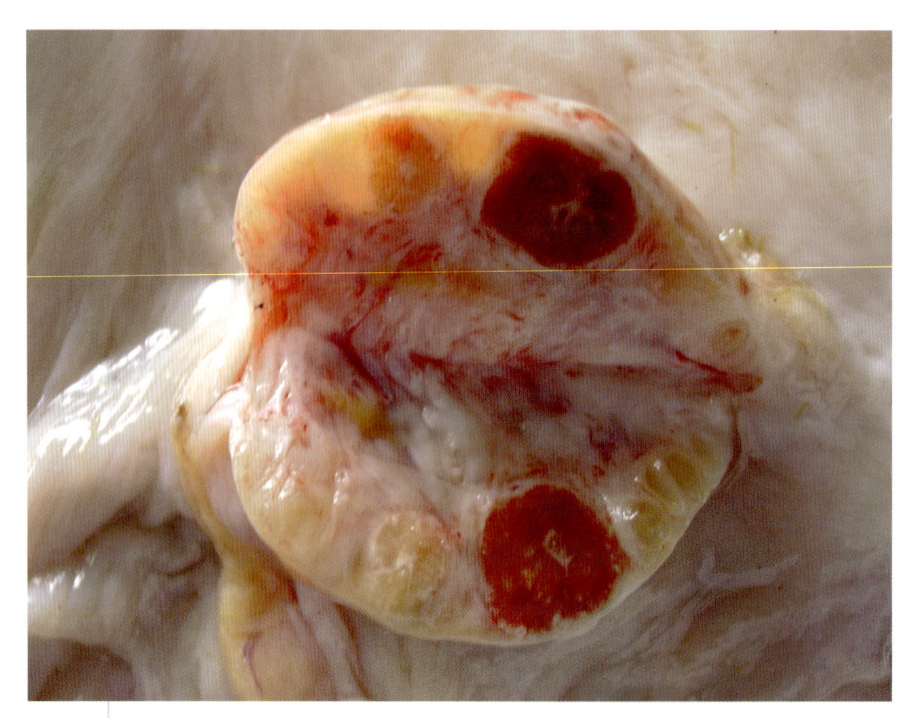

所見：
305 304と同一卵巣の割面。古い黄体を有している

触診できる構造物：
なし
分類：卵巣静止状態の卵巣

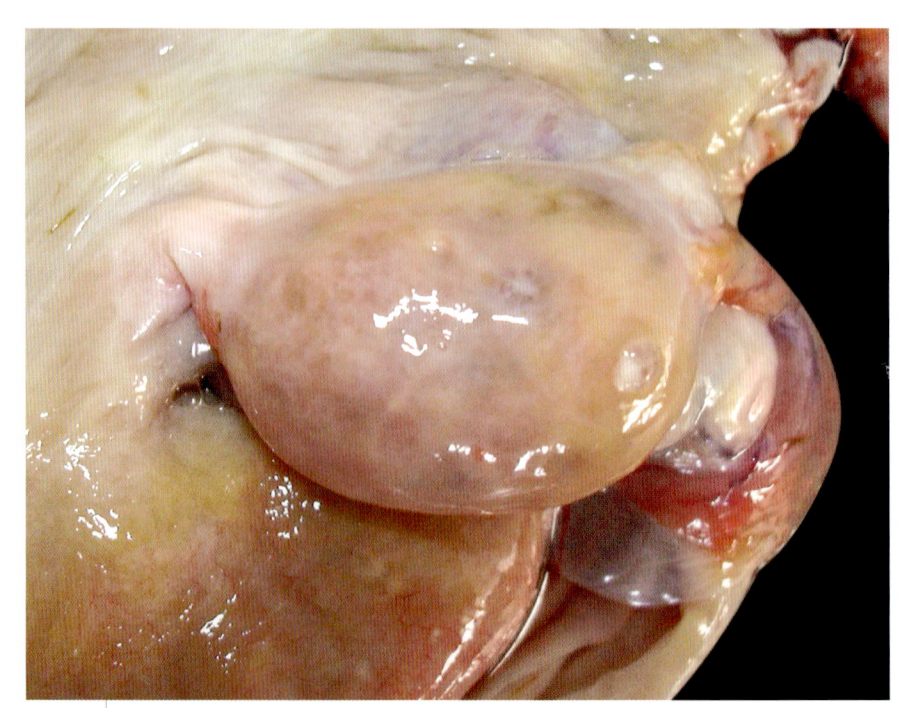

所見：
306 卵巣静止状態の卵巣。表面に構造物は認められない

3　構造を認識する

触診できる構造物：
なし
分類：卵巣静止状態の卵巣

所見：
307 306 と同一卵巣の割面。内部にも観察できる構造物は認められない

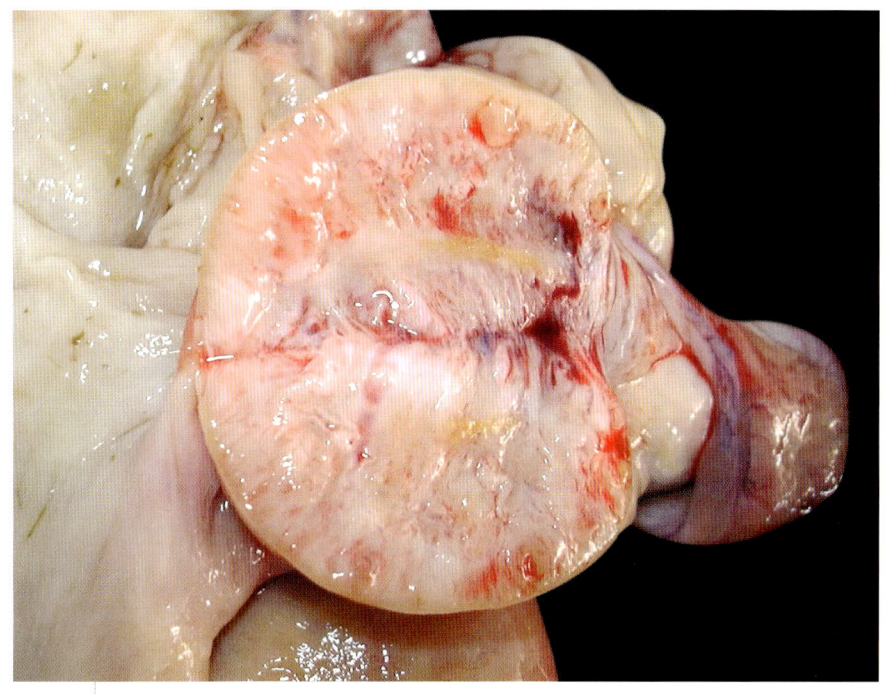

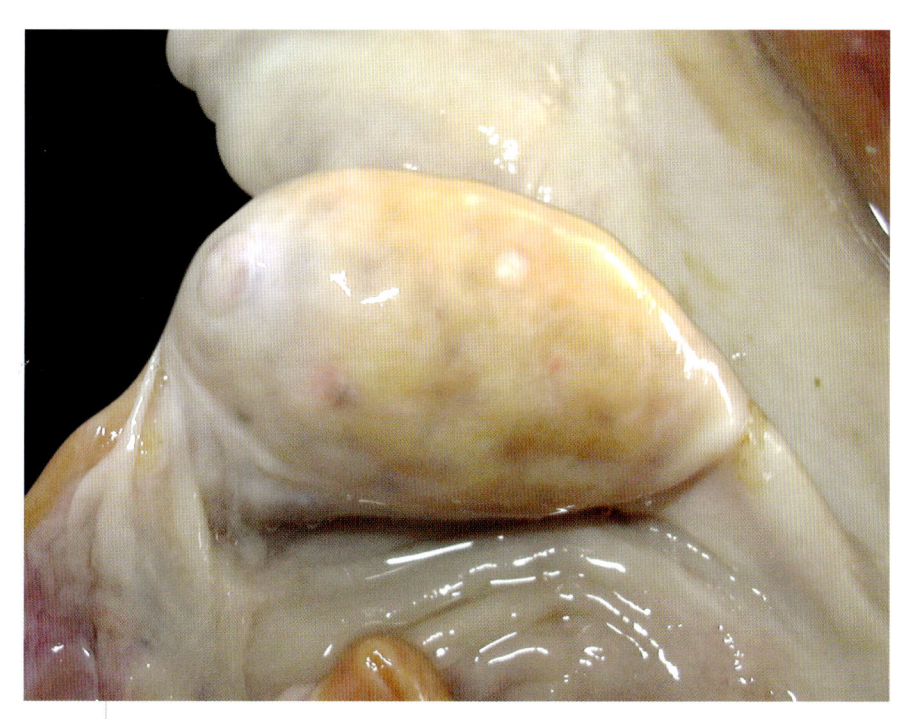

触診できる構造物：
1 黄体を示唆する領域があるものの，明瞭ではない
分類：
明瞭な黄体；なし
明瞭な卵胞；なし

所見：
308 明瞭な構造物を持たない卵巣。触診において硬い領域に触ることができる。この領域は黄体であろう

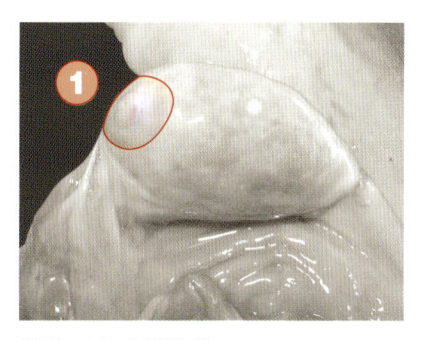

211

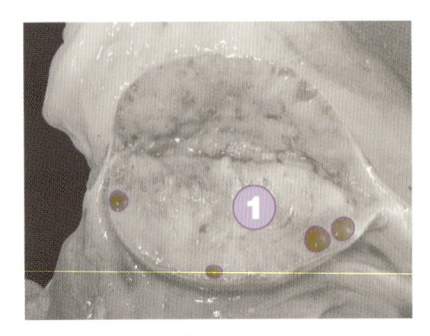

触診できる構造物：
なし
その他の構造物：
1 小卵胞
分類：
明瞭な黄体；なし
明瞭な卵胞；なし

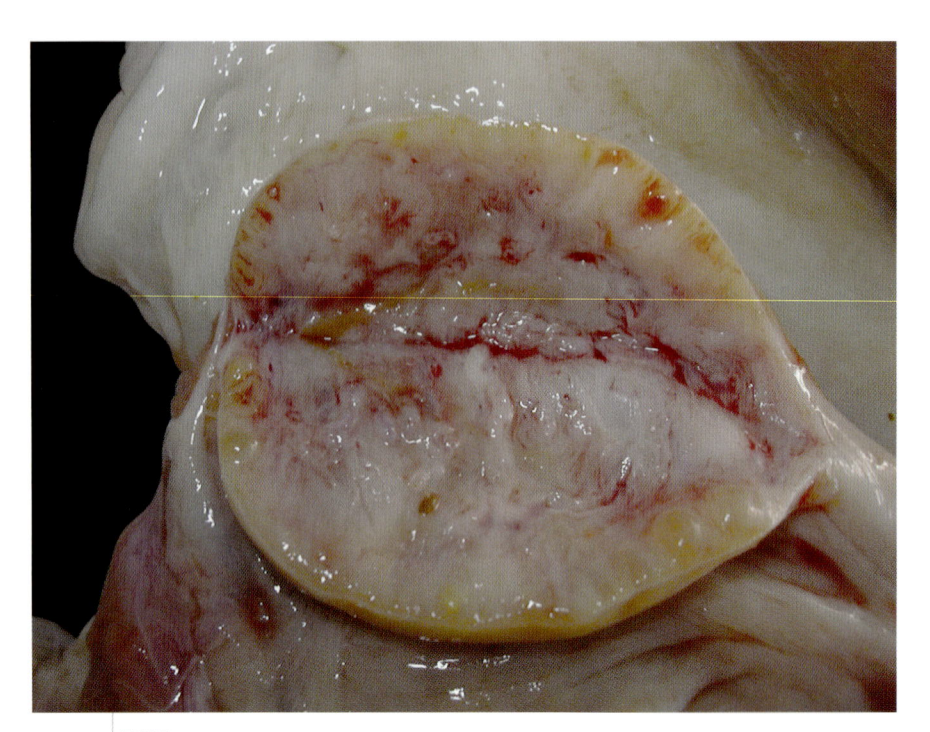

309 | 所見：
308 と同一卵巣の割面

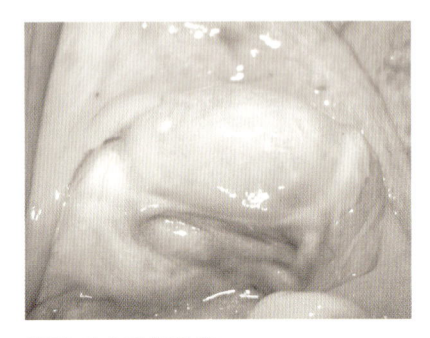

触診できる構造物：
なし
分類：卵巣静止状態の卵巣

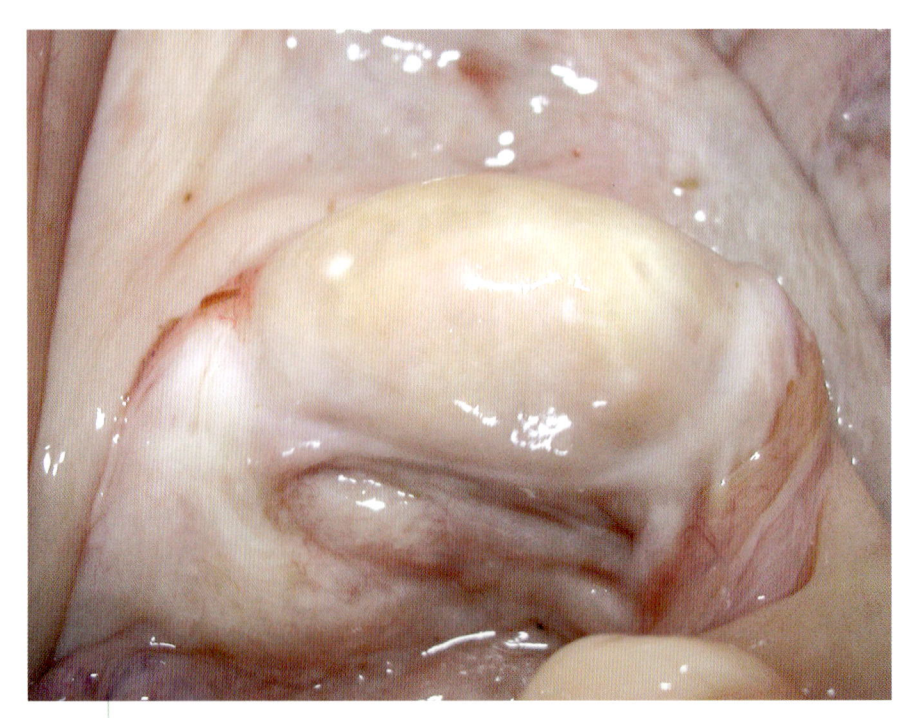

310 | 所見：
卵巣表面において構造物が認められない。卵巣静止状態の卵巣である

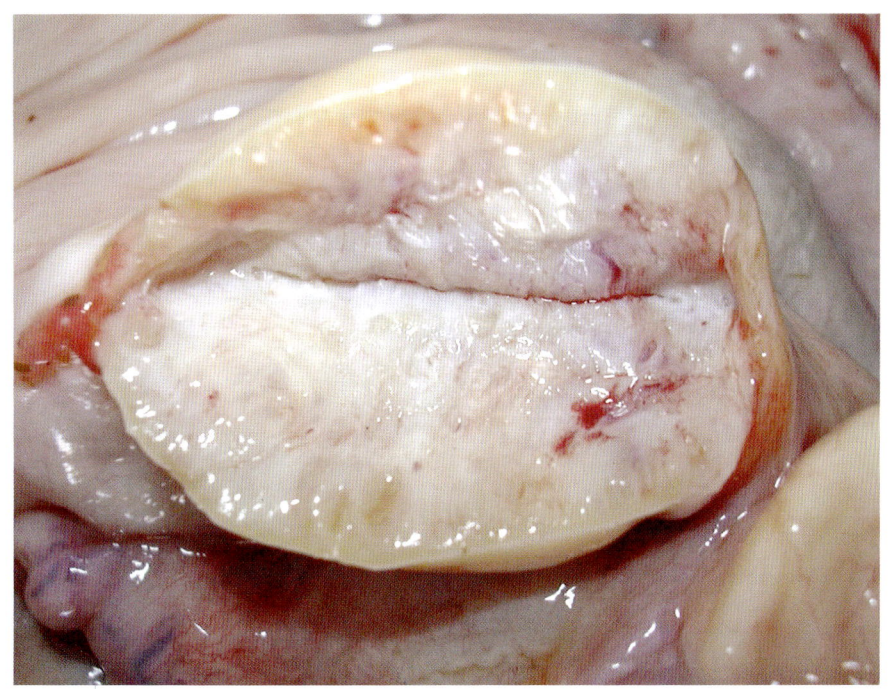

3　構造を認識する

触診できる構造物：
なし
分類：卵巣静止状態の卵巣

所見：
311 310と同一卵巣の割面。卵巣内部においても構造物が認められない

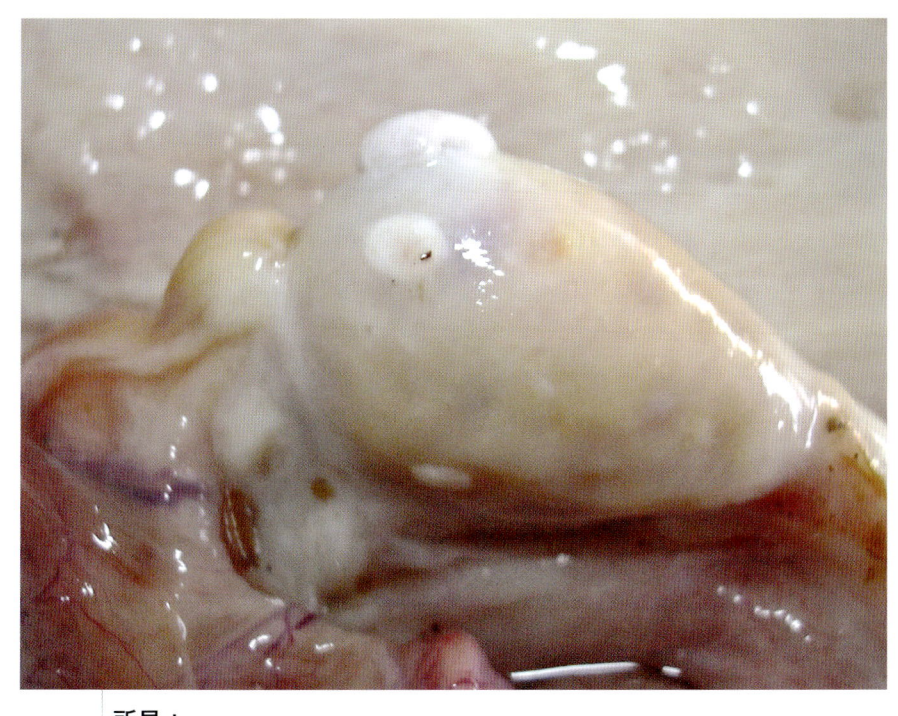

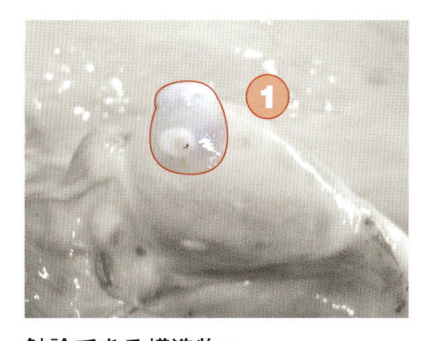

触診できる構造物：
1 黄体
分類：
明瞭な黄体；なし
明瞭な卵胞；なし

所見：
312 やや硬い領域を触診できるかもしれないが，明瞭な構造物を持たない卵巣

213

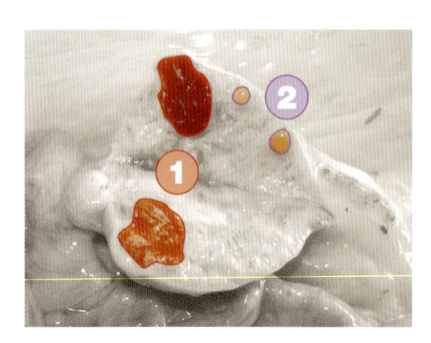

触診できる構造物：
1 古い黄体
その他の構造物：
2 小卵胞
分類：
明瞭な黄体；なし
明瞭な卵胞；なし

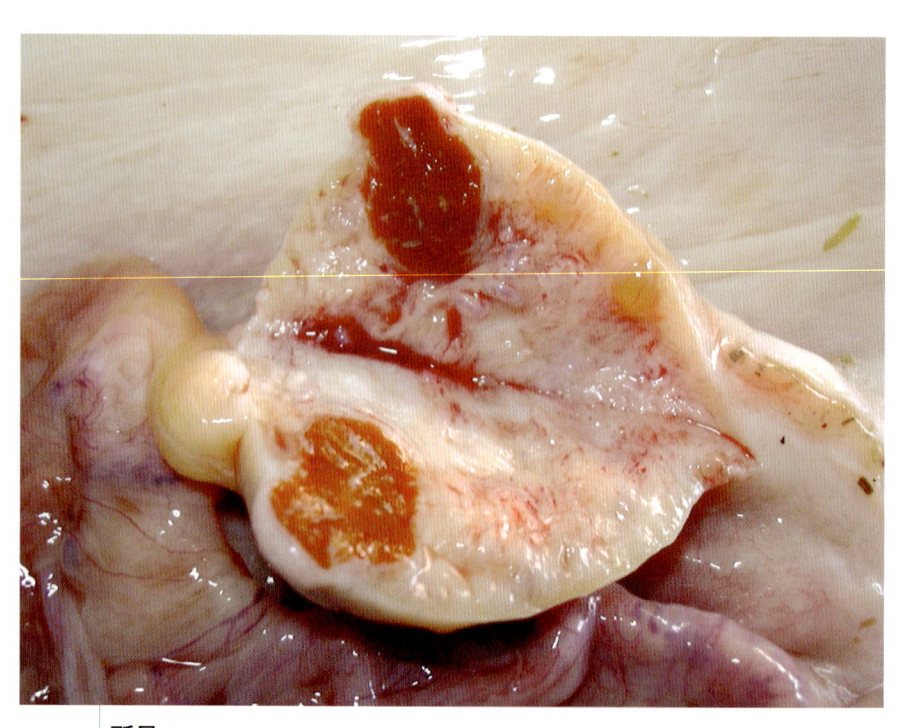

313 所見：
312と同一卵巣の割面。黄体の存在が確認できる

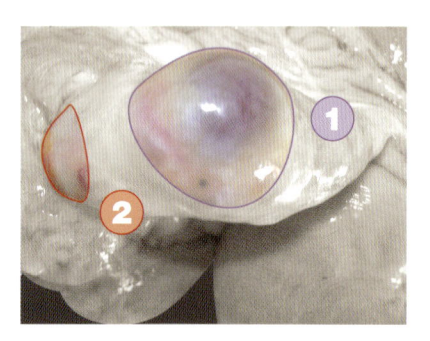

触診できる構造物：
1 明瞭な卵胞
2 明瞭な黄体
分類：
明瞭な黄体；あり
明瞭な卵胞；あり

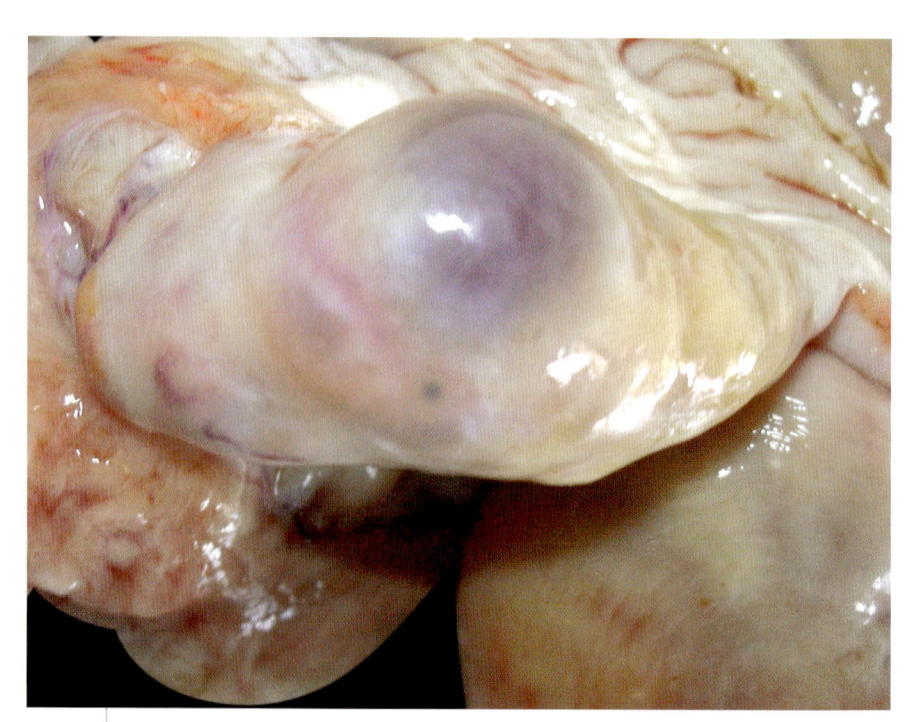

314 所見：
2つの明瞭な構造物，大卵胞と黄体を有する卵巣

3 構造を認識する

触診できる構造物：
1 明瞭な黄体
2 卵胞
3 黄体の痕跡
分類：
明瞭な黄体；あり
明瞭な卵胞；あり

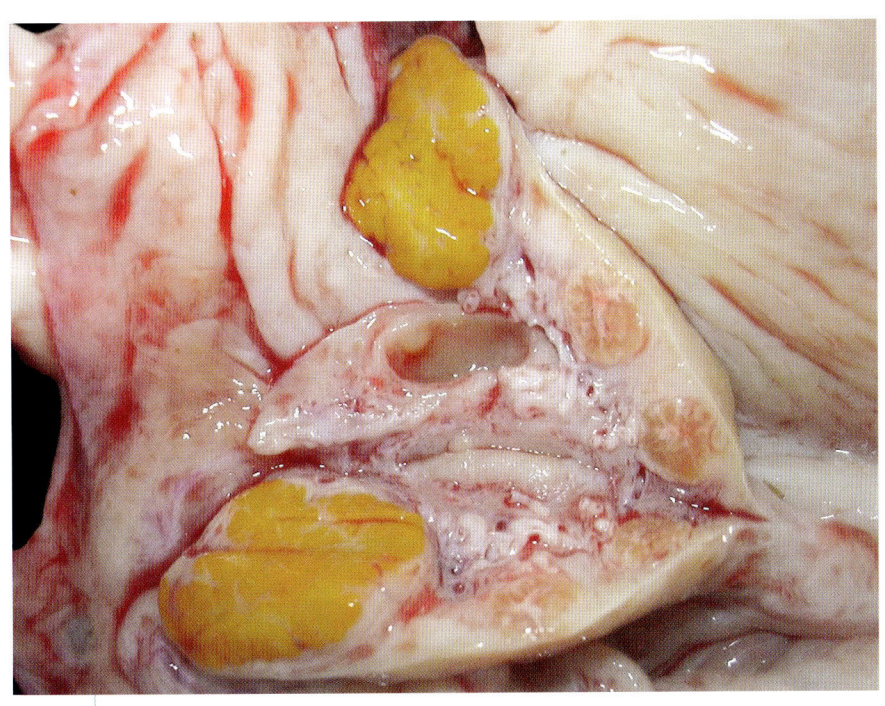

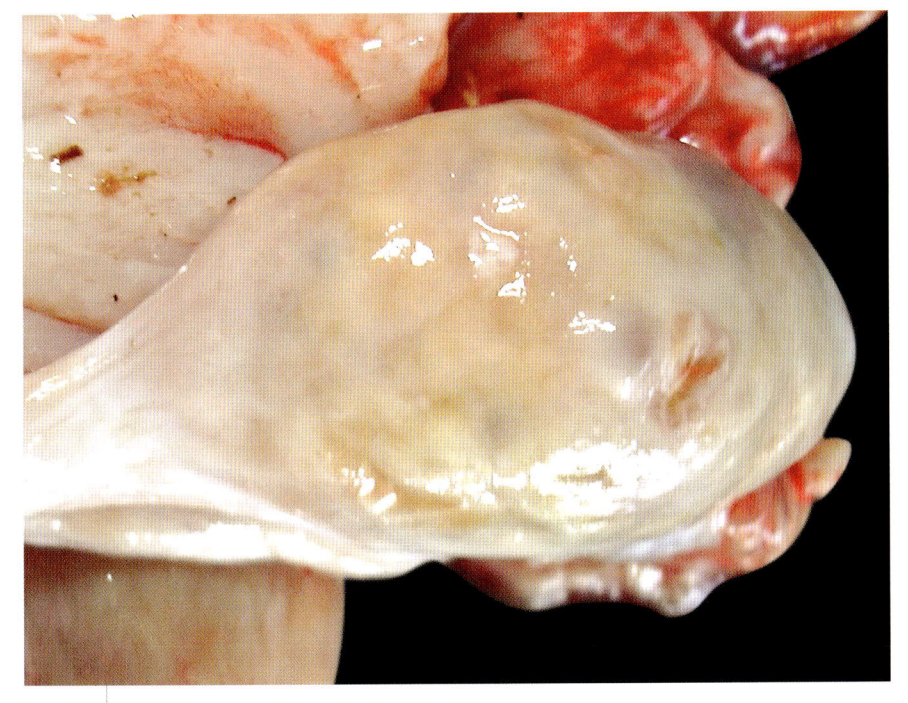

所見：
315 314と同一卵巣の割面。黄体は観察できるが，大卵胞はこの角度からは観察できない（別の卵胞の液体が抜けた後の腔は確認できる）

触診できる構造物：
なし
分類：
明瞭な黄体；なし
明瞭な卵胞；なし

所見：
316 触診できる構造物を持たない卵巣

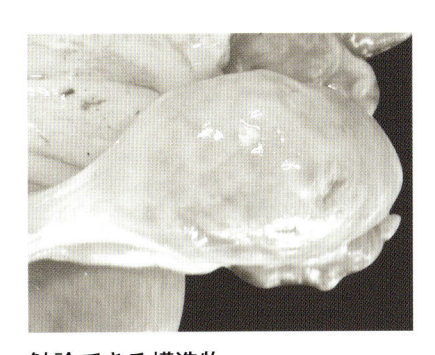

215

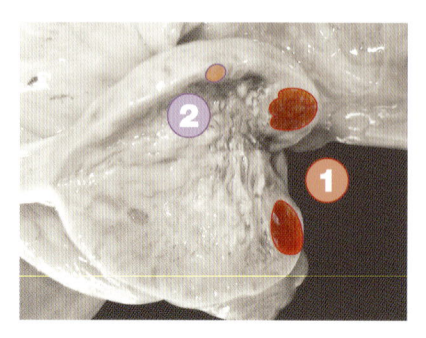

触診できる構造物：
なし
その他の構造物：
1　古い黄体
2　小卵胞
分類：
明瞭な黄体；なし
明瞭な卵胞；なし

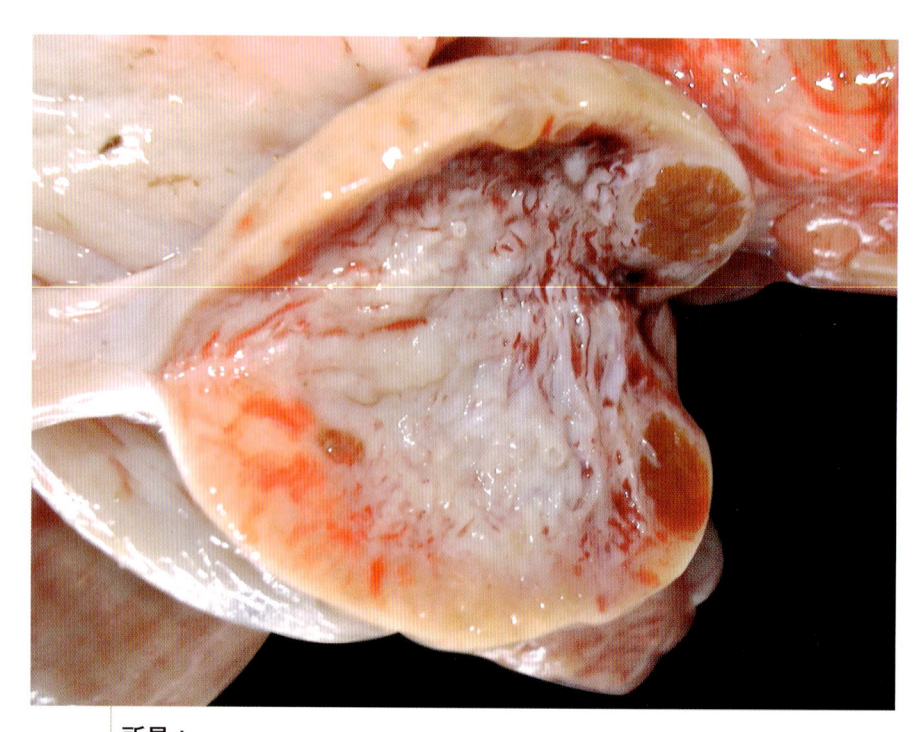

所見：
317　316と同一卵巣の割面。古い黄体が観察できる

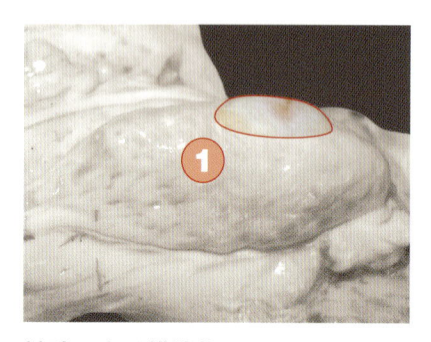

触診できる構造物：
なし
その他の構造物：
1　黄体
分類：
明瞭な黄体；なし
明瞭な卵胞；なし

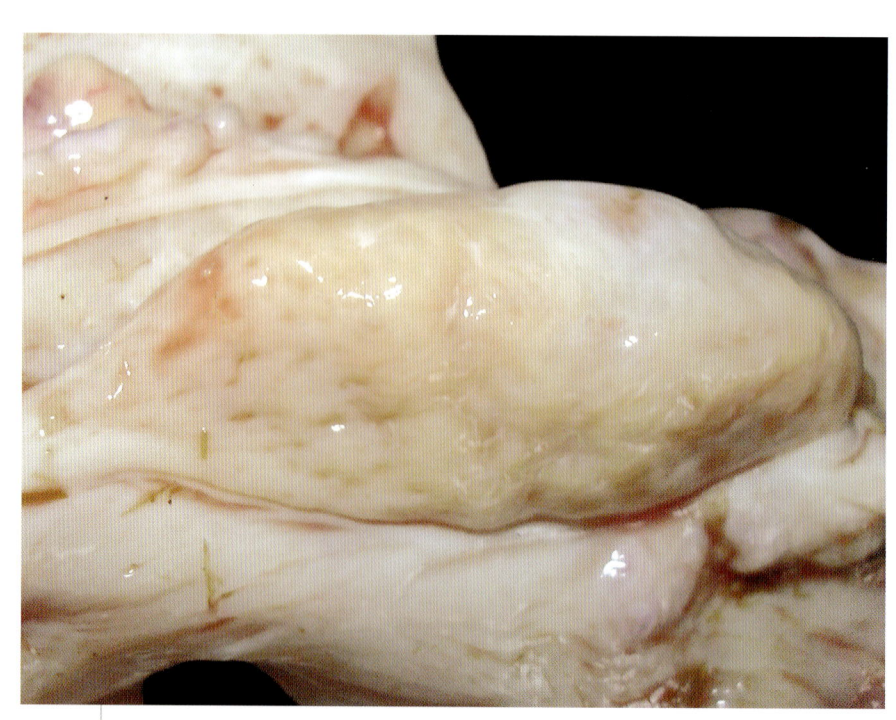

所見：
318　黄体の存在を示す硬い領域以外に特に触診できる構造物を持たない卵巣

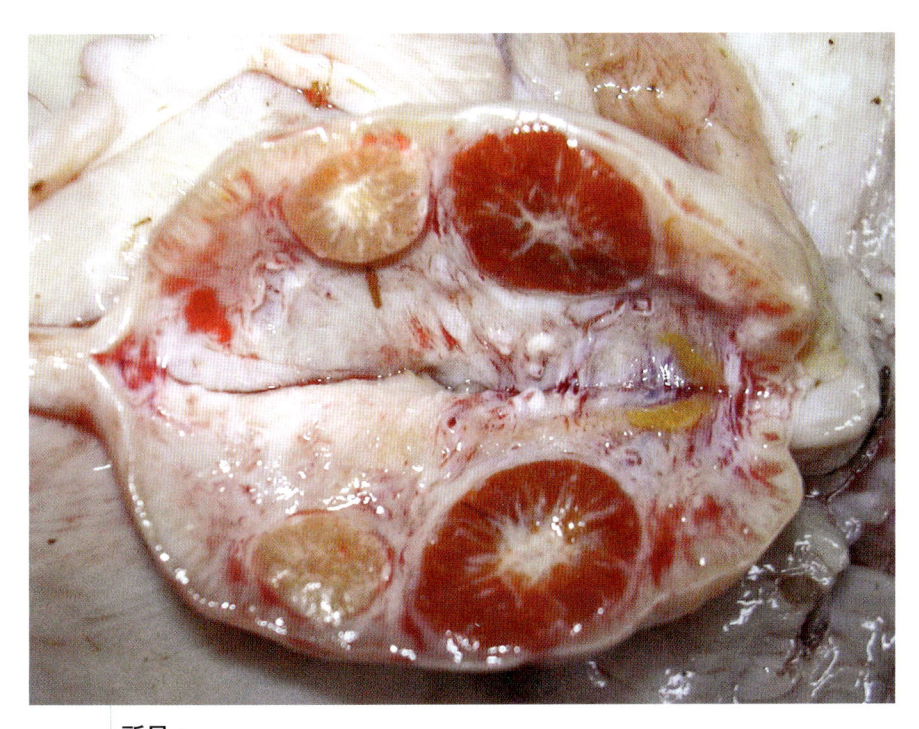

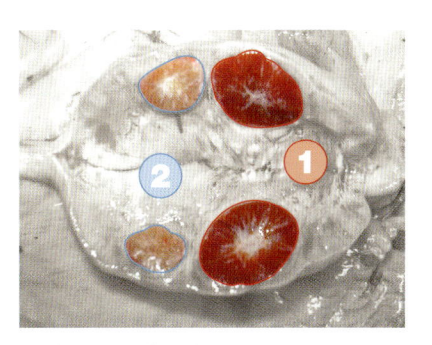

3　構造を認識する

触診できる構造物：
なし
その他の構造物：
1　古い黄体
2　古い黄体の痕跡
分類：
明瞭な黄体；なし
明瞭な卵胞；なし

所見：
319 318と同一卵巣の割面。古い黄体の存在が確認できる

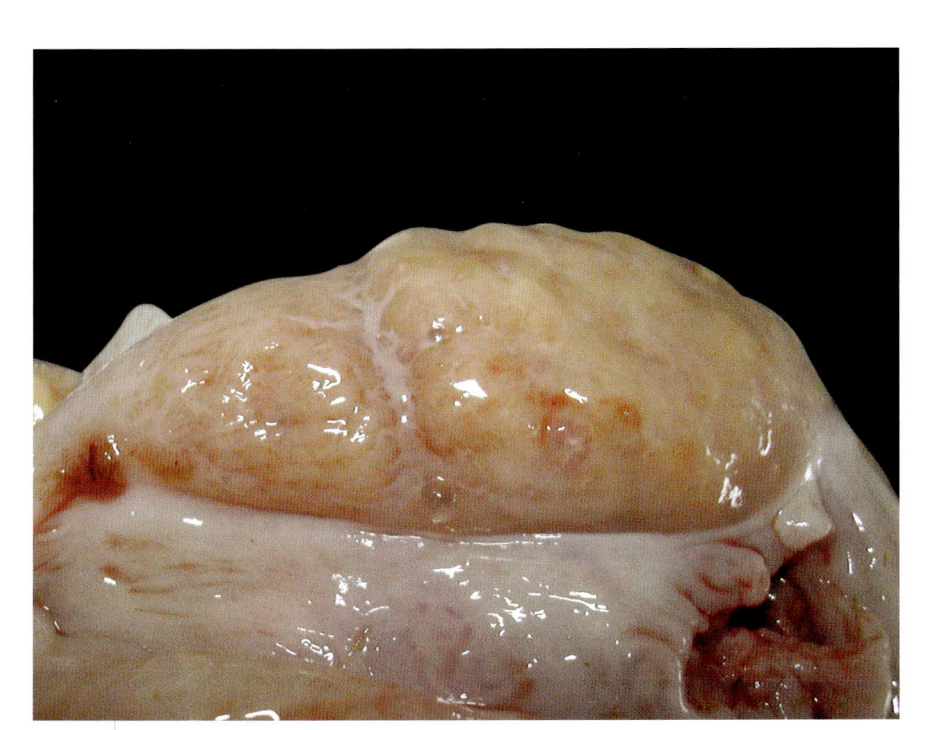

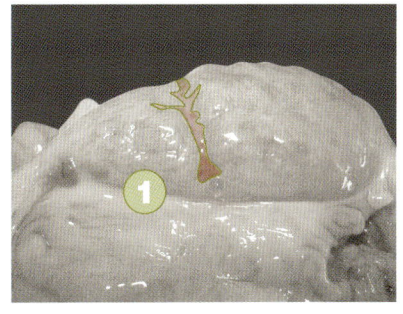

触診できる構造物：
なし
その他の構造物：
1　細くて線維質の白い線
分類：
明瞭な黄体；なし
明瞭な卵胞；なし

所見：
320 明瞭な構造物を持たない卵巣

触診できる構造物：
なし
その他の構造物：
1 小卵胞
分類：
明瞭な黄体；なし
明瞭な卵胞；なし

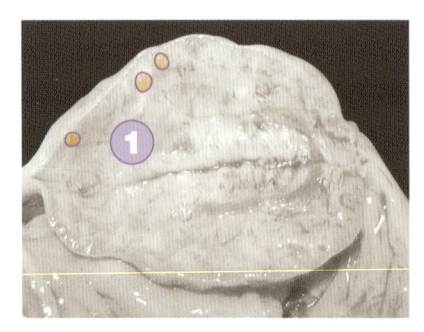

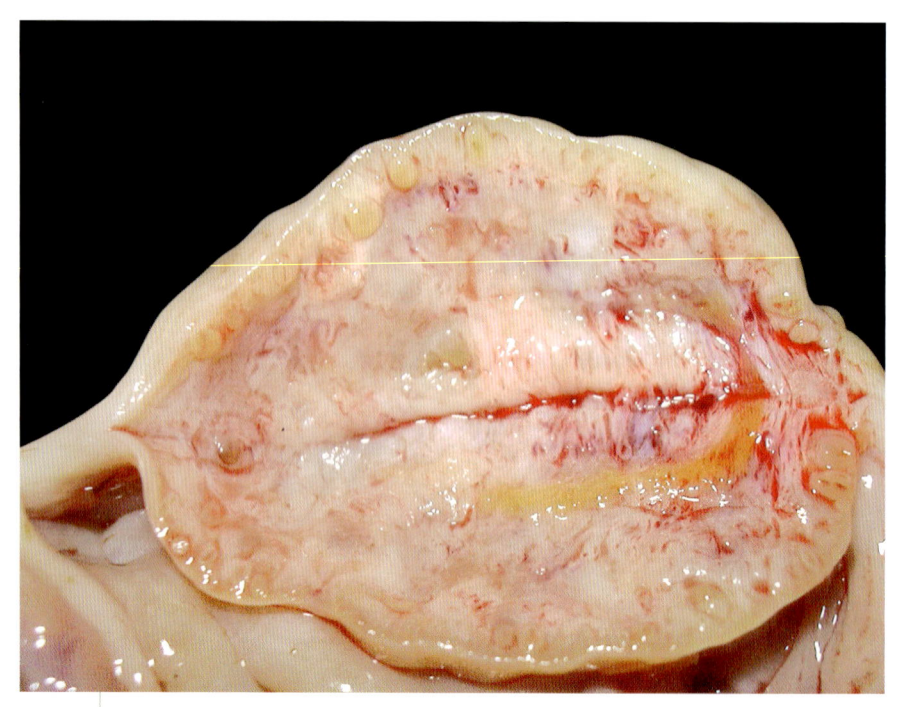

321 所見：
320と同一卵巣の割面。明瞭な構造物を持たない

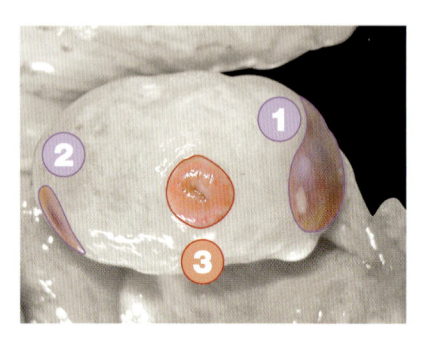

触診できる構造物：
1 大卵胞
2 1の卵胞よりは小さな卵胞
その他の構造物：
3 古い黄体
分類：
明瞭な黄体；なし
明瞭な卵胞；あり

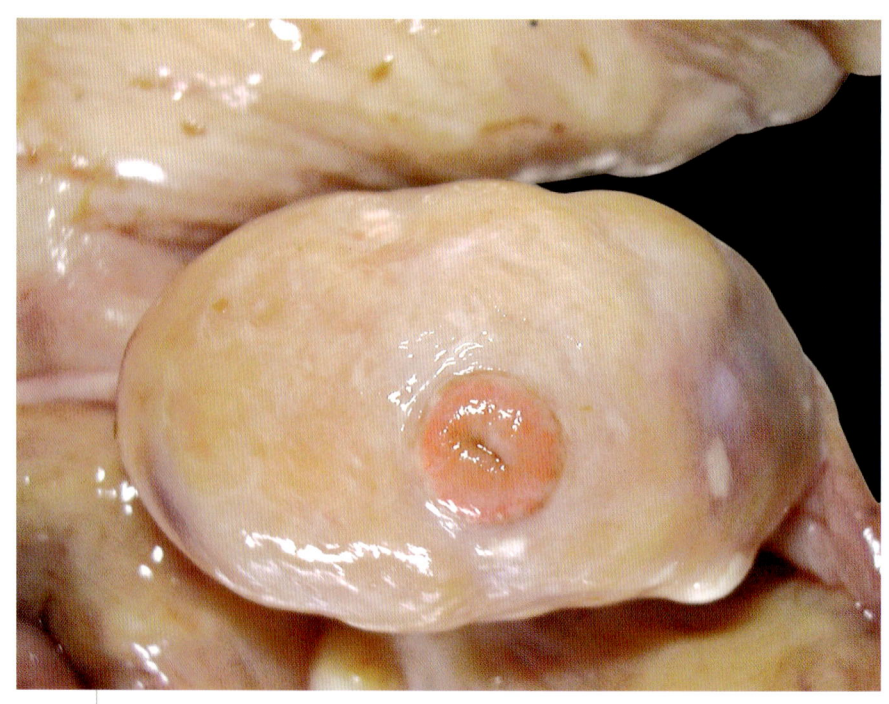

322 所見：
大卵胞と，他端にそれよりもやや小さな卵胞を有する卵巣。写真中央には小さな黄体が観察できる

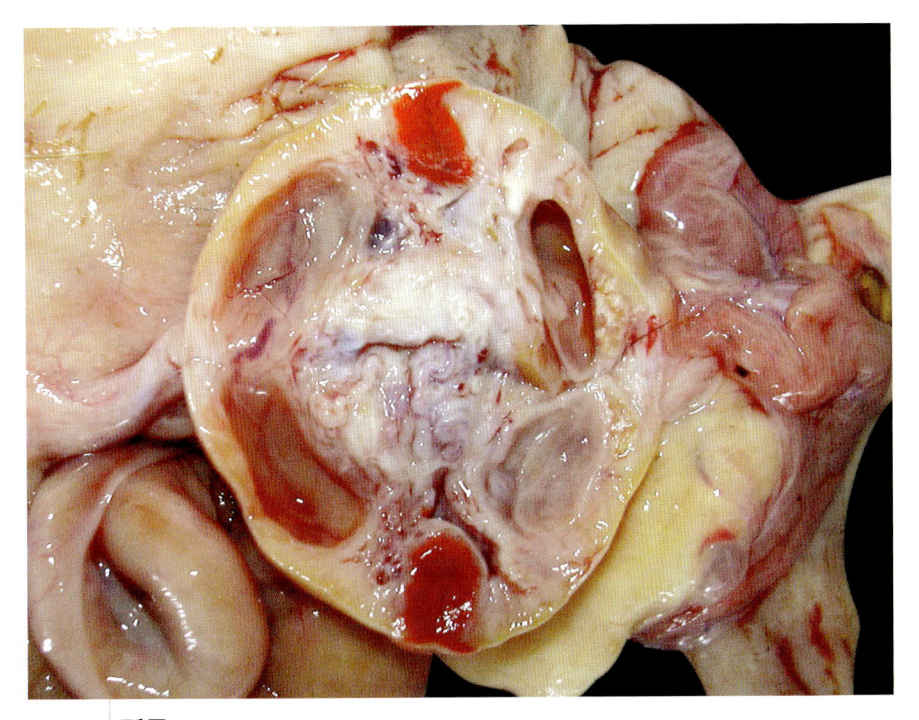

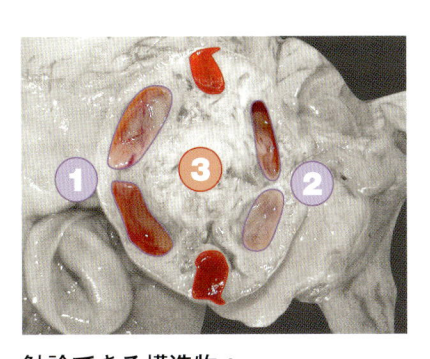

3 構造を認識する

触診できる構造物：
1 大きい方の卵胞
2 小さい方の卵胞
その他の構造物：
3 古い黄体
分類：
明瞭な黄体；なし
明瞭な卵胞；あり

所見：
323 323と同一卵巣の割面。2つの卵胞とひとつの黄体をより詳細に観察することができる

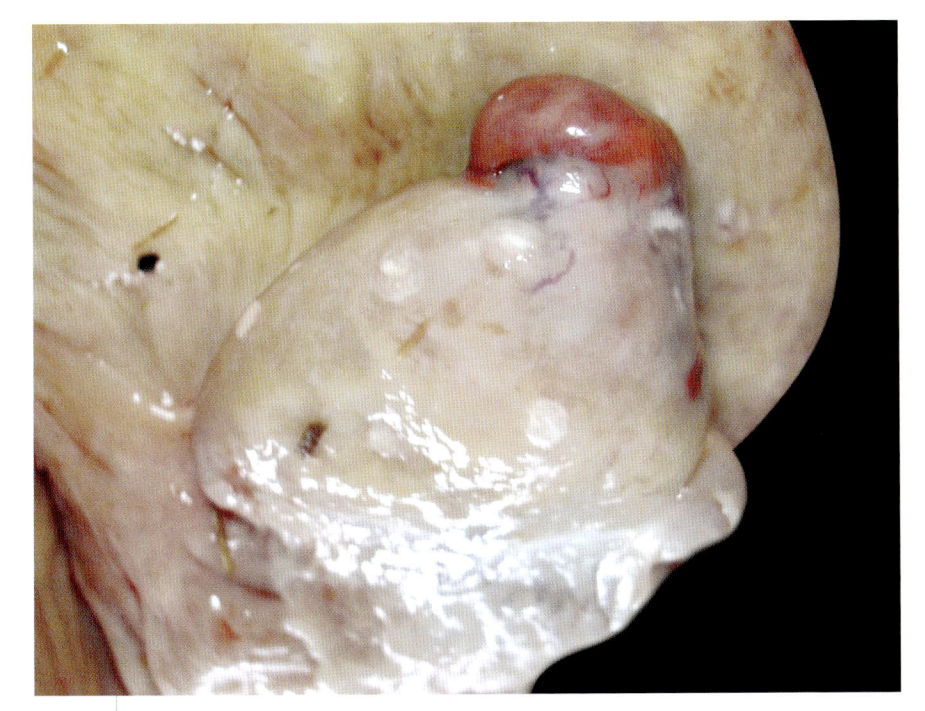

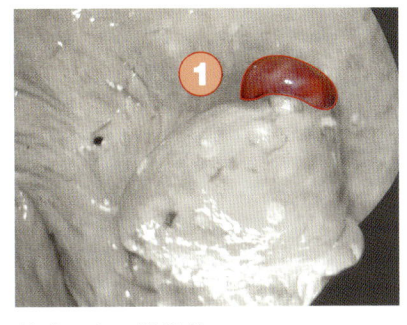

触診できる構造物：
1 明瞭な黄体
分類：
明瞭な黄体；あり
明瞭な卵胞；なし

所見：
324 シャンパンコルク状の明瞭な黄体を有する卵巣

219

触診できる構造物：
1 明瞭な黄体
2 卵胞

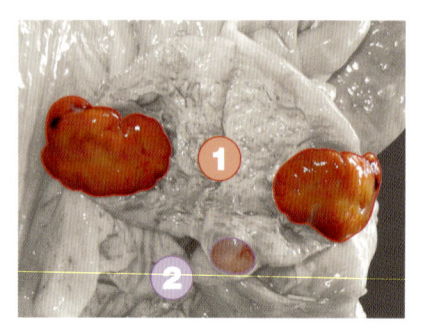

分類：
明瞭な黄体；あり
明瞭な卵胞；なし

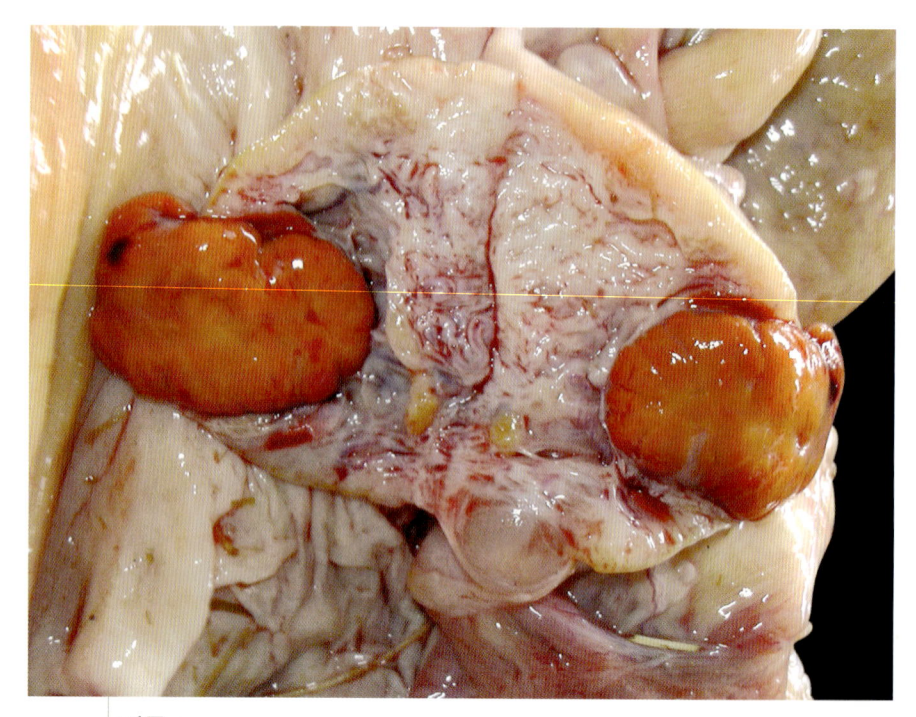

所見：
325 324と同一卵巣の割面。黄体の詳細が観察できる

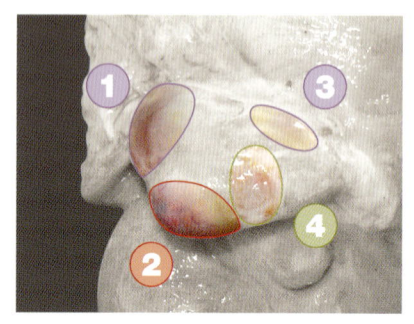

触診できる構造物：
1 大卵胞
2 明瞭な黄体

その他の構造物：
3 次席卵胞
4 結合組織

分類：
明瞭な黄体；あり
明瞭な卵胞；あり

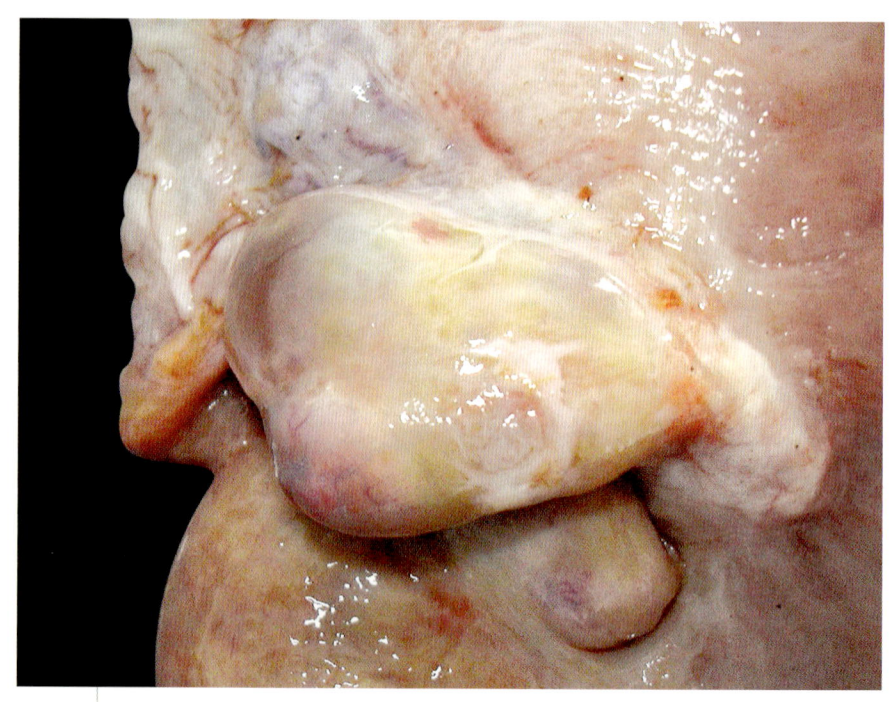

所見：
326 卵胞と黄体を有する卵巣

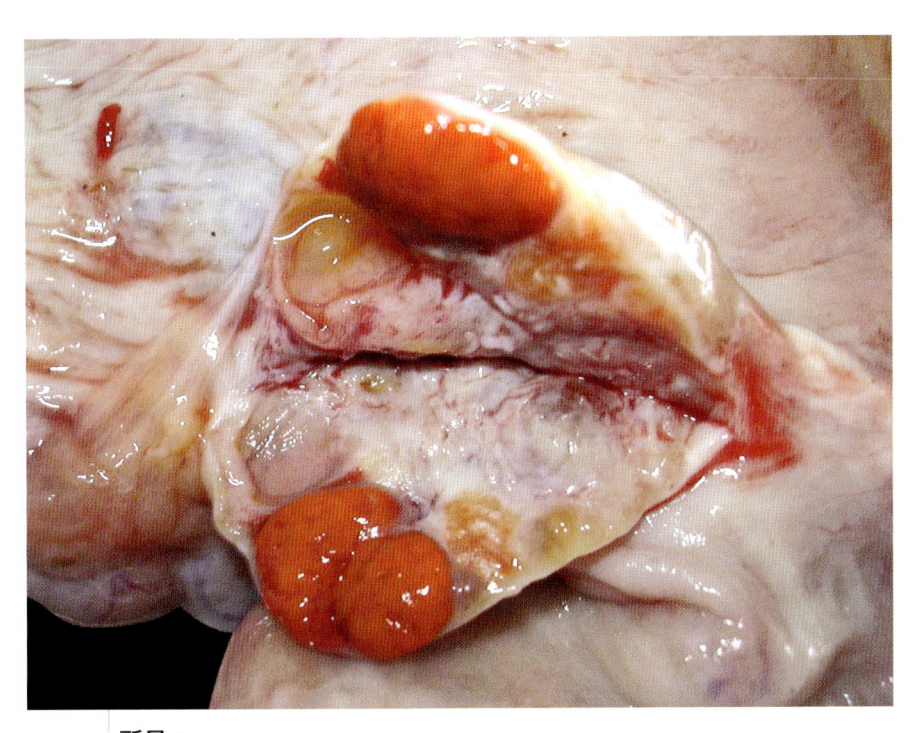

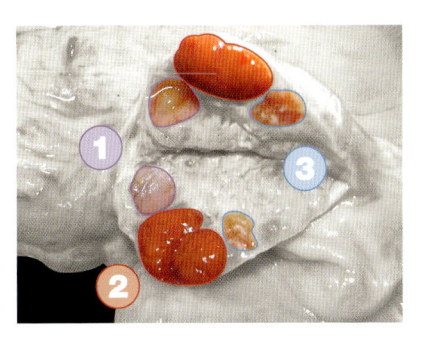

触診できる構造物：
1 卵胞
2 明瞭な黄体
その他の構造物：
3 黄体の痕跡
分類：
明瞭な黄体；あり
明瞭な卵胞；あり

所見：
327 326と同一卵巣の割面。卵胞と黄体の詳細が観察できる

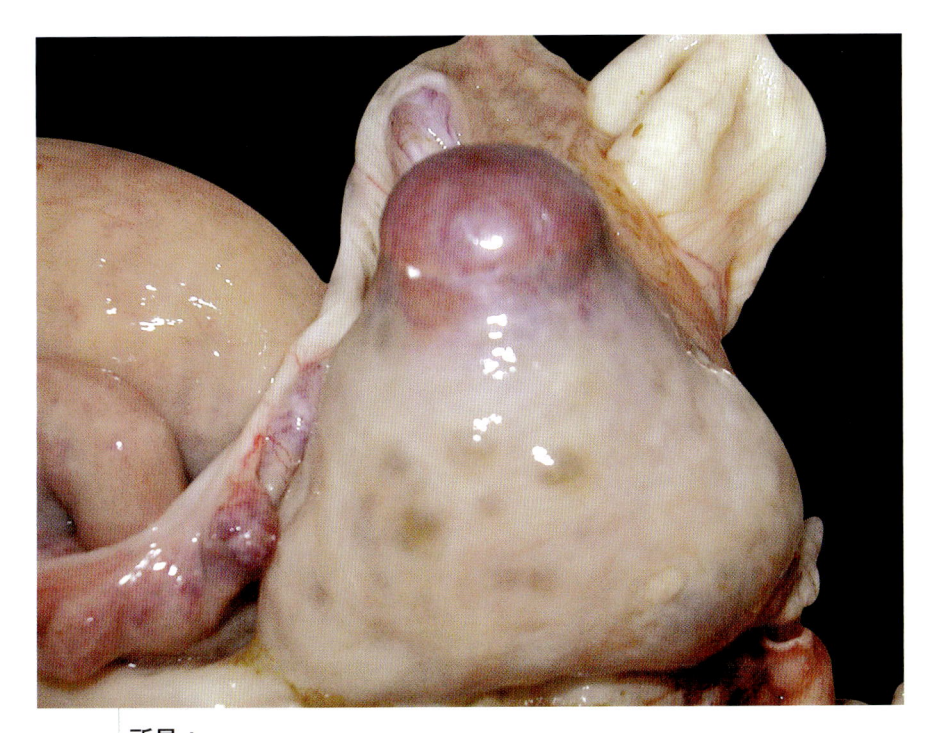

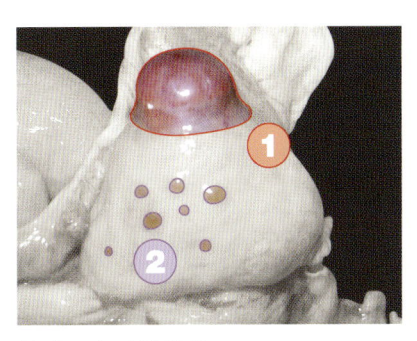

触診できる構造物：
1 明瞭な黄体
その他の構造物：
2 表面下に集まった複数の小卵胞
分類：
明瞭な黄体；あり
明瞭な卵胞；なし

所見：
328 典型的なシャンパンコルク状の突出した黄体を有する卵巣

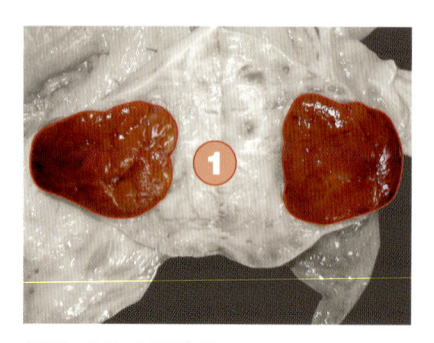

触診できる構造物：
1 明瞭な黄体
分類：
明瞭な黄体；あり
明瞭な卵胞；なし

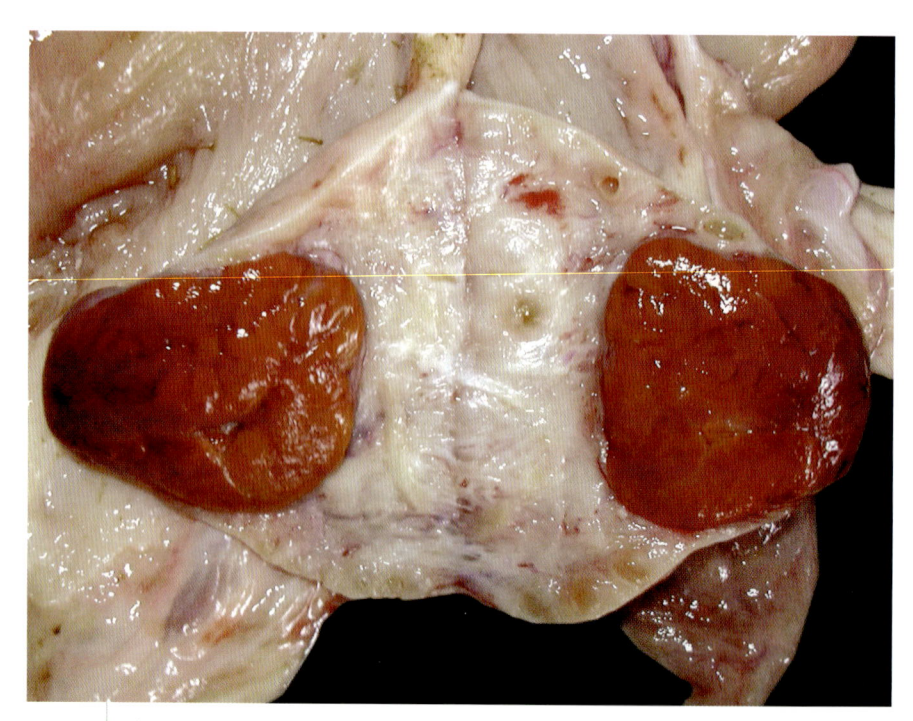

所見：
329 328と同一卵巣の割面。黄体の詳細が観察できる

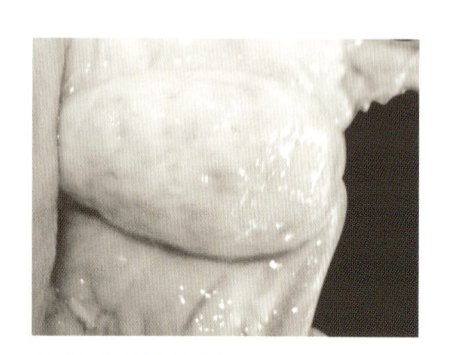

触診できる構造物：
なし
分類：
明瞭な黄体；なし
明瞭な卵胞；なし

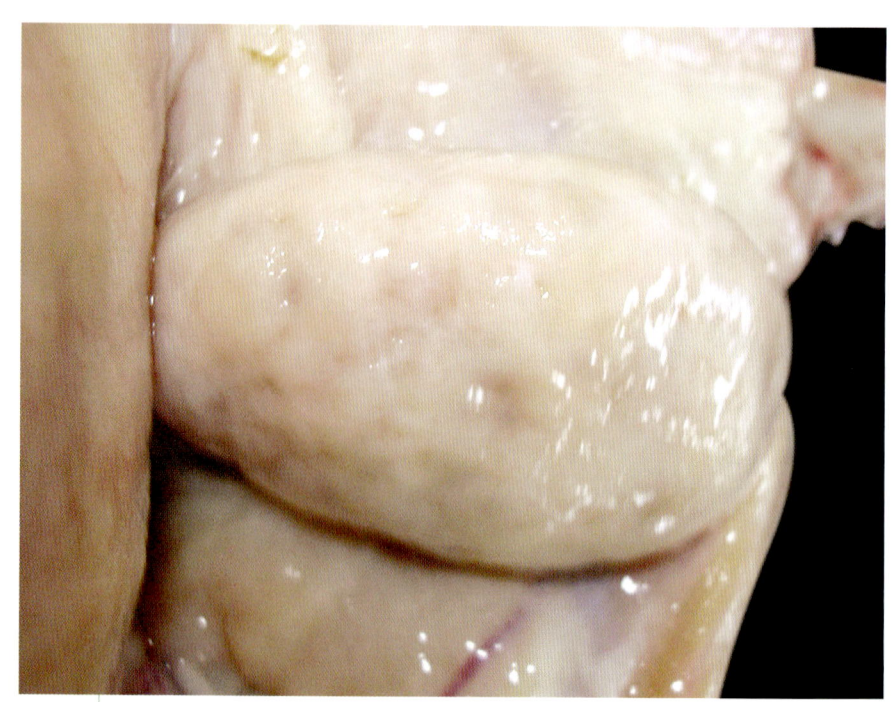

所見：
330 卵巣表面に複数の小さなくぼみを認める以外には触診できる構造物を持たない卵巣

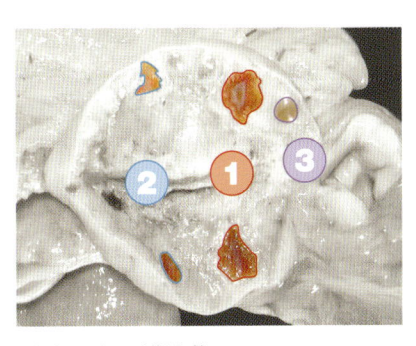

3　構造を認識する

触診できる構造物：
なし
その他の構造物：
1　古い黄体組織の領域
2　黄体の痕跡
3　小卵胞
分類：
明瞭な黄体；なし
明瞭な卵胞；なし

所見：
331　330と同一卵巣の割面。特に目立った構造物を持たない

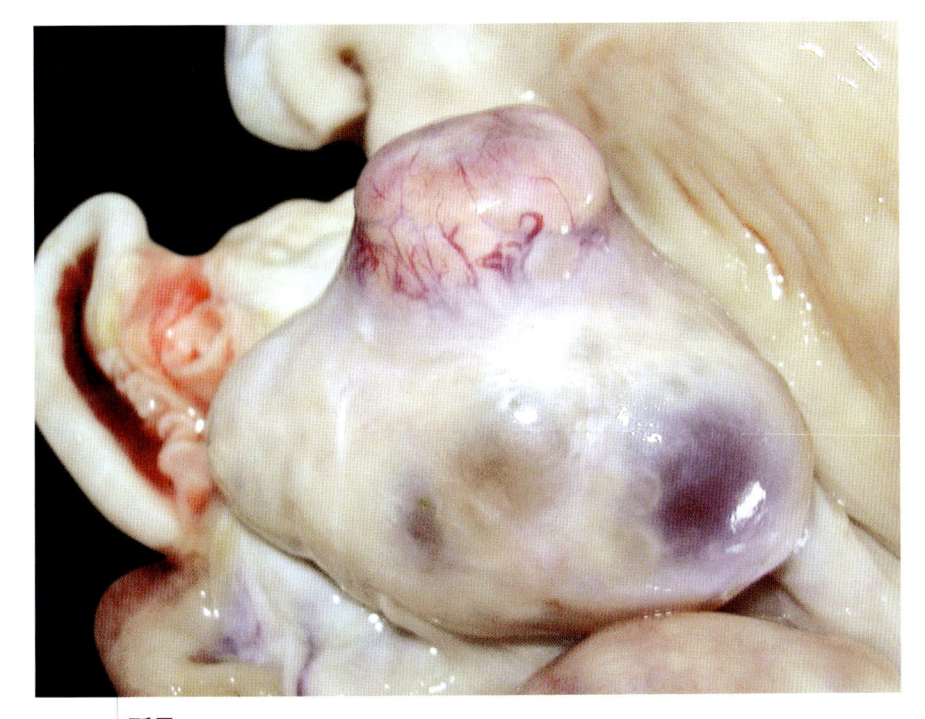

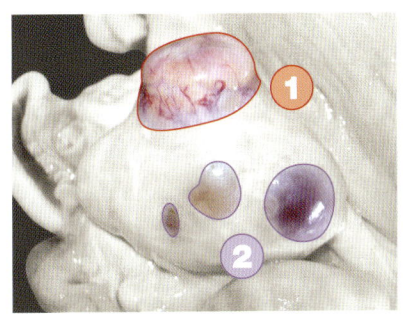

触診できる構造物：
1　シャンパンコルク状の明瞭な黄体
2　異なるサイズの卵胞。うちひとつは比較的大きい
分類：
明瞭な黄体；あり
明瞭な卵胞；あり（複数）

所見：
332　異なるサイズの卵胞に隣接して非常によく発達した黄体を有する卵巣

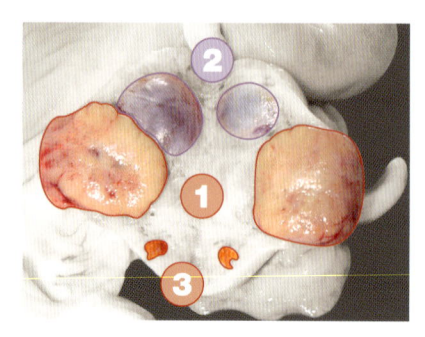

触診できる構造物：
1 明瞭な黄体
2 異なるサイズの卵胞で，うちひとつは比較的大きい

その他の構造物：
3 黄体組織のある領域

分類：
明瞭な黄体；あり
明瞭な卵胞；あり（複数）

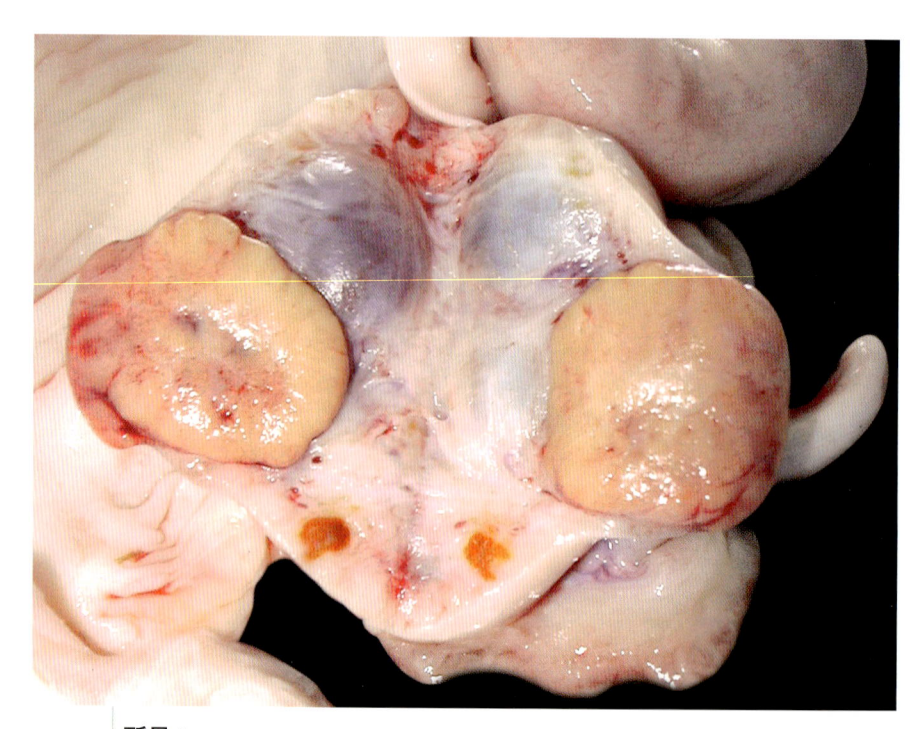

所見：
333 332と同一卵巣の割面。黄体と卵胞の詳細が観察できる

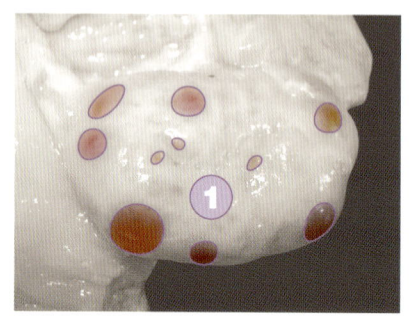

触診できる構造物：
1 異なるサイズの卵胞

分類：
明瞭な黄体；なし
明瞭な卵胞；あり（複数）

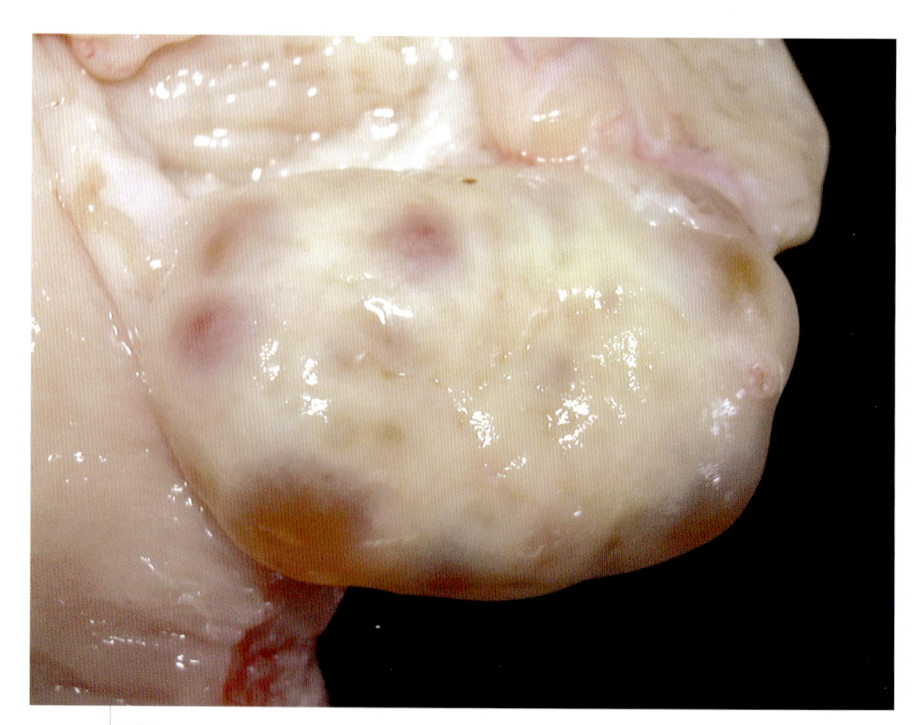

所見：
334 表面に異なるサイズの卵胞を有する卵巣

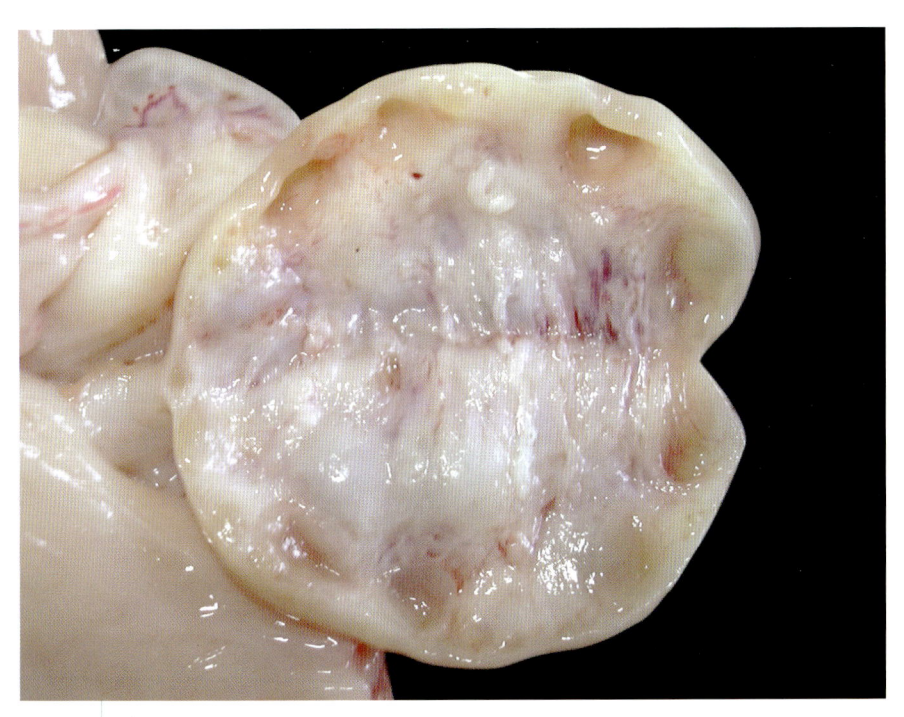

3　構造を認識する

触診できる構造物：
1　異なるサイズの卵胞
分類：
明瞭な黄体；なし
明瞭な卵胞；あり（複数）

所見：
335　334と同一卵巣の割面。皮質に複数の卵胞が観察できる

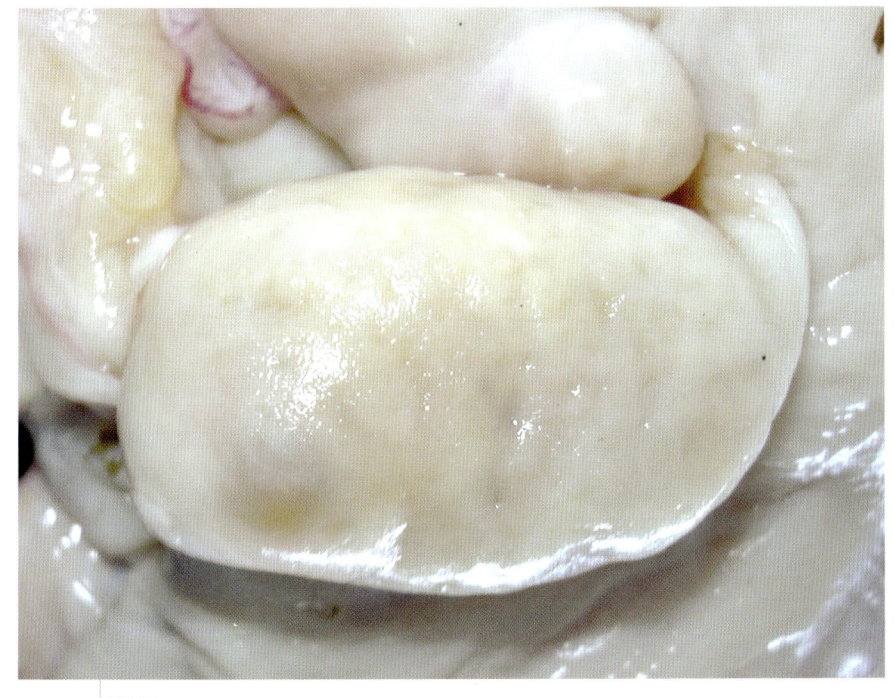

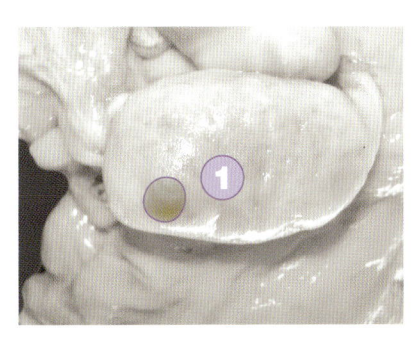

触診できる構造物：
なし
その他の構造物：
1　小卵胞
分類：
明瞭な黄体；なし
明瞭な卵胞；なし

所見：
336　小卵胞のみを有する，実際には平滑な表面の卵巣

225

触診できる構造物：
なし
その他の構造物：
1　小卵胞
2　古い黄体
分類：
明瞭な黄体；なし
明瞭な卵胞；なし

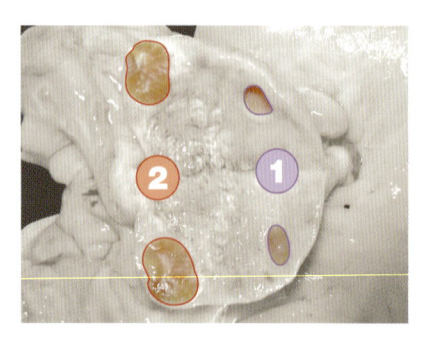

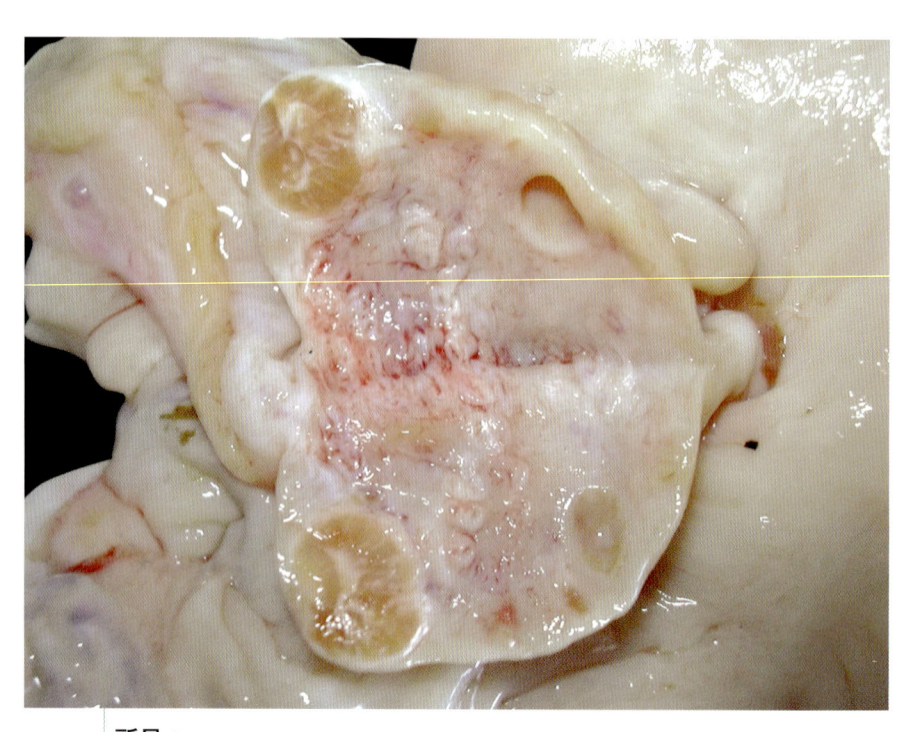

337 | 所見：
336と同一卵巣の割面。古い黄体以外にほとんど構造物を持っていない

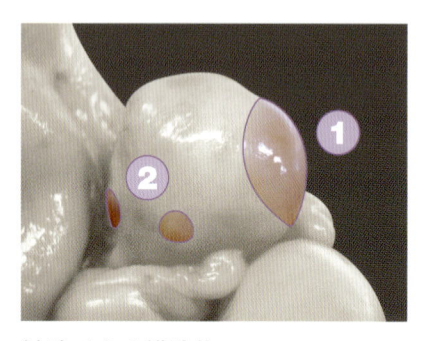

触診できる構造物：
1　大卵胞
その他の構造物：
2　小卵胞
分類：
明瞭な黄体；なし
明瞭な卵胞；あり

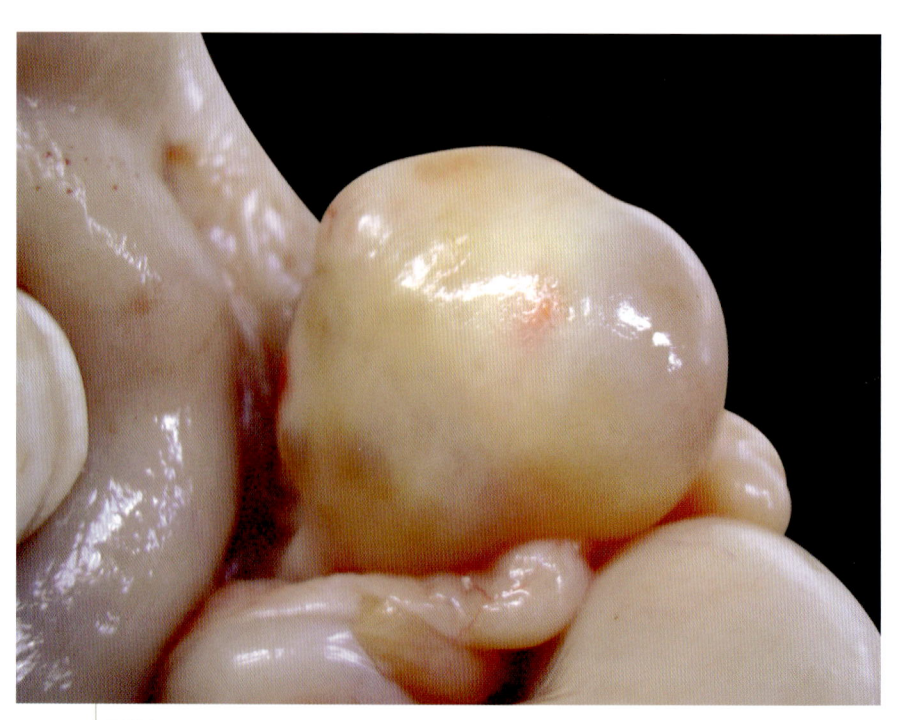

338 | 所見：
（反対側の卵巣所見次第ではあるが）排卵間近と察せられる主席卵胞を有する卵巣

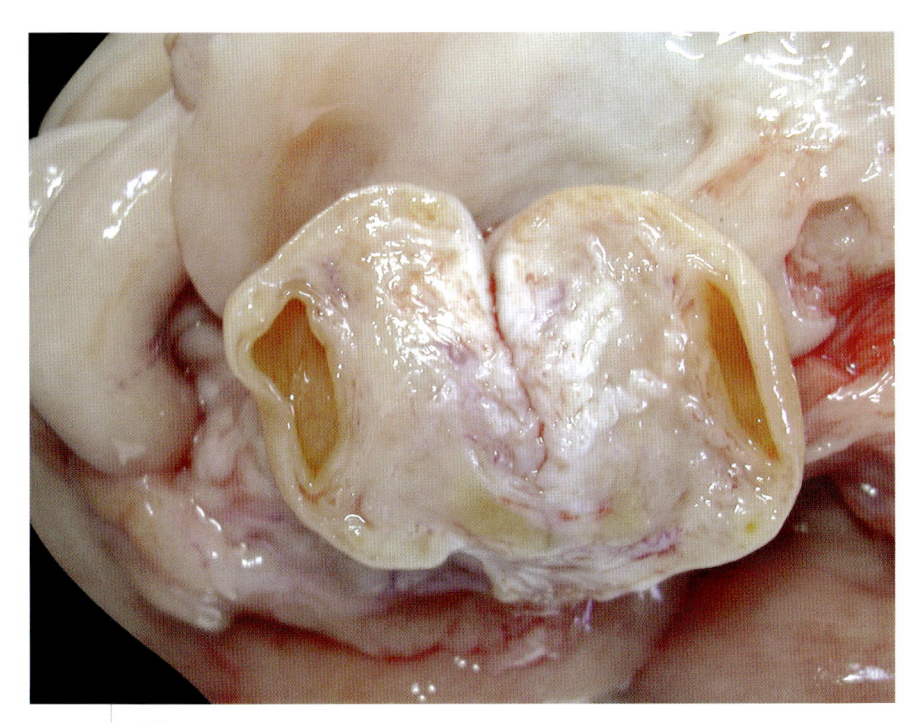

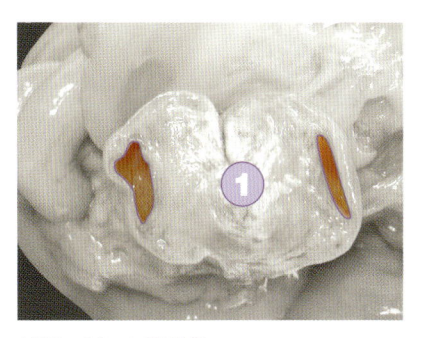

3 構造を認識する

触診できる構造物：
1 大卵胞
分類：
明瞭な黄体；なし
明瞭な卵胞；あり

339 所見：
338と同一卵巣の割面。大卵胞の詳細が観察できる

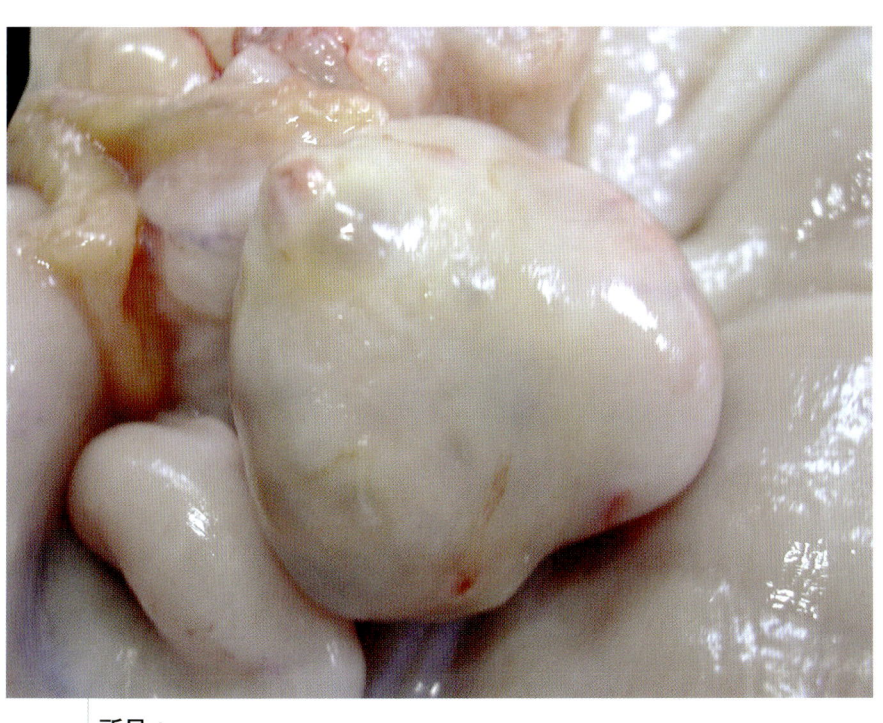

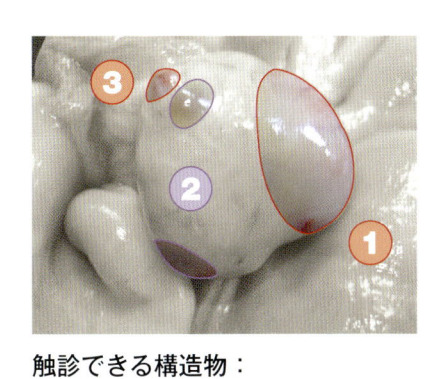

触診できる構造物：
1 明瞭な黄体
その他の構造物：
2 小卵胞
3 黄体化した領域
分類：
明瞭な黄体；あり
明瞭な卵胞；なし

340 所見：
表面に黄体を有する卵巣

227

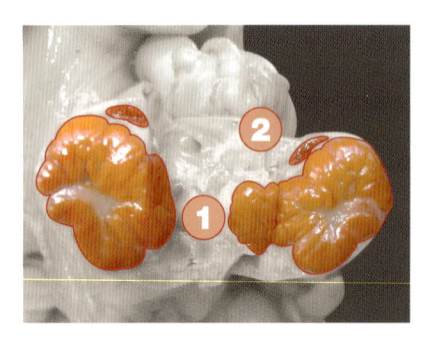

触診できる構造物：
1　明瞭な黄体
その他の構造物：
2　古い黄体組織
分類：
明瞭な黄体；あり
明瞭な卵胞；なし

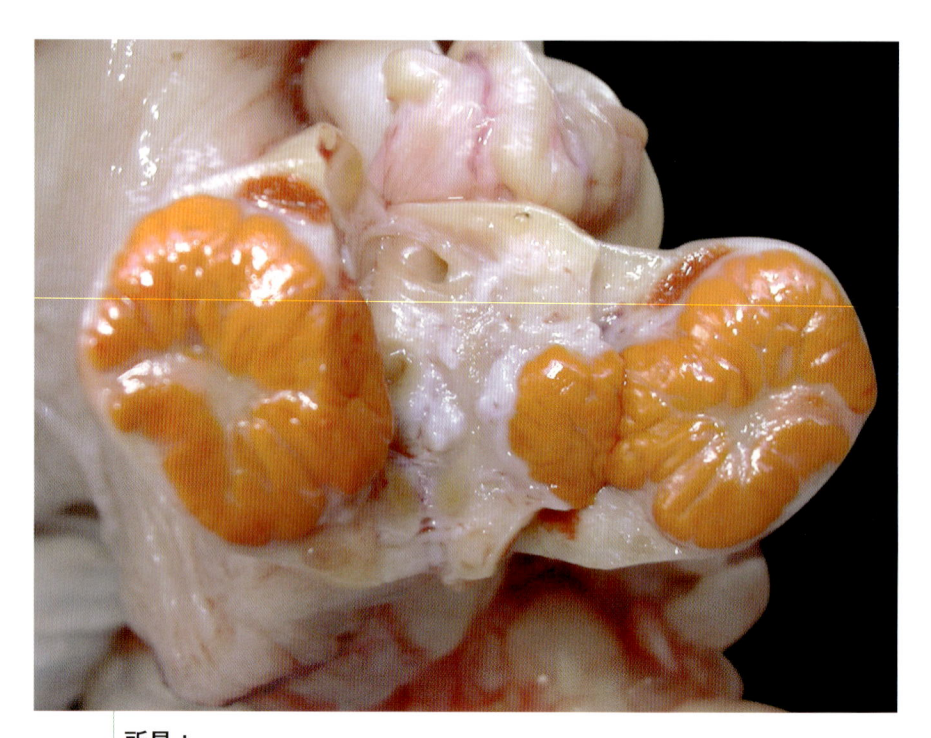

341 所見：
340と同一卵巣の割面。黄体の詳細が観察できる

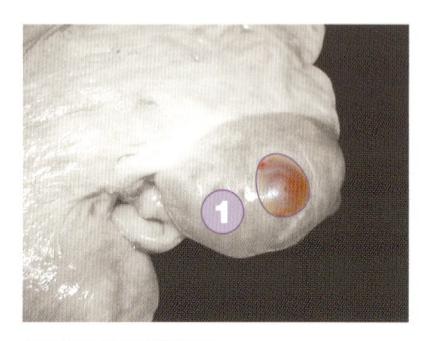

触診できる構造物：
1　大卵胞
分類：
明瞭な黄体；なし
明瞭な卵胞；あり

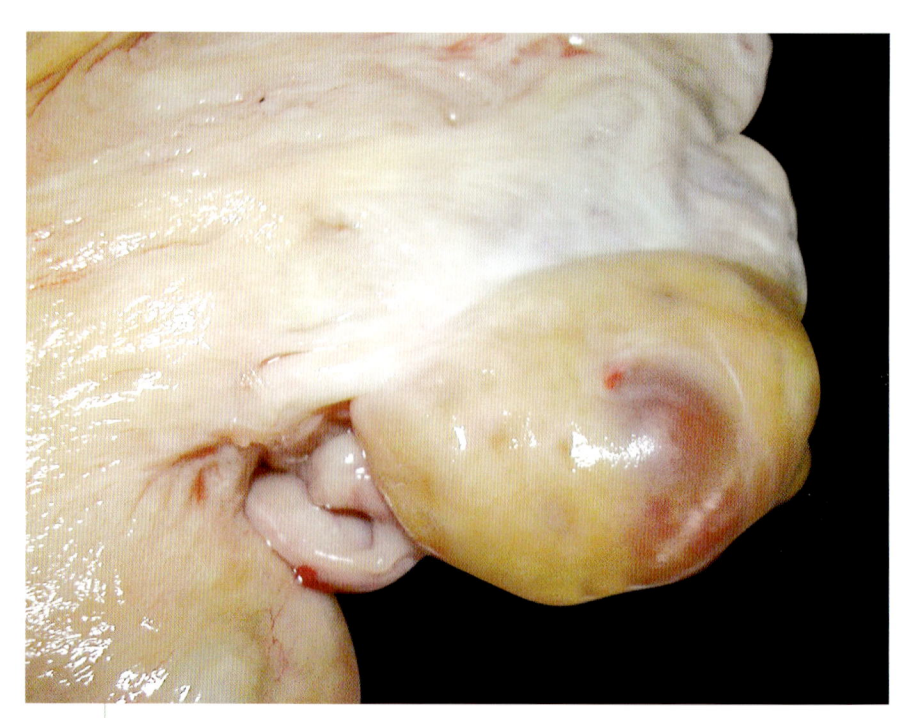

342 所見：
（反対側の卵巣所見次第ではあるが）排卵間近と察せられる大卵胞を表面に有する卵巣

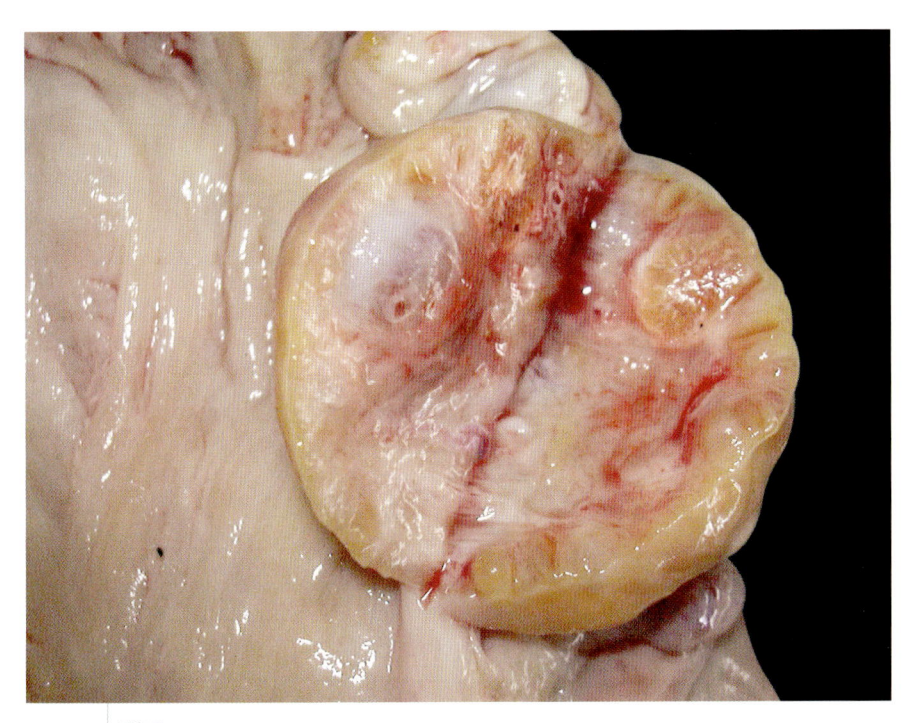

3　構造を認識する

触診できる構造物：
1　大卵胞
その他の構造物：
2　小卵胞
3　黄体の痕跡
分類：
明瞭な黄体；なし
明瞭な卵胞；あり

所見：
343 342と同一卵巣の割面。大卵胞を有している

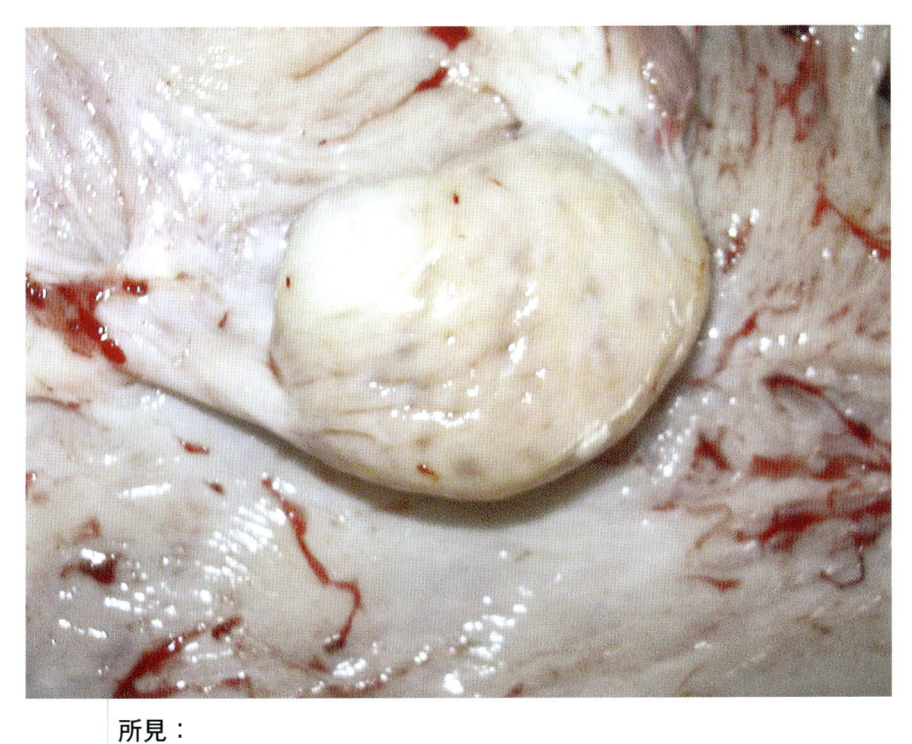

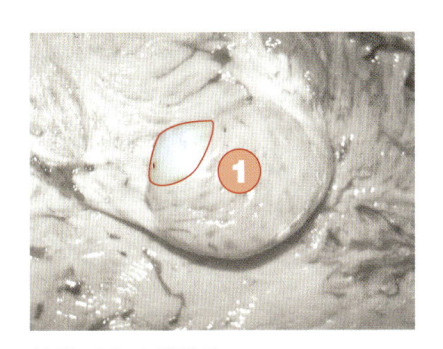

触診できる構造物：
1　退行した黄体
分類：
明瞭な黄体；あり
明瞭な卵胞；なし

所見：
344 表面に小さなくぼみと退行した黄体を有する，比較的小さな卵巣

229

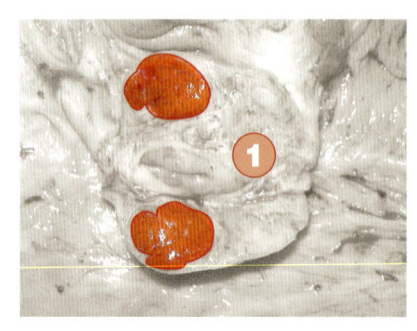

触診できる構造物：
1　退行した黄体
分類：
明瞭な黄体；あり
明瞭な卵胞；なし

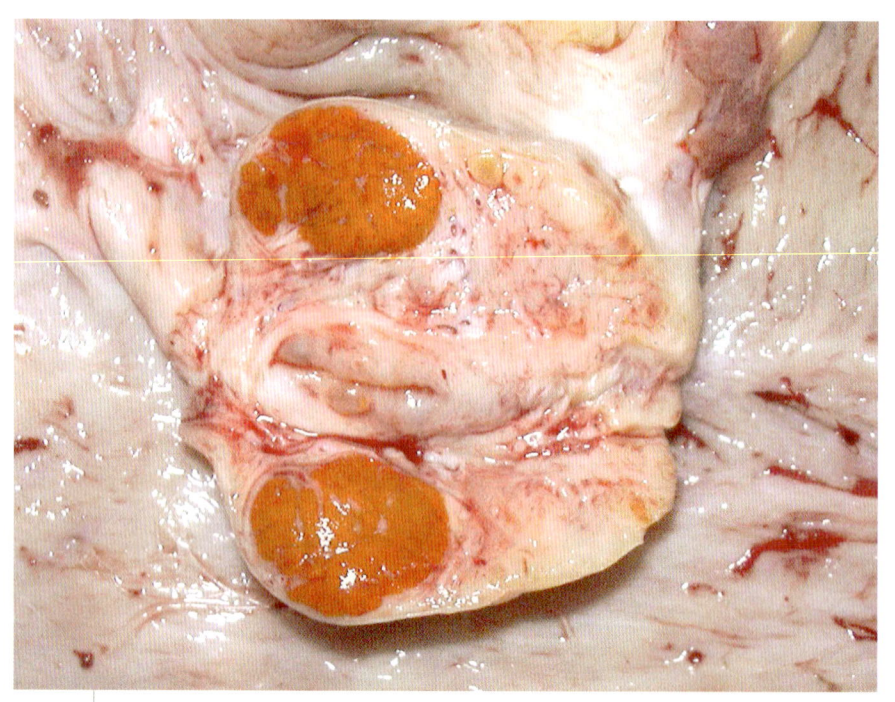

345 所見：
344と同一卵巣の割面。黄体の詳細が観察できる

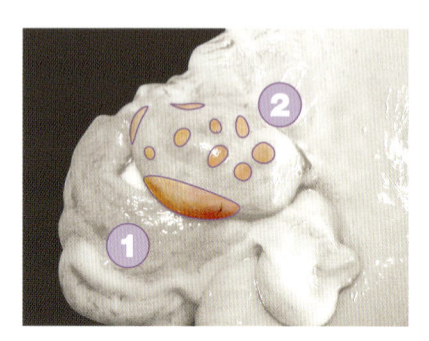

触診できる構造物：
1　大卵胞
2　1より小さな卵胞
分類：
明瞭な黄体；なし
明瞭な卵胞；あり（複数）

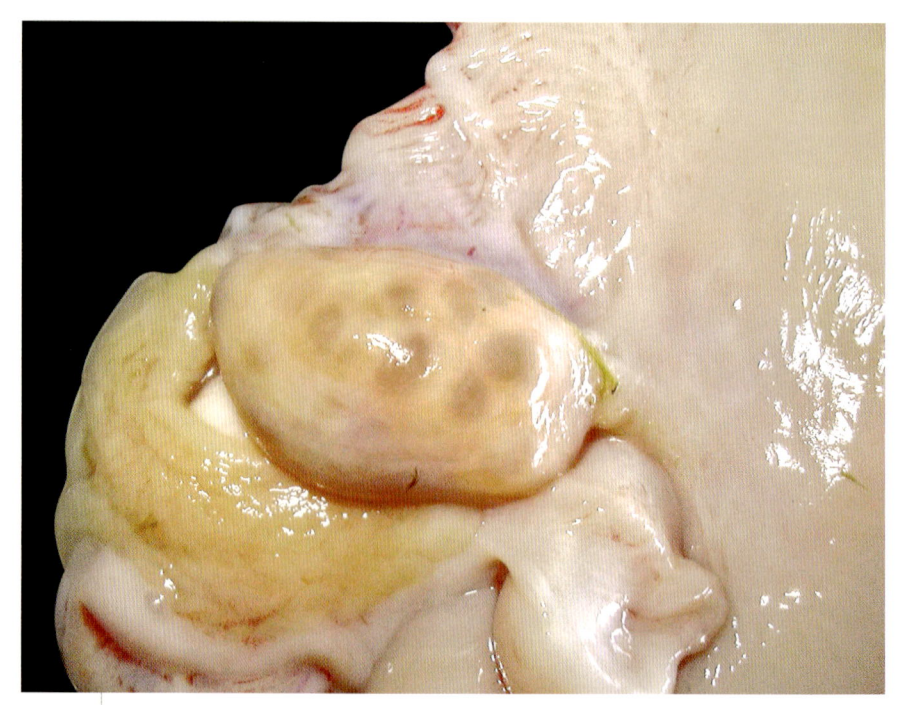

346 所見：
異なるサイズの卵胞を有する卵巣。卵胞のうちのひとつはより大きくなっている

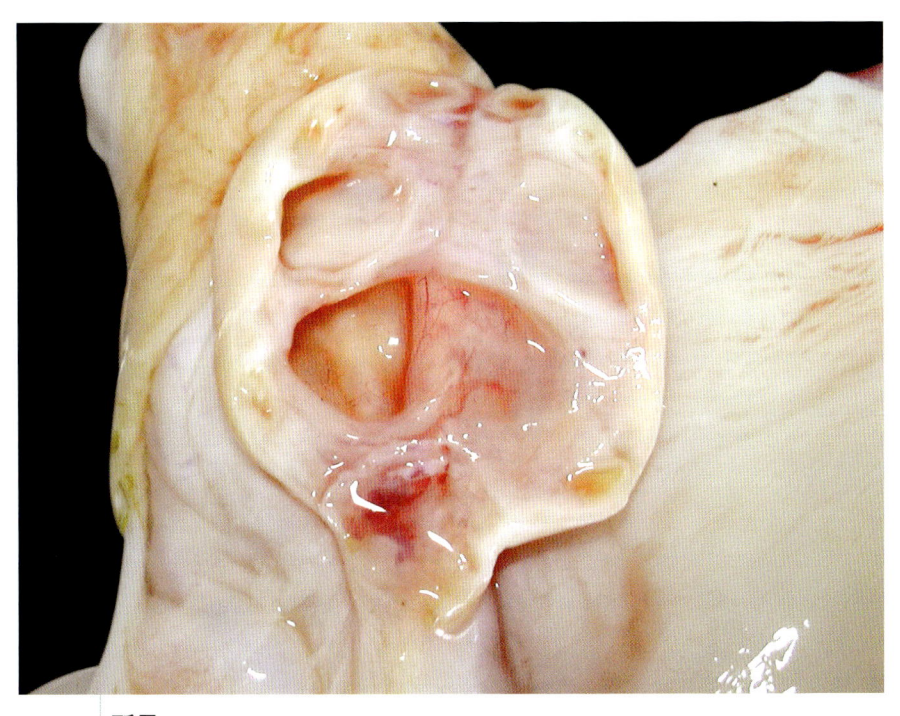

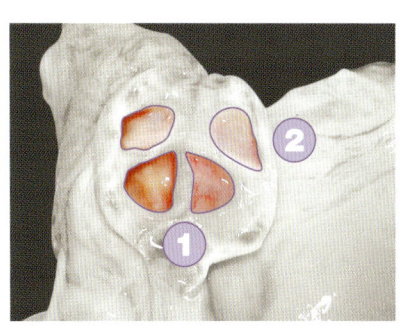

3　構造を認識する

触診できる構造物：
1　大卵胞
2　小卵胞
分類：
明瞭な黄体；なし
明瞭な卵胞；あり（複数）

所見：
347 346と同一卵巣の割面。2つの大きな卵胞を有している

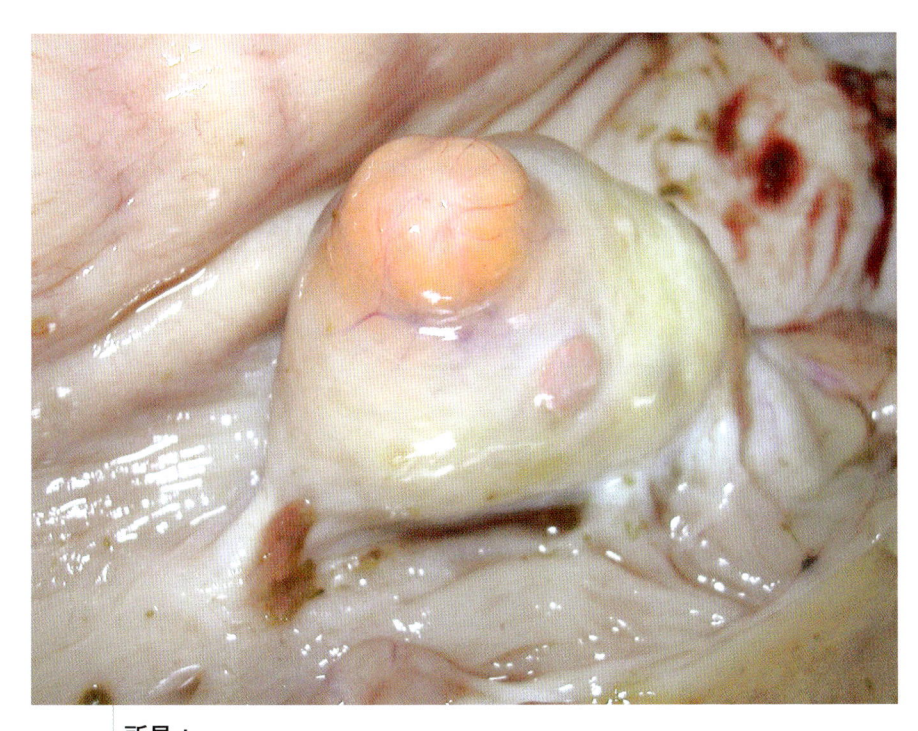

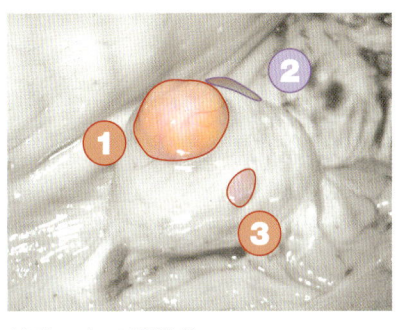

触診できる構造物：
1　明瞭な黄体
その他の構造物：
2　小卵胞
3　黄体化した組織の領域
分類：
明瞭な黄体；あり
明瞭な卵胞；なし

所見：
348 ひとつの大きく，突出した黄体を有する卵巣

231

触診できる構造物：
1 内腔を有する明瞭な黄体
その他の構造物：
2 卵巣表面に集まった複数の小卵胞
分類：
明瞭な黄体；あり
明瞭な卵胞；なし

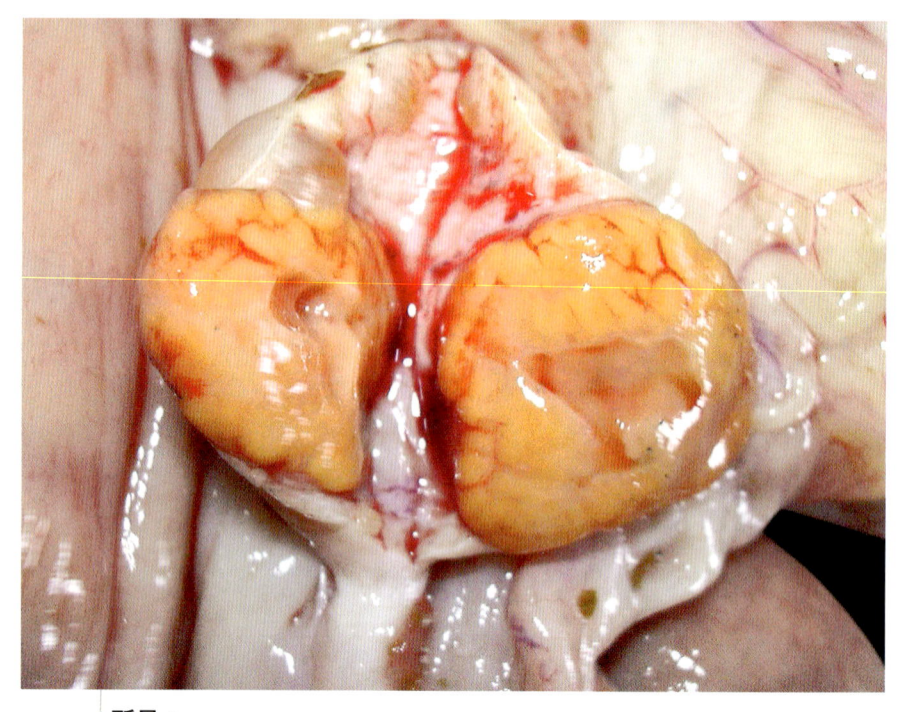

349 所見：
348と同一卵巣の割面

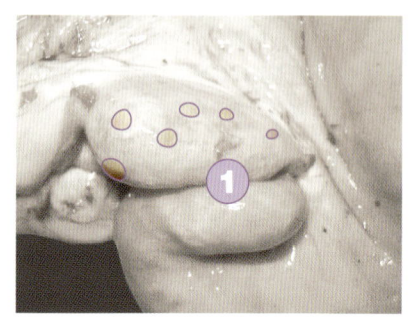

触診できる構造物：
なし
その他の構造物：
1 小卵胞
分類：
明瞭な黄体；なし
明瞭な卵胞；なし

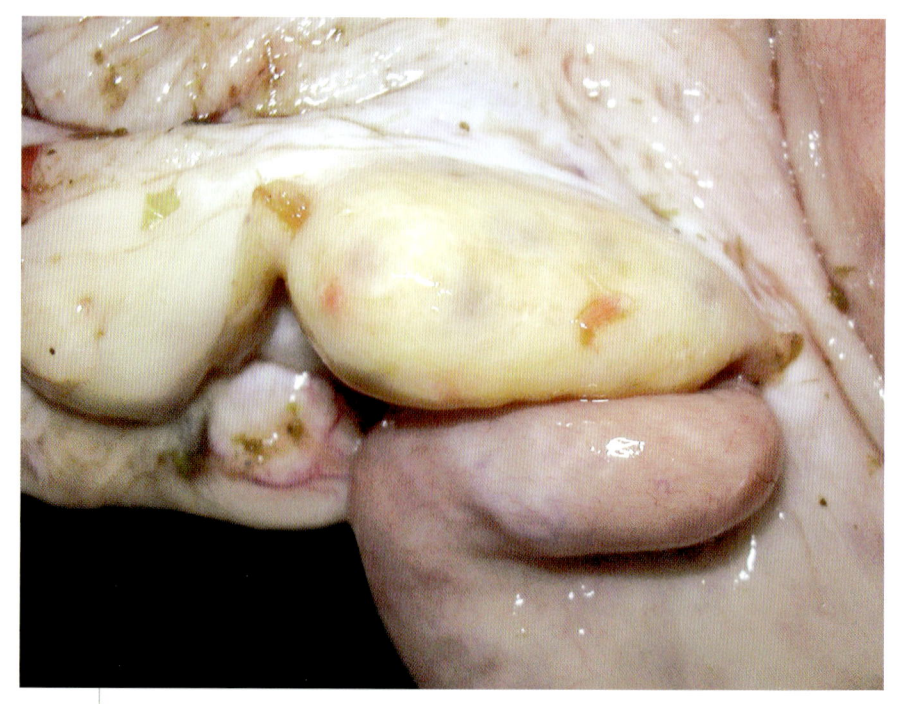

350 所見：
触診において触ることが難しい卵胞を有する卵巣

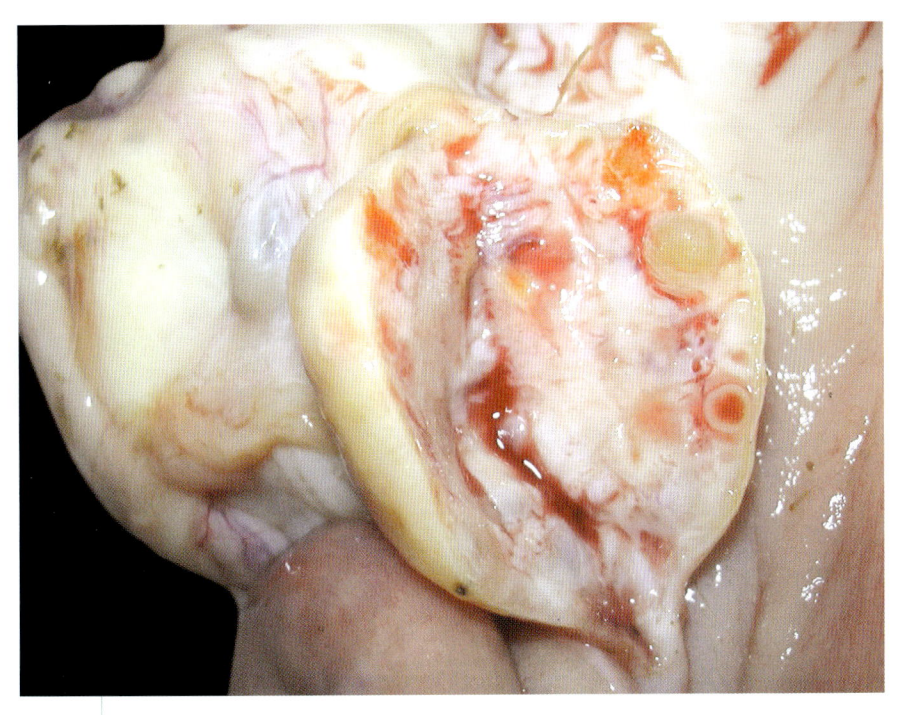

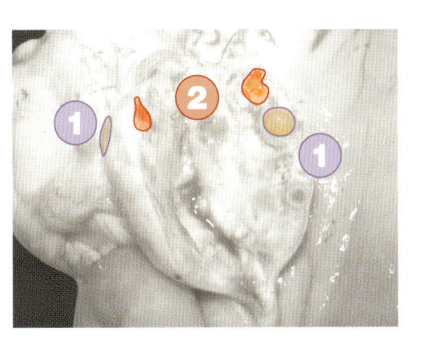

3　構造を認識する

触診できる構造物：
なし
その他の構造物：
1　小卵胞
2　黄体化した組織の領域
分類：
明瞭な黄体；なし
明瞭な卵胞；なし

351 所見：
350と同一卵巣の割面。特に観察できる構造物を持っていない

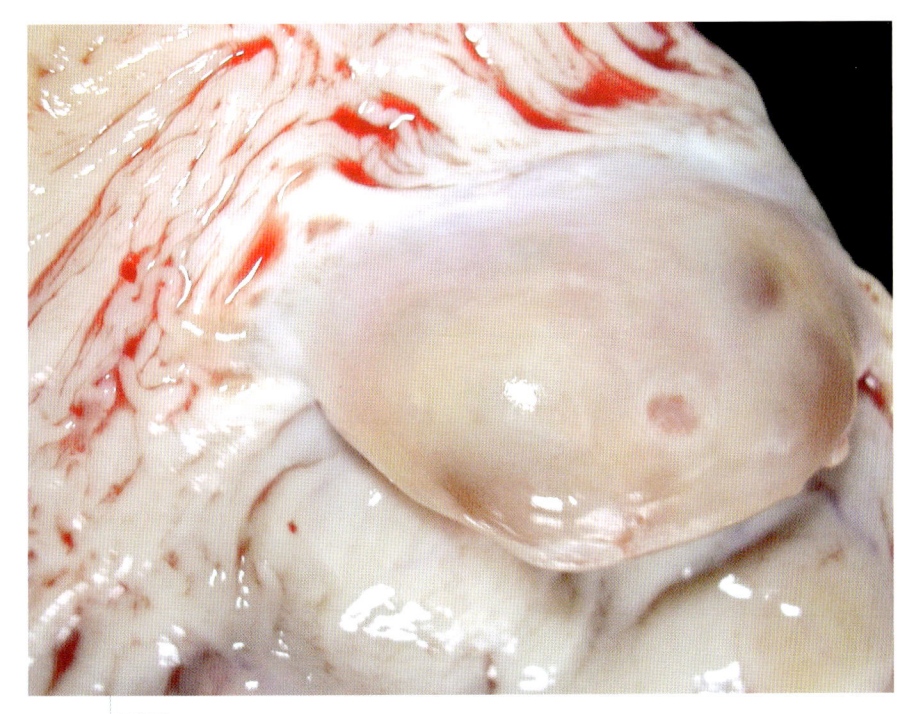

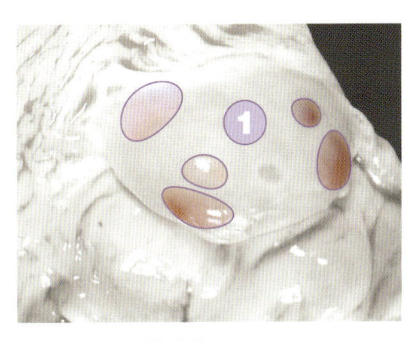

触診できる構造物：
1　異なるサイズの複数の卵胞
分類：
明瞭な黄体；なし
明瞭な卵胞；あり（複数）

352 所見：
異なるサイズの複数の触診可能な卵胞を有する卵巣

233

触診できる構造物：
1 異なるサイズの複数の卵胞
分類：
明瞭な黄体；なし
明瞭な卵胞；あり（複数）

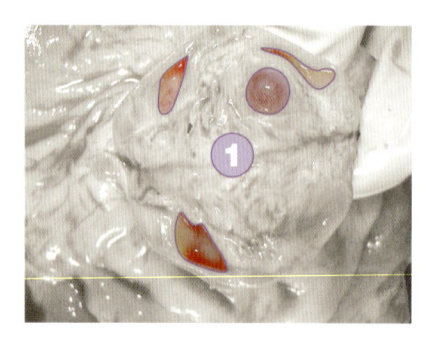

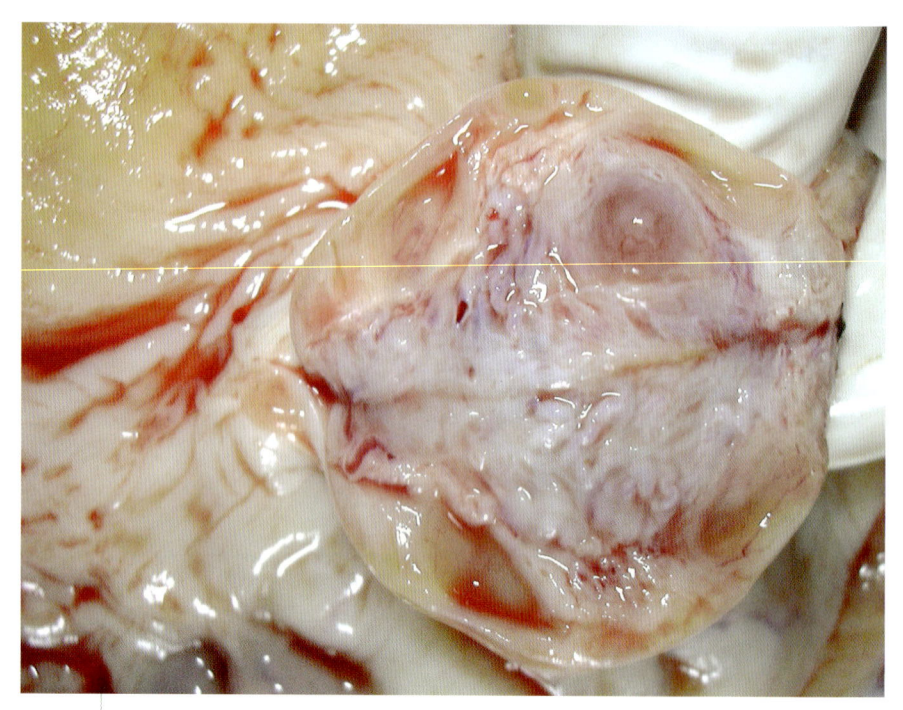

所見：
353 352と同一卵巣の割面。卵胞の詳細を観察することができる

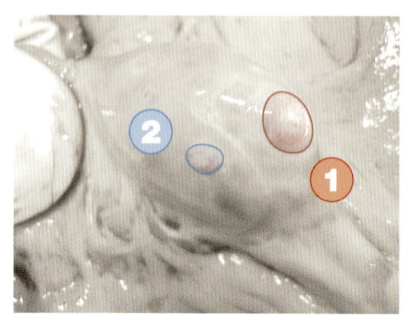

触診できる構造物：
1 古い黄体
その他の構造物：
2 古い黄体の痕跡（白体）
分類：
明瞭な黄体；あり
明瞭な卵胞；なし

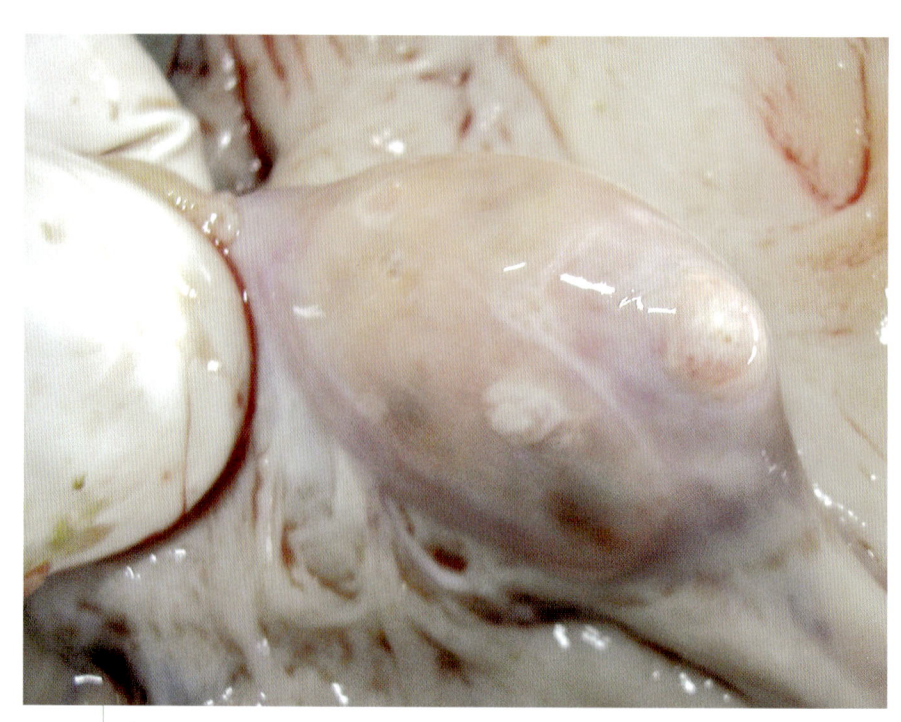

所見：
354 比較的小さな黄体を有する卵巣

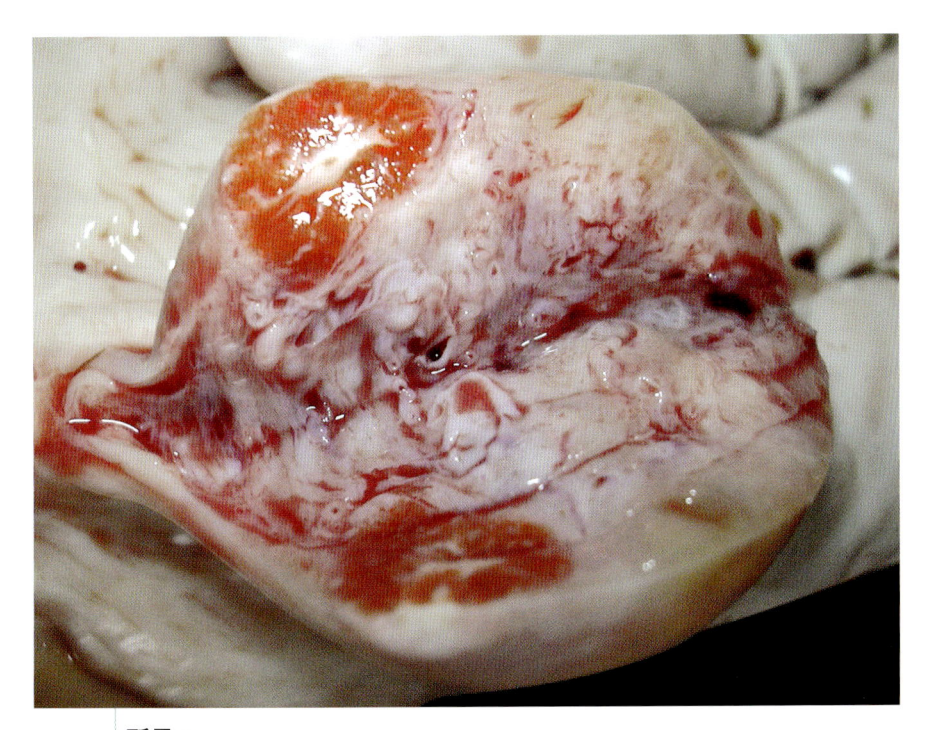

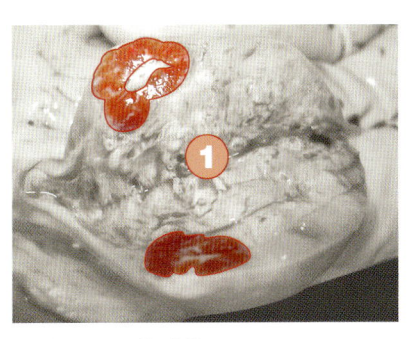

3　構造を認識する

触診できる構造物：
1　古い黄体
分類：
明瞭な黄体；あり
明瞭な卵胞；なし

所見：
355 古い黄体

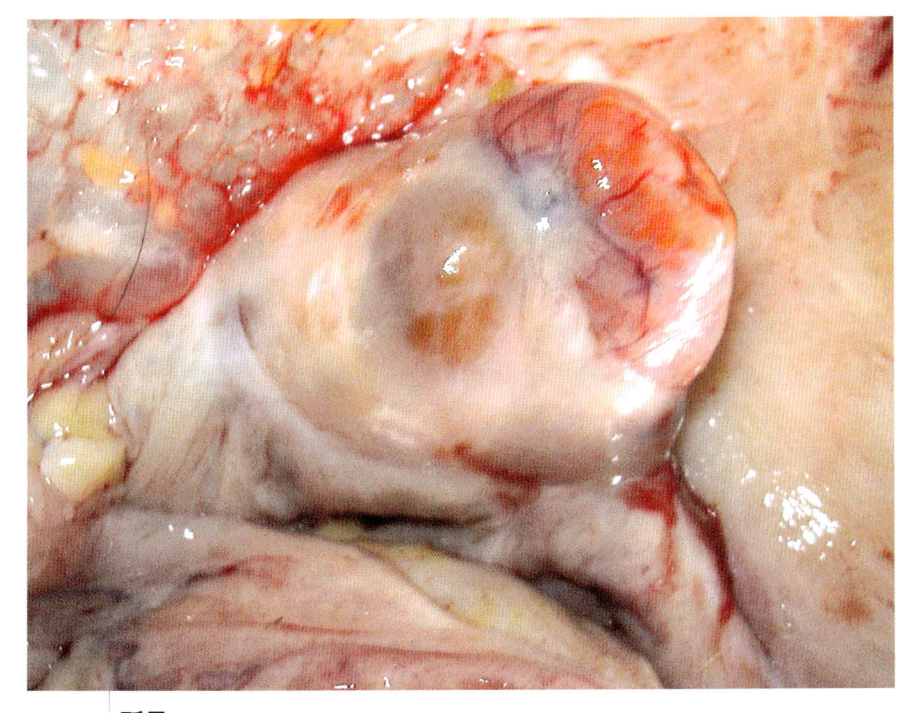

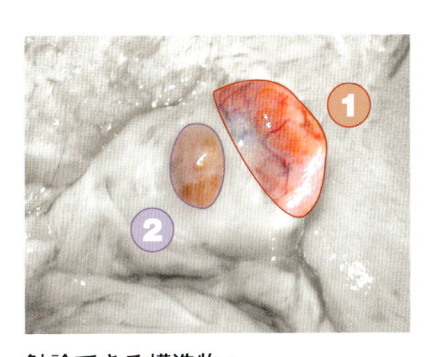

触診できる構造物：
1　シャンパンコルク状の典型的な黄体
2　明瞭な卵胞
分類：
明瞭な黄体；あり
明瞭な卵胞；あり

所見：
356 かなり大きな卵胞に隣接して存在する典型的な黄体を有する卵巣

235

触診できる構造物：
1 明瞭な黄体
2 明瞭な卵胞

分類：
明瞭な黄体；あり
明瞭な卵胞；あり（複数）

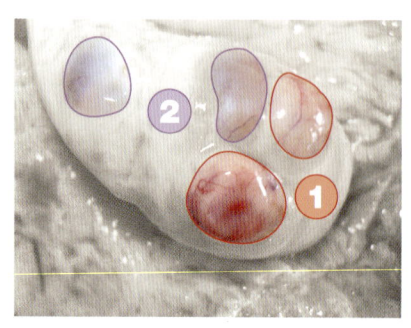

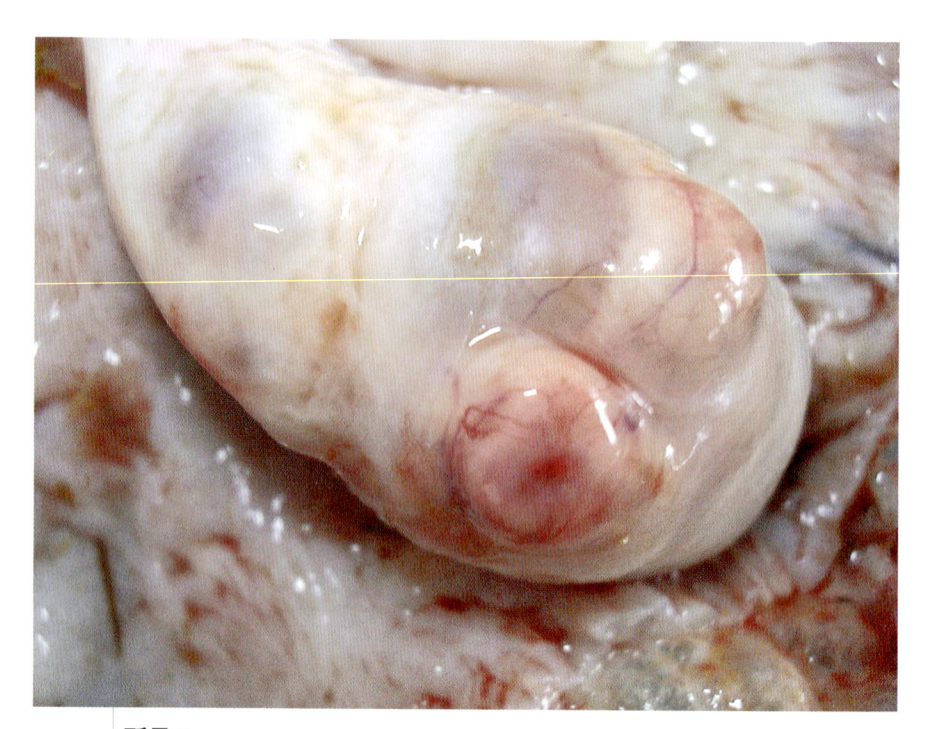

所見：
357 2つの黄体と選択期にある2つの卵胞を有する卵巣

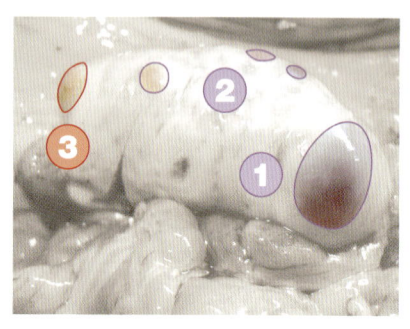

触診できる構造物：
1 明瞭な卵胞

その他の構造物：
2 小卵胞
3 古い黄体

分類：
明瞭な黄体；なし
明瞭な卵胞；あり

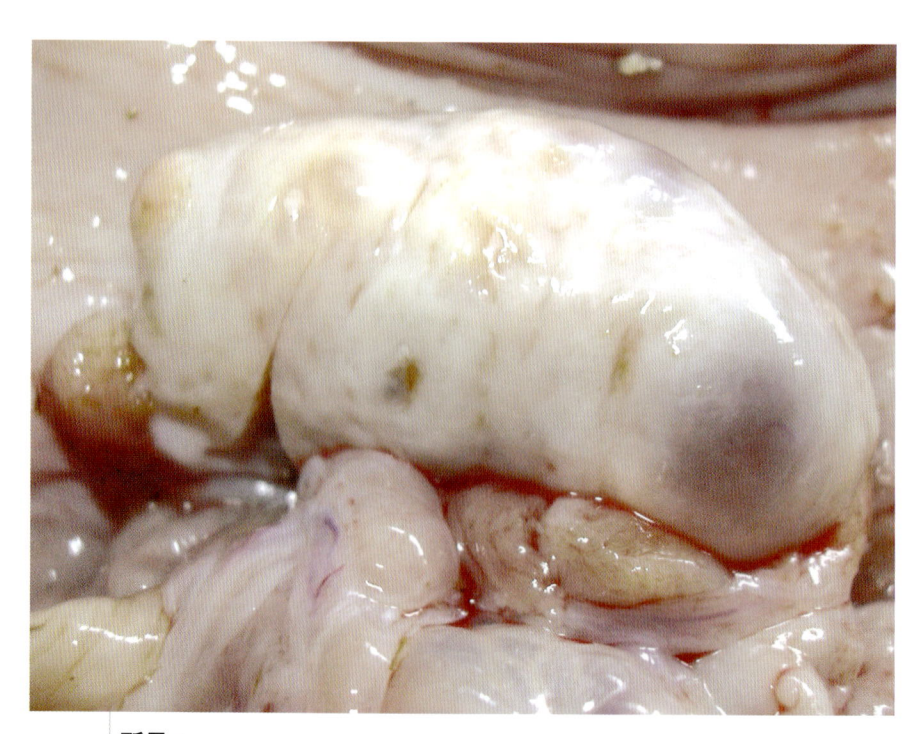

所見：
358 主席卵胞を有する若齢個体の卵巣

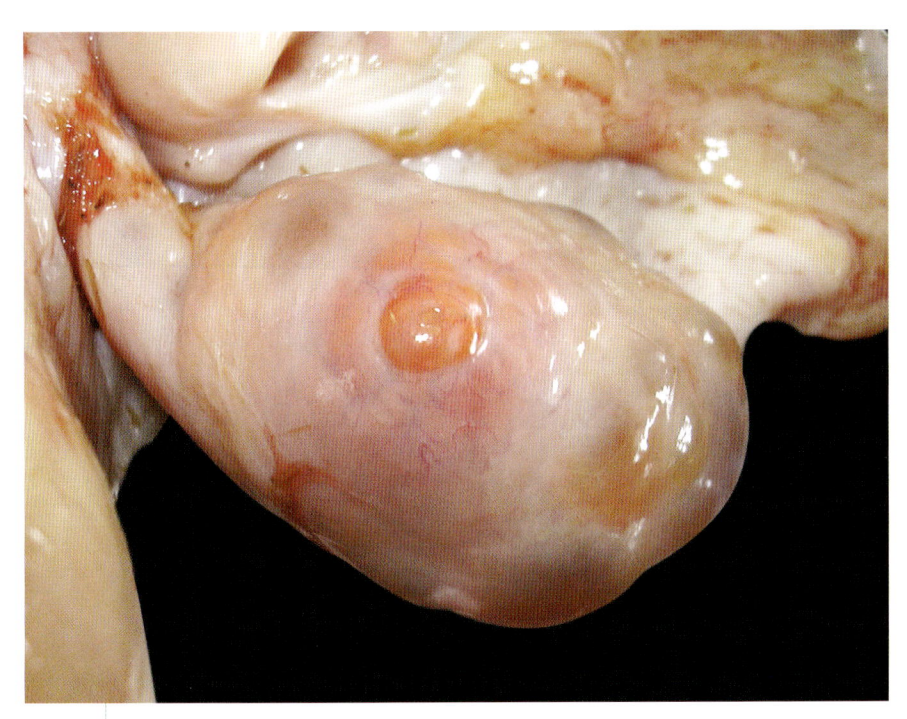

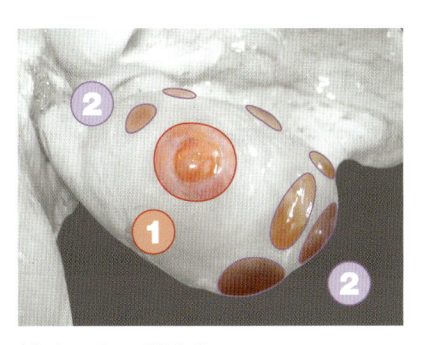

3 構造を認識する

触診できる構造物：
1 古い黄体
2 異なるサイズの卵胞
分類：
明瞭な黄体；あり
明瞭な卵胞；あり（複数）

所見：
359 ひとつの古い黄体と異なるサイズの複数の卵胞を有する黄体

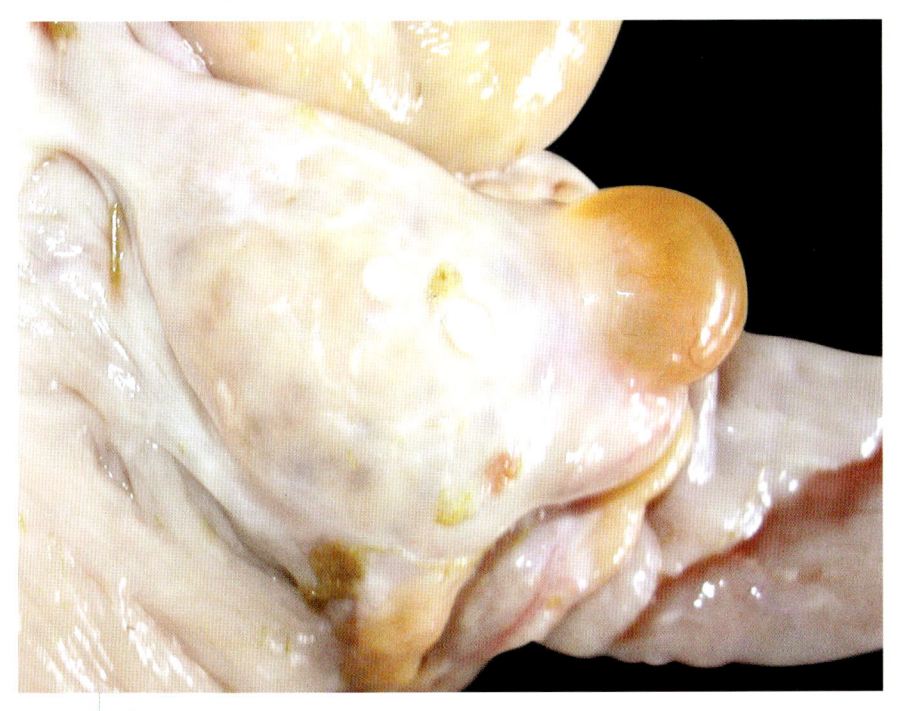

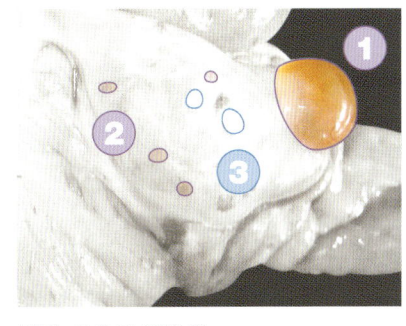

触診できる構造物：
1 大卵胞
その他の構造物：
2 小卵胞
3 古い痕跡
分類：
明瞭な黄体；なし
明瞭な卵胞；あり

所見：
360 大きいが，偏った場所に位置する卵胞を有する卵巣

触診できる構造物：
なし
その他の構造物：
1 古い黄体
2 小卵胞
分類：
明瞭な黄体；なし
明瞭な卵胞；なし

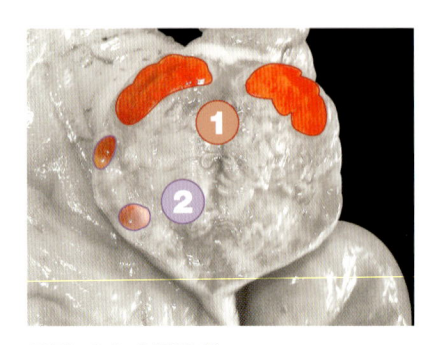

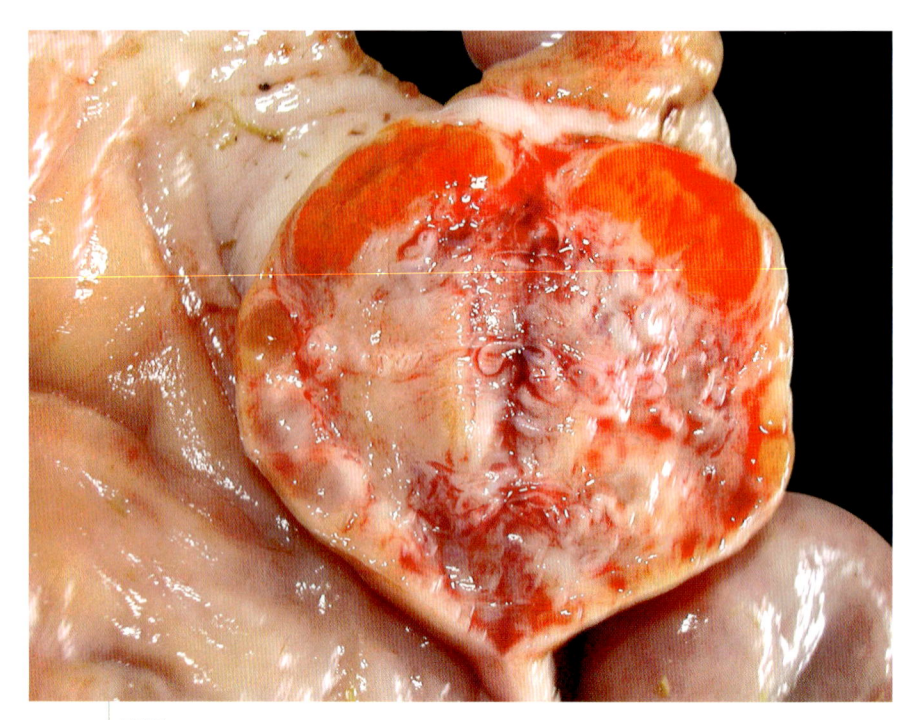

361 所見：
触診できる構造物を持たない卵巣の割面。古い黄体と小卵胞が観察できる

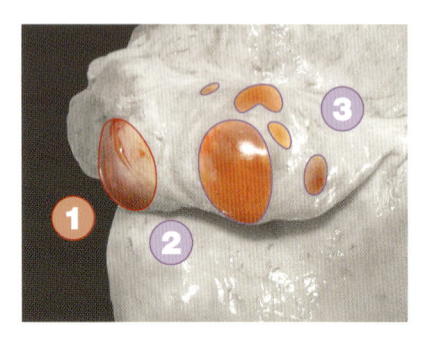

触診できる構造物：
1 明瞭な黄体
2 明瞭な卵胞
その他の構造物：
3 2よりも小さな複数の卵胞
分類：
明瞭な黄体；あり
明瞭な卵胞；あり

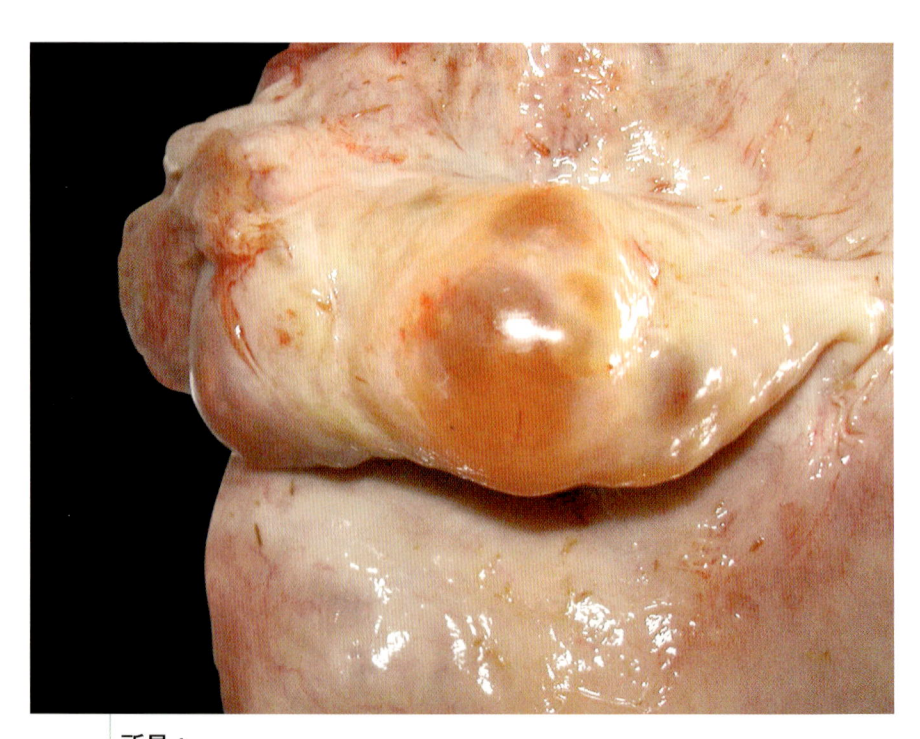

362 所見：
大卵胞および大きな黄体を有する卵巣

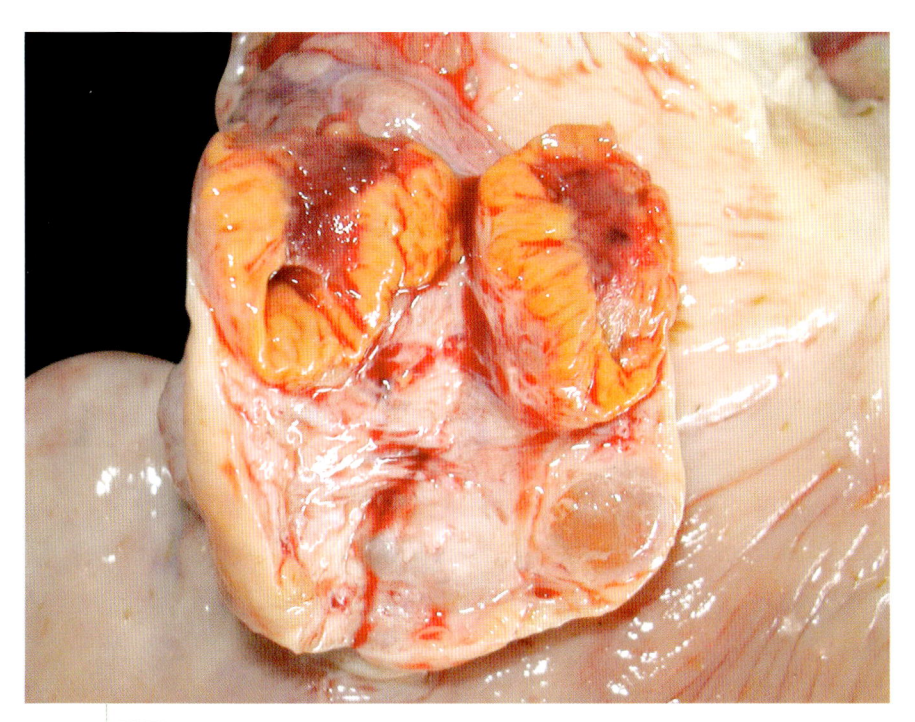

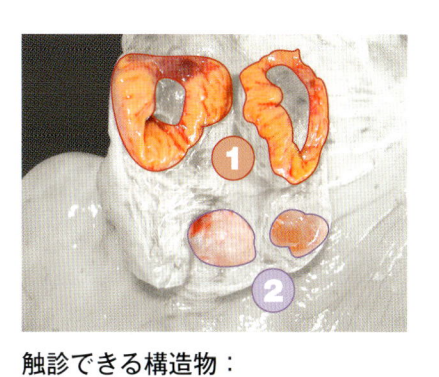

3 構造を認識する

触診できる構造物：
1 明瞭な黄体
2 明瞭な卵胞
分類：
明瞭な黄体；あり
明瞭な卵胞；あり

所見：
363 362と同一卵巣の割面。内腔を持つ大きな黄体と触診可能な卵胞を有する卵巣

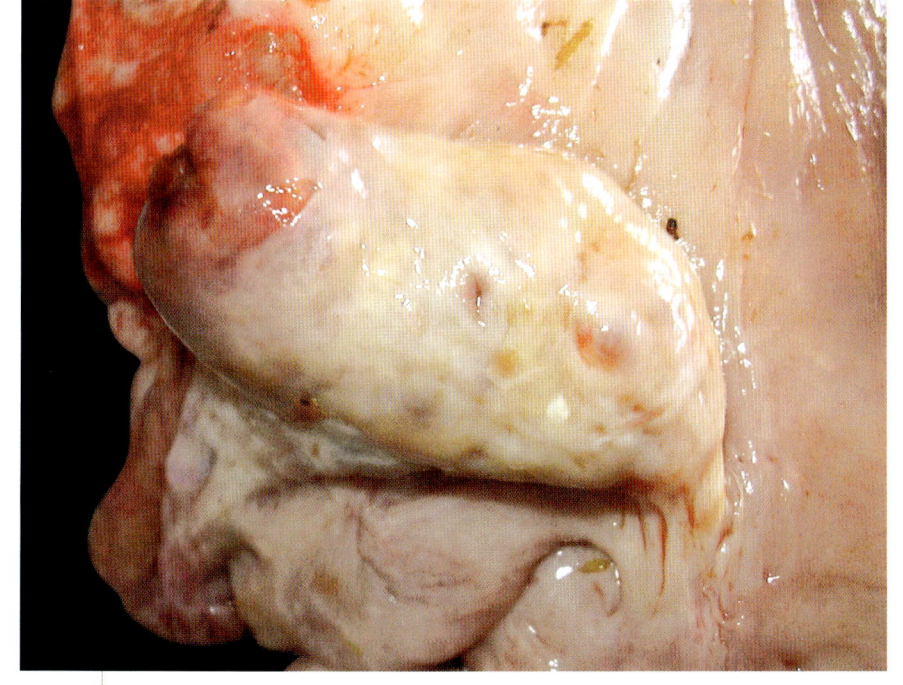

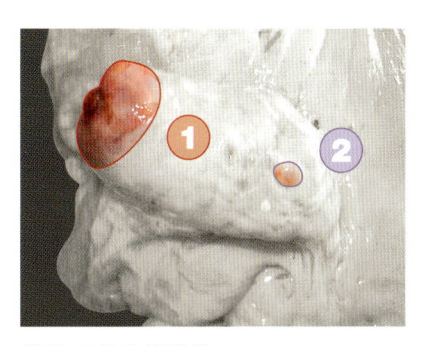

触診できる構造物：
1 明瞭な黄体
その他の構造物：
2 小卵胞
分類：
明瞭な黄体；あり
明瞭な卵胞；なし

所見：
364 シャンパンコルク状の大きな黄体を有する卵巣

239

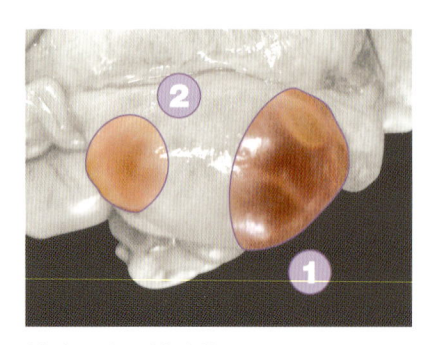

触診できる構造物：
1 大卵胞
2 1よりも小さな卵胞

分類：
明瞭な黄体；なし
明瞭な卵胞；あり（複数）

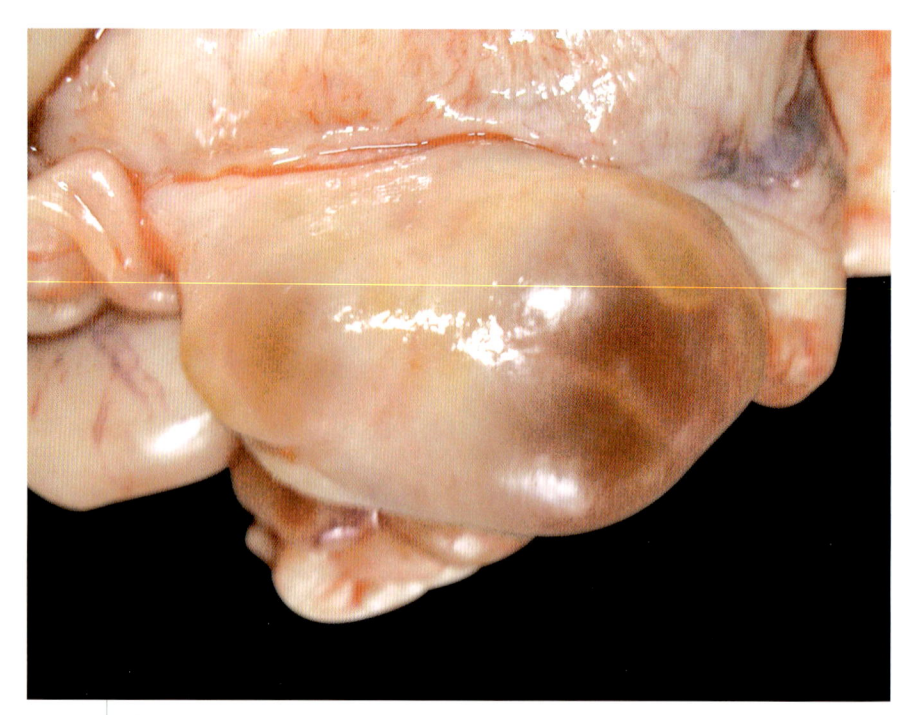

365 所見：
大卵胞と，それよりもやや小さな卵胞を有する卵巣

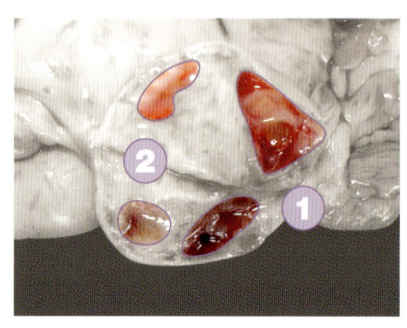

触診できる構造物：
1 大卵胞
2 1よりも小さな卵胞

分類：
明瞭な黄体；なし
明瞭な卵胞；あり（複数）

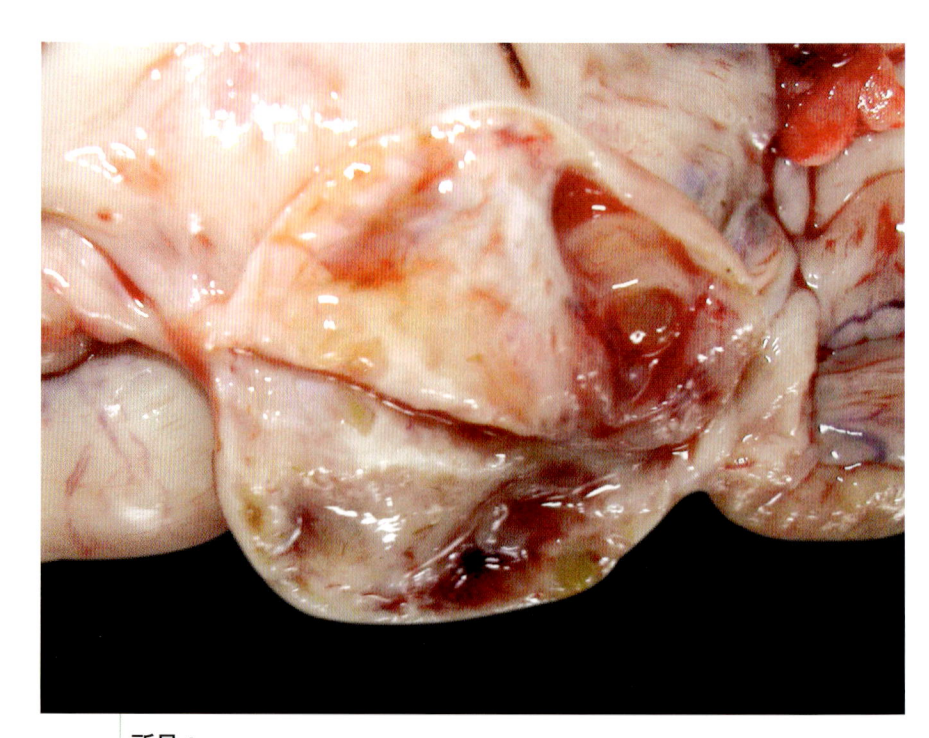

366 所見：
365と同一卵巣の割面。大卵胞と，それよりもやや小さな卵胞を有する

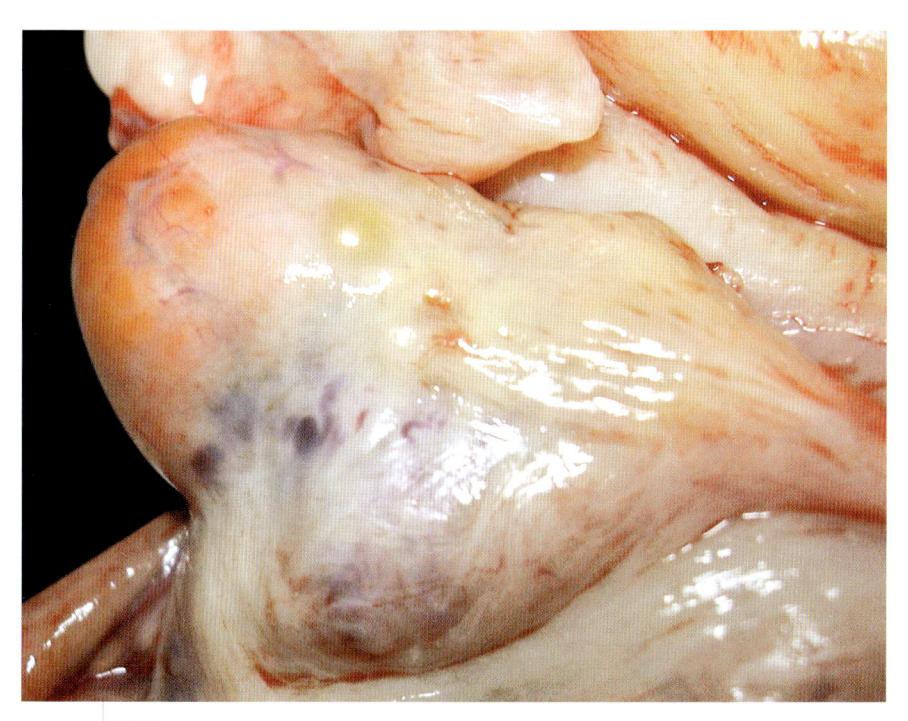

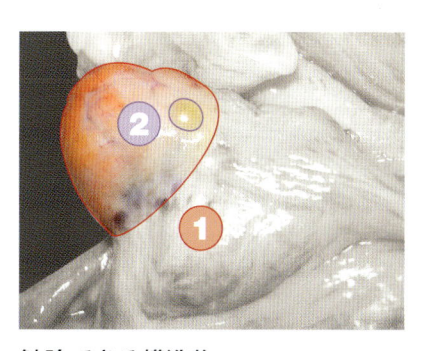

| | 3 構造を認識する |

触診できる構造物：
1 明瞭な黄体
その他の構造物：
2 小卵胞
分類：
明瞭な黄体；あり
明瞭な卵胞；なし

所見：
367 大きな黄体を有する卵巣

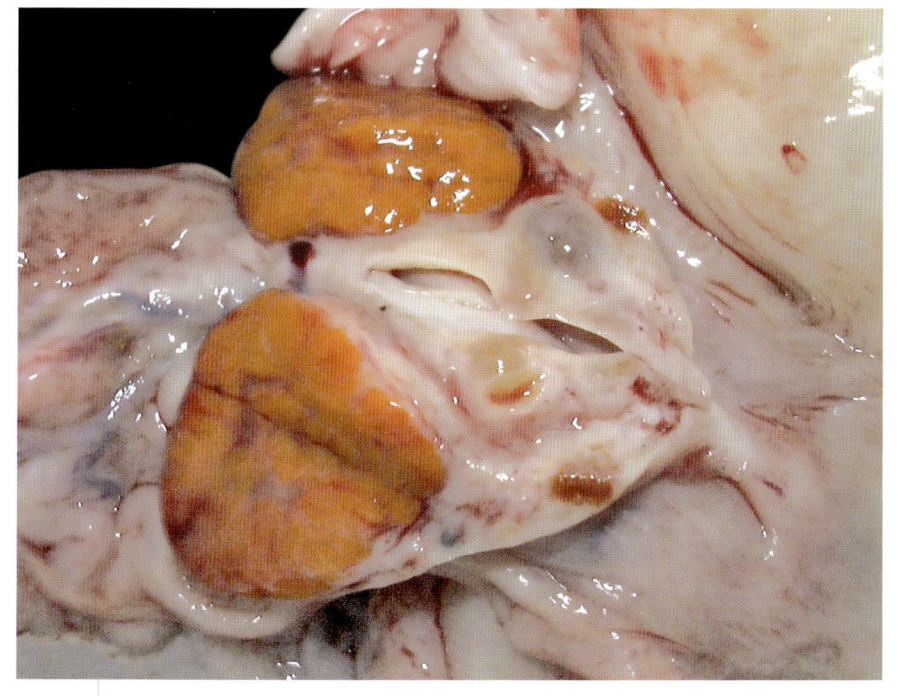

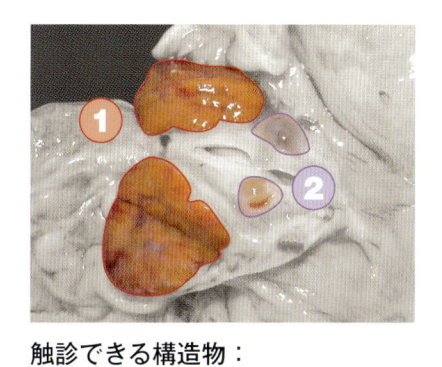

触診できる構造物：
1 明瞭な黄体
その他の構造物：
2 小卵胞
分類：
明瞭な黄体；あり
明瞭な卵胞；なし

所見：
368 367と同一卵巣の割面。大きな黄体を有する卵巣

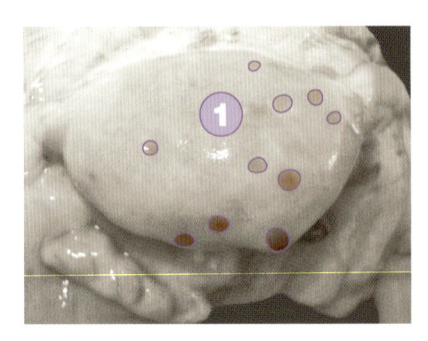

触診できる構造物：
なし
その他の構造物：
1　小卵胞
分類：
明瞭な黄体；なし
明瞭な卵胞；なし

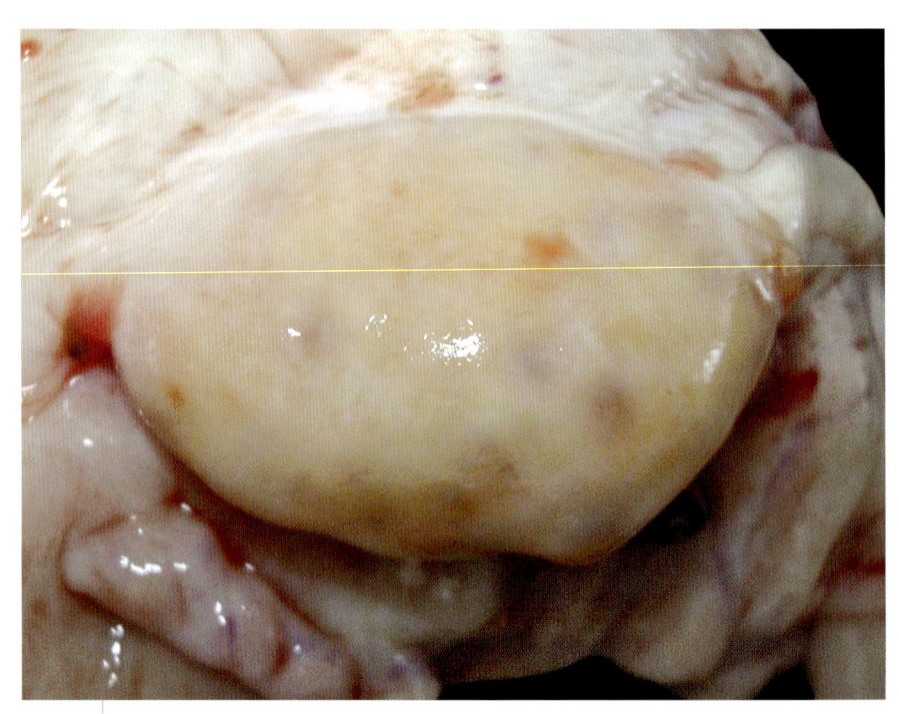

所見：
369 動員された卵胞群が現れはじめている様子が観察できるが，触診できる構造物を持たない卵巣

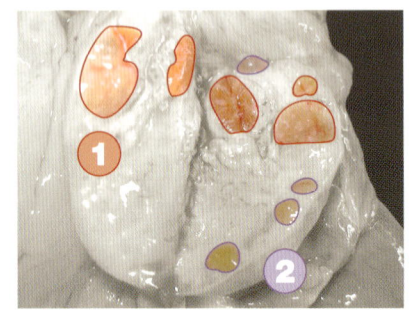

触診できる構造物：
なし
その他の構造物：
1　古い黄体
2　小卵胞
分類：
明瞭な黄体；なし
明瞭な卵胞；なし

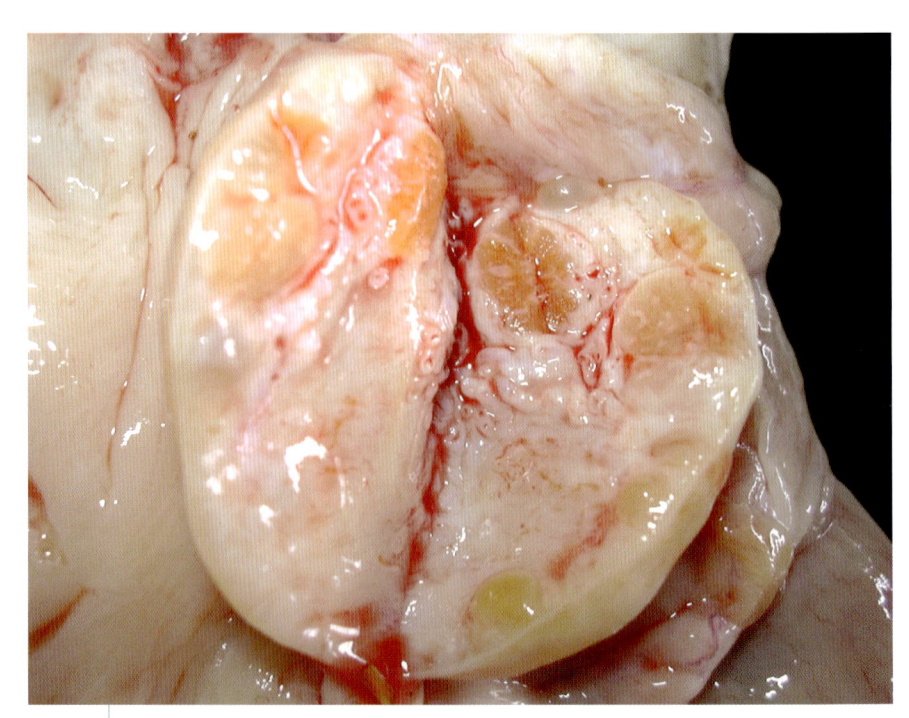

所見：
370 369と同一卵巣の割面。古い黄体と皮質には動員された複数の卵胞が観察できる

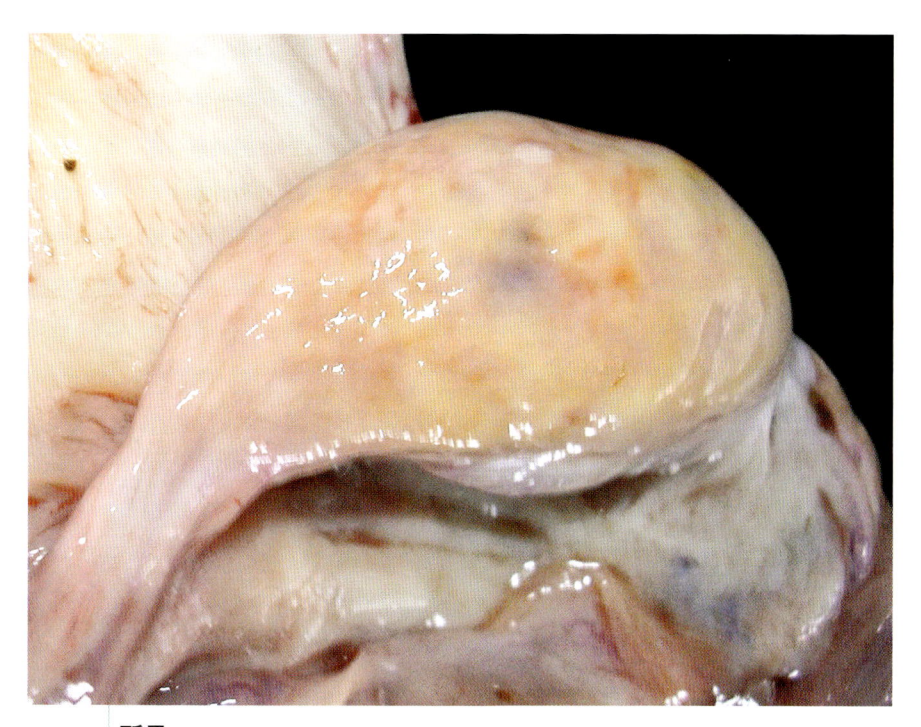

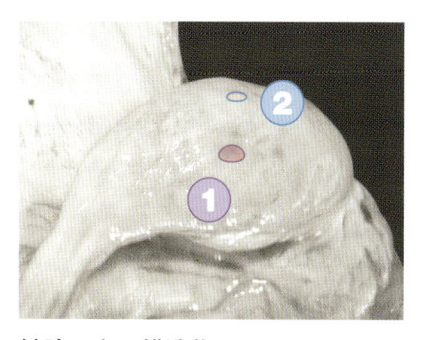

3　構造を認識する

触診できる構造物：
なし
その他の構造物：
1　小卵胞
2　古い黄体の痕跡（白体）
分類：
明瞭な黄体；なし
明瞭な卵胞；なし

所見：
371 触診できる構造物を持たない卵巣

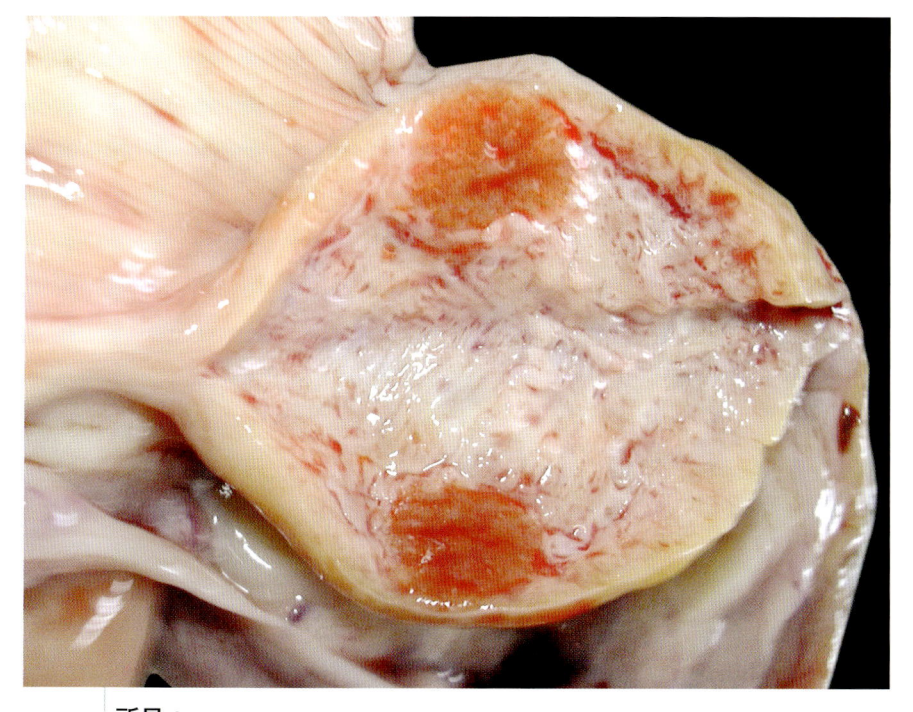

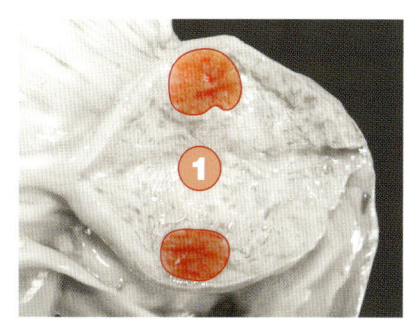

触診できる構造物：
なし
その他の構造物：
1　小さく古い黄体
分類：
明瞭な黄体；なし
明瞭な卵胞；なし

所見：
372 371と同一卵巣の割面。古い黄体が観察できる

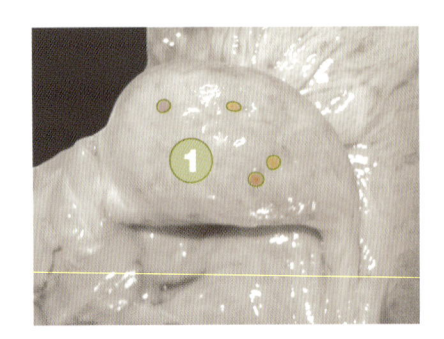

触診できる構造物：
なし
その他の構造物：
1 表面にある小さなくぼみ
分類：
明瞭な黄体；なし
明瞭な卵胞；なし

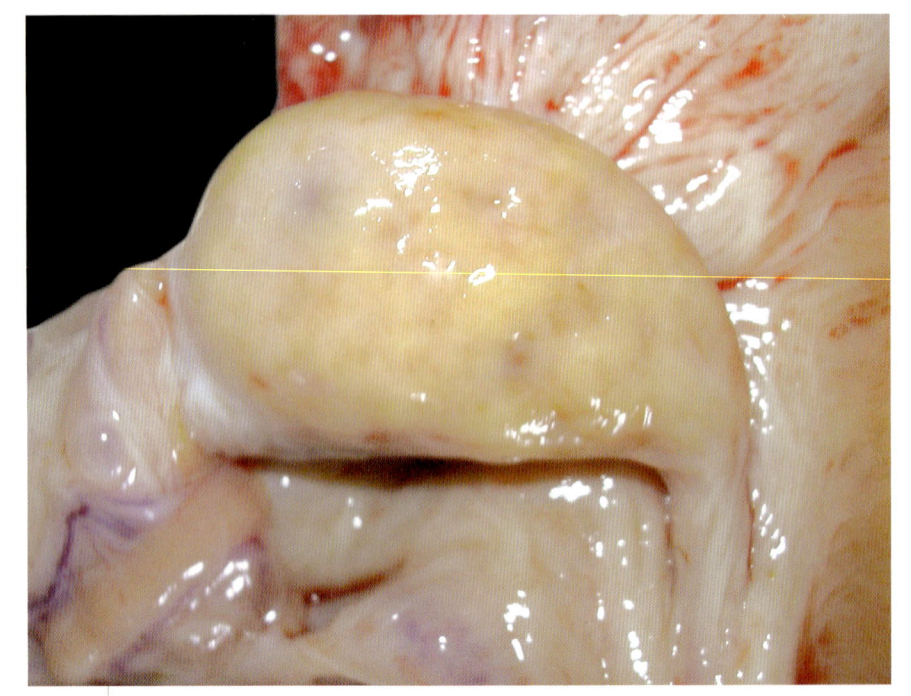

373 所見：
表面に目立った構造物を持たない卵巣

触診できる構造物：
なし
分類：
明瞭な黄体；なし
明瞭な卵胞；なし

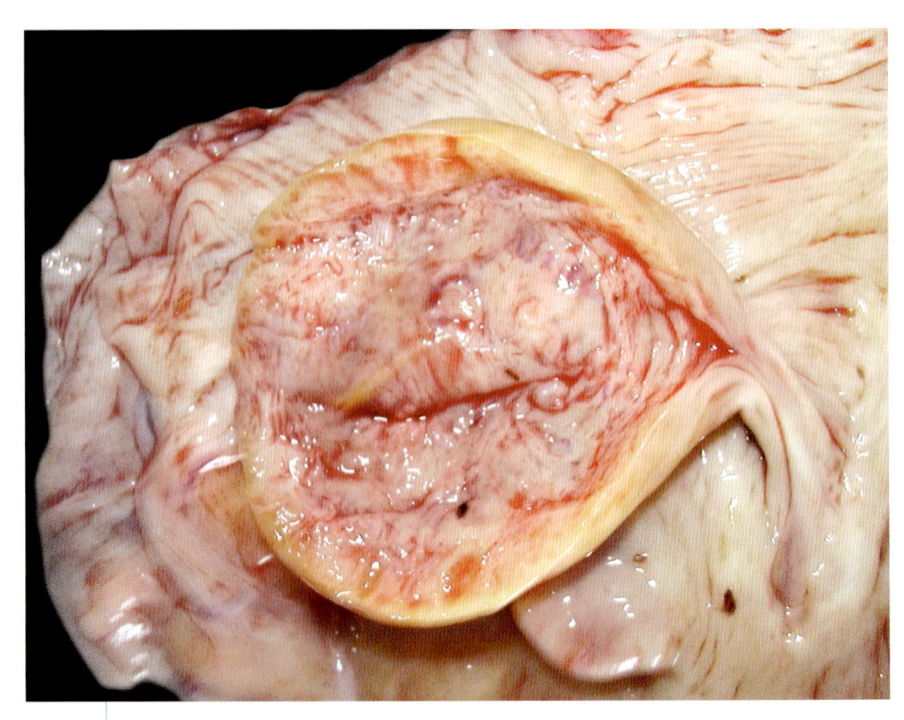

374 所見：
373と同一卵巣の割面。目立った構造物を持たない

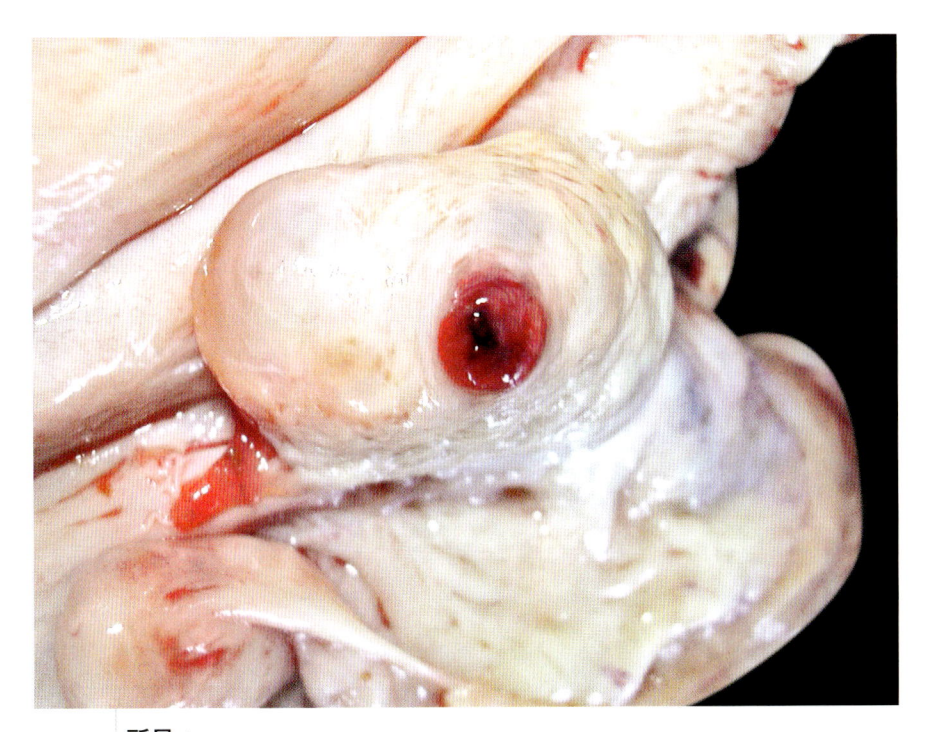

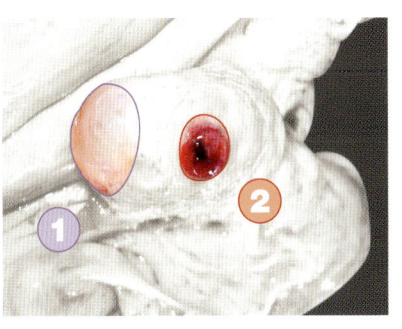

3　構造を認識する

触診できる構造物：
1　明瞭な卵胞
その他の構造物：
2　新しい黄体
分類：
明瞭な黄体；なし
明瞭な卵胞；あり

所見：
375　突出した卵胞と新しい黄体（色に注目）を有する卵巣

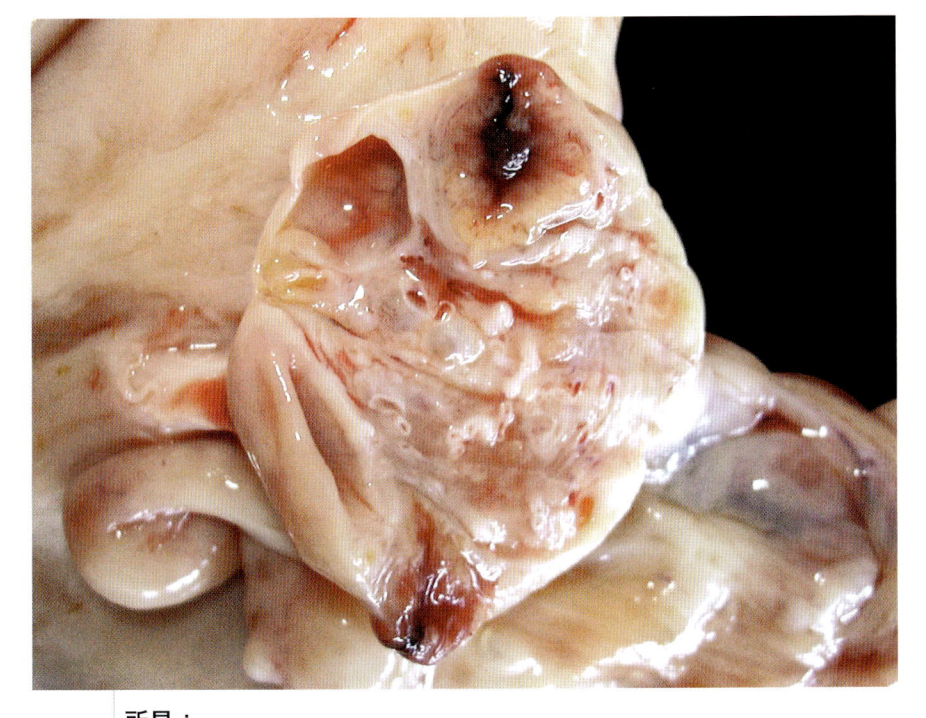

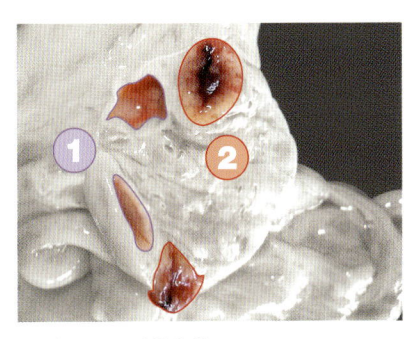

触診できる構造物：
1　明瞭な卵胞
その他の構造物：
2　新しい黄体
分類：
明瞭な黄体；なし
明瞭な卵胞；あり

所見：
376　375と同一卵巣の割面。新しい黄体と卵胞液が抜けて腔になったスペースが観察できる

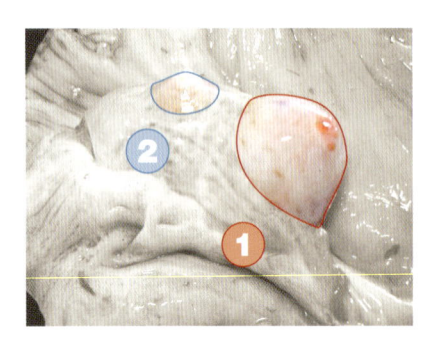

触診できる構造物：
1 古い黄体
その他の構造物：
2 黄体の痕跡
分類：
明瞭な黄体；あり
明瞭な卵胞；なし

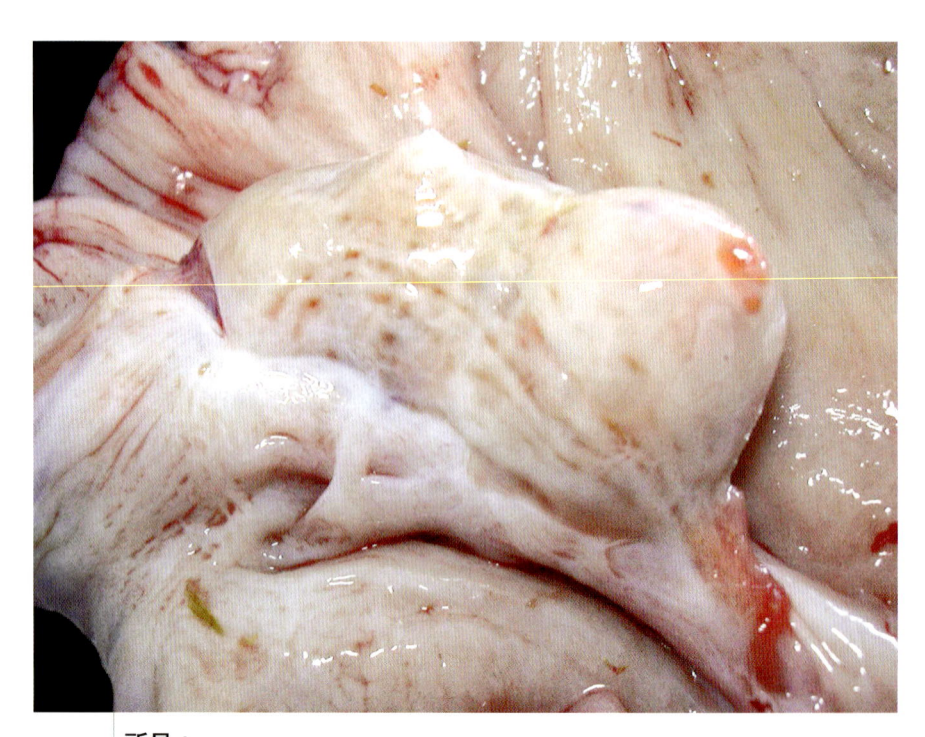

所見：
377 大きな黄体を有する卵巣

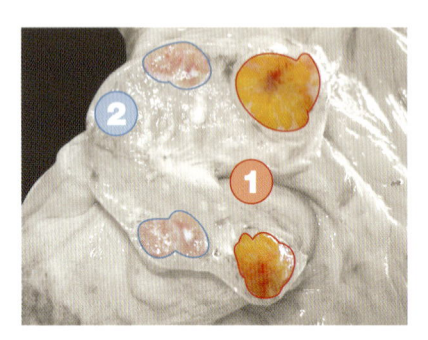

触診できる構造物：
1 古い黄体
その他の構造物：
2 黄体の痕跡
分類：
明瞭な黄体；あり
明瞭な卵胞；なし

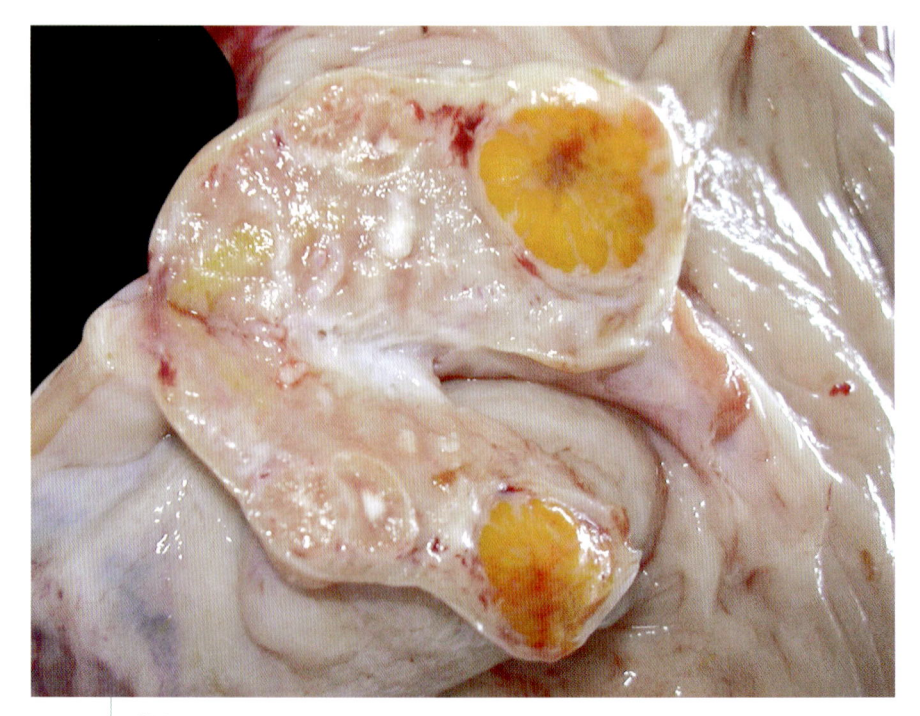

所見：
378 377と同一卵巣の割面。排卵後かなりの日数が経過した黄体（色に注目）と，より古い黄体（訳者注：白体化している）が観察できる

246

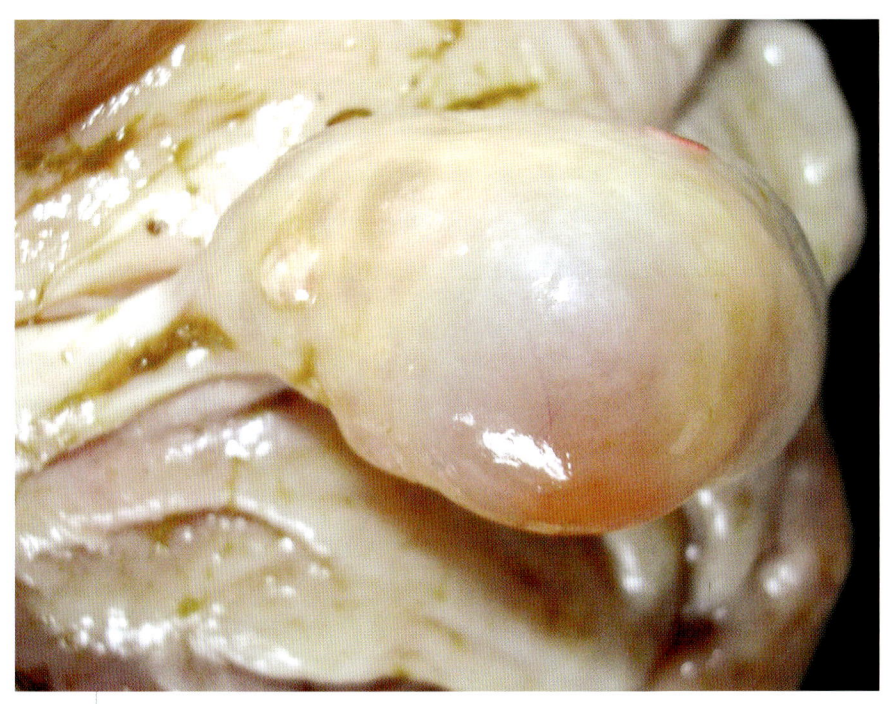

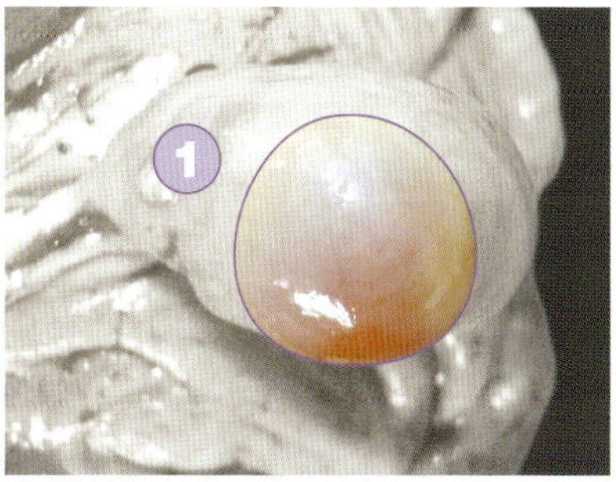

3　構造を認識する

触診できる構造物：
1　明瞭な卵胞
分類：
明瞭な黄体；なし
明瞭な卵胞；あり

所見：
379 （反対側の卵巣所見次第ではあるが）排卵間近と察せられる大卵胞を有する卵巣

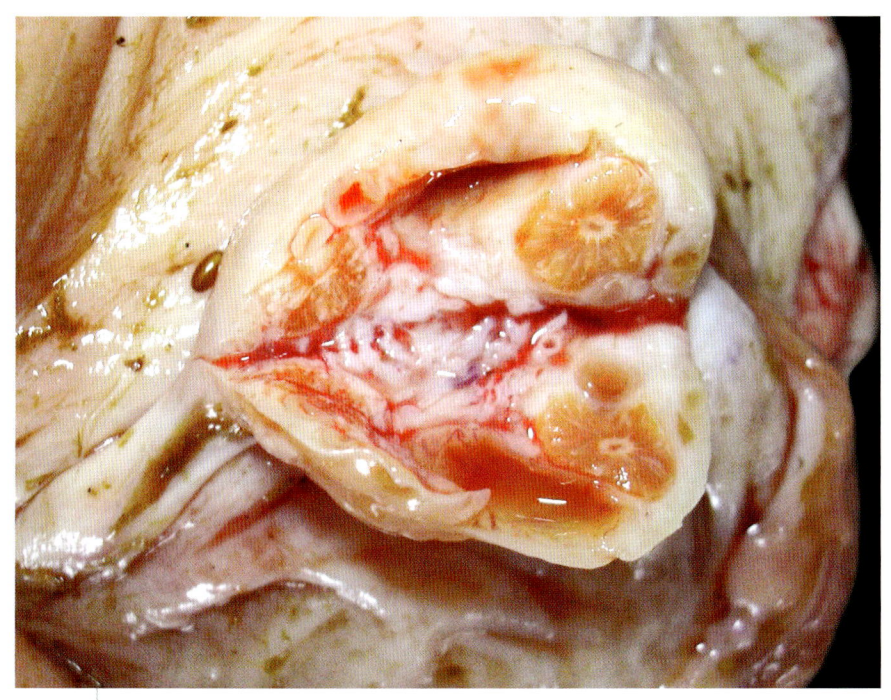

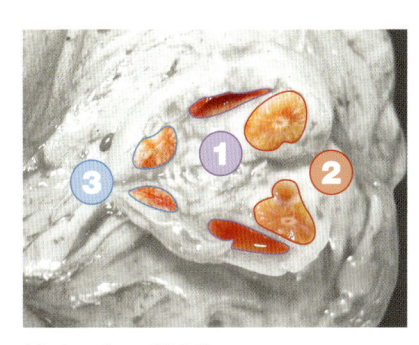

触診できる構造物：
1　明瞭な卵胞
その他の構造物：
2　古い黄体
3　黄体の痕跡
分類：
明瞭な黄体；なし
明瞭な卵胞；あり

所見：
380 突出した卵胞の卵胞液が抜けた後にできた腔を有する卵巣の割面

247

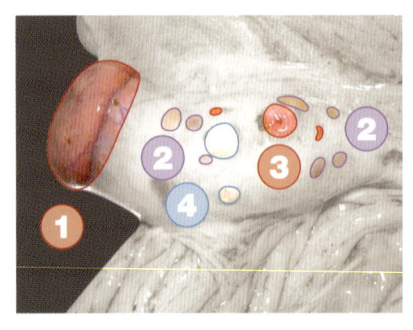

触診できる構造物：
1 明瞭な黄体
その他の構造物：
2 小卵胞
3 小さな黄体
4 痕跡（白体）
分類：
明瞭な黄体；あり
明瞭な卵胞；なし

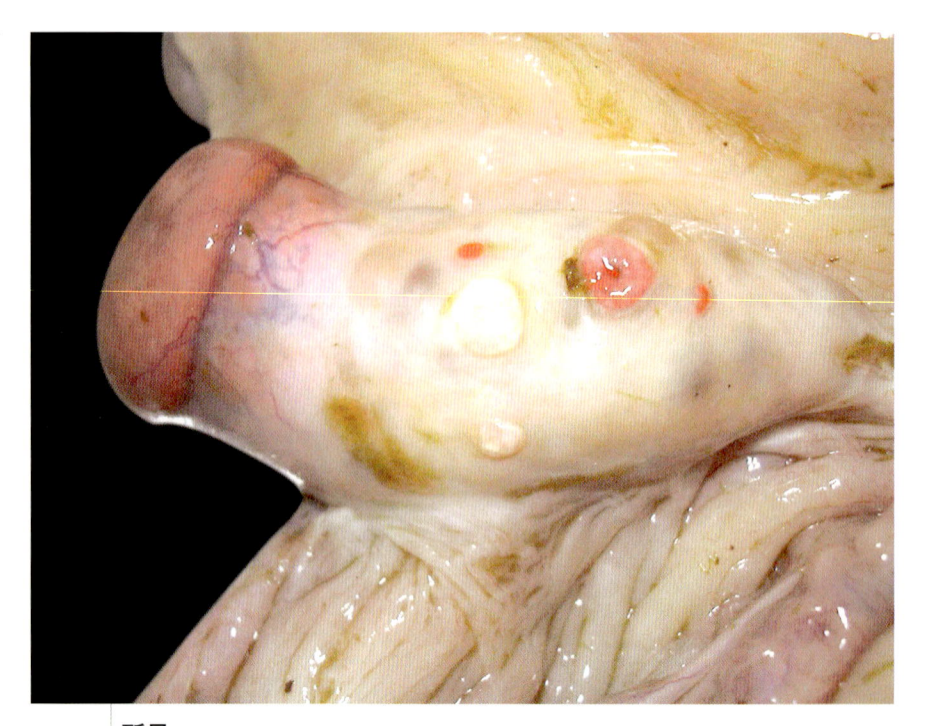

所見：
381 シャンパンコルク状をした大きな黄体を有する卵巣

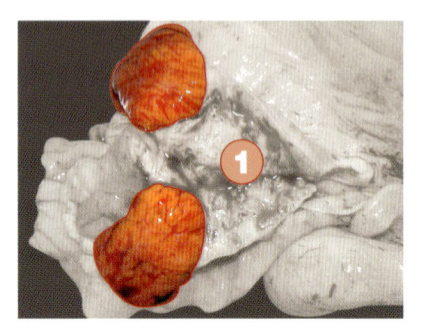

触診できる構造物：
1 明瞭な黄体
分類：
明瞭な黄体；あり
明瞭な卵胞；なし

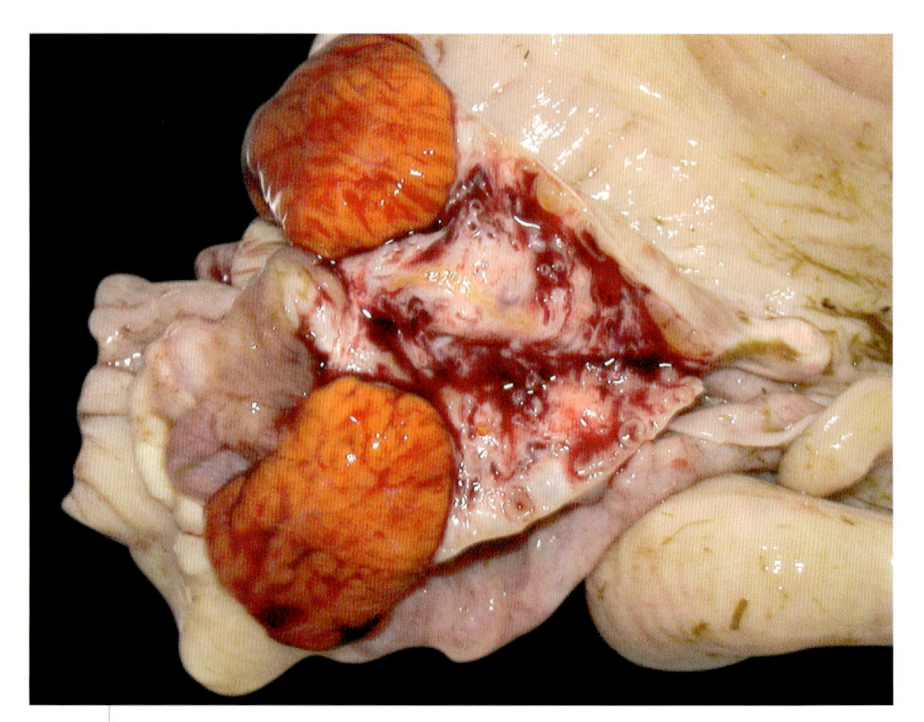

所見：
382 381と同一卵巣の割面。大きな黄体が観察できる

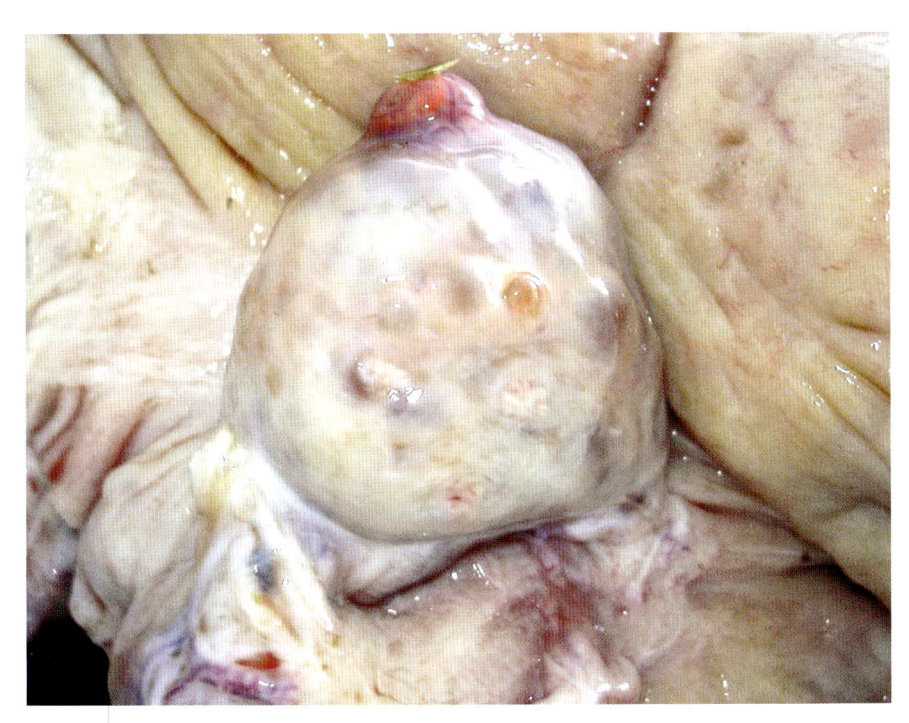

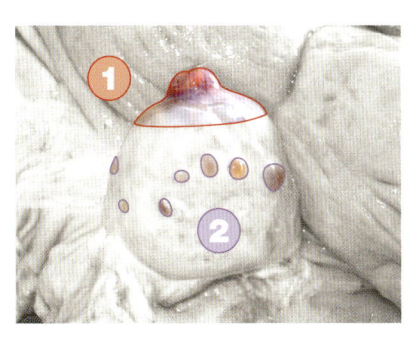

3 構造を認識する

触診できる構造物：
1 明瞭な黄体
その他の構造物：
2 小卵胞
分類：
明瞭な黄体；あり
明瞭な卵胞；なし

所見：
383 突出した部分がある大きな黄体を有する卵巣

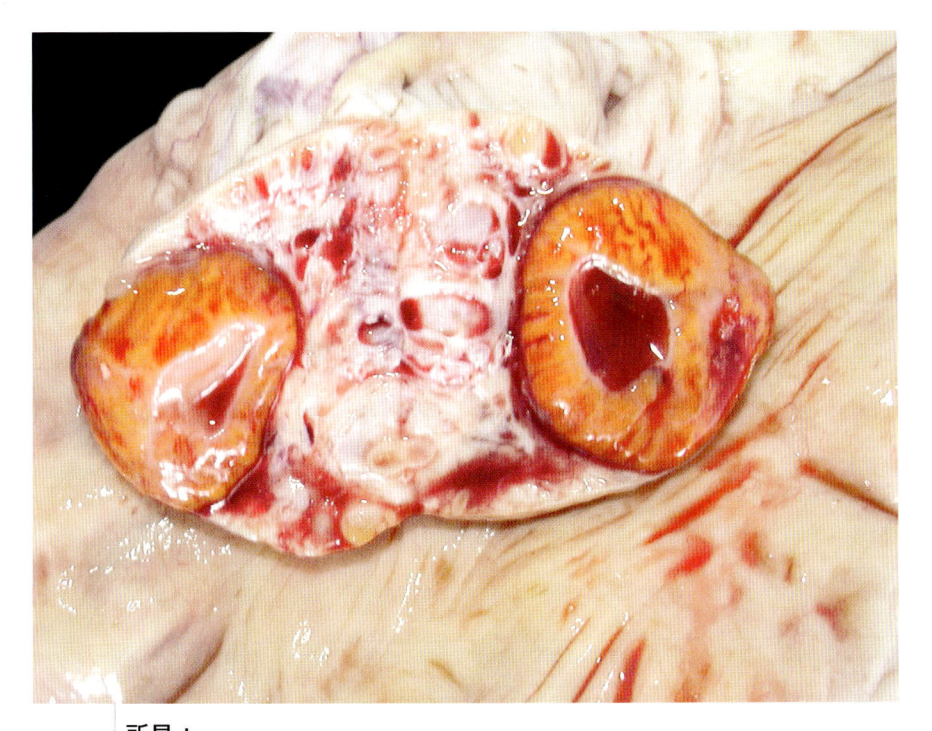

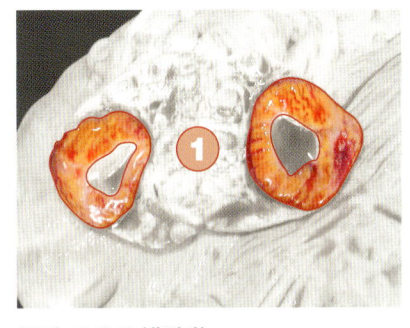

触診できる構造物：
1 明瞭な黄体
分類：
明瞭な黄体；あり
明瞭な卵胞；なし

所見：
384 383と同一卵巣の割面。大きな黄体が観察できる。この黄体は内腔を有していることから，日数が経過した黄体ではないと推察できる

触診できる構造物：
1 異なるサイズの複数の卵胞
分類：
明瞭な黄体；なし
明瞭な卵胞；あり（複数）

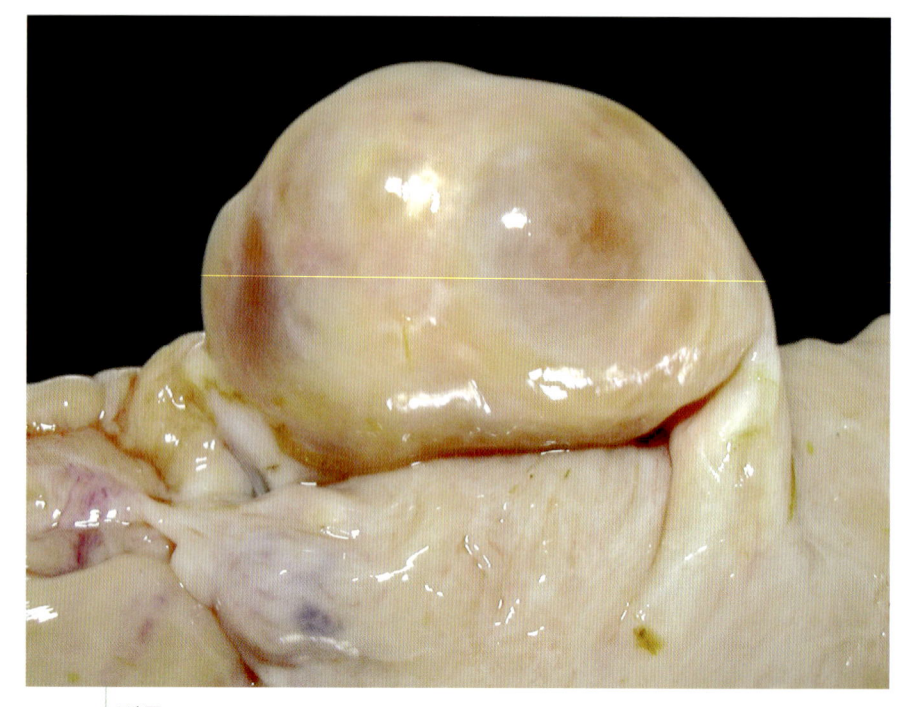

所見：
385 異なるサイズの複数の卵胞を有する卵巣

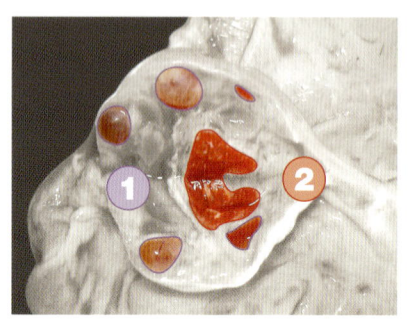

触診できる構造物：
1 異なるサイズの複数の卵胞
その他の構造物：
2 古い黄体
分類：
明瞭な黄体；なし
明瞭な卵胞；あり（複数）

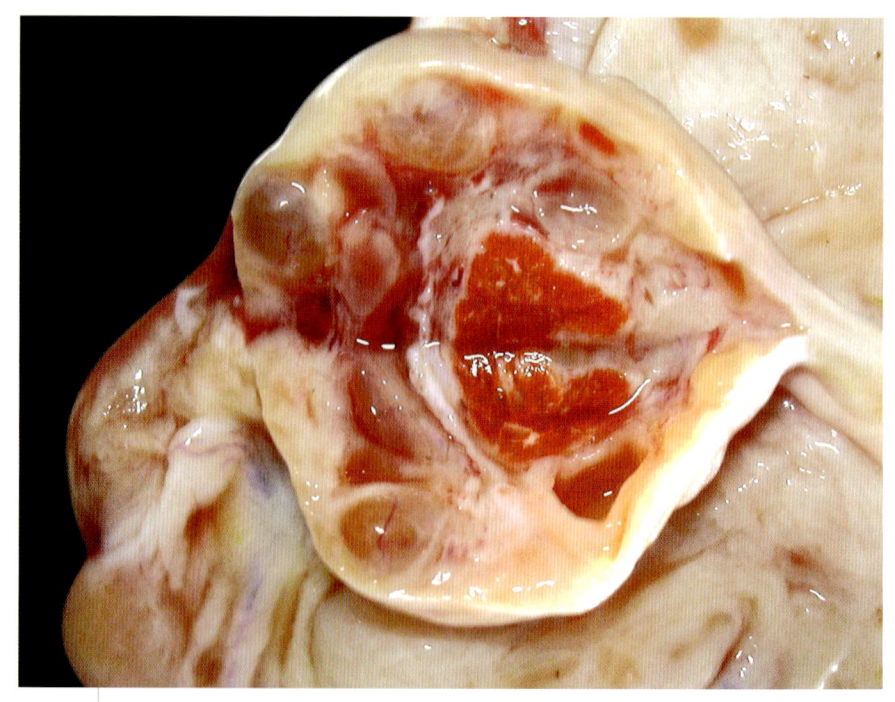

所見：
386 385と同一卵巣の割面。異なるサイズの複数の卵胞を有する

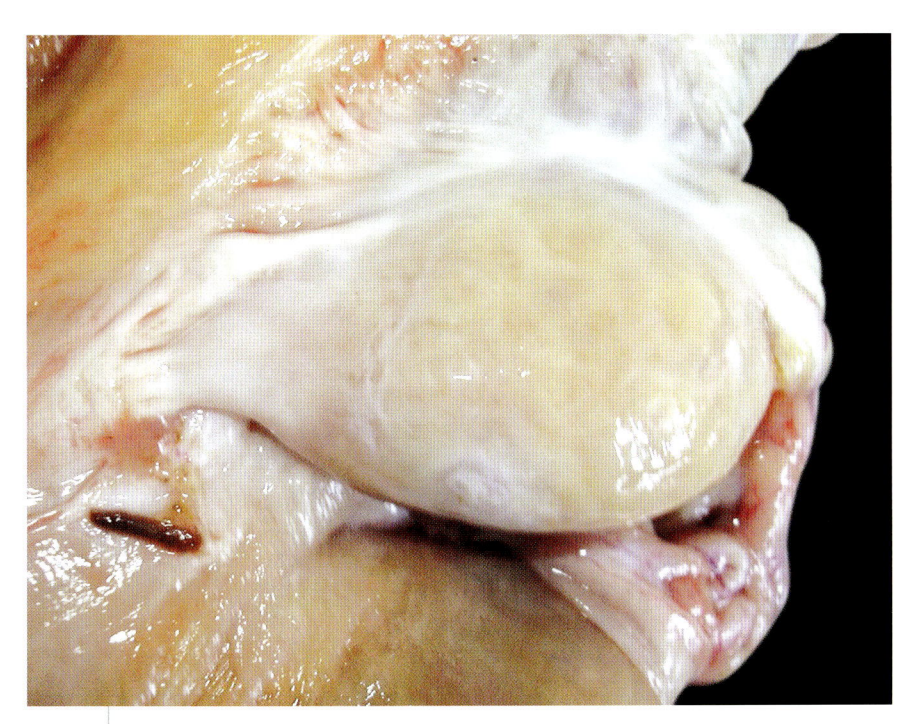

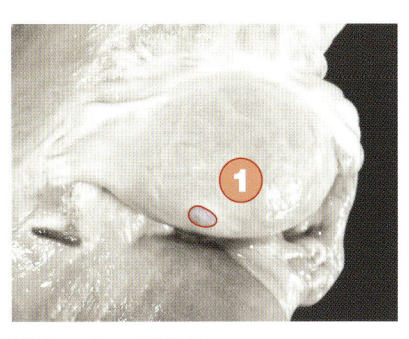

3　構造を認識する

触診できる構造物：
なし
その他の構造物：
1　小さな黄体と推察される
分類：
明瞭な黄体；なし
明瞭な卵胞；なし

所見：
387 触診できる構造物をほとんど持たない卵巣。硬い感触の領域は黄体の存在を示唆する

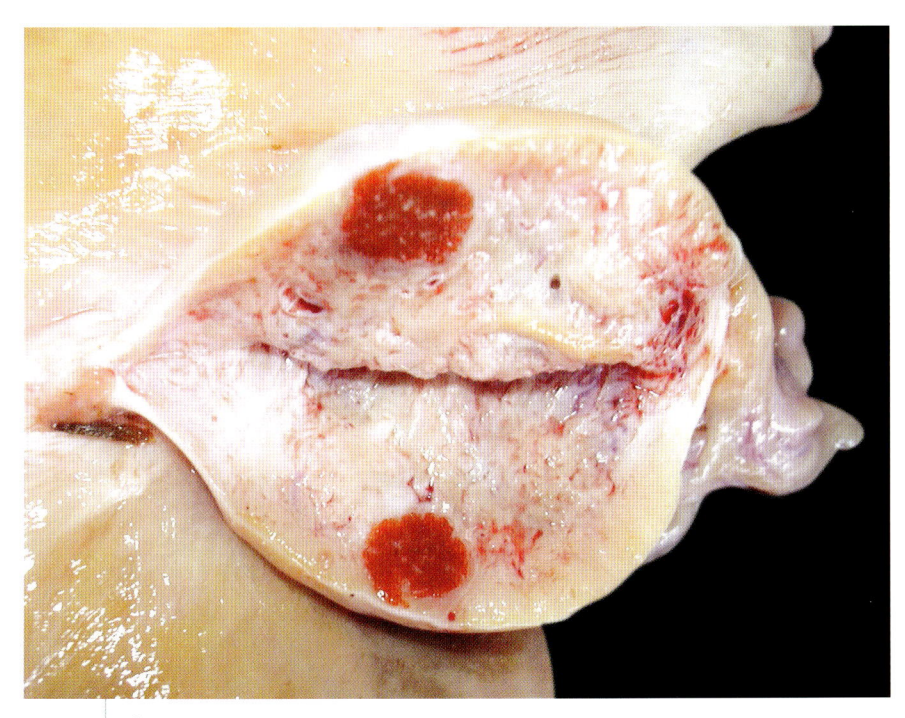

触診できる構造物：
なし
その他の構造物：
1　古い黄体。触診にて識別するのは難しい
分類：
明瞭な黄体；なし
明瞭な卵胞；なし

所見：
388 387と同一卵巣の割面。表面に古い黄体に相当する領域を有する

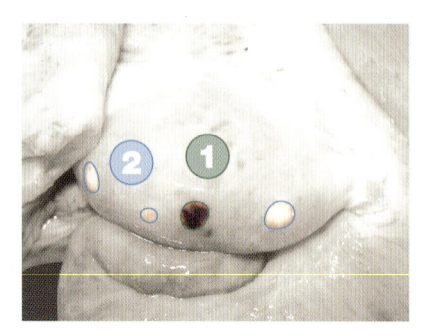

触診できる構造物：
なし
その他の構造物：
1　出血部位
2　古い黄体の痕跡（白体）
分類：
明瞭な黄体；なし
明瞭な卵胞；なし

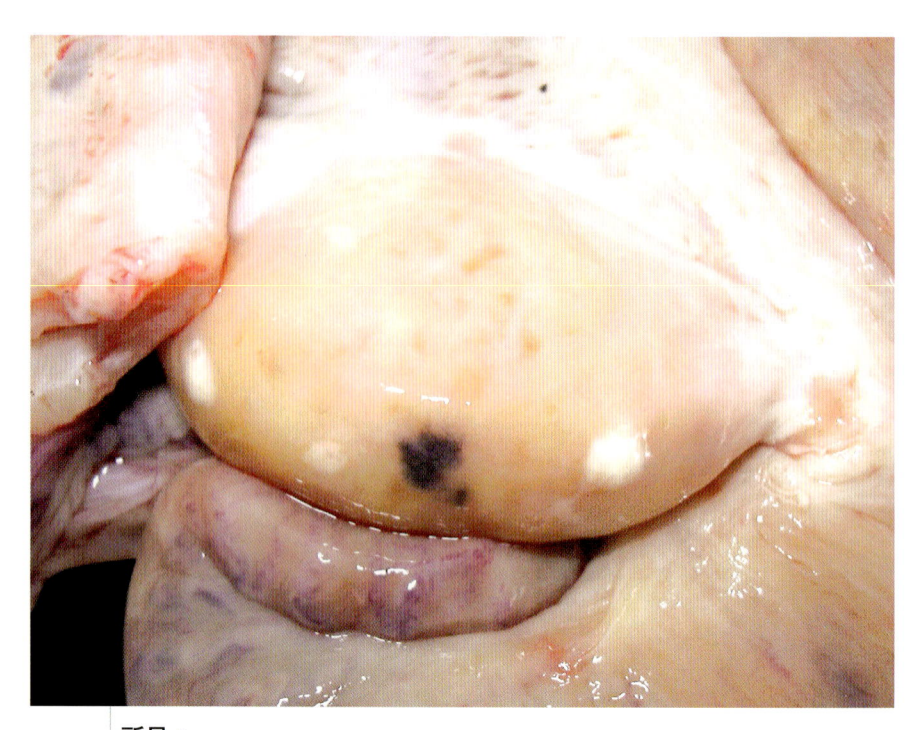

389 所見：
触診できる構造物を持たない卵巣

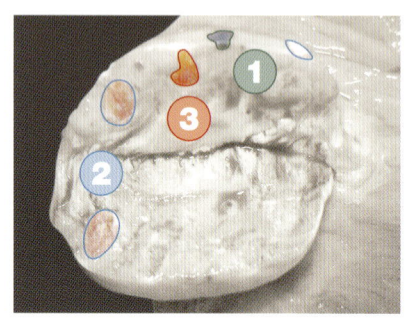

触診できる構造物：
なし
その他の構造物：
1　内部までは到達していない出血
2　古い黄体の痕跡（白体）
3　小さな黄体化組織
分類：
明瞭な黄体；なし
明瞭な卵胞；なし

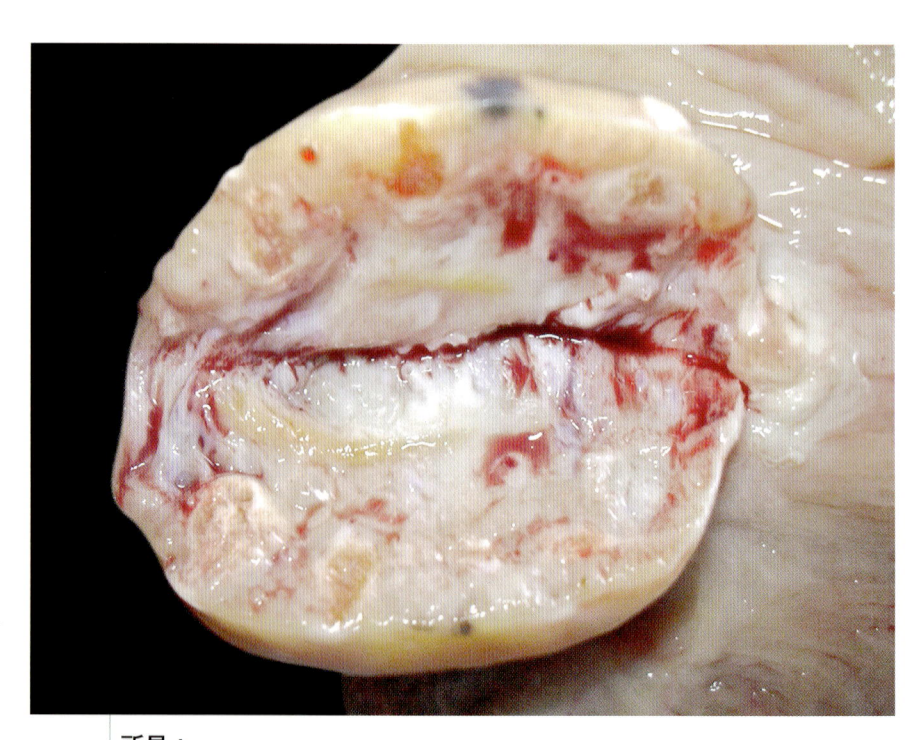

390 所見：
389と同一卵巣の割面。触診できる構造物を持っていない

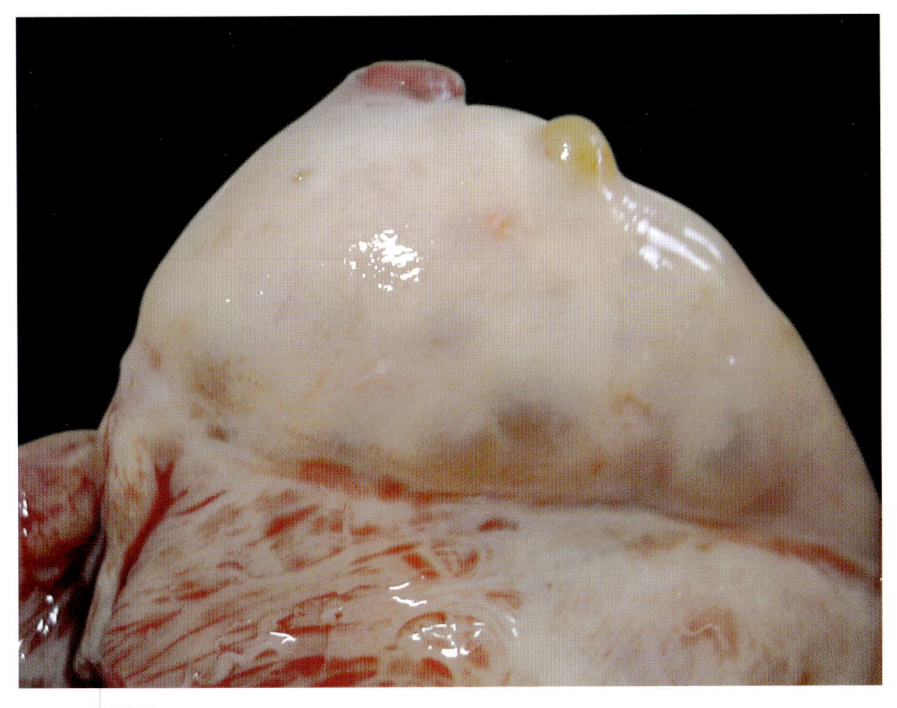

3 構造を認識する

所見:
391 新しい黄体を有する卵巣

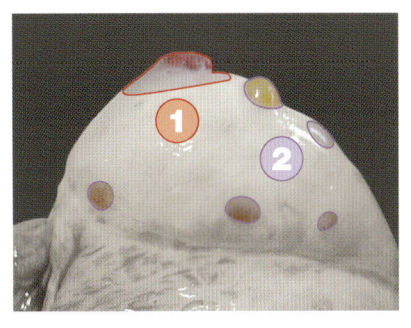

触診できる構造物:
1 新しい黄体
（訳者注：原書では黄体を「触診しにくい」としているが，分類では「明瞭な黄体；あり」としている。そのため，ここでは「触診しにくい」との語句を削除した）

その他の構造物:
2 異なるサイズの卵胞。触診しにくい

分類:
明瞭な黄体；あり
明瞭な卵胞；なし

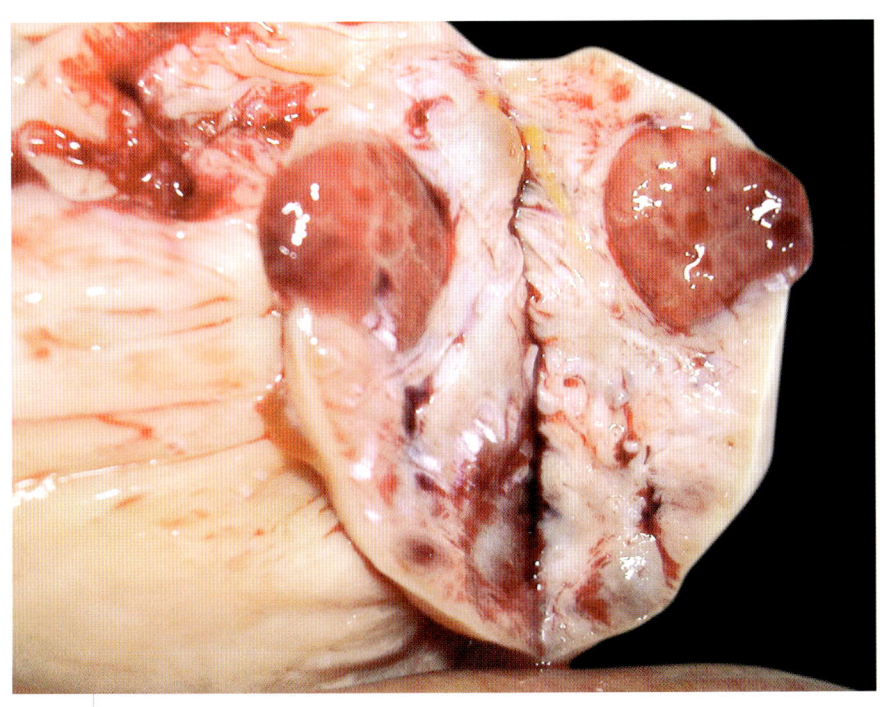

所見:
392 391と同一卵巣の割面。新しい黄体を有する（色に注目）

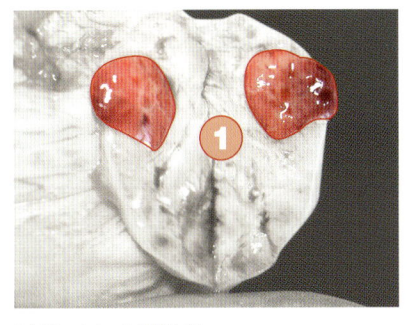

触診できる構造物:
1 形成されたばかりの新しい黄体
（訳者注：原書では黄体を「触診しにくい」としているが，分類では「明瞭な黄体；あり」としている。そのため，ここでは「触診しにくい」との語句を削除した）

分類:
明瞭な黄体；あり
明瞭な卵胞；なし

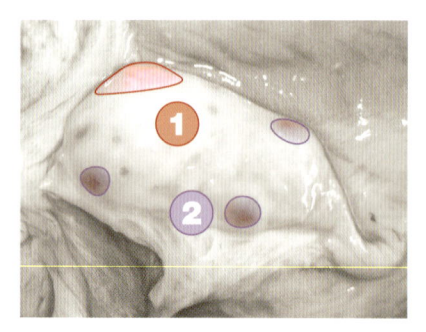

触診できる構造物：
1 黄体。注意深い触診を必要とする

その他の構造物：
2 小卵胞

分類：
明瞭な黄体；あり
明瞭な卵胞；なし

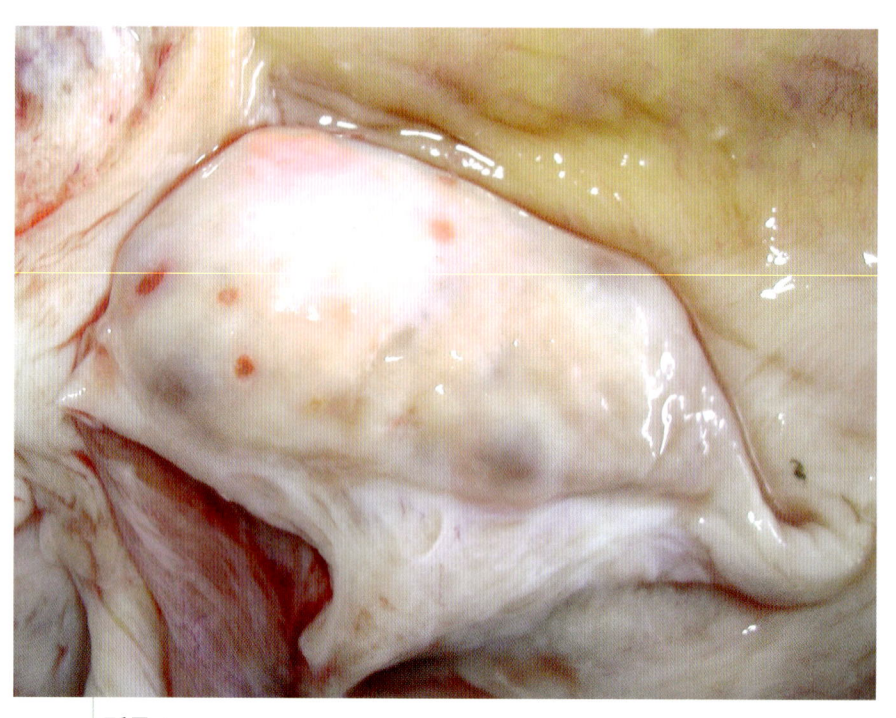

所見：
393 側面に黄体を有する卵巣

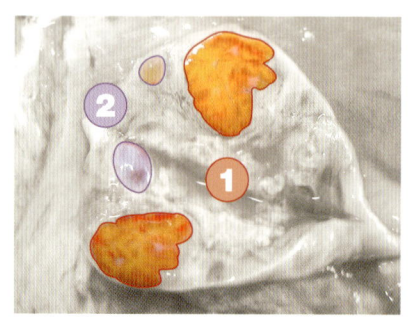

触診できる構造物：
1 明瞭な黄体

その他の構造物：
2 表面に集まった小卵胞

分類：
明瞭な黄体；あり
明瞭な卵胞；なし

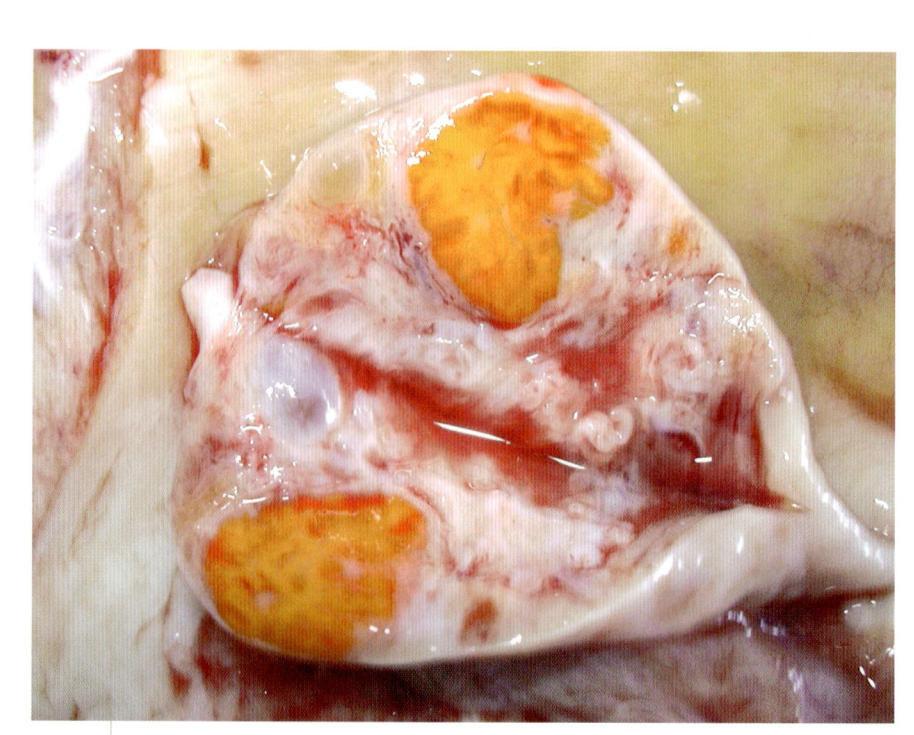

所見：
394 排卵後の日数がある程度経過した黄体を有する卵巣の割面

3　構造を認識する

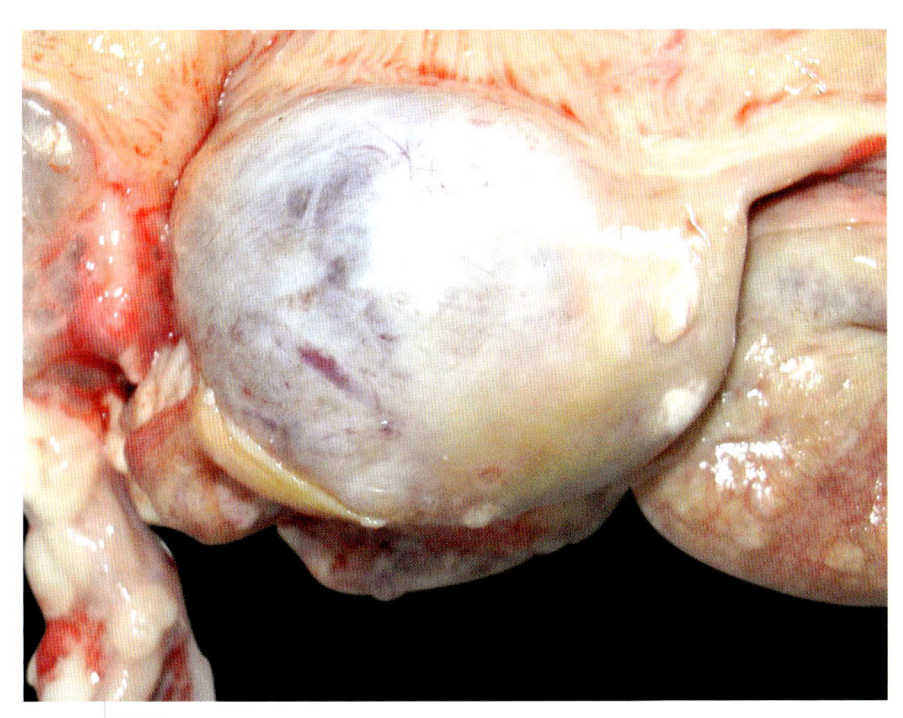

所見：
395 触ると硬く，卵巣のほぼ全域を占める領域を示す卵巣

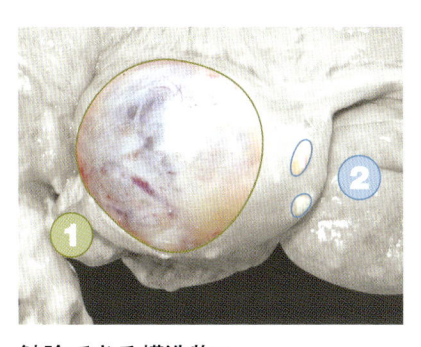

触診できる構造物：
1　嚢腫と推察される
その他の構造物：
2　古い黄体の痕跡（白体）
分類：嚢腫の可能性

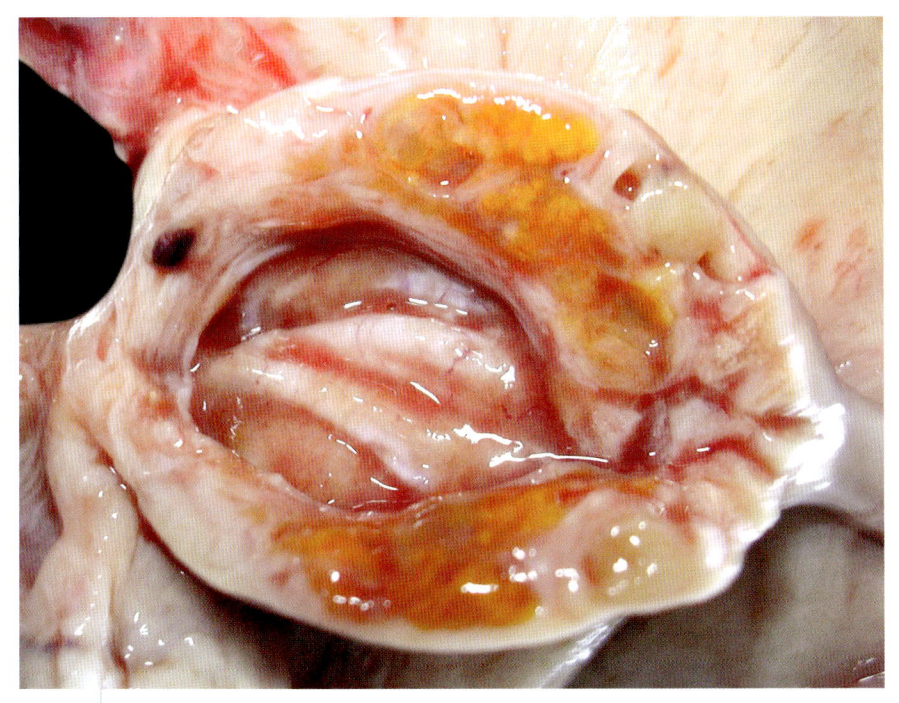

所見：
396 395と同一卵巣の割面。内部に液体で占められていたスペースが腔として観察できる。その腔の周囲に黄体化した組織が卵巣実質にて観察できる

触診できる構造物：
1　卵胞液が抜けた後にできたスペース
2　卵巣実質にて観察される黄体化組織の領域
分類：嚢腫の可能性

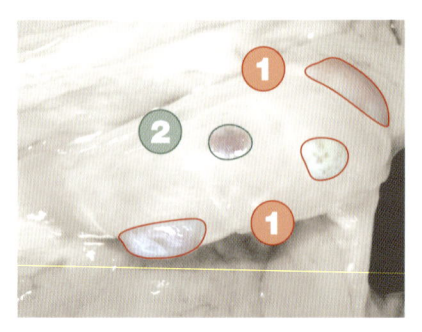

触診できる構造物：
なし
その他の構造物：
1 古い黄体
2 出血した領域
分類：
明瞭な黄体；なし
明瞭な卵胞；なし

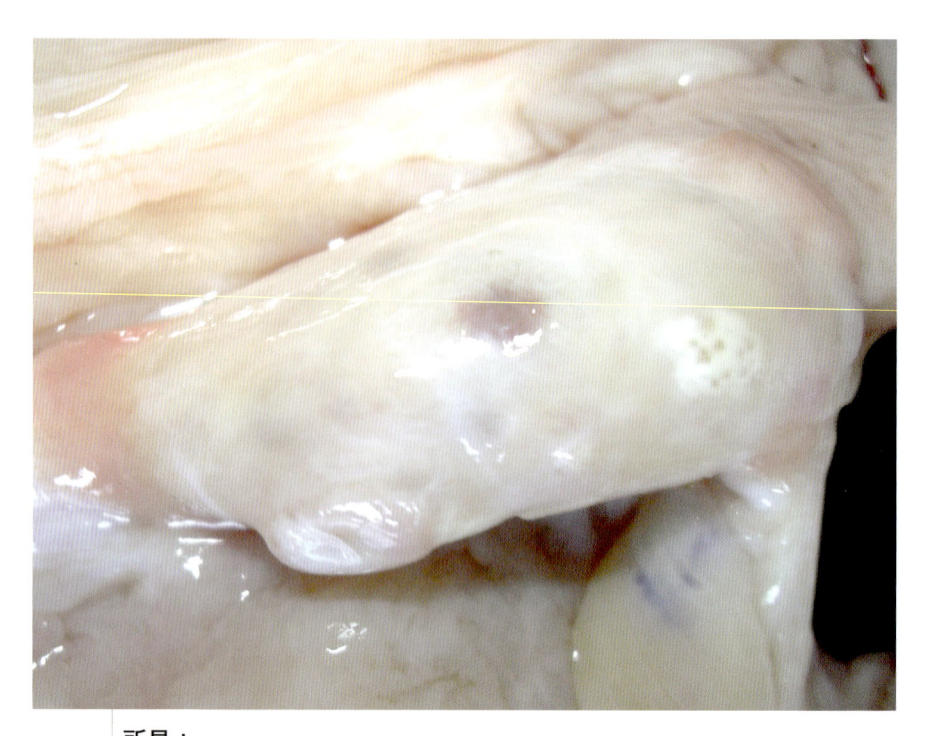

397 所見：
触診できる構造物を持たない卵巣

触診できる構造物：
なし
分類：
明瞭な黄体；なし
明瞭な卵胞；なし

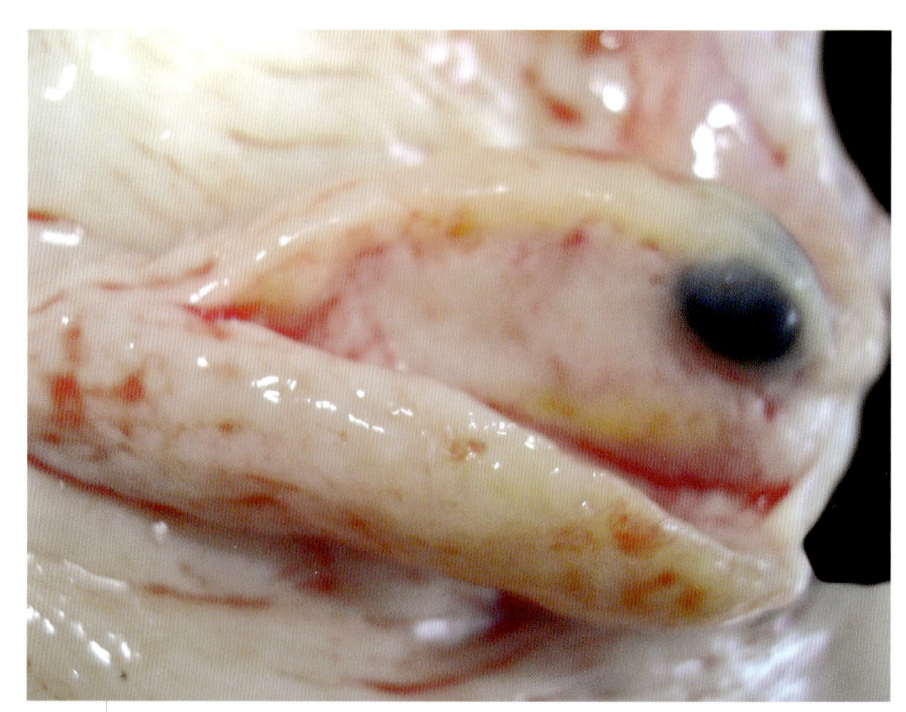

398 所見：
397と同一卵巣の割面。出血した領域の詳細を観察できる

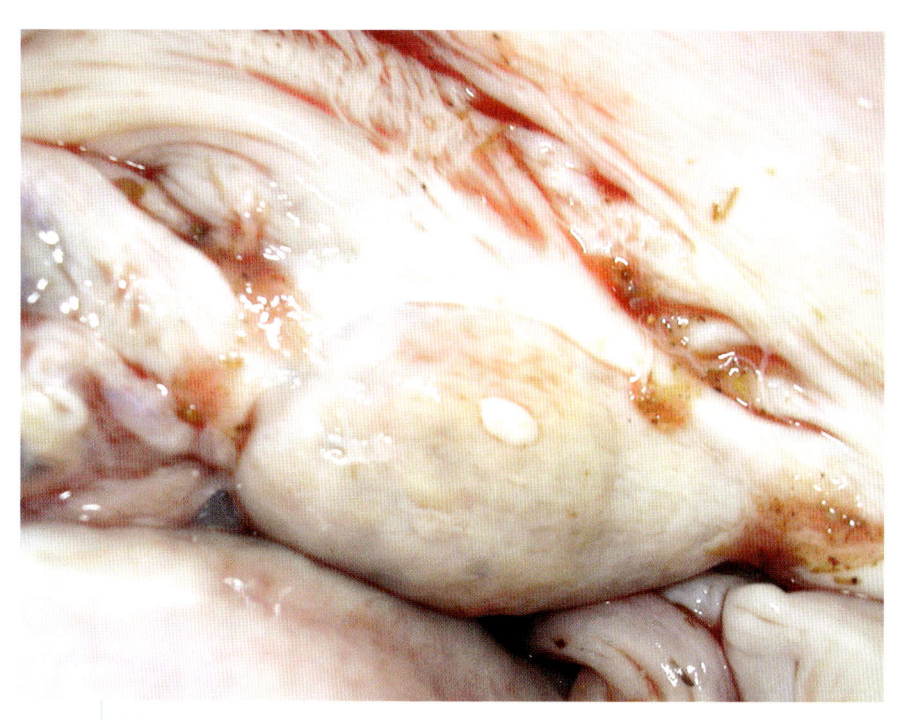

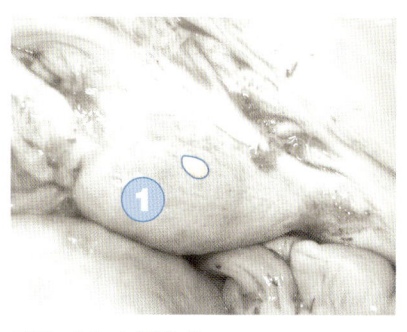

3 構造を認識する

触診できる構造物：
なし
その他の構造物：
1　古い黄体の痕跡（白体）
分類：
明瞭な黄体；なし
明瞭な卵胞；なし

所見：
399　触診できる構造物を持たない卵巣

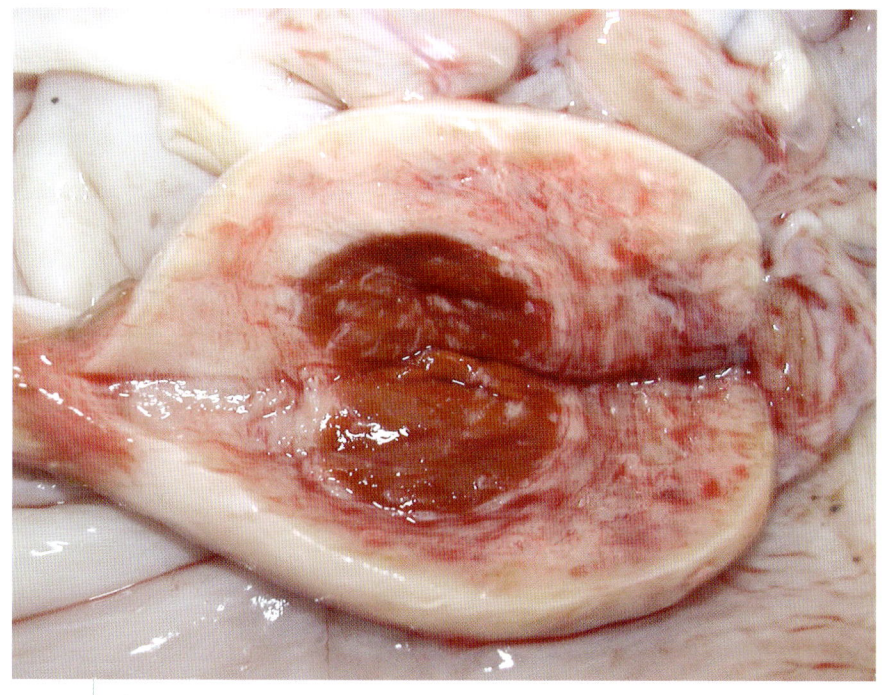

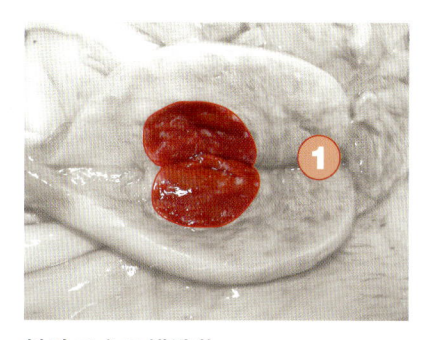

触診できる構造物：
なし
その他の構造物：
1　古い黄体
分類：
明瞭な黄体；なし
明瞭な卵胞；なし

所見：
400　399と同一卵巣の割面。古い黄体の詳細が観察できる

257

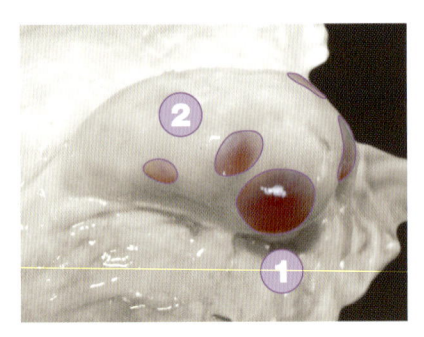

触診できる構造物：
1 大卵胞
2 異なるサイズの複数の卵胞

分類：
明瞭な黄体；なし
明瞭な卵胞；あり（複数）

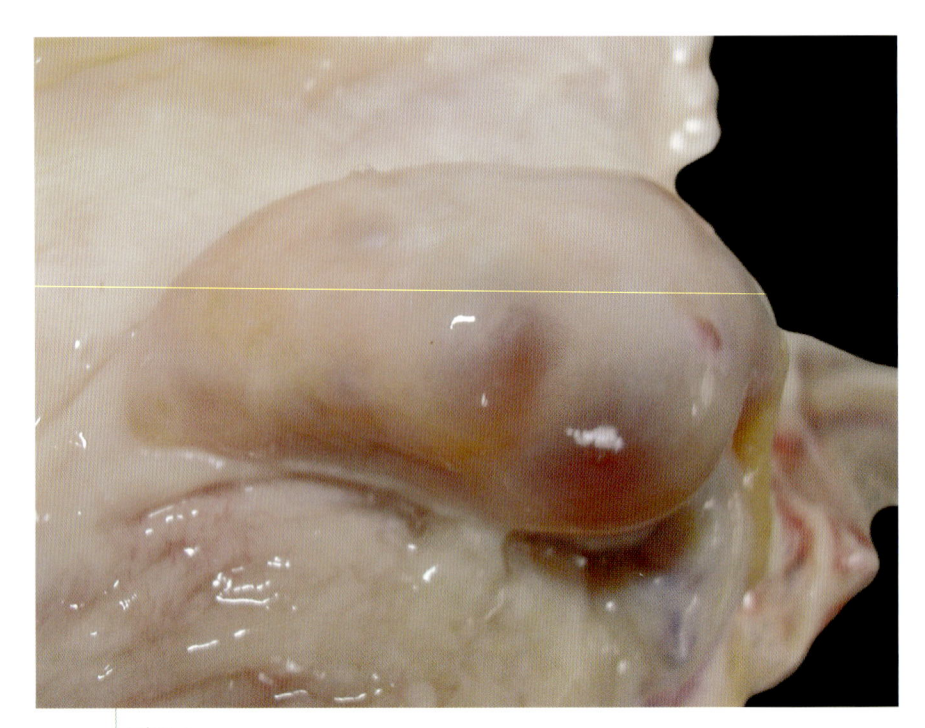

所見：
401 異なるサイズの複数の卵胞を有する卵巣

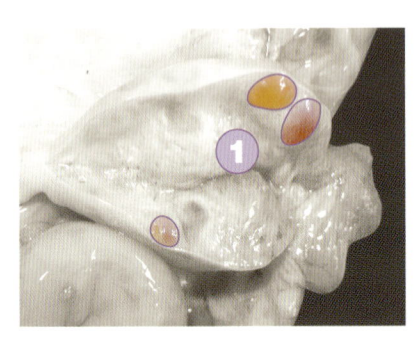

触診できる構造物：
1 異なるサイズの複数の卵胞

分類：
明瞭な黄体；なし
明瞭な卵胞；あり（複数）

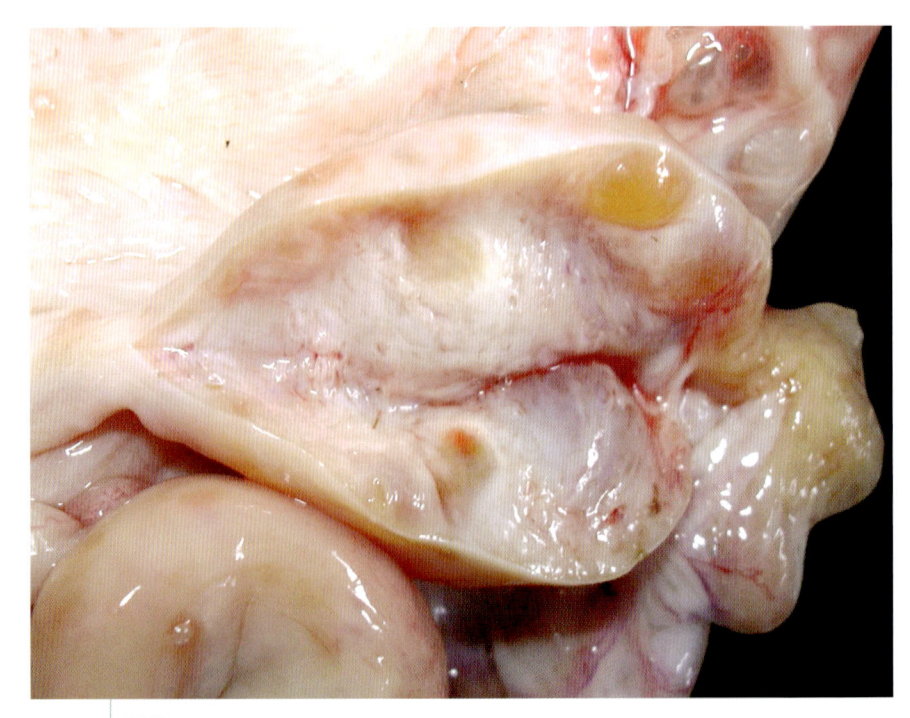

所見：
402 401と同一卵巣の割面。異なるサイズの複数の卵胞を有する

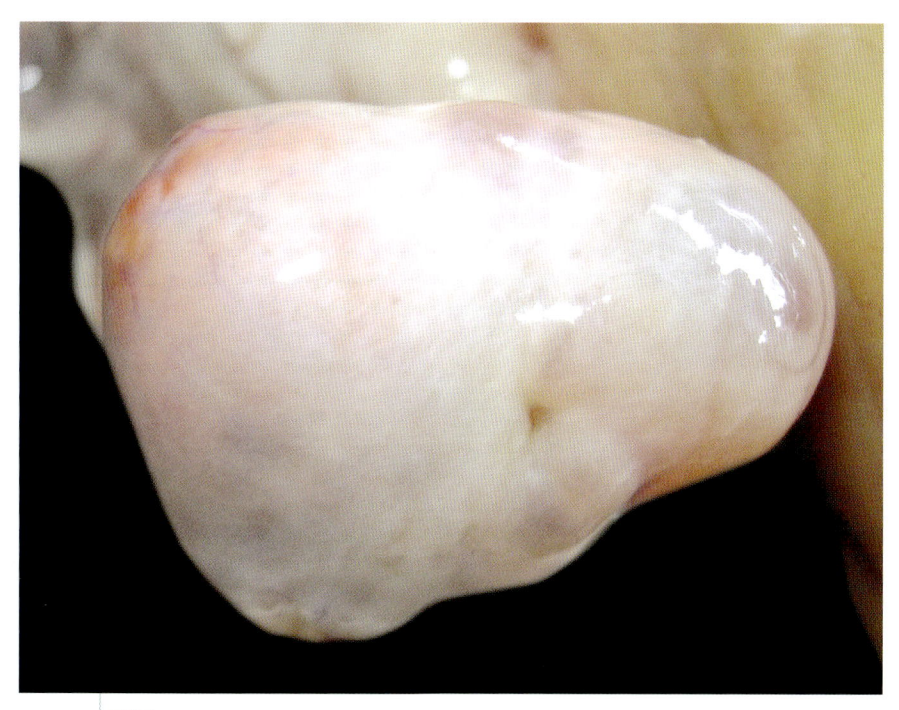

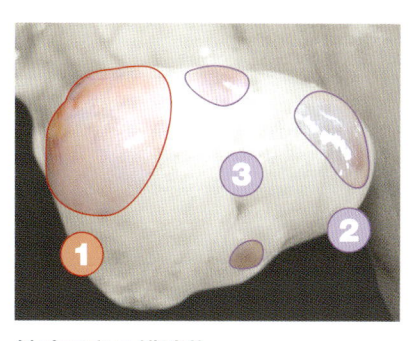

3 構造を認識する

触診できる構造物：
1 明瞭な黄体
2 主席卵胞
その他の構造物：
3 小さな次席卵胞
分類：
明瞭な黄体；あり
明瞭な卵胞；あり

所見：
403 左端に黄体を，右端に主席卵胞を有する卵巣

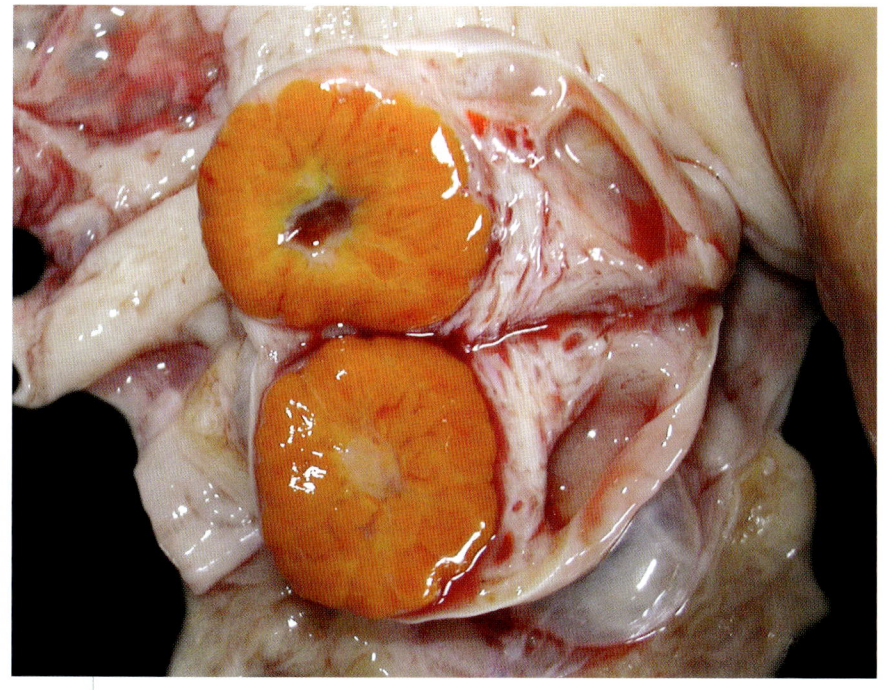

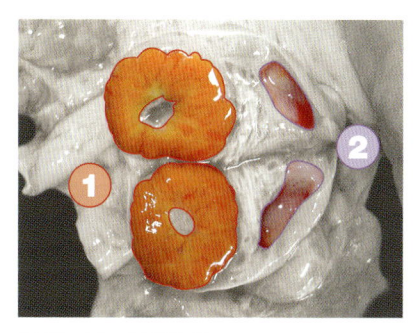

触診できる構造物：
1 明瞭な黄体
2 明瞭な卵胞
分類：
明瞭な黄体；あり
明瞭な卵胞；あり

所見：
404 403と同一卵巣の割面。卵胞と黄体の詳細を観察することができる

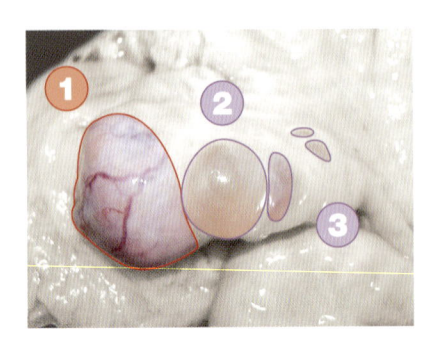

触診できる構造物：
1　明瞭な黄体
2　大卵胞
その他の構造物：
3　2よりは小型の複数の卵胞
分類：
明瞭な黄体；あり
明瞭な卵胞；あり

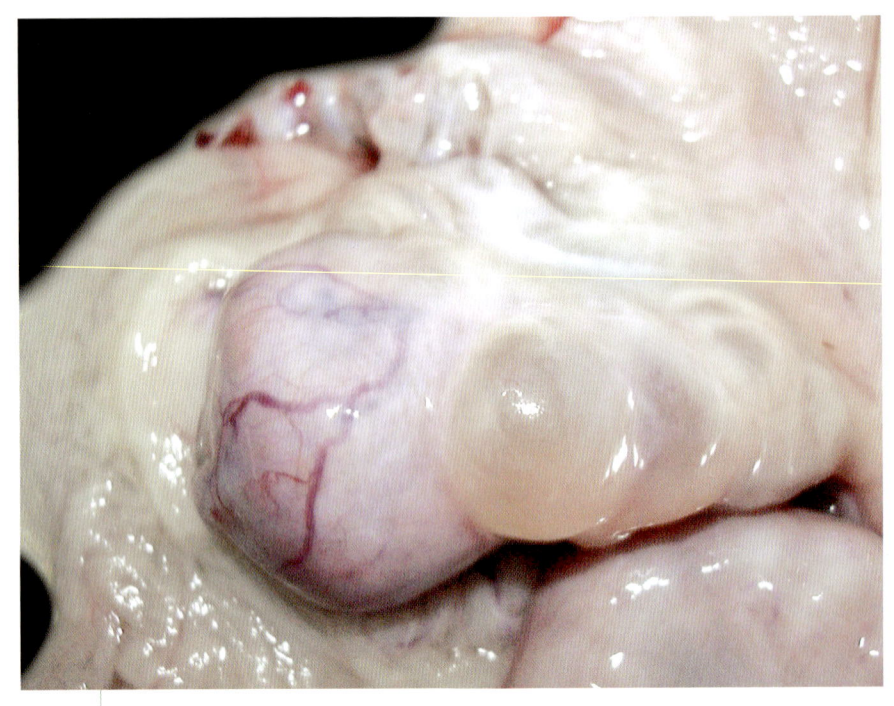

所見：
405　黄体と大卵胞，およびその他の小卵胞を有する卵巣

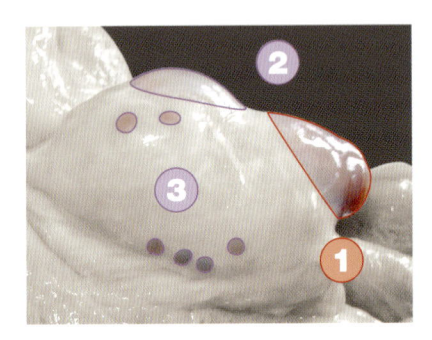

触診できる構造物：
1　明瞭な黄体
2　明瞭な卵胞
その他の構造物：
3　小卵胞
分類：
明瞭な黄体；あり
明瞭な卵胞；あり

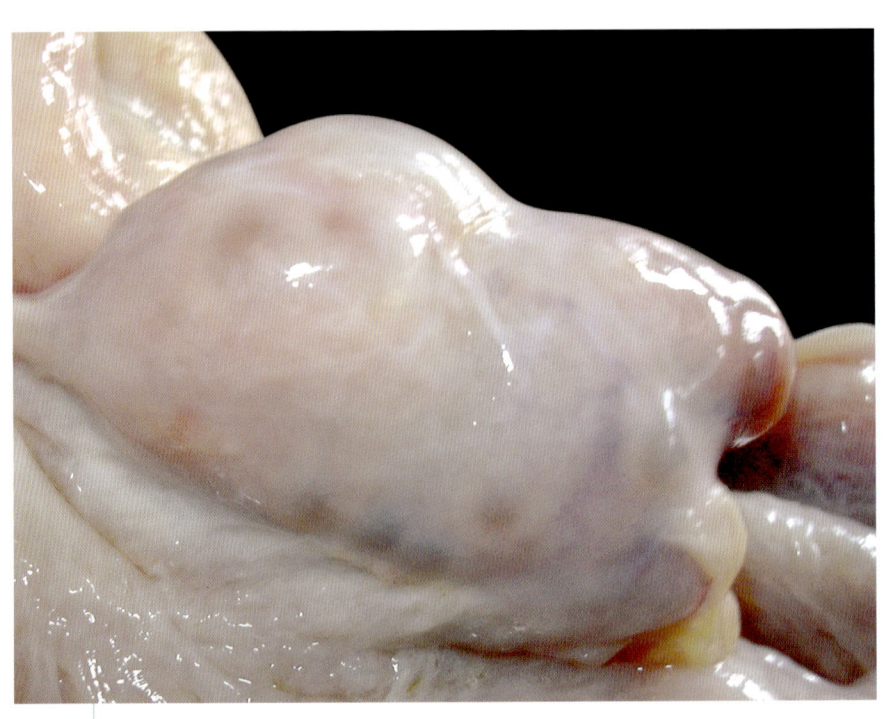

所見：
406　新しい黄体とそれに隣接して存在する大卵胞，そして複数の小卵胞を有する卵巣

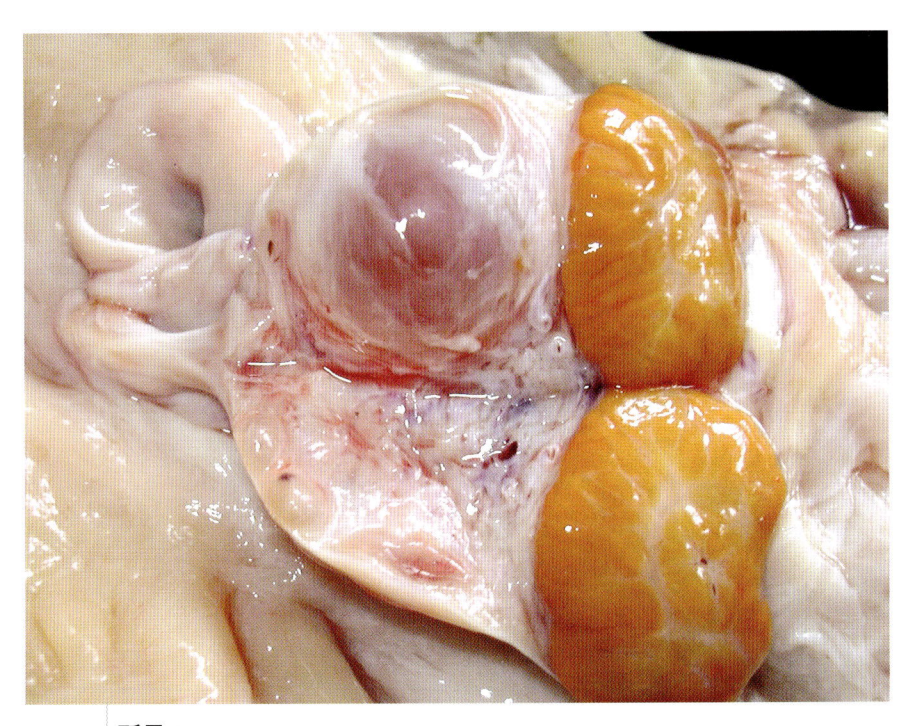

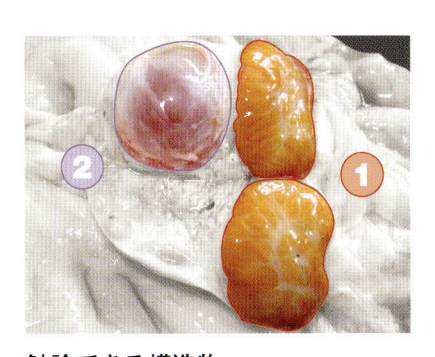

3 構造を認識する

触診できる構造物：
1 明瞭な黄体
2 明瞭な卵胞
分類：
明瞭な黄体；あり
明瞭な卵胞；あり

所見：
407 黄体と大卵胞を有する卵巣の割面。406と同一卵巣である

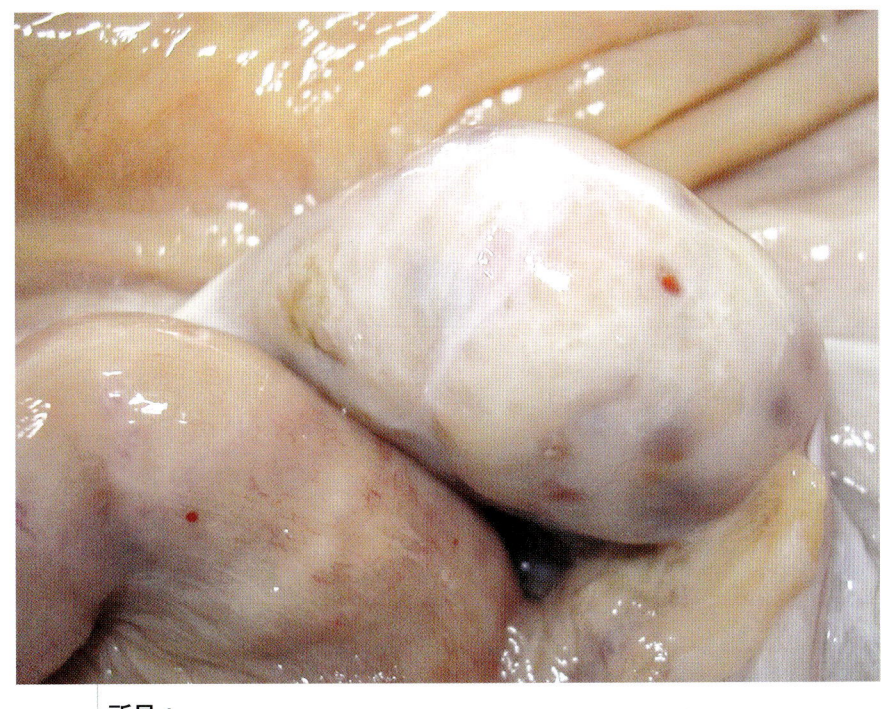

触診できる構造物：
なし
その他の構造物：
1 異なるサイズの複数の卵胞
2 黄体の存在を示唆する，やや硬い領域
分類：
明瞭な黄体；なし
明瞭な卵胞；なし
（訳者注：原書では「明瞭な卵胞；あり（複数）」となっているが，触診できる構造物を「なし」としているため，ここでは明瞭な卵胞をなしとした）

所見：
408 触診できる構造物を持たない卵巣

261

触診できる構造物：
なし
その他の構造物：
1 異なるサイズの複数の卵胞
2 古い黄体
分類：
明瞭な黄体；なし
明瞭な卵胞；なし
（訳者注：原書では「明瞭な卵胞；あり（複数）」となっているが，触診できる構造物を「なし」としているため，ここでは明瞭な卵胞をなしとした）

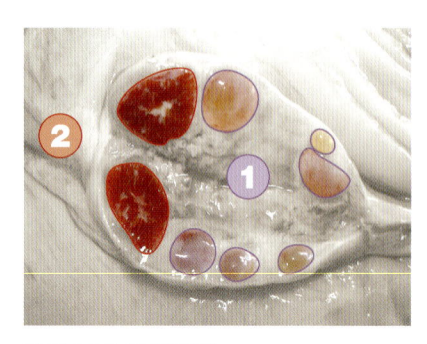

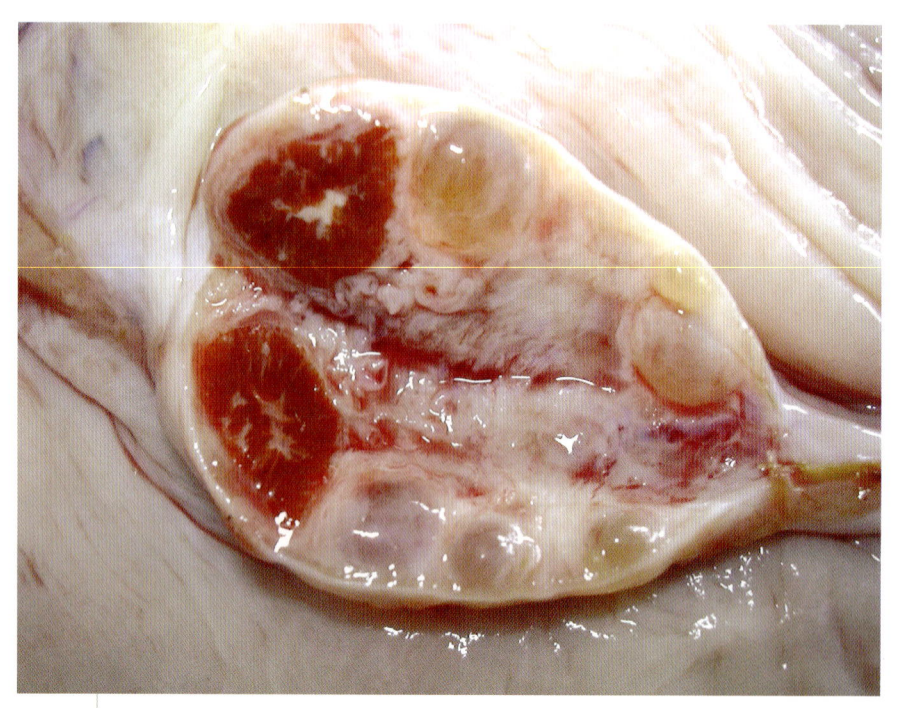

所見：
409 408と同一卵巣の割面。皮質に発育中の複数の卵胞とひとつの古い黄体が観察できる

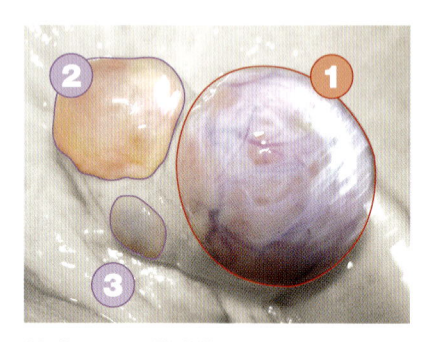

触診できる構造物：
1 妊娠黄体
2 大卵胞
3 2よりも小さな卵胞
分類：妊娠黄体

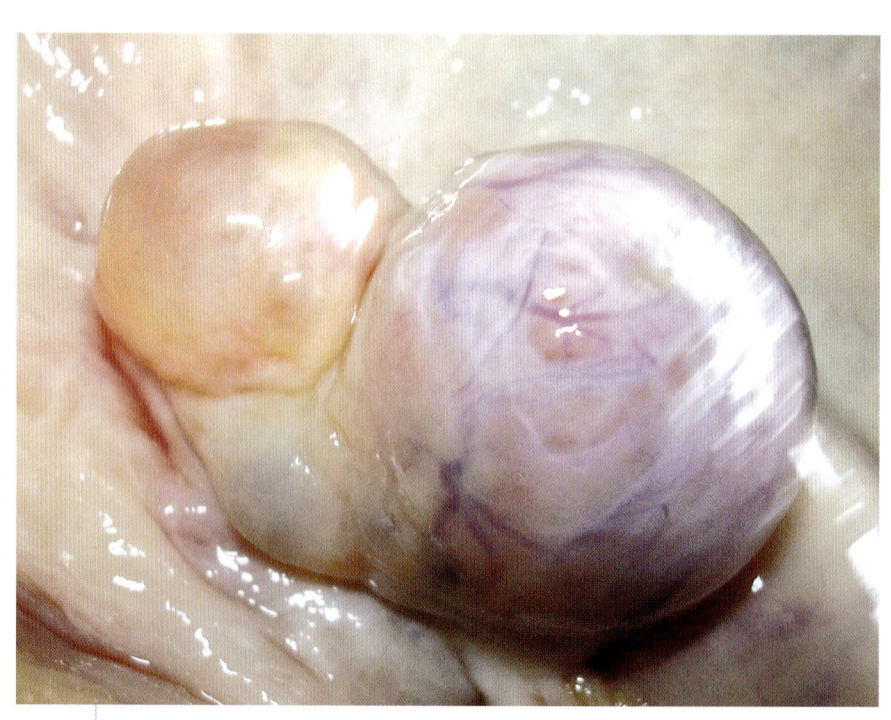

所見：
410 大きな黄体と大卵胞を有する卵巣。この黄体は妊娠黄体である。通常は対側の卵巣において卵胞発育が認められる

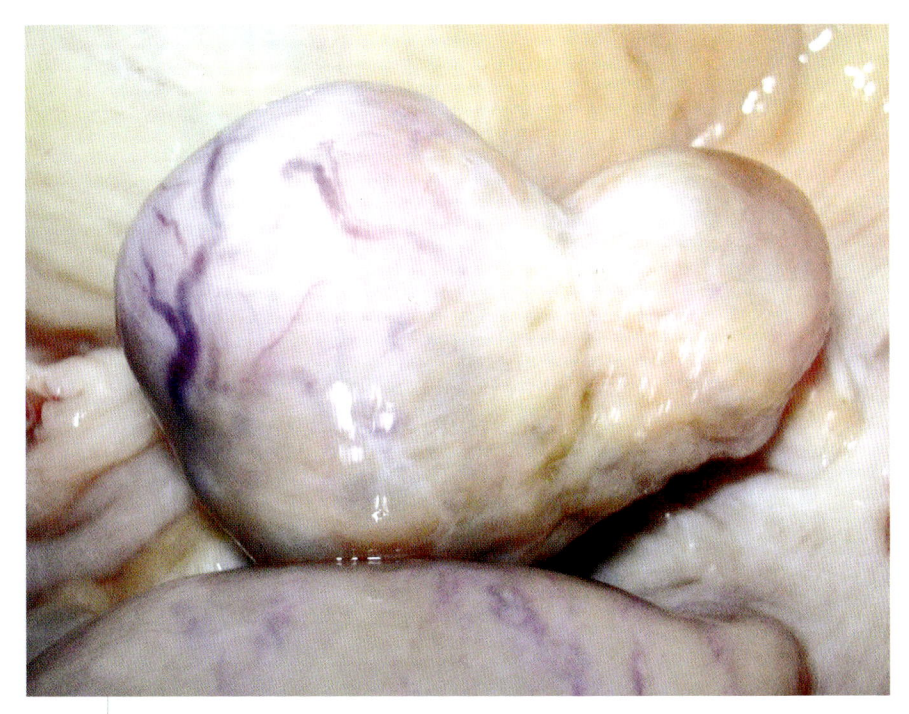

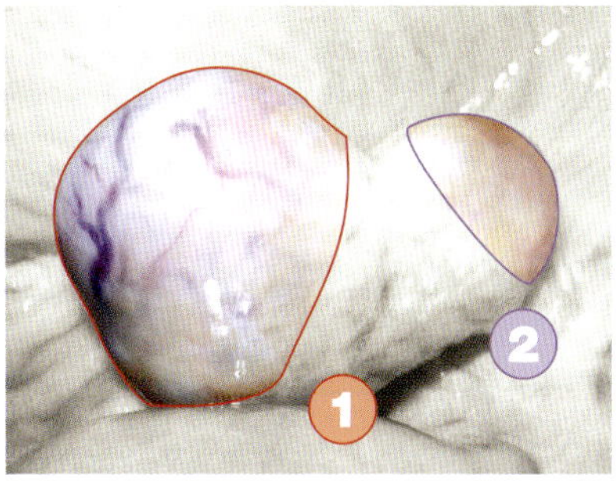

3 構造を認識する

触診できる構造物：
1 妊娠黄体
2 大卵胞
分類：妊娠黄体

所見：
411 410と同一卵巣を別の角度から観察したところ

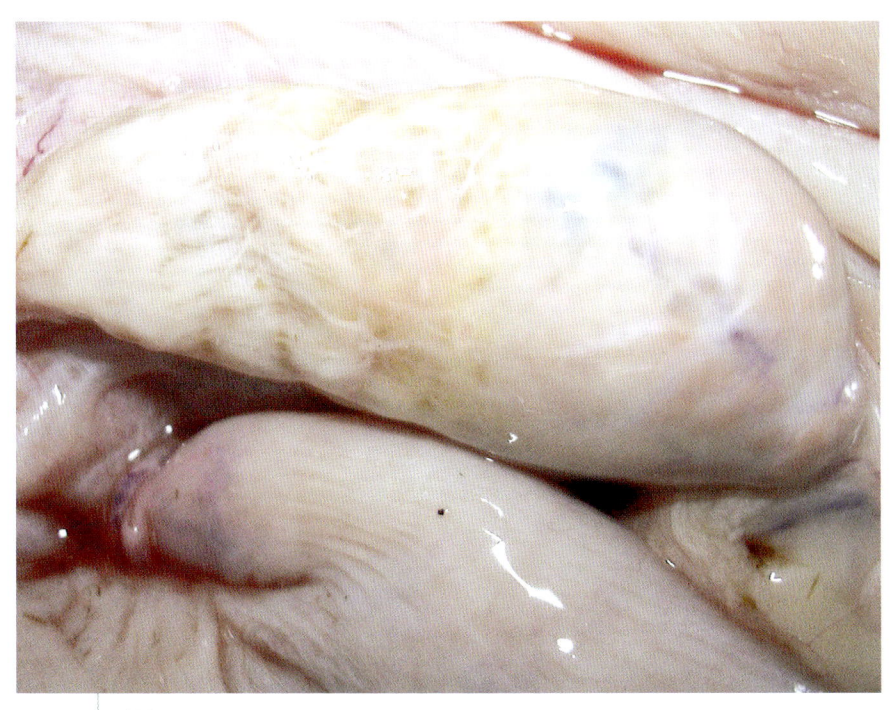

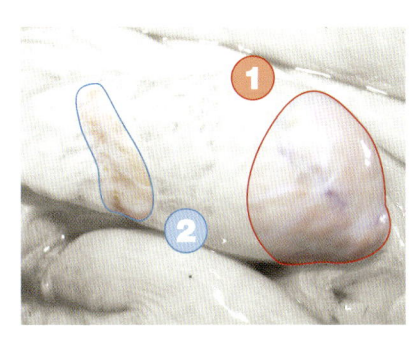

触診できる構造物：
1 明瞭な黄体
その他の構造物：
2 瘢痕化した領域
分類：
明瞭な黄体；あり
明瞭な卵胞；なし

所見：
412 一端に黄体を有する卵巣

4 産褥期

分娩後に受胎前の生理的な状態に戻るまでの期間を産褥期という。

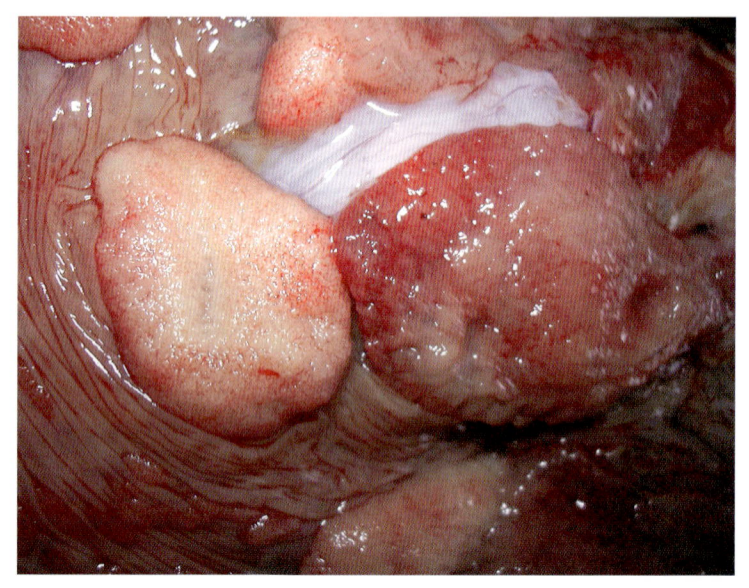

子宮小丘(宮阜)

産褥期においては，生殖器（生殖道）の触診は困難である。分娩後の子宮は厚い壁を有するが，徐々に縮小し折り畳まれながら，受胎前の大きさに戻っていく（修復）。炎症を伴う（病的な）子宮は膨大し，壁が菲薄化し，弛緩している。

分娩後1週間において，漿液性血様液を子宮より排出する（悪露）。子宮小丘（宮阜）は変性する。

もしも子宮内貯留物の排出が遅れると，より濃い色の液体として出現し，そこには膿状片が含まれて悪臭を放つようになる。感染リスクは明白であり，化膿性子宮炎に至るかもしれない。

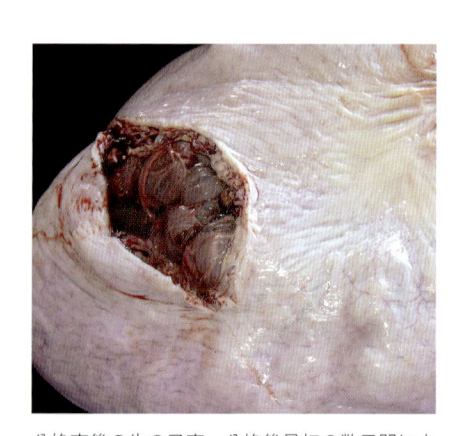

分娩直後の牛の子宮。分娩後最初の数日間に大きな変化がある

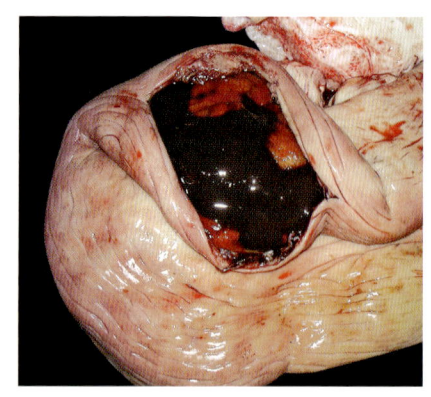

悪露

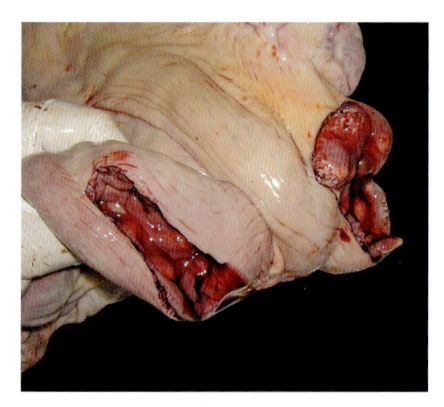

両子宮角の割面。子宮小丘の状態を示している

4 産褥期

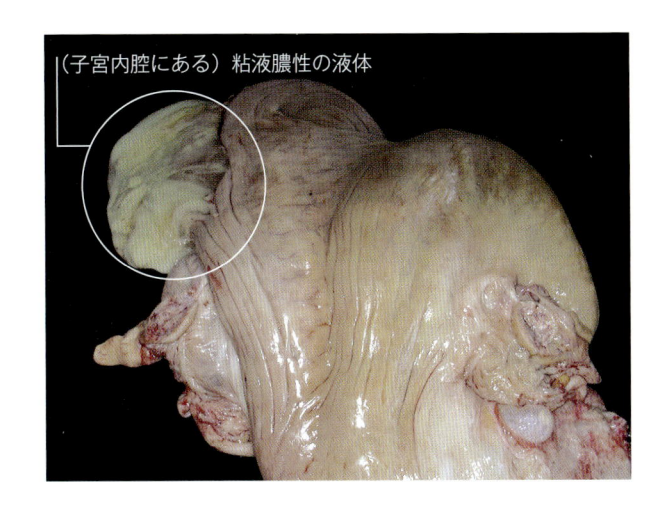

(子宮内腔にある) 粘液膿性の液体

子宮内腔を汚染していた細菌が排除され子宮内膜の再生過程が完了すると，子宮は再び受胎に向けて準備が整うことになる。ウェーブ状の卵胞発育はじきに再開し，分娩後10日以降から観察されはじめる。もっとも，初回排卵はもっと後になってから起こる。

分娩後の初回排卵が起こるには，いくつかの要因に影響されている。それらの要因のひとつが高泌乳であり，高泌乳は数回の卵胞波分，初回排卵を遅らせる。したがって，十分に子宮修復が完了していない個体に授精することを避けるために，生理的空胎期間を設けることが求められる。例えば，分娩後45日間は授精しないといったことなどである。

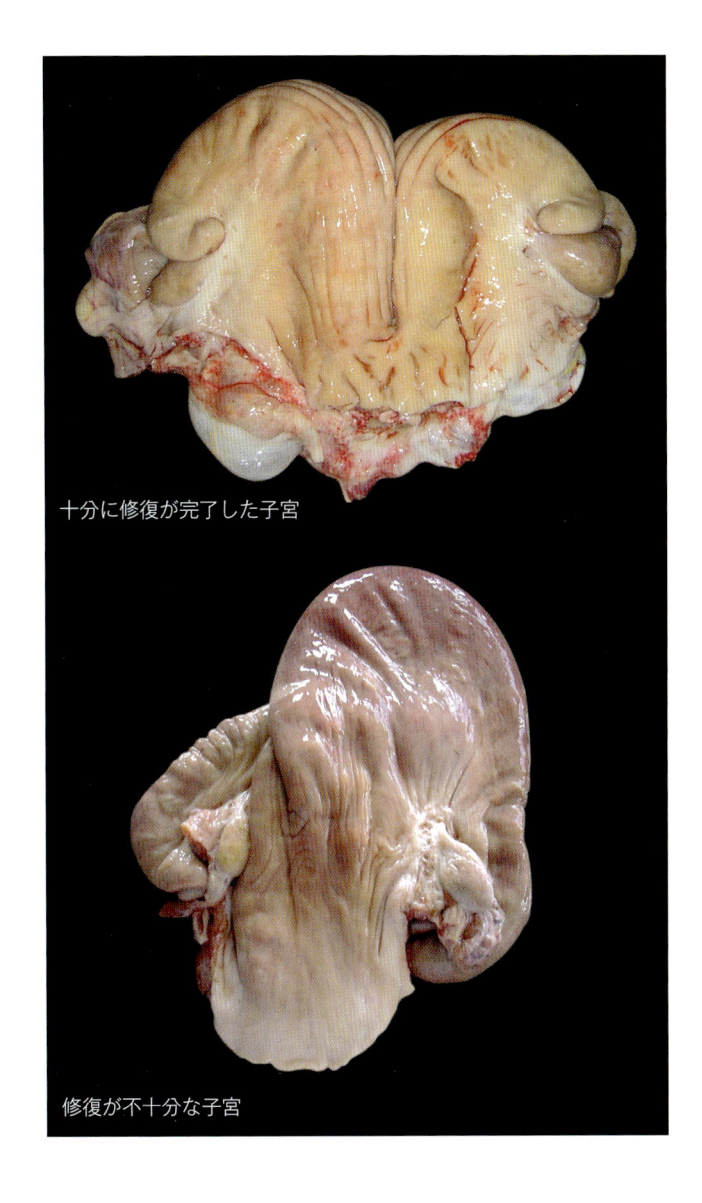

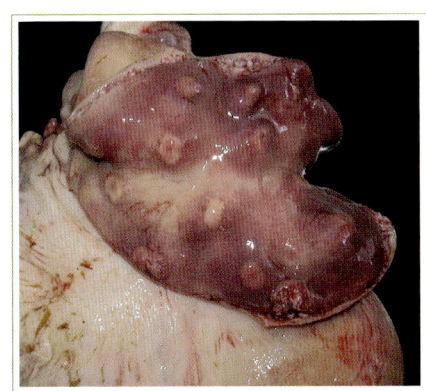

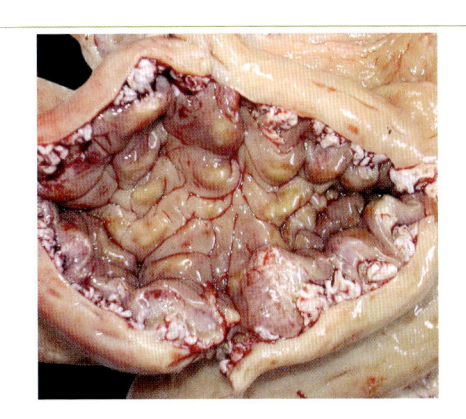

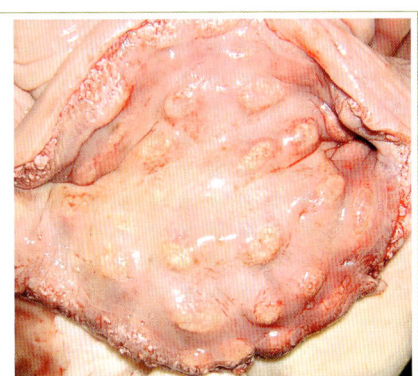

十分に修復が完了した子宮

修復が不十分な子宮

退行中の子宮小丘

265

この外観画像は子宮が時間の経過とともにどのようにして修復していくのかについて，分娩日から受胎前の生理的な状態に復するまでを示したものである。

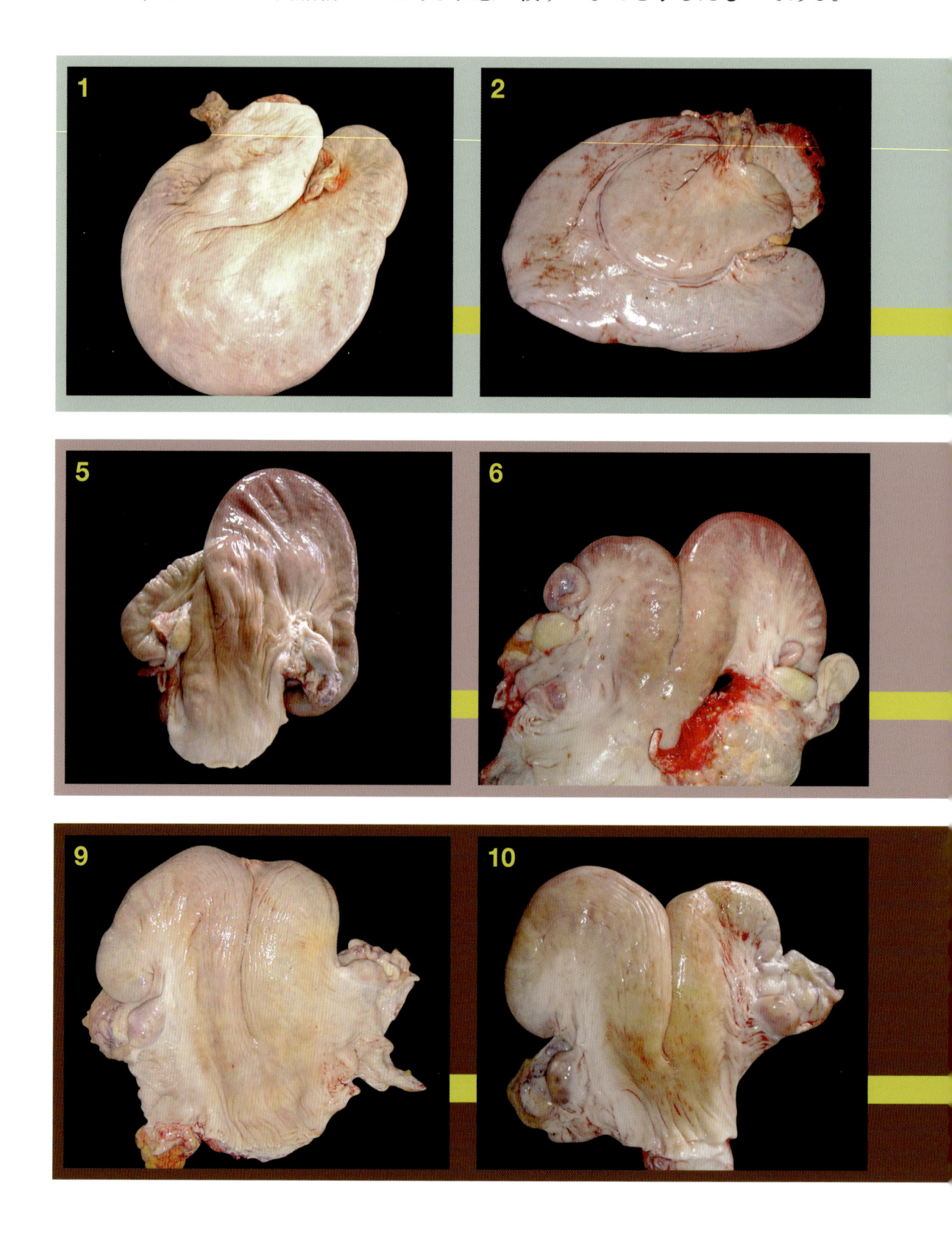

4 産褥期

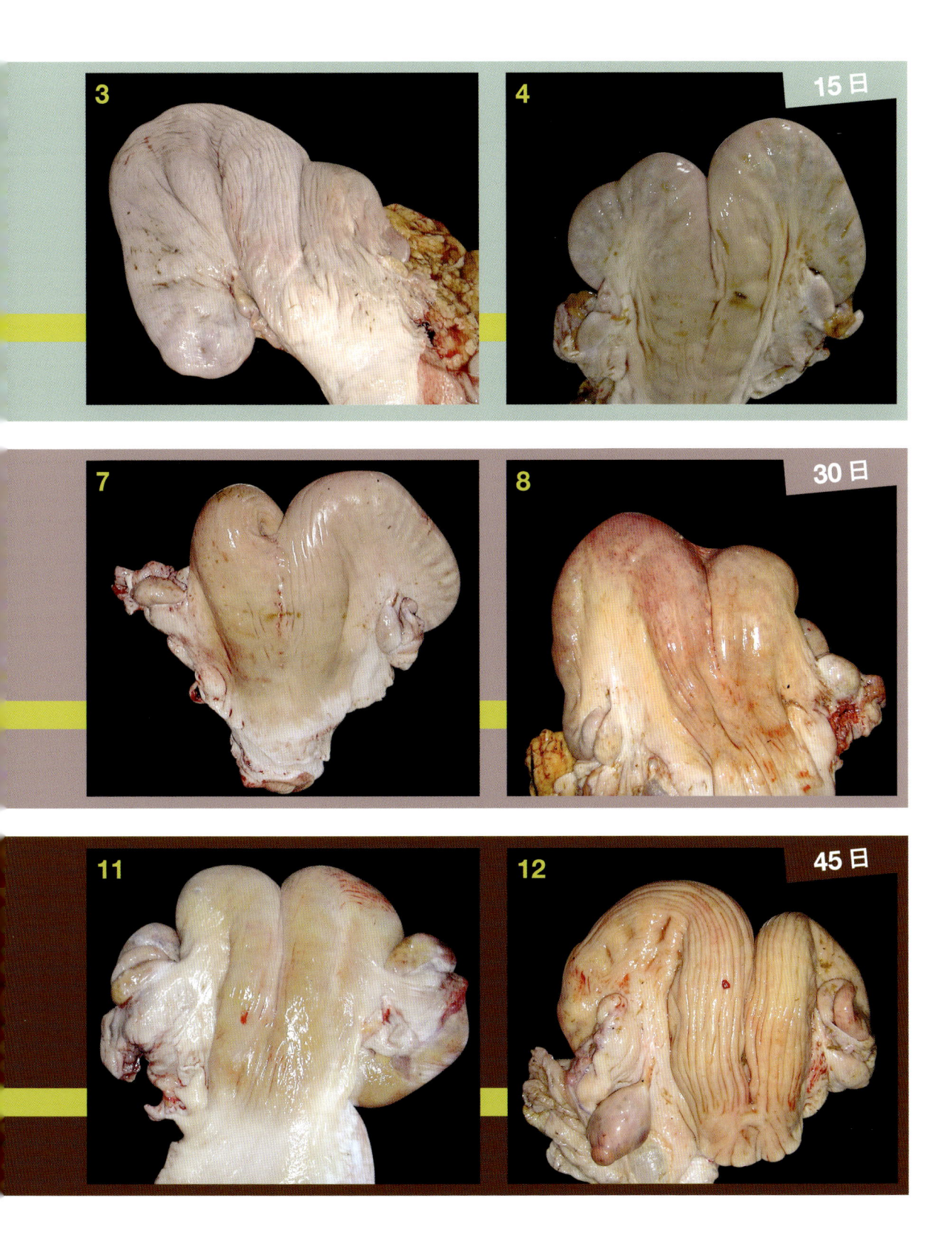

3	4	15日
7	8	30日
11	12	45日

267

5 触診による妊娠診断

異なる妊娠ステージの子宮

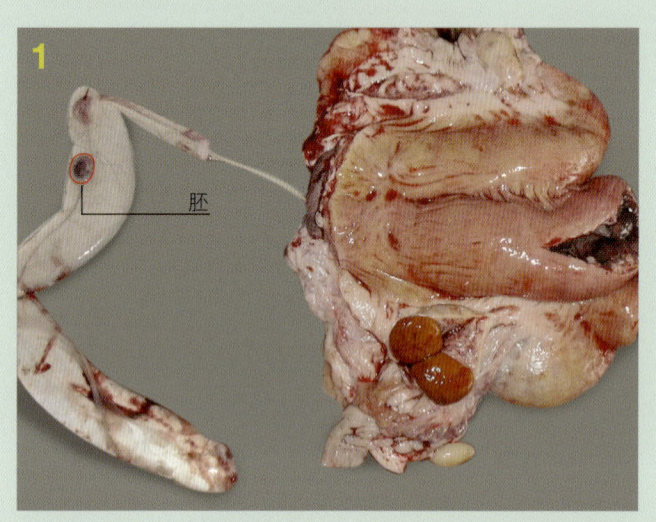

1 妊娠30日 （胚）

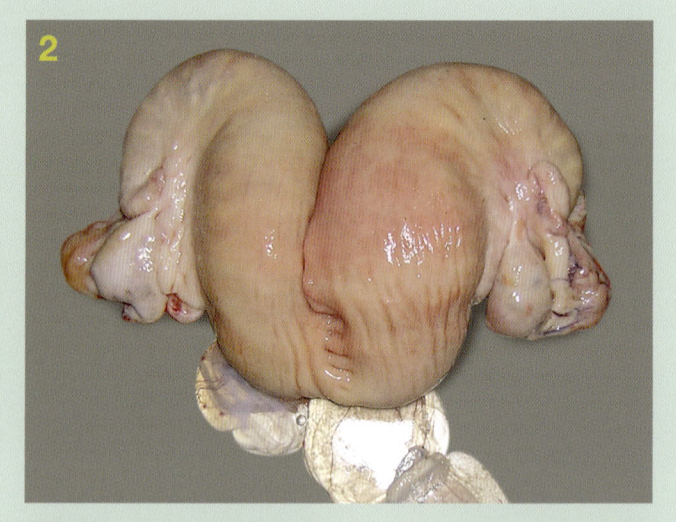

2 妊娠40日

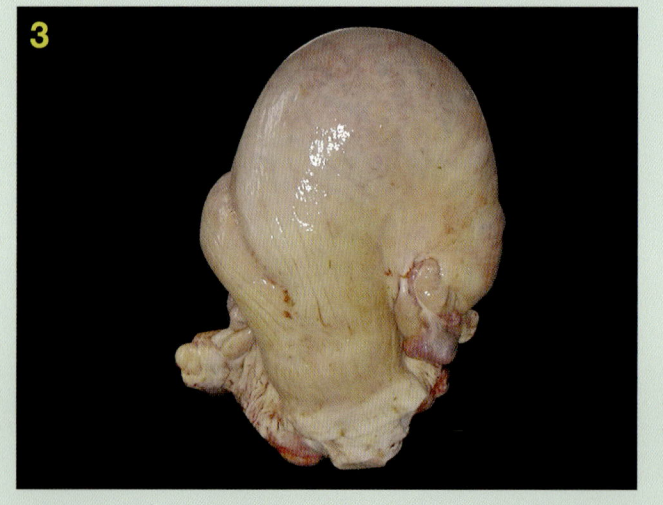

3 妊娠60日

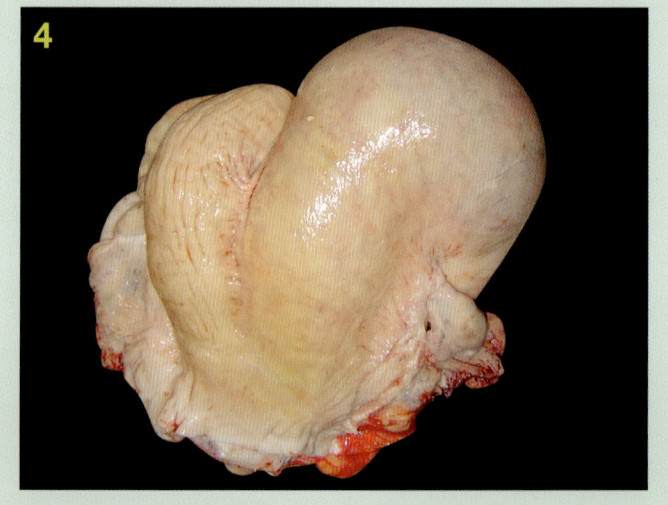

4 妊娠70日

5　触診による妊娠診断

これらの写真は妊娠の異なるステージにおける子宮を示したものである。これらの写真を参照することで，妊娠30日から90日の間で触診する際の助けとなるかもしれない。

　妊娠30日から40日の間は，胚死滅により診断結果と事実が変わる可能性がある。そのため，子宮角の全域と胎嚢を触診することが必要である。妊娠40日以降になると，左右子宮角の不対称性がよりはっきりするので診断は容易となる。すなわち，より大きい方が妊角となる。妊娠60日になるとこの両子宮角の大きさの違いはより明瞭となる。妊娠80日以降では，写真に示すように妊角はまるでボクシングのグローブのような形状を呈するほど顕著に大きくなる。

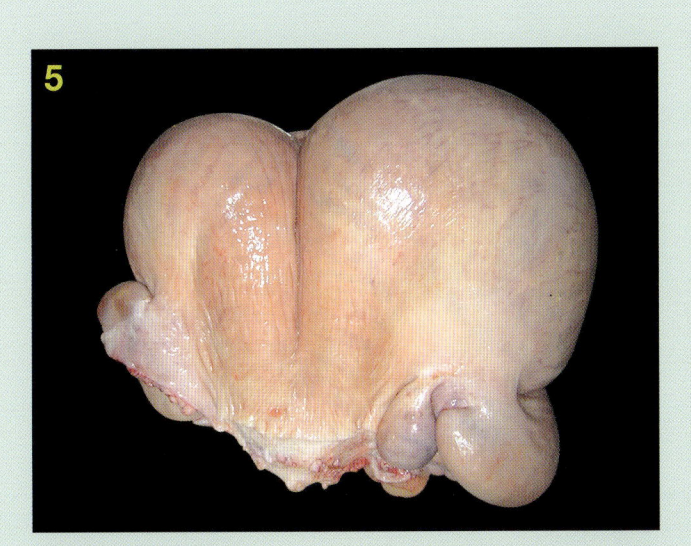

妊娠75日

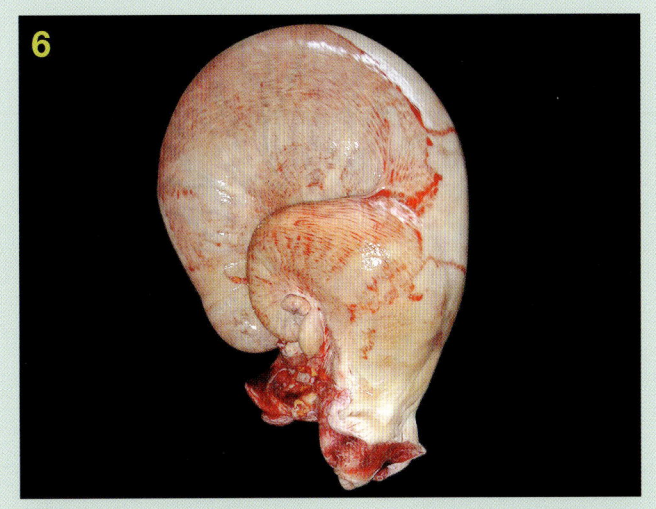

妊娠85日

妊娠90日

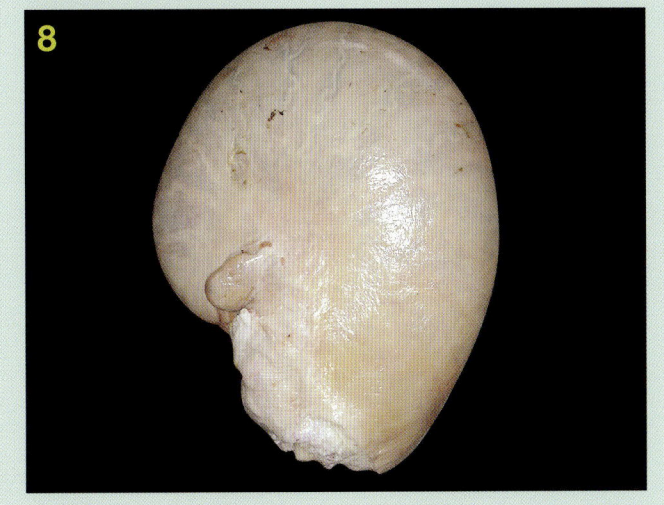

妊娠95日

269

妊娠30日以降で妊娠診断が可能となる。触診中に胚を傷付けないように配慮する必要がある。

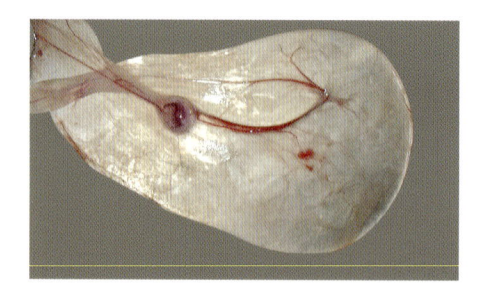

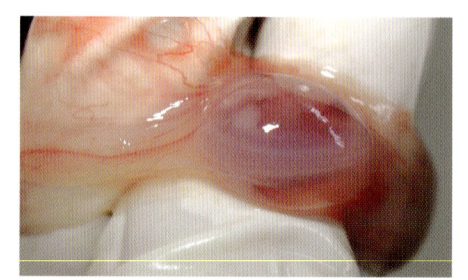

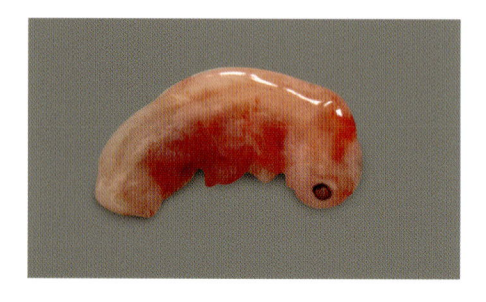

触診でこれらの違いは識別できないが，子宮内に含まれているものの形状は認識できる。胚にダメージを与えないように気を付けるべきである。

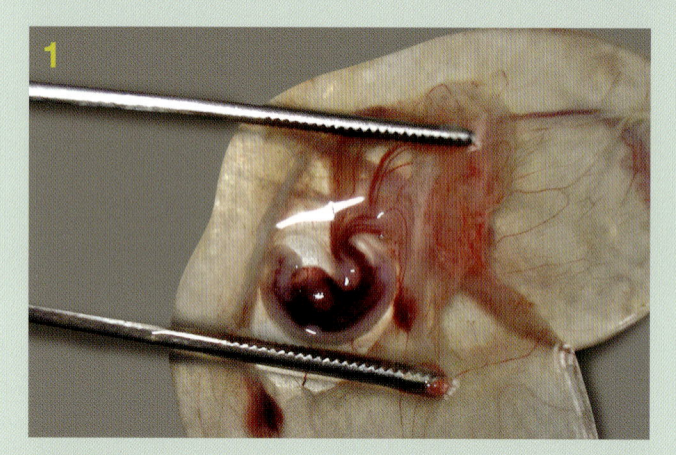

1　妊娠30日

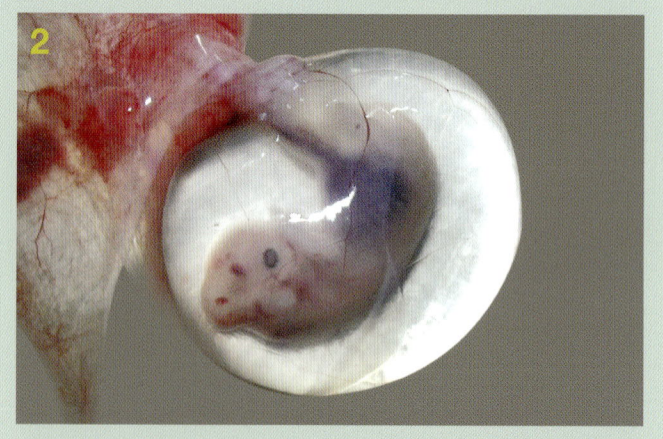

2　妊娠40日

3　妊娠50日

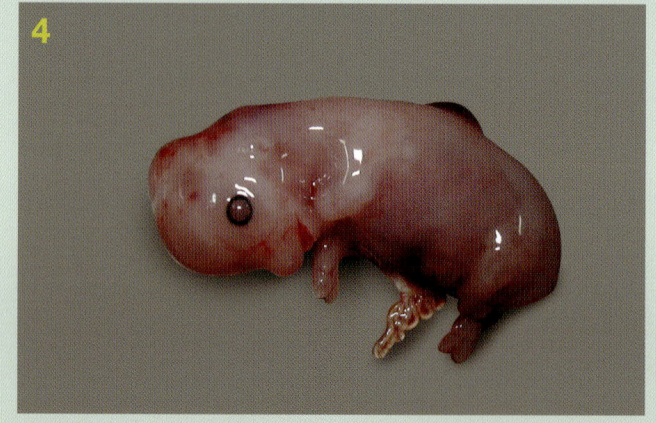

4　妊娠55日

5 触診による妊娠診断

　妊娠診断において，触診で触れる構造物である尿膜絨毛膜や胚嚢などに関して，深い知識が求められる。触診中に胚を傷付けないための細心の注意が払われなければならない。

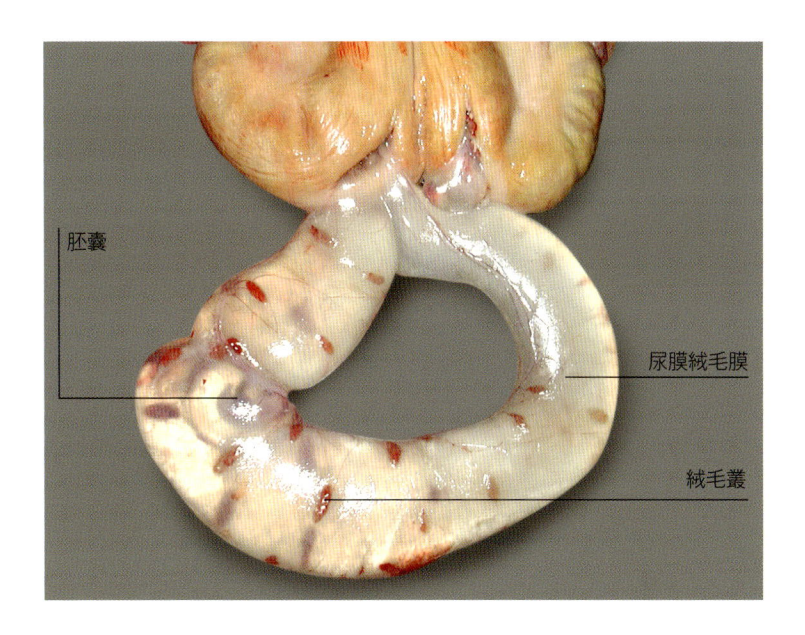

胚嚢

尿膜絨毛膜

絨毛叢

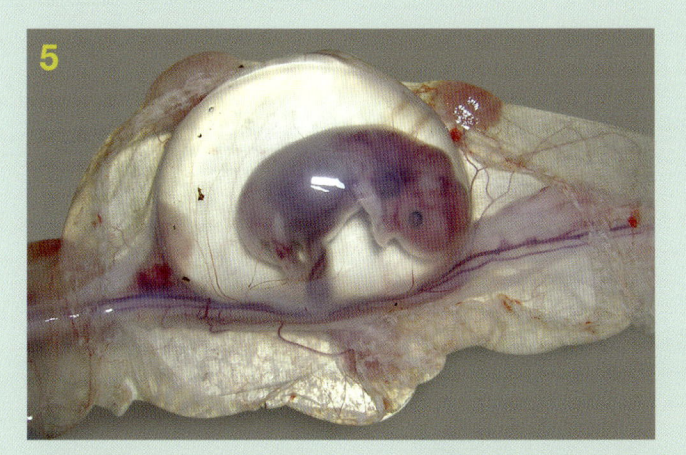

5　妊娠60日

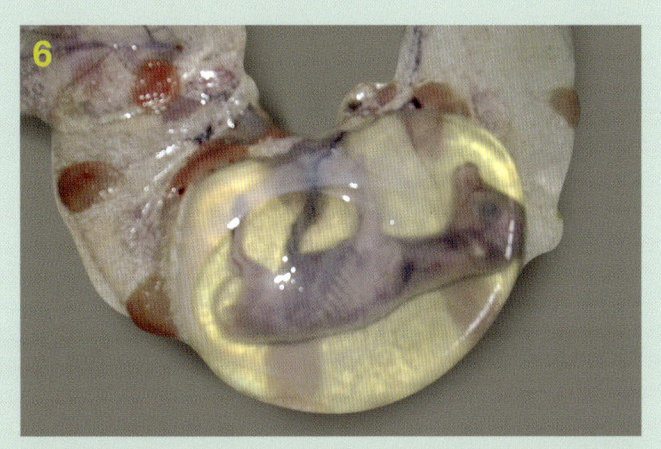

6　妊娠70日

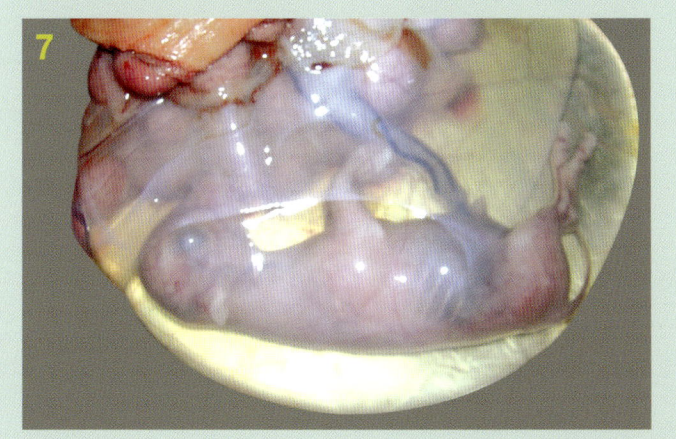

7　妊娠75日

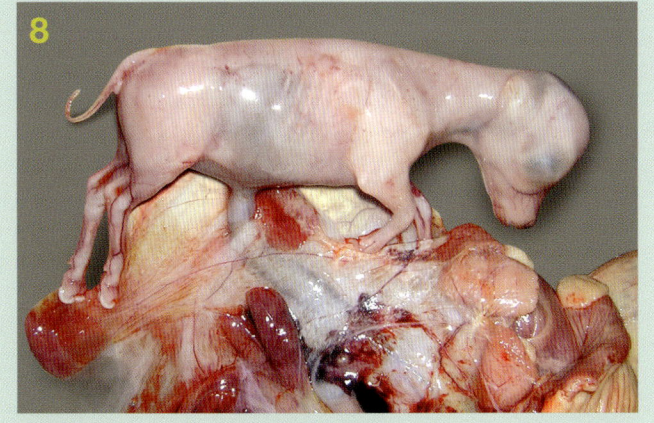

8　妊娠85日

6 卵巣疾患，子宮疾患

　卵巣疾患，子宮疾患は多種多様である。ここでは，主要な疾患のみについて説明することにする。
―卵巣囊腫（卵胞囊腫，黄体囊腫）
―持続卵胞
―分娩後の無発情
―子宮炎
―ミイラ変性胎子，胚の吸収
―その他の変化

卵巣囊腫

　分娩後早期に発生する囊腫の多くが自然治癒するなかで，卵巣囊腫は直径 2.5 cm 以上の液体を満たした卵巣構造物が，黄体の存在なしで 10 日間以上持続する疾患として定義されている。卵巣囊腫に罹患すると通常，無発情（発情徴候を示さない状態），あるいは思牡狂（ニンフォマニア，短い間隔で非常に明白で強い発情徴候が頻発する症状）を示す。

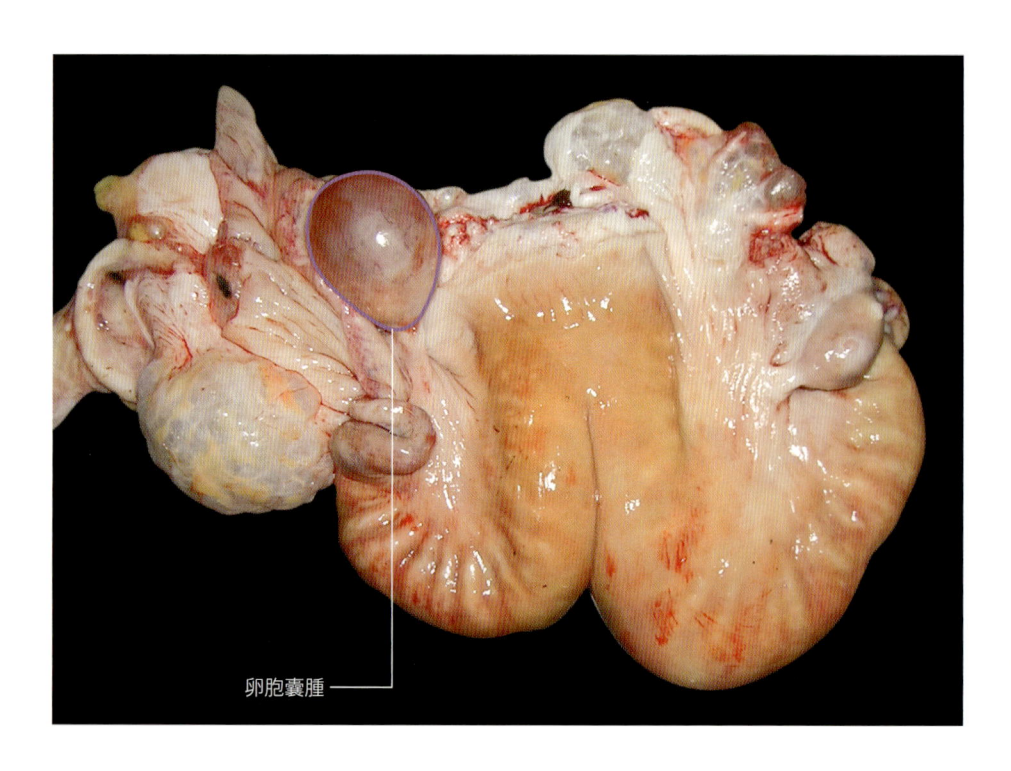

　囊腫は片側にだけ出現することもあれば，両側に出現することもある。両側に出現した時の方が治癒しにくい。

一般的な分類として：
卵胞囊腫：
薄い壁で，液体を満たしている。
黄体囊腫：
厚く黄体化した壁で，内部に液体を満たしている。

卵胞囊腫

右卵巣における大きく液体を満たした卵胞囊腫（訳者注：原文は左卵巣となっているが，上下逆さの画像なので，これは正確には右卵巣である）

6 卵巣疾患，子宮疾患

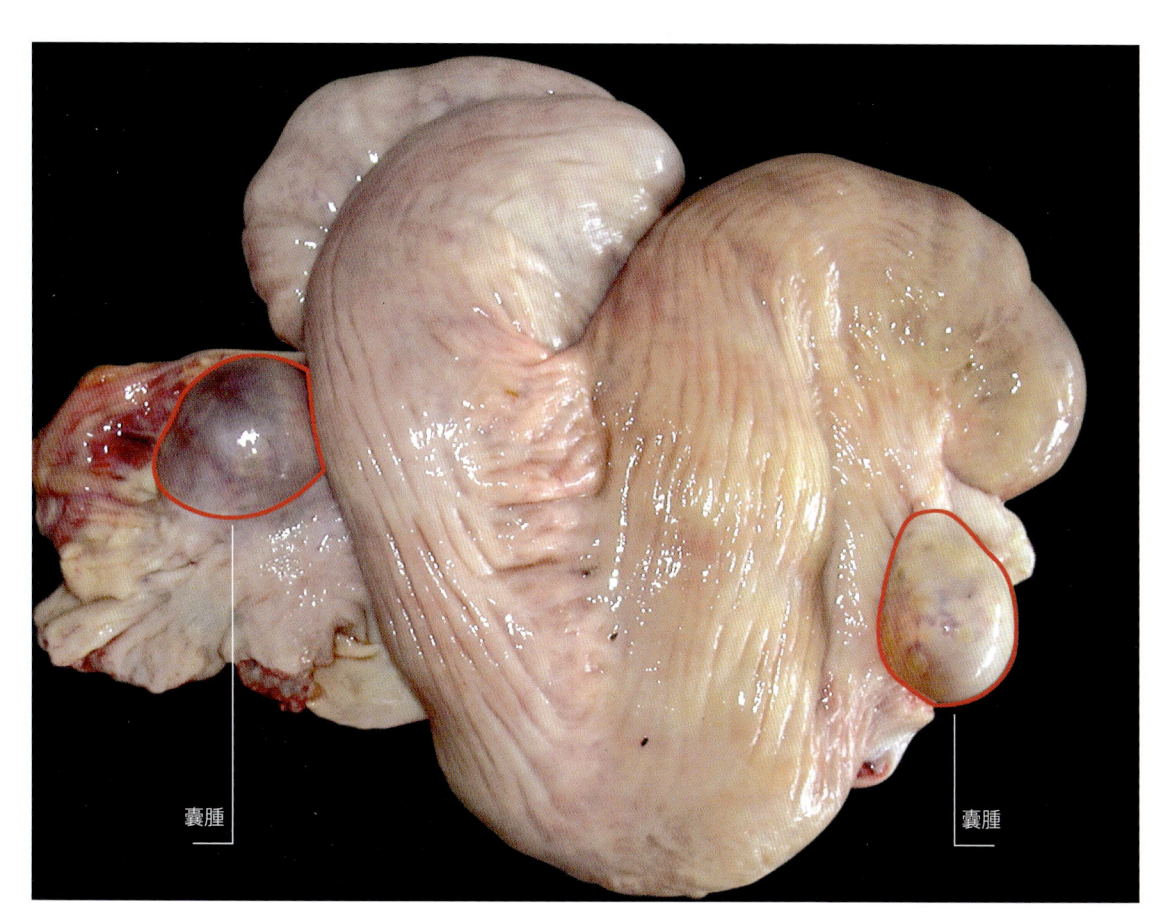

両側卵巣にできた嚢腫

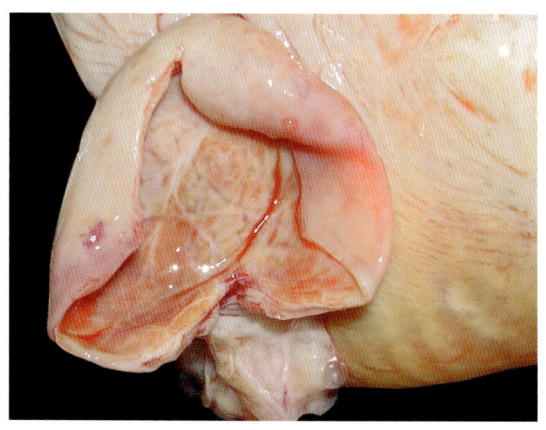

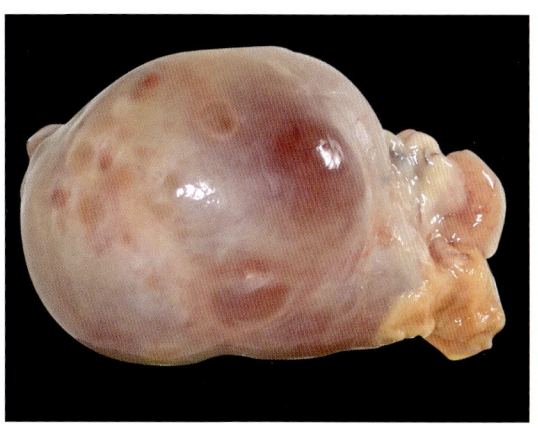

嚢腫

嚢腫

卵胞嚢腫（割面）

黄体嚢腫

写真提供：
Luis Ángel Quintela Arias

273

卵胞嚢腫

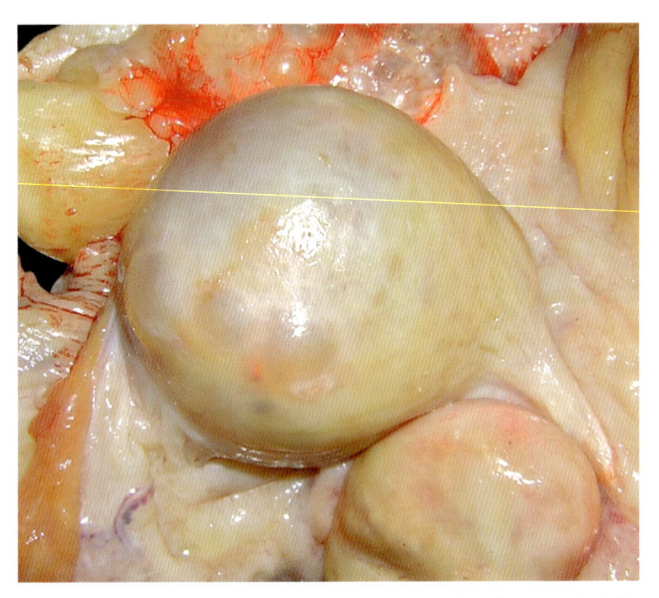

　触診は容易である。球形で柔らかい塊であり，強く触ると破裂しそうな感じである（破裂すると癒着を誘発する恐れがある）。

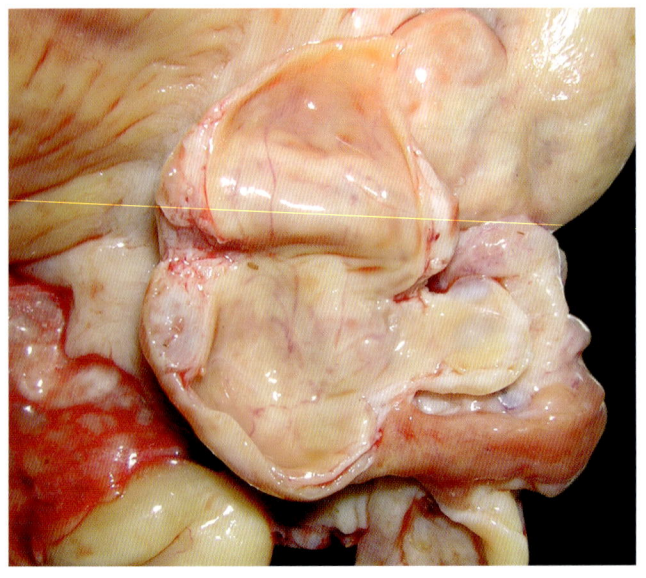

　左の写真の卵巣に割面を入れたところである。嚢腫の薄い壁と液体が入っていた腔が観察できる。液体は通常，高エストロジェン濃度である。壁内面はオレンジ色を呈しはじめる。これが黄体化である。卵胞嚢腫の黄体化の結果として黄体嚢腫になることが多い。

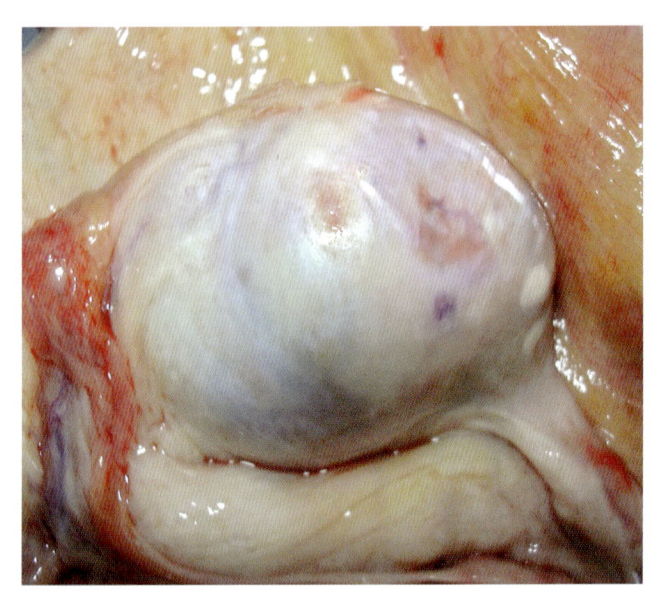

黄体嚢腫

　触診において卵胞嚢腫と比較すると卵巣はより硬い。その質感からは単に大きな黄体と混同されうる。

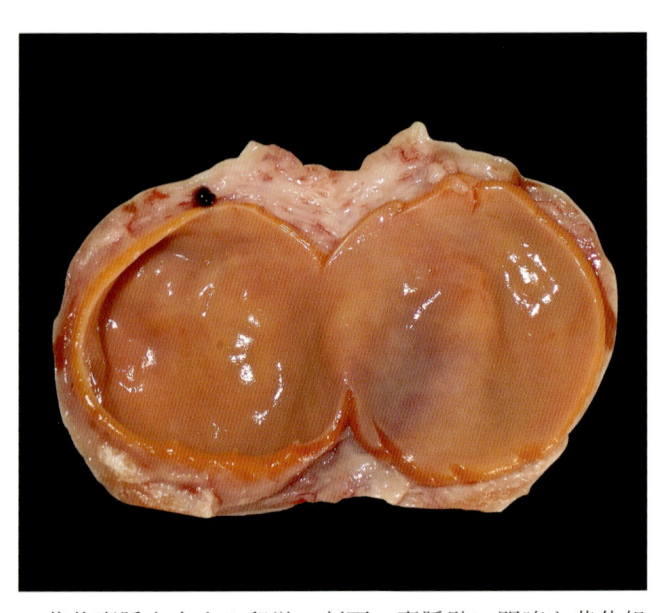

　黄体嚢腫を有する卵巣の割面。嚢腫壁に明瞭な黄体組織と液体が抜けた後にできた空隙が観察できる。

写真提供：Luis Ángel Quintela Arias

6 卵巣疾患，子宮疾患

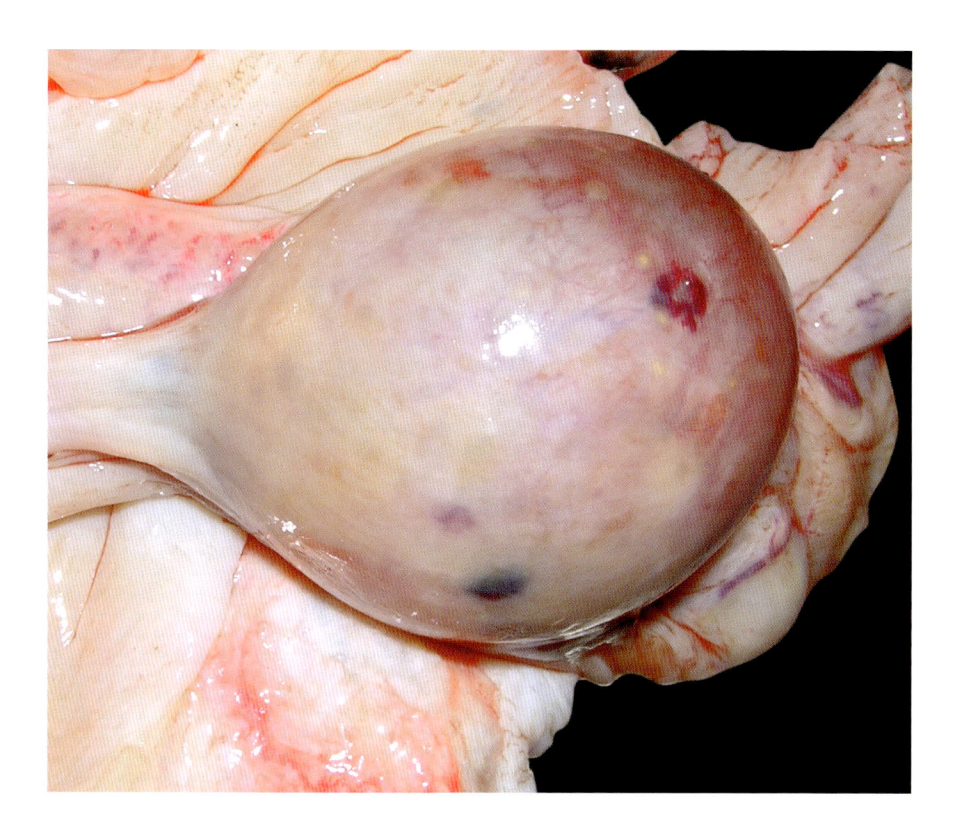

嚢腫は視床下部 - 下垂体 - 卵巣軸の機能不全の結果であると一般には認識されている。治療には通常GnRH製剤，プロジェステロン，あるいはヒト絨毛性性腺刺激ホルモン（hCG）が使用され，プロスタグランジン $F_{2\alpha}$ 製剤が（その後に）併用されることも多い。とはいえ，罹患牛のなかには自然治癒する個体もある程度いることは知っておくべきだろう。

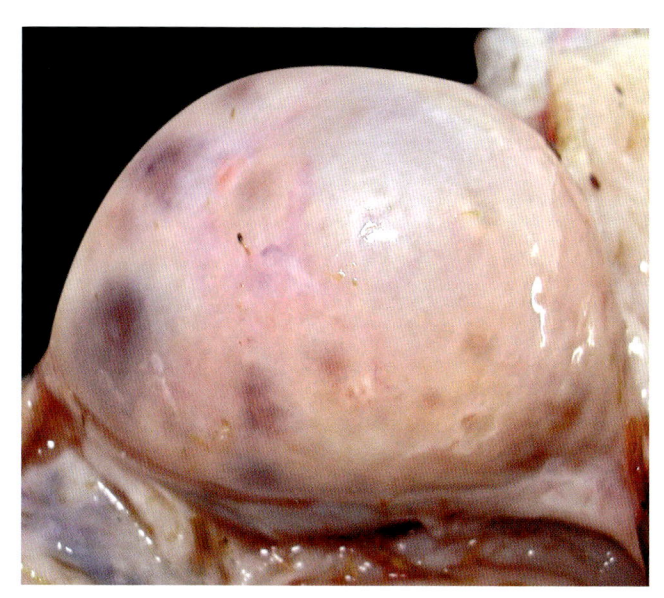

通常，そのサイズのため，直腸検査において容易に発見される。

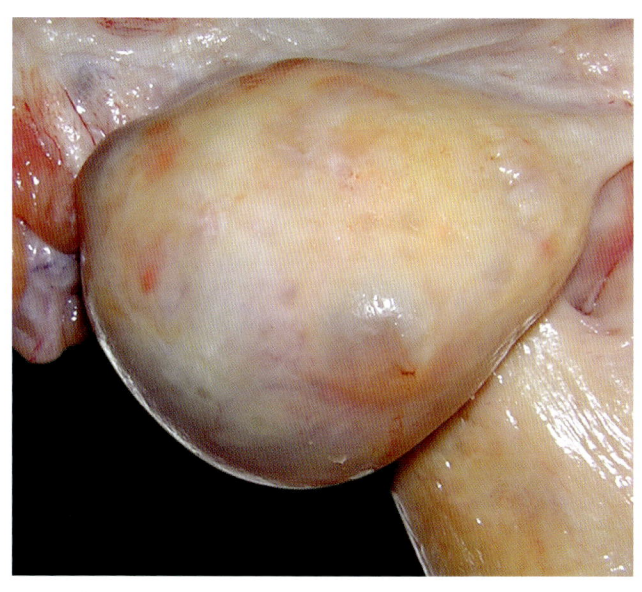

嚢腫の表面は部位により質感（触感）が異なる。それは，部位により内部の液体によって生じる張り具合の程度が違うからである。

275

持続卵胞

分娩後の無発情を引き起こすもうひとつの原因である。この症例では，卵胞サイズはそれほど大きくはない。通常，0.8〜1.5 cmの間であり，囊腫のように2.5 cm以上になることはない。にもかかわらず，この卵胞は排卵することなく長期間持続する。診断する唯一の手段は経時的に繰り返して同じ卵巣を触診することである。黄体の欠如が特徴である。その通常レベルの卵胞サイズから，正常な卵胞なのか，持続卵胞なのかを識別することは難しい。もしも黄体が共存しているとすれば，それは定義上，持続卵胞とは言わない。

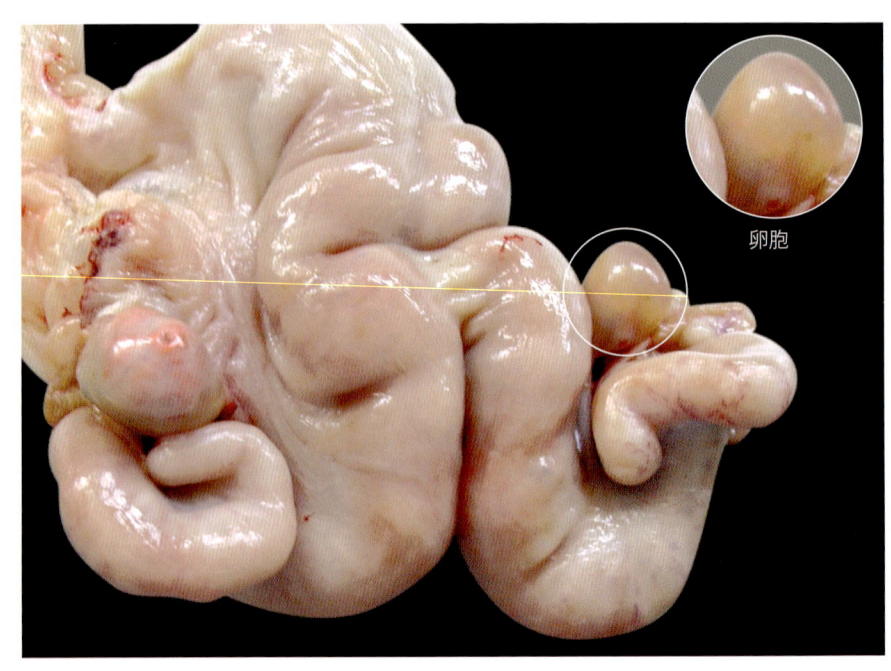

卵胞

もしも対側に黄体がなかったならば，持続卵胞の一例と言えたかもしれない

分娩後の無発情

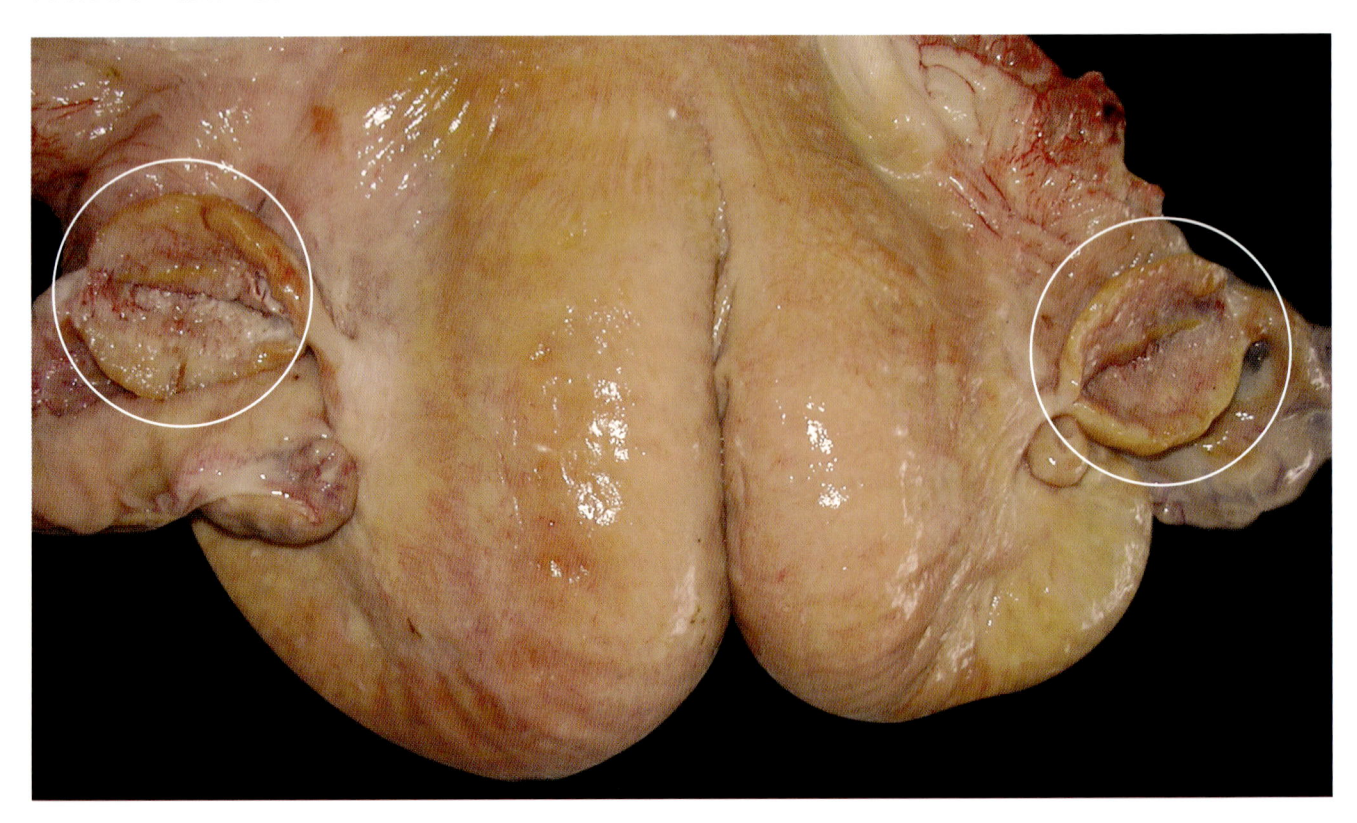

卵巣が正常に回らずに機能しなくなる理由は多くある。しばしば，これは農場における管理上の失宜に起因することがある。特に，高泌乳牛における負のエネルギーバランスが原因となることが多い。卵胞波は止まり，卵巣には目立った構造物（黄体や排卵前の卵胞など）が観察されない。

子宮炎

　子宮内膜および子宮筋層における炎症である。感染後の経過により急性，亜急性，あるいは慢性に分類される。液体の貯留および種類により，子宮炎ではなく子宮粘液症（汚染されていない液体貯留），あるいは子宮蓄膿症（膿性の液体が子宮内部に多量に貯留し，子宮頸管が閉じ，黄体が存在している）と診断する。

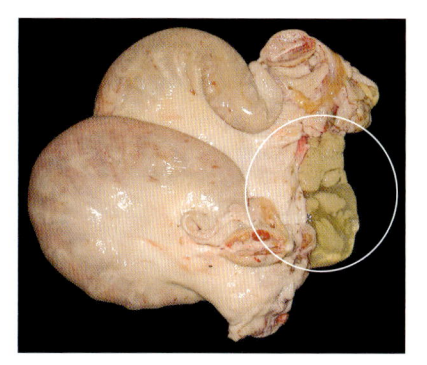

漿液性の液体中に含まれる膿様片

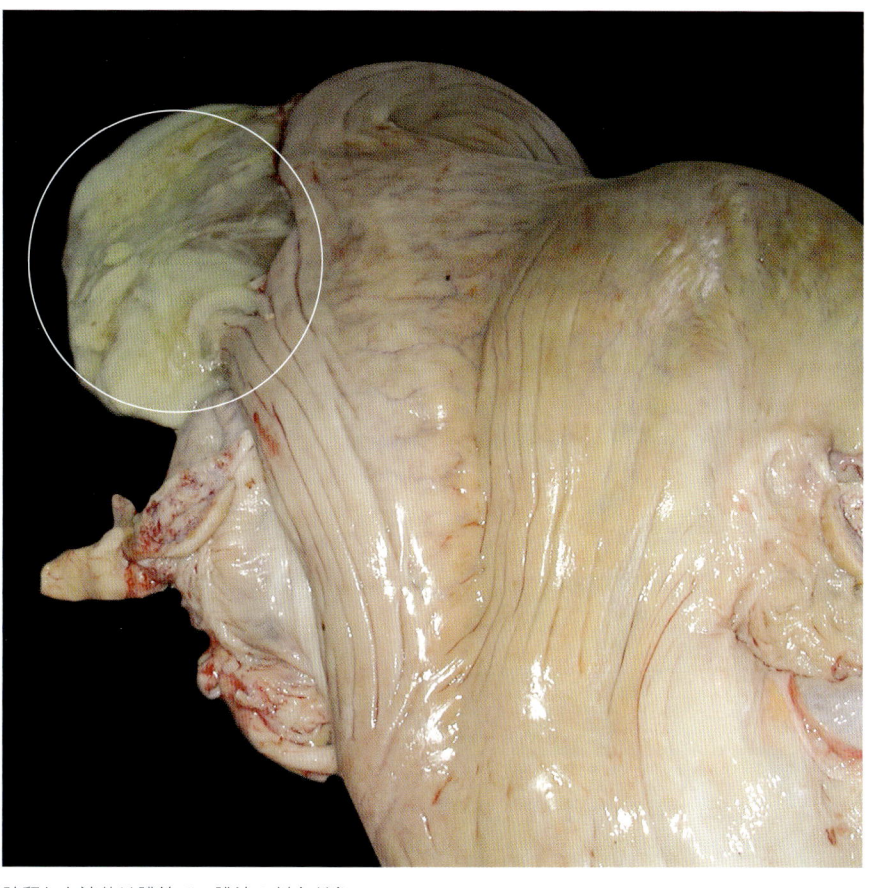

貯留した液体は膿性で，膿汁の割合が多い

ミイラ変性胎子

　原因は多様であるが，ミイラ化を引き起こすような病原体の感染が原因となることもある。牛ウイルス性下痢（BVD）のような疾患も原因のひとつと考えられている。

　感染症や事故などを含む多様な理由により，妊娠期間を過ぎても胎子が排出されず，無発情の原因となりうる。

　しばしば，直腸検査でミイラ変性が疑われる所見を得ることができる。また，排出間近の胎子が子宮外口や腟内において発見されることもある。

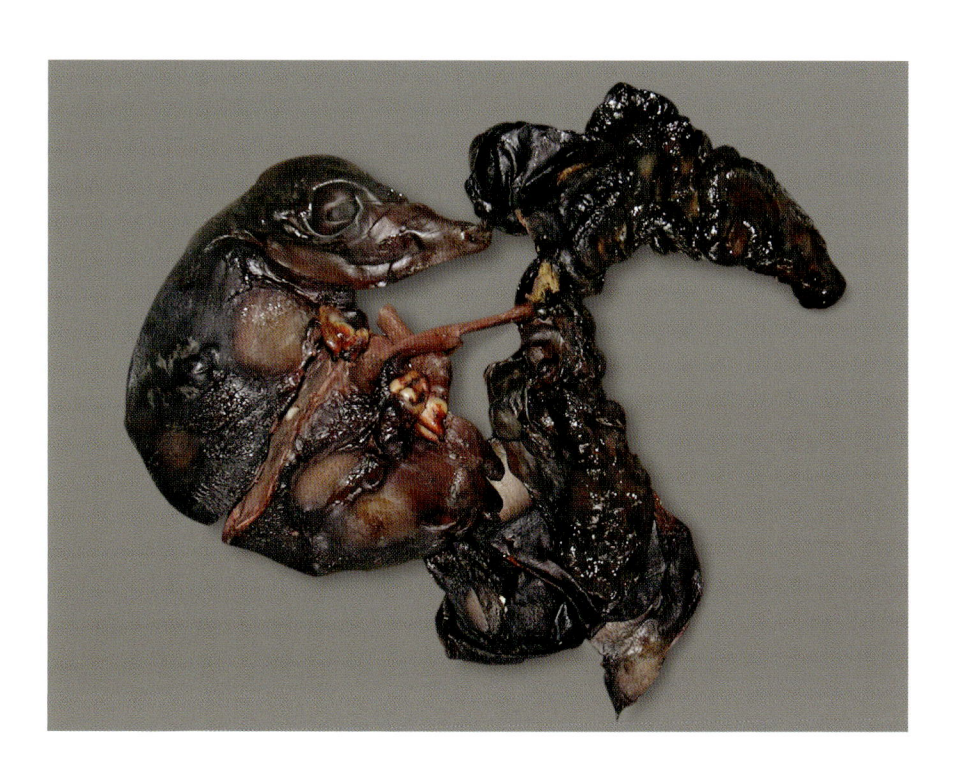

胚の吸収

時として，本症の診断は困難なことがある。無発情にある牛を触診しても特に異常を認めず，吸収されつつある変化や胎子浸漬は，以下の症例のように妊娠初期と混同することがある。

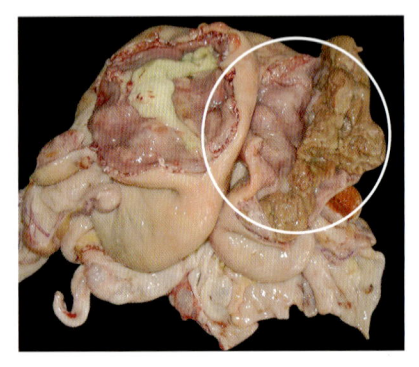

粘稠性が高い物体が片方の子宮角に貯留していた。妊娠35日目に相当する例である

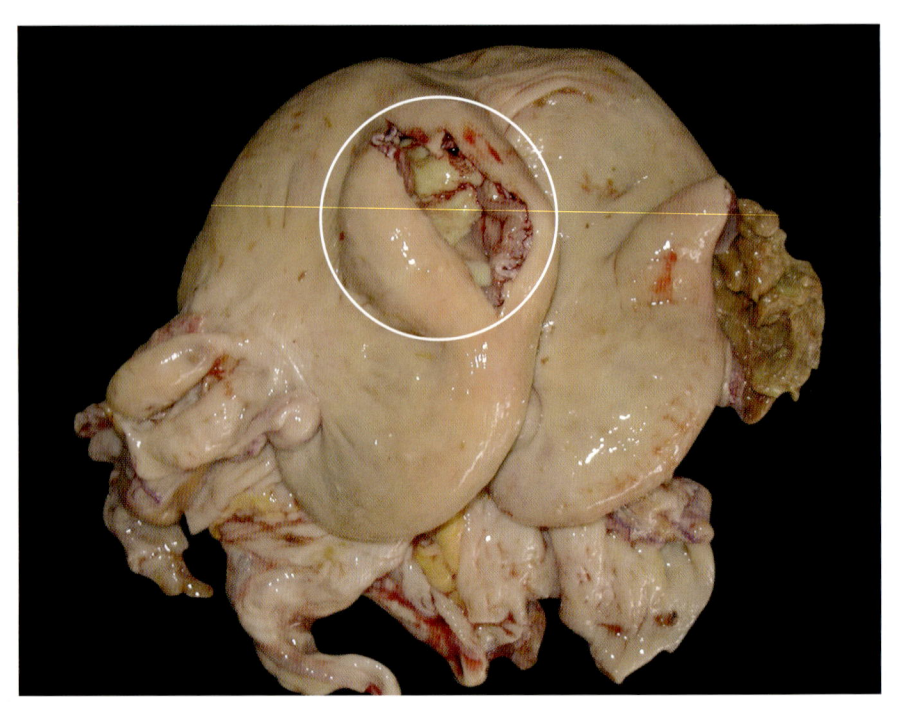

対側の子宮角においては膿汁の貯留が観察される

本症例では直腸検査だけでは正確な診断結果を得ることが困難であった。食肉処理場で発見された粘稠性のある茶色の物体は，実は浸漬中の胎子であり，子宮内で吸収されてしまう運命にあったものと考えられる。罹患牛は特に明らかな理由が判明しないまま無発情の状態で経過した。このような場合には，超音波検査が有用である。

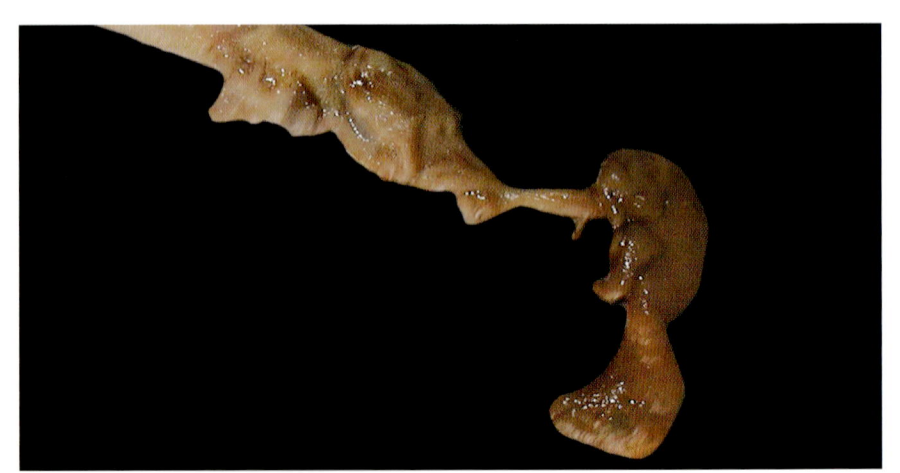

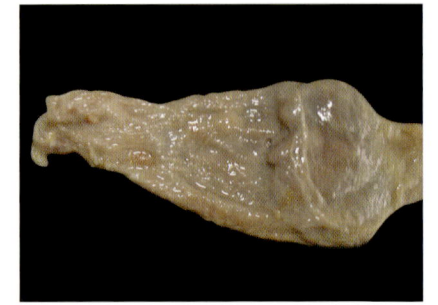

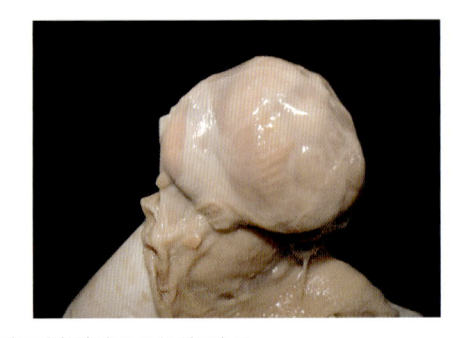

茶色で粘稠性のある物体を精査してみたところ，上の写真に見られるような小さな吸収されつつある胎子を観察することができる

その他の変化

　雌牛の繁殖に悪影響を及ぼす異常が数多く存在することは疑う余地はない。感染症から，飼料給与やストレスなど管理によるものまで様々である。生理的，代謝的な異常がある時に，妊娠牛であればまずはお腹にいる胎子を護ることを優先しようとするだろうし，空胎牛であれば栄養分を泌乳の方に振り分けようとするだろう。

　最後に，直腸検査だけでは診断をつけることができなかった2つの例を示すことにする。

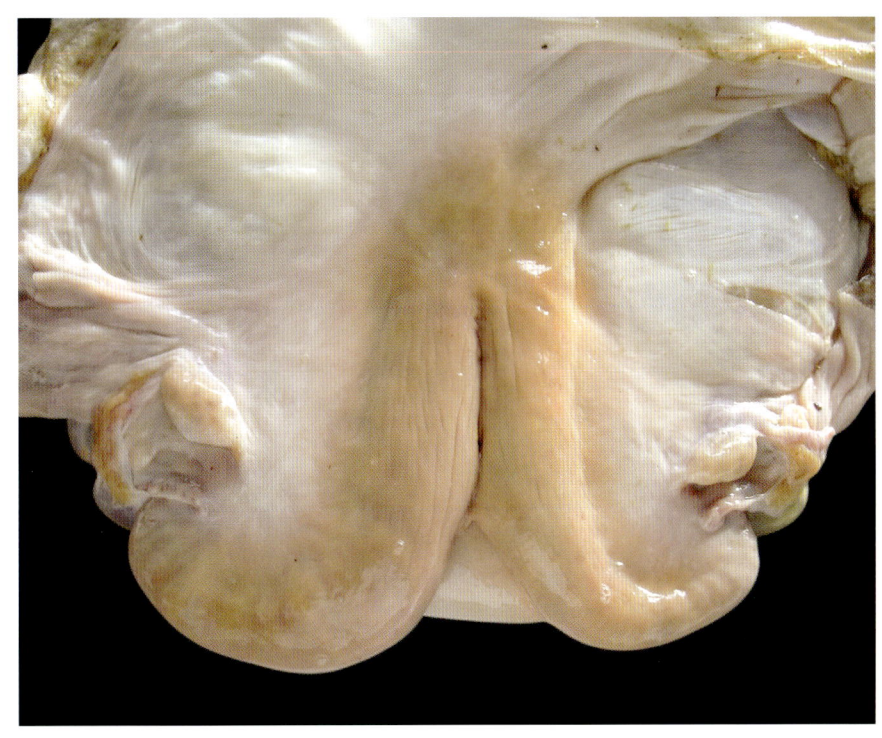

症例1：局所的な外傷のために水腫を呈した子宮広間膜を有する子宮。この形態異常が継続していると繁殖性にも影響が出ることが予想される

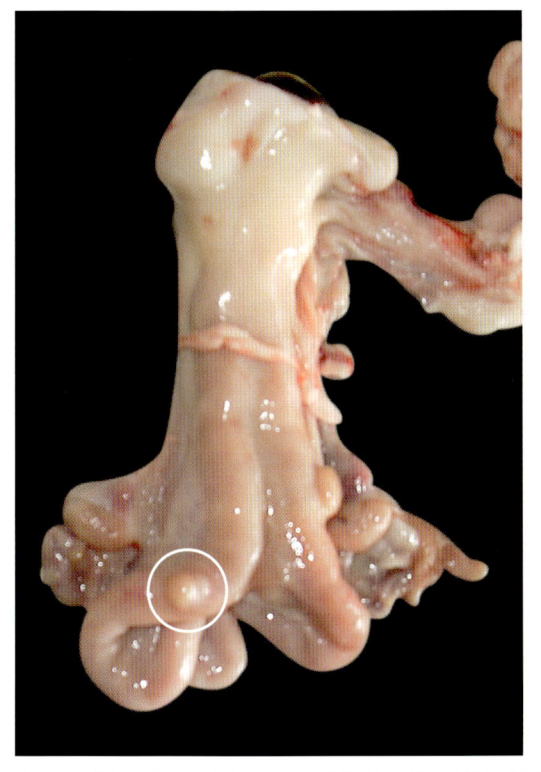

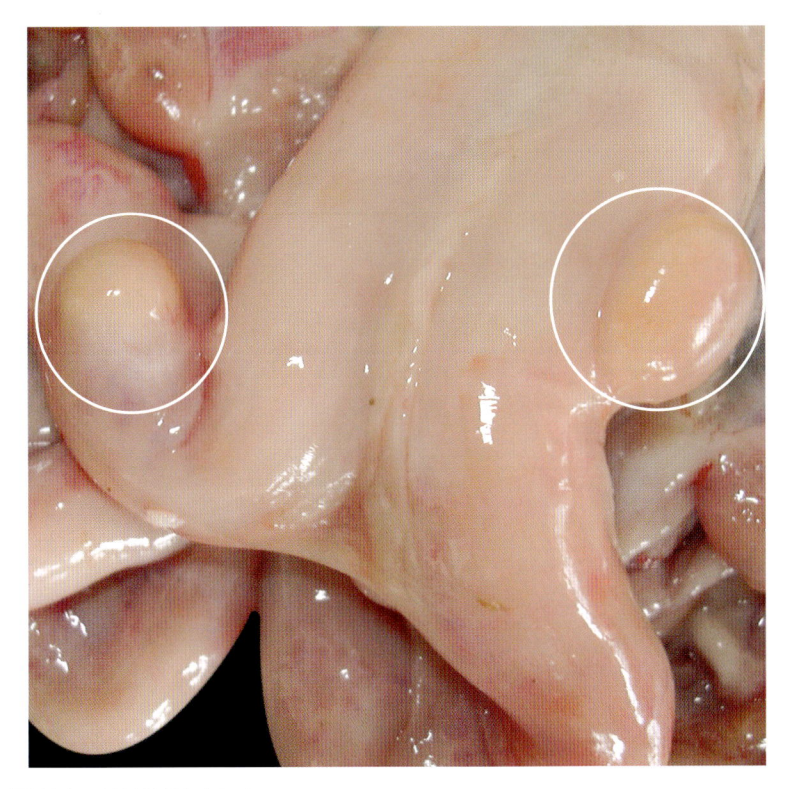

症例2：未経産牛の子宮角における非乾酪性結節の外観。類症鑑別としては結核が含まれる

参考文献

DRIANCOURT, M.A. Regulation of ovarian follicular dynamics in farm animals. Implications for manipulation of reproduction. *Theriogenology*, 2001, 55: 1211-1239.

ELI, M. *Manual fatro de reproducción en ganado vacuno.* Zaragoza: Editorial Servet, 2005.

FERNÁNDEZ.TUBINO, A. Ondas foliculares en bovinos. Su importancia en la sincronización de celos. *Portal Veterinaria*, 2003.

FORTUNE, J.E, RIVERA, G.M, YANG, M.Y. Follicular development: the role of the follicular microenvironment in selection of the dominant follicle. *Animal Reproduction Science*, 2004, 82-83: 109-126.

GRUNERT, E., BERCHTOLD, M. *Infertilidad en la vaca.* Editional Hemisferio Sur., 1998.

KULICK, L.J., BERGFELT, D.R., KOT, K., GINTHER, O.J. Follicle selection in cattle: follicle deviation and codominance within sequential waves. *Biology of Reproduction*, 2001, 65: 839-846.

QUINTELA ARIAS, L.A, DÍAZ DE PABLO, C., GARCÍA HERRADÓN, P.J., PEÑA MARTÍNEZ, A.I., BECERRA GONZÁLEZ, J.J. *Ecografía y reproducción en la vaca.* Santiago de Compostela: Servicio de Publicaciones e Intercambio Científico. Universidad de Santiago de Compostela, 2006.

著者
Manuel Fernández Sánchez について

　Manuel Fernández Sánchez はサラゴサ大学獣医学部を卒業した。

　これまでの20年以上にわたるキャリアにおいて，彼は常に反芻動物の世界に身を置いてきた。イングランド（ブリストル）で臨床獣医師としてのスタートを切り，その後ベルギー，スコットランドの現場で臨床経験を積み重ね，現在は動物飼料会社である Evialis・Galicia 社の反芻類部門長としての職務を担っている。

　ANGRA（スペイン国立アラゴネッサ種血統育種協会）にてめん羊の改良と肉用種の繁殖のためのプログラムを開発し，スペインのアストゥリアスで牛の繁殖と牛乳の品質管理に関して尽力してきたことは，彼の功績のなかでも特筆すべきことである。

　彼はこれまで臨床家として，そして乳牛の繁殖管理の専門家としてのキャリアをはじめ様々な分野で経験を積んできたことから，牛の繁殖上の問題を解決しようとしている現場の獣医師のニーズを十分に理解しているといえる。本書は現場での真の問題をよく理解しているひとりの臨床家の力作である。

翻訳者
大澤健司　（おおさわ　たけし）

1964年大阪市生まれ。酪農学園大学大学院獣医学研究科修士課程および博士課程修了後，エディンバラ大学大学院修士課程修了。岩手大学助手，同大学助教授（准教授）を経て，現在宮崎大学教授。その間，パラグアイ国立アスンシオン大学助手，ウルグアイ国立獣医診断研究所国際協力専門家，オンタリオ獣医科大学客員教授。著書に『雌牛の繁殖障害カラーアトラス』，『子牛の科学』（ともに共著，緑書房／チクサン出版社），『獣医繁殖学』『獣医繁殖学マニュアル』，『牛の繁殖管理における超音波画像診断－動画と静止画によるトレーニング－』（ともに共著，文永堂出版），『牛病学』（共著，近代出版）ほか。訳書に『臨床獣医師のための牛の繁殖と超音波アトラス』（Manuel Fernández Sánchez 著，緑書房），『乳牛のハードヘルスと生産管理』（Brand, A., Noordhuizen, J.P.T.M., Schukken, Y.H. 著，共訳，緑書房／チクサン出版社）。

牛の卵巣・子宮アトラス

2015年10月10日　第1刷発行
2019年 3月 1日　第2刷発行©

著　者	Manuel Fernández Sánchez（マヌエル　フェルナンデス　サンチェス）
翻訳者	大澤健司
発行者	森田　猛
発行所	株式会社 緑書房 〒103-0004 東京都中央区東日本橋3丁目4番14号 TEL　03-6833-0560 http://www.pet-honpo.com
編　集	石井秀昌　重田淑子
印刷所	アイワード

ISBN 978-4-89531-246-2　Printed in Japan
落丁、乱丁本は弊社送料負担にてお取り替えいたします。

本書の複写にかかる複製、上映、譲渡、公衆送信（送信可能化を含む）の各権利は株式会社緑書房が管理の委託を受けています。
[JCOPY]〈（一社）出版者著作権管理機構　委託出版物〉
本書を無断で複写複製（電子化を含む）することは、著作権法上での例外を除き、禁じられています。
本書を複写される場合は、そのつど事前に、（一社）出版者著作権管理機構（電話03-5244-5088、FAX03-5244-5089、e-mail：info @ jcopy.or.jp）の許諾を得てください。
また本書を代行業者等の第三者に依頼してスキャンやデジタル化することは、たとえ個人や家庭内の利用であっても一切認められておりません。